최신판 | PROFESSIONAL ENGINEER

KB135771

TY

최신 [2024년 위험성평가기반 개정법령 수록]

건설안전기술사

I

한 경 보 | 건설안전기술사
건축시공기술사
공학박사

Willy. H | 건설안전기술사
토목시공기술사

PROFESSIONAL
ENGINEER

종로기술사
저자 직강
jr3.co.kr

예문사

PREFACE 머리말

건설분야 기술사 종목 중 건설안전기술사는 해마다 응시인원이 증가하여, 지난 2023년부터는 모든 기술사 종목 중 가장 응시인원이 많은 종목이 되었습니다. 이러한 현상은 자격취득 시 광범위한 활동이 보장된다는 점 때문이라고 여겨집니다.

응시생의 급격한 증가는 안전관리에 관한 관심의 폭증과 더불어 건축·토목분야 기술사 취득자가 12,000명 선을 초과하게 됨에 따라 더 이상 자격증만으로는 전문성을 인정받기 힘든 상황으로 인해 전문기술사 종목인 건설안전기술사에 관심을 갖게 된 것으로 추측해볼 수 있겠습니다.

지난 2022년 전체 산업재해 발생현황을 살펴보면 사망만인율 및 사망자수는 전년대비 0.03% 증가되어 사고사망만인율 : 0.43‰(전년 동기 대비 동일), 질병사망만인율 : 0.67‰(전년 동기 대비 0.02‰p 증가)이었으며 사망자수는 2,223명으로 전년 동기 대비 143명(6.9%) 증가되었습니다. 사고사망자수와 질병사망자수를 각각 살펴보면 사고사망자수 : 874명(전년 동기 대비 46명(5.6%) 증가), 질병사망자수 : 1,349명(전년 동기 대비 97명(7.7%) 증가)입니다.

또한, 재해율 및 재해자수를 각각 분류해보면 사고재해율 : 0.53%(전년 동기 대비 동일), 질병재해율 : 0.11%(전년 동기 대비 동일), 재해자수 : 130,348명(전년 동기 대비 7,635명(6.2%) 증가), 사고재해자수 : 107,214명(전년 동기 대비 4,936명(4.8%) 증가), 질병재해자수 : 23,134명(전년 동기 대비 2,699명(13.2%) 증가)으로 집계되었고 주요 특징으로는 사고사망자는 건설업에서 402명이 발생되어 46.0%의 점유율을 보이고 있고 이 중 60세 이상 근로자가 380명으로 43.5%를 점유하고 있다는 점입니다.

건설안전기술사는 시험 범위가 방대하며 난이도 또한 결코 쉽지 않으므로 단순 암기식보다는 내용을 이해하고 자신의 지식으로 변환하는 방법으로 학습하실 것을 조언드리며 수험생 여러분이 원하는 시기에 합격하시기를 기원합니다. 감사합니다.

저자 한경보·Willy H 올림

CONTENTS 목차

PART 01

건설안전
관련법

PART
02

안전관리론

CHAPTER 02 산업안전 심리이론

Section 01. 산업안전 심리이론

PART
04

총론

PART 05

가설공사

산업안전보건법

2024년
건설안전 분야별
혁신방안

**위험성 평가를 핵심 수단으로
「자기규율 예방체계」 확립**

❶ 예방과 재발 방지의 핵심 수단으로 위험성평가 개편
위험성평가 제도를 '핵심 위험요인' 발굴·개선과 '재발방지' 중심으로 운영하고, 2023년 내 300인 이상, 2024년 50~299인, 2025년 5~49인 사업장에 단계적으로 의무화한다. 중소기업도 위험성평가를 손쉽게 할 수 있도록 실질적인 사고발생 위험이 있는 작업·공정에 대해 중점적으로 실시한다. 또한 아차사고와 휴업 3일 이상 사고는 모든 근로자에게 사고 사례를 전파·공유하고 재발방지 대책을 반영하도록 지원한다.

위험성평가 단계별 개선(안)

사전준비
-실시규정작성
-평가대상선정
실질위험작업중점적공유선정

위험요인 파악
-노·사순회점검
-아차사고등사고분석·공유

위험성 추정	위험성 결정
-빈도확인:3~5단계 -강도확인:3~5단계	-빈도·강도조합 (9~25단계)

평가방식 추가·다양화

-체크리스트방식
-OPS방식
-빈도·강도통합(대중소 3단계로 간소화)

개선
-개선책마련·이행
-재발방지대책필수

또한 중대재해 발생 원인이 담긴 재해조사 의견서를 공개하고, '중대재해 사고 백서'를 발간해 공적자원으로 활용되도록 한다. 위험성평가 전 과정에서의 근로자 참여를 확대하고 해당 작업·공정을 가장 잘 아는 관리감독자가 숨겨진 위험요인 발굴 등 위험성평가의 핵심적인 역할을 효과적으로 수행할 수 있도록 교육도 강화한다. 사업장별 정기(연 단위)·수시(공정·설비 변경 시) 평가 결과가 현장 근로자까지 상시 전달·공유될 수 있도록 '월(月)－주(週)－일(日) 3단계 공유체계'를 확산하고 스마트기기를 통해 위험성평가 결과가 실시간 공유될 수 있도록 모바일 앱(APP)도 개발·보급한다.

'월-주-일' 단위 3단계 공유체계 확산(안)

월(月)-기업/협력사
안전보건협의체등을통해본사(원청)-공장(하청)공동회의
전반적 위험요인 공유

주(週)-현장관리자
원·하청안전관리자,관리감독자회의
공정·작업별 위험요인 공유

일(日)-근로자 TBM
팀별관리감독자,근로자참여
현장 위험요인 공유

❷ 산업안전감독 및 행정 개편
위험성평가의 현장 안착을 위해 산업안전감독과 법령체계를 전면 개편한다. 정기 산업안전감독을 '위험성평가 점검'으로 전환해 적정하게 실시, 근로자에게 결과 공유, 재발방지대책 수립·시행 등을 실시했는지 근로자 인터뷰 방식 등으로 확인하고, 컨설팅, 재적 지원사업과 연계한다. 중대재해가 발생하면 반드시 지켜야 할 의무 위반과 위험성평가 적정 실시 여부 등을 중점석으로 수사해 처벌·제재한다. 다만, 위험성평가를 충실히 수행한 기업에서 중대재해가 발생할 경우

자체 노력 사항을 수시자료에 적시해 검찰·법원의 구형·양형 판단 시 고려될 수 있도록 한다. 사고 원인을 철저히 규명해 동종·유사 업종에 비슷한 사고가 확산될 우려가 있다면 재발 방지에 중점을 둔 기획감독을 실시한다.

❸ 산업안전보건 법령 및 기준 정비

산업·기술 변화 등을 반영해 안전보건기준규칙 679개 전 조항을 현행화한다. 안전보건기준규칙 중 필수적으로 준수해야 하는 핵심 규정은 처벌이 가능하도록 법규성을 유지하되, 개별 사업장의 특성을 반영해 유연한 대처가 필요한 사항은 예방 규정으로 전환하고 고시, 기술가이드 형식으로 보다 구체적인 내용을 제공한다. 또한 중대재해처벌법은 위험성평가와 재발방지대책 수립·시행 위반 등 중대재해 예방을 위한 핵심사항 위주로 처벌 요건을 명확히 한다.

상습반복, 다수 사망사고 등에 대해서는 형사처벌도 확행한다. 중대재해 예방의 실효성을 강화하고 안전투자를 촉진하기 위해 선진국 사례 등을 참조해 제재 방식 개선, 체계 정비 등을 강구하고 이를 위해 2023년 상반기에 노·사·정이 추천한 전문가들로 '산업안전보건 법령 개선 TF'를 운영해 개선안을 논의·마련한다.

> ### 중소기업 등
> ### 중대재해 취약 분야 집중 지원·관리

❶ 중소기업에 안전관리 역량 향상 집중 지원

6개월 내 신설 또는 고위험 중소기업에 대해서는 '안전 일터 패키지' 프로그램을 통해 '진단·시설 개선·컨설팅'으로 중소기업의 안전관리 역량 향상을 전폭 지원한다. 50인 미만 소규모 제조업의 노후·위험 공정 개선 비용을 지원하는 안전 리모델링 사업을 추진한다. 2026년까지 안전보건 인력을 추가로 2만 명 이상 양성하고 업종규모별 직무 분석을 통해 '안전보건 인력 운영 가이드'를 마련해 안전관리 전담 인력 추가 선임 시 재정지원도 검토한다. 특히, 소규모 기업이 밀집된 주요 산업단지에 공동 안전보건관리자 선임을 지원하고, 노후화 산업단지 내 종합 안전진단, 교육, 예방활동 등을 수행하는 화학 안전보건 종합센터도 신설·운영한다.

안전일터 패키지 프로그램 운영(안)

안전보건 기초진단
공단, 민간기술지도기관 협업 운영

↓

기초 컨설팅
진단 결과에 따른 기초 유해·위험요인 컨설팅

↓

시설 개선 지원
시설공정개선지원 연계(유관기관 포함)

↓

심층 컨설팅
안전보건시스템·안전문화 구축 컨설팅

---

❷ 건설·제조업에 스마트 기술장비 중점 지원

건설·제조업에는 위험한 작업환경 개선을 위한 AI 카메라, 건설장비 접근 경보 시스템, 떨어짐 보호복 등 스마트 장비·시설을 집중 지원하고, 근로자 안전확보 목적의 CCTV 설치도 제도화한다. 건설업 산업안전보건관리비를 활용해 건설 현장의 스마트 안전장비 사용을 촉진한다. 스마트공장 사업에 산재예방 협업 모델(Safe & Smart Factory)을 신설해 기계·설비의 설계·제작 단계부터 안전장치를 내장하도록 유도한다.

❸ 떨어짐·끼임·부딪힘의 3대 사고유형 현장 중심 특별관리

떨어짐 사고는 비계, 지붕, 사다리, 고소작업대, 끼임 사고는 방호장치, 기계 정비 시 잠금 및 표지 부착(LOTO), 부딪힘 사고는 혼재작업, 충돌방지장치 등 8대 요인 중심으로 특별 관리한다. 이러한 3대 사고유형 8대 요인에 대해서는 스마트 안전시설·장비를 우선적으로 보급하고, 사업장 점검 시에는 핵심 안전수칙 교육 및 준수, 근로자의 위험 인지 여부를 반드시 확인한다.

핵심 안전수칙 위반 및 중대재해 발생 시에는 무관용 원칙으로 대응한다.

❹ 원·하청 안전 상생 협력 강화

하청 근로자 사망사고 예방을 위해 원·하청 기업 간 안전보건 역할·범위 등을 명확히 하는 가이드라인을 마련한다. 원청 대기업이 하청 중소기업의 안전보건 역량 향상을 지원하는 '대·중소기업 안전보건 상생 협력 사업'을 확대하고, 협력업체의 산재 예방활동을 지원한 기업 등 상생협력 우수 대기업에 대해서는 동반성장 지수 평가 시 우대한다. 'Safety In ESG' 경영 확산을 위해 기업별 산업안전 관련 사항을 경영 확산을 위해 기업별 산업안전 관련 사항을 '지속기능경영보고서'에 포함해 공시하고 ESG 평가기관에서 활용하도록 유도하며, 산업안전 등 ESG 우수기업에 대한 정책금융 지원확대를 검토한다.

참여와 협력을 통해 안전의식과 문화 확산

❶ 근로자의 안전보건 참여 및 책임 확대

산업안전보건위원회 설치 대상을 100인 이상에서 30인 이상 사업장으로 확대한다. 사업장 규모·위험요인별 명예산업안전감독관의 적정 인력 수준을 제시하고 해당 기준 이상 추가 위촉 시 인센티브를 제공한다. 근로자의 핵심 안전수칙 준수 의무를 산업안전보건법에 명시한다. 근로자의 안전수칙 준수 여부에 따라 포상과 제재가 연계될 수 있도록 표준 안전보건관리규정을 마련·보급하고 취업규칙 등에 반영토록 지도한다.

❷ 범국민 안전문화 캠페인 확산

7월을 산업안전보건의 달로 신설하고 중앙 단위 노사정 안전일터 공동선언, 지역 단위 안전문화 실천 추진단 구성·운영, 업종 단위 계절·시기별 특화 캠페인 등 범국가적 차원의 안전캠페인을 전개한다. 사업장 안전문화 수준 측정을 위해전 한국형 안전문화 평가지표(KSCI)도 마련·보급한다.

❸ 안전보건교육 내용 및 체계 정비

근로자 안전보건교육을 강의 방식 외 현장 중심으로 확대강화하고, 50인 미만 기업 CEO 대상 안전보건교육 기회도 확대·제공한다. 초·중·고, 대학 등 학령 단계별 안전보건교육을 강화하고, 구직자 대상 직업훈련(1.5만 개) 및 중장년 일자리 희망센터 등 재취업 지원 시 안전보건교육을 포함한다.

산업안전 거버넌스 재정비

❶ 산재예방 전문기관 기능 재조정

양질의 종합 기술지도·컨설팅을 제공하는 '안전보건 종합 컨설팅 기관'을 육성하고, 평가체계를 개편하여 우수기관에 대해서는 공공기관 안전관리 용역 발주 시 가점 등 인센티브를 확대한다. 안전보건공단의 기술지도, 재정지원 등 중소기업 지원 기능을 확대·개편하고, 위험성 평가제 전담조직도 신설한다.

❷ 비상 대응 및 상황 공유 체계 정비

응급의료 비상 대응체계를 정비한다. 근로자 대상 심폐소생술(CPR) 교육을 근로자 의무 교육시간으로 인정한다. 이를 통해 2026년까지 사업장 내 CPR이 가능한 근로자를 50%까지 확대하고 '현장 비상상황 대응 가이드라인'도 마련·보급한다. 또한 중대재해 상황공유 체계도 고도화한다. 가칭 '산업안전비서' 챗봇 시스템 등을 통해 일반 국민에게 실시간으로 중대재해 속보를 전파·공유하고 지자체, 직능단체, 민간기관, 안전관리자 네트워크 등을 활용해 사고 속보를 실시간으로 문자로 전송한다. 중대재해 현황 등을 지도 형태로 시각화한 사고분석·공개 플랫폼도 구축한다.

❸ 중앙·지역 간 협업 거버넌스 구축

지자체·업종별 협회가 지역·업종별 특화 예방사업을 추진할 경우 정부가 인센티브를 부여하는 방안도 검토한다.

···02 중대재해처벌법

1 개요

사업주 또는 경영책임자가 안전·보건 확보 의무를 위반하여 1명 이상 사망하는 '중대산업재해'가 발생하는 경우, 사업주 또는 경영책임자에게 사망에 대하여는 '1년 이상의 징역 또는 10억 원 이하의 벌금'이, 부상 및 질병에 대하여는 '7년 이하의 징역 또는 1억 원 이하의 벌금'이 부과된다.

2 처벌내용

(1) **사망자가 발생한 경우** : 1년 이상의 징역 또는 10억 원 이하의 벌금
(2) **부상 및 질병이 발생한 경우** : 7년 이하의 징역 또는 1억 원 이하의 벌금

3 손해배상

사업주 또는 경영책임자 등이 고의 또는 중대한 과실로 안전 및 보건 의무를 위반하여 중대재해를 발생하게 한 경우, 손해액의 5배를 넘지 않는 범위 내에서 배상 책임을 진다.

4 적용범위

상시근로자 5인 이상인 사업·사업장의 사업주 또는 경영책임자 등

5 시행일

(1) **상시근로자 50인 이상 사업 또는 사업장** : 공포 후 1년이 경과한 날부터 시행
(2) **상시근로자 50인 미만 사업 또는 사업장** : 공포 후 3년이 경과한 날부터 시행

6 중대재해의 범위

중대산업재해와 중대시민재해를 말하며 범위는 다음과 같다.

(1) **중대산업재해**

노무를 제공하는 사람이 업무에 관계되는 건설물·설비·원재료·가스·증기·분진 등에 의하거나 작업 또는 그 밖의 업무로 인하여 사망 또는 부상하거나 질병에 걸리는 산업재해 중 다음의 어느 하나에 해당하는 결과를 야기한 재해를 말한다.

① 사망자가 1명 이상 발생
② 동일한 사고로 6개월 이상 치료가 필요한 부상자가 2명 이상 발생

③ 동일한 유해요인으로 급성중독 등 대통령령으로 정하는 직업성 질병자가 1년 이내에 3명 이상 발생

(2) **중대시민재해**

특정 원료 또는 제조물, 공중이용시설 또는 공중교통수단의 설계, 제조, 설치, 관리상의 결함을 원인으로 하여 발생한 재해로서 다음의 어느 하나에 해당하는 결과를 야기한 재해를 말한다. 다만, 중대산업재해에 해당하는 재해는 제외한다.
① 사망자가 1명 이상 발생
② 동일한 사고로 2개월 이상 치료가 필요한 부상자가 10명 이상 발생
③ 동일한 원인으로 3개월 이상 치료가 필요한 질병자가 10명 이상 발생

⑦ 안전보건확보 의무대상

중대재해처벌법에서는 사업주 및 경영책임자 등에게 안전 및 보건 확보 의무를 부과한다. 경영책임자에는 사업을 대표하고 사업을 총괄하는 권한과 책임이 있는 사람 또는 이에 준해 안전보건에 관한 업무를 담당하는 사람과 중앙행정기관·지방자치단체·지방공기업·공공기관의 장이 해당된다.

⑧ 사업주와 경영책임자 등의 안전 및 보건 확보 의무

(1) 재해예방에 필요한 인력·예산·점검 등 안전보건관리체계의 구축 및 그 이행에 관한 조치
(2) 재해 발생 시 재발방지대책의 수립 및 그 이행에 관한 조치
(3) 중앙행정기관·지방자치단체가 관계 법령에 따라 개선, 시정 등을 명한 사항의 이행에 관한 조치
(4) 안전·보건 관계 법령에 따른 의무이행에 필요한 관리상의 조치

⑨ 유의사항

(1) 사업주 또는 경영책임자 등은 사업주나 법인 또는 기관이 제3자에게 도급, 용역, 위탁 등을 행한 경우에는 도급업체의 종사자에게 중대산업재해가 발생하지 않도록 안전·보건 관계 법령에 따른 의무이행에 필요한 관리상 조치를 해야 한다. 다만, 사업주나 법인 또는 기관이 그 시설, 장비, 장소 등에 대하여 실질적으로 지배·운영·관리하는 책임이 있는 경우에 한정한다.
(2) 사업주 또는 경영책임자 등이 안전 및 보건 확보 의무를 위반하여 중대산업재해로 인해 사망자가 1명 이상 발생한 경우 1년 이상의 징역 또는 10억 원 이하의 벌금에 처한다. 또한 중대산업재해로 인해 동일한 사고로 6개월 이상 치료가 필요한 부상자가 2명 이상 발생하거나, 동일한 유해요인으로 급성중독 등 대통령령으로 정하는 직업성 질병자가 1년 이내에 3명 이상 발생한 경우에는 7년 이하의 징역 또는 1억 원 이하의 벌금에 처한다.

(3) 양벌규정

법인 또는 기관의 경영책임자 등을 벌하는 외에 그 법인 또는 기관에 사망자가 1명 이상 발생한 경우 50억 원 이하의 벌금을, 동일한 사고로 6개월 이상 치료가 필요한 부상자가 2명 이상 발생하거나, 동일한 유해요인으로 급성중독 등 대통령령으로 정하는 직업성 질병자가 1년 이내에 3명 이상 발생한 경우에는 10억 원 이하의 벌금형을 과한다. 다만, 법인 또는 기관이 안전 및 보건 의무 위반행위를 방지하기 위해 해당 업무에 관하여 상당한 주의와 감독을 게을리하지 않은 경우에는 그렇지 않다.

(4) 손해배상의 책임

사업주 또는 경영책임자 등이 고의 또는 중대한 과실로 안전 및 보건 의무를 위반하여 중대재해를 발생하게 한 경우 해당 사업주, 법인 또는 기관이 중대재해로 손해를 입은 사람에 대하여 그 손해액의 5배를 넘지 않는 범위에서 배상 책임을 진다. 다만, 법인 또는 기관이 해당 업무에 관하여 상당한 주의와 감독을 게을리하지 아니한 경우에는 그렇지 않다.

구분	산업안전보건법	중대재해처벌법(중대산업재해)
의무주체	**사업주**(법인사업주＋개인사업주)	개인사업주, 경영책임자 등
보호대상	근로자, 수급인의 근로자, 특수형태근로종사자	근로자, 노무제공자, 수급인, 수급인의 근로자 및 노무제공자
적용범위	전 사업장 적용(다만, 안전보건관리체제는 50인 이상 적용)	5인 미만 사업장 적용 제외(50인 미만 사업장은 2024. 1. 27. 시행)
재해정의	**중대재해**: 산업재해 중 ① 사망자 1명 이상 ② 3개월 이상 요양이 필요한 부상자 동시 2명 이상 ③ 부상자 또는 직업성 질병자 동시 10명 이상 ※ 산업재해 : 노무를 제공하는 자의 업무와 관계되는 건설물, 설비 등에 의하거나 작업 또는 업무로 인한 사망·부상·질병	**중대산업재해**: 산업안전보건법상 산업재해 중 ① 사망자 1명 이상 ② 동일한 사고로 6개월 이상 치료가 필요한 부상자 2명 이상 ③ 동일한 유해요인으로 급성중독 등 직업성 질병자 1년 내 3명 이상
의무내용	① **사업주의 안전조치** • 프레스·공작기계 등 위험기계나 폭발성 물질 등 위험물질 사용 시 • 굴착·발파 등 위험한 작업 시 • 추락하거나 붕괴할 우려가 있는 등 위험한 장소에서 작업 시 ② **사업주의 보건조치** • 유해가스나 병원체 등 위험물질 • 신체에 부담을 주는 등 위험한 작업 • 환기·청결 등 적정기준 유지 ※「산업안전보건기준에 관한 규칙」에서 구체적으로 규정(680개 조문)	**개인사업주 또는 경영책임자 등의 종사자에 대한 안전·보건 확보 의무** ① 안전보건관리체계의 구축 및 이행에 관한 조치 ② 재해 재발방지 대책의 수립 및 이행에 관한 조치 ③ 중앙행정기관 등이 관계법령에 따라 시정 등을 명한 사항 이행에 관한 조치 ④ 안전·보건 관계 법령상 의무이행에 필요한 관리상의 조치 ※ ①~④의 구체적인 사항은 시행령에 위임
처벌수준	① **자연인** • 사망 → 7년 이하 징역 또는 1억 원 이하 벌금 • 안전·보건조치 위반 → 5년 이하 징역 또는 5천만 원 이하 벌금 ② **법인** • 사망 → 10억 원 **이하** 벌금 • 안전·보건조치 위반 → 5천만 원 이하 벌금	① **자연인** • 사망 → 1년 이상 징역 또는 10억 원 이하 벌금(병과 가능) • 부상·질병 → 7년 이하 징역 또는 1억 원 이하 벌금 ② **법인** • 사망 → 50억 원 이하 벌금 • 부상·질병 → 10억 원 이하 벌금

건설안전 관련법

PROFESSIONAL ENGINEER CONSTRUCTION SAFETY

01

법령

··· 01 산업안전보건법의 제정목적과 정의

1 제정목적

산업안전·보건에 관한 기준을 확립하고 그 책임의 소재를 명확하게 하여 산업재해를 예방하고 쾌적한 작업환경을 조성함으로써 노무를 제공하는 자의 안전과 보건을 유지·증진함을 목적으로 한다.

2 정의

(1) **산업재해** : 노무를 제공하는 사람이 업무에 관계되는 건설물·설비·원재료·가스·증기·분진 등에 의하거나 작업 또는 그 밖의 업무로 인하여 사망 또는 부상하거나 질병에 걸리는 것을 말한다.

(2) **근로자** : 근로기준법 제2조 제1항 제1호에 따른 근로자를 말한다.

(3) **사업주** : 근로자를 사용하여 사업을 하는 자를 말한다.

(4) **근로자대표** : 근로자의 과반수로 조직된 노동조합이 있는 경우에는 그 노동조합을, 근로자의 과반수로 조직된 노동조합이 없는 경우에는 근로자의 과반수를 대표하는 자를 말한다.

(5) **안전보건진단** : 산업재해를 예방하기 위하여 잠재적 위험성을 발견하고 그 개선대책을 수립할 목적으로 조사·평가하는 것을 말한다.

(6) **작업환경측정** : 작업환경 실태를 파악하기 위하여 해당 근로자 또는 작업장에 대하여 사업주가 유해인자에 대한 측정계획을 수립한 후 시료를 채취하고 분석·평가하는 것을 말한다.

3 고용노동부령으로 정하는 재해

(1) 사망자가 1명 이상 발생한 재해

(2) 3개월 이상의 요양이 필요한 부상자가 동시에 2명 이상 발생한 재해

(3) 부상자 또는 직업성 질병자가 동시에 10명 이상 발생한 재해

··· 02 정부와 지방자치단체의 책무

1 개요

산업안전보건법에서는 정부에게 산업안전보건법의 목적을 달성하기 위하여 산업재해 예방을 위하여 수행하여야 할 책무를 부과하고 있으며, 정부는 책무를 준수하여 재해를 예방하여야 한다.

2 정부의 책무

(1) 산업안전 및 보건정책의 수립 및 집행
(2) 산업재해 예방 지원 및 지도
(3) 근로기준법에 의한 예방을 위한 조치기준 마련, 지도 및 지원
(4) 자율적인 산업 안전 및 보건 경영 체제 확립 지원
(5) 안전문화 확산 추진
(6) 안전보건 관련 단체의 지원
(7) 산재조사 및 통계의 유지·관리
(8) 노무를 제공하는 사람의 안전 및 건강의 보호, 증진

3 지방자치단체의 책무 및 산업재해 예방 활동

(1) 지방자치단체의 책무

지방자치단체는 **2**에 따른 정부의 정책에 적극 협조하고, 관할 지역의 산업재해를 예방하기 위한 대책을 수립·시행하여야 한다.

(2) 지방자치단체의 산업재해 예방 활동

① 지방자치단체의 장은 관할 지역 내에서의 산업재해 예방을 위하여 자체 계획의 수립, 교육, 홍보 및 안전한 작업환경 조성을 지원하기 위한 사업장 지도 등 필요한 조치를 할 수 있다.
② 정부는 지방자치단체의 산업재해 예방 활동에 필요한 행정적·재정적 지원을 할 수 있다.
③ 산업재해 예방 활동에 필요한 사항은 지방자치단체가 조례로 정할 수 있다.

··· 03 사업주 및 근로자 등의 의무

1 개요

산업재해 예방 강화를 위해 회사의 대표이사에게 안전 및 보건에 관한 계획을 수립하여 이사회에
보고하고 승인받도록 하였으며, 수립계획의 성실한 이행의무를 부과하였다.

2 사업주의 의무

(1) 법령으로 정하는 산업재해 예방을 위한 기준준수

(2) 쾌적한 작업환경의 조성 및 근로조건 개선

(3) 해당 사업장 안전 및 보건에 관한 정보를 근로자에게 제공

(4) 안전보건관리 규정작성, 신고 준수

(5) **작업중지기준 준수**
  - 산재발생의 급박한 위험 시
  - 중대재해 발생 시

(6) 작업환경 측정

(7) 근로자 보호구 착용 조치

(8) 안전보건표지 설치, 부착

(9) **산재예방 계획 수립**
  - 산재예방 계획서 작성
  - 안전보건 관리 규정 작성
  - 안전보건교육 총괄

3 근로자의 의무

(1) **안전보건 규정 준수**

정부, 사업주가 정한 안전보건규정 준수

(2) **위험예방 조치 준수**

위험예방, 건강장해 예방을 위한 사업주가 행하는 조치 준수

(3) **교육참여**

안전보건 교육에 적극참여, 안전지식·기능 증진

(4) 보호구 착용

안전시설 및 지급된 보호구 활용

(5) 안전작업 실시

성실한 태도와 자세로 안전작업 실시

··· 04 근로자 작업중지권

1 개요

근로자 작업중지권은 산업재해의 발생 위험이 있거나 재해 발생 시 근로자가 작업을 중지하고 위험요소를 제거한 이후 작업을 재개할 수 있는 권리를 말한다.

2 근로자 작업중지권

(1) 근로자는 산업재해가 발생할 급박한 위험이 있는 경우에는 작업을 중지하고 대피할 수 있다.

(2) 작업을 중지하고 대피한 근로자는 지체 없이 그 사실을 관리감독자 또는 그 밖에 부서의 장에게 보고하여야 한다.

(3) 관리감독자 등은 보고를 받으면 안전 및 보건에 관하여 필요한 조치를 하여야 한다.

(4) 사업주는 산업재해가 발생할 급박한 위험이 있다고 근로자가 믿을 만한 합리적인 이유가 있을 때에는 작업을 중지하고 대피한 근로자에 대하여 해고나 그 밖의 불리한 처우를 해서는 아니 된다.

3 고지방법

(1) 안전작업허가 전 작업자에게 작업중지권에 대하여 고지한다.

(2) 작업현장 곳곳에 작업중지권 게시물을 부착한다.

··· 05 작업중지와 해제 절차

1 개요

건설공사 중 중대재해가 발생한 경우 작업의 중지는 부분작업정지와 전면작업정지로 구분되며 작업재개 시에는 해제 절차에 입각해 재개되어야 한다. 또한, 재해발생 보고체계는 산업안전보건법과 건설기술 진흥법의 체계로 구분되며, 중대재해 및 건설사고의 보고대상에 차이가 있으므로 이를 명확히 파악할 필요가 있다.

2 작업중지의 구분

구분	세부기준
부분작업정지	• 중대재해가 발생한 해당 작업중지 : 중대재해 발생작업이 다른 작업과 명확히 구분되고, 동일한 작업 공정이 없는 경우 • 중대재해가 발생한 작업과 동일한 작업중지 : 사업장 내에 중대재해 발생작업과 동일한 작업 공정이 있는 경우(예 건설현장에서 둘 이상의 설치사용 중인 일부 타워크레인에서 상승 작업 중 중대재해 시 현장 내 타워크레인의 설·해체 및 상승작업에 대해 작업중지)
전면작업정지	토사·구축물의 붕괴, 화재·폭발, 유해하거나 위험한 물질의 누출 등으로 인하여 중대재해가 발생하여 그 재해가 발생한 장소 주변으로 산업재해가 확산될 수 있다고 판단되는 등 불가피한 경우

3 해제절차

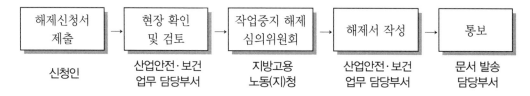

해제신청서 제출	→	현장 확인 및 검토	→	작업중지 해제 심의위원회	→	해제서 작성	→	통보
신청인		산업안전·보건 업무 담당부서		지방고용 노동(지)청		산업안전·보건 업무 담당부서		문서 발송 담당부서

4 보고체계

구분	보고대상	보고기한	위반 시 처벌
산업안전 보건법	• 대상 : 일반재해 - 3일 이상 휴업 • 보고자 : 사업주 • 피보고자 : 고용노동부장관	1개월 이내	• 산재은폐 또는 은폐토록 교사· 공모한 자 - 1년 이하 징역 또는 1천만 원 이하 벌금 • 미보고 또는 거짓보고 - 1천5백만 원 이하 과태료
	• 대상 : 중대재해 ① 사망자 1명 이상 ② 3개월 이상 요양 필요 부상자 2명 이상 동시 발생 ③ 부상자 또는 직업성 질병자 동시 10명 이상 발생 • 보고자 : 사업주 • 피보고자 : 고용노동부장관	지체 없이 보고	미보고 또는 거짓보고 - 3천만 원 이하 과태료
건설기술 진흥법	• 대상 : 건설사고 ① 사망자 1명 이상 ② 3일 이상 휴업 1명 이상 ③ 1천만 원 이상 재산피해 • 보고자 : 건설공사 참여자(시공사· 감리) • 피보고자 : 발주청 및 인·허가 기관장	지체 없이 보고 (2시간 내)	건설사고 발생 사실을 발주청 및 인·허가기관에 미통보 시 - 3백만 원 이하 과태료
	• 대상 : 건설사고 ① 사망자 1명 이상 ② 3일 이상 휴업 1명 이상 ③ 1천만 원 이상 재산피해 • 보고자 : 발주청 및 인·허가 기관장 • 피보고자 : 국토교통부장관	즉시 보고 (24시간 내)	없음

··· 06 대표이사 안전보건계획 수립 가이드

1 개요

근로자의 안전·보건 유지증진을 위해 대표이사가 안전·보건에 관한 계획을 주도적으로 수립하고 성실하게 이행하도록 안전보건경영시스템 구축을 도모하기 위한 제도이다.

2 대표이사 의무내용

(1) 매년 안전 및 보건에 관한 계획 수립 → 이사회 보고 → 승인
(2) **이사회 보고 및 승인을 받지 않을 경우** : 1,000만 원 이하 과태료

3 안전보건계획 5요소

(1) 구체성이 있는 목표를 설정할 것(Specified)
(2) 성과측정이 가능할 것(Measurable)
(3) 목표달성이 가능할 것(Attainable)
(4) 현실적으로 적용 가능할 것(Realistic)
(5) 시기 적절한 실행계획일 것(Timely)

4 안전보건 계획의 포함 내용

(1) 안전·보건에 관한 경영방침
(2) 안전·보건관리 조직의 구성·인원 및 역할
(3) 안전·보건 관련 예산 및 시설현황
(4) 안전·보건에 관한 전년도 활동실적 및 다음 연도 활동계획 수립

5 안전보건계획 수립·이행 절차

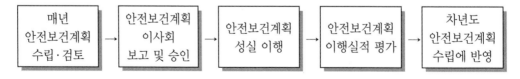

매년 안전보건계획 수립·검토 → 안전보건계획 이사회 보고 및 승인 → 안전보건계획 성실 이행 → 안전보건계획 이행실적 평가 → 차년도 안전보건계획 수립에 반영

6 안전보건개선계획 수립대상

(1) 산업재해율이 같은 업종의 규모별 평균 산업재해율보다 높은 사업장

(2) 사업주가 필요한 안전조치 또는 보건조치를 이행하지 아니하여 중대재해가 발생한 사업장

(3) 직업성 질병자가 연간 2명 이상 발생한 사업장

(4) 유해인자의 노출기준을 초과한 사업장

7 안전보건진단을 받아 안전보건개선계획을 수립해야 하는 대상

(1) 산업재해율이 같은 업종 평균 산업재해율의 2배 이상인 사업장

(2) 사업주가 필요한 안전조치 또는 보건조치를 이행하지 아니하여 중대재해가 발생한 사업장

(3) 직업성 질병자가 연간 2명 이상(상시근로자 1천 명 이상 사업장의 경우 3명 이상) 발생한 사업장

(4) 그 밖에 작업환경 불량, 화재·폭발 또는 누출사고 등으로 사업장 주변까지 피해가 확산된 사업장

··· 07 안전보건관리규정

1 개요

건설업 100인 이상 사업장 또는 공사금액 120억 원(토목공사사업의 경우 150억 원 이상)은 안전
보건관리규정을 작성해야 하는 대상이며 제정, 개정 시에는 산업안전보건위원회의 심의 의결을
거쳐야 하고, 산업안전보건위원회가 없는 사업장은 근로자대표의 동의를 받아야 한다.

2 작성시기

(1) 최초 작성사유 발생일 기준 30일 이내 작성
(2) 변경사유 발생일로부터 30일 이내

3 필요성

(1) 사업장의 안전 및 보건 유지
(2) 작업장의 안전 및 보건 관리
(3) 사고 조사 및 대책 수립
(4) 그 밖에 안전 및 보건에 관한 사항의 책임과 권리를 규정

4 포함되어야 할 사항

(1) 안전·보건 관리조직과 그 직무
(2) 안전·보건교육
(3) 작업장 안전관리
(4) 작업장 보건관리
(5) 사고 조사 및 대책수립
(6) 위험성 평가에 관한 사항
(7) 그 밖에 근로자의 유해위험 예방조치에 관한 사항

5 유의사항

(1) 안전보건관리규정은 단체협약이나 취업규칙에 반할 수 없다.
(2) 사업주는 안전보건관리규정을 작성하거나 변경할 때에는 산업안전보건위원회의 심의 의결을
    거쳐야 한다.
(3) 산업안전보건위원회가 설치되어 있지 아니한 사업장은 근로자대표의 동의를 받아야 한다.

(4) 사업주와 근로자는 안전보건관리규정을 지켜야 한다.

(5) 규정에서 정한 것을 제외하고는 그 성질에 반하지 아니하는 범위에서 근로기준법 중 취업규칙에 관한 규정을 준용한다.

6 작성항목별 세부내용

(1) 총칙

① 안전보건관리규정 작성의 목적 및 적용 범위에 관한 사항

② 사업주 및 근로자의 재해 예방 책임 및 의무 등에 관한 사항

③ 하도급 사업장에 대한 안전·보건관리에 관한 사항

(2) 안전·보건 관리조직과 그 직무

① 안전·보건 관리조직의 구성방법, 소속, 업무분장 등에 관한 사항

② 안전보건관리책임자(안전보건총괄책임자), 안전관리자, 보건관리자, 관리감독자의 직무 및 선임에 관한 사항

③ 산업안전보건위원회의 설치·운영에 관한 사항

④ 명예산업안전감독관의 직무 및 활동에 관한 사항

⑤ 작업지휘자 배치 등에 관한 사항

(3) 안전·보건교육

① 근로자 및 관리감독자의 안전·보건교육에 관한 사항

② 교육계획의 수립 및 기록 등에 관한 사항

(4) 작업장 안전관리

① 안전·보건관리에 관한 계획의 수립 및 시행에 관한 사항

② 기계·기구 및 설비의 방호조치에 관한 사항

③ 유해·위험기계 등에 대한 자율검사프로그램에 의한 검사 또는 안전검사에 관한 사항

④ 근로자의 안전수칙 준수에 관한 사항

⑤ 위험물질의 보관 및 출입 제한에 관한 사항

⑥ 중대재해 및 중대산업사고 발생, 급박한 산업재해 발생의 위험이 있는 경우 작업중지에 관한 사항

⑦ 안전표지·안전수칙의 종류 및 게시에 관한 사항과 그 밖에 안전관리에 관한 사항

(5) 작업장 보건관리

① 근로자 건강진단, 작업환경측정의 실시 및 조치절차 등에 관한 사항

② 유해물질의 취급에 관한 사항

③ 보호구의 지급 등에 관한 사항

④ 질병자의 근로 금지 및 취업 제한 등에 관한 사항

⑤ 보건표지·보건수칙의 종류 및 게시에 관한 사항과 그 밖에 보건관리에 관한 사항

(6) 사고 조사 및 대책 수립

① 산업재해 및 중대산업사고의 발생 시 처리절차 및 긴급조치에 관한 사항

② 산업재해 및 중대산업사고의 발생원인에 대한 조사 및 분석, 대책 수립에 관한 사항

③ 산업재해 및 중대산업사고 발생의 기록·관리 등에 관한 사항

(7) 위험성 평가에 관한 사항

① 위험성 평가의 실시 시기 및 방법, 절차에 관한 사항

② 위험성 감소대책 수립 및 시행에 관한 사항

(8) 보칙

① 무재해운동 참여, 안전·보건 관련 제안 및 포상·징계 등 산업재해 예방을 위하여 필요하다고 판단하는 사항

② 안전·보건 관련 문서의 보존에 관한 사항

③ 그 밖의 사항

사업장의 규모·업종 등에 적합하게 작성하며, 필요한 사항을 추가하거나 그 사업장에 관련되지 않는 사항은 제외할 수 있다.

7 효과적인 안전보건관리를 위한 조치

(1) 실제현장의 재해예방 차원에서 작성할 것

(2) 법적 기준을 최저수준으로 법 기준을 상회할 것

(3) 책임자의 작업 내용을 중심으로 작성할 것

(4) 활용이 용이한 규정이 되도록 할 것

(5) 현장의 의견을 충분히 반영할 것

(6) 정상작업 및 사고·재해 조사 시 조치에 관해서도 작성할 것

8 결론

건설현장의 재해예방은 근로자의 안전보건의 유지 관리를 위해 산업안전보건법상 규정한 안전보건관리규정의 필요성 및 작성 시 유의사항을 숙지하고 규정의 올바른 작성 및 준수가 이루어지도록 해야 한다.

··· 08 산업재해 발생건수 등의 공표

1 개요

고용노동부장관은 산업재해를 예방하기 위하여 대통령령으로 정하는 사업장의 근로자 산업재해 발생건수, 재해율 또는 그 순위 등을 공표하여야 한다.

2 공표 대상 사업장

(1) 사망재해자가 연간 2명 이상 발생한 사업장
(2) 사망만인율이 규모별 같은 업종의 평균 사망만인율 이상인 사업장
(3) 산업안전보건법에 따른 중대산업사고가 발생한 사업장
(4) 산업안전보건법에 따른 산업재해 발생 사실을 은폐한 사업장
(5) 산업안전보건법에 따른 산업재해의 발생에 관한 보고를 최근 3년 이내 2회 이상 하지 않은 사업장

3 공표방법

관보, 그 보급지역을 전국으로 하여 등록한 일반일간신문 또는 인터넷 등에 게재하는 방법으로 한다.

4 도급인과 수급인의 통합산업재해 관련 자료 제출

(1) 지방고용노동관서의 장은 도급인의 산업재해 발생건수, 재해율 또는 그 순위 등에 관계수급인의 산업재해 발생건수 등을 포함하여 공표하기 위하여 필요하면 해당 사업장의 상시근로자 수가 500명 이상인 사업장의 사업주인 도급인에게 도급인의 사업장에서 작업하는 관계수급인 근로자의 산업재해 발생에 관한 자료를 제출하도록 공표의 대상이 되는 연도의 다음 연도 3월 15일까지 요청하여야 한다.
(2) 자료의 제출을 요청받은 도급인은 그 해 4월 30일까지 통합산업재해 현황조사표를 작성해 지방고용노동관서의 장에게 제출하여야 한다.
(3) 도급인은 그의 관계수급인에게 통합산업재해 현황조사표의 작성에 필요한 자료를 요청할 수 있다.

5 관계수급인 재해업무 포함 여부

도급인의 산업재해 건수 등에 관계수급인의 산업재해 발생건수 등을 포함하여 공표해야 한다.

⑥ 산업재해 발생 은폐 금지 및 보고

(1) 사업주는 산업재해가 발생하였을 때에는 그 발생 사실을 은폐하여서는 아니 되며, 고용노동부령으로 정하는 바에 따라 재해발생원인 등을 기록·보존하여야 한다.

(2) 사업주는 기록한 산업재해 중 고용노동부령으로 정하는 산업재해에 대하여는 그 발생 개요·원인 및 보고시기, 재발방지 계획 등을 고용노동부령으로 정하는 바에 따라 고용노동부장관에게 보고하여야 한다.

··· 09 중대재해 발생보고

1 개요

사업주는 중대재해가 발생한 사실을 알게 된 경우 지체 없이 사업장 소재지를 관할하는 지방고용노동관서의 장에게 전화·팩스 또는 그 밖의 적절한 방법으로 이를 보고해야 한다.

2 중대재해의 범위

(1) 사망자가 1명 이상 발생한 재해
(2) 3개월 이상의 요양이 필요한 부상자가 동시에 2명 이상 발생한 재해
(3) 부상자 또는 직업성 질병자가 동시에 10명 이상 발생한 재해

3 보고사항

(1) 발생 개요 및 피해상황
(2) 조치 및 전망
(3) 그 밖의 중요한 사항

4 재해기록

사업주는 산업재해가 발생한 때에는 그 내용을 기록·보존해야 한다. 다만, 산업재해조사표의 사본을 보존하거나 요양신청서에 재해 재발방지 계획을 첨부하여 보존한 경우에는 생략할 수 있다.
(1) 사업장의 개요 및 근로자의 인적사항
(2) 재해 발생의 일시 및 장소
(3) 재해 발생의 원인 및 과정
(4) 재해 재발방지 계획

안전 · 보건 관리체계

···01 안전보건총괄책임자

1 개요

같은 장소에서 행하여지는 사업으로서 사업의 일부를 분리하여 도급을 주어야 하는 사업이거나 사업이 전문분야의 전부를 도급을 주어야 하는 사업인 경우 사업주는 그 사업의 관리책임자를 안전보건총괄책임자로 지정하여 자신이 사용하는 근로자와 수급인이 사용하는 근로자가 같은 장소에서 작업을 할 때에 생기는 산업재해를 예방하기 위한 업무를 총괄관리하도록 하여야 한다.

2 자격

(1) 그 사업의 관리책임자
(2) 관리책임자를 두지 아니하여도 되는 사업에서는 그 사업장에서 사업을 총괄관리하는 자

3 대상사업

수급인의 공사금액을 포함한 해당 공사의 총공사금액이 20억 원 이상인 건설업

4 직무

(1) 위험성평가의 실시에 관한 사항
(2) 작업의 중지
(3) 도급 시 산업재해 예방조치
(4) 산업안전보건관리비의 관계수급인 간의 사용에 관한 협의·조정 및 그 집행의 감독
(5) 안전인증대상기계 등과 자율안전확인대상기계 등의 사용 여부 확인

··· 02 안전보건관리책임자

1 개요

안전보건관리책임자는 산업안전보건법상 사업장의 안전보건을 총괄하는 자로 특히, 산업재해 예방계획의 수립, 안전보건관리규정의 작성 및 변경, 근로자의 안전보건교육에 관한 사항, 작업환경측정 등 작업환경 점검 및 개선에 관한 업무를 수행하여야 한다.

2 총괄업무

(1) 산업재해 예방계획의 수립에 관한 사항
(2) 안전보건관리규정의 작성 및 변경에 관한 사항
(3) 근로자의 안전보건교육에 관한 사항
(4) 작업환경측정 등 작업환경의 점검 및 개선에 관한 사항
(5) 근로자의 건강진단 등 건강관리에 관한 사항
(6) 산업재해의 원인 조사 및 재발 방지대책 수립에 관한 사항
(7) 산업재해에 관한 통계의 기록 및 유지에 관한 사항
(8) 안전장치 및 보호구 구입 시 적격품 여부 확인에 관한 사항
(9) 그 밖에 근로자의 유해·위험 예방조치에 관한 사항으로서 고용노동부령으로 정하는 사항

3 상세업무

(1) 산재예방계획의 수립에 관한 사항

① 계획을 수립할 때에는 법규요구사항, 위험성평가결과, 안전보건경영활동의 효과적 운영을 위한 필수사항(교육, 훈련, 성과측정, 평가 등)이 포함되도록 고려한다.
② 계획 및 세부계획은 안전보건경영 정책과 부합되도록 하며, 가능한 한 정량화함으로써 모니터링 및 성과측정이 가능토록 설정한다.
③ 계획은 안전보건방침과 일치하여야 하며, 목표 달성을 위한 조직 및 인적·물적 자원의 제공을 고려한다.

(2) 추진계획에 포함하여야 할 사항

안전보건활동 목표, 개선내용, 성과지표, 추진일정, 추진부서, 투자예산 등

(3) 목표관리

① 목표는 단순하게, 정량적으로, 달성 가능하게, 시기의 적절성을 반드시 반영하여야 하며, 1년 단위로 목표를 수립, 반기 단위로 실적을 관리하여야 한다.

② 목표 미달 시 관리방안

- 목표는 기간 내 미달성 시 차기 연도 목표에 반영하여 추진하여야 한다.
- 차기 연도에 반영할 필요가 없을 시 미반영 사유에 대하여 사업주의 방침을 받아야 한다.

(4) 안전보건관리규정의 작성

① 안전·보건 관리조직과 그 직무에 관한 사항

② 안전·보건교육에 관한 사항

③ 작업장 안전관리에 관한 사항

④ 작업장 보건관리에 관한 사항

⑤ 사고 조사 및 대책 수립에 관한 사항

⑥ 그 밖에 안전·보건에 관한 사항

1 개요

(1) 작업현장에서 안전에 대한 일차적인 책임자는 관리감독자(Supervisor)이고, 안전관리를 효과적으로 수행하기 위해 스태프로서 역할을 하는 사람은 안전관리자(Safety Manager)라 할수 있다.

(2) 관리감독자는 작업현장에서 생산 활동의 주된 역할을 함과 동시에 안전관리활동에 있어서 핵심 리더라 할 수 있다.

2 건설근로자의 직무 스트레스 요인 예방을 위한 관리감독자의 역할

(1) 관리감독자의 개념

경영조직에서 생산과 관련되는 당해 업무와 소속 직원을 직접 지휘·감독하는 부서의 장이나 그 직위를 담당하는 자로 명문화하고 있다. 「부서의 장」이란 부장, 팀장, 과장, 직장, 조장, 반장 등의 직함 명칭을 불문하고 사업장 내에서 일정하게 분류된 부서의 직함자를 말한다고 볼수 있고, 「그 직위를 담당하는 자」라 함은 부서 명칭을 갖고 있지는 않지만 어떠한 형태로든 단위 작업을 행하는 부분이 있다면 그 작업을 지휘·감독하는 자를 말한다고 볼 수 있다.

(2) 관리감독자의 역할

관리감독자는 성공적인 재해 예방을 위해 그들과 함께 일하는 근로자들과 평소에 효과적인 대화를 통해 원만한 인간관계를 유지할 수 있는 방법을 파악해야 한다.

작업현장의 관리감독자라면 해당 작업에 대해서는 나름대로 전문가라고 할 수 있으므로 자기가 맡은 안전관리를 철저히 하고 감독해야 할 근로자들을 효과적으로 잘 가르치고 그들에게 관심을 가져야 근로자들의 신뢰와 협조를 얻을 수 있다.

① 기계·기구 또는 설비의 안전·보건점검 및 이상 유무 확인

② 근로자의 작업복·보호구 및 방호장치의 점검과 착용·사용에 관한 교육·지도

③ 산업재해에 관한 보고 및 이에 대한 응급조치

④ 작업장 정리·정돈 및 통로 확보의 확인·감독

⑤ 안전관리자, 보건관리자, 안전보건관리담당자, 산업보건의의 지도·조언에 대한 협조

3 관리감독자의 업무내용

(1) 기계·기구·설비의 안전보건 점검 및 이상 유무 확인

① 작업 시작 전 안전보건 사항 점검

② 운전 시작 전 이상 유무의 확인

③ 재료의 결함 유무, 기구 및 공구의 기능 점검

④ 화학설비 및 부속설비의 사용 시작 전 점검

(2) 근로자의 작업복, 보호구 및 방호장치의 점검과 착용상태 점검

① 작업내용에 따라 적절한 보호구의 지급·착용 지도

② 작업모 또는 작업복의 올바른 착용지도

③ 드릴작업 등 회전체 작업 시 목장갑 착용 금지

④ 프레스 등 유해위험기계의 안전장치기능 확인

(3) 산업재해에 관한 보고 및 이에 대한 응급조치(사후조치)

① 재해자 발생 시 응급조치 및 병원으로 즉시 이송

② 1개월 이내에 산업재해조사표 작성 또는 요양신청서를 근로복지공단에 제출

③ 중대재해가 발생한 경우 지체 없이 관할 노동관서에 보고

④ 재해발생원인 조사 및 재발방지계획 수립·개선

(4) 작업장의 정리정돈 및 안전통로 확보의 확인·감독

① 작업장 바닥을 안전하고 청결한 상태로 유지

② 근로자가 안전하게 통행할 수 있도록 통로를 설치 관리

③ 옥내통로는 걸려 넘어지거나 미끄러질 위험이 없도록 관리

(5) 당해 근로자에 대한 안전보건 교육 및 교육일지 작성

① 매월 실시하는 근로자의 정기안전교육

② 유해위험작업에 배치하기 전 업무와 관계되는 특별안전 교육 등

(6) 안전관리자, 보건관리자, 안전보건담당자, 안전보건관리담당자 등에 해당하는 사람의 지도·조언에 대한 협조

(7) 위험성평가(유해위험요인의 파악, 개선조치)의 참여

④ 관리감독자의 유해·위험방지 직무수행 범위(산업안전보건기준에 관한 규칙 별표 2)

작업의 종류	직무수행 내용
1. 프레스 등을 사용하는 작업(제2편 제1장 제3절)	가. 프레스 등 및 그 방호장치를 점검하는 일 나. 프레스 등 및 그 방호장치에 이상이 발견되면 즉시 필요한 조치를 하는 일 다. 프레스 등 및 그 방호장치에 전환스위치를 설치했을 때 그 전환스위치의 열쇠를 관리하는 일 라. 금형의 부착·해체 또는 조정작업을 직접 지휘하는 일
2. 목재가공용 기계를 취급하는 직업(제2편 제1장 제4절)	가. 목재가공용 기계를 취급하는 작업을 지휘하는 일 나. 목재가공용 기계 및 그 방호장치를 점검하는 일 다. 목재가공용 기계 및 그 방호장치에 이상이 발견된 즉시 보고 및 필요한 조치를 하는 일 라. 작업 중 지그(Jig) 및 공구 등의 사용 상황을 감독하는 일
3. 크레인을 사용하는 작업(제2편 제1장 제9절 제2관·제3관)	가. 작업방법과 근로자 배치를 결정하고 그 작업을 지휘하는 일 나. 재료의 결함 유무 또는 기구 및 공구의 기능을 점검하고 불량품을 제거하는 일 다. 작업 중 안전대 또는 안전모의 착용 상황을 감시하는 일
4. 위험물을 제조하거나 취급하는 작업(제2편 제2장 제1절)	가. 작업을 지휘하는 일 나. 위험물을 제조하거나 취급하는 설비 및 그 설비의 부속설비가 있는 장소의 온도·습도·차광 및 환기 상태 등을 수시로 점검하고 이상을 발견하면 즉시 필요한 조치를 하는 일 다. 나목에 따라 한 조치를 기록하고 보관하는 일
5. 건조설비를 사용하는작업(제2편 제2장 제5절)	가. 건조설비를 처음으로 사용하거나 건조방법 또는 건조물의 종류를 변경했을 때에는 근로자에게 미리 그 작업방법을 교육하고 작업을 직접 지휘하는 일 나. 건조설비가 있는 장소를 항상 정리정돈하고 그 장소에 가연성 물질을 두지 않도록 하는 일

6. 아세틸렌 용접장치를 사용하는 금속의 용접·용단 또는 가열작업(제2편 제2장 제6절 제1관)	가. 작업방법을 결정하고 작업을 지휘하는 일
	나. 아세틸렌 용접장치의 취급에 종사하는 근로자로 하여금 다음의 작업요령을 준수하도록 하는 일
	  (1) 사용 중인 발생기에 불꽃을 발생시킬 우려가 있는 공구를 사용하거나 그 발생기에 충격을 가하지 않도록 할 것
	  (2) 아세틸렌 용접장치의 가스누출을 점검할 때에는 비눗물을 사용하는 등 안전한 방법으로 할 것
	  (3) 발생기실의 출입구 문을 열어 두지 않도록 할 것
	  (4) 이동식 아세틸렌 용접장치의 발생기에 카바이드를 교환할 때에는 옥외의 안전한 장소에서 할 것
	다. 아세틸렌 용접작업을 시작할 때에는 아세틸렌 용접장치를 점검하고 발생기 내부로부터 공기와 아세틸렌의 혼합가스를 배제하는 일

작업의 종류	직무수행 내용
6. 아세틸렌 용접장치를 사용하는 금속의 용접·용단 또는 가열작업 (제2편 제2장 제6절 제1관)	라. 안전기는 작업 중 그 수위를 쉽게 확인할 수 있는 장소에 놓고 1일 1회 이상 점검하는 일 마. 아세틸렌 용접장치 내의 물이 동결되는 것을 방지하기 위하여 아세틸렌 용접장치를 보온하거나 가열할 때에는 온수나 증기를 사용하는 등 안전한 방법으로 하도록 하는 일 바. 발생기 사용을 중지하였을 때에는 물과 잔류 카바이드가 접촉하지 않은 상태로 유지하는 일 사. 발생기를 수리·가공·운반 또는 보관할 때에는 아세틸렌 및 카바이드에 접촉하지 않은 상태로 유지하는 일 아. 작업에 종사하는 근로자의 보안경 및 안전장갑의 착용 상황을 감시하는 일
7. 가스집합용접장치의 취급작업(제2편 제2장 제6절 제2관)	가. 작업방법을 결정하고 작업을 직접 지휘하는 일 나. 가스집합장치의 취급에 종사하는 근로자로 하여금 다음의 작업요령을 준수하도록 하는 일 　(1) 부착할 가스용기의 마개 및 그 배관 연결부에 붙어 있는 유류·찌꺼기 등을 제거할 것 　(2) 가스용기를 교환할 때에는 그 용기의 마개 및 배관 연결부 부분의 가스누출을 점검하고 배관 내의 가스가 공기와 혼합되지 않도록 할 것 　(3) 가스누출 점검은 비눗물을 사용하는 등 안전한 방법으로 할 것 　(4) 밸브 또는 콕은 서서히 열고 닫을 것 다. 가스용기의 교환작업을 감시하는 일 라. 작업을 시작할 때에는 호스·취관·호스밴드 등의 기구를 점검하고 손상·마모 등으로 인하여 가스나 산소가 누출될 우려가 있다고 인정할 때에는 보수하거나 교환하는 일 마. 안전기는 작업 중 그 기능을 쉽게 확인할 수 있는 장소에 두고 1일 1회 이상 점검하는 일 바. 작업에 종사하는 근로자의 보안경 및 안전장갑의 착용 상황을 감시하는 일
8. 거푸집 및 동바리의 고정·조립 또는 해체 작업 /노천굴착작업/흙막이 지보공의 고정·조립 또는 해체작업/터널의 굴착작업/구축물 등의 해체작업(제2편 제4장 제1절 제2관·제4장 제2절 제1관·제4장 제2절 제3관 제1속·제4장 제4절)	가. 안전한 작업방법을 결정하고 작업을 지휘하는 일 나. 재료·기구의 결함 유무를 점검하고 불량품을 제거하는 일 다. 작업 중 안전대 및 안전모 등 보호구 착용 상황을 감시하는 일
9. 높이 5미터 이상의 비계(飛階)를 조립·해체하거나 변경하는 작업 (해체작업의 경우 가목은 적용 제외)(제1편 제7장 제2절)	가. 재료의 결함 유무를 점검하고 불량품을 제거하는 일 나. 기구·공구·안전대 및 안전모 등의 기능을 점검하고 불량품을 제거하는 일 다. 작업방법 및 근로자 배치를 결정히고 작업 진행 상태를 감시하는 일 라. 안전대와 안전모 등의 착용 상황을 감시하는 일

작업의 종류	직무수행 내용
10. 달비계 작업(제1편 제7장 제4절)	가. 작업용 섬유로프, 작업용 섬유로프의 고정점, 구명줄의 조정점, 작업대, 고리걸이용 철구 및 안전대 등의 결손 여부를 확인하는 일 나. 작업용 섬유로프 및 안전대 부착설비용 로프가 고정점에 풀리지 않는 매듭방법으로 결속되었는지 확인하는 일 다. 근로자가 작업대에 탑승하기 전 안전모 및 안전대를 착용하고 안전대를 구명줄에 체결했는지 확인하는 일 라. 작업방법 및 근로자 배치를 결정하고 작업 진행 상태를 감시하는 일
11. 발파작업(제2편 제4장 제2절 제2관)	가. 점화 전에 점화작업에 종사하는 근로자가 아닌 사람에게 대피를 지시하는 일 나. 점화작업에 종사하는 근로자에게 대피장소 및 경로를 지시하는 일 다. 점화 전에 위험구역 내에서 근로자가 대피한 것을 확인하는 일 라. 점화순서 및 방법에 대하여 지시하는 일 마. 점화신호를 하는 일 바. 점화작업에 종사하는 근로자에게 대피신호를 하는 일 사. 발파 후 터지지 않은 장약이나 남은 장약의 유무, 용수(湧水)의 유무 및 토사 등의 낙하 여부 등을 점검하는 일 아. 점화하는 사람을 정하는 일 자. 공기압축기의 안전밸브 작동 유무를 점검하는 일 차. 안전모 등 보호구 착용 상황을 감시하는 일
12. 채석을 위한 굴착작업(제2편 제4장 제2절 제5관)	가. 대피방법을 미리 교육하는 일 나. 작업을 시작하기 전 또는 폭우가 내린 후에는 토사 등의 낙하·균열의 유무 또는 함수(含水)·용수(湧水) 및 동결의 상태를 점검하는 일 다. 발파한 후에는 발파장소 및 그 주변의 토사 등의 낙하·균열의 유무를 점검하는 일
13. 화물취급작업(제2편 제6장 제1절)	가. 작업방법 및 순서를 결정하고 작업을 지휘하는 일 나. 기구 및 공구를 점검하고 불량품을 제거하는 일 다. 그 작업장소에는 관계 근로자가 아닌 사람의 출입을 금지하는 일 라. 로프 등의 해체작업을 할 때에는 하대(荷臺) 위의 화물의 낙하위험 유무를 확인하고 작업의 착수를 지시하는 일
14. 부두와 선박에서의 하역작업(제2편 제6장 제2절)	가. 작업방법을 결정하고 작업을 지휘하는 일 나. 통행설비·하역기계·보호구 및 기구·공구를 점검·정비하고 이들의 사용 상황을 감시하는 일 다. 주변 작업자 간의 연락을 조정하는 일
15. 전로 등 전기작업 또는 그 지지물의 설치, 점검, 수리 및 도장 등의 작업(제2편 제3장)	가. 작업구간 내의 충전전로 등 모든 충전 시설을 점검하는 일 나. 작업방법 및 그 순서를 결정(근로자 교육 포함)하고 작업을 지휘하는 일 다. 작업근로자의 보호구 또는 절연용 보호구 착용 상황을 감시하고 감전재해 요소를 제거하는 일 라. 작업 공구, 절연용 방호구 등의 결함 여부와 기능을 점검하고 불량품을 제거하는 일

작업의 종류	직무수행 내용
15. 전로 등 전기작업 또는 그 지지물의 설치, 점검, 수리 및 도장 등의 작업(제2편 제3장)	마. 작업장소에 관계 근로자 외에는 출입을 금지하고 주변 작업자와의 연락을 조정하며 도로작업 시 차량 및 통행인 등에 대한 교통통제 등 작업전반에 대해 지휘·감시하는 일 바. 활선작업용 기구를 사용하여 작업할 때 안전거리가 유지되는지 감시하는 일 사. 감전재해를 비롯한 각종 산업재해에 따른 신속한 응급처치를 할 수 있도록 근로자들을 교육하는 일

16. 관리대상 유해물질을 취급하는 작업(제3편 제1장)	가. 관리대상 유해물질을 취급하는 근로자가 물질에 오염되지 않도록 작업방법을 결정하고 작업을 지휘하는 업무
	나. 관리대상 유해물질을 취급하는 장소나 설비를 매월 1회 이상 순회점검하고 국소배기장치 등 환기설비에 대해서는 다음 각 호의 사항을 점검하여 필요한 조치를 하는 업무. 단, 환기설비를 점검하는 경우에는 다음의 사항을 점검
	  (1) 후드(Hood)나 덕트(Duct)의 미모·부식, 그 밖의 손상 여부 및 정도
	  (2) 송풍기와 배풍기의 주유 및 청결 상태
	  (3) 덕트 접속부가 헐거워졌는지 여부
	  (4) 전동기와 배풍기를 연결하는 벨트의 작동 상태
	  (5) 흡기 및 배기 능력 상태
	다. 보호구의 착용 상황을 감시하는 업무
	라. 근로자가 탱크 내부에서 관리대상 유해물질을 취급하는 경우에 다음의 조치를 했는지 확인하는 업무
	  (1) 관리대상 유해물질에 관하여 필요한 지식을 가진 사람이 해당 작업을 지휘
	  (2) 관리대상 유해물질이 들어올 우려가 없는 경우에는 작업을 하는 설비의 개구부를 모두 개방
	  (3) 근로자의 신체가 관리대상 유해물질에 의하여 오염되었거나 작업이 끝난 경우에는 즉시 몸을 씻는 조치
	  (4) 비상시에 작업설비 내부의 근로자를 즉시 대피시키거나 구조하기 위한 기구와 그 밖의 설비를 갖추는 조치
	  (5) 작업을 하는 설비의 내부에 대하여 작업 전에 관리대상 유해물질의 농도를 측정하거나 그 밖의 방법으로 근로자가 건강에 장해를 입을 우려가 있는지를 확인하는 조치
	  (6) 제(5)에 따른 설비 내부에 관리대상 유해물질이 있는 경우에는 설비 내부를 충분히 환기하는 조치
	  (7) 유기화합물을 넣었던 탱크에 대하여 제(1)부터 제(6)까지의 조치 외에 다음의 조치
	    (가) 유기화합물이 탱크로부터 배출된 후 탱크 내부에 재유입되지 않도록 조치
	    (나) 물이나 수증기 등으로 탱크 내부를 씻은 후 그 씻은 물이나 수증기 등을 탱크로부터 배출
	    (다) 탱크 용적의 3배 이상의 공기를 채웠다가 내보내거나 탱크에 물을 가득 채웠다가 내보내거나 탱크에 물을 가득 채웠다가 배출
	마. 나목에 따른 점검 및 조치 결과를 기록·관리하는 업무

작업의 종류	직무수행 내용
17. 허가대상 유해물질 취급작업(제3편 제2장)	가. 근로자가 허가대상 유해물질을 들이마시거나 허가대상 유해물질에 오염되지 않도록 작업수칙을 정하고 지휘하는 업무 나. 작업장에 설치되어 있는 국소배기장치나 그 밖에 근로자의 건강장해 예방을 위한 장치 등을 매월 1회 이상 점검하는 업무 다. 근로자의 보호구 착용 상황을 점검하는 업무
18. 석면 해체·제거작업 (제3편 제2장 제6절)	가. 근로자가 석면분진을 들이마시거나 석면분진에 오염되지 않도록 작업 방법을 정하고 지휘하는 업무 나. 작업장에 설치되어 있는 석면분진 포집장치, 음압기 등의 장비의 이상 유무를 점검하고 필요한 조치를 하는 업무 다. 근로자의 보호구 착용 상황을 점검하는 업무

19. 고압작업(제3편 제5장)	가. 작업방법을 결정하여 고압작업자를 직접 지휘하는 업무
	나. 유해가스의 농도를 측정하는 기구를 점검하는 업무
	다. 고압작업자가 작업실에 입실하거나 퇴실하는 경우에 고압작업자의 수를 점검하는 업무
	라. 작업실에서 공기조절을 하기 위한 밸브나 콕을 조작하는 사람과 연락하여 작업실 내부의 압력을 적정한 상태로 유지하도록 하는 업무
	마. 공기를 기압조절실로 보내거나 기압조절실에서 내보내기 위한 밸브나 콕을 조작하는 사람과 연락하여 고압작업자에 대하여 가압이나 감압을 다음과 같이 따르도록 조치하는 업무
	  (1) 가압을 하는 경우 1분에 제곱센티미터당 0.8킬로그램 이하의 속도로 함
	  (2) 감압을 하는 경우에는 고용노동부장관이 정하여 고시하는 기준에 맞도록 함
	바. 작업실 및 기압조절실 내 고압작업자의 건강에 이상이 발생한 경우 필요한 조치를 하는 업무

20. 밀폐공간 작업(제3편 제10장)	가. 산소가 결핍된 공기나 유해가스에 노출되지 않도록 작업 시작 전에 해당 근로자의 작업을 지휘하는 업무 나. 작업을 하는 장소의 공기가 적절한지를 작업 시작 전에 측정하는 업무 다. 측정장비·환기장치 또는 공기호흡기 또는 송기마스크를 작업 시작 전에 점검하는 업무 라. 근로자에게 공기호흡기 또는 송기마스크의 착용을 지도하고 착용 상황을 점검하는 업무

6 결론

경영조직에서 생산과 관련되는 당해 업무와 소속 직원을 직접 지휘·감독하는 부서의 장이나 그 직위를 담당하는 자로 명문화하고 있는 관리감독자는 근로자와 가장 밀접한 관계를 맺고 있는 전문가로, 향후 관리감독자 프로그램의 개발을 통해 현장 근로자들의 효율적인 교육 및 리더십 함양을 통해 잠재된 위험성의 파악 및 개선이 효과적으로 이루어지도록 해야 할 것이다.

··· 04 안전관리자

1 개요

사업주는 사업장에 안전관리자를 두어 안전에 관한 기술적인 사항에 관하여 사업주 또는 안전보건관리책임자를 보좌하고 관리감독자에게 지도·조언하는 업무를 수행하게 하여야 한다.

2 안전관리자의 자격

(1) 산업안전지도사 자격을 가진 사람

(2) 산업안전산업기사 이상의 자격을 취득한 사람

(3) 건설안전산업기사 이상의 자격을 취득한 사람

(4) 4년제 대학 이상의 학교에서 산업안전 관련 학위를 취득한 사람 또는 이와 같은 수준 이상의 학력을 가진 사람

(5) 전문대학 또는 이와 같은 수준 이상의 학교에서 산업안전 관련 학위를 취득한 사람

(6) 이공계 전문대학 졸업 후 관리감독자로서 업무 3년 이상 담당 후 교육 및 시험에 합격한 사람

(7) 건설산업기본법 제8조에 따른 종합공사를 시공하는 업종의 건설현장에서 안전보건관리책임자로 10년 이상 재직한 사람

(8) 건설기술 진흥법에 따른 토목, 건축 분야 건설기술인 중 등급이 중급 이상인 사람

(9) 토목산업기사 또는 건축산업기사 이상의 자격을 취득한 후 해당 분야의 실무경력이 아래의 구분에 따른 기간 이상인 사람

　① 토목기사 또는 건축기사 : 3년

　② 토목산업기사 또는 건축산업기사 : 5년

(10) 비건설업에서도 실무경력 5년 이상인 사람이 양성교육을 이수한 경우 중소기업의 안전관리자로 선임 가능한 기간을 2025년까지 연장함

3 같은 사업주가 경영하는 둘 이상의 사업장에 안전관리자를 공동으로 둘 수 있는 경우

(1) 같은 시·군·구 지역에 소재하는 경우

(2) 사업장 간의 경계를 기준으로 15킬로미터 이내에 소재하는 경우

4 사업주의 안전관리자 선임 후 조치

사업주는 안전관리자를 선임하거나 안전관리전문기관에 위탁한 경우 고용노동부령으로 정하는 바에 따라 선임하거나 위탁한 날부터 14일 이내에 고용노동부장관에게 그 사실을 증명할 수 있는 서류를 제출해야 한다.

5 안전관리자의 업무

(1) 산업안전보건위원회 또는 노사협의체에서 심의·의결한 업무와 해당 사업장의 안전보건관리 규정 및 취업규칙에서 정한 업무

(2) 안전인증대상 기계 등과 자율안전확인대상 기계 등의 구입 시 적격품의 선정에 관한 보좌 및 지도·조언

(3) 위험성평가에 관한 보좌 및 지도·조언

(4) 해당 사업장 안전교육계획의 수립 및 안전교육 실시에 관한 보좌 및 지도·조언

(5) 사업장 순회점검, 지도 및 조치의 건의

(6) 산업재해 발생의 원인 조사·분석 및 재발 방지를 위한 기술적 보좌 및 지도·조언

(7) 산업재해에 관한 통계의 유지·관리·분석을 위한 보좌 및 지도·조언

(8) 법으로 정한 안전에 관한 사항의 이행에 관한 보좌 및 지도·조언

(9) 업무수행 내용의 기록·유지

(10) 그 밖에 안전에 관한 사항으로서 고용노동부장관이 정하는 사항

6 안전관리자의 증원·교체 명령 대상

(1) 해당 사업장의 연간재해율이 같은 업종의 평균재해율의 2배 이상인 경우

(2) 중대재해가 연간 2건 이상 발생한 경우. 해당 사업장의 전년도 사망만인율이 같은 업종의 평균 사망만인율 이하인 경우는 제외한다.

(3) 관리자가 질병이나 그 밖의 사유로 3개월 이상 직무를 수행할 수 없게 된 경우

(4) 화학적 인자로 인한 직업성 질병자가 연간 3명 이상 발생한 경우(이 경우 직업성 질병자 발생일은 산재보험법 시행규칙에 따른 요양급여의 결정일로 한다.)

7 유의사항

(1) 사업주가 안전관리자를 배치할 때에는 연장근로·야간근로 또는 휴일근로 등 해당 사업장의 작업 형태를 고려하여야 한다.

(2) 사업주는 안전관리업무의 원활한 수행을 위하여 외부 전문가의 평가·지도를 받을 수 있다.

(3) 안전관리자는 업무를 수행할 때에는 보건관리자와 협력하여야 한다.

8 결론

안전관리자 선임제도는 건설업재해예방을 위한 가장 중요한 조치인데 공사초기와 말기에 선임인원을 최소화한 것은 산업안전보건법에 의한 근로자 안전보건확보에 가장 모순된 규정이라 판단되므로 즉시 시정되어야 할 것이다.

··· 05 보건관리자

1 개요

사업주는 사업장에 보건관리자를 두어 보건에 관한 기술적인 사항에 관하여 사업주 또는 안전보건관리책임자를 보좌하고 관리감독자에게 지도·조언하는 업무를 수행하게 하여야 한다.

2 선임대상

(1) 공사금액 800억 원 이상 건축공사현장
(2) 공사금액 1,000억 원 이상 토목공사현장
(3) 1,400억 원이 증가할 때마다 또는 상시근로자 600인이 추가될 때마다 1명씩 추가

3 업무

(1) 산업안전보건위원회 또는 노사협의체에서 심의·의결한 업무와 안전보건관리규정 및 취업규칙에서 정한 업무
(2) 안전인증대상 기계 등과 자율안전확인대상 기계 등 중 보건과 관련된 보호구 구입 시 적격품 선정에 관한 보좌 및 지도·조언
(3) 위험성 평가에 관한 보좌 및 지도·조언
(4) 물질안전보건자료의 게시 또는 비치에 관한 보좌 및 지도·조언
(5) 산업보건의의 직무
(6) 해당 사업장 보건교육계획의 수립 및 보건교육 실시에 관한 보좌 및 지도·조언
(7) **다음의 의료행위**
    ① 자주 발생하는 가벼운 부상에 대한 치료
    ② 응급처치가 필요한 사람에 대한 처치
    ③ 부상·질병의 악화를 방지하기 위한 처치
    ④ 건강진단 결과 발견된 질병자의 요양 지도 및 관리
    ⑤ ①~④의 의료행위에 따르는 의약품의 투여
(8) 작업장 내에서 사용되는 전체 환기장치 및 국소 배기장치 등에 관한 설비의 점검과 작업방법의 공학적 개선에 관한 보좌 및 지도·조언
(9) 사업장 순회점검, 지도 및 조치의 건의
(10) 산업재해 발생의 원인 조사·분석 및 재발 방지를 위한 기술적 보좌 및 지도·조언
(11) 산업재해에 관한 통계의 유시·관리·분석을 위한 보좌 및 지도·조언
(12) 법으로 정한 보건에 관한 사항의 이행에 관한 보좌 및 지도·조언

⑬ 업무수행 내용의 기록·유지

⑭ 그 밖에 보건과 관련된 작업관리 및 작업환경관리에 관한 사항

4 자격

(1) 산업보건지도사 자격을 가진 사람

(2) 의료법에 따른 의사

(3) 의료법에 따른 간호사

(4) 국가기술자격법에 따른 산업위생관리산업기사 또는 대기환경산업기사 이상의 자격을 취득한 사람

(5) 국가기술자격법에 따른 인간공학기사 이상의 자격을 취득한 사람

(6) 고등교육법에 따른 전문대학 이상의 학교에서 산업보건 또는 산업위생분야의 학위를 취득한 사람

5 보건관리자 선임방법(산업안전보건법 시행령 별표 5)

사업의 종류	사업장의 상시근로자 수	보건 관리자 수	보건관리자의 선임방법
1. 광업(광업 지원 서비스업은 제외한다) 2. 섬유제품 염색, 정리 및 마무리 가공업 3. 모피제품 제조업	상시근로자 50명 이상 500명 미만	1명 이상	별표 6 각 호의 어느 하나에 해당하는 사람을 선임해야 한다.
4. 그 외 기타 의복액세서리 제조업(모피 액세서리에 한정한다) 5. 모피 및 가죽 제조업(원피가공 및 가죽 제조업은 제외한다)	상시근로자 500명 이상 2천 명 미만	2명 이상	별표 6 각 호의 어느 하나에 해당하는 사람을 선임해야 한다.
6. 신발 및 신발부분품 제조업 7. 코크스, 연탄 및 석유정제품 제조업 8. 화학물질 및 화학제품 제조업 : 의약품 제외 9. 의료용 물질 및 의약품 제조업 10. 고무 및 플라스틱제품 제조업 11. 비금속 광물제품 제조업 12. 1차 금속 제조업 13. 금속가공제품 제조업 : 기계 및 가구 제외 14. 기타 기계 및 장비 제조업 15. 전자부품, 컴퓨터, 영상, 음향 및 통신장비 제조업 16. 전기장비 제조업 17. 자동차 및 트레일러 제조업	상시근로자 2천 명 이상	2명 이상	별표 6 각 호의 어느 하나에 해당하는 사람을 선임하되, 같은 표 제2호 또는 제3호에 해당하는 사람이 1명 이상 포함되어야 한다.

사업의 종류	사업장의 상시근로자 수	보건관리자 수	보건관리자의 선임방법
18. 기타 운송장비 제조업 19. 가구 제조업 20. 해체, 선별 및 원료 재생업 21. 자동차 종합 수리업, 자동차 전문 수리업 22. 제88조 각 호의 어느 하나에 해당하는 유해물질을 제조하는 사업과 그 유해물질을 사용하는 사업 중 고용노동부장관이 특히 보건관리를 할 필요가 있다고 인정하여 고시하는 사업	상시근로자 2천 명 이상	2명 이상	별표 6 각 호의 어느 하나에 해당하는 사람을 선임하되, 같은 표 제2호 또는 제3호에 해당하는 사람이 1명 이상 포함되어야 한다.
23. 제2호부터 제22호까지의 사업을 제외한 제조업	상시근로자 50명 이상 1천 명 미만	1명 이상	별표 6 각 호의 어느 하나에 해당하는 사람을 선임해야 한다.
	상시근로자 1천 명 이상 3천 명 미만	2명 이상	별표 6 각 호의 어느 하나에 해당하는 사람을 선임해야 한다.
	상시근로자 3천 명 이상	2명 이상	별표 6 각 호의 어느 하나에 해당하는 사람을 선임하되, 같은 표 제2호 또는 제3호에 해당하는 사람이 1명 이상 포함되어야 한다.
24. 농업, 임업 및 어업 25. 전기, 가스, 증기 및 공기조절공급업 26. 수도, 하수 및 폐기물 처리, 원료 재생업(제20호에 해당하는 사업은 제외한다)	상시근로자 50명 이상 5천 명 미만. 다만, 제35호의 경우에는 상시근로자 100명 이상 5천 명 미만으로 한다.	1명 이상	별표 6 각 호의 어느 하나에 해당하는 사람을 선임해야 한다.
27. 운수 및 창고업 28. 도매 및 소매업 29. 숙박 및 음식점업 30. 서적, 잡지 및 기타 인쇄물 출판업 31. 방송업 32. 우편 및 통신업 33. 부동산업 34. 연구개발업 35. 사진 처리업 36. 사업시설 관리 및 조경 서비스업	상시근로자 5천 명 이상	2명 이상	별표 6 각 호의 어느 하나에 해당하는 사람을 선임하되, 같은 표 제2호 또는 제3호에 해당하는 사람이 1명 이상 포함되어야 한다.

사업의 종류	사업장의 상시근로자 수	보건 관리자 수	보건관리자의 선임방법
37. 공공행정(청소, 시설관리, 조리 등 현업업무에 종사하는 사람으로서 고용노동부장관이 정하여 고시하는 사람으로 한정한다) 38. 교육서비스업 중 초등·중등·고등 교육기관, 특수학교·외국인학교 및 대안학교(청소, 시설관리, 조리 등 현업업무에 종사하는 사람으로서 고용노동부장관이 정하여 고시하는 사람으로 한정한다) 39. 청소년 수련시설 운영업 40. 보건업 41. 골프장 운영업 42. 개인 및 소비용품수리업(제21호에 해당하는 사업은 제외한다) 43. 세탁업	상시근로자 5천 명 이상	2명 이상	별표 6 각 호의 어느 하나에 해당하는 사람을 선임하되, 같은 표 제2호 또는 제3호에 해당하는 사람이 1명 이상 포함되어야 한다.
44. 건설업	공사금액 800억 원 이상(「건설산업기본법 시행령」 별표 1의 종합공사를 시공하는 업종의 건설업종란 제1호에 따른 토목공사업에 속하는 공사의 경우에는 1천억 이상) 또는 상시근로자 600명 이상	1명 이상 [공사금액 800억 원 (「건설산업기본법 시행령」 별표 1의 종합공사를 시공하는 업종의 건설업종란 제1호에 따른 토목공사업은 1천억 원)을 기준으로 1,400억 원이 증가할 때마다 또는 상시근로자 600명을 기준으로 600명이 추가될 때마다 1명씩 추가한다]	별표 6 각 호의 어느 하나에 해당하는 사람을 선임해야 한다.

6 직무교육

(1) **신규** : 채용된 뒤 3개월 이내(의사의 경우 1년 이내)

(2) **보수** : 신규교육 이수한 후 매 2년이 되는 날을 기준으로 전후 3개월 사이

7 교육시간

(1) **신규** : 34시간 이상
(2) **보수** : 24시간 이상

8 교육내용

(1) 신규교육

① 산업안전보건법령 및 작업환경측정에 관한 사항
② 산업안전보건개론에 관한 사항
③ 안전보건교육방법에 관한 사항
④ 산업보건관리계획 수립평가 및 산업역학에 관한 사항
⑤ 작업환경 및 직업병 예방에 관한 사항
⑥ 작업환경 개선에 관한 사항(소음·분진·관리대상유해물질 및 유해광선 등)
⑦ 산업역학 및 통계에 관한 사항
⑧ 산업환기에 관한 사항
⑨ 안전보건관리의 체제 규정 및 보건관리자 역할에 관한 사항
⑩ 보건관리계획 및 운용에 관한 사항
⑪ 근로자 건강관리 및 응급처치에 관한 사항
⑫ 위험성 평가에 관한 사항
⑬ 그 밖에 보건관리자의 직무 향상을 위하여 필요한 사항

(2) 보수교육

① 산업안전보건법령, 정책 및 작업환경관리에 관한 사항
② 산업보건관리계획 수립평가 및 안전보건교육 추진 요령에 관한 사항
③ 근로자 건강 증진 및 구급환자 관리에 관한 사항
④ 산업위생 및 산업환기에 관한 사항
⑤ 직업병 사례 연구에 관한 사항
⑥ 유해물질별 작업환경 관리에 관한 사항
⑦ 위험성 평가에 관한 사항
⑧ 그 밖에 보건관리자의 직무 향상을 위하여 필요한 사항

9 결론

대규모 공사현장에 배치의무가 있는 보건관리자는 건설현장 보건관리를 위해 산업안전보건법에 명시된 업무가 원활하게 추진될 수 있도록 안전보건총괄책임자 및 사업주의 적극적인 업무협조가 이루어질 수 있도록 해야 한다.

··· 06 안전보건조정자

1 개요

전기공사업법 및 정보통신공사업법 등의 공사와 그 밖의 건설공사를 함께 발주하는 자는 그 각 공사가 같은 장소에서 행하여지는 경우 작업의 혼재로 인하여 발생할 수 있는 산업재해를 예방하기 위하여 건설공사현장에 안전보건조정자를 두어야 한다.

2 선임자격

(1) 산업안전지도사 자격을 가진 사람

(2) 발주청(공공기관)인 경우 발주청이 선임한 공사감독자

(3) **다음의 어느 하나에 해당하는 사람으로서 해당 건설공사 중 주된 공사의 책임감리자**

　① 건축법에 따라 지정된 공사감리자

　② 건설기술 진흥법에 따라 감리업무를 수행하는 사람

　③ 주택법에 따라 지정된 감리자

　④ 전력기술관리법에 따라 배치된 감리원

　⑤ 정보통신공사업에 따라 해당 건설공사에 대하여 감리업무를 수행하는 사람

(4) 종합공사에 해당하는 건설현장에서 안전보건관리책임자로서 3년 이상 재직한 사람

(5) 건설안전기술사

(6) 건설안전기사 자격을 취득한 후 건설안전 분야에서 5년 이상의 실무경력이 있는 사람

(7) 건설안전산업기사 자격을 취득한 후 건설안전 분야에서 7년 이상의 실무경력이 있는 사람

(8) 산업안전기사·산업안전산업기사 자격을 취득한 후 실무경력 5년 이상인 사람이 양성교육을 이수한 경우 중소기업 안전관리자로 선임 가능하도록 입법예고됨

3 선임 후 조치

안전보건조정자를 두어야 하는 건설공사발주자는 분리하여 발주되는 공사의 착공일 전날까지 안전보건조정자를 선임하거나 지정하여 각각의 공사 도급인에게 그 사실을 알려야 한다.

4 업무

(1) 같은 장소에서 행하여지는 각각의 공사 간에 혼재된 작업의 파악

(2) 혼재된 작업으로 인한 산업재해 발생의 위험성 파악

(3) 혼재된 작업으로 인한 산업재해를 예방하기 위한 작업의 시기·내용 및 안전보건 조치 등의 조정

(4) 각각의 공사 도급인의 안전보건관리책임자 간 작업 내용에 관한 정보 공유 여부의 확인

··· 07 산업안전보건위원회

1 개요

사업주는 사업장의 안전 및 보건에 관한 중요 사항을 심의·의결하기 위하여 사업장에 근로자위원
과 사용자위원이 같은 수로 구성되는 산업안전보건위원회를 구성·운영하여야 한다.

2 설치 대상

(1) 공사금액 120억 원 이상 건설업
(2) 공사금액 150억 원 이상 토목공사업

3 심의·의결사항

(1) 산업재해 예방계획 수립
(2) 안전보건관리규정 작성, 변경
(3) 근로자 안전보건교육
(4) 작업환경측정 점검, 개선 등
(5) 근로자 건강진단 등 건강관리
(6) 산재 통계 기록 및 유지
(7) 안전장치 및 보호구 구입 시 적격품 여부 확인
(8) 중대재해 원인조사 및 재발 방지대책 수립
(9) 규제당국, 경영진, 명예산업감독관 등에 의한 작업장 안전점검 결과에 관한 사항
(10) 위험성평가에 관한 사항(연 1회 및 변경 발생 시)
(11) 비상시 대비대응 절차
(12) 유해·위험 기계·기구·설비를 도입한 경우 안전·보건 조치
(13) 기타 사업장 안전보건에 중대한 영향을 미치는 사항

4 구성

(1) 산업안전보건위원회의 근로자위원은 다음의 사람으로 구성한다.

　① 근로자대표

　② 명예산업안전감독관이 위촉되어 있는 사업장의 경우 근로자대표가 지명하는 1명 이상의 명예산업안전감독관

　③ 근로자대표가 지명하는 9명(근로자인 ②의 위원이 있는 경우에는 9명에서 그 위원의 수를 제외한 수를 말한다) 이내의 해당 사업장의 근로자

(2) 산업안전보건위원회의 사용자위원은 다음의 사람으로 구성한다. 다만, 상시근로자 50명 이상 100명 미만을 사용하는 사업장에서는 ⑤에 해당하는 사람을 제외하고 구성할 수 있다.

　① 해당 사업의 대표자(같은 사업으로서 다른 지역에 사업장이 있는 경우에는 그 사업장의 안전보건관리책임자를 말한다)

　② 안전관리자(영 제16조 제1항에 따라 안전관리자를 두어야 하는 사업장으로 한정하되, 안전관리자의 업무를 안전관리전문기관에 위탁한 사업장의 경우에는 그 안전관리전문기관의 해당 사업장 담당자를 말한다) 1명

　③ 보건관리자(영 제20조 제1항에 따라 보건관리자를 두어야 하는 사업장으로 한정하되, 보건관리자의 업무를 보건관리전문기관에 위탁한 사업장의 경우에는 그 보건관리전문기관의 해당 사업장 담당자를 말한다) 1명

　④ 산업보건의(해당 사업장에 선임되어 있는 경우로 한정한다)

　⑤ 해당 사업의 대표자가 지명하는 9명 이내의 해당 사업장 부서의 장

(3) (1) 및 (2)에도 불구하고 법 제69조 제1항에 따른 건설공사도급인이 법 제64조 제1항 제1호에 따른 안전 및 보건에 관한 협의체를 구성한 경우에는 산업안전보건위원회의 위원을 다음의 사람을 포함하여 구성할 수 있다.

　① 근로자위원 : 도급 또는 하도급 사업을 포함한 전체 사업의 근로자대표, 명예산업안전감독관 및 근로자대표가 지명하는 해당 사업장의 근로자

　② 사용자위원 : 도급인 대표자, 관계수급인의 각 대표자 및 안전관리자

(4) 위원장

　산업안전보건위원회의 위원장은 위원 중에서 호선한다. 이 경우 근로자위원과 사용자위원 중 각 1명을 공동위원장으로 선출할 수 있다.

5 회의 등

(1) **정기회의** : 분기마다 위원장이 소집

(2) **임시회의** : 위원장이 필요하다고 인정할 때에 소집

(3) 근로자위원 및 사용자위원 각 과반수의 출석으로 시작하고 출석위원 과반수의 찬성으로 의결한다.

(4) 근로자대표, 명예산업안전감독관, 해당 사업의 대표자, 안전관리자, 보건관리자는 회의에 출석하지 못할 경우에는 해당 사업에 종사하는 사람 중에서 1명을 지정하여 위원으로서의 직무를 대리하게 할 수 있다.

(5) **회의록 작성**
① 개최 일시 및 장소
② 출석위원
③ 심의 내용 및 의결·결정 사항
④ 그 밖의 토의사항

6 의결되지 않은 사항 등의 처리

(1) 다음의 어느 하나에 해당하는 경우에는 근로자위원과 사용자위원의 합의에 따라 산업안전보건위원회에 중재기구를 두어 해결하거나 제3자에 의한 중재를 받아야 한다.
① 법 제24조 제2항에 따른 사항에 대하여 산업안전보건위원회에서 의결하지 못한 경우
② 산업안전보건위원회에서 의결된 사항의 해석 또는 이행방법 등에 관하여 의견이 일치하지 않는 경우

(2) (1)에 따른 중재 결정이 있는 경우에는 산업안전보건위원회의 의결을 거친 것으로 보며, 사업주와 근로자는 그 결정에 따라야 한다.

7 회의 결과 등의 공지

위원장은 산업안전보건위원회에서 심의·의결된 내용 등 회의 결과와 중재 결정된 내용 등을 사내방송이나 사내보(社內報), 게시 또는 자체 정례조회, 그 밖의 적절한 방법으로 근로자에게 신속히 알려야 한다.

8 근로자대표의 통지요청 대상

(1) 산업안전보건위원회가 의결한 사항
(2) 안전보건진단 결과에 관한 사항
(3) 안전보건개선계획의 수립·시행에 관한 사항
(4) 도급인의 이행 사항

(5) 물질안전보건자료에 관한 사항

(6) 작업환경측정에 관한 사항

⑨ 산업안전보건위원회를 설치·운영해야 할 사업의 종류 및 규모

사업의 종류	규모
1. 토사석 광업 2. 목재 및 나무제품 제조업 : 가구 제외 3. 화학물질 및 화학제품 제조업 : 의약품 제외(세제, 화장품 및 광택제 제조업과 화학섬유 제조업은 제외한다.) 4. 비금속 광물제품 제조업 5. 1차 금속 제조업 6. 금속가공제품 제조업 : 기계 및 가구 제외 7. 자동차 및 트레일러 제조업 8. 기타 기계 및 장비 제조업(사무용 기계 및 장비 제조업은 제외한다) 9. 기타 운송장비 제조업(전투용 차량 제조업은 제외한다)	상시근로자 50명 이상
10. 농업 11. 어업 12. 소프트웨어 개발 및 공급업 13. 컴퓨터 프로그래밍, 시스템 통합 및 관리업 14. 정보서비스업 15. 금융 및 보험업 16. 임대업(부동산 제외) 17. 전문, 과학 및 기술 서비스업(연구개발업은 제외한다.) 18. 사업지원 서비스업 19. 사회복지 서비스업	상시근로자 300명 이상
20. 건설업	공사금액 120억 원 이상(건설산업기본법 시행령 별표 1에 따른 토목공사업에 해당하는 공사의 경우에는 150억 원 이상)
21. 제1호부터 제20호까지의 사업을 제외한 사업	상시근로자 100명 이상

⑩ 결론

산업안전보건위원회는 산업재해 예방을 위한 계획수립부터 작업환경측정, 재해발생 시 원인조사 및 재발방지대책, 위험성평가에 관한 사항 등 건설업 안전관리의 핵심적인 심의의결 제도이므로 근로자 안전·보건에 관한 것이 새로 도입되거나 변경이 되었을 경우 빠짐없이 의결해야 할 것이다.

··· 08 도급인의 안전 및 보건에 관한 협의체

1 개요

대통령령으로 정하는 규모의 건설공사의 건설공사도급인은 해당 건설공사 현장에 근로자위원과 사용자위원이 같은 수로 구성되는 안전 및 보건에 관한 협의체를 구성·운영할 수 있다.

2 협의사항

(1) 작업의 시작 시간

(2) 작업 또는 작업장 간의 연락방법

(3) 재해 발생 위험이 있는 경우 대피방법

(4) 작업장에서의 법 제36조에 따른 위험성 평가의 실시에 관한 사항

(5) 사업주와 수급인 또는 수급인 상호 간의 연락방법 및 작업공정의 조정

3 건설공사의 안전 및 보건에 관한 협의체

(1) 대통령령으로 정하는 규모의 건설공사의 건설공사도급인은 해당 건설공사 현장에 근로자위원과 사용자위원이 같은 수로 구성되는 안전 및 보건에 관한 협의체(이하 "노사협의체")를 대통령령으로 정하는 바에 따라 구성·운영할 수 있다.

(2) 건설공사도급인이 노사협의체를 구성·운영하는 경우에는 산업안전보건위원회 및 안전 및 보건에 관한 협의체를 각각 구성·운영하는 것으로 본다.

(3) **대상**

공사금액이 120억 원(토목공사업은 150억 원) 이상인 건설공사

(4) **건설 노사협의체 구성**

구분	근로자위원	사용자위원
필수구성	(1) 도급 또는 하도급 사업을 포함한 전체 사업의 근로자대표 (2) 근로자대표가 지명하는 명예산업안전감독관 1명. 다만, 명예산업안전감독관이 위촉되어 있지 않은 경우에는 근로자대표가 지명하는 해당 사업장 근로자 1명 (3) 공사금액이 20억 원 이상인 공사의 관계수급인의 각 근로자대표	(1) 도급 또는 하도급 사업을 포함한 전체 사업의 대표자 (2) 안전관리자 1명 (3) 보건관리자 1명(별표 5 제44호에 따른 보건관리자 선임대상 건설업으로 한정한다) (4) 공사금액이 20억 원 이상인 공사의 관계수급인의 각 대표자

구분	근로자위원	사용자위원
합의구성	공사금액이 20억 원 미만인 공사의 관계수급인의 근로자대표	공사금액이 20억 원 미만인 공사의 관계수급인
합의참여	건설기계관리법 제3조 제1항에 따라 등록된 건설기계를 직접 운전하는 사람	

① 노사협의체의 근로자위원과 사용자위원이 합의하여 위원으로 위촉 가능한 사람

② 노사협의체의 근로자위원과 사용자위원이 합의하여 협의체에 참여가 가능한 사람

⑸ 건설 노사협의체 운영

① 정기회의 : 2개월마다 위원장이 소집

② 임시회의 : 위원장이 필요하다고 인정할 때에 소집

⑹ 심의·의결 사항

건설 노사협의체 심의·의결 사항은 산업안전보건위원회와 동일함

⑺ 구성·운영의 특례

건설공사의 도급인이 법 제75조 제1항에 따른 노사협의체를 구성·운영하는 경우에는 산업안전보건회 및 도급인의 안전보건에 관한 협의체를 각각 구성·운영하는 것으로 봄

···09 명예산업안전감독관

1 개요

(1) '명예산업안전감독관 제도'란 재해활동예방에 대한 근로자의 참여를 활성화하기 위한 제도를 말한다.

(2) 고용노동부장관은 산업재해 예방활동에 대한 참여와 지원을 촉진하기 위하여 근로자, 근로자단체, 사업주단체 및 산업예방 관련 전문단체에 소속된 사람 중에서 명예산업안전감독관을 위촉할 수 있다.

2 명예산업안전감독관의 위촉

고용노동부장관은 다음의 어느 하나에 해당하는 사람 중에서 법 제23조 제1항에 따른 명예산업안전감독관을 위촉할 수 있다.

(1) 산업안전보건위원회 구성 대상 사업의 근로자 또는 노사협의체 구성·운영 대상 건설공사의 근로자 중에서 근로자대표(해당 사업장에 단위 노동조합의 산하 노동단체가 그 사업장 근로자의 과반수로 조직되어 있는 경우에는 지부·분회 등 명칭이 무엇이든 관계없이 해당 노동단체의 대표자를 말한다)가 사업주의 의견을 들어 추천하는 사람

(2) 노동조합 및 노동관계조정법 제10조에 따른 연합단체인 노동조합 또는 그 지역 대표기구에 소속된 임직원 중에서 해당 연합단체인 노동조합 또는 그 지역 대표기구가 추천하는 사람

(3) 전국 규모의 사업주단체 또는 그 산하조직에 소속된 임직원 중에서 해당 단체 또는 그 산하조직이 추천하는 사람

(4) 산업재해 예방 관련 업무를 하는 단체 또는 그 산하조직에 소속된 임직원 중에서 해당 단체 또는 그 산하조직이 추천하는 사람

3 명예산업안전감독관의 업무

명예산업안전감독관의 업무는 다음과 같다. 이 경우 2의 (1)에 따라 위촉된 명예산업안전감독관의 업무 범위는 해당 사업장에서의 업무[(8)은 제외한다]로 한정하며, 2의 (2)부터 (4)까지의 규정에 따라 위촉된 명예산업안전감독관의 업무 범위는 (8)부터 (10)까지의 규정에 따른 업무로 한정한다.

(1) 사업장에서 하는 자체점검 참여 및 근로기준법 제101조에 따른 근로감독관이 하는 사업장 감독 참여

(2) 사업장 산업재해 예방계획 수립 참여 및 사업장에서 하는 기계·기구 자체검사 참석

(3) 법령을 위반한 사실이 있는 경우 사업주에 대한 개선 요청 및 감독기관에의 신고

(4) 산업재해 발생의 급박한 위험이 있는 경우 사업주에 대한 작업중지 요청

(5) 작업환경측정, 근로자 건강진단 시의 참석 및 그 결과에 대한 설명회 참여

(6) 직업성 질환의 증상이 있거나 질병이 걸린 근로자가 여러 명 발생한 경우 사업주에 대한 임시
건강진단 실시 요청

(7) 근로자에 대한 안전수칙 준수 지도

(8) 법령 및 산업재해 예방정책 개선 건의

(9) 안전보건 의식을 북돋우기 위한 활동 등에 대한 참여와 지원

(10) 그 밖에 산업재해 예방에 대한 홍보 등 산업재해 예방업무와 관련하여 고용노동부장관이 정하
는 업무

4 명예산업안전감독관의 활동 지원

(1) 불이익 처우 금지

(2) 수당 등 경비 지급

(3) 교육 실시

산업안전보건법령 등 재해예방활동 관련 교육을 연 1회 이상 실시하여야 하고, 소속된 사업주
및 단체의 장은 명예산업안전감독관이 교육을 이수하는 데 따른 임금 등의 불이익이 없도록 교
육이수에 적극 협조하여야 한다.

(4) 협의회 구성 및 운영

명예산업안전감독관의 업무활성화와 산업재해 예방을 위한 정보교류 및 정책개선을 위한 건의
사항 등을 수렴하기 위하여 지방고용노동관서별로 명예산업안전감독관협의회를 구성·운영하
고, 협의회는 지역별 협의회, 소구역 협의회 및 업종별 협의회로 구분·운영하되 지역별 협의회
는 반드시 구성하고 소구역 협의회 및 업종별 협의회는 지역 특성에 따라 구성·운영한다.

① 지역별 협의회 및 업종별 협의회 : 당해 지방고용노동관서의 장이 위촉하는 명예산업안전
감독관으로 구성

② 소구역 협의회 : 당해 지방고용노동관서 근로감독관별로 담당구역 내에 위촉된 명예산업
안전감독관으로 구성

안전·보건 관리제도

··· 01 안전보건대장

■1 개요

건설사업계획 시부터 공사 완료 단계까지 발주자가 안전관리에 관한 자료를 제공·지원·확인해 건설공사의 재해예방을 위해 도입된 제도로 산업안전보건법상 발주자 주도의 안전관리체계 구축에 그 목적을 두고 있다.

■2 발주자의 의무

(1) 발주단계

계획단계에서 기본안전보건대장을 작성할 의무가 있다.

(2) 설계단계

설계자가 시공과정에서 발생 가능한 위험요소와 위험성 저감에 대한 대책을 설계안전보건대장에 작성하게 하고 작성내용의 적정함을 확인해야 한다.

(3) 시공단계

시공자가 설계안전보건대장을 참고해 공사안전보건대장을 작성하게 하고 공사 착공 이후 3개월마다 설계안전보건대장의 이행여부를 확인해야 한다.

■3 기본안전보건대장 포함사항

(1) 공사명, 공사기간 및 공사금액 등 사업개요
(2) 공사규모, 위치도 등 공사현장 제반 정보
(3) 공사 시 유해·위험요인과 감소대책 수립을 위한 설계조건

④ 설계안전보건대장 포함사항

(1) 안전한 작업을 위한 적정 공사기간 및 공사금액 산출서
(2) 해당 건설공사 중 발생할 수 있는 주요 유해·위험요인 및 감소대책에 대한 위험성평가 내용
(3) 유해위험방지계획서의 작성계획
(4) 안전보건조정자의 배치계획
(5) 산업안전보건관리비 산출내역서
(6) 건설공사의 산업재해 예방 지도의 실시계획

⑤ 공사안전보건대장

(1) 설계안전보건대장의 위험성평가 내용이 반영된 건설공사 중 안전보건조치 이행계획
(2) 유해·위험방지계획서의 심사 및 확인결과에 대한 조치내용
(3) 산업안전보건관리비의 사용계획 및 사용내역
(4) 건설공사 산업재해 예방 지도를 위한 계약여부, 지도결과 및 조치내용

⑥ 각 의무주체의 유의사항

(1) 발주자가 하나의 건설공사를 2개 이상으로 분리하여 발주하는 경우에는 발주자, 설계자 또는 수급인은 안전보건대장을 각각 작성해야 한다.
(2) 발주자는 2개 이상으로 분리하여 발주하는 건설공사의 기본안전보건대장을 통합하여 작성할 수 있으며, 설계자 또는 수급인이 같은 건설공사는 설계안전보건대장 또는 공사안전보건대장을 통합하여 작성할 수 있다.
(3) 발주자는 건설공사 계획단계에서 건설공사 발주자의 주요의무 등 기본안전보건대장을 작성해야 하며, 설계자와 설계계약을 체결할 경우 기본안전보건대장을 설계자에게 제공해야 한다.
(4) 설계자는 기본안전보건대장을 반영하여 건설공사 중 발생할 수 있는 주요 유해·위험요인 및 위험성 감소방안 등을 포함한 설계안전보건대장을 작성해야 하며 작성이 완료된 설계도서(설계도면, 설계명세서, 공사시방서 및 부대도변과 그 밖의 관련 서류)를 기준으로 설계안전안전보건대장을 작성해 발주자에게 제출해야 한다.
(5) 설계안전보건대장을 제출받은 발주자는 안전보건 분야의 전문가에게 대장 기재 내용의 적정성을 검토하게 해야 하며 이 경우, 발주자 및 설계자는 설계도서 등 설계안전보건대장 검토에 필요한 자료를 제공해야 한다.
(6) **안전보건 분야 전문가**
설계자가 예상한 시공단계의 유해·위험요인과 이의 감소방안, 공사기간 및 공사비 산정내역의 적정성 등을 검토하고 그 결과를 발주자에게 제출해야 한다.

(7) **설계안전보건대장 작성 시점**

입찰 시 설계안전보건대장을 미리 고지하고, 건설공사 계약 체결 시 설계안전보건대장을 수급인에게 제공해야 한다.

(8) **공사안전보건대장 작성기한**

착공 전날까지 작성해 발주자에게 제출해야 한다.

(9) **이행여부 확인**

발주자는 수급인이 공사안전보건대장에 따른 안전보건 조치계획을 이행하였는지 여부를 건설공사 착공 후 매 3월마다 1회 이상 확인해야 하며 3개월 이내에 공사가 종료되는 경우에는 종료 전에 확인해야 한다.

(10) **작업중단 요청**

발주자는 수급인이 공사안전보건대장에 따른 안전보건 조치 등을 이행하지 아니하여 산업재해가 발생할 급박한 위험이 있을 때에는 수급자에게 작업중단을 요청할 수 있다.

···02 도급사업 시의 안전·보건 조치, 산업재해 예방조치

1 개요

도급인은 관계수급인 근로자가 도급인의 사업장에서 작업을 하는 경우 안전·보건 조치 및 산업재해예방을 위한 조치사항을 이행해야 한다.

2 안전·보건 조치

(1) 작업장 순회점검

2일에 1회 이상

(2) 위생시설의 설치 등 협조

휴게시설, 세면·목욕시설, 세탁시설, 탈의시설, 수면시설

3 산업재해 예방조치

(1) 도급인과 수급인을 구성원으로 하는 안전 및 보건에 관한 협의체의 구성 및 운영
(2) 작업장 순회점검
(3) 관계수급인이 근로자에게 하는 안전보건교육을 위한 장소 및 자료의 제공 등 지원
(4) 관계수급인이 근로장에게 하는 안전보건교육의 실시 확인
(5) 다음의 어느 하나의 경우에 대비한 경보체계 운영과 대피방법 등 훈련
　① 작업 장소에서 발파작업을 하는 경우
　② 작업 장소에서 화재·폭발, 토사·구축물 등의 붕괴 또는 지진 등이 발생한 경우
(6) 위생시설 등 고용노동부령으로 정하는 시설의 설치 등을 위하여 필요한 장소의 제공 또는 도급인이 설치한 위생시설 이용의 협조
(7) 같은 장소에서 이루어지는 도급인과 관계수급인 등의 작업에 있어서 관계수급인 등의 작업시기·내용, 안전조치 및 보건조치 등의 확인
(8) (7)에 따른 확인 결과 관계수급인 등의 작업 혼재로 인하여 화재·폭발 등 대통령령으로 정하는 위험이 발생할 우려가 있는 경우 관계수급인 등의 작업시기·내용 등의 조정
(9) 기타사항
　① 도급인은 고용노동부령으로 정하는 바에 따라 자신의 근로자 및 관계수급인 근로자와 함께 정기적으로 또는 수시로 작업장의 안전 및 보건에 관한 점검을 하여야 한다.
　② 안전 및 보건에 관한 협의체 구성 및 운영, 작업장 순회점검, 안전보건교육 지원, 그 밖에 필요한 사항은 고용노동부령으로 정한다.

④ 도급사업의 합동 안전·보건점검

[점검반의 구성]

(1) 도급인(같은 사업 내에 지역을 달리하는 사업장이 있는 경우에는 그 사업장의 안전보건관리책임자)

(2) 관계수급인(같은 사업 내에 지역을 달리하는 사업장이 있는 경우에는 그 사업장의 안전보건관리책임자)

(3) 도급인 및 관계수급인의 근로자 각 1명(관계수급인의 근로자의 경우에는 해당 공정만 해당)

⑤ 정기 안전·보건점검의 실시 횟수

2개월에 1회 이상

❶ 개요

안전수준평가는 도급인의 안전보건활동 및 지도에 따를 수 있는 최소한의 역량을 갖춘 수급업체를 공정하게 선정하기 위해 실시한다.

❷ 평가항목

사망사고 예방에 필요한 4개 분야 12개 항목으로 구성

❸ 안전수준평가 주요항목

안전보건관리체제	
1. 일반원칙	원청과 하청 사업주의 안전보건방침 부합 여부
2. 계획수립	원청의 산업재해 예방 활동에 대한 하청의 이행계획 부합 여부
3. 구조 및 책임	이행계획 추진을 위한 구성원의 역할 분담(본사, 현장)
실행수준	
4. 위험성 평가	도급작업의 위험성평가 결과에 대한 이해수준 및 자체 유해·위험요인 평가수준
5. 안전점검	안전점검 및 모니터링(보호구 착용 확인 포함)
6. 이행확인	안전조치 이행 여부 확인(원청의 지도조언에 대한 이행 포함)
7. 교육 및 기록	안전보건교육 계획 및 기록관리
8. 안전작업허가	유해·위험작업에 대한 안전작업허가 이행수준
운영관리	
9. 신호 및 연락체계	원청·하청 간 신호체계, 연락체계
10. 위험물질 및 설비	유해·위험 물질 및 취급 기계·기구 및 설비의 안전성 확인
11. 비상대책	비상시 대피 및 피해 최소화 대책(고용부, 소방서, 병원 포함)
재해발생 수준	
12. 산업재해 현황	최근 3년간 산업재해 발생 현황

4 평가기준 및 배점

(1) 평가항목별 세부 기준

정량적 평가점수 부여를 위하여 안전보건관리체계, 실행수준, 운영관리 등의 분야에 속한 항목별로 세부 평가기준 구비

(2) 도급작업에서 재해예방의 중요도를 고려하여 평가항목별로 점수를 부여하고 총 100점 만점으로 구성

① 특히 실행수준에 높은 배점을 부여하여 작업장 안전을 강조
② 항목별로 정량적 평가 배점 부여

항목	내용	배점
안전보건관리체계	(1) 일반원칙[5] (2) 계획수립[10] (3) 구조 및 책임[5]	20
실행수준	(1) 위험성평가[5] (2) 안전점검[10] (3) 이행확인[10] (4) 교육 및 기록[5] (5) 안전작업허가[10]	40
운영관리	(1) 신호 및 연락체계[10] (2) 위험물질 및 설비[5] (3) 비상대책[5]	20
재해발생 수준	−	20

5 선정기준 및 환류(평가결과 적용방법)

등급분류 − 평가항목별 득점에 따라 안전보건수준 등급 분류

등급	득점	이행수준
S	90점 이상	도급작업을 안전하게 수행할 역량이 우수함
A	80점 이상	도급작업을 안전하게 수행할 기본적인 역량을 갖춤
B	70점 이상	도급작업을 수행할 안전보건관리 역량이 보통임
C	60점 이상	도급작업을 수행할 안전보건관리 역량이 부족함
D	60점 미만	도급작업을 수행할 안전보건관리 역량이 매우 낮음

※ 등급제한 : 평가항목의 4개 분류에서 "안전보건관리체계, 실행수준, 운영관리" 개별분류의 득점의 하나라도 50% 미만 시 D등급으로 분류

··· 04 설계변경의 요청

1 개요

건설공사의 수급인은 건설공사 중에 가설구조물의 붕괴 등 재해발생 위험이 높다고 판단되는 경우에는 전문가의 의견을 들어 건설공사를 발주한 도급인에게 설계변경을 요청할 수 있다.

2 설계변경 요청 대상

(1) 높이 31미터 이상인 비계
(2) 작업발판 일체형 거푸집 또는 높이 5미터 이상인 거푸집 동바리
(3) 터널의 지보공 또는 높이 2미터 이상인 흙막이 지보공
(4) 동력을 이용하여 움직이는 가설구조물

3 수급인이 의견을 들어야 하는 전문가

(1) 건축구조기술사(토목공사 및 구조물은 제외한다)
(2) 토목구조기술사(토목공사로 한정한다)
(3) 토질및기초기술사(터널의 지보공 또는 높이 2미터 이상인 흙막이 지보공 구조물로 한정한다)
(4) 건설기계기술사(동력을 이용하여 움직이는 가설구조물로 한정한다)

4 제출서류

설계변경 요청서에 다음 서류를 첨부하여 도급인에게 제출한다.
(1) 설계변경 요청 대상 공사의 도면
(2) 당초 설계의 문제점 및 변경요청 이유서
(3) 가설구조물의 구조계산서 등 당초 설계의 안전성에 관한 전문가의 검토 의견서 및 그 전문가의 자격증 사본
(4) 그 밖에 재해발생의 위험이 높아 설계변경이 필요함을 증명할 수 있는 서류

5 첨부서류

(1) 유해위험방지계획서 심사결과 통지서
(2) 지방고용노동관서의 장이 명령한 공사착공중지명령 또는 계획변경명령 등의 내용
(3) 상기 (1), (2)의 서류

⑥ 건설공사발주자의 의무

설계변경을 요청받은 발주자는 설계변경 요청서를 받은 날부터 30일 이내에 설계를 변경한 후 설계변경 승인 통지서를 건설공사도급인에게 통보해야 한다.

⑦ 도급인의 의무

발주자로부터 설계변경 승인 통지서 또는 변경 불승인 통지서를 받은 경우 통보받은 날부터 5일 이내에 관계수급인에게 그 결과를 통보해야 한다.

⋯ 05 공사기간의 연장 요청

1 개요

건설공사를 타인에게 도급하는 자는 법으로 정한 사유가 있는 경우 그의 수급인이 산업재해 예방을 위하여 공사기간 연장을 요청하는 경우 특별한 사유가 없으면 공사기간 연장 조치를 하여야 한다.

2 해당사유

(1) 태풍·홍수 등 악천후, 전쟁 또는 사변, 지진, 화재, 전염병, 폭동, 그 밖에 계약 당사자의 통제 범위를 초월하는 사태의 발생 등 불가항력의 사유에 의한 경우
(2) 도급하는 자의 책임으로 착공이 지연되거나 시공이 중단된 경우

3 요청기일

(1) 사유가 종료된 날부터 10일이 되는 날까지 공사기간 연장 요청서에 관련서류를 첨부하여 도급인에게 제출하여야 한다.
(2) 해당 공사기간 연장 사유가 그 건설공사의 계약기간 만료 후에도 지속될 것으로 예상되는 경우에는 그 계약기간 만료 전에 도급인에게 공사기간 연장을 요청할 예정임을 통지하고 그 사유가 종료된 날부터 10일이 되는 날까지 공사기간 연장을 요청할 수 있다.

4 첨부서류

(1) 공사기간 연장 요청 사유 및 그에 따른 공사 지연사실을 증명할 수 있는 서류
(2) 공사기간 연장 요청 기간 산정 근거 및 공사 지연에 따른 공정 관리 변경에 관한 서류

5 도급인의 의무

(1) 공사기간 연장 요청을 받은 날부터 30일 이내에 공사기간 연장 조치를 하여야 한다.
(2) 단, 남은 기간 내에 공사를 마칠 수 있다고 인정되는 경우에는 그 사유와 그 사유를 증명하는 서류를 첨부하여 수급인에게 통보하여야 한다.

··· 06 화재감시자 지정·배치

1 개요

용접·용단 작업을 하거나 불꽃의 비산거리(11미터) 이내 또는 가연성 물질, 열전도나 열복사에 의해 발화될 우려가 있는 장소 등으로 화재감시자 배치를 확대하여 화재·폭발 사고 예방을 강화해야 한다.

2 배치기준

다음의 어느 하나에 해당하는 장소에서 용접·용단 작업을 하도록 하는 경우에는 화재감시자를 배치해야 한다. 단, 같은 장소에서 상시·반복적으로 용접·용단 작업을 할 때 경보용 설비·기구, 소화설비 또는 소화기가 갖추어진 경우에는 배치하지 않을 수 있다.

(1) 작업반경 11미터 이내에 건물구조 자체나 내부(개구부 등으로 개방된 부분을 포함한다)에 가연성 물질이 있는 장소
(2) 작업반경 11미터 이내의 바닥 하부에 가연성 물질이 11미터 이상 떨어져 있지만 불꽃에 의해 쉽게 발화될 우려가 있는 장소
(3) 가연성 물질이 금속으로 된 칸막이, 벽, 천장 또는 지붕의 반대쪽 면에 인접해 있어 열전도나 열복사에 의해 발화될 우려가 있는 장소

3 화재감시자의 업무

(1) 배치장소에 가연성 물질이 있는지 여부의 확인
(2) 가스검지, 경보 성능을 갖춘 가스 검지 및 경보 장치의 작동 여부의 확인
(3) 화재 발생 시 사업장 내 근로자의 대피 유도

4 화재감시자 지급 물품

(1) 화재감시자 가방
(2) 화재감시자 천조끼
(3) 화재감시자 안전모
(4) 접이식 미니메가폰
(5) 휴대용 소화기
(6) 휴대용 손전등
(7) 화재감시자 완장
(8) 방연마스크

··· 07 소방안전관리자 선임제도

1 개요

특정소방대상물의 신축·증축·개축·이전·용도변경·대수선 또는 설비 설치 등을 위한 공사 현장에서 인화성(引火性) 물품을 취급하는 작업 등 대통령령으로 정하는 작업(이하 "화재위험작업"이라 한다)을 하기 전에 설치 및 철거가 쉬운 화재대비시설(이하 "임시소방시설"이라 한다)을 설치하고 관리하여야 한다.

2 대상

소방시설공사 착공신고 대상으로 다음 어느 하나에 해당하는 건설현장 소방안전관리대상물
(1) 연면적 15,000m² 이상인 것
(2) 연면적 5,000m² 이상인 것으로서
　① 지하 2층 이하
　② 지상 11층 이상
　③ 냉동창고, 냉장창고 또는 냉동·냉장창고

3 건설현장 소방안전관리자 업무

(1) 건설현장의 소방계획서의 작성
(2) 「소방시설 설치 및 관리에 관한 법률」 제15조 제1항에 따른 임시소방시설의 설치 및 관리에 대한 감독
(3) 공사진행 단계별 피난안전구역, 피난로 등의 확보와 관리
(4) 건설현장의 작업자에 대한 소방안전 교육 및 훈련
(5) 초기대응체계의 구성·운영 및 교육
(6) 화기취급의 감독, 화재위험작업의 허가 및 관리
(7) 그 밖에 건설현장의 소방안전관리와 관련하여 소방청장이 고시하는 업무

4 건설현장 소방안전관리자 선임 자격

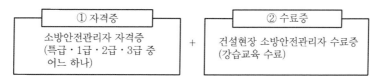

① 자격증		② 수료증
소방안전관리자 자격증 (특급·1급·2급·3급 중 어느 하나)	+	건설현장 소방안전관리자 수료증 (강습교육 수료)

5 유의사항

(1) 아래의 자격증은 법 시행(2022. 12. 1.) 후 2급 소방안전관리자 자격으로 불인정(소방안전관리자 시험응시 자격은 부여). 단, 아래 자격증을 갖고 소방안전관리자로 선임된 사람은 법 시행 후 2년 이내에 2급 소방안전관리자 자격증을 발급받아야 함

① 건축사 · 산업안전기사 · 산업안전산업기사 · 건축기사 · 건축산업기사 · 일반기계기사
② 전기기능장 · 전기기사 · 전기산업기사 · 전기공사기사 · 전기공사산업기사

(2) 선임기간

건설현장의 소방시설공사 착공신고일~건축물 사용승인일

(3) 선임신고

선임한 날로부터 14일 이내 한국소방안전원에 신고

(4) 처벌기준

위반자는 벌칙 또는 과태료 처분

(5) 벌금

건설현장 소방안전관리자를 선임하지 않은 경우 300만 원 이하의 벌금

(6) 과태료

기간 내에 선임 신고를 하지 아니한 경우 200만 원 이하의 과태료

··· 08 산업안전보건관리비

1 개요

산업재해 예방을 위해 발주자에게 공사종류 및 규모에 따른 일정금액을 도급금액에 별도 계상하
도록 하고, 시공자는 계상된 금액을 건설공사 중 안전관리자 인건비, 안전시설비, 안전보건진단
등에 사용하도록 한다.

2 적용범위

건설공사 중 총공사금액 2천만 원 이상인 공사. 다만, 다음 공사 중 단가계약에 의하여 행하는 공
사에 대하여는 총계약금액을 기준으로 적용한다.
(1) 「전기공사업법」 제2조에 따른 전기공사로서 저압·고압 또는 특별고압 작업으로 이루어지는
   공사
(2) 「정보통신공사업법」 제2조에 따른 정보통신공사

3 계상 의무

(1) 산업안전보건관리비 계상의무는 발주자 및 자기공사자에게 있다.
(2) 발주자는 산업안전보건관리비를 계상하지 않았거나 적게 계상할 경우 즉시 적법하게 재계상
   하여야 한다.

4 대상액 산정

대상액은 산업안전보건관리비 산정의 기초가 되는 금액으로 공사내역의 구분 여부에 따라 대상액
을 산정하여야 한다.

(1) 공사내역이 구분되어 있는 경우

재료비(발주자가 따로 재료를 제공하는 경우에는 그 재료의 시가환산액을 가산한 금액) + 직접
노무비

(2) 공사내역이 구분되지 않은 경우

총공사금액(부가가치세 포함) × 70%

⑤ 공사 종류 및 규모별 안전보건관리비 계상기준표

공사종류	대상액 5억 원 미만인 경우 적용비율(%)	대상액 5억 원 이상 50억 원 미만인 경우		대상액 50억 원 이상인 경우 적용비율(%)	영 별표5에 따른 보건관리자 선임 대상 건설공사의 적용비율(%)
		적용비율(%)	기초액		
건축공사	2.93%	1.86%	5,349,000원	1.97%	2.15%
토목공사	3.09%	1.99%	5,499,000원	2.10%	2.29%
중건설공사	3.43%	2.35%	5,400,000원	2.44%	2.66%
특수 건설공사	1.85%	1.20%	3,250,000원	1.27%	1.38%

※ 공사종류 개편 사항은 2024. 7. 1.부터 시행

(1) 공사내역이 구분되어 있는 경우

① 산업안전보건관리비는 대상액(재료비＋직접노무비)에 요율을 곱한 금액(대상액 5～50억 미만 공사의 경우 기초액까지 합산함)

② 발주자가 재료를 제공하거나 물품이 완제품의 형태로 제작 또는 납품되어 설치되는 경우 「해당 재료비 또는 완제품의 가액을 대상액에 포함시킬 때의 산업안전보건관리비」와 「해당 재료비 또는 완제품의 가액을 포함시키지 않은 때의 산업안전보건관리비」의 1.2배를 비교하여 작은 값 이상의 금액으로 계상하여야 한다.

㉠ {재료비(발주자 제공 재료비 또는 완제품 가액 포함)＋직접노무비}×요율＋기초액(대상액이 5～50억 미만인 경우에 한함)

㉡ [{재료비(발주자 제공 재료비 또는 완제품 가액 제외)＋직접노무비}×요율＋기초액(대상액이 5～50억 미만인 경우에 한함)]×1.2

(2) 공사내역이 구분되어 있지 않은 경우

① 총공사금액(부가가치세 포함)의 70%에 요율을 곱한 금액

{(총공사금액×70%)×요율}＋기초액(대상액이 5～50억 미만인 경우에 한함)

② 공사내역이 구분되지 않으면서 완제품 또는 발주자 제공 재료가 포함된 경우 다음 ㉠과 ㉡ 중 작은 금액 이상으로 계상하여야 한다.

㉠ {(총공사금액 × 70%)}×요율＋기초액(대상액이 5～50억 미만인 경우에 한함)

㉡ [{(총공사금액×70%)－발주자 제공 재료비 또는 완제품 가액×요율}＋기초액(대상액이 5～50억 미만인 경우에 한함)]×1.2

(3) 부가가치세가 면세인 공사의 경우

총공사금액에는 부가가치세가 포함된 금액이므로 도급계약서상에 명기된 총공사금액에 따라 계상하여야 한다.

※ 전용면적 85m² 이하 국민주택 건설공사의 경우 도급계약서상에 총공사금액이 도급금액 (부가세 별도)으로 명기되어 있다면 "도급금액＋도급급액의 10%"의 70%를 대상액으로 보고 계상하여야 한다.

(4) 평당 단가계약공사의 경우

산업안전보건관리비는 총공사금액(당해 공사와 직접 관련이 없는 이주비, 설계비, 감리비, 대 지비, 민원비용, 광고비, 입주비용 등은 제외)의 70%를 기준으로 계상하여야 한다.

(5) 연차공사의 경우

연차공사의 산업안전보건관리비는 차수별 공사가 아닌 전체 공사의 총공사금액을 기준으로 계상하여야 한다.

6 산업안전보건관리비의 조정계상

산업안전보건관리비는 설계변경, 물가변동, 관급자재의 증감 등으로 대상액의 변동이 있는 경우 에는 변경시점을 기준으로 다시 계상하여야 하며, 설계변경 등으로 공사금액이 800억 원 이상으 로 증액된 경우 증액된 대상액에 기준 요율을 적용하여 새로 계상하여야 한다.

(1) 설계변경에 따른 안전관리비는 다음 계산식에 따라 산정한다.

> 설계변경에 따른 안전관리비＝설계변경 전의 안전관리비＋설계변경으로 인한 안전관리비 증감액

(2) (1)의 계산식에서 설계변경으로 인한 안전관리비 증감액은 다음 계산식에 따라 산정한다.

> 설계변경으로 인한 안전관리비 증감액＝설계변경 전의 안전관리비×대상액의 증감비율

(3) (2)의 계산식에서 대상액의 증감비율은 다음 계산식에 따라 산정한다. 이 경우, 대상액은 예정 가격 작성 시의 대상액이 아닌 설계변경 전·후의 도급계약서상의 대상액을 말한다.

$$대상액의\ 증감\ 비율 = \frac{설계변경\ 후\ 대상액 - 설계변경\ 전\ 대상액}{설계변경\ 전\ 대상액} \times 100\%$$

7 사용 불가 내역

(1) 사용기준에 부합하더라도 다음 항목에 해당하는 경우 사용이 불가하다.

① 전력비, 수도광열비   ② 운반비
③ 기계경비   ④ 특허권사용료
⑤ 기술료   ⑥ 연구개발비
⑦ 품질관리비   ⑧ 가설비
⑨ 지급임차료   ⑩ 보험료
⑪ 복리후생비   ⑫ 보관비
⑬ 외주가공비   ⑭ 소모품비
⑮ 여비·교통비·통신비   ⑯ 세금, 공과금
⑰ 폐기물처리비   ⑱ 도서인쇄비
⑲ 지급수수료   ⑳ 환경보전비
㉑ 보상비   ㉒ 안전관리비
㉓ 건설근로자퇴직공제부금비   ㉔ 관급자재 관리비
㉕ 법정부담금   ㉖ 기타 법정경비

(2) 산업안전보건법 외 다른 법령에서 의무사항으로 규정한 사항을 이행하는 데 필요한 비용

(3) 근로자 재해예방 외의 목적이 있는 시설·장비나 물건 등을 사용하기 위해 소요되는 비용

(4) 환경관리, 민원 또는 수방대비 등 다른 목적이 포함된 경우

8 확인

(1) 도급인은 안전보건관리비 사용내역에 대하여 공사 시작 후 6개월마다 1회 이상 발주자 또는 감리자의 확인을 받아야 한다.

  ※ 6개월 이내에 공사가 종료되는 경우에는 종료 시 확인을 받아야 한다.

(2) 발주자, 감리자 및 근로감독관은 안전보건관리비 사용내역을 수시로 확인할 수 있으며, 도급인 등은 이에 따라야 한다.

  ※ 안전보건관리비의 확인방법 및 내용 등에 대해서는 별도로 정하고 있지 않으나, 사용내역에 대한 증빙자료 등을 제시 요구할 수 있다.

(3) 발주자 또는 감리자는 안전보건관리비 사용내역 확인 시 기술지도 계약 체결, 기술지도 실시 및 개선 여부 등을 확인하여야 한다.

⑨ 공사진척에 따른 안전관리비 사용기준

공정률	50퍼센트 이상 70퍼센트 미만	70퍼센트 이상 90퍼센트 미만	90퍼센트 이상
사용기준	50퍼센트 이상	70퍼센트 이상	90퍼센트 이상

⑩ 항목별 사용기준

항목	사용요령
안전관리자 등 인건비	겸직 안전관리자 임금의 50%까지 가능
안전시설비	스마트 안전장비 구입(임대비의 20% 이내 허용, 총액의 10% 한도)
보호구 등	안전인증 대상 보호구에 한함
안전·보건 진단비	산업안전보건법상 법령에 따른 진단에 소요되는 비용
안전·보건 교육비 등	산재예방 관련 모든 교육비용 허용(타 법령상 의무교육 포함)
건강장해 예방비	손소독제·체온계·진단키트 등 허용
본사인건비	중대재해처벌법 시행 고려, 200위 이내 종합건설업체는 사용 제한, 5억 원 한도 폐지, 임금 등으로 사용항목 한정
자율결정항목	위험성평가 또는 중대법상 유해·위험요인 개선 판단을 통해 발굴하여 노사 간 합의로 결정한 품목 허용 ※ 총액의 10% 한도

⑪ 결론

2024년 개정되어 시행되는 산업안전보건관리비 제도는 「중대재해 감축 로드맵」에 따라 건설현장에서 '자기규율 예방체계'를 구축·이행하는 과정에서 중대재해 예방에 효과적인 품목을 현장여건에 맞게 갖추도록 지원하기 위해 이루어졌기에 모든 건설현장은 응급상황 초동대처 시스템구축, 스마트 안전장비 확산 등이 활성화되도록 노력해야 할 것이다.

··· 09 건설공사 재해예방기술지도

🔟 개요

(1) 대통령령으로 정하는 건설공사의 건설공사 발주자 또는 건설공사도급인(건설공사로부터 건설공사를 최초로 도급받은 수급인은 제외한다)은 해당 건설공사를 착공하려는 경우 제74조에 따라 지정받은 전문기관(건설재해예방전문지도기관)과 건설 산업재해 예방을 위한 지도계약을 체결하여야 한다.

(2) 건설재해예방전문지도기관은 건설공사도급인에게 산업재해 예방을 위한 지도를 실시하여야 하고, 건설공사도급인은 지도에 따라 적절한 조치를 하여야 한다.

2️⃣ 대통령령으로 정하는 건설공사

공사금액 1억 원 이상 120억 원(토목공사는 150억 원) 미만인 다음의 5가지 공사와 「건축법」 제11조에 따른 건축허가의 대상이 되는 공사를 말한다.

(1) 「건설산업기본법」 제2조 제4호에 따른 건설공사
(2) 「전기공사업법」 제2조 제1호에 따른 전기공사
(3) 「정보통신공사업법」 제2조 제2호에 따른 정보통신공사
(4) 「소방시설공사업법」에 따른 소방시설공사
(5) 「문화재수리 등에 관한 법률」에 따른 문화재수리공사

3️⃣ 예외규정

(1) 공사기간이 1개월 미만인 공사

계약서상 공사기간이 아닌 실제 착공일을 기준으로 공사기간을 판단한다.

(2) 육지와 연결되지 않은 섬 지역에서 이루어지는 공사

단, 제주특별자치도 내에서 이루어지는 공사는 예외적으로 기술지도 대상이다.

(3) 사업주가 안전관리자의 자격을 가진 사람을 선임하여 안전관리자의 업무만을 전담하도록 하는 공사

전담 안전관리자를 선임한 건설현장에서는 공사금액이 50억 미만이라 하더라도 기술지도를 받지 않아도 되며, 같은 광역지방자치단체의 구역 내에서 같은 사업주가 시공하는 셋 이하의 공사에 대해서는 안전관리자를 중복 선임할 수 있다.

4 계약주체

건설공사 발주자 또는 건설공사 도급인

5 계약시기

공사착공일 전날까지 체결해야 하며 공사착공일은 공사계약서상 착공일이 아닌 실제로 공사가 시작되는 시점을 말한다.

6 건설재해예방전문지도기관 선정

건설공사발주자 또는 자기공사자가 자유롭게 선정하되, 지도기관은 지역별 지방고용노동청의 지정을 받아 해당 지방고용노동청 관할 지역에서만 기술지도를 할 수 있으므로 현장 소재지에 맞는 기관을 선택해야한다.

7 기술지도 기준

(1) 기술지도계약

① 지도기관은 발주자로부터 기술지도계약서 사본을 받은 날부터 14일 이내에 이를 건설현장에 갖춰 두도록 건설공사도급인(시공사)을 지도하고, 건설공사의 시공을 주도하여 총괄·관리하는 자에 대해서는 계약체결 14일 이내 계약서 사본을 건설현장에 갖춰 두도록 지도해야 한다.

② 지도기관은 계약체결 시 고용노동부장관이 정하는 전산시스템에서 발급한 계약서를 사용해야 하며, 계약체결 7일 이내에 계약에 관한 내용을 전산시스템에 입력해야 한다.

(2) 기술지도의 수행방법

① 기술지도 횟수

㉠ 기술지도는 공사시작 후 15일마다 1회 실시하고, 공사금액이 40억 원 이상인 공사에 대해서는 다음에 해당하는 자가 기술지도 8회마다 1회 이상 방문지도해야 한다.
- 건설공사 : 산업안전지도사 또는 건설안전기술사
- 전기·정보통신·소방시설공사 : 산업안전지도사, 건설·전기안전기술사 또는 건설·산업안전기사 자격 취득 후 실무경력 9년 이상인 자

㉡ 조기 준공 등으로 횟수기준을 지키기 어려운 경우 : 공사감독자 등의 승인을 받아 횟수 조정

② 기술지도 한계 및 기술지도 지역
　　㉠ 사업장 지도 담당자 1명당 기술지도 횟수는 1일당 최대 4회, 월 최대 80회로 한다.
　　㉡ 지도기관의 기술지도 지역은 지도기관으로 지정받은 지방고용노동관서의 관할지역으로 한다.

(3) 기술지도 업무의 내용

① 기술지도 범위 및 준수의무
　　㉠ 지도기관은 기술지도를 할 때 공사의 종류·규모, 담당 사업장 수 등을 고려하여 직원 중 지도 담당자를 지정해야 한다.
　　㉡ 지도기관은 담당자에게 건설업 발생 최근 사망사고 사례 등 연 1회 이상 교육을 실시해야 한다.
　　㉢ 지도기관은 「산업안전보건법」 등 관계 법령에 따라 도급인이 산업재해 예방을 위해 준수해야 하는 사항을 기술지도해야 하며, 기술지도를 받은 도급인은 그에 따른 적절한 조치를 해야 한다.
　　㉣ 지도기관은 도급인(시공사)이 적절한 조치를 하지 않은 경우 발주자에게 그 사실을 알려야 한다.

② 기술지도 결과의 관리
　　㉠ 지도기관은 기술지도를 한 때마다 결과보고서를 작성하고 다음에 해당하는 자에게 통보해야 한다.
　　　• 총공사금액 20억 원 이상인 경우 : 해당 사업장의 안전보건총괄책임자
　　　• 총공사금액 20억 원 미만인 경우 : 해당 사업장을 실질적으로 총괄하여 관리하는 사람
　　㉡ 지도기관은 기술지도 후 7일 이내 지도결과를 전산시스템에 입력해야 한다.
　　㉢ 지도기관은 총공사금액이 50억 원 이상인 경우 도급인 소속 사업주와 「중대재해 처벌 등에 관한 법률」에 따른 경영책임자등에게 분기별 1회 이상 기술지도 결과보고서를 송부해야 한다.
　　㉣ 지도기관은 공사 종료 시 발주자 등에게 기술지도 완료증명서를 발급해 주어야 한다.

8 안전관리전문기관의 인력기준(안전관리자 자격인정)

(1) 산업안전지도사
(2) 산업안전산업기사 이상 취득자
(3) 건설안전산업기사 이상 취득자
(4) 4년제 대학 이상의 학교 등에서 산업안전 관련 학위 취득자
(5) 전문대학 수준의 산업안전 관련 학위취득자

9 장비기준

지도인력기준	시설기준	장비기준
다음에 해당하는 인원 1) 산업안전지도사(건설 분야) 또는 건설안전기술사 1명 이상 2) 다음의 기술인력 중 2명 이상 　가) 건설안전산업기사 이상 자격취득 후 건설안전 실무경력이 기사 이상 자격은 5년, 산업기사 자격은 7년 이상인 사람 　나) 토목·건축산업기사 이상 자격취득 후 건설 실무경력이 기사 이상은 5년, 산업기사는 7년 이상이고 법 제17조에 따른 안전관리자의 자격을 갖춘 사람 3) 다음의 기술인력 중 2명 이상 　가) 건설안전산업기사 이상 자격취득 후 건설안전 실무경력이 기사 이상은 1년, 산업기사는 3년 이상인 사람 　나) 토목·건축산업기사 이상 자격취득 후 건설 실무경력이 기사 이상은 1년, 산업기사는 3년 이상이고 법 제17조에 따른 안전관리자의 자격을 갖춘 사람 4) 법 제17조에 따른 안전관리자의 자격(별표 4 제6호부터 제10호까지의 규정에 해당하는 사람은 제외)을 갖춘 후 건설안전 실무경력이 2년 이상인 사람 1명 이상	사무실 (장비실 포함)	지도인력 2명당 다음의 장비 각 1대 이상(지도인력이 홀수인 경우 지도인력 인원을 2로 나눈 나머지인 1명도 다음의 장비를 갖추어야 한다) 1) 가스농도측정기 2) 산소농도측정기 3) 접지저항측정기 4) 절연저항측정기 5) 조도계

※ 단, 지도인력기준 3)과 4)를 합한 수는 1)과 2)를 합한 수의 3배를 초과할 수 없음

10 결론

건설공사 재해예방을 위한 기술지도의 계약주체는 발주처이며, 발주처가 아닌 건설공사 도급인이더라도 건설공사를 발주하였으나 타 건설사업자에게 도급하지 않고 직접 총괄·관리하며 공사를 수행하는 자기공사자의 경우에는 도급인이 재해예방기술지도 계약을 체결해야 한다.

··· 10   안전·보건교육

1 개요

산업안전보건법상 안전보건교육은 건설업 기초안전보건교육, 신규채용자 교육 등이 있으며, 2023년 9월 시행규칙 일부개정으로 안전보건관리책임자 및 정기교육, 채용 시 교육 시간과 내용이 정비된 바 있다.

2 2023년 9월 개정사항

(1) 안전보건관리책임자 보수교육

보수교육 이수기간을 신규교육 이수한 날을 기준으로 전후 3개월(총 6개월)에서 전후 6개월(총 1년)로 확대

(2) 근로자 안전보건교육 시간 정비

① 근로자 정기안전보건교육 추가 확대

② 일용근로자 및 기간제 근로자의 채용 시 교육시간 개선

③ 타법에 따른 안전교육 이수대상자의 교육시간 감면

보건에 관한 사항만 교육하는 사업은 해당 교육과정별(채용 시·정기·작업내용 변경 시 특별) 교육시간의 2분의 1 이상 이수하도록 완화

④ 관리감독자 교육을 근로자 안전보건교육에서 분리하여 규정

(3) 근로자 안전보건교육 내용 정비

① 일반 근로자와 구분하여 관리감독자의 교육과정별 교육내용을 별도로 규정

정기교육, 채용 시 교육, 작업내용 변경 시 교육, 특별교육

② 근로자관리감독자의 정기교육 및 채용 시 교육내용 보완

위험성평가, 사업장 내 안전보건관리체제 및 안전보건조치 현황에 관한 사항 등

❸ 근로자 안전보건교육

교육과정	교육대상		교육시간
가. 정기교육	1) 사무직 종사 근로자		매반기 6시간 이상
	2) 그 밖의 근로자	가) 판매업무에 직접 종사하는 근로자	매반기 6시간 이상
		나) 판매업무에 직접 종사하는 근로자 외의 근로자	매반기 12시간 이상
나. 채용 시 교육	1) 일용근로자 및 근로계약기간이 1주일 이하인 기간제 근로자		1시간 이상
	2) 근로계약기간이 1주일 초과 1개월 이하인 기간제 근로자		4시간 이상
	3) 그 밖의 근로자		8시간 이상
다. 작업내용 변경 시 교육	1) 일용근로자 및 근로계약기간이 1주일 이하인 기간제 근로자		1시간 이상
	2) 그 밖의 근로자		2시간 이상
라. 특별교육	1) 일용근로자 및 근로계약기간이 1주일 이하인 기간제 근로자(특별교육 대상 작업 중 아래 2)에 해당하는 작업 외에 종사하는 근로자에 한정)		2시간 이상
	2) 일용근로자 및 근로계약기간이 1주일 이하인 기간제 근로자(타워크레인을 사용하는 작업 시 신호업무를 하는 작업에 종사하는 근로자에 한정)		8시간 이상
	3) 일용근로자 및 근로계약기간이 1주일 이하인 기간제 근로자를 제외한 근로자(특별교육 대상 작업에 한정)		가) 16시간 이상(최초 작업에 종사하기 전 4시간 이상 실시하고 12시간은 3개월 이내에서 분할하여 실시 가능) 나) 단기간 작업 또는 간헐적 작업인 경우에는 2시간 이상
마. 건설업 기초안전 보건교육	건설 일용근로자		4시간 이상

4 관리감독자 안전보건교육

교육과정	교육시간
가. 정기교육	연간 16시간 이상
나. 채용 시 교육	8시간 이상
다. 작업내용 변경 시 교육	2시간 이상
라. 특별교육	16시간 이상(최초 작업에 종사하기 전 4시간 이상 실시하고 12시간은 3개월 이내에서 분할하여 실시 가능)
	단기간 작업 또는 간헐적 작업인 경우에는 2시간 이상

5 안전보건관리책임자 등에 대한 교육

교육과정	교육시간	
	신규교육	보수교육
가. 안전보건관리책임자	6시간 이상	6시간 이상
나. 안전관리자, 안전관리전문기관의 종사자	34시간 이상	24시간 이상
다. 보건관리자, 보건관리전문기관의 종사자	34시간 이상	24시간 이상
라. 건설재해예방전문지도기관의 종사자	34시간 이상	24시간 이상
마. 석면조사기관의 종사자	34시간 이상	24시간 이상
바. 안전보건관리담당자	–	8시간 이상
사. 안전검사기관, 자율안전검사기관의 종사자	34시간 이상	24시간 이상

6 특수형태근로종사자에 대한 안전보건교육

교육과정	교육시간
가. 최초 노무 제공 시 교육	2시간 이상(단기간 작업 또는 간헐적 작업에 노무를 제공하는 경우에는 1시간 이상 실시하고, 특별교육을 실시한 경우는 면제)
나. 특별교육	16시간 이상(최초 작업에 종사하기 전 4시간 이상 실시하고 12시간은 3개월 이내에서 분할하여 실시 가능)
	단기간 작업 또는 간헐적 작업인 경우에는 2시간 이상

7 검사원 성능검사 교육

교육과정	교육대상	교육시간
성능검사 교육	–	28시간 이상

⑧ 기초안전 · 보건교육에 대한 내용 및 시간

교육내용	교육시간
건설공사의 종류 및 시공절차	1시간
산업재해 유형별 위험요인 및 안전보건 조치	2시간
안전보건 관리체제 현황 및 산업안전보건관련 근로자 권리·의무	1시간

※ 중대재해 감축 로드맵에 따라 상기교육 내용에는 CPR(심폐소생술)교육이 추가되고 있다.

⑨ 안전보건관리자 교육 내용 및 시간

교육내용	교육시간
안전보건관리담당자의 업무	10시간
산업안전보건법 주요내용	3시간
재해사례 및 안전보건자료 활용방법 등	3시간

⑩ 건설업 안전관리자 양성교육 내용 및 시간

교육내용	교육시간
산업안전보건법령, 「중대재해 처벌 등에 관한 법률」에 관한 사항	4시간
산업안전보건에 관한 사항	25시간
위험성 평가에 관한 사항	4시간
안전보건교육에 관한 사항	2시간
건설안전기술에 관한 사항	42시간
그 밖에 안전관리자의 직무에 관한 사항	7시간
합계	84시간

⑪ 근로자 교육

(1) 근로자 정기교육

① 산업안전 및 사고 예방에 관한 사항

② 산업보건 및 직업병 예방에 관한 사항

③ 위험성평가에 관한 사항

④ 유해위험 작업환경 관리에 관한 사항

⑤ 산업안전보건법령 및 산업재해보상보험 제도에 관한 사항

⑥ 직무스트레스 예방 및 관리에 관한 사항

⑦ 직장 내 괴롭힘, 고객의 폭언 등으로 인한 건강장해 예방 및 관리에 관한 사항

⑵ 채용 시 교육 및 작업내용 변경 시 교육

① 산업안전 및 사고 예방에 관한 사항

② 산업보건 및 직업병 예방에 관한 사항

③ 위험성평가에 관한 사항

④ 산업보건법령 및 산업재해보상보험제도에 관한 사항

⑤ 직무스트레스 예방 및 관리에 관한 사항

⑥ 직장 내 괴롭힘, 고객의 폭언 등으로 인한 건강장해 예방 및 관리에 관한 사항

⑦ 기계기구의 위험성과 작업의 순서 및 동선에 관한 사항

⑧ 작업 개시 전 점검에 관한 사항

⑨ 정리정돈 및 청소에 관한 사항

⑩ 사고 발생 시 긴급조치에 관한 사항

⑪ 물질안전보건자료에 관한 사항

12 관리감독자 안전보건교육

⑴ 정기교육

① 산업안전 및 사고예방에 관한 사항

② 산업보건 및 직업병 예방에 관한 사항

③ 위험성평가에 관한 사항

④ 유해위험작업환경 관리에 관한 사항

⑤ 산업안전보건법령 및 산업재해보상보험제도에 관한 사항

⑥ 직무스트레스 예방 및 관리에 관한 사항

⑦ 직장 내 괴롭힘, 고객의 폭언 등으로 인한 건강장해 예방 및 관리에 관한 사항

⑧ 작업공정의 유해위험과 재해예방대책에 관한 사항

⑨ 사업장 내 안전보건관리체제 및 안전보건조치 현황에 관한 사항

⑩ 표준안전 작업방법 결정 및 지도감독요령에 관한 사항

⑪ 현장근로자와의 의사소통능력 및 강의능력 등 안전보건교육 능력 배양에 관한 사항

⑫ 비상시 또는 재해 발생 시 긴급조치에 관한 사항

⑬ 그 밖의 관리감독자의 직무에 관한 사항

⑵ 채용 시 교육 및 작업내용 변경 시 교육

① 산업안전 및 사고예방에 관한 사항

② 산업보건 및 직업병 예방에 관한 사항

③ 위험성평가에 관한 사항

④ 산업안전보건법령 및 산업재해보상보험제도에 관한 사항

⑤ 직무스트레스 예방 및 관리에 관한 사항

⑥ 직장 내 괴롭힘, 고객의 폭언 등으로 인한 건강장해 예방 및 관리에 관한 사항

⑦ 기계기구의 위험성과 작업의 순서 및 동선에 관한 사항

⑧ 작업 개시 전 점검에 관한 사항

⑨ 물질안전보건자료에 관한 사항

⑩ 사업장 내 안전보건관리체제 및 안전보건조치 현황에 관한 사항

⑪ 표준안전 작업방법 결정 및 지도감독요령에 관한 사항

⑫ 비상시 또는 재해 발생 시 긴급조치에 관한 사항

⑬ 그 밖의 관리감독자의 직무에 관한 사항

⑬ 안전보건교육 강사기준

(1) 안전보건교육기관 및 직무교육기관의 강사와 같은 등급 이상의 자격을 가진 사람

(2) 사업주, 법인의 대표자, 대표이사 및 안전보건 관련 이사

(3) 중대재해 처벌 등에 관한 법률 시행령 제4조 제2호에 따른 안전·보건에 관한 업무를 총괄·관리하는 전담 조직에 소속된 사람으로서 안전·보건에 관한 업무 경력이 있는 사람. 이 경우 이 사람은 소속되어 있는 조직이 안전·보건에 관한 업무를 총괄·관리하는 모든 사업장을 대상으로 교육할 수 있다.

(4) 사업장 내에서 이루어지는 작업에 3년 이상 근무한 경력이 있는 사람으로서 사업주가 강사로서 적정하다고 인정하는 사람

(5) 다음 각 목의 어느 하나에 해당하는 사람으로서 실무경험을 보유한 사람

　　가. 법 제21조 제1항에 따른 안전관리전문기관과 보건관리전문기관, 법 제74조에 따른 건설재해예방전문지도기관 및 법 제120조에 따른 석면조사기관의 종사자로서 실무경력이 3년 이상인 사람

　　나. 소방공무원 및 응급구조사 국가자격 취득자로서 실무경력이 3년 이상인 사람

　　다. 근골격계 질환 예방 전문가(물리치료사 또는 작업치료사 국가면허 취득자, 1급 생활스포츠지도사 국가자격 취득자) 또는 직무스트레스예방 전문가(임상심리사, 정신보건임상심리사 등 정신보건 관련 국가면허 또는 국가자격·학위 취득자)

　　라. 의료법 제5조 또는 제7조에 따라 의사 또는 간호사 자격을 가진 사람

　　마. 공인노무사법 제3조에 따라 공인노무사 자격을 가진 사람

　　바. 변호사법 제4조에 따라 변호사 자격이 있는 사람

　　사. 한국교통안전공단에서 교통안전관리 실무경력이 3년 이상인 사람

　　아. 보건복지부에서 실시하는 자살예방 생명지킴이(게이트키퍼) 강사양성교육 과정 이수자 및 보고듣고말하기 강사양성교육 과정 이수자

⑭ 위험성 평가의 공유(안전보건교육 시)

(1) 유해·위험요인
(2) 위험성 결정 결과
(3) 위험성 감소대책, 실행계획, 실행 여부
(4) 근로자 준수 또는 주의사항

⑮ 안전보건교육제도 개선사항(안전보건교육규정 고시 2023년 3월 2일 시행)

(1) 교육내용 명확화

교육내용의 범위에서 현장의 위험성을 반영하여 교육내용을 선정

(2) 교육형태 다양화

모바일 및 플랫폼 등 비대면 실시간 교육을 인정
① 모바일기기를 통한 인터넷 원격교육
② 줌(Zoom) 등 플랫폼을 통한 비대면 실시간 교육을 인정
③ 집체교육 시 토의·토론 및 체험실습방식 등 다양한 방법이 가능함을 명시

(3) 교육평가 강화

인터넷 원격교육 시 교육평가에 대한 기준 강화

(4) 근로자 교육 강사 기준 확대

① 사업주(중대재해처벌법에 따른 경영 책임자 등 포함)
② 본사의 안전·보건전담 소속 근로자를 강사 기준에 추가

(5) 직무교육 내실화

① 교육과정 개설폐지 시 사정승인제 → 신고제
② 전문화 교육 이수 시 보수교육 면제 기준 완화

(6) 교육기관 관리강화

① 공단의 교육기관 관리 및 지원 기능 명시
② 안전보건 교육기관 운영위원회 확대·개편

⑯ 결론

안전보건교육 시에는 교육내용의 범위에서 현장의 위험성을 반영하여 교육내용을 선정하고 비대면 실시간 교육을 인정토록 2023년 3월 2일 개정된바 있으므로 향후 모바일기기를 통한 인터넷 원격교육, 집체교육 시 체험실습방식 등 다양한 방법의 시도와 개발이 필요하다.

··· 11 특별안전보건교육

1 개요

재해발생빈도 및 위험성이 매우 높아 사업주의 각별한 관리와 근로자의 전문적 교육이수가 필요
한 작업을 지정해 실시하고 있는 특별안전보건교육은 산업재해 발생을 예방하기 위한 소정의 목
적이 달성될 수 있도록 교육 시에는 교육내용의 철저한 준비로 효과적인 교육이 이루어지도록 해
야 한다.

2 건설업 특별안전보건교육 대상 및 내용

작업명	교육내용
고압실 내 작업	• 고기압 장해의 인체에 미치는 영향에 관한 사항 • 작업의 시간, 작업방법 및 절차에 관한 사항 • 압기공법에 관한 기초지식 및 보호구 착용에 관한 사항 • 이상 발생 시 응급조치에 관한 사항 • 그 밖에 안전보건관리에 필요한 사항
아세틸렌 용접장치 또는 가스집합 용접장치 사용 용접, 용단작업	• 용접흄, 분진 및 유해광선 등의 유해성에 관한 사항 • 가스용접기, 압력조정기, 호스 및 취관두 등의 기기점검에 관한 사항 • 작업방법·순서 및 응급처치에 관한 사항 • 안전기 및 보호구 취급에 관한 사항 • 화재예방 및 초기 대응에 관한 사항 • 그 밖에 안전보건관리에 필요한 사항
밀폐된 장소에서 하는 용접작업 또는 습한 장소에서 하는 전기용접 작업	• 작업순서, 안전작업방법 및 수칙에 관한 사항 • 환기설비에 관한 사항 • 전격 방지 및 보호구 착용에 관한 사항 • 질식 시 응급조치에 관한 사항 • 작업환경 점검에 관한 사항 • 그 밖에 안전보건관리에 필요한 사항
목재가공용 기계를 5대 이상 보유한 작업장에서 해당 기계로 하는 작업	• 목재가공용 기계의 특성과 위험성에 관한 사항 • 방호장치의 종류와 구조 및 취급에 관한 사항 • 안전기준에 관한 사항 • 안전작업방법 및 목재 취급에 관한 사항 • 그 밖에 안전보건관리에 필요한 사항

작업명	교육내용
1톤 이상의 크레인을 사용하는 작업 또는 1톤 미만의 크레인 또는 호이스트를 5대 이상 보유한 사업장에서 해당 기계로 하는 작업	• 방호장치의 종류, 기능 및 취급에 관한 사항 • 걸고리, 와이어로프 및 비상정지장치 등의 기계·기구 점검에 관한 사항 • 화물의 취급 및 안전작업방법에 관한 사항 • 신호방법 및 공동작업에 관한 사항 • 인양 물건의 위험성 및 낙하·비래(飛來)·충돌재해 예방에 관한 사항 • 인양물이 적재될 지반의 조건, 인양하중, 풍압 등이 인양물과 타워크레인에 미치는 영향 • 그 밖에 안전보건관리에 필요한 사항
건설용 리프트, 곤돌라를 이용한 작업	• 방호장치의 기능 및 사용에 관한 사항 • 기계, 기구, 달기체인 및 와이어 등의 점검에 관한 사항 • 화물의 권상, 권하 작업방법 및 안전작업 지도에 관한 사항 • 기계·기구의 특성 및 동작원리에 관한 사항 • 신호방법 및 공동작업에 관한 사항 • 그 밖에 안전보건관리에 필요한 사항
전압이 75볼트 이상인 정전 및 활선 작업	• 전기의 위험성 및 전격방지에 관한 사항 • 해당 설비의 보수 및 점검에 관한 사항 • 정전작업, 활선작업 시의 안전작업방법 및 순서에 관한 사항 • 절연용 보호구, 절연용 보호구 및 활선작업용 기구 등의 사용에 관한 사항 • 그 밖에 안전보건관리에 필요한 사항
굴착면의 높이가 2미터 이상이 되는 지반굴착작업	• 지반의 형태, 구조 및 굴착요령에 관한 사항 • 지반의 붕괴재해 예방에 관한 사항 • 붕괴방지용 구조물 설치 및 작업방법에 관한 사항 • 보호구의 종류 및 사용에 관한 사항 • 그 밖에 안전보건관리에 필요한 사항
흙막이 지보공의 보강 또는 동바리를 설치하거나 해체하는 작업	• 작업안전 점검요령과 방법에 관한 사항 • 동바리의 운반, 취급 및 설치 시 안전작업에 관한 사항 • 해체작업 순서와 안전기준에 관한 사항 • 보호구 취급 및 사용에 관한 사항 • 그 밖에 안전보건관리에 필요한 사항
터널 안에서의 굴착작업 또는 같은 작업에서의 터널 거푸집 지보공의 조립 또는 콘크리트 작업	• 작업환경의 점검요령과 방법에 관한 사항 • 붕괴방지용 구조물 설치 및 안전작업 방법에 관한 사항 • 재료의 운반 및 취급, 설치의 안전기준에 관한 사항 • 보호구의 종류 및 사용에 관한 사항 • 소화설비의 설치장소 및 사용방법에 관한 사항 • 그 밖에 안전보건관리에 필요한 사항

작업명	교육내용
굴착면의 높이가 2미터 이상이 되는 암석의 굴착작업	• 폭발물 취급요령과 대피요령에 관한 사항 • 안전거리 및 안전기준에 관한 사항 • 방호물의 설치 및 기준에 관한 사항 • 보호구 및 신호방법 등에 관한 사항 • 그 밖에 안전보건관리에 필요한 사항
거푸집 동바리의 조립 또는 해체작업	• 동바리의 조립방법 및 작업절차에 관한 사항 • 조립재료의 취급방법 및 설치기준에 관한 사항 • 조립 해체 시의 사고 예방에 관한 사항 • 보호구 착용 및 점검에 관한 사항 • 그 밖에 안전보건관리에 필요한 사항
비계의 조립, 해체 또는 변경작업	• 비계의 조립순서 및 방법에 관한 사항 • 비계작업의 재료취급 및 설치에 관한 사항 • 추락재해 방지에 관한 사항 • 보호구 착용에 관한 사항 • 비계 상부 작업 시 최대 적재하중에 관한 사항 • 그 밖에 안전보건관리에 필요한 사항
건축물의 골조, 다리의 상부구조 또는 탑의 금속제의 부재로 구성되는 것의 조립, 해체 또는 변경작업	• 건립 및 버팀대의 설치순서에 관한 사항 • 조립해체 시의 추락재해 및 위험요인에 관한 사항 • 건립용 기계의 조작 및 작업신호 방법에 관한 사항 • 안전장비 착용 및 해체순서에 관한 사항 • 그 밖에 안전보건관리에 필요한 사항
처마높이가 5미터 이상인 목조건축물의 구조부재의 조립이나 건축물의 지붕 또는 외벽 밑에서의 설치작업	• 붕괴·추락 및 재해 방지에 관한 사항 • 부재의 강도·재질 및 특성에 관한 사항 • 조립설치 순서 및 안전작업방법에 관한 사항 • 보호구 착용 및 작업 점검에 관한 사항 • 그 밖에 안전보건관리에 필요한 사항
콘크리트 인공구조물(그 높이가 2미터 이상인 것만 해당한다.)의 해체 또는 파괴작업	• 콘크리트 해체기계의 점검에 관한 사항 • 파괴 시의 안전거리 및 대피요령에 관한 사항 • 작업방법, 순서 및 신호방법 등에 관한 사항 • 해체, 파괴 시의 작업안전기준 및 보호구에 관한 사항 • 그 밖에 안전보건관리에 필요한 사항
타워크레인을 설치, 해체하는 작업	• 붕괴, 추락 및 재해방지에 관한 사항 • 설치, 해체순서 및 안전작업방법에 관한 사항 • 부재의 구조, 재질 및 특성에 관한 사항 • 신호방법 및 요령에 관한 사항 • 이상 발생 시 응급조치에 관한 사항 • 그 밖에 안전보건관리에 필요한 사항

작업명	교육내용
밀폐공간에서의 작업	• 산소농도 측정 및 작업환경에 관한 사항 • 사고 시의 응급처치 및 비상시 구출에 관한 사항 • 보호구 착용 및 사용방법에 관한 사항 • 작업내용·안전작업방법 및 절차에 관한 사항 • 장비·설비 및 시설 등의 안전점검에 관한 사항 • 그 밖에 안전보건관리에 필요한 사항
석면해체, 제거작업	• 석면의 특성과 위험성 • 석면해체, 제거의 작업방법에 관한 사항 • 장비 및 보호구 사용에 관한 사항 • 그 밖에 안전보건관리에 필요한 사항
가연물이 있는 장소에서 하는 화재위험 작업	• 작업준비 및 작업절차에 관한 사항 • 작업장 내 위험물, 가연물의 사용, 보관, 설치 현황에 관한 사항 • 화재위험작업에 따른 인근 인화성 액체에 대한 방호조치에 관한 사항 • 화재위험작업으로 인한 불꽃, 불티 등의 비산방지조치에 관한 사항 • 인화성 액체의 증기가 남아 있지 않도록 환기 등의 조치에 관한 사항 • 화재감시자의 직무 및 피난교육 등 비상조치에 관한 사항 • 그 밖에 안전보건관리에 필요한 사항
타워크레인을 사용하는 작업 시 신호 업무를 하는 작업	• 타워크레인의 기계적 특성 및 방호장치 등에 관한 사항 • 화물의 취급 및 안전작업방법에 관한 사항 • 신호방법 및 요령에 관한 사항 • 인양 물건의 위험성 및 낙하, 비래, 충돌재해예방에 관한 사항 • 인양물이 적재될 지반의 조건, 인양하중, 풍압 등이 인양물과 타워크레인에 미치는 영향 • 그 밖에 안전보건관리에 필요한 사항
콘크리트 파쇄기를 사용하는 파쇄작업(2미터 이상인 구축물의 파쇄작업만 해당)	• 콘크리트 해체 요령과 방호거리에 관한 사항 • 작업안전조치 및 안전기준에 관한 사항 • 파쇄기의 조작 및 공통작업 신호에 관한 사항 • 보호구 및 방호장비 등에 관한 사항 • 그 밖에 안전보건관리에 필요한 사항
높이가 2미터 이상인 물건을 쌓거나 무너뜨리는 작업(하역기계로만 하는 작업은 제외)	• 원부재료의 취급방법 및 요령에 관한 사항 • 물건의 위험성·낙하 및 붕괴재해 예방에 관한 사항 • 적재방법 및 전도 방지에 관한 사항 • 보호구 착용에 관한 사항 • 그 밖에 안전보건관리에 필요한 사항

··· 12 안전보건관련자 직무교육

1 개요

관리책임자, 안전관리자 등의 직무능력 향상을 위해 고용노동부장관이 실시하는 안전·보건에 관한 교육을 받도록 하기 위한 제도이다.

2 직무교육 대상

(1) 관리책임자·안전관리자·보건관리자(위반 시 500만 원 이하의 과태료)
(2) 재해예방전문지도기관의 종사자(위반 시 300만 원 이하의 과태료)

3 직무교육 이수시기

(1) 신규교육

해당 직위에 선임된 후 3개월(보건관리자가 의사인 경우 1년) 이내

(2) 보수교육

신규교육을 이수한 후 매 2년이 되는 날을 기준으로 전후 3개월 사이에 고용노동부장관이 실시하는 안전·보건에 관한 보수교육을 받아야 한다.

4 직무교육의 면제

(1) 다른 법령에 따라 교육을 받는 등 고용노동부령으로 정하는 경우
(2) **영 별표 4 제11호의 어느 하나에 해당하는 사람**
① 기업활동 규제완화에 관한 특별조치법 제30조 제3항 제4호 또는 제5호에 따라 안전관리자로 채용된 것으로 보는 사람
② 보건관리자로서 영 별표 6 제1호 또는 제2호에 해당하는 사람이 해당 법령에 따른 교육기관에서 제39조 제2항의 교육 내용 중 고용노동부장관이 정하는 내용이 포함된 교육을 이수하고 해당 교육기관에서 발행하는 증명서를 제출하는 경우에는 직무교육 중 보수교육을 면제
(3) 규칙 제39조 제1항의 어느 하나에 해당하는 사람이 고용노동부장관이 정하여 고시하는 안전·보건에 관한 교육을 이수한 경우에는 직무교육 중 보수교육을 면제한다.

진단 및 점검

··· 01 안전보건진단

1 진단주체에 따른 분류

(1) 자율진단

사업장 등에서 자율적으로 안전수준 향상을 위하여 진단기관에 신청하는 진단

(2) 명령진단

중대재해 등 안전보건 개선이 시급하다고 판정받은 사업장

2 진단내용에 따른 분류

(1) 종합진단

사업장 전반의 유해위험요인을 도출해 그 문제점과 개선대책을 제시하는 종합적인 진단

(2) 안전진단

안전분야에 대해 위험성 평가기법 등을 사용해 사업장 등의 위험요인을 도출시켜 그 문제점과
개선대책 제시를 주 내용으로 하는 진단

(3) 보건진단

보건분야에 대해 위험성 평가기법 등을 사용해 사업장 등의 유해요인을 도출시켜 그 문제점과
개선대책 제시를 주 내용으로 하는 진단

(4) 시스템 진단

사업장 등의 재해발생 보고 및 기록, 안전보건조직 및 직무이행 실태, 도급사업장 등의 안전보
건조치 등 안전보건관리체계 전반에 대해 실시하는 진단

3 업무처리 절차

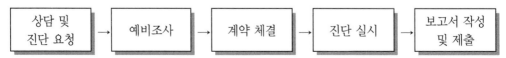

상담 및 진단 요청 → 예비조사 → 계약 체결 → 진단 실시 → 보고서 작성 및 제출

4 안전보건진단 관련 법규

(1) 안전보건개선계획

재해율이 높거나 중대재해 발생 사업장 등 종합적 개선조치가 필요한 경우 사업주는 안전보건진단을 받아 안전보건개선계획을 수립해 제출하고 지방관서로부터 지속적으로 확인·지도를 받아야 한다.

(2) 작업중지 등

중대재해 발생 시 원인 규명 또는 예방대책 수립을 위해 안전보건진단이나 그 밖에 필요한 조치를 실시해야 한다.

(3) 유해작업 도급 금지

대통령령으로 정하는 유해하거나 위험한 작업은 안전보건진단에 준하는 평가를 받지 않을 경우 그 작업만을 분리해 도급(하도급)을 금지한다.

5 안전보건진단의 종류 및 보고서에 포함하여야 할 내용

종류	내용
종합진단	(1) 경영·관리적 사항에 대한 평가 (2) 산업재해 또는 사고의 발생원인(산재 또는 사고가 발생한 경우) (3) 작업조건 및 작업방법에 대한 평가 (4) 유해위험 예방조치의 적정성 (5) 보호구 안전보건장비 및 작업환경 개선시설의 적정성 (6) 유해물질의 사용·보관·저장, 물질안전보건자료의 작성, 근로자 교육 및 경고표시 부착의 적정성 (7) 그 밖에 작업환경 및 근로자 건강 유지·증진 등 보건관리의 개선을 위해 필요한 사항 (8) 자율 안전보건경영시스템의 구축 및 운영의 적정성
안전진단	(1) 경영·관리적 사항에 대한 평가 (2) 작업조건 및 작업방법에 대한 평가 (3) 유해위험 예방조치의 적정성 (4) 보호구 안전보건장비 및 작업환경 개선시설의 적정성 　※ 상기 항목 중 안전 관련 사항 (5) 자율 안전보건경영시스템의 구축 및 운영의 적정성
보건진단	(1) 경영·관리적 사항에 대한 평가 (2) 작업조건 및 작업방법에 대한 평가 (3) 유해위험 예방조치의 적정성 (4) 보호구 안전보건장비 및 작업환경 개선시설의 적정성 　※ 상기 항목 중 보건 관련 사항 (5) 유해물질의 사용·보관·저장, 물질안전보건자료의 작성, 근로자 교육 및 경고표시 부착의 적정성 (6) 자율 안전보건경영시스템의 구축 및 운영의 적정성

⑥ 안전보건개선계획 수립대상

(1) 산업재해율이 같은 업종의 규모별 평균 산업재해율보다 높은 사업장
(2) 사업주가 필요한 안전조치 또는 보건조치를 이행하지 아니하여 중대재해가 발생한 사업장
(3) 직업성 질병자가 연간 2명 이상 발생한 사업장
(4) 유해인자의 노출기준을 초과한 사업장

⑦ 안전보건진단을 받아 안전보건개선계획을 수립해야 하는 대상

(1) 산업재해율이 같은 업종 평균 산업재해율의 2배 이상인 사업장
(2) 사업주가 필요한 안존조치 또는 보건조치를 이행하지 아니하여 중대재해가 발생한 사업장
(3) 직업성 질병자가 연간 2명 이상(상시근로자 1천명 이상 사업장의 경우 3명이상)발생한 사업장
(4) 그 밖에 작업환경 불량, 화재·폭발 또는 누출 사고 등으로 사업장 주변까지 피해가 확산된 사업장

⑧ 결론

안전보건진단은 산업재해를 예방하기 위해 실시하는 것으로 명령진단 이외에도 안전보건개선계획수립 대상 사업장 또는 작업중지기준에 해당하는 중대재해 발생 사업장이거나 유해작업인 도급금지 대상 작업을 도급(하도급)할 경우에도 실시해야 하며, 안전보건진단과 안전보건개선계획 위반 시 1천만 원, 유해작업 도급금지법 위반 시에는 4년 이하의 징역이나 5천만 원 이하의 벌금을 부과하고 있다.

1 개요

산업안전보건법상 안전점검은 건설현장에 잠재되어 있는 유해·위험요인을 사전파악해 위험상태를 분석, 산재사고를 예방하기 위한 것으로 일상점검, 정기점검, 특별점검, 임시점검으로 분류된다.

2 점검목적

(1) 건설현장 내 위험요인 도출 및 제거

(2) 근로자의 안전·보건 유지·증진

(3) 재해예방으로 생산성 향상

3 안전점검의 종류

(1) 순회점검 및 합동점검

분류	구성	실시 주기	내 용
작업장 순회점검	도급인 사업주	1회 이상/2일	점검결과 개선요구
합동 안전보건점검	• 도급인, 수급인 • 도급인 근로자 1명 • 수급인 근로자 1명	1회 이상/2개월	

(2) 안전점검

종류	점검시기	점검사항
일상점검	매일 작업 전, 중, 후	설비·기계·공구
정기점검	매주 또는 매월	•기계·기구·설비의 안전상 중요부 •마모·손상·부식 등
특별점검	기계기구설비의 신설 및 변경	•신설 및 변경된 기계·기구설비 •고장·수리 등
임시점검	•이상발생 시 •재해발생 시	•설비·기계 등의 이상 유무 •설비·기계 등의 작동상태

※ 점검주체 : 사업주

4 점검방법

(1) **육안점검**

(2) **기능점검** : 안전장치 및 제어장치 등의 성능 확인

(3) **기계·기구에 의한 점검** : 계측기기를 통한 점검(부식, 마모, 균열 등)

5 점검 시 유의사항

(1) 법에서 정한 횟수 이상 실시할 것

(2) 관련법에서 지정하는 진단 및 점검기관에서 실시할 것

(3) 현장의 여건이 충분히 반영될 수 있도록 포괄적 개념으로 실시할 것

(4) 유해위험 개소 또는 불안전한 상태 발견 시 동종 설비도 점검할 것

(5) 유해위험 개소 또는 불안전한 상태의 대책 수립 시에는 철저한 원인조사를 실시할 것

6 점검결과 조치

(1) 이상 발견 시 처리대상 및 순서

　① 긴급한 것

　② 법령상 규제되어 있는 것

　③ 대상 근로자가 많은 것

(2) 점검결과는 향후 자료로 활용할 수 있도록 보존조치

7 안전점검표 작성

(1) 작성 시 유의사항

　① 중점도가 높은 것부터 순서대로 작성할 것

　② 사업장에 적합한 독자적 내용을 가지고 작성할 것

　③ 점검항목을 폭넓게 검토할 것

　④ 관계자의 의견을 청취할 것

(2) 판정 시 유의사항

　① 판정 기준의 종류가 두 종류인 경우 적합 여부를 판정할 것

　② 한 개의 절대척도나 상대척도에 의할 때는 수치로서 나타낼 것

　③ 복수의 절대척도나 상대척도에 조합된 문항은 기준 점수 이하로 나타낼 것

　④ 대안과 비교하여 양부를 판정할 것

　⑤ 경험하지 않은 문제나 복잡하게 예측되는 문제 등은 관계자와 협의하여 종합 판정할 것

8 결론

안전점검은 건설현장의 불안전한 요소를 사전에 발굴해 산재 발생을 방지함은 물론 생산성 향상을 위해 실시하는 것이므로 점검방법의 표준화를 통해 점검대상 현장에 실질적인 개선효과가 있도록 해야 할 것이다.

···03 안전인증대상 기계·기구·보호구·방호장치

1 개요

유해·위험한 기계·기구 및 설비 등 근로자의 안전·보건에 필요하다고 인정되어 대통령령으로 정하는 것을 제조하거나 수입하는 자는 안전인증대상 기계·기구 등이 안전인증기준에 맞는지 여부에 대하여 고용노동부장관이 실시하는 안전인증을 받아야 한다.

2 안전인증대상 기계·기구·보호구·방호장치

기계·기구 및 설비	방호장치	보호구
가. 프레스	가. 프레스 및 전단기 방호장치	가. 추락 및 감전위험 방지용 안전모
나. 전단기 및 절곡기	나. 양중기용 과부하방지장치	나. 안전화
다. 크레인	다. 보일러 압력방출용 안전밸브	다. 안전장갑
라. 리프트	라. 압력용기 압력방출용 안전밸브	라. 방진마스크
마. 압력용기	마. 압력용기 압력방출용 파열판	마. 방독마스크
바. 롤러기	바. 절연용 방호구 및 활선작업용 기구	바. 송기마스크
사. 사출성형기	사. 방폭구조 전기기계·기구 및 부품	사. 전동식 호흡보호구
아. 고소작업대	아. 추락·낙하 및 붕괴 등의 위험방지 및 보호에 필요한 가설기자재로서 고용노동부장관이 고시하는 것	아. 보호복
자. 곤돌라	자. 충돌·협착 등의 위험 방지에 필요한 산업용 로봇 방호장치로서 고용노동부장관이 정하여 고시하는 것	자. 안전대
		차. 차광 및 비산물위험방지용 보안경
		카. 용접용 보안면
		타. 방음용 귀마개 또는 귀덮개

3 안전인증대상 기계·기구 등의 제조·수입 등의 금지 등

안전인증을 받지 않았거나 안전인증기준에 맞지 않은 경우 및 안전인증이 취소되거나 안전인증표시의 사용금지명령을 받은 경우 안전인증대상 기계·기구 등을 제조·수입·양도·대여·사용하거나 양도·대여의 목적으로 진열할 수 없다.

4 안전인증의 면제

(1) 안전인증대상 기계·기구 등이 다음의 어느 하나에 해당되면 법에 따른 안전인증을 전부 면제한다.

① 연구·개발을 목적으로 제조·수입하거나 수출을 목적으로 제조하는 경우

② 건설기계관리법 등과 같은 관계법에 따른 검사를 받은 경우 또는 같은 법에 따른 형식승인을 받거나 같은 조에 따른 형식신고를 한 경우

③ 위험물안전관리법에 따른 탱크안전성능검사를 받은 경우

(2) 안전인증대상 기계·기구 등이 다음 각호의 어느 하나에 해당하는 인증 또는 시험이나 그 일부 항목이 법 전단에 따른 안전인증기준과 같은 수준 이상인 것으로 인정되는 경우에는 해당 인증 또는 시험이나 그 일부 항목에 한정하여 법에 따른 안전인증을 면제한다.

① 고용노동부장관이 정하여 고시하는 외국의 안전인증기관에서 안전인증을 받은 경우

② 품질경영 및 공산품안전관리법에 따른 안전인증을 받은 경우

③ 산업표준화법에 따른 인증을 받은 경우

④ 국가표준기본법에 따른 시험에 검사기관에서 실시하는 시험을 받은 경우

⑤ 국제전기기술위원회의 국제방폭전기·기계·기구 상호인정제도에 따라 인증을 받은 경우

(3) 안전인증이 면제되는 안전인증대상 기계·기구 등을 제조하거나 수입하는 자는 해당 공산품의 출고 또는 통관 전 안전인증 면제신청서에 다음의 서류를 첨부하여 안전인증기관에 제출하여야 한다.

① 제품 및 용도설명서

② 연구·개발을 목적으로 사용되는 것임을 증명하는 서류

③ 외국의 안전인증기관의 인증증서 및 시험성적서

④ 다른 법령에 따른 인증 또는 검사를 받았음을 증명하는 서류 및 시험성적서

(4) 안전인증기관은 면제신청을 받으면 이를 확인하고 안전인증 면제확인서를 발급하여야 한다.

5 결론

안전인증대상 기계·기구의 사용현장에서는 작업 전 작동상태는 물론 주요 방호장치의 부착상태와 이상 유무를 반드시 확인한 후 작업에 임하도록 해야 하며, 특히 작업 편의상 제거·변형시키는 일이 없도록 관리·감독해야 한다.

··· 04 자율안전확인대상 기계·기구·보호구·방호장치

1 개요

자율안전확인대상 기계·기구 등을 제조 또는 수입하는 자는 동 기계·기구 등의 안전에 관한 성능이 고용노동부장관이 고시하는 자율안전기준에 맞는 것임을 확인하여 고용노동부장관에 신고하여야 한다. 단, 연구개발을 목적으로 제조·수입하거나 수출을 목적으로 제조하는 경우, 안전인증을 받은 경우, 다른 법령에서 안전성에 관한 검사나 인증을 받은 경우 신고를 면제할 수 있다.

2 신고품, 부적합 제품에 대한 조치

(1) 자율안전확인의 신고를 하지 않거나 거짓이나 그 밖의 부정한 방법으로 자율안전확인의 신고를 한 경우, 고용노동부장관이 정하여 고시하는 자율안전기준에 맞지 아니한 경우 또는 자율안전확인표시 사용금지명령을 받은 자율안전확인대상 기계·기구 등은 제조·수입·양도·대여·설치·사용하거나 양도·대여의 목적으로 진열하여서는 아니 된다.
(2) 위반 시 1천만 원 이하의 벌금

3 자율안전확인대상 기계·기구 등

기계·기구 및 설비	방호장치	보호구
가. 연삭기 또는 연마기(휴대형 제외) 나. 산업용 로봇 다. 혼합기 라. 파쇄기 또는 분쇄기 마. 식품가공용 기계(파쇄, 절단, 혼합, 제면기) 바. 컨베이어 사. 자동차정비용 리프트 아. 공작기계(선반, 드릴, 평삭, 형삭기, 밀링) 자. 고정형 목재가공용 기계 차. 인쇄기	가. 아세틸렌 용접장치 또는 가스집합용접장치용 안전기 나. 교류아크 용접용 자동전격방지기 다. 롤러기 급정지장치 라. 연삭기 덮개 마. 목재가공용 둥근톱 반발 예방장치 및 날 접촉 예방장치 바. 동력식 수동대패용 칼날 접촉 방지장치 사. 추락·낙하 및 붕괴 등의 위험방지 및 보호에 필요한 가설기자재(고소작업대의 가설기자재는 제외)	가. 안전모(추락 및 감전방지용 안전모 제외) 나. 보안경(차광 및 비산물위험 방지용 보안경 제외) 다. 보안면(용접용 보안면 제외) 라. 잠수기(잠수헬멧 및 잠수마스크 포함)

··· 05 안전검사대상 유해·위험기계

1 개요

유해하거나 위험한 기계·기구 및 설비의 안전에 관한 성능이 검사기준에 맞는지에 대하여 대통령령으로 정하는 기계·기구 설비를 사용하는 사업주는 고용노동부장관이 실시하는 안전검사를 받아야 한다.

2 과태료

위반 시 1,000만 원 이하의 과태료를 부과한다.

3 안전검사대상 유해·위험기계 등

(1) 프레스
(2) 전단기
(3) 크레인(이동식 및 정격하중 2톤 미만인 호이스트는 제외)
(4) 리프트(적재하중 0.5톤 미만 산업용 리프트 포함)
(5) 압력용기
(6) 곤돌라
(7) 국소배기장치(이동식은 제외)
(8) 원심기(산업용에 한정)
(9) 롤러기(밀폐형 구조는 제외)
(10) 사출성형기(형체결력 294kN 미만은 제외)
(11) 차량탑재형 고소작업대
(12) 컨베이어
(13) 산업용 로봇

4 검사신청

안전검사신청서를 검사주기 만료일 30일 전에 안전검사기관에 제출해야 한다.

5 안전검사의 주기

대상 기계·기구	최초검사	최초 이후 검사
크레인(이동식은 제외), 리프트(이삿짐 운반용은 제외)	설치가 끝난 날부터 3년 이내	2년마다 (건설현장에 설치된 것은 최초로 설치한 날부터 6개월마다)
이동식 크레인, 이삿짐 운반용 리프트 및 고소작업대	신규등록 이후 3년 이내	2년마다
프레스 전단기, 압력용기, 국소배기장치, 원심기, 롤러기, 사출성형기, 컨베이어, 산업용 로봇	설치가 끝난 날부터 3년 이내	2년마다
원심기(산업용만 해당)	설치가 끝난 날부터 3년 이내	4년마다
공정안전보고서를 제출하여 확인받은 압력용기	설치가 끝난 날부터 3년 이내	2년마다

6 설치·이전 시 안전인증대상 기계·기구

크레인, 리프트, 곤돌라

7 안전검사 합격의 표시

안전검사에 합격한 유해·위험기계·기구 등을 사용하는 사업주는 안전검사에 합격한 것임을 나타내는 표시를 해야 한다(위반 시 500만 원 이하의 과태료).

8 검사원의 자격

(1) 기사 이상의 자격을 취득한 사람으로서 해당 분야의 실무경력이 3년 이상인 사람
(2) 산업기사 이상의 자격을 취득한 사람으로서 해당 분야의 실무경력이 5년 이상인 사람
(3) 기능사 이상의 자격을 취득한 사람으로서 해당 분야의 실무경력이 7년 이상인 사람
(4) 수업연한이 4년인 학교에서 관련 학과를 졸업한 사람으로서 해당 분야의 실무경력이 3년 이상인 사람
(5) 수업연한이 4년인 학교 외의 학교에서 관련 학과를 졸업한 사람으로서 해당 분야의 실무경력이 5년 이상인 사람
(6) 고등학교·고등기술학교에서 관련 학과를 졸업한 사람으로서 해당 분야의 실무경력이 7년 이상인 사람

⑨ 위험기계기구 등의 안전강화

(1) 타워크레인 등 안전강화

① 문제점 : 타워크레인 등의 임대업체, 설치·해체업체는 영세소규모 사업주로 작업자 숙련
도가 낮고 안전작업 절차 미준수 등 안전관리에 취약하여 다수의 산업재해가 발생

② 개정법
- 타워크레인 설치·해체업 등록제 신설을 통해 숙련도 높은 업체가 안전수칙을 준수하며
설치·해체 작업 등을 하도록 함
- 건설공사도급인에게 자신의 사업장에 타워크레인, 항타기 및 항발기 등이 설치되어 있거
나 작동하는 경우 또는 이를 설치·해체·조립 작업 시 필요한 안전보건조치 의무를 신설함

(2) 지게차 안전강화

사업장에서 중량물 운반 목적으로 사용하는 지게차의 위험을 방지하기 위해 안전장치 설치와
운전자 교육 이수 신설

① 안전장치 : 후진경보기·경광등 또는 후방감지기 설치 등 후방 확인 조치

② 교육이수 : 사업장에서 사용하는 지게차 중 건설기계관리법에 적용받지 않는 3톤 미만 전
동식 지게차 운전자는 국가기술자격법에 따른 지게차운전기능사 자격이 있거나 지게차 소
형건설기계교육기관이 실시하는 교육을 이수

(3) 고소작업대 안전강화

① 지게차, 리프트, 고소작업대 등의 기계기구를 타인에게 대여하거나 대여 받은 자는 안전 및
보건조치의 의무가 있다.

② 옥내에서 사용할 수 있도록 설계된 고소작업대에는 건물의 천장 등과 작업대 사이에 작업
자가 끼이거나 충돌하는 등의 재해를 예방할 수 있는 가드 또는 과상승 방지장치를 설치

> ※ 과상승 방지장치 규격
> 1) 강재의 강도 이상의 재질을 사용하여 견고하게 설치하여야 하며, 쉽게 탈락되지 않는 구조
> 로써 수평형(안전바 등)이나 수직형(방지봉 등) 등의 형태로 설치
> 2) (수평형) 상부 안전난간대에서 높이 5cm 이상에 설치하고 전 길이에서 압력이 감지될 수
> 있는 구조로 설치
> 3) (수직형) 작업대 모든 지점에서 과상승이 감지되도록 상부 안전난간대 모서리 4개소에
> 60cm 이상 높이로 설치할 것(단, 수직형과 수평형을 동시에 설치하는 경우에는 수직형은
> 2개 이상 설치)

(4) 리프트 안전강화

① 낙하방지장치를 운행거리에 관계없이 설치

② 충격완화장치, 로프이완감지장치, 낙하방지장치를 모두 설치해 운반구의 낙하사고에 대비

⑩ 결론

유해·위험기계에 대한 안전검사대상 관리는 산업재해예방을 위한 절대적으로 필요한 제도로, 특히 건설업에서 사용하는 크레인, 리프트, 곤돌라, 차량탑재형 고소작업대 등의 안전검사 신청 및 검사주기와 검사내용을 충분히 이해하고 관리하는 것은 사망사고 줄이기 정책에 동참하는 차원에서도 매우 중요한 사안임을 명심해야 할 것이다.

사업장의 안전·보건

··· 01   물질안전보건자료(MSDS)

1 개요

화학물질 및 화학물질을 함유한 제제 중 고용노동부령으로 정하는 분류기준에 해당하는 화학물질 및 화학물질을 함유한 제제를 양도하거나 제공하는 자는 이를 양도받거나 제공받는 자에게 물질안전보건자료를 고용노동부령으로 정하는 방법에 따라 작성하여 제공하여야 한다.

2 물질안전보건자료 작성 시 포함될 내용

(1) 화학제품과 회사에 관한 정보

(2) 유해성 위험성

(3) 구성성분의 명칭 및 함유량

(4) 응급조치 요령

(5) 폭발 화재 시 대처방법

(6) 누출 사고 시 대처방법

(7) 취급 및 저장방법

(8) 누출방지 및 개인보호구

(9) 물리화학적 특성

(10) 안정성 및 반응성

(11) 독성에 관한 정보

(12) 환경에 미치는 영향

(13) 폐기 시 주의사항

(14) 운송에 필요한 정보

(15) 법적 규제현황

(16) 그 밖에 참고사항

3 적용 대상 화학물질

(1) 물리적 위험물질

(2) 건강유해물질

(3) 환경유해성 물질

4 물질안전보건자료 작성방법

(1) 물질안전보건자료의 신뢰성이 확보될 수 있도록 인용된 자료의 출처를 함께 적어야 한다.

(2) 물질안전보건자료의 세부작성방법, 용어 등 필요한 사항은 고용노동부장관이 정하여 고시한다.

5 기재 및 게시·비치방법 등 고용노동부령으로 정하는 사항

(1) 물리·화학적 특성

(2) 독성에 관한 정보

(3) 폭발·화재 시의 대체 방법

(4) 응급조치 요령

(5) 그 밖에 고용노동부장관이 정하는 사항

6 물질안전보건자료 교육내용

(1) MSDS 제도의 개요

(2) 유해화학물질의 종류와 유해성

(3) MSDS의 경고표시에 관한 사항

(4) 응급처치·긴급대피요령 보호구착용방법

7 물질안전보건자료 작업공정별 게시사항

작업공정별 관리요령에 포함되어야 할 사항은 다음과 같다.

(1) 대상화학물질의 명칭

(2) 유해성·위험성

(3) 취급상의 주의사항

(4) 적절한 보호구

(5) 응급조치 요령 및 사고 시 대처방법

8 비상구의 설치기준

(1) 사업주는 위험물질을 취급·제조하는 작업장과 그 작업장이 있는 건축물에 출입구 외에 안전한 장소로 대피할 수 있는 비상구 1개 이상을 설치하여야 한다.

(2) **설치기준**

① 출입구와 같은 방향에 있지 아니하고, 출입구로부터 3미터 이상 떨어져 있을 것

② 작업장의 각 부분으로부터 하나의 비상구 또는 출입구까지의 수평거리가 50미터 이하가 되도록 할 것

③ 비상구의 너비는 0.75미터 이상으로 하고, 높이는 1.5미터 이상으로 할 것

④ 비상구의 문은 피난 방향으로 열리도록 하고, 실내에서 항상 열 수 있는 구조로 할 것

⑨ 산업안전보건법령상 화학물질의 유해성·위험성 조사 제외대상

(1) 일반 소비자의 생활용으로 제공하기 위하여 신규화학물질을 수입하는 경우로 고용노동부장관 령으로 정하는 경우

(2) 신규화학물질의 수입량이 소량이거나 그 밖에 유해 정도가 적다고 인정되는 경우로 고용노동 부령으로 정하는 경우

① 소량 신규화학물질의 유해성·위험성 조사 제외대상
- 신규화학물질의 연간 수입량이 100킬로그램 미만인 경우
- 위 항에 따른 수입량이 100킬로그램 이상인 경우 사유발생일로부터 30일 이내에 유해성·위험성 조사보고서를 고용노동부장관에게 제출한 경우

② 일반소비자 생활용 신규화학물질의 유해성·위험성 조사 제외대상
- 완성된 제품으로서 국내에서 가공하지 아니하는 경우
- 포장 또는 용기를 국내에서 변경하지 아니하거나 국내에서 포장하거나 용기에 담지 아니하는 경우

③ 그 밖의 신규화학물질의 유해성·위험성 조사 제외대상
- 시험·연구를 위하여 사용되는 경우
- 전량 수출하기 위하여 연간 10톤 이하로 제조하거나 수입하는 경우
- 신규화학물질이 아닌 화학물질로만 구성된 고분자화합물로서 고용노동부장관이 정하여 고시하는 경우

⑩ 산업안전보건법령상 허가대상 유해물질

(1) α-나프틸아민 및 그 염
(2) 디아니시딘 및 그 염
(3) 디클로로벤지딘 및 그 염
(4) 베릴륨
(5) 벤조트리클로리드
(6) 비소 및 그 무기화합물
(7) 염화비닐
(8) 콜타르피치 휘발물
(9) 크롬광 가공(열을 가하여 소성처리하는 경우만 해당)
(10) 크롬산 아연
(11) O-톨리딘 및 그 염
(12) 황화 니켈류
(13) (1)부터 (4)까지 또는 (6)부터 (12)까지의 어느 하나에 해당하는 물질을 포함한 제제(포함된 중량의 비율이 1% 이하인 것은 제외)
(14) (5)의 물질을 포함한 제제(포함된 중량의 비율이 0.5% 이하인 것은 제외)
(15) 그 밖에 보건상 해로운 물질로서 산업재해보상보험 및 예방심의위원회의 심의를 거쳐 고용노동부장관이 정하는 유해물질

⓫ 유해인자별 노출농도의 허용기준

유해인자		허용기준			
		시간가중평균값(TWA)		단시간 노출값(STEL)	
		ppm	mg/m³	ppm	mg/m³
1. 6가크롬 화합물	불용성		0.01		
	수용성		0.05		
2. 납 및 그 무기화합물			0.05		
3. 니켈 화합물(불용성 무기화합물)			0.2		
4. 니켈카르보닐		0.001			
5. 디메틸포름아미드		10			
6. 디클로로메탄		50			
7. 1,2-디클로로프로판		10		110	
8. 망간 및 그 무기화합물			1		
9. 메탄올		200		250	
10. 메틸렌 비스(페닐 이소시아네이트)		0.005			
11. 베릴륨 및 그 화합물			0.002		0.01
12. 벤젠		0.5		2.5	
13. 1,3-부타디엔		2		10	
14. 2-브로모프로판		1			
15. 브롬화 메틸		1			
16. 산화에틸렌		1			
17. 석면(제조·사용하는 경우만 해당)			0.1개/cm³		
18. 수은 및 그 무기화합물			0.025		
19. 스티렌		20		40	
20. 시클로헥사논		25		50	
21. 아닐린		2			
22. 아크릴로니트릴		2			
23. 암모니아		25		35	
24. 염소		0.5		1	
25. 염화비닐		1			
26. 이황화탄소		1			
27. 일산화탄소		30		200	
28. 카드뮴 및 그 화합물			0.01 (호흡성 분진인 경우 0.002)		
29. 코발트 및 그 무기화합물			0.02		

유해인자	허용기준			
	시간가중평균값(TWA)		단시간 노출값(STEL)	
	ppm	mg/m³	ppm	mg/m³
30. 콜타르피치 휘발물		0.2		
31. 톨루엔	50		150	
32. 톨루엔-2,4-디이소시아네이트	0.005		0.02	
33. 톨루엔-2,6-디이소시아네이트	0.005		0.02	
34. 트리클로로메탄	10			
35. 트리클로로에틸렌	10		25	
36. 포름알데히드	0.3			
37. n-헥산	50			
38. 황산		0.2		0.6

※ 비고

1. "시간가중평균값(TWA ; Time-Weighted Average)"이란 1일 8시간 작업을 기준으로 한 평균노출농도로서 산출 공식은 다음과 같다.

$$TWA환산값 = \frac{C_1 \cdot T_1 + C_2 \cdot T_2 + \cdots\cdots + C_n \cdot T_n}{8}$$

여기서, C : 유해인자의 측정농도(단위 : ppm, mg/m³ 또는 개/cm³)

T : 유해인자의 발생시간(단위 : 시간)

2. "단시간 노출값(STEL ; Short-Term Exposure Limit)"이란 15분간의 시간가중평균값으로서 노출농도가 시간가중평균값을 초과하고 단시간 노출값 이하인 경우에는 ① 1회 노출 지속시간이 15분 미만이어야 하고, ② 이러한 상태가 1일 4회 이하로 발생해야 하며, ③ 각 회의 간격은 60분 이상이어야 한다.

3. "등"이란 해당 화학물질에 이성질체 등 동일 속성을 가지는 2개 이상의 화합물이 존재할 수 있는 경우를 말한다.

12 작성·제출 제외 대상 화학물질

(1) 건강기능식품에 관한 법률 제3조 제1호에 따른 건강기능식품

(2) 농약관리법 제2조 제1호에 따른 농약

(3) 마약류 관리에 관한 법률 제2조 제2호 및 제3호에 따른 마약 및 향정신성의약품

(4) 비료관리법 제2조 제1호에 따른 비료

(5) 사료관리법 제2조 제1호에 따른 사료

(6) 생활주변방사선 안전관리법 제2조제2호에 따른 원료물질

(7) 생활화학제품 및 살생물제의 안전관리에 관한 법률 제3조 제4호 및 제8호에 따른 안전확인대상생활화학제품 및 살생물제품 중 일반소비자의 생활용으로 제공되는 제품

(8) 식품위생법 제2조 제1호 및 제2호에 따른 식품 및 식품첨가물

(9) 약사법 제2조 제4호 및 제7호에 따른 의약품 및 의약외품

(10) 원자력안전법 제2조 제5호에 따른 방사성물질

⑪ 위생용품 관리법 제2조 제1호에 따른 위생용품

⑫ 의료기기법 제2조 제1항에 따른 의료기기

⑬ 총포·도검·화약류 등의 안전관리에 관한 법률 제2조 제3항에 따른 화약류

⑭ 폐기물관리법 제2조제1호에 따른 폐기물

⑮ 화장품법 제2조 제1호에 따른 화장품

⑯ (1)부터 ⑮까지의 규정 외의 화학물질 또는 혼합물로서 일반소비자의 생활용으로 제공되는 것 (일반소비자의 생활용으로 제공되는 화학물질 또는 혼합물이 사업장 내에서 취급되는 경우를 포함한다)

⑰ 고용노동부장관이 정하여 고시하는 연구·개발용 화학물질 또는 화학제품 이 경우 법 제110조 제1항부터 제3항까지의 규정에 따른 자료의 제출만 제외된다.

⑱ 그 밖에 고용노동부장관이 독성·폭발성 등으로 인한 위해의 정도가 적다고 인정하여 고시하는 화학물질

⑬ 물질안전보건자료 일부 비공개 승인 등에 대한 이의신청 특례

제112조 제1항 또는 제5항에 따른 승인 또는 연장승인 결과에 이의가 있는 신청인은 그 결과 통보를 받은 날부터 30일 이내에 고용노동부령으로 정하는 바에 따라 고용노동부장관에게 이의신청을 할 수 있다.

⑭ 결론

건설업의 MSDS 작성 대상에 해당하는 시너, 페인트, 산소가스 등의 인화물질과 폭발성 물질 기타 가연성·자극성 물질을 사용하는 현장에서는 MSDS 작성 및 제공, 비치, 경고표시, 교육 등의 조치를 해야 하는 의무가 있음을 인지해야 하며, 특히 동절기나 밀폐공간 작업 시에는 근로자 보건관리에 관한 더욱 철저한 대책이 수립되어야 한다.

··· 02 물질안전보건자료에 대한 교육

1 개요

사업주는 MSDS 대상 화학물질에 해당되는 법적 사항에 해당될 경우 그 내용을 근로자에게 교육할 의무가 있다.

2 교육시기

사업주는 다음의 어느 하나에 해당하는 경우에는 작업장에서 취급하는 물질안전보건자료대상물질의 물질안전보건자료에서 별표 5에 해당되는 내용을 근로자에게 교육해야 한다. 이 경우 교육받은 근로자에 대해서는 해당 교육 시간만큼 법 제29조에 따른 안전·보건교육을 실시한 것으로 본다.

(1) 물질안전보건자료대상물질을 제조·사용·운반 또는 저장하는 작업에 근로자를 배치하게 된 경우

(2) 새로운 물질안전보건자료대상물질이 도입된 경우

(3) 유해성·위험성 정보가 변경된 경우

3 교육내용

(1) 대상화학물질의 명칭(또는 제품명)

(2) 물리적 위험성 및 건강 유해성

(3) 취급상의 주의사항

(4) 적절한 보호구

(5) 응급조치 요령 및 사고 시 대처 방법

(6) 물질안전보건자료 및 경고표지를 이해하는 방법

4 교육 시 유의사항

(1) 유해성·위험성이 유사한 대상물질을 그룹별로 분류하여 교육 가능

(2) 교육시간 및 내용 등을 기록하여 보존

··· 03 GHS

1 개요

GHS(Globally Harmonized System of Classification and Labelling of Chemicals)는 화학 물질 분류 및 표시에 관한 세계 조화 시스템으로, 국제적으로 통일된 기준에 따라 화학물질의 유해위험성을 분류해 경고표시와 MSDS 정보로 전달하는 표준을 말한다.

2 국내 시행

(1) 고용노동부 산업안전보건법

단일물질 2010년 7월 1일, 혼합물질 2013년 7월 1일 시행

(2) 환경부 유해화학물질관리법

단일물질 2011년 7월 1일, 혼합물질 2013년 7월 1일 시행

3 라벨 규격

포장 또는 용기의 용량	인쇄 또는 표찰의 규격(cm²)	라벨 크기(cm)
500L ≤ 용량	450cm² 이상	20.9 × 21.6
200L ≤ 용량 < 500L	300cm² 이상	20 × 15
50L ≤ 용량 < 200L	180cm² 이상	15 × 12
5L ≤ 용량 < 50L	90cm² 이상	12.5 × 7.5

4 그림문자의 크기와 경고표지 작성항목

(1) 개별 그림문자의 크기는 인쇄 또는 표찰 규격의 40분의 1 이상이어야 한다.

(2) 그림문자의 크기는 최소한 $0.5cm^2$ 이상이어야 한다.

(3) GHS 경고표시 작성항목

구분	내용
명칭	MSDS상의 대상 화학물질의 제품명
그림문자	5개 이상일 경우 4개만 표시 가능
신호어	"위험" 또는 "경고" 문구 표시(모두 해당하는 경우 "위험"만 표시)
유해·위험 문구	해당 문구 모두 기재(중복문구 생략, 유사문구 조합 가능)
예방조치 문구	예방·대응·저장·폐기 각 1개 이상 포함 6개만 표시 가능
공급자 정보	제조자/공급자의 회사명, 전화번호, 주소 등

⑤ 작성원칙

(1) 경고표지는 한글로 작성하여야 한다.

(2) 단, 실험실에서 시험·연구 목적으로 사용하는 시약으로서 외국어 경고표지가 부착되어 있는 경우, 수출하기 위하여 저장·운반 중에 있는 완제품은 한글 표지 부착을 제외한다.

(3) UN의 「위험물 운송에 관한 권고」에서 정하는 유해·위험성 물질을 포장에 표시하는 경우에는 「위험물 운송에 관한 권고」에 따라 표시할 수 있다.

(4) 포장하지 않는 드럼 등의 용기에 UN의 「위험물 운송에 관한 권고」에 따라 표시를 한 경우에는 경고표지에 해당 그림문자를 표시하지 않을 수 있다.

(5) **혼합물 전체로서 시험된 자료가 있는 경우** : 그 시험결과에 따라 단일물질의 분류기준 적용

(6) **혼합물 전체로서 시험된 자료가 없는 경우** : 혼합물을 구성하고 있는 단일화학물질에 관한 자료를 통해 혼합물의 잠재 유해성·위험성 평가

(7) **유사 혼합물의 대표 MSDS 작성원칙**
   ① 혼합물로 된 제품의 구성성분이 같을 것
   ② 각 구성성분의 함량 변화가 10% 이하일 것
   ③ 비슷한 유해성을 가질 것

(8) **영업비밀제도 시행 강화**
   ① 영업비밀 화학물질은 구성성분의 명칭 및 함유량을 명시하지 않을 수 있으나, 근로자의 건강장해 예방을 위하여 유해성·위험성, 취급 시 주의사항 등은 반드시 기재
   ② 제조금지물질, 허가대상물질, 관리대상유해물질, 유독물은 영업비밀 자체가 적용되지 않고 MSDS상 작성항목을 모두 기재

⑥ 화학물질 양도, 제공자의 경고표시 의무

(1) 화학물질 용기 및 포장에 경고표지 부착

(2) 용기·포장 이외의 방법으로 화학물질을 양도·제공하는 경우 경고표시 기재항목을 적은 자료를 제공(**예** 파이프라인, 탱크로리 등)

⑦ 화학물질 사용 사업주의 경고표시 의무

(1) 작업장에서 사용하는 대상 화학물질을 담은 용기에 경고표지 부착

(2) **경고표시 의무 제외 대상**
   ① 용기에 이미 경고표시가 되어 있는 경우
   ② 근로자가 경고표시가 되어 있는 용기에서 대상 화학물질을 옮겨 담기 위해 일시적으로 용기를 사용하는 경우

··· 04 작업환경측정

1 개요

작업환경 실태를 파악하기 위하여 해당 근로자 또는 작업장에 대하여 사업주가 유해인자에 대한 측정계획을 수립한 후 시료를 채취하고 분석·평가하는 것을 말한다.

2 작업환경측정의 목적

근로자가 호흡하는 공기 중의 유해물질 종류 및 농도를 파악하고 해당 작업장에서 일하는 동안 건강장해가 유발될 가능성 여부를 평가하며 작업환경 개선의 필요성 여부를 판단하는 기준이 된다.

3 작업환경 측정방법

(1) 측정 전 예비조사 실시
(2) 작업이 정상적으로 이루어져 작업시간과 유해인자에 대한 근로자의 노출 정도를 정확히 평가할 수 있을 때 실시
(3) 모든 측정은 개인 시료채취방법으로 하되, 개인 시료채취방법이 곤란한 경우에는 지역 시료채취방법으로 실시

4 작업환경측정 절차

(1) 작업환경측정유해인자 확인(취급공정 파악)
(2) 작업환경측정 기관에 의뢰
(3) 작업환경측정 실시(유해인자별 측정)
(4) 지방고용노동관서에 결과보고(측정기관에서 전산송부)
(5) 측정결과에 따른 대책수립 및 서류 보존(5년간 보존. 단, 고용노동부 고시물질 측정결과는 30년간 보존)

5 작업환경측정대상

상시근로자 1인 이상 사업장으로서 측정대상 유해인자 192종에 노출되는 근로자가 있는 작업장

▼측정대상물질(192종)

구분	대상물질	종류	비고
화학적 인자	유기화합물	114	용량비율 1% 이상 함유한 혼합물
	금속류	24	중량비율 1% 이상 함유한 혼합물
	산 및 알칼리류	17	중량비율 1% 이상 함유한 혼합물
	가스상태 물질류	15	용량비율 1% 이상 함유한 혼합물
	허가대상 유해물질	12	• 1)~4) 및 6)부터 12)까지 중량비율 1% 이상 함유한 혼합물 • 5)의 물질을 중량비율 0.5% 이상 함유한 혼합물
	금속가공유	1	
물리적 인자	소음, 고열	2	• 8시간 시간가중평균 80dB 이상의 소음 • 안전보건규칙 제558조에 따른 고열
분진	광물성, 곡물, 면, 나무, 용접흄, 유리섬유, 석면	7	
합계		192	

※ 「산업안전보건법 시행규칙」 별표 21 참고

6 면제대상

(1) 임시작업

일시적으로 행하는 작업 중 월 24시간 미만인 작업(단, 월 10시간 이상 24시간 미만이라도 매월 행하여지는 경우는 측정대상임)

(2) 단시간 작업

관리대상 유해물질 취급에 소요되는 시간이 1일 1시간 미만인 작업(단, 1일 1시간 미만인 작업이 매일 행하여지는 경우는 측정대상임)

(3) 다음에 해당되는 사업장

관리대상 유해물질의 허용소비량을 초과하지 않는 작업장(안전보건규칙 제420조 제1호)

(4) 적용제외대상

관리대상 유해물질의 허용소비량을 초과하지 않는 작업장(보건규칙 제421조)

① 사업주가 관리대상 유해물질의 취급업무에 근로자를 종사하도록 하는 경우로서 작업시간 1시간을 소비하는 관리대상유해물질의 양이 작업장 공기의 부피를 15로 나눈 양 이하인 경우에는 이 장의 규정을 적용하지 아니한다. 다만, 유기화합물 취급 특별장소, 특별관리물질 취급장소, 지하실 내부, 그 밖에 환기가 불충분한 실내작업장인 경우에는 그러하지 아니한다.

② ①에 따른 작업장 공기의 부피는 바닥에서 4미터가 넘는 높이에 있는 공간을 제외한 세제곱미터를 단위로 하는 실내작업장의 공간부피를 말한다. 다만, 공기의 부피가 150세제곱미터를 초과하는 경우에는 150세제곱미터를 그 공기의 부피로 한다.

7 측정방법

(1) 시료채취의 위치

구분	내용
개인 시료채취방법	측정기기의 공기유입부위가 작업근로자의 호흡기 위치에 오도록 한다.
지역 시료채취방법	유해물질 발생원에 근접한 위치 또는 작업근로자의 주 작업행동 범위 내의 작업근로자 호흡기 높이에 오도록 한다.
검지관 방식	작업근로자의 호흡기 및 발생원에 근접한 위치 또는 근로자 작업행동 범위의 주 작업위치에서의 근로자 호흡기 높이에서 측정한다.

(2) 시료채취 근로자수

① 단위작업장소에서 최고 노출근로자 2명 이상에 대하여 동시에 측정하되, 단위작업장소에 근로자가 1명인 경우에는 그러하지 아니하며, 동일 작업근로자 수가 10명을 초과하는 경우에는 매 5명당 1명(1개 지점) 이상 추가하여 측정한다. 다만, 동일 작업근로자 수가 100명을 초과하는 경우에는 최대 시료채취 근로자 수를 20명으로 조정할 수 있다.

② 지역 시료채취방법에 따른 측정시료의 개수는 단위작업장소에서 2개 이상에 대하여 동시에 측정한다. 다만, 단위작업장소의 넓이가 50평방미터 이상인 경우에는 매 30평방미터마다 1개 지점 이상을 추가로 측정한다.

(3) 측정 후 조치사항

① 사업주는 시료채취를 마친 날부터 30일 이내에 측정결과보고서에 측정결과표를 첨부하여 관할 지방고용노동관서에 제출해야 한다(측정대행 시 해당 기관에서 제출).

② 사업주는 측정, 평가 결과에 따라 시설·설비 개선 등 적절한 조치를 취한다.

③ 작업환경측정결과를 해당 작업장 근로자에게 알려야 한다(게시판 게시 등).

(4) 근로자 입회 및 설명회

① 작업환경측정 시 근로자 대표의 요구가 있을 경우 입회

② 산업안전보건위원회 또는 근로자 대표의 요구가 있는 경우 직접 또는 작업환경측정을 실시한 기관으로 하여금 작업환경측정결과에 대한 설명회 개최

③ 작업환경측정결과에 따라 근로자의 건강을 보호하기 위하여 당해 시설 및 설비의 설치 또는 개선 등 적절히 조치

④ 작업환경측정결과는 사업장 내 게시판 부착, 사보 게재, 자체 정례 조회 시 집합교육, 기타 근로자들이 알 수 있는 방법으로 근로자들에게 통보

⑤ 산업안전보건위원회 또는 근로자 대표의 요구 시에는 측정결과를 통보받은 날로부터 10일 이내에 설명회를 개최

8 측정주기

구분	측정주기
신규공정 가동 시	30일 이내 실시 후 매 6개월에 1회 이상
정기적 측정주기	6개월에 1회 이상
발암성물질, 화학물질 노출기준 2배 이상 초과	3개월에 1회 이상
1년간 공정변경이 없고 최근 2회 측정결과가 노출기준 미만인 경우(발암성물질 제외)	1년 1회 이상

※ 작업장 또는 작업환경이 신규로 가동되거나 변경되는 등 작업환경측정대상이 된 경우에 반드시 작업환경측정을 실시하여야 한다.

9 서류보존기간

5년(발암성물질은 30년)
※ 발암성 확인물질 : 허가대상유해물질, 관리대상유해물질 중 특별관리물질

10 측정자의 자격

(1) 산업위생관리기사 이상 자격소지자
(2) 고용노동부 지정 측정기관

11 기타사항

법적 노출기준이 초과된 경우에는 60일 이내에 작업공정이 개선을 증명할 수 있는 서류 또는 개선계획을 관할 지방고용노동관서에 제출하여야 한다.

12 결론

근로자 건강장해 예방을 위해 실시하는 작업환경측정이 실시된 현장은 그 결과를 해당 작업장 근로자에게 알려야 하며, 결과에 따라 근로자의 건강을 보호하기 위하여 해당 시설·설비의 설치·개선 또는 건강진단의 실시 등 적절한 조치를 취해야 한다.

1 개요

밀폐공간 작업 시에는 밀폐공간보건작업 프로그램의 실시가 이루어져야 한다. 프로그램의 주요 내용은 밀폐공간에서의 작업 전 산소농도 측정, 호흡용 보호구의 착용, 긴급구조훈련, 안전한 작업방법의 주지 등이며, 근로자 교육 및 훈련 등에 대한 사전규제를 통하여 재해를 예방하는 것이 요구된다.

2 필요성

(1) 밀폐공간작업 프로그램은 사유 발생 시 즉시 시행하여야 하며 매 작업마다 수시로 적정한 공기 상태 확인을 위한 측정·평가내용 등을 추가·보완하고 밀폐공간작업이 완전 종료되면 프로그램의 시행을 종료한다.

(2) 밀폐공간에서의 작업 전 산소농도 측정, 호흡용 보호구의 착용, 긴급구조훈련, 안전한 작업방법의 주지 등 근로자 교육 및 훈련 등에 대한 사전규제를 통하여 재해를 예방하는 것이 요구된다.

3 밀폐공간작업 허가절차

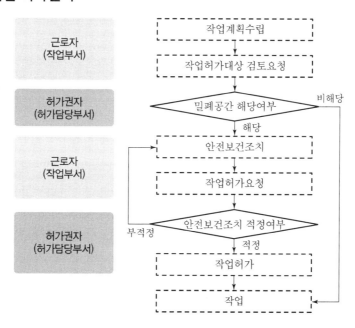

④ 밀폐공간보건작업 프로그램의 주요 내용

(1) 밀폐공간에 근로자를 종사시킬 경우 사업주는 밀폐공간보건작업 프로그램을 수립·시행하여야 함

밀폐공간보건작업 프로그램은 다음의 내용이 포함되어야 함

① 사업장 내 밀폐공간의 위치 확인

② 밀폐공간 내 질식·중독 등을 일으킬 수 있는 유해·위험요인의 확인

③ 근로자의 밀폐공간 작업에 대한 사업주의 사전 허가 절차

④ 산소·유해가스농도의 측정·평가 및 그 결과에 따른 환기 등 후속조치 방법

⑤ 송기마스크 또는 공기호흡기의 착용과 관리

⑥ 비상연락망, 사고 발생 시 응급조치 및 구조체계 구축

⑦ 안전보건교육 및 훈련

⑧ 그 밖에 밀폐공간 작업근로자의 건강장해 예방에 관한 사항

(2) 사전 허가절차를 수립하는 경우 포함사항

① 작업정보(작업일시 및 기간, 작업 장소, 작업 내용 등)

② 작업자 정보(관리감독자, 근로자, 감시인)

③ 산소농도 등의 측정결과 및 그 결과에 따른 환기 등 후속조치 사항

④ 작업 중 불활성가스 또는 유해가스의 누출·유입·발생 가능성 검토 및 조치사항

⑤ 작업 시 착용하여야 할 보호구

⑥ 비상연락체계

(3) 밀폐공간 작업허가 등

① 사업주는 근로자가 밀폐공간에서 작업을 하는 경우 사전에 허가절차를 수립하는 경우 포함사항을 확인하고, 근로자의 밀폐공간 작업에 대한 사업주의 사전허가 절차에 따라 작업하도록 하여야 한다.

② 사업주는 해당 작업이 종료될 때까지 ①에 따른 확인 내용을 작업장 출입구에 게시하여야 한다.

(4) 출입의 금지

사업주는 사업장 내 밀폐공간을 사전에 파악하고, 밀폐공간에는 관계 근로자가 아닌 사람의 출입을 금지하고, 출입금지 표지를 보기 쉬운 장소에 게시하여야 한다.

(5) 사고 시의 대피 등

사업주는 근로자가 밀폐공간에서 작업을 하는 때에 산소결핍이 우려되거나 유해가스 등의 농도가 높아서 질식·화재·폭발 등의 우려가 있는 경우에 즉시 작업을 중단시키고 해당 근로자를 대피하도록 하여야 한다.

⑹ **대피용 기구의 비치**

사업주는 근로자가 밀폐공간에서 작업을 하는 경우 비상시에 근로자를 피난시키거나 구출하기 위하여 공기호흡기 또는 송기마스크, 사다리 및 섬유로프 등 필요한 기구를 갖추어 두어야 한다.

⑺ **구출 시 공기호흡기 또는 송기마스크 등의 사용**

사업주는 밀폐공간에서 위급한 근로자를 구출하는 작업을 하는 경우에 그 구출작업에 종사하는 근로자에게 공기호흡기 또는 송기마스크를 지급하여 착용하도록 하여야 한다.

⑻ **긴급상황에 대처할 수 있도록 종사근로자에 대하여 응급조치 등을 6월에 1회 이상 주기적으로 훈련시키고 그 결과를 기록·보존하여야 함**

긴급구조훈련 내용 : 비상연락체계 운영, 구조용 장비의 사용, 공기호흡기 또는 송기마스크의 착용, 응급처치 등

⑼ **작업시작 전 근로자에게 안전한 작업방법 등을 알려야 함**

알려야 할 사항 : 산소 및 유해가스농도 측정에 관한 사항, 사고 시의 응급조치 요령, 환기설비 등 안전한 작업방법에 관한 사항, 보호구 착용 및 사용방법에 관한 사항, 구조용 장비사용 등 비상시 구출에 관한 사항

⑽ **근로자가 밀폐공간에 종사하는 경우 사전에 관리감독자, 안전관리자 등 해당자로 하여금 산소농도 등을 측정하고 적정한 공기 기준과 적합 여부를 평가하도록 함**

산소농도 등을 측정할 수 있는 자 : 관리감독자, 안전·보건관리자, 안전관리대행기관, 지정측정기관

5 밀폐공간 적정공기

산소농도 범위	탄산가스 농도	일산화탄소 농도	황화수소 농도
18~23.5% 미만	1.5% 미만	30ppm 미만	10ppm 미만

6 밀폐공간 작업 전 확인·조치사항

⑴ **작업 일시, 기간, 장소 및 내용 등 작업정보**

① 작업위치, 작업기간, 작업내용
② 화기작업(용접, 용단 등)이 병행되는 경우 별도의 작업승인(화기작업허가 등) 여부 확인

⑵ **관리감독자, 근로자, 감시인 등 작업자 정보**

근로자 안전보건교육(특별안전보건교육 등) 및 안전한 작업방법 주지 여부 확인

(3) **산소 및 유해가스 농도의 측정결과 및 후속조치 사항**

　① 산소유해가스 등의 농도, 측정시간, 측정자(서명 포함)

　② 최초 공기상태가 부적절할 경우 환기 실시 후 공기상태를 재측정하고 그 결과를 추가 기대

　③ 작업 중 적정공기 상태 유지를 위한 환기계획 기재(기계환기, 자연환기 등)

(4) **작업 중 불활성가스 또는 유해가스의 누출·유입·발생 가능성 검토 및 후속조치 사항**

　밀폐공간과 연결된 펌프나 배관의 잠금상태 여부(펌프나 배관의 조직을 담당하는 담당자(부서)에 사전통지 및 밀폐공간 작업 종료 시까지 조작금지 요청)

(5) **작업 시 착용하여야 할 보호구의 종류**

　안전대, 구명줄, 공기호흡기 또는 송기마스크

(6) **비상연락체계**

　① 작업근로자와 외부 감시인, 관리자 사이에 긴급 연락할 수 있는 체계

　② 밀폐공간 작업 시 외부와 상시 소통할 수 있는 통신수단을 포함

7 산소결핍 발생 가능 장소

전기·통신·상하수도 맨홀, 오·폐수처리시설 내부(정화조, 집수조), 장기간 밀폐된 탱크, 반응탑, 선박(선창) 등의 내부, 밀폐공간 내 CO_2가스 용접작업, 분뇨 집수조, 저수조(물탱크) 내 도장작업, 집진기 내부(수리작업 시), 화학장치 배관 내부, 곡물 사일로 내 작업 등

※ 산소결핍 위험 작업 시 산소 및 가스농도 측정기, 공급호흡기, 공기치환용 환기팬 등의 예방장비 없이 작업을 수행하여 대형사고 발생

8 산소결핍 위험 작업 안전수칙

(1) 작업시작 전 작업장 환기 및 산소농도 측정

(2) 송기마스크 등 외부공기 공급 가능한 호흡용 보호구 착용

(3) 산소결핍 위험 작업장 입장, 퇴장 시 인원 점검

(4) 관계자 외 출입금지 표지판 설치

(5) 산소결핍 위험 작업 시 외부 관리감독자와의 상시 연락

(6) 사고 발생 시 신속한 대피, 사고 발생에 대비하여 공기호흡기, 사다리 및 섬유로프 등 비치

(7) 특수한 작업(용접, 가스배관공사 등) 또는 장소(지하실 등)에 대한 안전보건조치

9 산소 및 유해가스 농도의 측정

사업주는 밀폐공간에서 근로자에게 작업을 하도록 하는 경우 작업을 시작(작업을 일시 중단하였다가 다시 시작하는 경우를 포함한다)하기 전 다음의 어느 하나에 해당하는 자로 하여금 해당 밀폐공간의 산소 및 유해가스 농도를 측정하여 적정공기가 유지되고 있는지를 평가하도록 해야 한다.

(1) 관리감독자
(2) 안전관리자 또는 보건관리자
(3) 안전관리전문기관 또는 보건관리전문기관
(4) 건설재해예방전문지도기관
(5) 작업환경측정기관
(6) 한국산업안전보건공단법에 따른 한국산업안전보건공단이 정하는 산소 및 유해가스 농도의 측정평가에 관한 교육을 이수한 사람
(7) 사업주는 산소 및 유해가스 농도를 측정한 결과 적정공기가 유지되고 있지 아니하다고 평가된 경우에는 작업장을 환기시키거나, 근로자에게 공기호흡기 또는 송기마스크를 지급하여 착용하도록 하는 등 근로자의 건강장해 예방을 위하여 필요한 조치를 하여야 한다.

10 결론

(1) 최근 정부는 산소 및 유해가스 농도의 측정시기를 작업을 시작하기 전으로 명확화하여 사업장에서 규정을 준수하는 데 용이하게 한 바 있다.
(2) 감시인의 구조작업 중 질식이 다수 발생하여 감시인에 대한 안전조치로 사고 시의 응급조치 요령, 안전한 작업방법 등의 주지 대상을 종전 '작업근로자'에서 '감시인을 포함한 작업근로자'로 개정하여 감시인에 대한 안전조치를 강화하였음에 유의해야 할 것이다.

··· 06 유해인자의 분류기준

1 화학물질의 분류기준

(1) 물리적 위험성 분류기준

① **폭발성 물질** : 자체의 화학반응에 따라 주위 환경에 손상을 줄 수 있는 정도의 온도·압력 및 속도를 가진 가스를 발생시키는 고체·액체 또는 혼합물

② **인화성 가스** : 20℃, 표준압력(101.3kPa)에서 공기와 혼합하여 인화되는 범위에 있는 가스(혼합물을 포함한다)

③ **인화성 액체** : 표준압력(101.3kPa)에서 인화점이 60℃ 이하인 액체

④ **인화성 고체** : 쉽게 연소되거나 마찰에 의하여 화재를 일으키거나 촉진할 수 있는 물질

⑤ **인화성 에어로졸** : 인화성 가스, 인화성 액체 및 인화성 고체 등 인화성 성분을 포함하는 에어로졸(자연발화성 물질, 자기발열성 물질 또는 물반응성 물질은 제외한다)

⑥ **물반응성 물질** : 물과 상호작용을 하여 자연발화되거나 인화성 가스를 발생시키는 고체·액체 또는 혼합물

⑦ **산화성 가스** : 일반적으로 산소를 공급함으로써 공기보다 다른 물질의 연소를 더 잘 일으키거나 촉진하는 가스

⑧ **산화성 액체** : 그 자체로는 연소하지 않더라도, 일반적으로 산소를 발생시켜 다른 물질을 연소시키거나 연소를 촉진하는 액체

⑨ **산화성 고체** : 그 자체로는 연소하지 않더라도 일반적으로 산소를 발생시켜 다른 물질을 연소시키거나 연소를 촉진하는 고체

⑩ **고압가스** : 20℃, 200킬로파스칼(kPa) 이상의 압력하에서 용기에 충전되어 있는 가스 또는 냉동액화가스 형태로 용기에 충전되어 있는 가스(압축가스, 액화가스, 냉동액화가스, 용해가스로 구분한다)

⑪ **자기반응성 물질** : 열적(熱的)인 면에서 불안정하여 산소가 공급되지 않아도 강렬하게 발열·분해하기 쉬운 액체·고체 또는 혼합물

⑫ **자연발화성 액체** : 적은 양으로도 공기와 접촉하여 5분 안에 발화할 수 있는 액체

⑬ **자연발화성 고체** : 적은 양으로도 공기와 접촉하여 5분 안에 발화할 수 있는 고체

⑭ **자기발열성 물질** : 주위의 에너지 공급 없이 공기와 반응하여 스스로 발열하는 물질(자기발화성 물질은 제외한다)

⑮ **유기과산화물** : 2가의 $-O-O-$ 구조를 가지고 1개 또는 2개의 수소 원자가 유기라디칼에 의하여 치환된 과산화수소의 유도체를 포함한 액체 또는 고체 유기물질

⑯ **금속 부식성 물질** : 화학적인 작용으로 금속에 손상 또는 부식을 일으키는 물질

(2) 건강 및 환경 유해성 분류기준

① **급성 독성 물질** : 입 또는 피부를 통하여 1회 투여 또는 24시간 이내에 여러 차례로 나누어 투여하거나 호흡기를 통하여 4시간 동안 흡입하는 경우 유해한 영향을 일으키는 물질

② **피부 부식성 또는 자극성 물질** : 접촉 시 피부조직을 파괴하거나 자극을 일으키는 물질(피부 부식성 물질 및 피부 자극성 물질로 구분한다)

③ **심한 눈 손상성 또는 자극성 물질** : 접촉 시 눈 조직의 손상 또는 시력의 저하 등을 일으키는 물질(눈 손상성 물질 및 눈 자극성 물질로 구분한다)

④ **호흡기 과민성 물질** : 호흡기를 통하여 흡입되는 경우 기도에 과민반응을 일으키는 물질

⑤ **피부 과민성 물질** : 피부에 접촉되는 경우 피부 알레르기 반응을 일으키는 물질

⑥ **발암성 물질** : 암을 일으키거나 그 발생을 증가시키는 물질

⑦ **생식세포 변이원성 물질** : 자손에게 유전될 수 있는 사람의 생식세포에 돌연변이를 일으킬 수 있는 물질

⑧ **생식독성 물질** : 생식기능, 생식능력 또는 태아의 발생·발육에 유해한 영향을 주는 물질

⑨ **특정 표적장기 독성 물질(1회 노출)** : 1회 노출로 특정 표적장기 또는 전신에 독성을 일으키는 물질

⑩ **특정 표적장기 독성 물질(반복 노출)** : 반복적인 노출로 특정 표적장기 또는 전신에 독성을 일으키는 물질

⑪ **흡인 유해성 물질** : 액체 또는 고체 화학물질이 입이나 코를 통하여 직접적으로 또는 구토로 인하여 간접적으로, 기관 및 더 깊은 호흡기관으로 유입되어 화학적 폐렴, 다양한 폐 손상이나 사망과 같은 심각한 급성 영향을 일으키는 물질

⑫ **수생 환경 유해성 물질** : 단기간 또는 장기간의 노출로 수생생물에 유해한 영향을 일으키는 물질

⑬ **오존층 유해성 물질** : 「오존층 보호를 위한 특정물질의 제조규제 등에 관한 법률」에 따른 특정물질

② 물리적 인자의 분류기준

(1) **소음** : 소음성 난청을 유발할 수 있는 85데시벨(A) 이상의 시끄러운 소리

(2) **진동** : 착암기, 핸드 해머 등의 공구를 사용함으로써 발생되는 백립병·레이노 현상·말초순환장애 등의 국소 진동 및 차량 등을 이용함으로써 발생되는 관절통·디스크·소화장애 등의 전신 진동

(3) **방사선** : 직접·간접으로 공기 또는 세포를 전리하는 능력을 가진 알파선·베타선·감마선·엑스선·중성자선 등의 전자선

(4) **이상기압** : 게이지 압력이 제곱센티미터당 1킬로그램 초과 또는 미만인 기압

(5) **이상기온** : 고열·한랭·다습으로 인하여 열사병·동상·피부질환 등을 일으킬 수 있는 기온

3 생물학적 인자의 분류기준

(1) 혈액 매개 감염인자

인간면역결핍바이러스, B형·C형 간염바이러스, 매독바이러스 등 혈액을 매개로 다른 사람에게 전염되어 질병을 유발하는 인자

(2) 공기 매개 감염인자

결핵·수두·홍역 등 공기 또는 비말 감염 등을 매개로 호흡기를 통하여 전염되는 인자

(3) 곤충 및 동물 매개 감염인자

쯔쯔가무시증, 렙토스피라증, 유행성출혈열 등 동물의 배설물 등에 의하여 전염되는 인자 및 탄저병, 브루셀라병 등 가축 또는 야생동물로부터 사람에게 감염되는 인자

··· 07 근로자의 건강진단

🔟 개요

사업주는 정기적으로 근로자에 대한 건강진단을 실시하여야 하며, 근로자를 채용할 때에도 건강진단을 실시하여야 한다. 근로자 대표의 요구가 있을 때에는 건강진단에 근로자 대표를 입회시켜야 한다.

🔢 건강진단의 분류

(1) 건강진단의 종류

일반, 특수, 배치 전, 수시, 임시 건강진단

(2) 특수건강진단 대상 야간작업(미이행 시 1천만 원 이하의 벌금)

① 6개월간 밤 12시부터 오전 5시까지의 시간을 포함하여 계속되는 8시간 작업을 월 평균 4회 이상 수행하는 경우

② 6개월간 오후 10시부터 다음 날 오전 6시 사이의 시간 중 작업을 월 평균 60시간 이상 수행하는 경우

🔳 건강진단 대상

(1) 일반건강진단

사용하는 근로자의 건강관리를 위하여 사업주가 주기적으로 실시하는 건강진단

(2) 특수건강진단

① 특수건강진단 대상 유해인자에 노출되는 업무에 종사하는 근로자 건강관리를 위해 실시하는 건강진단

② 근로자건강진단 실시 결과 직업병 유소견자로 판정받은 후 작업전환을 하거나 작업장소를 변경하고, 직업병 유소견 판정의 원인이 된 유해인자에 대한 건강진단이 필요하다는 의사의 소견이 있는 근로자를 위해 실시하는 건강진단

(3) 배치 전 건강진단

특수건강진단 대상 업무에 종사할 근로자에 대하여 배치 예정 업무에 대한 적합성 평가를 위하여 사업주가 실시하는 건강진단

(4) 임시건강진단 대상

① 같은 부서에 근무하는 근로자 또는 같은 유해인자에 노출되는 근로자에게 유사한 질병의 자각·타각 증상이 발생한 경우

② 직업병 유소견자가 발생하거나 여러 명이 발생할 우려가 있는 경우

4 건강진단 시 유의사항

(1) 사업주는 건강검진 기관에서 건강진단을 하여야 하며, 근로자대표가 요구할 때에는 근로자대표를 입회시켜야 한다.

(2) 근로자 건강을 보호하기 위해 필요하다고 인정할 때에는 사업주에게 특정 근로자에 대한 임시건강진단의 실시를 명할 수 있다.

(3) 근로자는 사업주가 지정한 건강진단기관에서 진단받기를 희망하지 아니하는 경우 다른 건강진단기관으로부터 건강진단을 받아 그 결과를 증명하는 서류를 제출할 수 있다.

(4) 건강진단기관은 건강진단을 실시한 때에는 그 결과를 근로자 및 사업주에게 통보하고 고용노동부장관에서 보고하여야 한다.

(5) 건강진단 결과 근로자의 건강을 유지하기 위해 필요하다고 인정할 때에는 작업장소 변경, 작업 전환, 근로시간 단축, 야간근로(오후 10시부터 오전 6시까지)의 제한, 작업환경측정 또는 시설·설비의 설치·개선 등 적절한 조치를 하여야 한다.

(6) 산업안전보건위원회 또는 근로자대표가 요구할 때에는 직접 또는 건강진단을 한 건강진단기관으로 하여금 건강진단 결과에 대한 설명을 하도록 한다. 단, 본인의 동의 없이는 개별 근로자의 건강진단 결과를 공개하여서는 아니 된다.

(7) 건강진단 결과를 근로자의 건강 보호·유지 외의 목적으로 사용하여서는 아니 된다.

(8) 건강진단의 종류·시기·주기·항목·방법 및 건강진단기관의 지정·관리 및 임시 건강진단, 기타 필요사항은 고용노동부령으로 정한다.

(9) 고용노동부장관은 건강진단기관의 건강진단·분석 능력을 평가하고 결과에 따른 지도·교육을 하여야 한다.

(10) 고용노동부장관은 건강진단기관을 평가한 후 그 결과를 공표할 수 있다.

(11) 건강진단기관 중 고용노동부장관이 지정하는 기관에 관해서는 지정의 취소, 과징금에 대한 관련 법을 준용한다.

5 특수건강진단

(1) **진단대상** : 유해인자에 노출되는 업무에 종사하는 근로자

(2) **실시주기** : 6개월, 1년, 2년의 주기마다 정기적으로 실시

(3) 결과의 활용

① 근로자가 소속된 공정별로 분석해 직무관련성 추정

② 근로자의 근무시기별 비교로 직무관련성 분석

③ 특수건강진단 대상자가 걸린 질병의 직무 영향 고찰

④ 직업병 요관찰자 또는 유소견자는 작업전환방안 강구

⑤ 사업주는 산업안전보건위원회 또는 근로자대표 요구 시 직접 또는 건강진단을 한 건강진단 기관으로 하여금 건강진단 결과에 대한 설명을 하도록 해야 함

⑥ 사업주는 건강진단 결과를 근로자 건강 보호·유지 외의 목적으로 사용해서는 안 됨

6 특수건강진단의 시기 및 주기

구분	대상 유해인자	시기(배치 후 첫 특수건강진단)	주기
1	N,N-디메틸아세트아미드 디메틸포름아미드	1개월 이내	6개월
2	벤젠	2개월 이내	6개월
3	사염화탄소 염화비닐 1,1,2,2-테트라클로로에탄 아크릴로니트릴	3개월 이내	6개월
4	석면, 면 분진	12개월 이내	12개월
5	광물성 / 목재 분진 소음 및 충격소음	12개월 이내	24개월
6	제1호부터 제5호까지의 대상 유해인자를 제외한 별표22의 모든 대상 유해인자	6개월 이내	12개월

7 건강진단 실시주기의 일시 단축

사업장의 작업환경 측정 결과 또는 특수건강진단 실시 결과에 따라 다음 각호의 어느 하나에 해당하는 근로자에 대해서는 다음 회에 한정하여 관련 유해인자별로 특수건강진단 주기를 2분의 1로 단축하여야 한다.

(1) 작업환경을 측정한 결과 노출기준 이상인 작업공정에서 해당 유해인자에 노출되는 모든 근로자

(2) 특수건강진단·수시건강진단 또는 임시건강진단을 실시한 결과 직업병 유소견자가 발견된 작업공정에서 해당 유해인자에 노출되는 모든 근로자

(3) 특수건강진단 또는 임시건강진단을 실시한 결과 해당 유해인자에 대하여 특수건강진단 실시 주기를 단축하여야 한다는 의사의 판정을 받은 근로자

8 건강진단 결과의 보존

(1) 건강진단 결과표 및 건강진단 결과를 증명하는 서류는 5년간 보존
(2) 발암성 확인 물질을 취급하는 근로자에 대한 건강진단 결과의 서류 또는 전산입력 자료는 30년간 보존

9 결론

사업주는 근로자의 건강을 보호·유지할 의무가 있으며 이를 위해 고용노동부장관이 지정하는 기관 또는 국민건강보험법에 따른 건강검진을 하는 기관에서 근로자에 대한 건강진단을 하여야 하며, 이 경우 근로자 대표가 요구할 때에는 건강진단 시 근로자대표를 입회시켜야 한다.

··· 08 질병자의 근로금지 및 취업제한

1 개요

사업주는 전염병, 정신병 또는 근로로 인하여 병세가 현저히 악화될 우려가 있는 질병으로서 고용노동부령이 정하는 질병에 이환된 자에 대해서는 의사의 진단에 따라 근로를 금지하거나 제한하여야 한다.

2 질병자의 근로 금지·제한 대상

(1) 사업주는 심장 등의 질환이 있는 사람으로서 근로에 의하여 병세가 악화될 우려가 있는 사람에 대해서는 의사의 진단에 따라 근로를 금지하여야 한다.

(2) 사업주는 유해하거나 위험한 작업으로서 대통령령으로 정하는 작업에 종사하는 근로자에게는 1일 6시간, 1주 34시간을 초과하여 근로하게 하여서는 아니 된다.

(3) 사업주는 착암기 등에 의하여 신체에 강렬한 진동을 주는 작업에서 유해·위험예방조치 외에 작업과 휴식의 적정한 배분 등 근로자의 건강 보호를 위한 조치를 하여야 한다.

(4) 사업주는 심장판막증이 있는 근로자를 고기압 업무에 종사하도록 하여서는 아니 된다.

(5) 사업주는 근로가 금지되거나 제한된 근로자가 건강을 회복하였을 때에는 지체 없이 취업하게 하여야 한다.

3 건강 악화 우려 업무의 근로금지

(1) 유기화학물, 금속류 등의 유해물질에 중독된 사람

(2) 해당 유해물질에 중독될 우려가 있다고 의사가 인정하는 사람

(3) 진폐의 소견이 있는 사람

(4) 방사선에 피폭된 사람을 해당 유해물질 또는 방사선을 취급하거나 당해 유해물질의 분진 증기 또는 가스가 발산되는 업무 또는 해당 업무로 인하여 근로자의 건강을 악화시킬 우려가 있는 업무에 종사하도록 하여서는 아니 된다.

4 고기압 업무의 근로금지대상 질병

(1) 감압증·기타 고기압에 의한 장해 또는 그 후유증

(2) 결핵·급성상기도감염·진폐·폐기종·기타 호흡기계의 질병

(3) 빈혈증·심장판막증·관상동맥경화증·고혈압증·기타 혈액 또는 순환기계의 질병

(4) 정신신경증·알코올중독·신경통·기타 정신신경계의 질병

(5) 메니에르씨병·중이염·기타 이관협착을 수반하는 이질환

⑤ 질병자 등의 근로제한

사업주는 근로를 제한하거나 근로를 다시 시작하도록 하는 경우에는 미리 보건관리자(의사인 보건관리자만 해당한다), 산업보건의 또는 건강진단을 실시한 의사의 의견을 들어야 한다.

··· 09 산업재해 발생 시 조치사항

1 개요

근로자가 업무에 관계되는 건설물·설비·원재료 가스·증기·분진 등에 의하거나 작업 또는 기타 업무에 기인하여 사망 또는 부상을 입거나 질병에 이환되었을 경우 재해자 발견 시 조치사항 및 발생보고, 기록보존 및 재발방지계획에 따른 개선활동을 실시해야 한다.

2 산업안전보건법상 용어의 정의

(1) 산업재해

근로자가 업무에 관계되는 건설물·설비·원재료 가스·증기·분진 등에 의하거나 작업 또는 기타 업무에 기인하여 사망 또는 부상을 입거나 질병에 걸리는 것을 말한다.

(2) 중대재해

① 사망자 1인 이상 발생

② 3개월 이상의 요양이 필요한 부상자가 동시에 2명 이상 발생

③ 부상자 또는 직업성 질병자가 동시에 10명 이상 발생

(3) 중대산업재해

① 사망자 1명 이상

② 동일한 사고로 6개월 이상 치료가 필요한 부상자 2명 이상

③ 동일 유해요인으로 급성중독 등 직업성 질병자 2명 이상

(4) 중대시민재해

① 사망자 1명 이상

② 동일한 사고로 2개월 이상 치료가 필요한 부상자 10명 이상

③ 동일한 원인으로 3개월 이상 치료가 필요한 질병자 10명 이상

3 산업재해 발생 시 조치사항 및 처리절차

(1) 재해자 발견 시 조치사항

① 재해 발생 기계의 정지 및 재해자 구출

② 긴급 병원후송

③ **보고 및 현장 보존** : 관리감독자 등 책임자에게 알리고, 사고원인 등 조사가 끝날 때까지 현장 보존

(2) 산업재해 발생 보고

① 산업재해(3일 이상 휴업)가 발생한 날부터 1개월 이내에 관할 지방고용노동관서에 산업재해조사표를 제출

② 중대재해는 지체 없이 관할 지방고용노동관서에 전화, 팩스 등으로 보고

(3) 보고사항

① 발생개요 및 피해상황(근로자 인적사항)

② 재해발생 일시 및 장소

③ 재해발생 원인과 과정

④ 재해 재발 방지계획

▨ 산업재해 기록 보존기간 : 3년간

휴업 3일 이상 의 산업재해 발생 시 사업주는 반드시
산업재해조사표를 작성·제출해야 합니다!

안전은 **권리**입니다

1. 산업재해 발생 시 산업재해조사표를 작성·제출해야 합니다.

• 사업주는 사망 또는 3일 이상 휴업이 필요한 산업재해 발생 시 발생한 날부터 1개월 이내에 지방고용
노동관서(산재예방지도과)에 산업재해 조사표를 작성·제출해야 합니다.

  * 「산업안전보건법」 제57조제3항 및 같은 법 시행규칙 제73조

> **참고**
>
> **3일 이상 휴업이
> 필요한 산업재해
> 관련 사항**
>
>
>
> ☑ 산업재해로 인해 결근 등 회사에 출근하지 못하는 것이며, 의사의 진단소견 등
> 객관적 근거에 의해 휴업을 판단
>
> ☑ 휴업 일수에 재해발생일은 미포함하나, 법정공휴일, 휴무일 등은 포함
>
> ☑ 보고를 회피할 목적으로 의사의 진단소견 등 객관적 판단기준과 달리
> 사업주가 임의로 휴업을 불연속 부여하면 과태료 부과

» 근로복지공단에 요양급여 신청서 등을 제출하더라도 산업재해조사표를 별도로 제출하여야 하며
미제출 시 ➡ **1,500만원 이하의 과태료가 부과**됩니다.

2. 전자문서로도 제출할 수 있어 보고가 수월합니다.

• 방문, 우편, 팩스 등의 방법 이외에도 고용노동부 홈페이지를 통해 전자민원*으로
산업재해조사표를 제출할 수 있습니다.

* 고용노동부 홈페이지(www.moel.go.kr) ➊ ➡ 민원마당 ➋ ➡ 민원신청 ➌ ➡ 서식민원(산재예방) ➍ ➡ 산업재해조사표 ➎

3. 중대재해는 지체 없이 지방고용노동관서로 보고해야 합니다.

• 사업주는 중대재해 발생사실을 알게 된 경우 재해발생개요, 피해상황, 조치 및 전망 등을 지체 없이
지방고용노동관서(산재예방지도과)에 전화·팩스 등으로 보고해야 합니다.

  * 「산업안전보건법」 제54조제2항 및 같은
  법 시행규칙 제67조

  ** 중대재해 발생을 보고하지 않거나 거짓으로
  보고하면, 3천만원 이하 과태료 부과

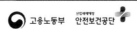
고용노동부   산업재해예방 안전보건공단

산업재해조사표

※ 뒤쪽의 작성방법을 읽고 작성해 주시기 바라며, [ ]에는 해당하는 곳에 ✔표시를 합니다.　　　　　　(앞쪽)

I. 사업장 정보	①산재관리번호 (사업개시번호)		사업자등록번호		
	②사업장명		③근로자 수		
	④업종		소재지 (　　-　　)		
	⑤재해자가 사내 수급인 소속인 경우(건설업 제외)	원도급인 사업장명	⑥재해자가 파견근로자인 경우	파견사업주 사업장명	
		사업장 산재관리번호 (사업개시번호)		사업장 산재관리번호 (사업개시번호)	
	건설업만 작성	발주자	[ ]민간 [ ]국가·지방자치단체 [ ]공공기관		
		⑦원수급 사업장명			
		⑧원수급 사업장 산재 관리번호(사업개시번호)	공사현장 명		
		⑨공사종류	공정률　　　%	공사금액　　백만원	

※ 아래 항목은 재해자별로 각각 작성하되, 같은 재해로 재해자가 여러 명이 발생한 경우에는 별도 서식에 추가로 적습니다.

II. 재해 정보	성명		주민등록번호 (외국인등록번호)		성별 [ ]남 [ ]여		
	국적	[ ]내국인 [ ]외국인 [국적: ⑩체류자격:]		⑪직업		
	입사일　　년　　월　　일		⑫같은 종류업무 근속기간　　년　　월			
	⑬고용형태	[ ]상용 [ ]임시 [ ]일용 [ ]무급가족종사자 [ ]자영업자 [ ]그 밖의 사항 [ ]				
	⑭근무형태	[ ]정상 [ ]2교대 [ ]3교대 [ ]4교대 [ ]시간제 [ ]그 밖의 사항 [ ]				
	⑮상해종류 (질병명)	⑯상해부위 (질병부위)		⑰휴업예상일수　　휴업 [ ]일		
				사망 여부　　[ ] 사망		

III. 재해 발생 개요 및 원인	⑱재해 발생 개요	발생일시	년　　월　　일　　요일　　시　　분
		발생장소	
		재해관련 작업유형	
		재해발생 당시 상황	
	⑲재해발생원인		

IV. ⑳재발 방지 계획	

※ 위 재발방지 계획 이행을 위한 안전보건교육 및 기술지도 등을 한국산업안전보건공단에서 무료로 제공하고 있으니 즉시 기술지원 서비스를 받고자 하는 경우 오른쪽에 ✔표시를 하시기 바랍니다.　　　즉시 기술지원 서비스 요청 [ ]

작성자 성명　　　　　　　　　　　　　　　　　　작성일　　년　　월　　일
작성자 전화번호

사업주　　　　　　　　　　　(서명 또는 인)

근로자대표(재해자)　　　　　　　(서명 또는 인)

(　　　)지방고용노동청장(지청장) 귀하

| 재해 분류자 기입란 (사업장에서는 작성하지 않습니다) | 발생형태 □□□　　기인물 □□□□□ |
| | 작업지역·공정 □□□　　작업내용 □□□ |

210mm×297mm[백상지(80g/㎡) 또는 중질지(80g/㎡)]

*산업재해조사표 작성예시(업종별, 재해종류별 등)는

고용노동부 홈페이지 (www.moel.go.kr) ▶ 정책자료 ▶ 정책자료실 (산업재해조사표 검색) 에서 확인 가능합니다.

2021-교육혁신실-104

🏛 고용노동부　　안전보건공단

OPEN

··· 10 근골격계 질환 예방대책

1 개요

무리한 힘의 사용, 반복적인 동작, 부적절한 작업자세, 날카로운 면과의 신체접촉, 진동 및 온도 등의 요인으로 인해 근육과 신경, 힘줄, 인대, 관절 등의 조직이 손상되어 신체에 나타나는 건강장해를 총칭하는 근골격계 질환은 요통, 수근관증후군, 건염, 흉곽출구증후군, 경추자세증후군 등으로도 표현된다.

2 발생단계 구분

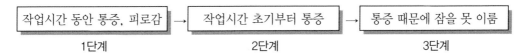

작업시간 동안 통증, 피로감	→	작업시간 초기부터 통증	→	통증 때문에 잠을 못 이룸
1단계		2단계		3단계

3 NIOSH 들기지침

(1) **부하요인**

　① 척추의 운동 중심에 관련된 물체의 위치

　② 물체의 크기, 모양, 무게, 밀도

　③ 척추의 굴곡 또는 회전 정도

　④ 부하의 비율

(2) **작업변수**

　① 작업물의 무게, 수평위치, 수직거리, 이동거리, 비대칭각도, 들기빈도, 커플링조건

　② 들기지수(LI ; Lifting Index)＝실제작업무게/권장무게한계(RWL) : 1.0보다 크면 작업부하가 권장치보다 크다(상대적인 양)

　③ RWL(kg)＝23×수평계수×수직계수×거리계수×비대칭계수×빈도계수×Coupling계수

　　• 수평계수＝25/H(수평거리cm), 수평거리(25＜H＜63)

　　　: H가 25보다 작으면 1, 63보다 크면 0

　　• 수직계수＝1－(0.003[V－75]), 수직거리(75＜V＜175)

　　　: D가 바닥에서 손까지의 거리(V)가 75보다 작으면 1, 175보다 크면 0

　　• 거리계수＝0.82＋(4.5/D), 수직이동거리(25＜D＜175)

　　　: D가 25보다 작으면 1, 175보다 크면 0

　　• 비대칭계수＝1－0.0032A, 정면에서 중량물 중심까지의 비틀린각도(A)가 135도를 초과하면 0

- 빈도계수 : 작업시간과 수직거리에 따른 값
- Coupling계수 : 물체를 들 때 미끄러지거나 떨어지지 않도록 손잡이 등이 좋은지를 RWL에 반영한 것

3 근골격계질환의 종류

종류	원인	비고
수근관증후군 (손목터널증후군)	• 빠른 손동작을 계속 반복할 때 • 엄지와 검지를 자주 움질일 때 • 빈번하게 손목이 꺾일 때	• 1, 2, 3번째 손가락 전체와 4번째 손가락 안쪽에 증상 • 손의 저림 또는 찌릿한 느낌 • 물건을 쥐기 어려움
건초염	• 반복 작업, 힘든 작업을 할 때 • 오랫동안 손을 사용할 때	• 인대나 인대를 둘러싼 건초(건막)부위가 부음 • 손이나 팔이 붓고 누르면 아픔
드퀘르병 건조염	• 물건을 자주 집는 작업을 할 때 • 손목을 자주 비틀 때 • 반복 작업, 힘든 작업을 할 때	• 엄지손가락 부분에 통증 • 손목과 엄지손가락이 붓거나 움직임이 힘듦
방아쇠 손가락	• 수공구의 방아쇠를 자주 사용할 때 • 반복 작업, 힘든 작업을 할 때 • 충격, 진동이 심한 작업을 할 때	• 손가락이 굽어져 움직이기가 어려움 • 손가락 첫째 마디에 통증
백지병	진동이 심한 공구를 사용할 때	• 손가락, 손의 일부가 하얗게 창백함 • 손가락, 손의 마비

4 근골격계 질환의 발생원인

(1) 일터에서의 부적절한 작업상황 조건 및 작업환경

① 부적절한 작업자세
- 무릎을 굽히거나 쪼그리는 자세로 작업
- 팔꿈치를 반복적으로 머리 위 또는 어깨 위로 들어 올리는 작업
- 목, 허리, 손목 등을 과도하게 구부리거나 비트는 작업

② 과도한 힘 필요작업
- 반복적인 중량물 취급
- 어깨 위에서 중량물 취급
- 허리를 구부린 상태에서 중량물 취급
- 강한 힘으로 공구를 작동하거나 물건을 잡는 작업

③ 접촉 스트레스 발생작업 : 손이나 무릎을 망치처럼 때리거나 치는 작업
④ 진동공구 취급작업 : 착암기, 연삭기 등 진동이 발생하는 공구 취급작업
⑤ 반복적인 작업 : 목, 어깨, 팔, 팔꿈치, 손가락 등을 반복 사용하는 작업

5 근골격계 질환 예방관리 프로그램 시행 대상

(1) 근골격계 질환으로 업무상 질병으로 인정받은 근로자가 연간 10명 이상 발생한 사업장

(2) 근골격계 질환으로 업무상 질병으로 인정받은 근로자가 5명 이상 발생한 사업장으로서 발생 비율이 그 사업장 근로자 수의 10퍼센트 이상인 경우

(3) 근골격계 질환 예방과 관련하여 노사 간 이견이 지속되는 사업장으로서 고용노동부장관이 필요하다고 인정하여 근골격계 질환 예방관리 프로그램을 수립하여 시행할 것을 명령한 경우

(4) 근골격계 질환 예방관리 프로그램을 작성·시행할 경우에 노사협의를 거쳐야 한다.

(5) 사업주는 프로그램 작성·시행 시 노사협의를 거쳐야 하며, 인간공학·산업의학·산업위생·산업간호 등 분야별 전문가로부터 필요한 지도·조언을 받을 수 있다.

6 근골격계 부담작업 범위

번호	내용
1	하루에 4시간 이상 집중적으로 자료 입력 등을 위해 키보드 또는 마우스를 조작하는 작업
2	하루에 총 2시간 이상 목, 어깨, 팔꿈치, 손목 또는 손을 사용하여 같은 동작을 반복하는 작업
3	하루에 총 2시간 이상 머리 위에 손이 있거나, 팔꿈치가 어깨 위에 있거나, 팔꿈치를 몸통으로부터 들거나, 팔꿈치를 몸통 뒤쪽에 위치하도록 하는 상태에서 이루어지는 작업
4	지지되지 않은 상태이거나 임의로 자세를 바꿀 수 없는 조건에서, 하루에 총 2시간 이상 목이나 허리를 구부리거나 드는 상태에서 이루어지는 작업
5	하루에 총 2시간 이상 쪼그리고 있거나 무릎을 굽힌 자세에서 이루어지는 작업
6	하루에 총 2시간 이상 지지되지 않은 상태에서 1kg 이상의 물건을 한 손의 손가락으로 집어 옮기거나, 2kg 이상에 상응하는 힘을 가하여 한 손의 손가락으로 물건을 쥐는 작업
7	하루에 총 2시간 이상 지지되지 않은 상태에서 4.5kg 이상의 물건을 한 손으로 들거나 동일한 힘으로 쥐는 작업
8	하루에 10회 이상 25kg 이상의 물체를 드는 작업
9	하루에 25회 이상 10kg 이상의 물체를 무릎 아래에서 들거나, 어깨 위에서 들거나, 팔을 뻗은 상태에서 드는 작업
10	하루에 총 2시간 이상, 분당 2회 이상 4.5kg 이상의 물체를 드는 작업
11	하루에 총 2시간 이상 시간당 10회 이상 손 또는 무릎을 사용하여 반복적으로 충격을 가하는 작업

7 결론

근골격계 질환은 건설현장의 근로자에게만 발생되는 질환이 아닌 사무직에서도 발생되는 산업안전보건법상의 재해에 해당되는 질환으로 근골격계 부담작업의 범위를 정확하게 이해하고 질환 예방을 위한 작업자세를 유지하는 것이 중요하다.

··· 11 근골격계 질환 유해요인조사

1 근골격계 유해요인 조사시기

(1) 최초의 유해요인조사 실시 후 매 3년마다 정기적 실시 대상

① 설비작업공정·작업량·작업속도 등 작업장 상황
② 작업시간·작업자세·작업방법 등 작업조건
③ 작업과 관련된 근골격계 질환 징후와 증상 유무 등

(2) 수시 유해요인조사 실시 대상

① 법에 따른 임시건강진단 등에서 근골격계질환자가 발생하였거나 근로자가 근골격계질환으로 산업재해보상보험법 시행령 별표 3 제2호 가목·마목 및 제12호 라목에 따라 업무상 질병으로 인정받은 경우
② 근골격계부담작업에 해당하는 새로운 작업·설비를 도입한 경우
③ 근골격계부담작업에 해당하는 업무의 양과 작업공정 등 작업환경을 변경한 경우

2 유해요인조사 내용

(1) 작업장 상황조사 항목

① 작업공정
② 작업설비
③ 작업량
④ 작업속도 및 최근 업무의 변화 등

(2) 작업조건조사 항목

① 반복동작
② 부적절한 자세
③ 과도한 힘
④ 접촉스트레스
⑤ 진동
⑥ 기타 요인(예 극저온, 직무스트레스)

(3) 증상 설문조사 항목

① 증상과 징후
② 직업력(근무력)
③ 근무형태(교대제 여부 등)

④ 취미활동

⑤ 과거질병력 등

❸ 유해요인 조사방법

(1) 고용노동부 고시에서 정한 유해요인조사표 및 근골격계질환 증상표를 활용한다.

(2) 단기간 작업이란 2개월 이내에 종료되는 1회성 작업을 말한다.

(3) 간헐적인 작업이란 연간 총 작업일수가 30일을 초과하지 않는 작업을 말한다.

❹ 문서의 기록과 보존

(1) 사업주는 안전보건규칙에 따라 문서를 기록 또는 보존하되 다음을 포함하여야 한다.

① 유해요인조사 결과(해당될 경우 근골격계질환 증상조사 결과 포함)

② 의학적 조치 및 그 결과

③ 작업환경 개선계획 및 그 결과보고서

(2) 사업주는 위 (1)의 ①과 ② 문서의 경우 5년 동안 보존하며, ③문서의 경우 해당 시설·설비가
작업장 내에 존재하는 동안 보존한다.

··· 12 석면조사대상

1 개요

건축물이나 설비를 철거하거나 해체하려는 경우에 해당 건축물이나 설비의 소유주 또는 임차인 등은 고용노동부령으로 정하는 바에 따라 조사한 후 해당 건축물이나 설비에 석면이 함유되어 있는지 여부와 해당 건축물이나 설비 중 석면이 함유된 자재의 종류, 위치 및 면적 등 그 결과를 기록·보존하여야 한다.

2 기관에서의 석면조사 대상

(1) 건축물의 연면적 합계가 50제곱미터 이상이면서, 그 건축물의 철거·해체하려는 부분의 면적 합계가 50제곱미터 이상인 경우

(2) 주택의 연면적 합계가 200제곱미터 이상이면서, 그 주택의 철거·해체하려는 부분의 면적 합계가 200제곱미터 이상인 경우

(3) 설비의 철거·해체하려는 부분에 다음 각 목의 어느 하나에 해당하는 자재(물질을 포함)를 사용한 면적의 합이 15제곱미터 이상 또는 그 부피의 합이 1세제곱미터 이상인 경우
   ① 단열재
   ② 보온재
   ③ 분무재
   ④ 내화피복재
   ⑤ 개스킷(Gasket)
   ⑥ 패킹(Packing)재
   ⑦ 실링(Sealing)재
   ⑧ 그 밖에 고용노동부장관이 정하여 고시한 자재

(4) 파이프 길이의 합이 80미터 이상이면서, 그 파이프의 철거·해체하려는 부분의 보온재로 사용된 길이의 합이 80미터 이상인 경우

3 기관석면조사 이외 대상의 조사방법 및 과태료

(1) 기관석면조사 대상 이외의 규모는 의무 주체의 일반석면조사 가능

(2) **기관석면조사 대상 위반 시** : 5천만 원 이하 과태료 부과

(3) **일반석면조사 대상 위반 시** : 3백만 원 이하 과태료 부과

4 석면조사방법

(1) 건축도면, 설비제작도면 또는 사용자재의 이력 등을 통하여 석면 함유 여부에 대한 예비조사를 할 것

(2) 건축물이나 설비의 해체·제거할 자재 등에 대하여 성질과 상태가 다른 부분들을 각각 구분할 것

(3) 시료채취는 (2)에 따라 구분된 부분들 각각에 대하여 그 크기를 고려하여 채취 수를 달리하여 조사를 할 것

··· 13   제거업자에 의한 석면의 해체

◀1▶ 개요

해체하려는 건축물 등에 대통령령이 정하는 기준 이상의 석면이 함유된 경우 고용노동부장관에게 등록된 전문 석면해체·제거업자를 통해 해체·제거하도록 하기 위한 제도이며, 해당 건축물 등에 대한 석면조사기관과 동일한 석면해체·제거업자에게 해체·제거작업을 위탁하지 못하도록 하기 위한 제도이다.

◀2▶ 등록전문업자에 의한 해체제거

(1) 철거 해체하려는 자재에 석면이 1%(무게퍼센트)를 초과해 함유되어 있고 자재의 면적의 합이 50m² 이상인 경우
(2) 석면이 1%를 초과해 함유된 분무재 또는 내화피복재를 사용한 경우
(3) 석면이 1%를 초과해 함유된 자재(분무재, 내화피복재 제외한 제30조의3 제1항 제3호의 각 목 중 하나)의 면적의 합이 15m² 이상 또는 그 부피의 합이 1m³ 이상인 경우
(4) 파이프에 사용된 보온재에서 석면이 1%를 초과하고, 그 보온재 길이의 합이 80미터 이상인 경우
(5) 단, 석면 해체·제거작업을 스스로 하려는 자가 석면해체·제거업자의 등록요건(인력 시설 및 장비)과 동등 능력을 갖춘 경우 증명서류를 첨부해 작업신고를 하는 경우는 직접 해체·제거할 수 있도록 한다.

◀3▶ 제거업자의 준수사항

(1) 해체·제거작업의 신고

석면의 해체·제거작업 전 신고서를 작성해 작업 시작 7일 전까지 작업장 소재 고용노동청에 제출

(2) 작업 시

산업보건기준에 관한 규칙에 의거 기준 준수

(3) 작업 시 석면노출기준

① 크리소타일 : 2개/cm³
② 아모사이트 : 0.5개/cm³
③ 크로시돌라이트 : 0.2/cm³
④ 기타 형태 : 2개/cm³

⑷ 작업 완료 후

작업장 공기 중 석면농도 측정

⑸ 서류보존

30년

⑹ 보존서류

① 석면해체제거작업장 명칭 및 소재지
② 석면해체제거작업근로자 인적사항
③ 작업내용 및 작업기간에 관한 서류

4 작업계획서에 포함되어야 할 사항

⑴ 석면해체제거작업 절차 및 방법
⑵ 석면 흩날림 방지 및 폐기방법
⑶ 근로자 보호조치방안

5 해체작업 근로자 공지 및 작업장 게시사항

⑴ 작업계획
⑵ 작업장의 석면조사방법 및 종료일자
⑶ 석면조사 결과의 내용

6 완료 후 석면농도기준

작업완료 후 해당 작업장 청소가 완료된 후 밀폐시설이 철거되지 않은 상태에서 침전된 분진 비산
후 지역 시료채취방법으로 측정해야 하며 0.01개/cm^3 이하가 되도록 할 것

7 측정자격자

⑴ **석면조사기관** : 산업위생관리산업기사 또는 대기환경산업기사 이상의 자격자
⑵ **지정측정기관** : 산업위생관리산업기사 이상 자격자

8 업무 Flow Chart

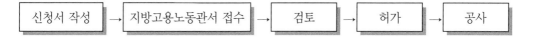

9 작업요령

(1) 창문, 벽, 바닥 등을 불침투성 차단재로 밀폐하고 음압 유지

(2) 습식 작업

(3) 실외작업 시 분진포집장치 설치

(4) 탈의실, 샤워실 등의 위생시설을 작업장과 연결 설치

(5) 통풍구가 지붕 근처에 있을 경우 밀폐 후 환기설비 가동 중단

(6) 작업자는 방진마스크 및 전용작업복 착용

(7) 작업자에 대한 주기적 정기점검 실시

10 석면해체·제거작업 신고절차

석면해체·제거작업 신고서의 내용이 변경된[신고한 석면함유자재(물질)의 종류가 감소하거나 석면함유자재(물질)의 종류별 석면해체·제거작업 면적이 축소된 경우 제외] 경우 지체 없이 관할 지방고용노동관서의 장에게 제출해야 한다.

11 결론

석면은 WHO에 의해 1급 발암물질로 지정된 유해위험물질로 석면이 함유된 것으로 의심되는 일정 기준 이상의 건축물 또는 설비의 해체 및 제거 시 법에서 정한 수준 이상의 근로자 안전보건조치를 행한 후 작업에 임해야 하며, 관련 자료의 보존기간 준수의무도 다해야 한다.

··· 14 안전보건표지

1 개요

근로자의 안전 및 보건을 확보하기 위하여 근로자의 판단이나 행동의 착오로 인하여 산업재해를 일으킬 우려가 있는 작업장의 특정 장소·시설·물체에 설치 또는 부착하는 표지를 말한다.

2 안전보건표지의 구분

(1) **금지표지** : 위험한 행동을 금지하는 표지(8개 종류)
(2) **경고표지** : 위해 또는 위험물에 대해 경고하는 표지(15개 종류)
(3) **지시표지** : 보호구 착용 등을 지시하는 표지(9개 종류)
(4) **안내표지** : 구명, 구호, 피난의 방향 등을 알리는 표지(8개 종류)

3 종류와 형태

	101 출입금지	102 보행금지	103 차량통행금지	104 사용금지	105 탑승금지
1. 금지표지					
	106 금연	107 화기금지	108 물체이동금지		
	201 인화성물질경고	202 산화성물질경고	203 폭발성물질경고	204 급성독성물질경고	205 부식성물질경고
2. 경고표지					
	206 방사성물질경고	207 고압전기경고	208 매달린물체경고	209 낙하물경고	210 고온경고
	211 저온경고	212 몸균형상실경고	213 레이저광선경고	214 발암성·변이원성·생식독성·전신독성·호흡기과민성물질 경고	215 위험장소경고

3. 지시표지	301 보안경착용	302 방독마스크착용	303 방진마스크착용	304 보안면착용	305 안전모착용
	306 귀마개착용	307 안전화착용	308 안전장갑착용	309 안전복착용	
4. 안내표지	401 녹십자표지	402 응급구호표지	403 들것	404 세안장치	405 비상용기구
	406 비상구	407 좌측비상구	408 우측비상구		

	501 허가대상물질 작업장	502 석면 취급/해체 작업장	503 금지대상물질의 취급실험실 등
5. 관계자 외 출입금지	관계자 외 출입금지 (허가물질 명칭) 제조/사용/보관 중 보호구/보호복 착용 흡연 및 음식물 섭취 금지	관계자 외 출입금지 석면 취급/해체 중 보호구/보호복 착용 흡연 및 음식물 섭취 금지	관계자 외 출입금지 발암물질 취급 중 보호구/보호복 착용 흡연 및 음식물 섭취 금지

4 안전보건표지 색채, 색도기준

색채	색도기준	용도	사용 예
빨간색	7.5R 4/14	금지	정지신호, 소화설비 및 그 장소, 유해행위의 금지
		경고	화학물질 취급장소에서의 유해·위험 경고
노란색	5Y 8.5/12	경고	화학물질 취급장소에서의 유해·위험경고 이외의 위험경고, 주의표지 또는 기계방호물
파란색	2.5PB 4/10	지시	특정 행위의 지시 및 사실의 고지
녹색	2.5G 4/10	안내	비상구 및 피난소, 사람 또는 차량의 통행표지
흰색	N9.5		파란색 또는 녹색에 대한 보조색
검은색	N0.5		문자 및 빨간색 또는 노란색에 대한 보조색

※ 참고
1. 허용 오차 범위 H = ±2, V = ±0.3, C = ±1(H는 색상, V는 명도, C는 채도를 말한다)
2. 위의 색도기준은 한국산업규격(KS)에 따른 색의 3속성에 의한 표시방법(KSA 0062 기술표준원
고시 제2008-0759)에 따른다.

··· 15 안전보건개선계획

1 개요

중대재해가 발생된 사업장이나 산재발생률이 동종 사업장보다 높은 사업장 등에 대해 실시하는 안전보건개선계획은 산재 예방을 위해 실시하는 것으로, 사업자는 개선계획서에 의해 종합적 개선이 이루어질 수 있도록 해야 한다.

2 수립대상 사업장

(1) 산재율이 동종 규모 평균 산재율보다 높은 사업장
(2) 중대재해 발생 사업장
(3) 유해인자 노출기준 초과 사업장
(4) 직업성 질병자가 발생한 사업장

3 안전보건진단 후 개선계획 수립대상 사업장

(1) 안전보건조치 위반으로 중대재해가 발생된 사업장(2년 이내 동종 산재율 평균 초과 시)
(2) 산재율이 동종 평균 산재율의 2배 이상인 사업장
(3) 직업병 이환자가 연간 2명 이상 발생된 사업장(상시근로자 1천 명 이상인 사업장의 경우 3명)
(4) 작업환경불량, 화재, 폭발, 누출사고 등으로 사회적 물의를 일으킨 사업장
(5) 고용노동부장관이 정하는 사업장

4 안전보건개선계획서 내용

(1) 작업공정별 유해위험분포도
(2) 재해발생현황
(3) 재해다발원인 및 유형 분석표
(4) 교육 및 점검 계획
(5) 유해위험작업 부서 및 근로자 수
(6) 개선계획서
(7) 산업안전보건관리비 예산

5 제출방법 및 시기

(1) 작성 시 근로자대표 및 산업안전보건위원회의 의견 수렴
(2) 제출명령을 받은 날로부터 60일 이내
(3) 안전보건공단의 검토 및 기술지도를 득할 것

6 안전보건개선계획서 포함사항

(1) 시설의 개선에 필요한 사항
(2) 작업환경 개선에 필요한 사항
(3) 안전보건관리체제에 필요한 사항
(4) 안전보건교육 개선에 필요한 사항

7 승인절차

(1) 15일 이내 결과통보
(2) 1차승인, 보완승인, 진단 후 승인
(3) **승인기준**
　　① 개선지시내용 준수 여부
　　② 개선지시내용의 세부시행계획 수립 여부
　　③ 개선계획 실현 가능성
　　④ 개선기일의 고의적 지연 여부

8 안전보건개선계획 수립 시 유의사항

(1) 사업주는 안전보건개선계획을 수립할 때 산업안전보건위원회가 설치되어 있지 아니한 사업장 인 경우에는 근로자대표의 의견을 들어야 한다.
(2) 사업주와 근로자는 안전보건개선계획을 준수하여야 한다.
(3) 안전보건개선계획의 수립·시행 명령을 받은 사업주는 고용노동부장관이 정하는 바에 따라 안전보건개선계획서를 작성하여 그 명령을 받은 날부터 60일 이내에 관할 지방고용노동관서의 장에게 제출하여야 한다.
(4) 안전보건개선계획서에는 시설, 안전·보건관리체제, 안전·보건교육, 산업재해 예방 및 작업환경의 개선을 위하여 필요한 사항이 포함되어야 한다.

9 결론

안전보건개선계획은 산재율이 동종 평균 산재율보다 높거나 중대재해가 발생된 사업장에 대해 시행하는 제도로 계획서 작성 및 제출 시에는 근로자대표 및 산업안전보건위원회의 의견을 수렴해 실질적인 시행이 가능하도록 하는 것이 중요하다.

··· 16 휴게시설 설치·관리기준

◀ 산업안전보건법상 휴게시설 설치·관리기준

(1) 크기

① 휴게시설의 최소 바닥면적은 6제곱미터로 한다. 다만, 둘 이상의 사업장의 근로자가 공동으로 같은 휴게시설(이하 "공동휴게시설"이라 한다)을 사용하게 되는 경우 공동휴게시설의 바닥면적은 6제곱미터에 사업장의 개수를 곱한 면적 이상으로 한다.

② 휴게시설의 바닥에서 천장까지의 높이는 2.1미터 이상으로 한다.

③ ①에도 불구하고 근로자의 휴식 주기, 이용자 성별, 동시 사용인원 등을 고려하여 최소면적을 근로자대표와 협의하여 6제곱미터가 넘는 면적으로 정한 경우에는 근로자대표와 협의한 면적을 최소 바닥면적으로 한다.

④ ①에도 불구하고 근로자의 휴식 주기, 이용자 성별, 동시 사용인원 등을 고려하여 공동휴게시설의 바닥면적을 근로자대표와 협의하여 정한 경우에는 근로자대표와 협의한 면적을 공동휴게시설의 최소 바닥면적으로 한다.

(2) 위치 : 다음의 요건을 모두 갖춰야 한다.

① 근로자가 이용하기 편리하고 가까운 곳에 있어야 한다. 이 경우 공동휴게시설은 각 사업장에서 휴게시설까지의 왕복 이동에 걸리는 시간이 휴식시간의 20퍼센트를 넘지 않는 곳에 있어야 한다.

② 다음의 모든 장소에서 떨어진 곳에 있어야 한다.
　㉠ 화재·폭발 등의 위험이 있는 장소
　㉡ 유해물질을 취급하는 장소
　㉢ 인체에 해로운 분진 등을 발산하거나 소음에 노출되어 휴식을 취하기 어려운 장소

(3) 온도

적정한 온도(18~28℃)를 유지할 수 있는 냉난방 기능이 갖춰져 있어야 한다.

(4) 습도

적정한 습도(50~55%. 다만, 일시적으로 대기 중 상대습도가 현저히 높거나 낮아 적정한 습도를 유지하기 어렵다고 고용노동부장관이 인정하는 경우는 제외한다)를 유지할 수 있는 습도 조절 기능이 갖춰져 있어야 한다.

(5) 조명

적정한 밝기(100~200럭스)를 유지할 수 있는 조명 조절 기능이 갖춰져 있어야 한다.

⑹ 창문 등을 통하여 환기가 가능해야 한다.

⑺ 의자 등 휴식에 필요한 비품이 갖춰져 있어야 한다.

⑻ 마실 수 있는 물이나 식수 설비가 갖춰져 있어야 한다.

⑼ 휴게시설임을 알 수 있는 표지가 휴게시설 외부에 부착돼 있어야 한다.

⑽ 휴게시설의 청소·관리 등을 하는 담당자가 지정돼 있어야 한다. 이 경우 공동휴게시설은 사업장마다 각각 담당자가 지정돼 있어야 한다.

⑾ 물품 보관 등 휴게시설 목적 외의 용도로 사용하지 않도록 한다.

※ 비고

다음에 해당하는 경우에는 다음의 구분에 따라 위의 (1)부터 (6)까지의 규정에 따른 휴게시설 설치·관리기준의 일부를 적용하지 않는다.

① 사업장 전용면적의 총합이 300제곱미터 미만인 경우 : (1) 및 (2)의 기준

② 작업장소가 일정하지 않거나 전기가 공급되지 않는 등 작업특성상 실내에 휴게시설을 갖추기 곤란한 경우로서 그늘막 등 간이 휴게시설을 설치한 경우 : (3)부터 (6)까지의 규정에 따른 기준

③ 건조 중인 선박 등에 휴게시설을 설치하는 경우 : (4)의 기준

··· 17 벌목작업 안전수칙

1 개요

건설공사 중 도로 또는 주택공사 시 벌목작업을 수시로 행할 수 있으므로 벌목작업의 안전수칙을
준수하는 것은 근로자 안전·보건 유지증진을 위해 중요한 사항이다.

2 벌목작업 시 보호구

(1) 안전모   (2) 작업복   (3) 안전장갑
(4) 안전바지 및 무릎보호대   (5) 안전화   (6) 구급상자

3 안전수칙

(1) 벌목하려는 나무의 가슴 높이 지름이 20cm 이상인 경우에는 수구의 상·하면 각도를 30° 이상
으로 하고, 수구 깊이는 뿌리 부분 지름의 1/4 이상, 1/3 이하로 만들 것
(2) 벌목작업 중에는 벌목하려는 나무로부터 해당 나무 높이의 2배에 해당하는 직선거리 안에서
다른 작업을 하지 않을 것
(3) **나무가 다른 나무에 걸려 있는 경우에는 다음 사항을 준수할 것**
    ① 걸려 있는 나무 밑에서 작업금지
    ② 받치고 있는 나무의 벌목작업 금지

4 기계톱 사용 벌목작업 시 유의사항

(1) 벤 나무가 넘어지는 방향을 결정하고 미리 대피로 및 대피장소 확보
(2) 벌목 전 별도목 주변 장애물 사전 제거
(3) **벌목하려는 나무의 가슴 높이 지름이 20cm 이상인 경우**
    ① 수구 상·하면 각도를 30° 이상으로
    ② 수구 깊이는 뿌리 부분 지름의 1/4 이상, 1/3 이하로 할 것
(4) 벌목 대상 나무를 중심으로 나무 높이의 2배 이상 안전거리 유지 및 타 작업자 접근금지
(5) 받치고 있는 나무의 벌목이나 걸려 있는 나무 밑 작업금지
(6) 벌목작업 계획 시 인력작업을 최소화하고 원칙적으로 어깨 높이 위로 톱 사용 금지
(7) 작업 시작 전 신호체계 확립 및 작업순서, 작업자 간 연락방법, 응급상황 발생 시 조치사항을
작업자에게 주지
(8) 벌목작업에 적절한 보호구 지급 및 착용
(9) 강풍, 폭우, 폭설 등 악천후로 인하여 작업상 위험이 예상될 때에는 작업중지

SECTION 06

PROFESSIONAL ENGINEER CONSTRUCTION SAFETY

안전성 평가

···01 건설업 유해·위험방지계획서의 작성대상 및 제출서류

1 개요

일정 규모 이상의 건설공사 시 작성하는 유해·위험방지계획서는 건설공사 안전성 확보를 위해 실시하는 것으로 사업주는 유해·위험방지계획서를 작성해 산업안전공단에 제출해야 하며, 공사 개시 이후 제출한 계획서의 철저한 이행으로 근로자의 안전보건을 확보하기 위한 제도이다.

2 대상 사업장

(1) 지상높이가 31미터 이상인 건축물 또는 인공구조물
(2) 연면적 30,000m² 이상인 건축물 또는 연면적 5,000m² 이상의 문화 및 집회시설(전시장 및 동물원·식물원은 제외), 판매시설, 운수시설(고속철도의 역사 및 집배송시설 제외), 종교시설, 의료시설 중 종합병원, 숙박시설 중 관광숙박시설, 지하도 상가 또는 냉동·냉장창고시설의 건설·개조 또는 해체 공사
(3) 연면적 5,000m² 이상의 냉동·냉장창고시설의 설비공사 및 단열공사
(4) 최대 지간길이 50m 이상인 교량건설 등의 공사
(5) 터널 건설 등의 공사
(6) 다목적댐, 발전용 댐 및 저수용량 2천만 톤 이상의 용수 전용 댐, 지방상수도 전용 댐 건설 등의 공사
(7) 깊이 10미터 이상인 굴착공사

3 제출서류

(1) 유해·위험방지계획서 2부
(2) 유해·위험방지계획서 제출 공문
(3) 사업자등록증 사본 1부

(4) 제출일 현재 현장사진 1부

(5) 건설공사에 관한 도급계약서 사본 1부(자기 공사인 경우는 생략)

(6) 산업재해보상보험 가입 증명원

④ 심사

(1) 심사기간

산업안전공단은 접수일로부터 15일 이내에 심사하여 사업주에게 그 결과를 통지

(2) 심사결과 구분 및 조치

① 적정 : 근로자의 안전과 보건상 필요한 조치가 구체적으로 확보되었다고 인정되는 경우

② 조건부 적정 : 근로자의 안전과 보건을 확보하기 위하여 일부 개선이 필요하다고 인정되는 경우

③ 부적정
- 기계·설비 또는 건설물이 심사기준에 위반되어 공사 착공 시 중대한 위험 발생의 우려가 있는 경우
- 계획에 근본적 결함이 있다고 인정되는 경우

⑤ 이행 확인 및 조치(위반 시 300만 원 이하의 과태료)

(1) 확인내용 및 주기

① 해당 건설물의 기계·기구 및 설비의 시운전단계, 건설공사 중 6개월 이내마다 공단으로부터 계획서의 이행실태를 확인받아야 한다.
- 유해·위험방지계획서의 내용과 실제 공사내용의 부합 여부
- 유해·위험방지계획서의 변경사유가 발생해 이를 보완한 경우 변경내용의 적정성
- 추가적인 유해·위험요인의 존재 여부

② 자체 심사 및 확인 업체의 사업주는 해당 공사 준공 시까지 6개월 이내마다 자체 확인을 하여야 하며, 사망재해 등의 재해가 발생한 경우에는 공단의 확인을 받아야 한다.

(2) 확인결과 조치

공단은 확인 실시 결과 적정하다고 판단되는 경우 5일 이내에 확인결과통지서를 사업주에게 발급하여야 하며, 보고를 받은 지방고용노동관서의 장은 사실 여부를 확인한 후 필요한 조치를 하여야 한다.

⑥ 업무 Flow-chart

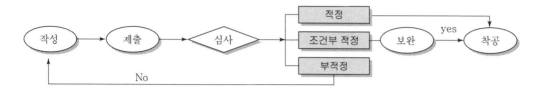

⑦ 첨부서류

(1) 공사개요 및 안전보건관리계획

① 공사개요서

② 공사현장의 주변 현황 및 주변과의 관계를 나타내는 도면(매설물 현황 포함)

③ 건설물, 사용기계설비 등의 배치를 나타내는 도면 및 서류

④ 전체공정표

⑤ 산업안전보건관리비 사용계획

⑥ 안전관리조직표

⑦ 재해 발생 위험 시 연락 및 대피방법

(2) 작업공사 종류별 유해·위험방지계획

대상공사	작업공사 종류	주요 작성대상	첨부서류
건축물, 인공구조물 건설 등의 공사	1. 가설공사 2. 구조물공사 3. 마감공사 4. 기계 설비공사 5. 해체공사	가. 비계 조립 및 해체작업(외부비계 및 높이 3미터 이상 내부비계) 나. 높이 4미터를 초과하는 거푸집 동바리 조립 및 해체작업 또는 비탈면 슬래브의 거푸집동바리 조립 및 해체작업 다. 작업발판 일체형 거푸집의 조립 및 해체작업 라. 철골 및 PC 조립작업 마. 양중기 설치연장 해체작업 및 천공·항타작업 바. 밀폐공간 내 작업 사. 해체작업 아. 우레탄폼 등 단열재 작업(취급 장소와 인접한 장소에서 화기작업 포함) 자. 같은 장소(출입구를 공동으로 이용하는 장소)에서 둘 이상의 공정이 동시에 진행되는 작업	1. 해당 작업공사 종류별 작업 개요 및 재해예방 계획 2. 위험물질의 종류별 사용 량과 저장·보관 및 사용 시의 안전작업계획 [비고] 1. 바목의 작업에 대한 유해· 위험방지계획에는 질식화재 및 폭발예방계획이 포함되어야 한다. 2. 각 목의 작업과정에서 통풍 이나 환기가 충분하지 않거 나 가연성 물질이 있는 건 축물 내부나 설비 내부에서 단열재 취급·용접·용단 등 과 같은 화기작업이 포함되 어 있는 경우는 세부계획이 포함되어야 한다.

대상공사	작업공사 종류	주요 작성대상	첨부서류
냉동·냉장 창고시설의 설비공사 및 단열공사	1. 가설공사 2. 단열공사 3. 기계 설비공사	가. 밀폐공간 내 작업 나. 우레탄폼 등의 단열재 작업(취급장소와 인접한 곳에서 이루어지는 화기작업 포함) 다. 설비공사 라. 같은 장소(출입구를 공동으로 이용하는 장소)에서 둘 이상의 공정이 동시에 진행되는 작업	1. 해당 작업공사 종류별 작업개요 및 재해예방계획 2. 위험물질의 종류별 사용량과 저장·보관 및 사용 시의 안전작업계획 [비고] 1. 가목의 작업에 대한 유해·위험방지계획에는 질식 화재 및 폭발예방계획이 포함되어야 한다. 2. 각 목의 작업과정에서 통풍이나 환기가 충분하지 않거나 가연성 물질이 있는 건축물 내부나 설비 내부에서 단열재 취급·용접·용단 등과 같은 화기작업이 포함되어 있는 경우는 세부계획이 포함되어야 한다.

교량 건설 등의 공사	1. 가설공사
	2. 하부공 공사
	3. 상부공 공사
		가. 하부공 작업
		  1) 작업발판 일체형 거푸집 조립 및 해체작업
		  2) 양중기 설치·연장·해체작업 및 천공·항타작업
		  3) 교대·교각·기초 및 벽체 철근 조립작업
		  4) 해상·하상 굴착 및 기초 작업
		나. 상부공 작업
		  1) 상부공 가설작업(ILM, FCM, FSM, MSS, PSM 등을 포함)
		  2) 양중기 설치·연장·해체작업
		  3) 상부 슬래브 거푸집동바리 조립 및 해체(특수작업대를 호함)작업
			1. 해당 작업공사 종류별 작업개요 및 재해예방계획
			2. 위험물질의 종류별 사용량과 저장·보관 및 사용 시의 안전작업계획

터널 건설 등의 공사	1. 가설공사
	2. 굴착 및 발파 공사
	3. 구조물공사
		가. 터널굴진공법(NATM)
		  1) 굴진(갱구부, 본선, 수직갱, 수직구 등) 및 막장 내 붕괴·낙석방지계획
		  2) 화약 취급 및 발파 작업
		  3) 환기 작업
			1. 해당 작업공사 종류별 작업개요 및 재해예방계획
			2. 위험물질의 종류별 사용량과 저장·보관 및 사용 시의 안전작업계획

대상공사	작업공사 종류	주요 작성대상	첨부서류
터널 건설 등의 공사		4) 작업대(굴진, 방수, 철근, 콘크리트 타설 포함) 사용 작업 나. 기타 터널공법(TBM 공법, Shield 공법, Front Jacking 공법, 침매공법 등을 포함) 1) 환기작업 2) 막장 내 기계·설비 유지·보수작업	[비고] 1. 나목의 작업에 대한 유해·위험방지계획에는 굴진 및 막장 내 붕괴·낙석 방지계획이 포함되어야 한다.
댐 건설 등의 공사	1. 가설공사 2. 굴착 및 발파공사 3. 댐 축조공사	가. 굴착 및 발파작업 나. 댐 축조(가체절 작업 포함)작업 1) 기초처리 작업 2) 둑 비탈면 처리 작업 3) 본체 축조관련 장비작업 (흙쌓기 및 다짐만 해당) 4) 작업발판 일체형 거푸집 조립 및 해체작업(콘크리트 댐만 해당)	1. 해당 작업공사 종류별 작업개요 및 재해예방계획 2. 위험물질의 종류별 사용량과 저장·보관 및 사용 시의 안전작업계획
굴착공사	1. 가설공사 2. 굴착 및 발파공사 3. 흙막이 지보공공사	가. 흙막이 가시설 조립 및 해체작업(복공작업 포함) 나. 굴착 및 발파작업 다. 양중기 설치·연장·해체작업 및 천공·항타작업	1. 해당 작업공사 종류별 작업개요 및 재해예방계획 2. 위험물질의 종류별 사용량과 저장·보관 및 사용 시의 안전작업계획

8 결론

재해발생 위험이 높은 건설공사의 경우 사업주는 근로자의 안전보건 유지를 위해 유해·위험방지계획서를 작성해 산업안전보건공단에 제출해야 하며 심사결과에 따른 조치와 공사 중 계획서에 의한 유해·위험 방지대책이 실질적으로 이행되도록 힘써야 한다.

··· 02 유해 · 위험방지계획서 자체심사 및 확인제도

1 개요

재해율이 낮은 건설업체에 대해서 유해 · 위험방지계획서 심사 및 확인 등을 자율적으로 심사하여 수행하도록 해 안전관리 우수업체를 우대함으로써 자율안전관리로 유도하기 위한 제도이다.

2 자체심사 및 확인업체 선정기준

(1) 시공능력 순위가 상위 200위 이내인 건설업체
(2) 직전 3년간 평균산업재해발생률이 시공능력 순위 200위 이내일 것
(3) 건설업체 전체의 직전 3년간 평균산업재해발생률 이하인 건설업체
(4) 안전관리자 자격을 갖춘 사람 1명 이상을 포함하여 3명 이상의 안전전담직원으로 구성된 별도의 안전전담조직을 갖춘 건설업체일 것
(5) 해당연도 8월 1일 기준으로 직전 2년간 근로자 사망 재해가 없는 건설업체일 것
(6) 직전년도 건설업 '산업재해예방활동 실적평가 점수'가 70점 이상인 건설업체일 것

▼산업재해예방활동 실적평가 항목 및 점수

실적평가 항목	점수
사업주 안전보건교육 등 참여	40
안전보건관리자 중 정규직 비율	40
안전보건관리조직	20
KOSHA−MS 등 안전인증	5(추가점수)

3 지정기간

해당연도 8월 1일부터 다음연도 7월 31일까지

4 자체심사 제외규정

(1) 자체심사 및 확인업체 시공현장에서 2명 이상 동시 사망하거나 사회적 물의발생 시에는 즉시 자체심사 및 확인업체에서 제외됨
(2) 개정규정은 이 규칙 시행일인 2023. 9. 28. 이후 동시에 2명 이상 근로자가 사망한 재해가 발생한 경우부터 적용됨

⑤ 자체심사 및 확인방법

임직원 및 외부전문가 중 아래해당 자격자에 의함

(1) 산업안전지도사(건설안전분야)

(2) 건설안전기술사

(3) 건설안전기사(산업안전기사 이상의 자격을 취득한 후 건설안전 실무경력이 3년 이상인 사람 포함)으로서 공단에서 실시하는 유해위험방지계획서 심사전문화교육과정 28시간 이상 이수한 사람

⑥ 유의사항

상기 1명 이상이 참여하여 심사하고 자체확인 실시하여야 하며 자체확인 실시한 사업주는 자체확인 결과서를 작성해 사업장에 비치해야 한다.

⑦ 유해위험방지계획서 작성내용

(1) 공사개요

공사개요서

(2) 안전보건관리계획

① 공사현장 주변현황 및 주변과의 관계를 나타내는 도면(매설물현황 포함)

② 전체 공정표

③ 산업안전보건관리비 사용계획서

④ 안전관리조직표

⑤ 재해발생 위험 시 연락 및 대피방법

⑧ 제출 전 의견청취 시 의견제출자의 자격

(1) 산업안전지도사(건설안전)

(2) 건설안전기술사 또는 토목·건축분야 기술사

(3) 건설안전기사 자격자로서 실무경력 5년 이상

(4) 건설안전산업기사 자격자로서 실무경력 7년 이상

1 개요

가설공사 및 토공사, 밀폐공간작업 등 재해발생 위험이 높은 작업 시 위험요인에 대한 사전 대책을 수립한 후 작업에 임할 수 있도록 사전작업허가제에 의한 위험작업허가서를 발급받은 후 작업에 임하도록 하고 있다.

2 주요 대상 작업

(1) 거푸집 동바리 작업 중 높이 3.5미터 이상
(2) 토공사 중 깊이 2미터 이상의 굴착, 흙막이, 파일 작업
(3) 거푸집, 비계, 가설구조물의 조립 및 해체작업
(4) 건설기계장비 작업
(5) 높이 5미터 이상의 고소작업
(6) 타워크레인 사용 양중작업
(7) 절단 및 해체작업
(8) 로프 사용 작업 및 곤돌라 작업
(9) 밀폐공간 작업
(10) 소음, 진동 발생 발파작업 등 재해발생 위험이 높은 작업

3 업무절차

4 안전작업허가 종류

(1) 화기작업허가
(2) 일반위험작업허가
(3) **보충적인 작업허가** : 화기작업허가와 일반위험작업허가가 동시에 이루어질 것

5 안전작업허가서 작성이 필요한 필수작업

(1) 밀폐공간 출입작업
(2) 정전작업
(3) 방사선 사용작업
(4) 고소작업
(5) 굴착작업

6 단위절차별 업무내용

(1) **작업허가서 작성** : 안전보건관리책임자
(2) **작업허가서 검토** : 안전관리자, 관리감독자
(3) **허가서 발급** : 안전관리자, 안전보건총괄책임자
(4) **순회점검** : 위험요인 발견 시 작업중지, 안전조치 후 재발급

7 국토교통부 공공공사 추락사고 방지에 관한 보완지침과 건설공사 사업관리방식 검토 기준 및 업무수행 지침규정 작업허가제 작성대상

(1) 2미터 이상 고소작업
(2) 1.5미터 이상 굴착·가설공사
(3) 철골구조물공사
(4) 2미터 이상의 외부 도장공사
(5) 승강기 설치공사
(6) 기타 발주청 필요인정 위험공종 등

··· 04 산재예방활동 실적평가제

1 개요

건설업 환산재해율 폐지에 따른 안전의식 제고를 위해 산업재해 예방활동의 세부 내용을 평가하기 위한 제도로 실적의 평가는 산업안전보건공단에서 주관하고 있다.

2 평가내용

(1) **안전관리자 또는 보건관리자 선임의무현장 보유 건설사**

　① 공통항목
- 사업주의 안전보건교육 참여도(40점)
- 안전보건관리자의 정규직 비율(40점)
- 안전보건조직의 구성 및 수준(20점)

　② 가점항목 : KOSHA(안전보건경영시스템) 인증 여부(10점)
　③ 총 배점 : 110점

(2) **안전관리자 또는 보건관리자 선임의무현장을 보유하지 않은 건설사**

　① 공통항목
- 사업주의 안전보건교육 참여도(50)
- 안전보건조직의 구성 및 수준(50)

　② 가점항목 : KOSHA(안전보건경영시스템) 인증 여부(10점)
　③ 총 배점 : 110점

3 평가기준

(1) 허위로 제출된 평가자료의 평가 부여 무효처리
(2) 산재예방활동 결과 미제출 시 평가점수 산정을 보류할 수 있음

··· 05 위험성평가

1 정의

사업주가 스스로 유해위험요인을 파악하고 유해위험요인의 위험성 수준을 결정하여, 위험성을
낮추기 위한 적절한 조치를 마련하고 실행하는 과정

2 평가절차

상시근로자수 20명 미만 사업장(총 공사금액 20억 원 미만의 건설공사)의 경우에는 다음 중 (3)을
생략할 수 있다.
(1) 평가 대상의 선정 등 사전 준비
(2) 근로자의 작업과 관계되는 유해·위험요인의 파악
(3) 파악된 유해·위험요인별 위험성의 추정
(4) 추정한 위험성이 허용 가능한 위험성인지 여부의 결정
(5) 위험성 감소대책의 수립 및 실행

3 준비자료

(1) 관련설계도서(도면, 시방서)
(2) 공정표
(3) 공법 등을 포함한 시공계획서 또는 작업계획서, 안전보건 관련 계획서
(4) 주요 투입장비 사양 및 작업계획, 자재, 설비 등 사용계획서
(5) 점검, 정비 절차서
(6) 유해위험물질의 저장 및 취급량
(7) 가설전기 사용계획
(8) 과거 재해사례 등

4 실시주체별 역할

실시주체	역할
사업주	총괄관리자에게 관리하도록 권한을 부여
안전보건관리책임자	위험성평가 실시 총괄 관리
안전보건관리자	안전보건관리책임자를 보좌하고 지도/조언
관리감독자	유해위험요인을 파악하고 그 결과에 따라 개선조치 시행

실시주체	역할
근로자	(1) 활동에 참여 (2) 감소대책의 수립실행에 협조 (3) 감소대책 준수 (4) 비상상황 대응방법 숙지

5 실시시기별 종류

실시시기	내용
최초평가	사업장 설립일로부터 1개월 이내 착수
수시평가	기계·기구 등의 신규·도입변경으로 인한 추가적인 유해·위험요인에 대해 실시
정기평가	매년 전체 위험성평가 결과의 적정성을 재검토하고, 필요시 감소대책 시행
상시평가	월 1회 이상 제안제도, 아차사고 확인, 근로자가 참여하는 사업장 순회점검을 통해 위험성평가를 실시하고, 매주 안전·보건관리자 논의 후 매 작업일마다 TBM 실시하는 경우 수시·정기평가 면제

6 위험성평가 전파교육방법

안전보건교육 시 위험성평가의 공유

(1) 유해위험 요인

(2) 위험성 결정 결과

(3) 위험성 감소대책, 실행계획, 실행 여부

(4) 근로자 준수 또는 주의사항

(5) TBM을 통한 확산 노력

7 단계별 수행방법

(1) 1단계 평가 대상 공종의 선정

① 평가 대상 공종별로 분류해 선정

평가 대상 공종은 단위 작업으로 구성되며 단위 작업별로 위험성 평가 실시

② 작업공정 흐름도에 따라 평가 대상 공종이 결정되면 평가 대상 및 범위 확정

③ 위험성 평가 대상 공종에 대하여 안전보건에 대한 위험정보 사전 파악

• 회사 자체 재해 분석 자료

• 기타 재해 자료

(2) 위험요인의 도출

① 근로자의 불안전한 행동으로 인한 위험요인

② 사용 자재 및 물질에 의한 위험요인

③ 작업방법에 의한 위험요인

④ 사용 기계, 기구에 대한 위험원의 확인

(3) 위험도 계산

① 위험도 = 사고의 발생빈도 × 사고의 발생강도

② 발생빈도 = 세부공종별 재해자수 / 전체 재해자수 × 100%

③ 발생강도 = 세부공종별 산재요양일수의 환산지수 합계 / 세부 공종별 재해자 수

산재요양일수의 환산지수	산재요양일수
1	4~5
2	11~30
3	31~90
4	91~180
5	181~360
6	360일 이상, 질병사망
10	사망(질병사망 제외)

(4) 위험도 평가

위험도 등급	평가기준
상	발생빈도와 발생강도를 곱한 값이 상대적으로 높은 경우
중	발생빈도와 발생강도를 곱한 값이 상대적으로 중간인 경우
하	발생빈도와 발생강도를 곱한 값이 상대적으로 낮은 경우

(5) 개선대책 수립

① 위험의 정도가 중대한 위험에 대해서는 구체적 위험 감소대책을 수립하여 감소대책 실행 이후에는 허용할 수 있는 범위의 위험으로 끌어내리는 조치를 취한다.

② 위험요인별 위험 감소대책은 현재의 안전대책을 고려해 수립하고 이를 개선대책란에 기입한다.

③ 위험요인별로 개선대책을 시행할 경우 위험수준이 어느 정도 감소하는지 개선 후 위험도 평가를 실시한다.

8 평가기법

(1) 사건수 분석(ETA)

재해나 사고가 일어나는 것을 확률적인 수치로 평가하는 것이 가능한 기법으로 어떤 기능이 고장 나거나 실패할 경우 이후 다른 부분에 어떤 결과를 초래하는지를 분석하는 귀납적 방법이다.

(2) 위험과 운전 분석(HAZOP)

시스템의 원래 의도한 설계와 차이가 있는 변이를 일련의 가이드 워드를 활용해 체계적으로 식별하는 기법으로 정성적 분석기법이다.

(3) 예비 위험 분석(PHA)

최초단계 분석으로 시스템 내의 위험요소가 어느 정도의 위험상태에 있는지를 평가하는 방법으로 정성적 분석방법이다.

(4) 고장 형태에 의한 영향 분석(FMEA)

전형적인 정성적·귀납적 분석방법으로 시스템에 영향을 미치는 전체 요소의 고장을 형태별로 분석해 고장이 미치는 영향을 분석하는 방법이다.

⑨ 결론

(1) 각 공종별로 중요한 유해위험은 유해위험 등록부에 기록하고 등록된 위험에 대해서는 항시 주의 깊게 위험관리를 한다.
(2) 위험감소대책을 포함한 위험성 평가결과는 근로자에게 공지해 더 이상의 감소대책이 없는 잠재위험요인에 대하여 위험인식을 같이하도록 한다.
(3) 위험감소대책을 실행한 후 재해 감소 및 생산성 향상에 대한 모니터링을 주기적으로 실시하고 평가하여 다음 연도 사업계획 및 재해 감소 목표 설정에 반영해 지속적인 개선이 이루어지도록 한다.

07

정책

···01 KOSHA 18001 인증

1 개요

(1) 안전보건경영시스템은 조직이 위험성 관리를 통한 안전보건경영을 체계적으로 실시하여 재해를 예방함으로서 사고비용을 줄여 경제적 이득을 최대화하고자 하는 조직적 노력의 절차이다.

(2) 시스템에 필요한 기능을 실현하기 위해 관련 요소를 어떤 법칙에 따라 조합한 집합체를 의미한다.

2 안전보건경영시스템 개발 배경

(1) ILO에서 가이드라인을 2001년 6월에 공표하여 각국이 안전보건경영시스템을 개발해 보급

(2) 영국 안전보건경영시스템(BS 8800)을 근간으로 각국의 실정에 적합하도록 개발

(3) ISO인증을 추진하는 13개 인증기관은 OHSAS 18001을 1999년 11월에 개발하여 보급

(4) 우리나라는 고용노동부 산하 한국산업안전보건공단에서 개발한 KOSHA 18001을 1999년 7월 보급

3 인증효과

(1) 대외 신뢰성 제고

(2) 업무표준화 및 책임과 권한의 명확한 구분

(3) 위험성 평가의 활성화로 체계적인 위험관리

(4) 근로자 참여를 통한 원활한 의사소통으로 안정적 안전관리

(5) 경영환경 변화에 신속한 대응으로 리스크 감소

4 인증절차

신청서 접수 → 계약 → 심사팀 구성 → 심사 → 컨설팅 → 심사 → 인증 여부 결정 → 인증서 교부

5 종합건설업체 현장 분야 인증항목

구분	항목
목표관리	① 현장소장 방침 ② 안전보건목표 ③ 현장 문서 및 기록 관리
교육	안전보건교육
평가	① 위험성 평가 ② 성과 측정
안전보건관리	① 안전보건관리예산 ② 안전보건계획 수립 ③ 안전보건재해예방활동 ④ 비상시 조치계획 및 대응 ⑤ 안전점검 및 시정조치
조직관리	① 현장조직 및 책임 ② 의사소통 회의 ③ 평가와 상벌 관리

6 본사 분야 인증항목

구분	항목
계획	① 최고경영자 안전보건방침 ② 위험성평가 ③ 법규검토 ④ 목표수립 ⑤ 안전보건활동 추진계획
실행 및 운영	① 조직구조 및 책임 ② 교육훈련 및 자격 ③ 의사소통 및 정보제공 ④ 문서화 ⑤ 문서관리 ⑥ 운영관리 ⑦ 비상시 대비 및 대응
평가 및 개선	① 성과측정 및 모니터링 ② 시정조치 및 예방조치 ③ 기록 ④ 내부심사 ⑤ 경영자검토

⑦ 유효기간 및 연장심사

인증일로부터 3년을 유효기간으로 하며, 매 3년 단위로 연장

⑧ 인증위원회 구성 기준

(1) 당연직 위원

① 해당 분야 업무 담당부서의 장
② 고용노동부 안전보건경영시스템 관련 업무 담당자

(2) 위촉직 위원

① 노동계·경영계를 대표하는 단체의 산업안전보건업무 관련자
② 안전·보건·건축·토목·기계·전기·화공 분야 기술사
③ 안전·보건·건축·토목·기계·전기·화공 분야 기사 자격 취득자로 해당 분야 경력 5년 이상
④ 안전보건 관련 분야 석사학위 소지자로 5년 이상, 박사학위 소지자 등

⑨ 결론

(1) 안전보건경영시스템은 건설재해 예방 효과가 매우 높아 지속적으로 보급되고 확산되어야 함에도 인증을 득한 회사나 기관의 수가 미미한 실정이다.
(2) 여러 원인을 이유로 참여를 미루고 있기 때문에 확대 보급을 위해서는 정부 정책 개발과 지원이 지속적으로 이루어져야 한다.
(3) 건설사업 발주기관, CM, 설계 및 감리, 종합건설업체에서 안전보건에 대한 인식도를 높여 조속히 정착될 수 있도록 하는 노력이 필요하다.

··· 02 KOSHA-MS

① 정의

2018년 국제표준화기구에서 국제규격 ISO 45001을 공표함에 따라 그간 운영해오던 KOSHA 18001에 ISO 45001을 반영하였으며, 사업장의 현장 작동성을 높이고자 도입되었다.

② 달라진 점

(1) 국제표준 ISO 45001 인증기준 체계의 반영으로 향후 사업장에서 국제표준인증 취득이 쉬워졌다.
(2) 사망사고 감축을 목표로 하는 정부 기조에 부합하도록 재해율 기준 인증취소 요건이 사고사망만인율로 변경되었다.
(3) 사업장 규모에 따라 인증기준, 심사비, 심사일수를 세분화하였다(상시근로자 20인 미만 사업장의 인증기준 추가 및 심사비 감면, 20인 미만 사업장 및 3만 2,000명 이상 대규모 사업장의 심사일수 제정).

③ 평가항목(총 39개 항목)

(1) 안전보건경영체제 분야 18개 항목
(2) 현장안전보건활동 15개 항목
(3) 경영층, 중간관리자, 현장관리자 등 관계자 면담 6개 항목

④ 도입효과

(1) 최근 3년간 건설업 인증 사업장의 평균 사망만인율의 경우 1,000대 건설업체 평균 사망만인율의 2/3 이하 유지 중
(2) 자율안전관리체계 시스템 정착으로 재해 감소
(3) 기업 이미지 상승, 노사 관계 향상

5 인증기준

(1) 발주기관

① 본사분야

항목	내용
조직의 상황	• 조직과 조직상황의 이해 • 근로자 및 이해관계자 요구사항 • 안전보건경영시스템 적용범위 결정 • 안전보건경영시스템
리더십과 근로자의 참여	• 리더십과 의지표명 • 안전보건방침 • 조직의 역할, 책임 및 권한 • 근로자의 참여 및 협의
계획수립	• 위험성과 기회를 다루는 조치 • 일반사항 • 위험성평가 • 법규 및 그 밖의 요구사항 검토 • 안전보건목표 • 안전보건목표 추진계획
지원	• 자원 • 역량 및 적격성 • 인식 • 의사소통 및 정보제공 • 문서화 • 문서관리 • 기록
실행	• 운영계획 및 관리 • 비상시 대비 및 대응
성과평가	• 모니터링, 측정, 분석 및 성과평가 • 내부심사 • 경영자검토
개선	• 일반사항 • 사건, 부적합 및 시정조치 • 지속적 개선

② 현장분야

항목	내용
현장소장 리더십, 의지 및 안전보건방침	
현장조직의 역할, 책임 및 권한	
계획수립	• 위험성 평가 • 안전보건 목표 및 추진계획
안전보건계획의 실행	• 안전보건교육 및 적격성 • 의사소통 • 문서 및 기록관리 • 안전보건관리 활동 • 비상시 조치계획 및 대응
평가 및 개선	• 현장검검 및 성과측정 • 시정조치 및 개선 • 평가와 상벌 관리

(2) 안전보건경영관계자 면담

항목	내용
일반원칙	
본사	• 최고경영자(경영자대리인)와 경영층(임원) 관계자 • 본사 부서장
현장	• 현장소장 • 관리감독자 • 안전보건관리자 • 협력업체 소장, 안전관계자, 근로자

6 인증취소조건

(1) 거짓 또는 부정한 방법으로 인증을 받은 경우

(2) 정당한 사유 없이 사후심사 또는 연장심사를 거부·기피·방해하는 경우

(3) 공단으로부터 부적합사항에 대하여 2회 이상 시정요구 등을 받고 정당한 사유 없이 시정을 하지 아니하는 경우

(4) 안전보건 조치를 소홀히 하여 사회적 물의를 일으킨 경우

(5) 건설업 종합건설업체에 대해서는 인증을 받은 사업장의 사고사망만인율이 최근 3년간 연속해 종합 심사낙찰제 심사기준 적용 평균 사고사망만인율 이상이고 지속적으로 증가하는 경우

(6) 다음에 해당하는 경우로서 인증위원회 위원장이 인증 취소가 필요하다고 판단하는 경우

① 인증사업장에서 안전보건조직을 현저히 약화시키는 경우

② 인증사업장이 재해예방을 위한 제도개선이 지속적으로 이루어지지 않는 경우

③ 경영층의 안전보건경영 의지가 현저히 낮은 경우

④ 그 밖에 안전보건경영시스템의 인증을 형식적으로 유지하고자 하는 경우

(7) 사내협력업체로서 모기업과 재계약을 하지 못하여 현장이 소멸되거나 인증범위를 벗어난 경우

(8) 사업장에서 자진취소를 요청하는 경우

(9) 인증유효기간 내에 연장신청서를 제출하지 않은 경우

(10) 인증사업장이 폐업 또는 파산한 경우

7 결론

KOSHA-MS는 산업안전보건법의 요구조건과 국제표준 기준체계 및 국제노동기구 안전보건경영시스템 구축에 관한 권고를 반영하여 안전보건공단에서 독자적으로 개발한 안전보건경영체계인 만큼 자율적인 재해예방활동의 계기가 되도록 해야 할 것이다.

··· 03 CDM 제도

1 개요

(1) 'CDM(Construction Design Management)'이란 영국의 안전보건청에서 운용하고 있는 건설산업에 대한 시공·설계관리규정을 말한다.

(2) CDM 제도는 건설공사를 대상으로 하는 일종의 사전안전성 평가제도로서 건축주(소유주), 설계자, 계획감리자, 주도급자, 하도급자 등에게 의무와 책임을 부여하는 제도이다.

2 참여주체의 의무

(1) 건축주

① 계획감리자 및 주도급자 임명

② 계획감리자에게 산업안전보건정보를 제공

③ 공사 완료 시 계획감리자로부터 안전 파일을 제출받아 유지 관리용으로 사용

(2) 설계자

① 위험을 줄이기 위한 상세한 설계 및 계획을 고려

② 비계 혹은 기타 가시설의 안전성 확인 검토

(3) 계획감리자

① 안전계획의 개발

② 설계자의 의무 준수를 실행 가능토록 함

③ 원도급자가 규정한 의무를 준수토록 함

(4) 주도급자

① 안전보건을 실질적으로 관리함

② 설계자와 계획감리자에 의해 확인된 위험요인의 관리

③ 하청업자의 근로자 안전보건 관리 사항이 적절한가를 검토 및 확인

(5) 하도급자

① 원도급자의 지시와 안전보건계획상 규칙 준수

② 안전보건관리를 위한 근로자의 적정 배치

··· 04 국제노동권고(ILO 권고)

▣ 개요

'국제노동권고'란 국제노동기구에서 수립한 '예방 및 보호조치'에 관한 내용으로 일종의 사전안전성 평가제도이다.

▣ 국제노동권고의 주요 내용

건설현장에서 예견될 수 있는 모든 위험사항은 사전에 예방 조치되어야 한다.

▣ 국내 건설공사의 사전안전성 평가제도

(1) 유해·위험방지계획서

① 근거 : 산업안전보건법
② 목적 : 근로자의 안전·보건 확보
③ 담당기관 : 고용노동부

(2) 안전관리계획서

① 근거 : 건설기술 진흥법
② 목적 : 건설공사 시공안전 및 주변안전 확보
③ 담당기관 : 국토교통부

▣ 외국의 사전안전성 평가제도

시행국가	시행명칭	담당기관	주요 내용
일본	사전안전성평가	노동성	건설업은 7개 위험공종 대상
영국	CDM 제도	안전보건청	모든 건설공사 대상
미국	기본안전계획서	산업안전보건청	모든 건설공사 대상
대만	CSM 제도	노동위원회	7개 위험공종 대상
중국	사전안전성평가제도	고용노동부	한국의 유해·위험방지계획서를 모델
덴마크	안전·보건예방조치사전계획	작업환경청	법령에서 정하는 공사 대상
스웨덴	안전·보건예방조치사전계획	작업안전보건위원회	모든 공사
그리스	안전·보건계획	고용노동부	허가관청에 제출, 이행 여부 확인

시설물의 안전 및 유지관리에 관한 특별법

(약칭 : 시설물안전법)

SECTION 01

법령

··· 01   1종, 2종, 3종 시설물의 범위

☑ 시설물 분야

구분		시설물의 안전 및 유지관리에 관한 특별법(시설물안전법)		
		1종	2종	3종
도로 시설	교량	도로교량		
		• 상부구조형식이 현수교·사장교·아치교·트러스교인 교량 • 최대 경간장 50m 이상 교량(한 경간 교량은 제외) • 연장 500m 이상의 교량, 폭 12m 이상이고 연장 500m 이상인 복개구조물	• 최대 경간장 50m 이상인 한 경간 교량 • 1종 시설물에 해당하지 아니하는 연장 100m 이상의 교량 • 1종 시설물에 해당하지 않는 복개구조물로서 폭 6m 이상이고 연장 100m 이상인 복개구조물	준공 후 10년이 경과된 교량으로 – 도로법상 도로교량 연장 20m 이상~100m 미만 교량 – 농어촌도로정비법상 도로교량 연장 20m 이상 교량 – 비법정도로상 도로교량 연장 20m 이상 교량
		철도교량		
		• 고속철도 교량 • 도시철도의 교량 및 고가교 • 상부구조형식이 트러스교, 아치교인 교량 • 연장 500m 이상의 교량	1종 시설물에 해당하지 아니하는 연장 100m 이상의 교량	준공 후 10년이 경과된 연장 100m 미만 철도교량
	터널	도로터널		
		• 연장 1천 m 이상의 터널 • 3차로 이상의 터널	• 1종 시설물에 해당하지 아니하는 터널로서 고속·일반국도 및 특별·광역시도의 터널 • 연장 300m 이상의 지방도·시도·군도·구도의 터널	준공 후 10년이 경과된 터널로 – 연장 300m 미만의 지방도, 시도, 군도 및 구도의 터널 – 농어촌도로의 터널

구분		시설물의 안전 및 유지관리에 관한 특별법(시설물안전법)		
		1종	2종	3종
도로 시설	터널	철도터널		
		• 고속철도 터널 • 도시철도 터널 • 연장 1천 m 이상의 터널	1종 시설물에 해당하지 아니하는 터널로서 특별시 또는 광역시 안에 있는 터널	준공 후 10년이 경과된 터널로 법 1, 2종 시설물에 해당하지 않는 철도터널
	육교	–	–	설치된 지 10년 이상 경과된 보도육교
	지하차도	터널구간의 연장이 500m 이상인 지하차도	1종 시설물에 해당하지 않는 지하차도로서 터널구간의 연장이 100m 이상인 지하차도	설치된 지 10년 이상 경과된 연장 100m 미만의 지하차도
옹벽/절토사면		–	• 지면으로부터 노출된 높이가 5m 이상인 부분의 합이 100m 이상인 옹벽 • 지면으로부터 연직높이 50m 이상을 포함한 절토부로서 단일 수평연장 200m 이상인 절토사면	• 지면으로부터 노출된 높이가 5m 이상인 부분이 포함된 연장 100m 이상인 옹벽 • 지면으로부터 노출된 높이가 5m 이상인 부분이 포함된 연장 40m 이상인 복합식 옹벽
댐		다목적댐, 발전용댐, 홍수전용댐 및 총저수용량 1천만 톤 이상의 용수전용댐	1종 시설물에 해당하지 않는 댐으로서 지방상수도전용댐 및 총저수용량 1백만 톤 이상의 용수전용댐	
하천		하구둑		
		• 하구둑 • 포용조수량 8천만 m^3 이상의 방조제	1종 시설물에 해당하지 않는 포용조수량 1천만 m^3 이상의 방조제	–
		수문 및 통문		
		특별시 및 광역시에 있는 국가하천의 수문 및 통문(通門)	• 1종 시설물에 해당하지 않는 국가하천의 수문 및 통문 • 특별시, 광역시 및 시에 있는 지방하천의 수문 및 통문	–
		제방		
			국가하천의 방[부속시설인 통관(通管) 및 안(護岸)을 포함한다]	–
		보		
		국가하천에 설치된 높이 5m 이상인 다기능 보	1종 시설물에 해당하지 않는 보로서 국가하천에 설치된 다기능 보	–

구분		시설물의 안전 및 유지관리에 관한 특별법(시설물안전법)		
		1종	2종	3종
		배수펌프장		
하천		특별시 및 광역시에 있는 국가하천의 배수펌프장	• 1종 시설물에 해당하지 않는 배수펌프장으로서 국가하천의 배수펌프장 • 특별시, 광역시, 특별자치시 및 시에 있는 지방하천의 배수펌프장	
상하수도		• 광역상수도 • 공업용수도 • 1일 공급능력 3만 m³ 이상의지방상수도	• 1종 시설물에 해당하지 않는 지방상수도 • 공공하수처리시설(1일 최대 처리용량 500m³ 이상인 시설만 해당됨)	
항만	갑문	갑문시설		
	방파제·호안	연장 1,000미터 이상인 방파제	• 1종시설물에 해당하지 않는 방파제로서 연장 500미터 이상의 방파제 • 연장 500미터 이상의 파제제 • 방파제 기능을 하는 연장 500미터 이상의 호안	
	계류시설	• 20만톤 급 이상 선박의 하역시설로서 원유부이(BUOY)식 계류시설(부대시설인 해저송유관을 포함한다) • 말뚝구조의 계류시설(5만 톤급 이상의 시설만 해당한다)	• 1종 시설물에 해당하지 않는 원유부이(BUOY)식 계류시설로서 1만 톤급 이상의 원유부이(BUOY)식 계류시설(부대시설인 해저송유관을 포함한다) • 1종 시설물에 해당하지 않는 말뚝구조의 계류시설로서 1만 톤급 이상의 말뚝구조의 계류시설 • 1만 톤급 이상의 중력식 계류시설	
기타		–	–	안전관리가 필요한 시설로 교량·터널·옹벽·항만·댐·하천·상하수도 등의 구조물(부대시설을 포함한다)과 이와 구조가 유사한 시설물

② 건축물 분야

구분		시설물의 안전 및 유지관리에 관한 특별법(시설물안전법)		
		1종	2종	3종
공동 주택	아파트 연립주택	–	16층 이상의 공동주택	준공 후 15년이 경과된 – 5층 이상 15층 이하인 아파트 – 연면적이 660제곱미터를 초과하고 4층 이하인 연립주택 – 연면적 660제곱미터 초과인 기숙사
공동 주택 외 건축물	대형건축물	• 21층 이상 또는 연면적 5만 m² 이상 • 연면적 3만 m² 이상의 철도역시설 및 관람장	• 16층 이상 또는 연면적 3만 m² 이상 • 연면적 5,000m² 이상 (문화 및 집회, 종교, 판매, 여객, 의료, 노유자, 수련, 운동, 관광숙박, 관광휴게)	–
	중형건축물	–	–	준공 후 15년이 경과된 11층 이상 16층 미만 또는 연면적 5천 제곱미터 이상 3만 제곱미터 미만인 건축물(동물 및 식물 관련 시설 및 자원순환 관련 시설은 제외한다)
	판매, 숙박, 운수, 의료, 문화 및 집회, 장례식장, 수련, 노유자, 교육시설			준공 후 15년이 경과된 연면적 1,000m² 이상~5,000m² 미만
	공연장, 집회장, 종교시설, 운동시설			준공 후 15년이 경과된 연면적 500m² 이상~1,000m² 미만
	위락시설, 관광휴게시설			준공 후 15년이 경과된 연면적 300m² 이상~1,000m² 미만
	중형건축물			준공 후 15년이 경과된 11층 이상~16층 미만 또는 연면적 5,000m² 이상~30,000m² 미만
	공공청사	–	–	준공 후 15년이 경과된 연면적 1,000m² 이상
	지하도상가	연면적 1만 m² 이상 (지하보도 면적 포함)	연면적 5천 m² 이상 (지하보도 면적 포함)	연면적 5천 m² 미만 (지하보도 면적 포함)
기타		–	–	안전관리가 필요한 시설

··· 02 시설물의 안전등급

1 개요

시설물안전에 관한 특별법에 의한 점검결과에 따라 A, B, C, D, E 등급으로 구분해 시설물의 상태를 분류하고 있으며, 등급에 따라 적절한 보수·보강의 수준과 우선순위를 정하고 있다.

2 안전등급

안전등급	시설물의 상태
A(우수)	문제점이 없는 최상의 상태
B(양호)	보조부재에 경미한 결함이 발생하였으나 기능 발휘에는 지장이 없으며 내구성 증진을 위하여 일부의 보수가 필요한 상태
C(보통)	주요 부재에 경미한 결함 또는 보조부재에 광범위한 결함이 발생하였으나 전체적인 시설물의 안전에는 지장이 없으며, 주요 부재의 내구성·기능성 저하 방지를 위한 보수가 필요하거나 보조부재에 간단한 보강이 필요한 상태
D(미흡)	주요 부재에 결함이 발생하여 긴급한 보수·보강이 필요하며 사용제한 여부를 결정하여야 하는 상태
E(불량)	주요 부재에 발생한 심각한 결함으로 인하여 시설물의 안전에 위험이 있어 즉각 사용을 금지하고 보강 또는 개축을 하여야 하는 상태

3 보수·보강 방법

보수는 시설물의 내구성능을 회복 또는 향상시키는 것을 목적으로 한 유지·관리대책을 말하며, 보강이란 부재나 구조물의 내하력과 강성 등의 역학적인 성능을 회복 혹은 향상시키는 것을 목적으로 한 대책을 말한다.

4 보수·보강 수준의 결정

(1) 현상유지
(2) 사용상 지장이 없는 성능까지 회복
(3) 초기 수준 이상으로 개선
(4) 개축

5 보수·보강 우선순위의 결정

(1) 보수보다 보강을, 보조부재보다 주부재를 우선하여 실시한다.
(2) 시설물 정체에서의 우선순위 결정은 각 부재가 갖는 중요도, 발생한 결함의 심각성 등을 종합 검토하여 결정한다.

SECTION 02 안전점검 및 진단

··· 01 시설물안전법상 안전점검 · 진단

◼ 안전점검 및 진단의 종류

종류	점검시기	점검내용
정기점검	(1) A·B·C 등급 : 반기당 1회 (2) D·E 등급 : 해빙기·우기·동절기 등 연간 3회	(1) 시설물의 기능적 상태 (2) 사용요건 만족도
정밀점검	(1) 건축물 　① A : 4년에 1회 　② B·C : 3년에 1회 　③ D·E : 2년에 1회 　④ 최초실시 : 준공일 또는 사용승인일 기준 3년 이내(건축물은 4년 이내) 　⑤ 건축물에는 부대시설인 옹벽과 절토 사면을 포함한다. (2) 기타 시설물 　① A : 3년에 1회 　② B·C : 2년에 1회 　③ D·E : 1년마다 1회 　④ 항만시설물 중 썰물 시 바닷물에 항상 잠겨있는 부분은 4년에 1회 이상 실시한다.	(1) 시설물 상태 (2) 안전성 평가
긴급점검	(1) 관리주체가 필요하다고 판단 시 (2) 관계 행정기관장이 필요하여 관리주체에게 긴급점검을 요청한 때	재해, 사고에 의한 구조적 손상 상태
정밀진단	최초실시 : 준공일, 사용승인일로부터 10년 경과 시 1년 이내 * A 등급 : 6년에 1회 * B·C 등급 : 5년에 1회 * D·E 등급 : 4년에 1회	(1) 시설물의 물리적, 기능적 결함 발견 (2) 신속하고 적절한 조치를 취하기 위해 구조적 안전성과 결함 원인을 조사, 측정, 평가 (3) 보수, 보강 등의 방법 제시

2 실시주기

(1) **최초 정밀점검** : 준공일이나 사용일로부터 시설물 3년, 건축물 4년 이내

(2) **최초 정밀안전진단** : 준공일이나 사용일로부터 10년 경과 시 1년 이내

(3) 건축물의 정밀점검에는 건축물 부대시설인 옹벽과 절토사면을 포함하며, 항만 시설 중 썰물 시 바닷물에 항상 잠겨있는 부분의 정밀점검은 4년에 1회 실시

(4) 증축, 개축 및 리모델링 등을 위하여 공사 중 또는 철거 예정 시설물은 국토교통부장관의 협의 를 거쳐 안전점검 및 정밀안전진단을 생략 가능

3 점검·진단 실시 자격등급

구분	등급 및 경력관리	
	자격등급	교육이수 및 경력사항
정기점검	안전·건축·토목 직무분야 초급기술자 이상	국토교통부장관이 인정하는 안전점검교육 이수
정밀점검·긴급점검	안전·건축·토목 직무분야 고급기술자 이상	국토교통부장관이 인정하는 안전점검교육 이수
	연면적 5천제곱미터 이상 건축물의 설계·감리 실적이 있는 건축사	국토교통부 장관이 인정하는 건축분야 안전점검교육 이수
정밀안전진단	건축·토목 직무분야 특급기술자 이상	국토교통부장관이 인정하는 해당 분야(교량·터널·수리·항만·건축) 정밀안전진단교육을 이수한 후 그 분야의 정밀점검·정밀안전진단 업무 경력 2년 이상
	연면적 5천 제곱미터 이상 건축물의 설계·감리 실적이 있는 건축사	국토교통부장관이 인정하는 안전점검교육 이수

🔳 개요

관리주체는 1종 또는 2종 시설물의 안전과 유지 관리를 위해 점검 및 진단을 실시하고 위험요인에 따라 제시된 적절한 보수·보강 및 조치방안을 신속하게 이행해야 한다.

🔳 점검 및 진단의 목적

(1) 시설물의 물리적·기능적 결함 등의 위험요인 발견
(2) 결함의 신속·정확한 보수·보강 등 조치방안 제시
(3) 시설물의 안전 확보로 국민복리 증진

🔳 점검 및 진단방법

(1) 안전점검

경험과 기술을 갖춘 자가 육안이나 점검기구 등으로 검사하여 시설물에 내재되어 있는 위험요인을 조사

(2) 정밀안전진단

시설물의 물리·기능적 결함을 발견하고 신속하고 적절한 조치를 위해 구조적 안전성과 결함의 원인을 조사·측정·평가하여 보수·보강 등의 방법을 제시

🔳 안전점검 및 정밀안전진단 실시 주기

정기점검	등급	정밀점검		정밀안전진단
		건축물	기타 시설물	
(1) A·B·C 등급 : 반기 1회	A	4년	3년	6년
(2) D·E 등급 : 해빙기, 우기, 동절기 등	B, C	3년	2년	5년
연간 3회	D, E	2년	매년	4년

··· 03 안전점검 및 긴급점검 과업

1 개요

안전점검 및 정밀안전진단의 과업은 기본과업과 선택과업으로 구분되며 기본과업은 시설물의 구분 없이 기본적으로 실시하여야 하는 과업이며, 선택과업이란 시설물의 여건에 따라 실시하여야 하는 과업으로서 정밀점검의 목적을 달성하기 위하여 대상 시설물의 특성 및 현지여건 등을 감안하여 실시하여야 한다.

2 정밀안전점검 기본과업

기본과업의 현장조사 및 시험 항목은 최소필요조건으로 특별한 사유가 있는 경우에는 이를 고려하여 세부지침에서 추가 또는 축소할 수 있다.

(1) 자료 수집 및 분석

① 준공도면, 구조계산서, 특별시방서, 수리·수문계산서
② 시공·보수·보강도면, 제작 및 작업도면
③ 재료증명서, 품질시험기록, 재하시험자료, 계측자료
④ 시설물관리대장
⑤ 기존 안전점검·정밀안전진단 실시 결과
⑥ 보수·보강이력

(2) 현장조사 및 시험

기본시설물 또는 주요 부재의 외관조사 및 외관조사망도 작성
① 콘크리트 비파괴강도(반발경도시험)
② 콘크리트 탄산화 깊이 측정

(3) 상태평가

① 외관조사 결과 분석
② 현장 재료시험 결과 분석
③ 대상 시설물(부재)에 대한 상태평가
④ 시설물 전체의 상태평가 결과에 대한 책임기술자의 소견(안전등급 지정)

(4) 보고서 작성

CAD 도면 작성 등 보고서 작성

③ 정밀안전점검 선택과업

(1) 자료 수집 및 분석

① 구조·수리·수문계산(계산서가 없는 경우)

② 실측도면 작성(도면이 없는 경우)

(2) 현장조사 및 시험

① 전체 부재에 대한 외관조사망도 작성

② 시설물조사에 필요한 임시접근로, 가설물의 안전시설 설치·해체 등

③ 조사용 접근장비 운용

④ 조사부위 표면 청소

⑤ 마감재의 해체 및 복구

⑥ 수중조사

⑦ 기타 관리주체의 추가 요구 및 안전성 평가 등에 필요한 조사시험

(3) 안전성 평가

① 필요한 부위의 구조·지반·수리·수문 해석 등 안전성 평가

② 보수보강방법을 제시한 경우 보수·보강 시 예상되는 임시 고정하중에 대한 안전성 평가

(4) 보수·보강방법

보수·보강방법 제시

1 개요

정밀안전진단의 과업은 기본과업과 선택과업으로 구분된다. 기본과업은 시설물의 구분없이 기본적으로 실시하여야 하는 과업이며, 선택과업이란 시설물의 여건에 따라 실시하여야 하는 과업으로서 정밀점검의 목적을 달성하기 위하여 대상 시설물의 특성 및 현지여건 등을 감안하여 실시하여야 한다.

2 정밀안전진단 기본과업

기본과업의 현장조사 및 시험 항목은 최소 필요 조건으로 특별한 사유가 있는 경우에는 이를 고려하여 세부지침에서 추가 또는 축소할 수 있다.

(1) 자료 수집 및 분석

① 준공도면, 구조계산서, 특별시방서, 수리·수문계산서
② 시공·보수·보강도면 제작 및 작업도면
③ 재료증명서, 품질시험기록, 재하시험자료, 계측자료
④ 시설물관리대장
⑤ 기존 안전점검·정밀안전진단 실시 결과
⑥ 보수·보강이력

(2) 현장조사 및 시험

전체 부재의 외관조사 및 외관조사망도 작성
① **콘크리트 구조물** : 균열, 누수, 박리, 박락, 층분리, 백태, 철근노출 등
② **강재 구조물** : 균열, 도장상태, 부식 및 접합(연결부) 상태 등

(3) 현장재료시험 등

① **콘크리트 시험** : 비파괴강도(반발경도시험, 초음파전달속도시험 등), 탄산화 깊이 측정, 염화물함유량시험
② **강재시험** : 강재비파괴시험
③ 기계·전기·설비 및 계측시설의 작동 유무

(4) 상태평가

① 외관조사 결과 분석
② 현장재료시험 결과 분석

③ 콘크리트 및 강재 등의 내구성 평가

④ 부재별 상태 평가 및 시설물 전체의 상태 평가 결과에 대한 소견

(5) 안전성 평가

① 조사·시험·측정 결과의 분석

② 기존의 구조계산서 또는 안전성 평가 자료 검토·분석

③ 내하력 및 구조 안전성 평가

④ 시설물의 안전성 평가 결과에 대한 소견

(6) 종합평가

① 시설물의 안전상태 종합평가 결과에 대한 소견

② 안전등급 보강

(7) 보수·보강방법

보수·보강방법 제시

(8) 보고서 작성

CAD 도면 작성 등 보고서 작성

❸ 정밀안전진단 선택과업

(1) 자료 수집 및 분석

① 구조·수리·수문 계산(계산서가 없는 경우)

② 실측도면 작성(도면이 없는 경우)

(2) 현장조사 및 시험

① 시료채취 및 계측

② 지형, 지질, 지반 조사 및 탐사, 토질조사

③ 수중조사(하천교량의 경우, 최초 정밀안전진단 시에는 필수적으로 수중조사를 실시하여야 하며, 최초 정밀안전진단 이후에 하상정비계획 또는 준설 등에 의하여 교량 주변에 하상 변동이 발생했을 경우, 교량이 위치한 하천에서 계획홍수량 이상의 홍수가 발생했을 경우, 교량에 인접하여 교량확장, 철도 복선화 공사 등으로 인한 기초공사가 시행되었을 경우에는 수중조사를 필수적으로 실시하여야 한다)

④ 누수탐사

⑤ 침하, 변위, 거동 등의 측정(안전점검 실시 결과, 원인규명이 필요하다고 평가한 경우 필수)

⑥ 콘크리트 제체 시추조사

⑦ 수리·수충격·수문조사

⑧ 시설물 조사에 필요한 임시접근로, 가설물의 안전시설 설치 및 해체 등

⑨ 조사용 접근장비 운용

⑩ 조사부위 표면 청소

⑪ 마감재의 해체 및 복구

⑫ 기계전시설비 및 계측시설의 성능검사 또는 시험계측(건축물 제외)

⑬ 기본과업 범위를 초과하는 강재비파괴시험

⑭ CCTV 조사, 단수시키지 않는 내시경 조사 등

⑮ 기타 관리주체의 추가 요구 및 필요한 조사시험

(3) 안전성 평가

① 구조·지반·수리·수문 해석(구조계의 변화 또는 내하력 및 구조 안전성 저하가 예상되는 경우 필수)

② 구조 안전성 평가 등 전문기술을 요하는 경우의 전문가 자문

③ 내진성능 평가 및 사용성 평가

④ 제시한 보수·보강방법에 따라 보수·보강 시 예상되는 임시 고정하중에 대한 안전성 평가

(4) 보수·보강방법

① 내진 보강 방안 제시

② 시설물 유지 관리 방안 제시

··· 05 소규모 취약시설의 안전점검

1 개요

"소규모 취약시설"이라 함은 1, 2종 시설물을 제외한 시설 중에서 안전에 취약하거나 재난의 위험이 있다고 판단되는 사회복지시설 등에 해당하는 시설을 말한다.

2 분류

(1) 사회복지시설

(2) 전통시장

(3) 농어촌도로 정비법상 교량

(4) 도로법에 따른 도로 중 육교 및 지하도

(5) 도로법 및 급경사지 재해예방에 관한 법률의 적용을 받지 않는 옹벽 및 절토사면

(6) 그 밖에 안전에 취약하거나 재난의 위험이 있어 안전점검 등을 실시할 필요가 있는 시설로서 국토교통부장관이 정하여 고시하는 시설

3 선정절차

(1) 관리주체 및 관계 행정기관장에게 대상 시설 제출 요청(접수기한은 12월까지)

(2) 관리주체 및 관계 기관장은 안전점검이 필요하다고 판단 시 시설물재난관리시스템 상시 신청 가능

(3) 대상시설 선정 및 통보

4 선정 시 고려사항

(1) 공중에 미치는 위험도

(2) 사용인원 또는 세대수

(3) 시설의 경과연수

(4) 사회복지시설 또는 전통시장의 소관 행정기관 및 관리주체가 요청한 사항 등

5 확인점검 대상시설의 점검절차

연간 점검계획을 수립 → 점검시기 등을 신청기관에 통보 → 국토교통부장관에게 보고

6 점검 후 판정

구분	시설의 상태
양호	조치가 필요 없는 건전한 상태
보통	•주요부재의 경미한 상태변화 •보조부재의 상태 변화 발생 후 관찰 또는 간단한 보수가 필요한 상태
미흡	주요부재의 보수나 보조부재의 간단한 보강이 필요한 상태
불량	주요부재의 긴급한 보수·보강이나 사용제한에 대한 결정이 필요한 상태

7 점검 후 후속조치

안전점검 결과 미흡 또는 불량으로 분류된 시설에 대해서는 보수·보강 등의 후속조치 이행 여부 관리

8 점검결과 조치

(1) 시설점검 결과 미흡·불량 등급을 판정받은 시설물의 관리주체 또는 행정기관의 장은 보수·보강 등 조치가 필요한 사항에 대해서 통보를 받은 날부터 30일 이내에 보수·보강 등 조치계획을 FMS를 통해 공단에 제출

(2) 보수·보강 등의 조치계획에 대해 이행한 실적이 있는 경우 이행실적을 FMS를 통해 공단에 제출

(3) **보수·보강 등 조치계획을 등록하지 않은 시설물에 대한 후속조치 이행 여부 관리절차**

① 보고서 발송 30일 이후 1차 공지

② 1차 공지 15일 경과 후 후속조치 이행 관련 공문 발송(관리주체, 관할행정기관 등)

③ 정기적 문자알림 서비스

9 확인점검 대상시설

(1) 시설점검 결과 '미흡', '불량' 등급으로 통보되어 안전조치가 필요한 경우

(2) 확인점검 결과 '미보수'로 안전조치가 이행되지 않는 경우

(3) 국토교통부 및 관련 행정기관으로부터 별도 요청이 있는 경우

10 점검 시 요령

(1) 안전점검 시 관리주체 또는 관계 행정기관 시설 담당자와 합동으로 실시

(2) 관리주체에 시설물 안전 및 유지·관리에 대한 교육 실시

11 기타 사항

점검 실시자는 그 내용의 보안 유지

··· 06 시설물의 중대한 결함

1 개요

시설물의 중대한 결함이란 안전점검 또는 정밀안전진단 결과 발견된 중대한 하자로, 결함 발견 시 관리주체 및 관할시장, 군수, 구청장에게 통보하고 적절한 조치를 취해야 한다.

2 시설물의 중대한 결함사항

(1) 시설물 기초의 세굴
(2) 교량·교각의 부등침하
(3) 교량 교좌장치의 파손
(4) 터널지반의 부등침하
(5) 항만계류시설 중 강관 또는 철근콘크리트파일의 파손·부식
(6) 댐 본체의 균열 및 시공이음의 시공 불량 등에 의한 누수
(7) 건축물의 기둥보 또는 내력벽의 내력 손실
(8) 하구둑 및 제방의 본체, 수문, 교량의 파손·누수 또는 세굴
(9) 시설물 철근콘크리트의 염해 또는 탄산화에 따른 내력손실
(10) 절토·성토사면의 균열 이완 등에 따른 옹벽의 균열 또는 파손
(11) 기타 규칙에서 정하는 구조안전에 영향을 주는 결함

3 결함발생 시 관리주체의 조치사항

(1) 결함을 통보받은 2년 이내에 보수·보강 등의 조치 착수
(2) 착수한 날로부터 3년 이내에 조치대책 완료

4 구조안전 유해결함 내용

시설물명	주요 구조안전상 유해한 결함내용
1. 교량	• 주요 구조부위 철근량 부족 • 주형(거더)의 균열 심화 • 철근콘크리트 부재의 심한 재료 분리 • 철강재 용접부의 불량용접 • 교대·교각의 균열 발생
2. 터널	• 벽체균열 심화 및 탈락 • 복공부위 심한 누수 및 변형
3. 하천	수문의 작동 불량
4. 댐	• 물이 흘러 넘치는 부분의 콘크리트 파손 및 누수 • 기초지반의 누수, 파이핑 및 세굴 • 수문의 작동 불량
5. 상수도	• 관로이음부의 불량접합 • 관로의 파손, 변형 및 부식
6. 건축물	• 조립식 구조체의 연결 부실로 인한 내력 상실 • 주요 구조부재의 과다한 변형 및 균열심화 • 지반침하 및 이로 인한 활동적인 균열 • 누수·부식 등에 의한 구조물의 기능 상실
7. 항만	• 갑문시설 중 문비작동시설 부식·노후화 • 갑문 충 배수 아키덕트 시설의 부식·노후화 • 잔교시설 파손 및 결함 • 케이슨 구조물의 파손 • 안벽의 법선 변위 및 침하

5 중대한 결함의 통보에 필요한 사항

(1) 시설물 명칭 및 소재지

(2) 관리주체 상호, 명칭, 성명

(3) 안전점검, 정밀안전진단 실시기간 및 실시자

(4) 시설물 상태별등급과 결함내용

(5) 관리주체가 조치해야 할 사항

(6) 기타 안전관리사항

···07 안전진단기관의 설립 및 등록기준

■ 개요

안전진단기관은 국토교통부에서 인정하는 인력과 소요장비를 보유한 업체에 한하여 인가해 주는 것으로 교량 및 터널, 건축, 수리, 항만의 4개의 전문분야와 종합분야로 등록할 수 있다.

② 안전진단 전문기관의 분류

(1) 교량 및 터널분야   (2) 수리분야

(3) 항만분야   (4) 건축분야

(5) 종합분야

※ 분야별 자본금은 1억 원 이상으로 종합분야는 4억 원 이상의 자본금 출자조건임

③ 안전진단 전문기관의 등록기준

구분		토목			건축	종합분야
		교량 및 터널분야	수리분야	항만분야	건축분야	
기술인력	(1) 다음의 기술인력(토목·건축분야의 기술인력이 50퍼센트 이상 포함되어야 함) ① 「건설기술 진흥법」에 따른 토목·건축·안전관리(건설안전기술자격자)분야의 특급기술자 ② 건축사면허를 가진 사람으로서 연면적 5천 제곱미터 이상의 건축물에 대한 설계 또는 감리실적이 있는 사람	2명 이상	2명 이상	2명 이상	2명 이상	8명 이상
	(2) 「건설기술 진흥법」에 따른 토목·건축·안전관리(건설안전기술자격자)분야의 중급기술자 이상(토목·건축분야 기사의 자격을 가진 사람이 60퍼센트 이상 포함되어야 함)	3명 이상	3명 이상	3명 이상	3명 이상	11명 이상
	(3) 「건설기술 진흥법」에 따른 토목·건축·안전관리(건설안전기술자격자)분야의 초급기술자 이상	3명 이상	3명 이상	3명 이상	3명 이상	11명 이상
장비		국토교통부령으로 정하는 진단측정 장비				

··· 08 구조안전상 안전점검 요령 및 처리지침

1 개요

구조물의 구조안전에 위해를 미치는 행위는 건축물과 인접지반에 의한 유형으로 구분되며, 구조물의 안전성이 부족하게 되면 사고로 연결되므로 철저한 안전점검과 조치를 통해 구조물의 안전성 및 기능을 유지할 수 있도록 하여야 한다.

2 안전점검요령 및 처리지침

(1) 건축물 내부

① 이유 없이 벽지가 자주 찢어질 때
- 벽의 균열로 발생하는 것이 대부분
- 파라핀류 양초를 녹여 발라두고 1~2일 정도 지나서 다시 찢어지면 벽체의 균열이 진행되는 상태이므로 전문가에게 진단 의뢰

② 화장실 벽의 Tile이 자주 깨질 때
- 구조체의 균열에 의한 경우가 있음
- Tile을 제거하여 구조체의 균열발생 여부를 검사

③ 천장 및 벽체에서 파열음이 자주 들릴 때
- 재료의 배합불량, 철근의 긴결 불량, 접합부위의 과도한 하중에 의한 균열, 휨 등의 발생 등
- 마감재를 들추어 낸 다음 접합부위를 점검

④ 문틀, 창틀이 뒤틀리고 여닫기 힘들다.
- 설계하중 이상의 무리한 압력이 가해지면서 기둥, 보 등이 기울어짐
- 전문가에게 안전진단을 의뢰

(2) 인접지반

① 인접옹벽 상단에서 균열발생
- 건축물 기초침하와 동반하는 경우가 있음
- 건축물 벽체와 평행한 균열이 여러 겹으로 나타나 있는지 조사

② 옹벽 및 담장면에서 균열발생
- 기초부위의 침하와 동반하는 경우가 있음
- 균열의 폭, 방향, 길이의 점검 및 진행성 여부를 관측

③ 현관과 주건물 사이의 이탈현상
- 이탈현상이 심하거나 진행성인 경우, 기초침하와 동반하는 경우가 있음
- 이탈현상을 균열조사의 차원에서 수행

④ 인접 보도블록의 침하

보도블록의 함몰이 기초침하와 관련이 있을 수 있음

⑤ 인접지반이 나란하게 함몰

- 구조물 인접지반이 심하게 함몰한 경우, 기초침하와 연계되어 있을 가능성
- 기초지반과 병행하여 침하할 수도 있으므로 함몰 정도를 계속 관찰

⑥ 인접지반에 물이 고임

건축물 기초침하에 의한 영향인지를 검토(우기 시마다 고이는지 조사)

⑦ 인접 지중매설관이 손상

- 기초침하에 의해 발생할 수 있음
- 누수 및 Gas 누출이 심한 경우 기초에 악영향

⑧ 인접 가로수가 기울어짐

인접 가로수가 일률적으로 한쪽 방향으로 기운 경우, 기초침하와 관련 있음

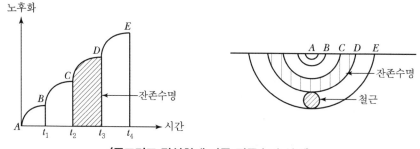

〈콘크리트 탄산화에 따른 잔존수명 산정〉

SECTION 03

PROFESSIONAL ENGINEER CONSTRUCTION SAFETY

시설물의 안전관리

··· 01 시설물의 안전성 평가방법

1 개요

시설물의 안전성 평가는 정밀안전진단 시에 실시한다. 다만, 정밀점검 또는 긴급점검 시 일부 부재에 대하여 안전성 평가가 필요하다고 판단될 경우 선택과업으로 실시할 수 있으나, 결함이 광범위하고 중대한 경우에는 정밀안전진단을 실시하여야 한다.

2 안전성 평가를 위한 조사

(1) **비파괴 재하시험** : 정적 또는 동적 재하시험

(2) **지반조사 및 탐사** : 지표지질조사, 페이스매핑, 시추 또는 오거보링, 시험굴, 공내시험, 시료채취, 토질 및 암반시험, GPR 탐사, 지하공동, 지층분석, 탄성파탐사, 전기탐사, 전자탐사, 시추공 토모그래피탐사, 물리검층 등

(3) 지형, 지질조사 및 토질시험

(4) 수리 · 수충격 · 수문조사

(5) **계측 및 분석** : 시설물 및 시설물 주변의 지반에 대한 침하, 변위 · 거동 등의 계측(경사계, 로드셀, 지하수위계, 소음 및 진동 등) 및 계측 데이터 분석

(6) **수중조사** : 조사선, 잠수부 등에 의한 교대, 교각기초, 댐, 항만, 해저송유관 등의 수중조사

(7) 누수탐사

(8) **콘크리트 제체 시추조사** : 시추, 공내시험, 시편채취, 강도시험, 물성시험 등

(9) **콘크리트 재료시험** : 코어채취, 강도시험, 성분분석, 공기량시험, 염화물함유량시험 등

(10) 기계 · 전기설비 및 계측시설의 성능검사 또는 시험계측(건축물 제외)

(11) 기본과업 범위를 초과하는 강재비파괴시험

(12) 기타 안전성 평가를 하기 위하여 필요한 사항

··· 02 시설물의 중요한 보수·보강

🔟 개요

(1) 시설물의 설계자 및 시공자는 설계도서 등 관련 서류를 관리주체 및 시설안전기술공단에 제출하여야 하며 대통령령이 정하는 중요한 보수·보강의 경우에도 같다.

(2) 시설물의 중요한 보수·보강의 범위는 공중의 위험을 발생시킬 수 있는 부분으로서 대통령령으로 정하며, 설계도서 등을 보존하여야 한다.

(3) 설계도서 등을 보존하여야 하는 보수·보강의 범위는 철근콘크리트 구조부, 철골구조부, 건축법 규정에 의한 주요구조부 및 국토교통부령이 정하는 구조상 주요부분을 말한다.

🔟 중요한 보수·보강의 범위

(1) 철근콘크리트 구조부 또는 철골구조부

(2) 건축물의 내력벽 기둥·바닥·보·지붕틀 및 주계단(단, 사이기둥·최하층바닥·작은보·차양·옥외계단 기타 이와 유사한 것으로 건축물의 구조상 중요하지 아니한 부분 제외)

(3) 교량의 교좌장치

(4) 터널의 복공부위

(5) 하천제방의 수문·문비

(6) 댐의 본체, 시공이음부 및 여수로

(7) 조립식 건축물의 연결부위

(8) 상수도 관리이음부

(9) 항만시설 중 갑문문비 작동시설과 계류시설의 구조체

🔟 구조물의 보수·보강공법

보수공법	보강공법
• 균열보수공법(주입, 충전) • 단면복구공법(바탕처리, 방청처리, 함침처리, 단면피복, 탄산화억제, 염해억제, 동해억제) • 누수보수공법(방수, 지수, 차수, 배수) • 표면처리공법(마감부위보수, 오버레이) • 기타 구조물보수공법(하수관로, 맨홀, 교량, 터널 등)	• 단면증설공법 • 부착공법(강판부착, 섬유시트, 패널부착) • 프리스트레싱공법(프리텐션, 포스트 텐션) • 기초보강공법(기초지반보강, 기초구조물보강)

··· 03 철근콘크리트 구조물의 열화

1 개요

(1) 재료·배합·시공·사용 조건에 의해 열화현상이 발생하게 되며, 진행단계에 따라 균열·박리·박락 등의 내구성 저하 요인이 나타나게 된다.

(2) 열화현상 발생 시 정확한 판정으로 잔존수명을 예측해야 하며, 적절한 보수·보강공법으로 시설물의 안전한 이용이 이루어지도록 조치해야 한다.

2 콘크리트 구조물의 열화 종류

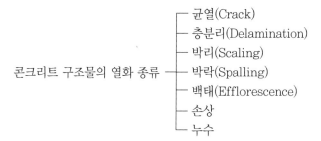

콘크리트 구조물의 열화 종류
- 균열(Crack)
- 층분리(Delamination)
- 박리(Scaling)
- 박락(Spalling)
- 백태(Efflorescence)
- 손상
- 누수

(1) 균열(Crack)

① 균열은 모두 중요하기 때문에 점검 중 균열의 길이, 폭, 위치, 방향에 유의

② 균열은 미세균열·중간균열·대형균열로 분류, 균열부에는 녹·백태의 흔적 발생

(2) 박리(Scaling)

① 콘크리트 표면의 Mortar가 점진적으로 손실되는 현상

② 경미한 박리, 중간 정도의 박리, 심한 박리, 극심한 박리로 분류

(3) 층 분리(Delamination)

① 철근의 상부 또는 하부에서 Con'c가 층을 이루며 분리되는 현상

② 확인 방법 : 망치로 두드려 중공음의 여부로 층 분리 부위 확인

(4) 박락(Spalling)

① Con'c가 균열을 따라서 원형으로 떨어져 나가는 층 분리 현상의 진전된 현상

② 소형 박락과 대형 박락으로 분류, 점검자는 박락의 위치, 크기 및 깊이를 기록

(5) 손상

외부와의 충돌로 인해 Con'c 구조물 손상 발생

(6) 백태(Efflorescence)

Con'c 내부의 수분에 의해 염분이 Con'c 표면에 고형화한 현상

(7) 누수

　　① 배수공과 시공이음의 결함, 균열 등으로 발생

　　② 발생된 누수상태 조사

③ 콘크리트 열화 평가기준

구분	기울기	기초침하	처짐	강도	균열깊이	탄산화	염해
A	1/750	1/750	L/750	f_{ck} 이상	0.3D 이하	0.3D 이하	$Cl \leq 0.3$
B	1/600	1/600~1/750	L/600~L/750	f_{ck} 이상	0.3D 이하	0.3D 이하	$Cl \leq 0.3$
C	1/500	1/500~1/600	L/500~L/600	$0.85f_{ck}$	0.3D~0.5D	0.5D 이하	$0.3 < Cl \leq 0.6$
D	1/250	1/250~1/500	L/250~L/500	$0.75f_{ck}$	0.5D~D	D 이하	$0.6 < Cl \leq 1.2$
E	1/150	1/250 이상	L/250 이상	$0.75f_{ck}$ 미만	D 초과	D 초과	$Cl > 1.2$

④ 노후화에 따른 시설물의 잔존수명

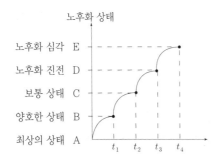

t_1 : 비경제적인 잔존수명
t_2 : 적정한 잔존수명
t_3 : 위험한 잔존수명
t_4 : 노후화 심각(사용금지, 교체)
∴ 잔존수명 $= t_3 - t_2$
A, B, C, D, E : 시설물의 상태등급

⑤ 시설물의 상태평가 및 조치

상태 등급	노후화 상태	조치
A	문제점이 없는 최상의 상태	정상적인 유지관리
B	경미한 손상의 양호한 상태	지속적인 주의 관찰이 필요
C	보조부재에 손상이 있는 보통 상태	지속적인 감시와 보수·보강 필요
D	주요 부재에 노후화 진전	사용제한 여부 판단, 정밀안전진단 필요
E	주요 부재에 노후화 심각	사용금지, 교체·개축, 긴급 보강 조치 필요

⑥ 결론

콘크리트 구조물의 열화는 시설물 내구성 저하를 유발하는 요인이므로 시설물 등급별 점검 및 진단기준에 의거 정확한 등급의 결정이 이루어지도록 해야 하며 각각의 점검과 진단 결과에 따라 2년 내 보수보강 착수, 3년 내 완료되도록 해야 한다.

··· 04 구조물안전의 유해요인

① 개요

구조물의 구조안전 유해요인으로는 구조변경, 용도변경, 과하중 적재, 인접 지반에 의한 영향 등이 있으며, 구조안전에 위해가 발생할 때 대형사고로 연결되기 쉬우므로 구조물의 안전에 위해를 끼치는 원인에 대한 철저한 분석과 대책이 필요하다.

② 내적 유해요인

(1) 구조변경으로 하중의 전달장해

① 주요 구조체인 Slab, 벽체, 보 등을 개조할 경우 하중의 전달이 원활하지 못해 구조물에 무리를 주게 됨

② 벽식 APT에서 거실 확장 시 내력벽, 베란다 천장부의 보 등의 철거로 구조안전상 위험 초래

(2) 용도변경으로 과하중 유발

① 준공 당시 설계하중보다 과도한 하중을 받는 용도로 변경할 경우, 상부하중에 의한 내력 부족으로 구조안전에 치명적 결함 발생

② 상부층의 수영장, 사우나시설 등으로의 변경은 물의 과도한 무게 또는 균열부의 누수로 구조물의 구조를 취약하게 함

(3) 무단 위치변경으로 인한 과하중 적재

① 무거운 물체의 무단 위치이동은 건물의 기둥, 보, Slab 등에 무리를 가하면서 구조물의 붕괴 유발

② 냉각탑과 같은 무거운 물체의 무단 위치이동으로 구조물에 무리를 가하면서 건물이 붕괴

③ 외적 유해요인

(1) 시공 완료 후 기초지반 굴착

구조물의 침하 또는 기초 손상으로 구조물 안전에 치명적인 손상 초래

(2) 구조물 인접지반 굴착

(3) 구조물 인접지역 지하수 Pumping

지하수위 저하로 인한 기초지반의 압밀효과로 구조물이 기울 수 있음

(4) 구조물 인접지역 말뚝항타

말뚝 항타 시 구조물 측면의 토압 가중 및 진동으로 구조물 손상

(5) 구조물 측면 성토

　　벽체에 토압이 작용하여 구조물에 악영향 초래

(6) 인접건물에서의 Anchor 설치

　　도심지 근접 시공 시 설치되는 Anchor에 의한 구조물 기초부위의 손상

4 Con'c 구조물의 결함처리 Flow Chart

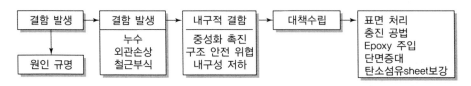

5 보수 · 보강공법

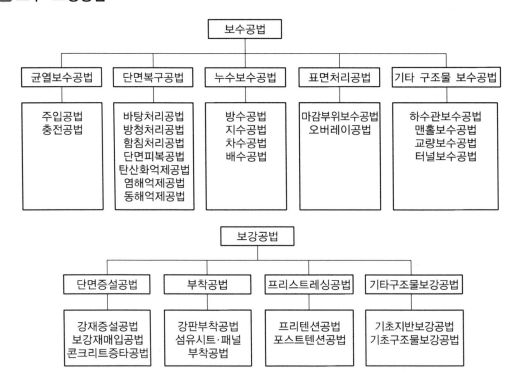

6 결론

　　구조물의 내적 · 외적 유해행위로 인한 안정성 저하는 관리주체의 전문지식 결여에 의한 것이 대부분으로 시설물의 붕괴를 초래하는 무단 용도변경 등의 행위는 절대 용납되어서는 안 될 것이다. 특히, 관리 사각지대에 있는 종외 등급은 관리주체에 대한 의식전환을 위한 교육제도의 신설이 요구된다.

··· 05 철근콘크리트 구조물의 균열평가

1 개요

(1) 콘크리트 구조물은 균열을 수반하고 있다.

(2) 균열에 대한 평가 시 균열의 종류 및 특징을 파악하여 구조물에 미치는 영향에 따라 보수기준 및 보수공법을 검토해야 한다.

2 균열의 분류

(1) **발생원인에 의한 분류**

① 설계조건에 의한 분류 : 설계기준 오류, 내구성 무관심

② 시공조건에 의한 분류 : 시공 시 초과하중, 피복두께 오류

③ 재료조건에 의한 분류 : 시멘트, 혼화재료, 골재 등의 불량

④ 사용환경에 의한 분류 : 동경융해, 탄산화, 염해, 화재 등

(2) **내력영향에 의한 분류**

① 구조적 균열 : 사용하중으로 발생되는 균열

• 설계오류, 외부하중, 단면부족, 철근량 부족

② 비구조적 균열 : 내구성과 사용성을 저하시키는 균열

• 소성수축, 침하, 건조수축 등

(3) **발생시기에 의한 분류**

① 경화 중 : 재료분리, 소성수축, 침하, 자기수축, 온도균열

② 경화 후 : 건조수축, 탄산화, 동결융해

3 콘크리트 균열의 요인별 특징

(1) **시공단계**

원인	특징
급속한 타설	거푸집 변형, 침하 및 블리딩에 의한 균열
다짐 불충분	슬래브의 경우 주변을 따라 원형으로 발생하며, 배근 및 배관의 표면에 발생
경화 전 진동 및 재하	구조 및 외력에 의한 균열과 동일하게 발생
급격한 건조	표면 여러 부분에 짧은 균열이 불규칙하게 발생
초기 동해	가는 균열로서 탈형 시 콘크리트 면이 백색임

(2) 환경 요인

원인	특징
외부 온습도 변화	건조수축 균열과 유사한 형태로 발생
부재 양면 온습도 차이	저온 및 저습 면에 휨 방향과 직각으로 발생
동결융해	표면 스케일링 현상 발생
화재	표면 전체에 거북등무늬 모양의 가는 균열 발생

(3) 화학적 요인

원인	특징
화학적 부식	표면이 침식되고, 전면에 걸쳐 균열 발생
탄산화	철근 부식에 의한 균열로 철근을 따라 발생, 피복 박락 및 녹 유출
염해	

4 균열에 대한 평가등급 및 방법

(1) 상태평가등급

등급	균열 깊이	상태
A	0.3D 이하	최상
B	0.3D 이하	양호
C	0.3D 초과 0.5D 이하	보통
D	0.5D 초과 D 이하	불량
E	D 초과	위험

(2) 균열의 평가방법

① 육안검사 : 균열 방향, 폭, 길이 등의 휴대용 균열측정기 사용 검사

② 비파괴검사 : 초음파법, 자기법 등

③ 코어검사

④ 설계도면 및 시공자료 검토

5 균열폭의 허용기준(ACI 224위원회)

환경조건	허용균열폭(mm)
건조한 공기 또는 보호층이 있는 경우	0.40
습기, 흙 중에 있는 경우	0.30
동결방지제의 사용 시	0.18
해수, 해붕에 의한 건습 반복 시	0.13
수밀 구조 부재의 경우	0.10

6 균열 유형별 사례

침하균열	• A : 철근 위에 발생 • B : 기둥 상단에 발생 • C : 슬래브 깊이 변화	건조수축	I
소성수축	• D : 대각선 방향 • E : Random 방향 • F : 철근 위에 발생	미세균열	• J : 거푸집 면 • K : 콘크리트 마감면
		철근부식	• L : 중성화 • M : 염해
온도균열	• G : 외부 구속 • H : 내부 구속	알칼리골재 반응	N

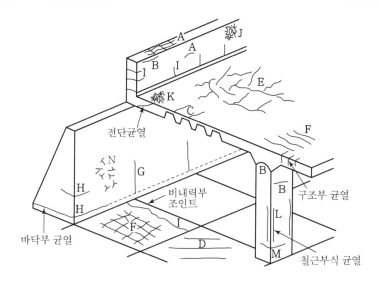

7 보수판정기준

(1) 시설물안전법기준

등급	상태	보수판정기준
A	최상	유지
B	양호	필요시 보수
C	보통	경미한 보수 필요
D	불량	사용제한, 즉시보수, 보강 필요
E	위험	사용금지, 교체보강 및 철거

⑵ 보수평가기준에서는 보수시기 결정이 중요

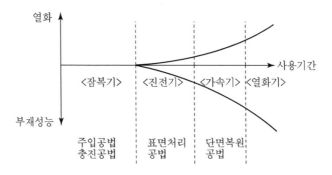

⑶ 구조물의 주요부재

허용 규제치 이하라도 가급적 보수·보강 필요

8 보수·보강법

⑴ 보수공법

표면처리공법, 충전공법, 주입공법, BIGS공법

⑵ 보강공법

강판부착공법, 강재앵커공법, 프리스트레스공법, 섬유보강공법

9 결론

철근콘크리트의 균열은 시설물의 내구성 및 사용성 저하를 일으키는 가장 중요한 결함 중 하나로, 균열 관리를 위해서는 사용재료, 시공, 사용환경 등의 엄중한 관리가 필요하다. 또한, 유지 관리 단계에서는 시설물 종별 점검 및 진단 항목·주기에 따라 문제 발생 시 적절한 보수·보강 공법을 선정해 신속하고 정확한 조치가 이루어지도록 해야 한다.

···06 시설물의 사고조사

1 개요

시설물안전관리에 의한 특별법상 규정된 일정 규모의 시설물에 대통령령으로 정한 규모 이상의 피해 발생 시 관리주체는 응급조치 후 사고 발생 사실을 알려야 하며, 시설물사고조사위원회를 구성해 구성 및 운영할 수 있다.

2 대통령령에서 규정한 피해 규모

(1) 사망 또는 실종자 3명 이상의 인명피해가 발생된 사고
(2) 사상자 10명 이상이 발생된 사고
(3) 재시공이 필요할 정도의 피해가 발생된 피해
(4) 기타 국토교통부장관이 인정하는 규모의 인적·물적 피해 발생 사고

3 시설물 사고조사위원회

(1) 위원장 1명 포함 12명 이내
(2) **임명 또는 위촉 자격**
　　① 시설물 안전 및 유지관리업무 관계 공무원
　　② 시설물 안전 및 유지관리업무 관련 전문가
　　③ 국토교통부장관이 인정한 자
(3) 위원장이 사고조사가 필요한 경우 소집

4 사고조사 절차

(1) 사고발생 시 공공관리주체는 부서의 장 또는 지자체장에게 사고발생 사실 보고
(2) 민간관리주체는 지자체장에게 사고발생 사실 보고
(3) 사고발생 사실을 보고받은 지자체장은 국토교통부장관에게 보고
(4) 국토교통부장관은 일정 규모 이상 피해가 발생된 경우 중앙시설물사고조사위원회를 구성 및 운영

··· 07 시설물 정보관리 종합시스템(FMS)

1 개요

(1) '시설물 정보관리 종합시스템'(이하 'FMS'라 함)은 시설물의 안전관리에 관한 특별법령에 따라 시설물의 안전 및 유지관리에 관련된 정보체계 구축을 목적으로 인터넷(http://www.fms.or.kr)을 이용하여 실시간으로 시설물의 정보, 안전진단전문기관·유지관리업자의 정보 등을 종합적으로 관리하는 시스템이다.

(2) FMS의 시설물 정보는 단순히 시설물 이력관리만을 위한 것이 아니라 국가 주요시설물인 1·2종 시설물을 대상으로 설계도서, 감리보고서, 안전점검종합보고서, 안전점검 및 정밀안전진단 실시결과, 보수·보강이력 등 당해 시설물이 존치하는 동안에 실시된 모든 이력정보를 등록하도록 하고 있으며, 이를 토대로 국가시설 안전정책 마련에 초석으로서의 큰 역할을 담당하고 있다.

2 대상시설물

교량, 터널, 항만, 댐, 건축물, 하천, 상하수도, 옹벽 및 절토사면 등 공중의 이용편의와 안전을 도모하기 위하여 특별히 관리할 필요가 있거나 구조상 유지관리에 고도의 기술이 필요한 시설물을 1종 및 2종 시설물로 구분하여 FMS로 관리하고 있다.

3 운영내용

(1) 시설물의 안전 및 유지관리계획

(2) 안전진단전문기관의 등록 및 등록사항 변경신고, 휴업재개업신고, 등록취소, 영업취소, 등록말소, 시정명령, 과태료 부과사항

(3) 안전점검정밀안전진단 및 유지관리

(4) 시설물의 사용제한 등에 관한 사항

(5) 보수·보강 등 조치결과의 통보 내용

(6) 시설물 준공 또는 사용승인 통보 내용

(7) 유지관리업자의 영업정지, 등록말소, 시정명령 또는 과태료 부과사항

(8) 감리보고서, 시설물관리대장 및 설계도서 등의 관련 서류

(9) 기타 시설물 안전 및 유지관리와 관련되며, 시설물 정보로 관리할 필요가 있다고 정한 사항

4 운영현황

시설물의 안전 및 유지관리에 관련된 정보체계의 구축을 위하여 시설물의 기본정보, 준공도서류, 감리보고서, 안전점검종합보고서, 정밀점검 및 정밀안전진단보고서, 보수·보강 등 유지관리와 관련된 이력정보, 안전진단전문기관·유지관리업자의 정보 등을 관리하기 위하여 웹(인터넷)을 통하여 온라인으로 등록·관리하고 있다.

5 시설물정보관리종합시스템의 활용

(1) 시설물정보를 생산하는 자는 시설물정보관리종합시스템을 이용해 보고, 통보, 제출한다.

(2) 국토교통부장관은 시설물 정보의 신뢰성과 객관성을 위해 시설물 정보에 관한 확인 및 점검을 실시한다.

(3) 관리주체가 FMS를 통해 안전 및 유지관리계획을 제출한 경우 시장, 군수, 구청장이 시·도지사에게 제출현황을 보고하고, 중앙행정기관의 장 또는 시·도지사는 국토교통부장관에게 안전 및 유지관리계획 현황을 제출한 것으로 간주한다.

(4) 기타 자료의 입력기준, 승인절차, 보관방법 및 정보공개 등 FMS의 관리운영에 관한 사항은 국토교통부장관이 고시한다.

건설기술 진흥법

SECTION 01 법령

⋯ 01 건설기술 진흥법의 제정 목적

1 목적

건설기술의 연구·개발을 촉진하여 건설기술 수준을 향상시키고 이를 바탕으로 관련 산업을 진흥하여 건설공사가 적정하게 시행되도록 함과 아울러 건설공사의 품질을 높이고 안전을 확보함으로써 공공복리의 증진과 국민경제의 발전에 이바지함을 목적으로 한다.

2 정의

(1) 건설기술

① 건설공사에 관한 계획·조사·설계·시공·감리·시험·평가·측량·자문·지도·품질관리·안전점검 및 안전성 검토
② 시설물의 운영·검사·안전점검·정밀안전진단·유지·관리·보수·보강 및 철거
③ 건설공사에 필요한 물자의 구매와 조달
④ 건설장비의 시운전
⑤ 건설사업관리
⑥ 그 밖에 건설공사에 관한 사항으로 대통령령으로 정하는 사항

(2) 건설사고의 범위

① 사망의 인명피해
② 3일 이상의 휴업이 필요한 부상의 인명피해
③ 1천만 원 이상의 재산피해

(3) 중대재해

① 사망자가 3명 이상 발생한 경우
② 부상자가 10명 이상 발생한 경우
③ 건설 중이거나 완공된 시설물이 붕괴 또는 전도되어 재시공이 필요한 경우

(4) 발주청

① 건설공사 또는 건설엔지니어링을 발주하는 국가, 지방자치단체

② 공공기관의 운영에 관한 법률에 따른 공기업·준정부기관

③ 지방공기업법에 따른 지방공사·지방공단

④ 대통령령으로 정하는 다음 기관의 장

　　㉠ 국가 및 지방자치단체의 출연기관

　　㉡ 국가, 지방자치단체 또는 공공기관의 운영에 관한 법률에 따른 공기업·준정부기관이 위탁한 사업의 시행자

　　㉢ 국가, 지방자치단체 또는 공기업·준정부기관이 관계 법령에 따라 관리하여야 하는 시설물의 사업시행자

　　㉣ 공유수면 관리 및 매립에 관한 법률에 따라 공유수면 매립면허를 받은 자

　　㉤ 사회기반시설에 대한 민간투자법에 따른 사업시행자 또는 그 사업시행자로부터 사업시행을 위탁받은 자

　　㉥ 전기사업법에 따른 발전사업자

　　㉦ 신항만건설촉진법에 따라 신항만 건설사업 시행자로 지정받은 자

　　㉧ 새만금사업 추진 및 지원에 관한 특별법에 따라 설립된 새만금개발공사

··· 02 건설사업관리계획

1 도입목적

시기에 따라 건설사업관리기술인 또는 공사감독자 인원을 적절히 배치해 건설공사를 체계적으로 관리하기 위함이다.

2 대상

(1) 총공사비 5억 원 이상인 토목공사
(2) 연면적 660제곱미터 이상인 건축공사
(3) 총공사비 2억 원 이상인 전문공사

3 수립기준

(1) 건설공사명, 건설공사 주요내용 및 총공사비 등 건설공사 기본사항
(2) 직접감독, 감독권한 대행 등 건설사업관리방식
(3) 건설사업관리기술인 또는 공사감독자 배치계획 및 업무범위
(4) 기술자문위원회의 심의결과(기술자문위원회의 섭외 대상인 경우)
(5) 공사비 100억 원 이상인 건설공사 중 구조물이 포함된 건설공사 또는 부실시공 및 안전사고의 예방을 위하여 심의가 필요하다고 발주청인 인정하는 건설공사

4 수립시기

발주청은 공사 착공 전, 건설사업관리방식 및 감리·감독자의 현장배치계획을 포함한 건설사업관리계획을 수립

발주청	기술자문위원회 (대상 공사의 경우)	건설사업관리 또는 발주청 직접감독
건설사업관리계획 수립	부적정 판정의 경우 계획의 재수립 필요	현장이행 (미이행 시 과태료)

5 과태료

계획 미수립 또는 미이행 시 발주청에 2천만 원 이하의 과태료 부과

··· 03 건설공사 지원 통합정보체계

1 정의

건설공사 과정의 정보화를 촉진하고 그 성과를 효율적으로 이용하도록 하기 위한 통합정보체계를 말한다.

2 통합정보체계 구축 시 포함되어야 할 사항

(1) 건설공사 정보화의 기본목표 및 추진방향
(2) 건설공사 과정의 정보화를 촉진하기 위한 시책
(3) 건설공사 지원 통합정보체계 구축을 위한 공동사업의 시행 및 표준화
(4) 건설공사 지원 통합정보체계 구축에 관한 각종 연구·개발 및 기술 지원
(5) 건설공사 지원 통합정보체계를 이용한 정보의 공동활용 촉진
(6) 그 밖에 건설공사의 정보화 촉진을 위하여 필요한 사항

3 통합정보체계 구축 절차

(1) 관계 중앙행정기관의 장과 협의
(2) 중앙심의위원회의 심의
(3) 국가 정보화 기본계획 및 시행계획과 연계

4 유의사항

(1) 관계 중앙행정기관, 지방자치단체, 공공기관 등 관계 기관의 장에게 자료 및 정보의 제공을 요청할 수 있다.
(2) 전담기관의 관리, 그 밖에 건설공사 지원 통합정보체계의 구축·운영 등에 필요한 사항은 대통령령으로 정한다.

건설공사 참여자의 안전관리 수준 평가

1 개요

총공사비가 200억 원 이상인 건설공사에 참여하는 건설공사 참여자를 대상으로 하며 공기가 20% 이상인 건설공사 현장을 보유한 발주청, 건설엔지니어링사업자(감독권한대행 건설사업관리 업무를 수행하는 건설엔지니어링사업자에 한함) 현장과 본사, 시공자 현장과 본사가 대상이 되고 평가기관(국토안전관리원)이 KISCON(건설산업종합정보망)에 등록된 공사정보를 확인하여 국토교통부장관에게 평가대상을 통보하고 국토교통부장관이 평가대상을 최종선정 통보함으로서 이루어지는 안전관리 수준평가를 말한다.

2 평가 기준

발주청 또는 인·허가기관장에 대한 평가기준과 건설엔지니어링사업자 및 시공자에 대한 평가기준으로 구분한다.

(1) 발주청 또는 인·허가기관장에 대한 평가기준

① 안전한 공사조건의 확보 및 지원
② 안전경영 체계의 구축 및 운영
③ 건설현장의 법적 요건 준수 및 안전관리 체계 운영 실태
④ 수급자의 안전관리 수준
⑤ 건설사고 발생현황

(2) 건설엔지니어링사업자 및 시공자에 대한 평가기준

① 안전경영 체계의 구축 및 운영
② 관련 법에 따른 안전관리 활동 실적
③ 자발적 안전관리 활동실적
④ 건설사고 위험요소 확인 및 제거 활동
⑤ 사후관리 실태

3 안전관리 수준 평가 절차

(1) 국토교통부장관은 평가기관으로부터 통보받은 공사정보를 참고하여 매년 11월 30일까지 다음 연도 안전관리 수준평가 대상을 선정한 후 건설공사 참여자에게 매년 12월 31일까지 선정사실을 통보해야 한다.

(2) 평가기관은 당해 연도 9월말까지 안전관리 수준 평가를 완료하고 평가결과를 기록·관리해야 한다.

(3) 안전관리 수준 평가를 완료한 때에는 평가기관은 평가결과를 건설공사 참여자에게 통보하여야 하고 건설공사 참여자는 결과를 통보받은 날로부터 10일 이내에 1회에 한하여 이의신청할 수 있다.

(4) 평가기관은 건설공사 참여자의 이의신청이 있는 경우 이의신청에 대한 재평가를 1개월 내에 실시하고 건설공사 참여자에게 결과를 통보해야 한다.

(5) 평가기관은 안전관리 수준 평가가 완료된 경우 그 결과를 당해 연도 11월 말일까지 국토교통부장관에게 통보해야 한다.

(6) 국토교통부장관은 안전관리 수준 평가결과를 건설공사 안전관리 종합 정보망(CSI)을 통해 인터넷 등에 공개할 수 있으며 중앙행정기관 또는 타 발주청이 요청할 경우 평가결과를 제공할 수 있다.

4 안전관리 수준 평가방법

(1) 공동도급건설공사의 건설엔지니어링사업자와 시공자의 안전관리 수준 평가는 공동 이행방식인 경우 공동수급체의 대표자에 대해 실시하고 분담이행방식인 경우에는 건설공사를 분담하는 업체별로 실시해야 한다(지침 제65조).

(2) 발주청에 대한 안전관리 수준 평가시기는 공기가 20% 진행되었을 때로 하며, 횟수는 회계연도별로 1회 실시한다.

(3) 건설엔지니어링사업자 및 시공자에 대한 안전관리 수준 평가시기와 횟수는 현장평가는 공기가 20% 진행되었을 때부터 1회 실시하고 본사평가는 현장평가 대상 건설현장을 보유한 건설엔지니어링사업자 및 시공자를 대상으로 회계연도 별로 1회 실시한다.

(4) 건설엔지니어링사업자 및 시공자에 대한 안전관리 수준평가는 본사와 현장으로 구분하여 실시하고 건설엔지니어링사업자의 경우 본사와 현장을 20% : 80%의 비율로 합산하여 평가하며 시공자의 경우 본사와 현장을 30% : 70%의 비율로 합산하여 평가한다.

(5) 평가기관은 안전관리 수준평가에 필요한 자료를 건설공사 참여자에게 요청할 수 있으며 건설공사 참여자는 특별한 사유가 없는 한 요청받은 날로부터 20일 이내에 자료를 제출해야 하며 자료를 제출하지 않은 안전관리 수준 평가항목에 대해서는 최하점수를 부여할 수 있다.

(6) 안전관리 수준 평가는 평가기관이 제시하는 평가항목에 대하여 건설공사 참여자가 제출한 자료(서류)에 대한 평가가 기본적으로 이루어지며 국토교통부장관이 필요하다 인정하는 경우에는 소속공무원으로 하여금 건설공사 현장을 점검하게 할 수 있는 규정에 따라 현장에 대한 평가가 추가로 이루어지며, 최근에는 현장에 대한 평가가 거의 필수적으로 이루어지고 있고 현장에 대한 평가 시 안전관리계획서와 현장의 부합성에 대해 중점적으로 평가가 이루어지고 있다.

··· 05 안전관리계획서 제출대상 및 작성기준

1 개요

건설공사 착공 전 건설사업자 등이 시공과정의 위험요소를 발굴하고, 건설사고 방지를 위한 적합한 안전관리계획을 수립·유도함으로써 건설공사 중 안전사고를 예방하여 현장 중심의 실질적인 안전관리 계획을 수립하는 데 목적이 있다.

2 제출대상

(1) 1종 시설물 및 2종 시설물 시설물의 안전 및 유지관리에 관한 특별법 제7조 제1호 및 제2호에 따른 1종 시설물 및 2종 시설물의 건설공사(같은 법 제2조 제11호에 따른 유지관리를 위한 건설공사는 제외한다)

(2) 지하 10미터 이상을 굴착하는 건설공사. 이 경우 굴착 깊이 산정 시 집수정(集水井), 엘리베이터 피트 및 정화조 등의 굴착 부분은 제외하며, 토지에 높낮이 차가 있는 경우 굴착 깊이의 산정방법은 건축법 시행령 제119조 제2항을 따른다.

(3) 폭발물을 사용하는 건설공사폭발물을 사용하는 건설공사로서 20미터 안에 시설물이 있거나 100미터 안에 사육하는 가축이 있어 해당 건설공사로 인한 영향을 받을 것이 예상되는 건설공사

(4) 10층 이상 16층 미만인 건축물의 건설공사

(5) 다음과 같은 리모델링 또는 해체공사
    ① 10층 이상인 건축물의 리모델링 또는 해체공사
    ② 주택법 제2조 제25호 다목에 따른 수직증축형 리모델링

(6) 건설기계관리법 제3조에 따라 등록된 다음의 어느 하나에 해당하는 건설기계가 사용되는 건설공사
    ① 천공기(높이가 10미터 이상인 것만 해당한다)
    ② 항타 및 항발기
    ③ 타워크레인

(7) 영 제101조의2 제1항에 따라 다음의 가설구조물을 사용하는 건설공사
    ① 높이가 31미터 이상인 비계
    ② 브래킷(bracket) 비계
    ③ 작업발판 일체형 거푸집 또는 높이가 5미터 이상인 거푸집 및 동바리
    ④ 터널의 지보공(支保工) 또는 높이가 2미터 이상인 흙막이 지보공
    ⑤ 동력을 이용하여 움직이는 가설구조물
    ⑥ 높이 10m 이상에서 외부 작업하기 위하여 작업발판 및 안전시설물을 일체화하여 설치하는 가설 구조물

⑦ 공사현장에서 제작·설치하여 조립·설치하는 복합형 가설구조물

⑧ 그 밖에 발주자 또는 인·허가기관의 장이 필요하다고 인정하는 가설구조물

(8) (1)부터 (7)까지 건설공사 외의 건설공사로서 다음의 어느 하나에 해당하는 공사

① 발주자가 안전관리가 특히 필요하다고 인정하는 건설공사

② 해당 지방자치단체의 조례로 정하는 건설공사 중에서 인·허가기관의 장이 안전관리가 특히 필요하다고 인정하는 건설공사

③ 업무처리절차

(1) 건설업자와 주택건설등록업자는 안전점검 및 안전관리조직 등 건설공사 안전관리계획을 수립하고 착공 전에 이를 발주자에게 제출하여 승인을 받아야 한다.

(2) 이 경우 발주청이 아닌 발주자는 미리 안전관리계획서 사본을 인허가기관의 장에게 제출하여 승인을 받아야 한다.

(3) 안전관리계획을 제출받은 발주청 또는 인허가기관의 장은 안전관리계획서의 내용을 검토하여 그 결과를 건설업자와 주택건설 등록업자에게 통보하여야 한다.

(4) 발주청 또는 인허가기관의 장은 제출받아 승인한 안전관리계획서 사본과 검토결과를 국토교통부장관에게 제출하여야 한다.

④ 작성·제출주체·제출시기·제출처

(1) **제출처** : 건설공사 안전관리 종합정보망(http://www.cis.co.kr)

(2) **작성 주체** : 건설사업자 및 주택건설등록업자(시공사)

(3) **제출 주체** : 발주청 및 인허가기관의 장

(4) **제출 시기** : 건설사업자 등에게 통보한 날로부터 7일 이내

① 발주청 또는 인·허가기관의 장은 건설기술 진흥법 제62조 제3항에 따른 안전관리 계획서 사본 및 검토결과를 제3항에 따라 건설사업자 또는 주택건설 등록업자에게 통보한 날부터 7일 이내에 국토교통부장관에게 제출해야 한다.

② 시정명령 등 필요한 조치를 하도록 요청받은 발주청 및 인·허가기관의 장은 건설사업자 및 주택건설등록업자에게 안전관리계획서 및 계획서 검토결과에 대한 수정이나 보완을 명해야 하며, 수정이나 보완조치가 완료된 경우에는 7일 이내에 국토교통부장관에게 제출해야 한다.

⑤ 안전관리계획의 부적정 판정의 처리

발주청 또는 인·허가기관의 장은 심의결과 건설사업자 또는 주택건설등록업자가 제출한 안전관리계획서가 부적정 판정을 받은 경우에는 안전관리계획의 변경 등 필요한 조치를 하여야 한다.

6 수립기준

(1) 총괄 안전관리계획

① 건설공사의 개요 : 공사 전반에 대한 개략을 파악하기 위한 위치도, 공사개요, 전체 공정표 및 설계도서 [단, 안전관리계획의 검토를 위하여 필요한 배치도, 입면도, 층별 평면도(기준층, 변경층), 종·횡단면도(세부 단면도 포함), 그 외 공사현황 및 주요공법이나 중점위험 관련 도면 등]은 반드시 제출하여야 한다.

② 현장특성 분석

가) 현장 여건 분석 주변 지장물 여건(지하 매설물, 인접 시설물 제원 등 포함), 지반조건(지질 특성, 지하수위, 시추주상도 등), 현장시공 조건, 주변 교통여건, 환경요소 등

나) 시공단계의 위험요소, 위험성 및 그에 대한 저감대책

ㄱ) 핵심관리가 필요한 공정으로 선정된 공정의 위험 요소, 위험성 및 그에 대한 저감대책

ㄴ) 시공단계에서 반드시 고려해야 하는 위험 요소, 위험성 및 그에 대한 저감대책(건설기술 진흥법 시행령 제75조의2제1항에 따라 설계의 안전성 검토를 실시한 경우에는 같은 조 제2항제1호의 사항을 작성하되, 같은 조 제4항에 따라 설계도서의 보완·변경 등 필요한 조치를 한 경우에는 해당 조치가 반영된 사항을 기준으로 작성한다)

ㄷ) ㄱ) 및 ㄴ) 외에 시공자가 시공단계에서 위험 요소 및 위험성을 발굴한 경우에 대한 저감대책 마련 방안

다) 공사장 주변 안전관리대책공사 중 지하매설물의 방호, 인접 시설물 및 지반의 보호 등 공사장 및 공사현장 주변에 대한 안전관리에 관한 사항(주변 시설물 안전 관련 협의서류, 지반침하 등 계측계획 포함)

라) 통행안전시설의 설치 및 교통소통계획공사장 주변의 교통소통대책, 교통안전시설물, 교통사고예방대책 등 교통안전관리에 관한 사항(현장차량 운행계획, 교통 안내원 배치계획, 교통안전시설물 점검, 손상, 유실, 작동 이상 등에 대한 보수 관리계획

③ 현장운영계획

가) 안전관리조직(법 제64조 및 동법 시행령 제102조)
공사관리조직 및 임무에 관한 사항으로서 시설물의 시공안전 및 공사장 주변 안전에 대한 점검·확인 등을 위한 관리조직표 구성(비상시의 경우를 별도로 구분하여 작성한다)

나) 공정별 안전점검계획(영 제101조의4)

ㄱ) 자체안전점검, 정기안전점검의 시기·내용, 안전점검 공정표, 안전점검체크리스트 등 실시계획 등에 관한 사항

ㄴ) 시공단계에서 반드시 고려해야 하는 위험 요소, 위험성 및 그에 따른 저감대책(영 제75조의2 제1항에 따라 설계의 안전성 검토를 실시한 경우에는 같은 조 제2항 제1호의 사항을 작성하되, 같은 제4항에 따라 설계도서의 보완·변경 등 필요한 조치를 한 경우에는 해당 조치가 반영된 사항을 기준으로 작성한다)

다) 안전관리비 집행계획(법 제63조 및 동법 시행규칙 제60조)

안전관리비의 공사비 계상, 산출·집행계획, 사용계획 등에 관한 사항

라) 안전교육계획(법 제103조)

㉠ 안전교육계획표, 대상공종의 종류·내용 및 교육 관리에 관한 사항

㉡ 건설기술 진흥법 안전교육은 매일 공사 착수 전에 실시하는 것으로 당일 작업 공법의 이해, 시공상세도면에 따른 세부 시공순서 및 시공기술상의 주의사항 및 기술사고 위험공종에 대한 교육

마) 안전관리계획 이행보고 계획 : 안전관리계획에 수립된 위험공정에 대해 감독관(감리) 등의 작업허가가 필요한 공정(공종 및 시기) 지정, 안전관리계획 승인권자에게 계획 이행 여부 등에 대한 정기적 보고계획 등

④ 비상시 긴급조치계획

가) 공사현장에서의 사고, 재난, 기상이변 등 비상사태에 대비한 내부·외부 비상연락망, 비상동원조직, 경보체제, 응급조치 및 복구 등에 관한 사항

나) 건축공사 중 화재발생을 대비한 대피로 확보 및 비상대피 훈련계획에 관한 사항(단열재 시공 시점부터는 월 1회 이상 비상대피훈련을 실시해야 한다)

7 건설공사별 안전관리계획 수립 항목

총괄 안전관리계획	대상 시설물별 세부안전관리 계획
가. 건설공사 개요 나. 현장 특성 분석 다. 현장운영계획 라. 비상시 긴급조치계획	가. 가설공사 나. 굴착 및 발파공사 다. 콘크리트공사 라. 강구조물공사 마. 성토 및 절토공사 바. 해체공사 사. 건축설비공사 아. 타워크레인 사용공사

8 결론

건설기술 진흥법상 안전관리계획은 건설현장의 안전관리 확보를 위해 시행하고 있는 것으로 산업안전보건법상 유해위험방지계획 수립 대상인 경우 통합 작성할 수 있도록 되어 있으나 두 법이 추구하는 목적과 목표가 상이하므로 이에 대한 재검토를 통한 정확한 업무의 분담이 필요하다.

··· 06 소규모 안전관리계획

1 개요

그간 안전관리계획 수립 대상에서 제외된 소규모 공사현장 안전관리를 위해 전격 시행된 제도로서 기존의 안전관리계획 수립과의 차이점에 대한 이해가 중요하다.

2 대상 공사

2층 이상 10층 미만이면서 연면적 1천 m^2 이상인 공동주택·근린생활시설·공장 및 연면적 5천 m^2 이상인 창고

3 준수사항

시공자는 발주청이나 인허가기관으로부터 계획을 승인받은 이후 착공해야 한다.

4 안전관리계획과 다른 점

(1) 안전관리계획 : 총 6단계(수립 – 확인 – 제출 – 검토 – 승인 – 착공)
(2) 소규모 안전관리계획 : 총 4단계(수립 – 제출 – 승인 – 착공)

5 작성비용의 계상

발주자가 안전관리비에 계상하여 시공자에게 지불한다.

6 세부규정

(1) 현장을 수시로 출입하는 건설기계나 장비와의 충돌사고 등을 방지하기 위해 현장 내에 기계·장비 전담 유도원을 배치해야 한다.
(2) 화재사고를 대비하여 대피로 확보 및 비상대피훈련계획을 수립하고, 화재위험이 높은 단열재 시공 시점부터는 월 1회 이상 비상대피훈련을 실시해야 한다.
(3) 현장 주변을 지나가는 보행자의 안전을 확보하기 위해 공사장 외부로 타워크레인 지브가 지나가지 않도록 타워크레인 운영계획을 수립해야 하고, 무인 타워크레인은 장비별 전담 조종자를 지정·운영하여야 한다.

7 안전관리계획과 소규모 안전관리계획 비교표

구분	안전관리계획	소규모 안전관리계획	비고
대상	• 10층 이상인 건축물 공사 • 1·2종 시설물의 건설공사 • 지하 10m 이상을 굴착하는 건설공사 • 타워크레인, 항타 및 항발기, 높이가 10m 이상인 천공기를 사용하는 건설공사 등	• 2~9층 건축물 공사 중 연면적 1천 m² 이상인 공동주택, 1·2종 근린생활시설, 공장(산업단지에 건축하는 공장은 연면적 2천 m² 이상) • 2~9층 건축물 공사 중 연면적 5천 m² 이상인 창고	시행령

내용	• 총괄 안전관리계획
	  – 건설공사 개요
	  – 현장 특성 분석(공사장 주변 안전관리대책, 통행안전시설의 설치 및 교통소통계획 등)
	  – 현장운영계획(안전관리조직, 공정별 안전점검계획, 안전관리비집행계획, 안전교육계획 등)
	  – 비상시 긴급조치계획
	• 공종별 세부 안전관리계획
	  – 가설, 굴착 및 발파, 콘크리트, 강구조물, 성토 및 절토, 해체, 설비공사, 타워크레인 공사 등
		• 건설공사 개요
		• 비계 설치계획
		• 안전시설물 설치계획
			시행 규칙

절차	① 시공자 수립 ② 공사감독자 또는 건설사업관리기술인 확인 ③ 발주청, 인허가기관에 제출 ④ 시설안전공단 또는 건설안전점검기관 검토 ⑤ 발주청, 인허가기관의 승인 ⑥ 착공	① 시공자 수립 ② 발주청, 인허가기관에 제출 ③ 발주청, 인허가기관의 승인 ④ 착공	법률

8 결론

건설업의 특성상 대부분 건설재해가 소규모 현장에서 발생된다는 점을 감안한다면, 안전관리계획의 수립에서 제외된 소규모 건설공사의 경우 시공자가 수립한 소규모 안전관리계획의 발주청 승인이 엄격하게 이루어질 필요가 있다.

··· 07 안전관리계획서 검토결과 및 안전점검 결과 적정성 확인제도

1 개요

(1) 검토기관은 건설공사 안전 확보를 위해 안전관리계획서 검토결과와 안전점검 결과의 적정성을 확인해야 한다.
(2) **검토기관** : 국토안전관리원

2 적정성 검토 대상

(1) 안전관리계획서 검토결과에 대해 부실 우려 시
(2) 건설사고가 잦거나 사고 위험 높은 공종 포함 시
(3) 건설사고 발생 현장 시공사가 타 현장 계획서/점검결과 제출 시
(4) 건설사고 발생 현장의 안전관리계획서 내용이 안전점검을 실시한 기관의 타 현장 계획서와 점검결과를 제출한 내용과 동일한 경우
(5) '부적정' 통보를 받은 시공자/안전점검기관이 타 현장 안전관리계획/안전점검결과 제출 시

3 시공자의 안전점검 실시절차

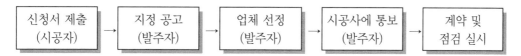

4 적정성 검토 대상의 적용기간

사유 발생일로부터 2년이 경과된 날까지

5 적정성 검토 실시방법

(1) 제출된 안전관리계획서 및 검토결과의 안전점검 결과 활용
(2) 발주청/인허가기관장/점검실시자에게 관련 자료 요구
(3) **검토결과 판정** : 적정, 조건부적정, 부적정으로 판정
(4) 계획서 검토/점검결과 자문 등과 이해관계가 있는 자는 적정성 검토에서 제외

⑥ 적정성 검토결과 통보 및 조치

(1) 검토기관은 적정성 검토결과를 발주청/인허가기관에 통보

(2) 발주청은 시공자에게 지적 내용에 대한 수정/보완 지시

(3) 발주청은 7일 이내에 결과에 대해 이의신청 가능

(4) 검토기관은 10일 이내에 이의신청 재평가를 실시하여 통보(단, 이의신청이 이유 없음이 명백한 경우 재평가 않고 발주청에 즉시 통보)

(5) 발주청은 수정/보완 완료하여 7일 이내 조치결과 제출[건설공사 안전관리 종합정보망(CSI)을 통해 제출]

(6) 2회 이상 '부적정' 판정을 받은 안전점검 수행기관은 해당일로부터 1년간 안전점검 수행기관 등록명부에서 제외

⑦ 안전점검기관 지정 취소 사항

(1) 거짓, 부정한 방법으로 서류 제출 시

(2) 안전점검 수행기관 등록명부에서 제외하고 지정결정 취소

(3) 차순위자를 안전점검 수행기관으로 지정

··· 08 안전관리계획 수립대상 중 발주청 발주공사의 실시설계 대상

1 개요

건설기술 진흥법이 추구하는 건설기술수준의 향상으로 건설품질 향상과 안전 확보를 위한 안전관리계획 수립대상 중 발주청 발주공사의 7개 공종의 경우 실시설계 대상으로 지정해 운영 관리하고 있다.

2 대상

(1) 1종 시설물 및 2종 시설물의 건설공사

(2) 지하 10m 이상을 굴착하는 건설공사

(3) 폭발물 사용으로 주변에 영향이 예상되는 건설공사(주변 200m 내 시설물 또는 100m 내 가축 사육)

(4) 10층 이상 16층 미만인 건축물의 건설공사

(5) 10층 이상인 건축물의 리모델링 또는 해체공사

(6) 주택법 제2조 제25호 다목에 따른 수직증축형 리모델링

(7) 가설구조물을 사용하는 건설공사

3 대상구조물

구분	상세
비계	• 높이 31m 이상 • 브래킷 비계(2020. 5. 27. 시행)
거푸집 및 동바리	• 작업발판 일체형 거푸집(갱폼, RCS, ACS 등) • 높이가 5m 이상인 거푸집 • 높이가 5m 이상인 동바리
지보공	• 터널 지보공 • 높이 2m 이상 흙막이 지보공
기타 (1)	동력을 이용하여 움직이는 가설구조물(FCM, ILM 등)
기타 (2)	• 높이 10m 이상에서 외부작업을 하기 위하여 작업발판 및 안전시설물을 일체화하여 설치하는 가설구조물(2020. 5. 27. 시행) • 공사현장에서 제작하여 조립·설치하는 복합형 가설구조물(2020. 5. 27. 시행)
기타 (3)	발주자 또는 인허가기관의 장이 필요하다고 인정하는 가설구조물

··· 09 가설구조물 구조안전 확인대상

■1 건설기술 진흥법상 구조안전 확인대상

(1) 높이 31미터 이상 비계, 브래킷비계

(2) 높이 5미터 이상 거푸집 동바리와 작업발판 일체형 거푸집

(3) 터널 지보공과 높이 2미터 이상 흙막이 지보공

(4) 동력을 이용하여 움직이는 가설구조물(FCM, ILM, MSS)

(5) 높이 10미터 이상에서 외부작업을 위해 설치하는 작업발판 및 안전시설 일체형 가설구조물 (SWC, RCS, ACS, WORLKFLAT FORM)

(6) 현장에서 제작하여 조립·설치하는 복합형 가설구조물(가설벤트, 작업대차, 라이닝폼, 합벽 지지대, 노면복공 등)

(7) 발주자 또는 인·허가기관의 장이 필요하다고 인정하는 가설구조물

■2 작업발판 일체형 거푸집

(1) 갱 폼(Gang Form)

(2) 슬립 폼(Slip Form)

(3) 클라이밍 폼(Climbing Form)

(4) 터널 라이닝 폼(Tunnel Lining Form)

(5) 그 밖에 거푸집과 작업발판이 일체로 제작된 거푸집

■3 산업안전보건법상 가설구조물 설계변경 요청 대상

(1) 높이 31미터 이상 비계

(2) 높이 5미터 이상 거푸집 동바리와 작업발판 일체형 거푸집

(3) 터널 지보공과 높이 2미터 이상 흙막이지보공

(4) 동력을 이용하여 움직이는 가설구조물(FCM, ILM, MSS)

■4 가설구조물 구조안전확인을 받아야 하는 관계전문가

건축구조, 토목구조, 토질 및 기초와 건설기계 직무범위 중 공사감독자 또는 건설사업관리기술인이 해당 가설구조물의 구조적 안전성을 확인하기에 적합하다고 인정하는 직무범위 기술자

5 설계변경 요청 시 의견을 들어야 하는 전문가

건축구조, 토목구조, 토질 및 기초와 건설기계기술사, 안전보건공단

6 설계변경 요청 시 필요서류

(1) 설계변경 사유 및 근거
(2) 관계전문가 의견서
(3) 설계변경으로 인한 물량증감표
(4) 설계변경으로 인한 공사비증감표
(5) 설계변경으로 인한 공사기간증감(영향) 여부
(6) 설계변경 전·후 내역서
(7) 설계변경 전·후 시공상세도면(구조계산서 포함)

··· 10 공공공사 추락사고 방지지침

1 개요

발주청에서 발주하는 모든 건설공사의 추락사고 방지를 위해 시스템 비계의 의무화를 비롯해 작업허가제, 스마트 안전장비 의무사용을 제도화하였다.

2 주요 내용

(1) 시스템 비계 의무 반영

① 설계단계에서 시스템 비계를 의무 반영해야 한다.
② 시스템 비계 반영이 곤란한 지형일 경우에는 시공자가 강관비계 조립도 및 구조계산서를 포함한 작업계획서를 작성해 감독자의 승인을 득할 것
③ 강관비계로 설계되어 착공되었으나 비계를 설치하지 않은 공사는 설계 변경할 것
④ 단, 강관비계를 이미 설치하였으나, 설계변경이 곤란한 경우는 제외

(2) 작업 허가제

① 2m 이상 고소작업 시
② 1.5m 이상의 굴착공사
③ 가설공사 등 위험작업 시

(3) 스마트 안전장비 의무 사용

① 총 공사비 300억 원 이상 건설공사 시
② 스마트 안전장비를 반영할 수 있도록 과업내용서상에 반영할 것
③ 스마트 안전장비는 안전관리비로 계상 가능 여부를 확인 후 사용할 것
④ 스마트 안전장비란 근로자 위치 파악 센서, 중장비 접근 감지장비, 가스 등 유해물질 측정장비 등을 말한다.

(4) 데크플레이트 공사

① 접합상세도 작성 여부 확인
② 시공자는 감독자에게 작업계획서를 제출하고 승인을 득한 후 작업 진행
③ 접합상세도의 접합부 시공방법 및 구조검토결과 검토

···11 건설공사의 안전관리공정표

1 개요

현장대리인(현장소장)은 건설공사의 안전 확보를 위해 현장 특성에 적합하고 현장 적응도를 높일 수 있도록 안전관리공정표를 작성하여야 하며, 안전관리공정표 작성 시 선별된 안전점검항목을 점검에 최대한 활용하여 건설공사의 안전사고를 예방하여야 한다.

2 안전관리공정표의 분류

(1) 전체 안전점검공정표

(2) 세부 안전점검공정표

(3) 단위 안전점검공정표

3 전체 안전점검공정표

(1) 작성 순서(4단계)

① 1단계 : 해당 공사의 전체 시공공정표 작성

② 2단계 : 작성된 전체 시공공정표를 토대로 안전점검항목 작성

③ 3단계 : 전체 안전점검공정표 작성, 안전점검항목을 별지로 작성하여 점검에 활용

④ 4단계 : 점검항목에 의한 점검 실시

(2) 활용

안전점검 공정상의 점검항목을 건설공사 수행 시 활용

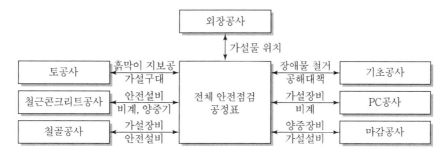

4 세부 안전점검공정표

(1) 작성

① 전체 안전점검공정표 작성과정에서 과다하게 요약된 부분 세부 작성

② 하도급 업체의 관리를 위한 집중점검이 필요하다고 인정되는 공정은 세부 작성

(2) 활용

세부 안전점검공정표를 별도로 작성하여 활용

5 단위 안전점검공정표

(1) 작성

① 세부 안전점검공정표 작성과정에서 과다하게 요약된 부분 단위별로 작성

② 위험요인이 커서 안전점검이 필요한 공종(발파공종 등)에 대해 단위별로 작성

(2) 활용

더 세분화된 단위 안전점검공정표를 작성·활용하여 건설재해를 예방

6 안전관리공정표 작성 시 유의사항

(1) 안전점검 공정표는 안전관리총괄책임자, 감리자가 함께 참여하여 작성할 것

(2) 현장작업공정과 부합될 것

(3) 현장활용도를 높일 수 있도록 충분히 검토·협의한 후 작성할 것

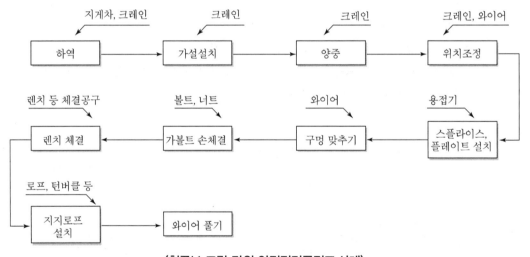

〈철골보 조립 단위 안전점검공정표 사례〉

7 결론

건설공사 안전관리공정표는 건설공사 공종별 안정성 확보를 위해 실시하는 것으로, 특히 재해발생 가능성이 높은 가설공사와 흙막이 공사 시에는 총괄책임자는 물론 감리자가 적극적으로 참여해 작성에 임해야 할 것이다.

··· 12 안전관리조직

1 개요

안전관리계획을 수립하는 건설업자 및 주택건설등록업자는 건설기술 진흥법에 의한 안전관리조직을 두어야 한다.

2 조직구성

(1) **안전총괄책임자** : 해당 건설공사의 시공 및 안전에 관한 업무 총괄
(2) **분야별 안전관리책임자** : 토목, 건축, 전기, 기계, 설비 등 건설공사의 각 분야별 시공 및 안전관리를 지휘
(3) **안전관리담당자** : 건설공사 현장에서 직접 시공 및 안전관리를 담당
(4) **협의체의 구성원** : 수급인과 하수급인으로 구성

3 직무

(1) **안전총괄책임자**

① 안전관리계획서 작성 및 제출
② 안전관리 관계자의 업무 분담 및 직무 감독
③ 안전사고가 발생할 우려가 있거나 안전사고가 발생한 경우의 비상동원 및 응급조치
④ 안전관리비의 집행 및 확인
⑤ 협의체의 운영
⑥ 안전관리에 필요한 시설 및 장비 등의 지원
⑦ 자체 안전점검의 실시 및 점검결과에 따른 조치에 대한 지휘·감독
⑧ 안전교육의 지휘·감독

(2) **안전관리책임자**

① 공사 분야별 안전관리 및 안전관리계획서의 검토·이행
② 각종 자재 등의 적격품 사용 여부 확인
③ 자체 안전점검 실시의 확인 및 점검 결과에 따른 조치
④ 건설공사현장에서 발생한 안전사고의 보고
⑤ 안전교육의 실시
⑥ 작업 진행 상황의 관찰 및 지도

(3) 안전관리담당자

① 분야별 안전관리책임자의 직무 보조

② 자체 안전점검의 실시

③ 안전교육의 실시

④ 매월 1회 이상 협의체의 개최

⑤ 안전관리계획의 이행에 관한 사항

⑥ 안전사고 발생 시 대책 등에 관한 사항 협의

4 안전관리비용

(1) 건설공사의 발주자는 건설공사 계약을 체결할 때에 건설공사의 안전관리에 필요한 비용(이하 "안전관리비"라 한다)을 국토교통부령으로 정하는 바에 따라 공사금액에 계상하여야 한다.

(2) 건설공사의 규모 및 종류에 따른 안전관리비의 사용방법 등에 관한 기준은 국토교통부령으로 정한다.

··· 13   자체안전점검

1 개요

건설기술 진흥법상 자체안전점검은 건설업자나 주택건설등록업자가 공사기간 중 매일 자체적으로 실시하는 점검으로 점검사항은 안전관리계획서에 따라 실시한다.

2 점검방법

(1) **실시범위** : 가설공사, 토공사, 기초공사, 콘크리트공사, 방수 및 차수공사, 해체공사
(2) **실시주기** : 매일 공종별 실시
(3) **점검실시자** : 안전관리총괄책임자의 총괄하에 안전관리담당자의 지휘로 협의체 구성원이 실시
(4) **점검요령**
   ① 안전관리계획서 작성지침 및 건설공사 안전관리요령의 안전점검표를 활용해 실시
   ② 전반적인 시공상태 점검
   ③ 사고 및 위험 가능성 조사
   ④ 지적사항 기록

3 점검결과 조치

지적사항 조치 결과는 익일 자체안전점검 시 확인

4 보수·보강 시 고려사항

(1) 구조물 결함 정도, 구조물 중요도, 사용환경 조건, 경제성
(2) 보수·보강 불가능 시 재시공

5 공종별 실시범위

공종	점검범위
가설공사	지보공, 흙막이공, 비계
토공사	굴착, 절토 및 성토, 발파
기초공사	기성말뚝, 케이슨 기초 등
강구조물공사	용접, 도장, 강교 가설 및 설치
방수 및 차수공사	방수, 지수공사

··· 14 정기안전점검

1 개요

건설기술 진흥법상 정기안전점검은 건설업자 또는 주택건설등록업자가 안전관리계획에서 정한 시기에 건설안전점검기관에 의뢰해 실시하는 점검으로 발주자는 건설공사의 규모와 기간, 현장 여건에 따라 안전관리계획을 종합적으로 검토해 점검시기와 횟수를 조정할 수 있도록 하고 있다.

2 점검사항

(1) **점검실시** : 건설안전점검기관

(2) **점검내용**

① 공사목적물의 안전시공을 위한 임시시설 및 가설공법 안전성
② 공사목적물의 품질, 시공상태 등의 적정성
③ 인접건축물, 구조물의 안전성 등 공사장 주변의 안전조치 적정성
④ 이전 점검 시 지적사항에 대한 조치 확인

3 점검항목

(1) **현장조사**

① **육안검사** : 균열, 재료분리, 콜드조인트 등의 결함 여부 확인
② **기본조사** : 콘크리트 강도시험 및 철근배근탐사 등의 비파괴 검사
③ **추가조사** : 구조안전성평가 및 보수·보강 정도 결정

(2) **실내분석** : 현장조사자료의 도면작성 및 평가

4 결과조치

(1) 지적사항 작성 후 조치사항을 기록하고 발주자의 확인을 받을 것
(2) 정밀안전점검 실시 여부 판단
(3) 기타 고려할 사항이 있는 경우 조치방법 명시
(4) 보수 · 보강 시 고려사항

① 구조물 결함 정도, 구조물 중요도, 사용환경조건, 경제성
② 보수·보강 불가능 시 재시공

5 점검차수별 점검시기

건설공사 종류		정기안전점검 점검차수별 점검시기				
		1차	2차	3차	4차	5차
교량		가시설공사 및 기초공사 시공 시 (콘크리트 타설 전)	하부공사 시공 시	상부공사 시공 시	–	–
터널		갱구 및 수직구 굴착 등 터널굴착 초기단계 시공 시	터널굴착 중기 단계 시공 시	터널라이닝 콘크리트 치기 중간단계 시공 시	–	–
댐	콘크리트댐	유수전환시설공사 시공 시	굴착 및 기초공사 시공 시	댐 축조공사 시공 시(하상기초 완료 후)	댐 축조공사 중기단계 시공 시	댐 축조공사 말기단계 시공 시
	필댐	유수전환시설공사 시공 시	굴착 및 기초공사 시공 시	댐 축조공사 초기단계 시공 시	댐 축조공사 중기단계 시공 시	댐 축조공사 말기단계 시공 시
하천	수문	가시설공사 완료 시(기초 및 철근 콘크리트 시공 전)	되메우기 및 호안공사 시공 시	–	–	–
	제방	하천바닥파기, 누수방지, 연약지반 보강, 기초처리공사 완료 시	본체 및 비탈면 흙쌓기공사 시공 시	–	–	–
	하구둑	배수갑문 공사 중	제체 공사 중	–	–	–
상하수도	취수시설, 정수장, 취수가압펌프장, 하수처리장	가시설공사 및 기초공사 시공 시 (콘크리트 타설 전)	구조체공사 초·중기 단계 시공 시	구조체공사 말기단계 시공 시	–	–
	상수도 관로	총 공정의 초·중기단계 시공 시	총 공정의 말기단계 시공 시	–	–	–
항만	계류시설	기초공사 및 사석공사 시공 시	제작 및 거치 공사, 항타공사 시공 시	철근콘크리트공사 시공 시	속채움 및 뒤채움공사, 매립공사 시공 시	–
	외곽시설 (갑문, 방파제, 호안)	가시설공사 및 기초공사, 사석 공사 시공 시	제작 및 거치 공사 시공 시	철근콘크리트공사 시공 시	속채움 및 뒤채움공사 시공 시	–
건축물	건축물	기초공사 시공 시 (콘크리트 타설 전)	구조체공사 초·중기 단계 시공 시	구조체공사 말기단계 시공 시	–	–
	리모델링 또는 해체공사	총 공정의 초·중기 단계 시공 시	총 공정의 말기단계 시공 시	–	–	–

건설공사 종류		정기안전점검 점검차수별 점검시기				
		1차	2차	3차	4차	5차
폐기물 매립시설		토공사 시공 시	총 공정의 중기 단계 시공 시	총 공정의 말기 단계 시공 시	–	–
지하차도, 지하상가, 복개구조물		토공사 시공 시	총 공정의 중기 단계 시공 시	총 공정의 말기 단계 시공 시	–	–
도로·철도· 항만 또는 건축물의 부대시설	옹벽	가시설공사 및 기초공사 시공 시 (콘크리트 타설 전)	구조체공사 시공 시	–	–	–
	절토 사면	비탈면 깎기 완료 후	비탈면 보호공 시공 시	–	–	–
10미터 이상 굴착하는 건설공사		가시설공사 및 기초공사 시공 시 (콘크리트 타설 전)	되메우기 완료 후	–	–	–
폭발물을 사용하는 건설공사		총 공정의 초· 중기 단계 시공 시	총 공정의 말기 단계 시공 시	–	–	–
건설 기계	천공기(높이 10m 이상)	천공기 조립완료 후 최초 천공작업 시	천공작업 말기단계 시	–	–	–
	항타 및 항발기	항타·항발기 조립 완료 후 최초 항타·항발작업 시	항타·항발작업 말기단계 시	–	–	–
	타워크레인	타워크레인 설치작업 시	타워크레인 인상 시마다	타워크레인 해체 작업 시	–	–
	높이가 31m 이상인 비계	비계 최초 설치완료 시	비계 최고높이 설치완료 단계 시	–	–	–
	작업발판 일체형 거푸집	최초 설치 완료 시	설치 말기 단계 시	–	–	–
가설 구조물 (시행령 제101 조의2)	높이가 5m 이상인 거푸집 및 동바리	설치 높이가 가장 높은 구간 설치완료 시	타설 단면이 가장 큰 구간 설치 완료 시	–	–	–
	터널 지보공	지보공 설치 초기 단계 시	지보공 설치 말기단계 시	–	–	–
	높이가 2m 이상인 흙막이 지보공	지보공 최초 설치 완료 시	지보공 설치완료 말기단계 시	–	–	–
	브래킷 비계	브래킷 최초 설치 완료 시	브래킷 비계 설치 시	–	–	–

건설공사 종류		정기안전점검 점검차수별 점검시기				
		1차	2차	3차	4차	5차
가설 구조물 (시행령 제101 조의2)	작업발판 및 안전시설물 일체화 가설 구조물 (10m 이상)	최초 설치 완료 시	가설구조물 사용 말기단계 시	–	–	–
	현장조립 복합 가설구조물	조립·설치 최초 완 료 시	가설구조물 사용 말기단계 시	–	–	–

⑥ 계획수립 시 고려사항

(1) 이전에 발생된 결함 확인을 위한 이전 점검자료의 검토

(2) 소요인원, 장비

(3) 작업시간

(4) 기록양식

(5) 시험실시 목록

(6) 붕괴 등 주의를 요하는 부재의 조치사항

(7) 기타 특기사항(수중조사 등)

⑦ 결과보고서 작성 시 포함사항

(1) 점검대상물의 결함부

(2) 결함부 개략도

(3) 결함부 사진

(4) 기본조사 결과

(5) 추가조사 결과

⑧ 결론

건설업자 또는 주택건설등록업자가 건설안전점검기관에 의뢰해 실시하는 건설기술 진흥법상 정기안전점검은 건설공사의 규모와 기간 및 현장 여건에 따라 종합적으로 실시해야 하며 결과보고서 결과에 따른 조치가 즉각적으로 이루어지게 함으로써 안전한 공사가 실시되도록 해야 한다.

1 개요

건설기술 진흥법상 건설업자 또는 주택건설등록업자가 안전관리계획에서 정한 시기에 건설안전점검기관에 의뢰해 실시한 정기안전점검 결과 결함의 발견 시 보수 또는 보강 등의 조치가 필요한 경우 정밀안전점검을 실시하여 기본조사와 추가조사를 통해 점검결과 분석 및 평가를 실시하고 있다.

2 점검방법

(1) **점검자** : 건설안전점검기관

(2) **실시시기** : 정기안전점검 결과 물리적·기능적 결함 발견 시

(3) **점검내용**

① 구조물 및 가설물의 안전성 평가를 위한 구조계산
② 구조물 및 가설물의 안전성 평가를 위한 내하력시험
③ 점검대상물의 문제점 파악

3 점검항목

(1) **현장조사**

① 기본조사 : 콘크리트 강도시험 및 철근배근탐사 등의 비파괴 검사
② 추가조사 : 구조안전성평가 및 보수·보강 정도 결정

(2) **실내분석**

현장조사자료의 분석 후 구조계산을 통해 보수·보강방법 제시

4 결과조치

(1) 지적사항 작성 후 조치사항을 기록하고 발주자의 확인을 받을 것

(2) **보수·보강 시 고려사항**

① 구조물 결함 정도, 구조물 중요도, 사용환경 조건, 경제성
② 보수·보강 불가능 시 재시공

5 결과보고서 작성 시 포함사항

(1) 결함현황(물리적·기능적)

(2) 결함의 발생원인

(3) 구조안전성 분석결과

(4) 보수·보강, 재시공 등의 조치사항

6 계획수립 시 고려사항

(1) 이전에 발생된 결함 확인을 위한 이전 점검자료의 검토

(2) 소요인원, 장비 및 기구의 결정

(3) 작업시간

(4) 기록양식

(5) 시험 실시 목록

(6) 붕괴 등 주의를 요하는 부재의 조치사항

(7) 기타 특기사항(수중조사 등)

7 결론

건설업자 또는 주택건설등록업자가 건설안전점검기관에 의뢰해 실시하는 건설기술 진흥법상 정밀안전점검은 정기안전점검에서 발견된 결함의 정밀한 조사와 구조해석 등을 통해 평가해야 하며, 평가 결과에 따른 적절한 보수 또는 보강, 재시공의 대책방안에 따라 적절한 조치가 이루어지도록 해야 한다.

··· 16 공사 재개 전 점검

1 개요

1년 이상 공사 중단 후 재개할 경우 공사 재개 전 시설물의 안전점검을 실시할 의무가 있으며 이때 실시하는 안전점검은 발주자의 판단으로 정기안전점검 수준으로 실시한다.

2 점검대상

(1) 안전관리계획서 제출 대상 공사
(2) 1종, 2종 시설물 공사

3 점검방법

(1) **점검의 명칭** : 공사재개 전 안전점검
(2) **점검자** : 건설안전점검기관
(3) **점검내용** : 정기안전점검 수준으로 실시

4 절차

사전준비 → 현장조사 → 실내분석 → 판정 → 결과조치

5 단계별 내용

(1) 현장조사

　① 육안검사 : 균열, 재료분리, 콜드조인트 등의 결함 여부 확인
　② 기본조사 : 콘크리트 강도시험 및 철근배근탐사 등의 비파괴 검사
　③ 추가조사 : 구조안전성평가 및 보수·보강 정도 결정

(2) 실내분석

현장조사자료의 도면작성 및 평가

(3) 결과조치

　① 지적사항 작성 후 조치사항을 기록하고 발주자의 확인을 받을 것
　② 보수 · 보강 시 고려사항
　　• 구조물 결함 정도, 구조물 중요도, 사용환경조건, 경제성
　　• 보수·보강 불가능 시 재시공

··· 17 초기안전점검

1 개요

제1·2·3종 건설공사에 해당하는 건설공사의 준공 시에는 공공의 안전 확보를 위해 준공 전 건설기술 진흥법에 의한 초기안전점검을 실시해야 하며 이때 실시하는 점검은 정기안전점검 수준 이상의 정도로 하도록 규정하고 있다.

2 점검대상

(1) 안전관리계획서 제출 대상 공사
(2) 1종, 2종 시설물 공사

3 점검방법

(1) **점검의 명칭** : 초기안전점검
(2) **점검자** : 건설안전점검기관
(3) **점검내용** : 시공상태 및 구조물 전반

4 점검항목

(1) 중점유지관리사항 파악(문제발생부위)
(2) 붕괴유발부재
(3) 향후 점검·진단 시 구조물 안전성 평가기준 초기치 산정

5 시험 및 조사내용

(1) **유지관리 및 점검·진단을 위한 자료** : 외관 조사망도 작성
(2) **추가조사** : 초기치 확보를 위한 사항
    ① 건축물 주요 외부기둥의 기울기 및 바닥부재 처짐 정도
    ② 교량 실응답
    ③ 댐 기준점 및 변위
    ④ 터널 배면 공동 등

··· 18 지하안전관리에 관한 특별법

1 개요

지하안전관리에 관한 특별법은 지하를 안전하게 개발하고 이용하기 위한 안전관리체계를 확립함
으로써 지반침하로 인한 위해를 방지하고 공공의 안전을 확보함을 목적으로 한다.

2 국가 등의 책무

(1) 국가 및 지방자치단체는 국민의 생명·신체 및 재산을 보호하기 위하여 지반침하 예방 및 지하
안전관리에 관한 종합적인 시책을 수립·시행하여야 한다.

(2) 지하개발사업자 및 지하시설물관리자는 지하 개발 또는 지하시설물 이용으로 인한 지반침하
를 예방하고 지하 안전을 확보하기 위하여 필요한 조치를 하여야 한다.

(3) 국민은 국가와 지방자치단체의 지반침하 예방 및 지하안전관리를 위한 활동에 적극 협조하여
야 하며, 자기가 소유하거나 이용하는 지하시설물로부터 지반침하가 발생하지 아니하도록 노
력하여야 한다.

3 개발사업자 및 시설물관리자의 책무

지하개발사업자는 건설기술 진흥법에 따른 건설업자와 주택건설등록업자로 하여금 다음 각 사항
이 건설공사의 안전관리계획에 반영되도록 하여야 한다. 이 경우 지하개발사업자는 이를 승인하
기 전에 관할 시장·군수·구청장에게 제출하여야 한다.

(1) 지하안전영향평가 또는 소규모 지하안전영향평가

(2) 지하시설물관리자는 지하시설물 및 주변 지반에 대한 안전점검 및 유지관리규정을 정하여 관
할 시장·군수·구청장에게 제출하여야 한다. 이를 변경하는 경우에도 또한 같다.

(3) 시장·군수·구청장은 지반침하를 예방하기 위하여 필요하다고 인정하는 경우에는 건설공사
안전관리계획 또는 안전관리규정의 변경을 명할 수 있다.

(4) 시장·군수·구청장은 건설업자와 주택건설등록업자 또는 지하시설물관리자가 각각 안전관리
계획과 안전관리규정을 준수하고 있는지의 여부를 국토교통부령으로 정하는 바에 따라 확인
하여야 한다.

(5) 건설공사 안전관리계획의 제출시기, 안전관리규정의 수립절차 및 방법, 제출시기 등에 필요
한 사항은 대통령령으로 정한다.

④ 지하안전영향평가 대상사업

(1) 도시의 개발사업
(2) 산업입지 및 산업단지의 조성사업
(3) 에너지 개발사업
(4) 항만의 건설사업
(5) 도로의 건설사업
(6) 수자원의 개발사업
(7) 철도(도시철도를 포함한다)의 건설사업
(8) 공항의 건설사업
(9) 하천의 이용 및 개발사업
(10) 관광단지의 개발사업
(11) 특정 지역의 개발사업
(12) 체육시설의 설치사업
(13) 폐기물 처리시설의 설치사업
(14) 국방·군사 시설의 설치사업
(15) 토석·모래·자갈 등의 채취사업
(16) 지하안전에 영향을 미치는 시설로서 대통령령으로 정하는 시설의 설치사업

⑤ 지하시설물 및 주변 지반에 대한 안전점검

(1) 시장·군수·구청장은 관할 구역에 있는 지하시설물 및 주변 지반에 대하여 연 1회 이상 안전 관리 실태를 점검하여야 한다.
(2) 필요한 경우 관계 기관 및 전문가와 합동하여 현장조사를 실시할 수 있다.
(3) 안전관리 실태점검 결과 지반침하의 우려가 있다고 판단되는 경우에는 이를 해당 지하시설물 관리자 및 해당 토지의 소유자·점유자에게 통보하여 안전에 필요한 조치를 취하도록 하여야 한다.

⑥ 위험도평가 및 중점관리대상 지정

지하시설물관리자의 지반침하위험도 평가 후 자치단체장에게 평가서를 제출해야 하는 대상
(1) 긴급복구공사를 완료한 경우
(2) 안전점검을 실시한 결과 지반침하의 우려가 있다고 인정되는 경우
(3) 지반침하위험도평가의 실시 명령을 받은 경우
(4) 지반침하위험도평가서를 검토한 결과 지반침하의 위험이 확인된 경우에는 지반침하 중점관리 시설 및 지역을 지정·고시하여야 한다.

(5) 중점관리대상으로 지정·고시하기 위하여 필요하다고 인정하는 경우에는 소속 직원과 지반침하 관련 전문가 등으로 구성된 현지조사단으로 하여금 현지조사를 실시하게 할 수 있다.

7 지반침하위험도평가를 실시하는 경우

(1) 긴급복구공사를 완료한 경우
(2) 지하안전점검 결과 지반침하의 우려가 있다고 인정되는 경우
(3) 실태점검 결과 지반침하의 우려가 있다고 판단되는 경우

8 지하안전점검 시 안전관리

(1) 점검 실시자는 안전모, 작업화 등을 비롯해 필요한 경우 기타 보호장비 등을 항시 착용하여야 하며, 측정장비 및 기기를 항상 최적의 상태로 정비할 것
(2) 도로상 작업이 필요할 경우 교통량 등에 대한 조사와 대책을 사전에 마련하고 공공의 안전측면에서 지하시설물의 안전점검 실시 동안 교통통제와 작업공간 확보를 위한 계획을 수립·시행할 것
(3) 현장조사의 난이도, 위험도를 고려해 안전수칙 등을 수립하고 이에 대한 교육을 실시할 것
(4) 점검 수행에 지장을 주는 요인이 있을 경우 관리주체의 협조를 얻어 안전한 점검이 이루어지게 할 것

9 공동등급 및 작성

공동의 규모에 따라 일반, 우선, 긴급 등급으로 분류되며, 조사자는 긴급등급으로 결정된 공동에 대해 즉시 복구조치가 이루어질 수 있도록 시설물관리자에게 관련 사항을 즉시 통보해야 한다.

구분 \ 공동등급	긴급등급	우선등급	일반등급
공동토피	$30cm^2$ 미만	30cm 이상 50cm 미만	긴급/우선 등급을 제외한 모든 공동
내부높이	$2.0m^2$ 이상	1.0m 이상 2.0m 미만	
면적	$4.0m^2$ 이상	$1.0m^2$ 이상 $4.0m^2$ 미만	
복구기간	즉시 복구	3개월 미만	6개월 이내

⑩ 사고조사

(1) 지하개발사업자 또는 지하시설물관리자는 해당 사업 또는 소관 지하시설물과 관련하여 지반 침하로 인한 사고가 발생한 경우에는 지체 없이 응급 안전조치를 하여야 한다.

(2) 대통령령으로 정하는 규모 이상의 사고가 발생한 경우에는 관할 지방자치단체의 장에게 사고 발생 사실을 알려야 한다.

(3) 사고 발생 사실을 통보받은 지방자치단체의 장은 이를 국토교통부장관에게 알려야 한다.

(4) 국토교통부장관은 대통령령으로 정하는 규모 이상의 피해가 발생한 사고의 경위 및 원인 등을 조사하기 위하여 필요한 경우에는 중앙지하사고조사위원회를 구성·운영할 수 있다.

⑪ 결론

지하안전점검은 1년 1회 이상 육안조사, 5년 1회 이상 공동조사를 지하안전점검 표준매뉴얼에 의해 보고서를 작성해야 하며 지하시설물관리자는 점검을 마친 날부터 30일 이내에 시장, 군수, 구청장에게 지하안전점검 결과를 제출해야 한다.

··· 01 DFS

1 개요

시공단계 중심의 안전관리체계에 발주자와 설계자의 책임 및 역할을 추가해 설계·착공·시공·준공 단계를 통합한 건설사업 전 생애 주기형 안전관리체계로 전환하기 위한 제도이다.

2 목적

계획·설계·시공·사업관리 등 전 단계에서 위험요소를 관리함으로써 건설사고를 예방하기 위한 발주자 중심의 안전관리체계 확립

3 DFS Flow Chart

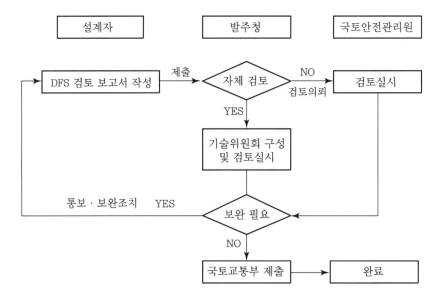

4 대상

발주청 발주공사 중 안전관리계획 수립 대상 건설공사

5 실무절차

실시설계 80% 진행 시점에 실시하며 작성은 설계자가, 검토는 국토안전관리원에서 하며 발주청에서 승인하는 것을 기준으로 한다.

···02 발주자의 단계별 안전관리

1 사업관리단계

(1) 사업 전 단계에 대해 안전관리 참여자의 업무를 총괄

(2) **중점관리대상 위험요소 및 저감대책 발굴**

방법 : 전문가 자문, 유사공사의 안전관리문서, 건설안전종보시스템의 위험요소 프로파일 확인

2 설계발주단계

(1) **설계조건 작성** : 해당 공사 위험요소 및 저감대책에 의거

(2) 설계자는 설계성과 납품목록을 명시해 발주자에게 제출

① 설계안전검토보고서

② 위험요소 및 위험성 저감대책

3 설계시행단계

(1) 발주자는 기술자문위원회나 공단에 안전성 확보 검토를 의뢰해야 하며

(2) 건설안전정보시스템에 업로드 또는 공단에 제출해 국토교통부장관에게 최종 제출

(3) **설계안전성 검토절차**

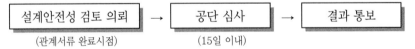

① **검토 의뢰 시 제출서류** : 설계도면, 시방서, 내역서, 구조 및 수리계산서

② **심사결과 분류**

- 승인
- 개선 : 설계도서의 보완 및 변경 등의 조치

③ **안전성검토의 재실시 사유**

- 시공과정에서 중대한 설계 변경 시
- 설계안전검토보고서의 변경사유 발생 시

4 설계완료단계

시공자 측 전달 문서 정리

(1) 설계안전검토보고서

(2) 위험요소 및 위험성 저감대책

(3) 각종 시공법과 절차에 관한 사항

5 공사발주 및 착공 이전 단계

(1) 시공자의 안전관리계획서 작성을 위한 정보 제공

(2) 안전관리계획의 검토 및 결과 통보

(3) **안전관리계획서의 검토**

① 작성 및 변경 시 공사감독자, 건설사업관리기술자로 하여금 적정성 검토 의뢰

② 지적사항에 확인 및 시정 및 보완 조치

6 공사시행단계

(1) 안전관리계획의 이행 여부 확인

(2) 안전관리비의 사용기준 준수 여부 확인

(3) 안전관리계획 이행 여부

(4) 안전관리비 집행실태 확인

(5) 공종별 위험요소와 저감대책 발굴 및 보완

(6) 안전관리회의 정기개최

(7) **건설사고 발생 시 조치**

건설공사 참여자의 신고 접수 → 발주자 접수 → 건설안전정보 시스템에 보고

(8) **중대건설현장사고 시 조치**

건설공사 참여자의 신고 접수	→	국토교통부장관에게 제출	→	사고경위 및 원인 조사	→	사고조사보고서 작성 및 배포
(관계서류 완료시점)		(접수 후 2시간 이내)		(건설사고조사위원회에 조사 의뢰 가능)		(유사사고 예방 자료로 활용)

7 공사완료단계

(1) **시설물안전법에 의거 보관조치**

① 향후 유사 건설공사의 안전관리를 위한 정보 제공

② 유지 관리에 유용한 정보제공

(2) **준공사 안전관련문서의 공단 제출(국토교통부장관)** : 건설안전정보시스템 활용

① 설계단계 및 시공단계 내용 : 위험요소, 위험성 저감대책 사항

② 건설사고 발생의 경우 : 사고조사보고서(사고개요, 원인, 재발방지대책)

③ 시공 및 유지관리단계에서 고려요소 : 위험요소, 위험성, 저감대책

① 개요

건설공사 품질확보를 위한 안전관리업무 중 핵심은 발주자의 역할이므로 국토교통부에서는 발주
자가 안전점검 수행기관을 지정하고 안전점검항목을 지정한 바 있다.

② 안전점검의 절차

(1) 발주자는 안전점검 수행기관을 지정하고, 이를 시공자에게 통보
(2) 발주자는 안전점검 수행기관의 명부를 작성하는 경우 연 1회 이상 정기적으로 인터넷 홈페이
지에 20일 이상 공개모집
(3) 공사규모 및 종류별로 안전점검 수행기관이 실시한 정기안전점검 등의 수행실적, 신용도 등을
차등하여 모집
(4) 모집공고에 응하려는 수행기관은 등록신청서를 제출
(5) 발주자는 공고에 응해 신청서를 작성·제출한 수행기관을 등록명부에 작성·관리하고 발주자
의 인터넷 홈페이지를 통해 공개

③ 정기안전점검 실시 시 점검사항

(1) 공사 목적물의 안전시공을 위한 임시시설 및 가설공법 안전성
(2) 공사목적물의 품질, 시공상태 등의 적정성
(3) 인접건축물 또는 구조물 등 공사장주변 안전조치의 적정성
(4) 건설기계의 설치(타워크레인 인상을 포함)·해체 등 작업절차 및 작업 중 건설기계의 전도·붕
괴 등을 예방하기 위한 안전조치의 적절성
(5) 이전 점검에서 지적된 사항에 대한 조치사항

④ 정밀안전점검

(1) 정기안전점검 결과 건설공사의 물리적·기능적 결함 등이 있는 경우 실시
(2) 보수·보강 등의 필요한 조치를 취하기 위해 건설안전점검기관에 의뢰하여 실시
(3) 완료보고서 포함사항
　① 물리적·기능적 결함현황
　② 결함원인 분석
　③ 구조안전성 분석결과
　④ 보수·보강 또는 재시공 등 조치대책

5 초기점검

(1) 준공 전 완료
(2) 준공 전 점검을 완료하기 곤란한 경우 발주자의 승인을 얻어 준공 후 3개월 이내 실시

6 안전점검에서의 현장조사 및 실내분석

(1) **육안검사** : 구조물의 균열, 재료분리, 콜드조인트 등의 발생여부를 육안으로 확인
(2) **기본조사** : 비파괴시험장비로 실시하는 콘크리트 강도시험 및 철근배근 탐사
(3) **추가조사** : 구조안전성 평가 및 보수·보강 판단에 필요한 지질·지반조사, 강재조사, 지하공동 탐사, 콘크리트 제체시추조사, 수중조사, 콘크리트 물성시험 등

7 중대한 결함에 대한 조치

(1) 안전점검 실시자는 중대한 결함이 발견된 경우 즉시 발주자 및 안전총괄책임자에게 통보
(2) **발주자 및 안전총괄책임자는 다음의 조치를 취할 것**
　① 발견된 결함에 대한 신속한 평가 및 응급조치
　② 필요시 정밀안전점검 실시

··· 04 설계자의 안전관리 업무

1 설계발주단계

설계서(과업지시서)의 조건에서 명시한 안전관리 부문 요구사항 확인 및 검토

2 설계시행단계

(1) 위험요소의 도출, 제거, 감소, 저감대책 고려

(2) 건설안전을 고려한 설계가 되도록 기준 준수

① 시공법 및 절차상 발생되는 위험요소의 회피, 제거, 감소조치
② 시설물의 안전한 설치 및 해체 고려

(3) 안전관리문서로 정리

시공법, 절차, 잔존위험요소유형, 통제수단 포함

(4) 대표설계자는 다수 공종 설계자의 동일 위험요소 도출 및 평가기준 적용 및 공종별 설계자와 회의 개최

(5) 신기술, 특허공법 적용 시

① 위험요소, 위험성, 저감대책 검토서 제출 요구
② 검토 후 보고서에 첨부

(6) 건설안전 저해 위험요소를 고려한 설계

① 시공 및 안전 분야 전문가의 자문을 통해 시공방법 및 절차를 명확히 이해할 것
② 시공법과 절차에 대한 이해 부족 시 건설안전전문가의 설계과정 참여

(7) 설계안전검토보고서 작성

① 건설안전 위험요소 및 위험성 평가
② 위험요소, 위험성, 저감대책으로 분류

3 설계완료단계

설계안전검토보고서의 위험요소, 위험성, 저감대책에 관한 사항, 각종 시공법과 절차를 건설사업관리기술자에게 확인받고 발주자에게 제출해 승인을 받아야 한다.

··· 05 시공자의 안전관리 업무

1 안전 관련 일반

(1) 안전관리계획서

작업공정에 따라 공종별 안전관리계획서를 작성, 착공 전 또는 해당 공종 착수 전 건설사업관리기술자의 검토를 거쳐 발주자에게 승인을 득한 후 작업현장에 비치해야 한다.

(2) 가설구조물 안전성 확인

가설구조물 설치 시 기술사의 확인을 득해야 함

(3) 안전관리비의 관리

① 해당 목적에만 사용되도록 관리
② 분기별 안전관리비 사용 현황을 공사 진척별로 작성
③ 건설사업관리기술자에게 안전관리 활동실적에 따른 집행실적 정기보고

(4) 건설사고 보고

① 사고 발생 일시 및 장소
② 사고 발생 경위
③ 조치사항
④ 향후 조치계획

2 설계안전성 검토

(1) 안전관리계획 수립 시 확인항목

① 설계에 가정된 시공법과 절차
② 위험요소, 위험성, 저감대책
③ 설계에서 확인 못 한 위험요소, 위험성, 저감대책

(2) 준공 후 유사 공사 안전 및 유지 관리를 위한 정보 제공

① 설계단계 및 시공단계에서의 위험요소, 위험성, 저감대책
② 건설사고 발생 시 사고 개요, 원인, 재발방지대책 등의 사고조사보고서
③ 시공단계 및 유지관리단계에서의 위험요소, 위험성, 저감대책

··· 06 건설사업관리기술자의 안전관리 업무

1 건설사고 보고

(1) 건설사고 발생을 알게 된 즉시 필요 조치를 취하고 발주자에게 전화, 팩스로 보고

(2) **건설안전정보시스템에 입력**
① 사고 발생 일시 및 장소
② 사고 발생 경위
③ 조치사항
④ 향후 조치계획

2 대상 공사의 설계안전성 검토

(1) 안전관리계획서상의 위험요소, 위험성, 저감대책의 반영 여부 확인
(2) 보완사항이 있는 경우 시공자가 보완토록 조치
(3) 향후 유사 공사의 안전관리 및 유지 관리를 위한 정보 제공
(4) 안전관리문서의 적정성 검토 후 발주자에게 제출

··· 07 안전관리계획서와 유해·위험방지계획서의 비교

🔳 개요

국내 건설현장의 안전관리는 크게 건설기술 진흥법과 산업안전보건법의 2개 관리체제로 나눌 수 있으며, 산업안전보건법은 작업환경 및 근로조건 등 근로자의 신체적 안전을 관리하고 건설기술 진흥법은 건설현장에서의 시공안전 및 공사장 주변의 건설안전을 담당하고 있다.

🔳 건설공사 안전관리계획서와 유해·위험방지계획서의 비교

구분	건설공사 안전관리계획서	유해·위험방지계획서
근거	건설기술 진흥법	산업안전보건법
목적	건설공사 시공안전 및 주변 안전 확보	근로자의 안전·보건 확보
작성대상	① 「시설물의 안전관리에 관한 특별법」에 따른 1종 시설물 및 2종 시설물의 건설공사 ② 지하 10m 이상을 굴착하는 건설공사. 이 경우 굴착 깊이 산정 시 집수정, 엘리베이터 피트 및 정화조 등의 굴착 부분은 제외하며, 토지에 높낮이 차가 있는 경우 굴착 깊이의 산정방법은 「건축법 시행령」을 따른다. ③ 폭발물을 사용하는 건설공사로서 20m 안에 시설물이 있거나 100m 안에 사육하는 가축이 있어 해당 건설공사로 인한 영향을 받을 것이 예상되는 건설공사 ④ 10층 이상 건축물의 건설공사 또는 10층 이상인 건축물의 리모델링 또는 해체공사 ⑤ 항타 및 항발기, 타워크레인, 천공기 ⑥ 대규모 가설구조물 공사	① 지상높이가 31m 이상인 건축물 또는 인공구조물, 연면적 3만 m² 이상인 건축물 또는 연면적 5천 m² 이상의 문화 및 집회시설, 판매 및 운수시설, 의료시설 중 종합병원, 숙박시설 중 관광숙박시설 또는 지하도상가 또는 냉동·냉장창고시설의 건설·개조 또는 해체공사 ② 최대 지간 길이가 50m 이상인 교량건설 등의 공사 ③ 깊이가 10m 이상인 굴착공사 ④ 터널공사 ⑤ 다목적댐·발전용댐 및 저수용량 2천만 톤 이상의 용수전용댐·지방상수도 전용댐 건설 등의 공사 ⑥ 연면적 5천 m² 이상의 냉동·냉장창고시설의 설비공사 및 단열공사
작성자	건설업자 및 주택건설등록업자	사업주(시공자)
제출서류	① 총괄 안전관리계획서 ② 공종별 안전관리계획서	① 공사개요 및 안전보건관리계획 ② 작업 공사 종류별 유해위험방지계획
제출시기	① 제출시기 • 총괄 안전관리계획서 당해 건설공사의 실착공 15일 전까지 • 공종별 안전관리계획서 당해 공종의 실착공 15일 전까지 ② 심의기간 : 접수일로부터 10일 이내	① 제출시기 : 당해 공사의 착공 전일까지 ② 심의기간 : 접수일로부터 15일 이내

구분	건설공사 안전관리계획서	유해·위험방지계획서
제출처	발주자 또는 인·허가 행정기관의 장	산업안전공단 및 지부
주요확인	① 공사목적물의 안전시공 확보 ② 임시시설 및 가설공법의 안전성 ③ 공정별 안전점검계획 ④ 공사장 주변 안전대책	① 근로자의 보호장구 및 기구 ② 작업공종 및 재료의 안전성 ③ 작업조건 및 방법 ④ 가설공사의 안전 ⑤ 산업안전보건관리비의 사용계획
결과통보	적정, 조건부 적정, 부적정 통보	적정, 조건부 적정, 부적정 통보

··· 08 안전관리비

🔳 개요

건설공사의 품질 확보를 위한 건설기술 진흥법상 안전관리비는 엔지니어링 사업 대가기준에 의해 산정하고 계상해야 하며 계상 시에는 특히 산업안전보건관리비와의 중복 여부를 확인해야 한다.

② 구성항목

(1) 안전관리계획 작성 및 검토비용과 소규모안전관리계획 작성비용

(2) 안전관리계획에 따른 공사 목적물별, 시기별 시행해야 하는 정기안전점검비용과 준공 전 실시하는 초기점검 비용 등 안전점검 비용

(3) 발파·소음·진동, 지하수 차단 등으로 인한 주변 지역 피해대책 비용과 지하매설물 보호조치 비용 등 주변 건축물 등의 피해방지대책 비용

(4) **공사장 주변 통행안전관리대책비용**
  • 공사시행 중 통행안전 및 교통소통 안전시설물 설치·유지관리 비용, 신호수 배치비용
  • 안전관리계획에 따라 공사장 내부의 주요 지점별 건설기계 장비의 전담유도원 배치비용
  • 현장에서 사토장까지의 교통안전 및 주변시설 안전대책시설의 설치 및 유지관리비용
  • 통행안전 및 교통소통을 위한 신호수 배치비용 등

(5) 계측장비, 폐쇄회로텔레비전 등 안전모니터링 장비의 설치·운영비용

(6) 가설구조물 관계전문가 구조안전성 확인에 필요한 비용

(7) 무선안전장비, 스마트 안전장비, 안전관리 시스템 구축 운용비용 등 무선설비 및 무선통신 이용 건설공사 현장의 안전관리체계 구축 운용비용

③ 계상기준

(1) 엔지니어링 사업 대가기준 적용

(2) 안전점검 대가의 세부 산출기준 적용

(3) 공사장 주변 건축물 등의 피해를 최소화하기 위한 사전보강, 보수, 임시이전 등에 필요한 비용 계상

(4) 공사 시행 중의 통행안전 및 교통소통을 위한 시설의 설치비용 및 신호수의 비치 비용에 관해서는 토목·건축 등 관련 분야의 설계기준 및 인건비기준을 적용하여 계상

(5) 공정별 안전점검계획에 따라 계측장비, 폐쇄회로텔레비전 등 안전 모니터링 장치의 설치 및 운용에 필요한 비용을 계상

(6) 가설구조물의 구조적 안전성을 확보하기 위하여 관계 전문가의 확인에 필요한 비용을 계상

▨ 증액계상

　(1) 공사기간의 연장

　(2) 설계변경 등으로 인한 건설공사 내용의 추가

　(3) 안전점검의 추가편성 등 안전관리계획의 변경

　(4) 그 밖에 발주자가 안전관리비의 증액이 필요하다고 인정하는 사유

▥ 계상항목별 사용기준

항목	내역
1. 안전관리계획서 작성 및 검토 비용	가. 안전관리계획서 작성 비용 　1) 안전관리계획서 작성 비용(공법 변경에 의한 재작성 비용 포함) 　2) 안전점검 공정표 작성 비용 　3) 안전관리에 필요한 시공 상세도면 작성 비용 　4) 안전성계산서 작성 비용(거푸집 및 동바리 등) 　※ 기 작성된 시공 상세도면 및 안전성계산서 작성 비용은 제외한다. 나. 안전관리계획 검토 비용 　1) 안전관리계획서 검토 비용 　2) 대상시설물별 세부안전관리계획서 검토 비용 　　• 시공상세도면 검토 비용 　　• 안전성계산서 검토 비용 　※ 기 작성된 시공 상세도면 및 안전성계산서 작성 비용은 제외한다.
2. 영 제100조 제1항 제1호 및 제3호에 따른 안전점검 비용	가. 정기안전점검 비용 　영 제100조 제1항 제1호에 따라 본 지침 별표 1의 건설공사별 정기안전점검 실시시기에 발주자의 승인을 얻어 건설안전점검기관에 의뢰하여 실시하는 안전점검에 소요되는 비용 나. 초기점검 비용 　영 제98조 제1항 제1호에 해당하는 건설공사에 대하여 해당 건설공사를 준공(임시사용을 포함)하기 직전에 실시하는 영 제100조 제1항 제3호에 따른 안전점검에 소요되는 비용 　※ 초기점검의 추가조사 비용은 본 지침 [별표 8] 안전점검 비용요율에 따라 계상되는 비용과 별도로 비용 계상을 하여야 한다.
3. 발파·굴착 등의 건설공사로 인한 주변 건축물 등의 피해방지대책 비용	가. 지하매설물 보호조치 비용 　1) 관매달기 공사 비용 　2) 지하매설물 보호 및 복구 공사 비용 　3) 지하매설물 이설 및 임시이전 공사 비용 　4) 지하매설물 보호조치 방안 수립을 위한 조사 비용 　※ 공사비에 기 반영되어 있는 경우에는 계상을 하지 않는다. 나. 발파·진동·소음으로 인한 주변지역 피해방지대책 비용 　1) 대책 수립을 위해 필요한 계측기 설치, 분석 및 유지관리 비용

항목	내역
3. 발파·굴착 등의 건설공사로 인한 주변 건축물 등의 피해방지대책 비용	2) 주변 건축물 및 지반 등의 사전보강, 보수, 임시이전 비용 및 비용 산정을 위한 조사 비용 3) 암파쇄방호시설(계획절토고가 10m 이상인 구간) 설치, 유지관리 및 철거 비용 4) 임시방호시설(계획절토고가 10m 미만인 구간) 설치, 유지관리 및 철거 비용 ※ 공사비에 기 반영되어 있는 경우에는 계상을 하지 않는다. 다. 지하수 차단 등으로 인한 주변지역 피해방지대책 비용 1) 대책 수립을 위해 필요한 계측기의 설치, 분석 및 유지관리 비용 2) 주변 건축물 및 지반 등의 사전보강, 보수, 임시이전 비용 및 비용 산정을 위한 조사비용 3) 급격한 배수 방지 비용 ※ 공사비에 기 반영되어 있는 경우에는 계상을 하지 않는다. 라. 기타 발주자가 안전관리에 필요하다고 판단되는 비용
4. 공사장 주변의 통행안전 및 교통소통을 위한 안전시설의 설치 및 유지관리 비용	가. 공사시행 중의 통행안전 및 교통소통을 위한 안전시설의 설치 및 유지관리 비용 1) PE드럼, PE펜스, PE방호벽, 방호울타리 등 2) 경관등, 차선규제봉, 시선유도봉, 표지병, 점멸등, 차량 유도등 등 3) 주의 표지판, 규제 표지판, 지시 표지판, 휴대용 표지판 등 4) 라바콘, 차선분리대 등 5) 기타 발주자가 필요하다고 인정하는 안전시설 6) 현장에서 사토장까지의 교통안전, 주변시설 안전대책시설의 설치 및 유지관리 비용 7) 기타 발주자가 필요하다고 인정하는 안전시설 ※ 공사기간 중 공사장 외부에 임시적으로 설치하는 안전시설만 인정된다. 나. 안전관리계획에 따라 공사장 내부의 주요 지점별 건설기계·장비의 전담유도원 배치 비용 다. 기타 발주자가 안전관리에 필요하다고 판단하는 비용
5. 공사시행 중 구조적 안전성 확보 비용	가. 계측장비의 설치 및 운영 비용 나. 폐쇄회로 텔레비전의 설치 및 운영 비용 다. 가설구조물 안전성 확보를 위해 관계 전문가에게 확인받는 데 필요한 비용 라. 「전파법」 제2조 제1항 제5호 및 제5호의2에 따른 건설공사 현장의 안전관리체계 구축·운용에 사용되는 무선설비의 구입·대여·유지에 필요한 비용과 무선통신의 구축·사용 등에 필요한 비용

6 유의사항

(1) 건설업자 또는 주택건설등록업자는 안전관리비를 해당 목적에만 사용할 것

(2) 발주자 또는 건설사업관리용역업자가 확인한 안전관리 활동실적에 따라 정산

(3) 세부사항은 국토교통부장관의 고시 내용을 확인할 것

7 결론

건설기술 진흥법의 안전관리비는 산업안전보건관리비에 비해 현장에서의 인지도가 매우 낮은 실정이다. 안전성 확보는 건설공사 초기부터 강조되어야 함을 고려할 때, 건설공사 안전관리비와 관련된 각종 법령 및 제도의 보완, 연구개발은 향후에도 많은 관심을 기울여야 할 분야라 여겨진다.

··· 09 건설현장의 비상시 긴급조치계획

1 개요

건설현장은 항상 발생 가능한 위험요인이 존재하고 있으므로 안전관리를 철저히 하여야 하며, 평소에 비상시에 대비한 훈련 및 준비와 면밀한 비상조치계획으로, 비상사태가 발생하더라도 조치계획에 따라 긴급하게 대처할 수 있어야 한다.

2 건설공사 비상사태의 범위

(1) 홍수, 범람, 지진, 태풍 등의 자연재해
(2) 붕괴, 폭발, 화재, 위험물 누출 등으로 인한 근로자 및 시설물 피해, 인근 지역에서의 대형사고

3 비상연락망

(1) 내부 비상연락망

① 발주자 또는 인허가기관 등의 담당자 연락처
② 시공자, 감리자 측 현장 상주자 및 본사 연락처
③ 현장 상주자 출타 시 연락방법 등

(2) 외부 비상연락망

비상사태의 발생에 대비한 관계기관의 연락망을 구성하여 작성

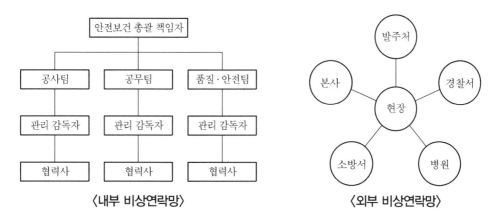

〈내부 비상연락망〉　　　　　〈외부 비상연락망〉

CHAPER 03. 건설기술 진흥법 • **261**

4 비상조치 업무절차

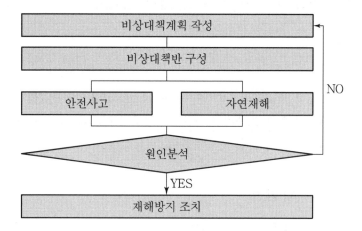

5 직무별 업무분장

(1) 비상대책계획 작성(현장소장, 관리감독자, 안전관리자)

① 발생원인을 고려한 계획 수립

② 사례 검토를 통한 예상 사고 파악

③ 비상계획 수립 및 작성

(2) 비상대책반 구성(안전관리자)

① 상황별 조치사항 이행 조직 구성

② 유관기관 협조체계 검토

③ 업무분장에 의한 가상훈련 실시

(3) 안전사고 및 자연재해(현장소장, 관리감독자, 안전관리자, 협력업체)

① 상황별 조치사항 이행

② 업무분장에 의한 신속한 사고 수습

(4) 원인분석(현장소장, 관리감독자, 안전관리자)

① 비상계획 이행 여부 검토

② 문제점 파악 및 검토

③ 추가적 비상사태 도출 및 대책 수립

(5) 재해방지조치(관리감독자, 안전관리자)

① 확정된 비상계획 공지

② 파악된 문제점 개선 조치

③ 유지 관리

⑥ 세부 업무내용

(1) 현장소장

현장의 공종별 잠재 위험요소 및 조직의 내·외적 위험요소, 과거의 사건·사고 및 비상사태 발생기록 등을 파악하여 계획 수립 시 적용

(2) 안전관리자

현장별 특성에 따른 예상 유형을 고려하여 상응하는 비상사태 조치계획을 작성한 비상대책계획 작성, 비상대책반 구성, 안전사고·자연재해 방지 조치와 원인 분석(위험성평가 활용)

(3) 관리감독자

상황별 재해유형을 예상하고 사고 발생이라는 가정하에 피해를 최소화할 수 있는 조치계획 수립

⑦ 비상조치계획서 작성 시 포함사항

(1) 비상사태 조직도(직원, 협력업체)
(2) **현장직원 및 협력업체직원, 유관기관 비상조직 및 연락망 구축**
　① 비상사태 발생 시 대응업무를 고려하고 협력업체를 포함하여 조직을 구성
　② 비상조직 전체 구성원에 대한 사무실·집·휴대폰의 연락처를 정확히 명시
　③ 본사 당직실, 안전팀, 발주처, 감리단 당직실 및 사무실 해당 책임자 연락처
　④ 소방서, 경찰서, 산재병원, 한전, 한통, 수도사업소, 지역전화국, 지방행정관서, 지방고용노동사무소
(3) 비상사태별 대피절차와 재해자에 대한 구조·응급조치 요령
(4) 비상대책 가용자재·장비의 위치 및 목록, 수량, 장비운전자 연락처 등(방제시설 현황 및 비치도)
(5) 비상조치계획에 따른 주기적 교육·훈련계획
(6) 비상구·대피소 지정(위치식별) 및 대피 시 행동요령(대피장소 도면 표시)
(7) 비상사태 발생 시 경보체계의 수립과 지휘 및 수습
(8) 비상사태 응급복구 및 원상복구 조치 계획

⑧ 재해 발생 시 조치

(1) 비상사태가 발생되거나 예상될 경우 최초 발견자가 현장소장에게 즉시 비상연락망을 통해 보고되도록 하며, 현장소장은 내용을 파악하여 적절한 대응체제를 운영한다.
(2) 현장소장은 비상사태대비계획서의 업무분장에 의해 각 담당자가 신속히 맡은 임무를 수행하도록 한다. 단, 각 지휘책임자가 부재 시에는 차상위자가 그 임무를 수행한다.
(3) 조직도에 의한 각 부문별 공종책임자는 수립된 계획에 의거 적절한 장비 및 인원을 신속히 사고지점에 투입하여 더 이상의 확산을 방지한다.

(4) 재해 발생 시에는 재해자에 대한 응급조치 후 지정병원이나 인근 의료기관으로 후송한다.

(5) 현장소장의 지휘하에 전 직원은 비상사태로 손상된 시설 및 장비 등을 복구한다.

(6) 비상사태 수습 시 소모된 방재장비 및 시설, 보호장구는 필요시 보충·수리하며 재배치하여 차후 비상사태에 대비한다.

(7) 비상사태 수습 후 재해의 유형·발생원인, 피해상황, 방재체제의 문제점 및 대안, 유해위험요인 등을 철저히 조사하여 재발방지조치를 취한다.

⑨ 원인분석

(1) 비상사태의 원인조사 실시 및 이에 따른 대책을 수립한다.

(2) 수립된 대책이 적절하지 않을 경우 수정·보완한다.

(3) 안전관리자는 비상사태 발생 시 수습 과정에 도출된 문제점과 재해원인을 조사하여 계획서를 개선하고 반영한다.

(4) 안전관리자는 자연재해(천재지변)와 안전사고의 새로운 유형과 정보가 입수되면 계획서상에 반영한다.

(5) 현장소장과 관리감독자는 안전관리자가 작성한 비상사태대비계획서를 최종 검토하고 승인한다.

⑩ 재해방지조치

(1) 안전관리자는 작성된 비상사태대비계획서를 현장에 비치한다.

(2) 현장소장과 안전관리자는 비상사태대비계획서에 의한 직원들의 업무분장 숙지 상태와 방재장비의 구비·유지상태를 점검하여 정기적인 예방활동을 한다.

(3) 현장소장과 안전관리자는 비상사태 발생 시의 유관기관 통보 및 협조 요청이 가능하도록 사전준비를 철저히 한다.

(4) 비상연락망 및 유관기관 협조 체계도를 수시로 정비하여 변동사항이 발생될 경우 즉시 수정한다.

⑪ 결론

건설현장의 비상상황에 의한 재해는 그 피해규모가 점차 대형화되고 있으므로 재해예방 차원의 조치가 중요하기에 작업 전, 작업 중, 작업 후 화재발생 등의 요인이 없는지 확인이 이루어져야 하며, 현장근로자의 생명과 재산 보호는 물론 오염원 누출로 인한 환경오염 방지를 위해 각 공종의 위험성을 파악해 비상시 신속하게 조직적으로 대처할 수 있도록 주기적인 반복 훈련이 요구된다.

··· 10 건설사고조사

1 개요

건설공사 중 사고 발생 시에는 지체 없이 발주청 및 인·허가기관의 장에게 그 사실이 전화나 팩스의 방법으로 통보되어야 하고 중대 건설사고가 발생한 경우 조사를 완료한 국토교통부장관, 발주청 및 인·허가기관의 장은 사고조사보고서를 작성해 유사 사고 예방을 위한 자료로 활용할 수 있도록 관계기관에 배포하는 것이 법제화되어 있다.

2 건설사고의 정의

건설사고	중대재해
① 사망 또는 3일 이상 휴업이 필요한 부상 ② 1천만 원 이상 재산피해	① 사망자 3명 이상 ② 부상자 10명 이상 ③ 재시공이 필요한 공사 중이거나 완공된 시설물의 붕괴·전도 시

3 건설사고조사위원회 구성

(1) 위원장 1명 포함 12명 이내의 위원

(2) 위원자격

　　① 건설공사업무 관련 공무원

　　② 건설공사업무 관련 단체 및 연구기관 임직원

　　③ 건설공사업무에 관한 학식과 경험이 풍부한 사람

4 보고서 포함사항

(1) 사고 발생 일시 및 장소

(2) 사고 발생 경위

(3) 조치사항

(4) 향후 조치계획

5 재발 방지를 위한 조치

(1) 유사, 동종재해 재발 방지를 위한 관계기관 자료 배포

(2) 재해 반복 발생 방지를 위한 조치 및 설계 반영

(3) 건설공사 위험요소 프로그램 DB 반영

··· 11 건설공사 안전관리 종합정보망

1 개요

그간 분산되어 있던 안전 관련 계획 및 실적 관리를 보다 효과적으로 할 수 있는 시스템을 구축하기 위해 도입된 안전관리 종합정보망은 3차 연도까지 체계적으로 시스템을 구축해 확장할 계획인 것으로 알려지고 있다.

2 건설기술 진흥법에 따른 건설공사 안전관리 업무

(1) 설계안전성 검토 및 안전관리계획 수립 대상

① 1종 시설물 및 2종 시설물의 건설공사

② 지하 10m 이상을 굴착하는 건설공사

③ 폭발물을 사용하는 건설공사로서 20m 안에 시설물이 있거나 100m 안에 사육하는 가축이 있는 건설공사

④ 10층 이상 16층 미만인 건축물의 건설공사

⑤ 건설기계가 사용되는 건설공사

- 천공기(높이가 10m 이상인 것만 해당한다)
- 항타 및 항발기
- 타워크레인

(2) 건설공사 안전관리 업무 상세내용

안전관리계획서 제출	발주청 또는 인·허가기관의 장은 안전관리계획서 사본과 검토결과를 국토교통부장관에게 제출
안전점검결과 제출	건설업자와 주택건설등록업자는 안전점검 결과를 국토교통부장관에게 제출
종합보고서 제출	발주청 또는 인·허가기관의 장은 종합보고서를 국토교통부장관에게 제출
안전관리계획서 및 안전점검결과 적정성 검토	국토교통부장관은 안전관리계획서, 검토결과와 안전점검결과의 적정성을 검토, 필요한 경우 발주청 또는 인·허가기관의 장으로 하여금 건설업자 및 주택건설등록업자에게 시정명령 등 필요한 조치 요청

③ 건설기술 진흥법에 따른 건설공사 현장의 사고조사 업무

(1) 건설사고 신고대상

모든 건설사고에 대해서 발주청 및 인·허가기관의 장은 사고 내용을 즉시 국토교통부장관에게 제출해야 한다.

(2) 건설사고 신고절차

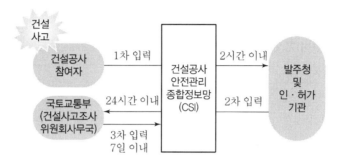

단계	주체	신고시간	내용	비고
1차	건설공사참여자	2시간 이내	개략 보고	건설공사 안전관리 업무수행지침 제14조 제7항
2차	발주청 및 인·허가기관	24시간 이내	사고조사 DB 추가입력	건설공사 안전관리 업무수행지침 제9조 제5항
3차	국토교통부(건설사고 조사위원회사무국)	성빌현장조사 이후 7일 이내	보고서 제출	건설기술 진흥법 제67조 제4항

④ 건설공사 안전관리 시스템

(1) 설계안전성(DFS) 검토 및 관리 시스템

① 시스템 정의

건설사고 발생을 전체적으로 예방·저감하기 위해 설계단계에서 기존 위험요소프로파일(Hazard Profile)로부터 해당 공사의 위험요소 프로파일 체크리스트를 생성하여 위험에 대한 저감책을 반영한 시스템

② 시스템 이용방법

㉠ 발주청은 검토결과를 작성
- 공단 검토 제출의 경우 : 설계안전검토보고서, 공사개요, 첨부서류, 위험요소 프로파일 및 조치결과서를 작성하여 제출

- 자체 검토 제출의 경우 : 공사개요, 첨부서류, 위험요소 프로파일, 기술자문위원회 검토 파일을 작성 및 첨부하여 제출
  - ⓒ 공단에서는 제출된 검토결과를 확인 후 시스템에 최종적으로 제출 완료 등록

(2) 위험요소 프로파일 관리 시스템

① 시스템 소개

공사구분별·공종별 위험요소 프로파일의 지속적 갱신 관리와 이를 이용하여 해당 공사의 위험요소 프로파일 체크리스트를 생성·보완하여 설계안전성 검토에 활용되게 함으로써 건설사고의 사전방지·저감책을 지원

② 시스템 이용방법

ㄱ 발주청은 검토결과를 작성
- 공단 검토 제출의 경우 : 설계안전검토보고서, 공사개요, 첨부서류, 위험요소 프로파일 및 조치결과서를 작성하여 제출
- 자제 검토 제출의 경우 : 공사개요, 첨부서류, 위험요소 프로파일, 기술자문위원회 검토파일을 작성 및 첨부하여 제출
ㄴ 공단에서는 제출된 검토결과를 확인 후 시스템에 최종적으로 제출 완료 등록

(3) 안전관리계획서 관리 시스템

① 관련법 : 건설기술 진흥법 시행령 제98조

② 시스템 소개

공사구분별·공종별 위험요소 프로파일의 지속적 갱신 관리와 이를 이용하여 해당 공사의 위험요소 프로파일 체크리스트를 생성·보완하여 설계안전성 검토에 활용되게 함으로써 건설사고의 사전방지·저감책을 지원

③ 시스템 이용방법

- 발주청 또는 인·허가기관의 장은 안전관리계획서와 검토결과를 국토교통부장관에게 제출
- 건설업자와 주택건설등록업자는 안전진단전문기관에서 받은 안전점검 결과보고서 파일을 제출
- 발주청 또는 인·허가기관의 장은 안전점검 종합보고서를 국토교통부장관에게 제출

(4) 사고 신고·조사 운영 시스템

① 관련법 : 건설기술 진흥법 제67조 제2항

② 시스템 소개

건설사고 발생 즉시 신속한 사고신고체계를 구축하며 사고정보를 입력과 동시에 관련 기관으로 전파·공유하고, 사고 후 조사 및 조치정보를 해당 시점에 입력·보고·공유하는 시스템

③ 시스템 이용방법

- 건설공사참여자는 2시간 이내에 건설사고 신고 등록 페이지로 이동하여 사고내용 입력

- 발주청 및 인·허가기관의 장은 신고가 접수되면 건설공사참여자의 입력사항을 확인·수정하며 사고내용을 상세히 입력하고, 추가적인 사고조사가 필요한 경우 정밀현장조사를 실시하여 보고해야 한다.

⑤ 2020년 이후 오픈 시스템

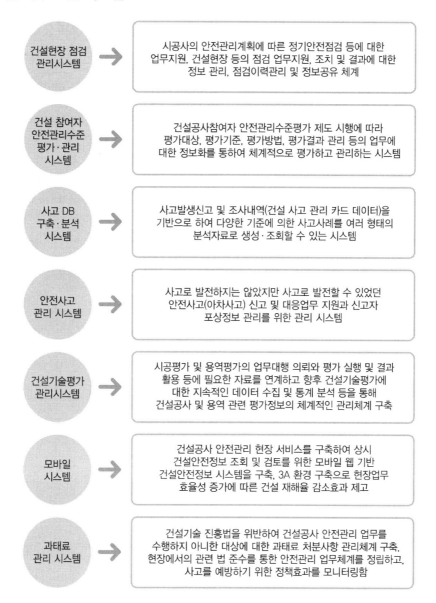

| 건설현장 점검 관리시스템 | → | 시공사의 안전관리계획에 따른 정기안전점검 등에 대한 업무지원, 건설현장 등의 점검 업무지원, 조치 및 결과에 대한 정보 관리, 점검이력관리 및 정보공유 체계 |

건설 참여자 안전관리수준 평가·관리 시스템 → 건설공사참여자 안전관리수준평가 제도 시행에 따라 평가대상, 평가기준, 평가방법, 평가결과 관리 등의 업무에 대한 정보화를 통하여 체계적으로 평가하고 관리하는 시스템

사고 DB 구축·분석 시스템 → 사고발생신고 및 조사내역(건설 사고 관리 카드 데이터)을 기반으로 하여 다양한 기준에 의한 사고사례를 여러 형태의 분석자료로 생성·조회할 수 있는 시스템

안전사고 관리 시스템 → 사고로 발전하지는 않았지만 사고로 발전할 수 있었던 안전사고(아차사고) 신고 및 대응업무 지원과 신고자 포상정보 관리를 위한 관리 시스템

건설기술평가 관리시스템 → 시공평가 및 용역평가의 업무대행 의뢰와 평가 실행 및 결과 활용 등에 필요한 자료를 연계하고 향후 건설기술평가에 대한 지속적인 데이터 수집 및 통계 분석 등을 통해 건설공사 및 용역 관련 평가정보의 체계적인 관리체계 구축

모바일 시스템 → 건설공사 안전관리 현장 서비스를 구축하여 상시 건설안전정보 조회 및 검토를 위한 모바일 웹 기반 건설안전정보 시스템을 구축, 3A 환경 구축으로 현장업무 효율성 증가에 따른 건설 재해율 감소효과 제고

과태료 관리 시스템 → 건설기술 진흥법을 위반하여 건설공사 안전관리 업무를 수행하지 아니한 대상에 대한 과태료 처분사항 관리체계 구축, 현장에서의 관련 법 준수를 통한 안전관리 업무체계를 정립하고, 사고를 예방하기 위한 정책효과를 모니터링함

⑥ 구성업무 현황

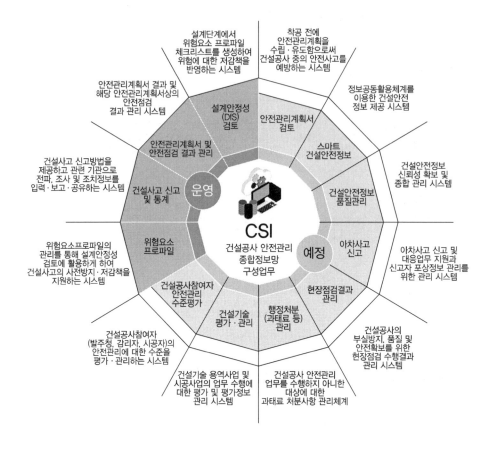

건설기계관리법

··· 01 제정 목적

1 목적

건설기계의 등록·검사·형식승인 및 건설기계사업과 건설기계조종사면허 등에 관한 사항을 정하여 건설기계를 효율적으로 관리하고 건설기계의 안전도를 확보하여 건설공사의 기계화를 촉진함을 목적으로 한다.

2 검사대행

(1) 국토교통부장관은 필요하다고 인정하면 건설기계의 검사에 관한 시설 및 기술능력을 갖춘 자를 지정하여 검사의 전부 또는 일부를 대행하게 할 수 있다.

(2) (1)에 따른 지정을 받으려는 자는 국토교통부령으로 정하는 기준에 적합한 시설·기술인력 및 검사업무규정을 갖추어야 한다.

(3) (1)에 따라 검사대행자로 지정받은 자(이하 "검사대행자"라 한다) 및 그 소속 기술인력은 다음의 사항을 준수하여야 한다.

    ① 검사업무(검사기준과 검사업무규정에 따라 수행하는 검사업무)와 관련하여 부정한 금품을 수수하거나 그 밖의 부정한 행위를 하지 아니할 것

    ② 검사를 실시하지 아니하고 거짓으로 검사를 실시한 것으로 하거나 검사 결과를 실제 검사 결과와 다르게 작성하지 아니할 것

    ③ 검사기준에 따른 검사항목을 모두 확인할 것

    ④ 검사업무규정에 따라 검사업무를 수행할 것

    ⑤ 다른 사람에게 자신의 명의로 검사업무를 하게 하지 아니할 것

    ⑥ 기술인력이 아닌 사람에게 검사를 하게 하지 아니할 것

(4) 국토교통부장관은 검사대행자가 다음의 어느 하나에 해당하는 경우에는 그 지정을 취소하거나 6개월 이내의 기간을 정하여 사업의 전부 또는 일부의 정지를 명할 수 있다. 다만, ① 또는 ⑤에 해당하는 경우에는 그 지정을 취소하여야 한다.

    ① 거짓이나 그 밖의 부정한 방법으로 지정을 받은 경우

    ② (2)에 따른 기준에 적합하지 아니하게 된 경우

    ③ 부정한 방법으로 건설기계를 검사한 경우

    ④ 경영 부실 등의 사유로 검사대행 업무를 계속하게 하는 것이 적합하지 아니하다고 인정될 경우

    ⑤ 사업정지명령을 위반하여 사업정지기간 중에 검사를 한 경우

    ⑥ 이 법을 위반하여 벌금·이상의 형을 선고받은 경우

(5) 국토교통부장관은 (4)에 따라 검사대행자 지정이 취소된 날부터 2년이 지나지 아니한 자를 검사대행자로 지정해서는 아니 된다.

(6) 검사대행자는 검사의 기준과 (2)에 따른 검사업무규정에 따라 검사업무를 수행하여야 한다.

(7) 검사대행자와 그 검사업무를 직접 담당하는 직원은 규정을 적용할 때에는 공무원으로 본다.

(8) 국토교통부장관은 검사업무 중 대통령령으로 정하는 건설기계의 검사업무를 확인·점검하기 위하여 공공기관의 운영에 관한 법률에 따른 공공기관 중에서 검사업무 총괄기관(이하 "총괄기관"이라 한다)을 지정할 수 있다.

(9) 총괄기관은 다음의 업무를 수행한다. 다만, 대통령령으로 정하는 건설기계의 검사업무를 수행해서는 아니 된다.
  ① 검사업무의 확인·점검
  ② 검사 신청의 접수 및 검사업무의 배정
  ③ 그 밖에 국토교통부령으로 정하는 사항

(10) (9)의 업무를 수행한 총괄기관은 국토교통부령으로 정하는 바에 따라 그 결과를 국토교통부장관에게 제출하여야 한다.

(11) 국토교통부장관은 총괄기관이 (9)의 어느 하나에 해당하는 업무를 부정한 방법으로 수행하거나 단서를 위반하여 검사업무를 수행한 경우 시정명령을 하거나 총괄기관 지정을 취소할 수 있다.

(12) 총괄기관은 검사업무의 확인·점검을 위하여 검사대행자에게 필요한 자료의 제출을 요구할 수 있다. 이 경우 검사대행자는 정당한 사유가 없으면 자료 제출 요구에 협조하여야 한다.

(13) 그 밖에 총괄기관의 지정, 지정취소, 업무수행 방법 및 절차 등에 필요한 사항은 국토교통부령으로 정한다.

3 확인검사

(1) 다음의 어느 하나에 해당하는 자가 건설기계의 제작 등을 한 경우에는 대통령령으로 정하는 바에 따라 확인검사를 받아야 한다. 다만, 외국에서 사용하던 건설기계를 수입한 경우에는 그러하지 아니하다.
  ① 건설기계의 형식에 관한 승인을 받은 자
  ② 형식승인을 받은 건설기계와 같은 형식의 건설기계를 수입하기 위하여 형식신고를 한 자

(2) 건설기계의 형식에 관한 신고를 한 자 또는 형식신고를 한 건설기계와 같은 형식의 건설기계를 수입하기 위하여 형식신고를 한 자가 건설기계의 제작 등을 한 경우에는 대통령령으로 정하는 바에 따라 확인검사를 받을 수 있다.

(3) (1) 또는 (2)에 따른 확인검사를 받은 건설기계는 신규 등록검사를 받은 것으로 보며, (1) 또는 (2)에 따른 확인검사를 받은 자가 그와 같은 형식으로 제작 등을 한 건설기계에 대하여는 (1) 또는 (2)에 따른 확인검사 및 신규 등록검사를 받은 것으로 본다.

··· 02 건설기계안전교육 대상과 주요 내용

1 개요

건설기계조종사 면허증 소지자는 면허를 발급자의 경우 안전교육을 최초로 받는 사람과 안전교육 등을 받은 적이 있는 사람으로 구분해 안전교육을 받아야 한다.

2 교육대상

건설기계 면허 보유자

3 면허종류별 교육시간

(1) 일반 건설기계(4시간) : 불도저, 굴착기, 로더, 롤러
(2) 하역 운반기계(4시간) : 지게차, 기중기, 이동식 콘크리트 펌프, 쇄석기, 공기압축기, 천공기, 준설선, 타워크레인

4 주요 내용

(1) 일반건설기계 조종사 안전교육

과목	범위	시간	교육주기
건설기계 관련 법규 이해	•건설기계관리법, 산업안전보건법 주요 사항 •건설기계 사고예방을 위한 조종사의 역할과 의무	1	3년
건설기계의 구조	•건설기계의 특성 •건설기계의 주요 구조부 •방호 및 안전장치	1	
건설기계 작업 안전	•조종작업 준수사항 •굴착 공사의 작업안전 조치 •건설기계 기능상 점검(작업 전, 작업 중, 작업 후)	1	
재해사례 및 예방대책	•건설기계 작업의 위험성 •재해사례 및 예방 대책	1	
총		4	

(2) 하역운반 등 기타 건설기계 조종사 안전교육

과목	범위	시간	교육주기
건설기계 관련 법규 이해	• 건설기계관리법, 산업안전보건법 주요사항 • 건설기계 사고예방을 위한 조종사의 역할과 의무	1	3년
하역운반 등 기타 건설기계의 구조	• 하역 운반기계 및 기타 건설기계의 특성 • 하역 운반기계 및 기타 건설기계의 주요 구조부 • 방호 및 안전장치	1	
하역운반 등 기타 건설기계의 작업 안전	• 조종작업 준수사항 • 줄걸이 작업과 신호체계 이해 등 • 하역 운반기계 및 기타 건설기계 기능상 점검 (작업 전, 작업 중, 작업 후)	1	
재해사례 및 예방대책	• 하역 운반기계 및 기타 건설기계 • 재해사례 및 예방대책	1	
총		4	

··· 03 타워크레인 기종 및 대수산정

1 개요

타워크레인의 적절한 활용은 건설공사의 시공속도를 좌우하는 중요한 사항이므로 건축물 높이, 양중용량, Jib 작동방식을 고려해 기종과 대수를 산정한다.

2 기종 선택방법

고려사항	내용
용량	• Shackle의 인양자재와 장비의 최대중량 확인 • 작업구간을 모두 포함한 최대 회전 반지름 • 위치별 인양용량을 고려하되 최단부 인양중량을 필히 감안할 것
Jib 작동방식	• 회전에 제한이 없는 경우 : Hammer Head Crane • Jib가 작업장 경계선을 초과할 경우 또는 장애물로 회전이 불가능할 경우 : Luffing Crane
건축물 높이	• 자주식인 경우 : Mast Climbing 방식 • 초고층인 경우 : Floor Climbing 방식

3 대수 산정방법

공사규모	산정방법
저층소형 공사	10층 이하를 기준으로 소형 건축물로 구분하며 소형 T/C 또는 이동식 크레인을 고려할 것
복합구조물 저층부	• 회전 반지름이 작업장을 커버하는 대수 • 사각지대는 이동식 크레인이 작업할 수 있는 여건 조성 • 양중작업이 단시간인 경우 이동식 크레인 활용
고층·초고층	• 양중량에 따라 추가하되 기본 2대를 산정(초고층이 아닌 경우 1대를 기본으로 산정) • Core와 Slab를 구분할 것 • PC Curtain Wall인 경우 중량을 감안해 별도 T/C 추가 • RC 조인 경우 공정 진행 속도를 감안한 작업부하를 고려해 용량과 대수 산정 • 철골조인 경우 철골양중 공정이 양중량 70% 이상임을 감안

4 타워크레인의 분류

T형, Luffing형 타워크레인으로 분류되며 설치방법에 따라 고정식, 상승식, 주행식으로 분류된다.

(1) T형

트롤리와 훅이 부착된 Main Jib와 무게중심을 유지하는 Counter Jib가 수평으로 설치된 가장 보편화된 크레인으로, 트롤리 작업에 간섭이나 위험요인이 없는 경우에 설치하는 형식이다.

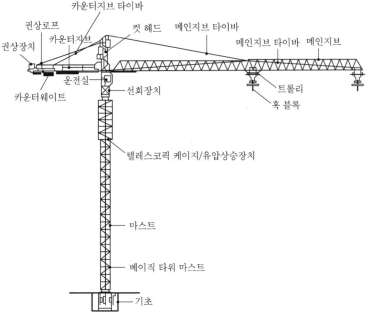

〈T형 타워크레인〉

(2) Luffing형 타워크레인

지브의 상하 이동으로 부재를 인양하는 형식으로, 작업반경 내 장애물이 있거나 협소한 공간 작업 시 설치하는 형식으로 근래 사용이 확대되고 있다.

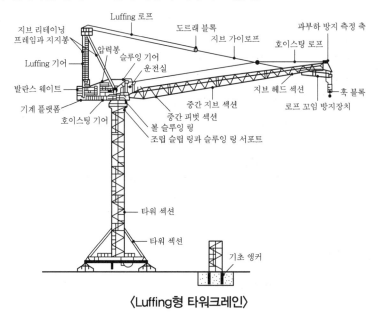

〈Luffing형 타워크레인〉

⑶ 고정식

콘크리트 기초의 앵커에 타워를 직접 조립하는 형식

⑷ 상승식

일정 높이 상승 시 건물에 지지시켜 크레인 몸체가 건축물 상승에 맞춰 올라가는 형식으로, 고층 건축물에 주로 사용되며 해체작업이 복잡하다는 것이 단점이다.

⑸ 주행식

크레인 이동을 용이하게 하기 위한 레일을 설치해 크레인이 수평 이동하며 작업하는 형식으로, 낮은 층고의 긴 건축물 등에 사용된다.

··· 04 타워크레인 설치·조립·해체 작업계획서 작성지침

1 작업계획서 포함사항

(1) 타워크레인의 종류 및 형식

(2) 설치·조립 및 해체순서

(3) 작업도구·장비·가설설비 및 방호설비

(4) 작업인원의 구성 및 작업근로자의 역할 범위

(5) 산업안전보건기준에 관한 규칙에 따른 지지 방법

2 설치·조립순서 및 작업별 점검·확인사항

(1) 타워크레인 설치·조립작업 흐름도

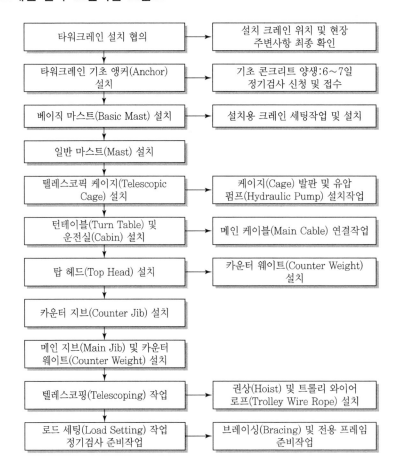

(2) 타워크레인 해체작업 흐름도

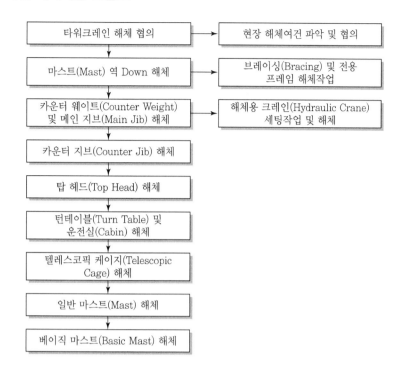

3 작업도구·장비·가설설비 및 방호설비

(1) 개인보호구

    ① 안전대, 안전모, 안전화

    ② 안전장갑, 각반, 보안경 등

(2) 작업도구

    ① 토크렌치, 체인블록, 샤클

    ② 받침목, 와이어로프 등

(3) 운반차량, 이동식크레인 등

(4) 방호설비

    ① 타워크레인 방호울타리

    ② 장비작업반경 접근방지 표지

    ③ 변압기 손상방지용 선반 등

4 중점 안전관리계획

(1) 타워크레인의 안전관리계획

① 현장 조치사항

② 설치·조립·해체 업체의 조치 및 준비사항

(2) 설치·해체용 크레인 통제방안

(3) 운반차량 통제방안

(4) 안전교육

① 작업팀에 대한 교육 내용

② 작업팀에 대한 현장 확인사항

(5) 노후장비에 대한 비파괴검사

5 산업안전보건법에 따른 각 주체별 의무사항

(1) 제조·수입자

① 안전인증 대상 기계·기구 등을 제조(기계·기구 등을 설치·이전하거나 주요 구조 부분을 변경하는 경우 포함)하거나 수입하는 자는 안전인증기준에 맞는지 안전인증을 받아야 함

② 타워크레인은 안전인증 대상 기계로 규정됨(건설기계관리법에 따른 형식신고 또는 검사를 받은 경우 안전인증 면제)

(2) 대여하는 자(장비 소유자)

① 유해·위험 기계의 방호조치(법 제33조 제2항)

동력으로 작동하는 부분의 돌기부분 이나 동력전달부분 또는 회전기계의 물림점을 가지는 것은 방호조치를 해야 함(덮개 또는 울)

(3) 기계 등 대여자의 조치(시행규칙 제49조)

① 해당 기계 사전점검 및 이상 발견 시 즉시 보수 작업실시

② 대여 받은 자에게 다음의 사항에 대해 서면으로 발급함

• 기계의 능력 및 방호장치의 내용

• 기계의 특성 및 사용 시의 주의사항

• 기계의 수리/보수 및 점검내역과 주요 부품의 제조일

(4) 안전검사(법 제36조)

① 해당 기계를 사용하는 사업주와 소유주가 다른 경우 소유자 의무사항

건설기계관리법에 따른 최초 설치검사 후 6개월마다 안전검사 실시(건설기계관리법에 따라 6개월 마다 정기검사를 받은 경우 안전검사 면제)

6 사용상 안전조치

(1) 관리감독자의 유해·위험 방지 업무 등(제35조)

작업 시작 전 필요한 사항 점검 : 점검 결과 이상 발견 시 즉시 수리하거나 필요한 조치

(2) 사용의 제한(제36조)

법 제33조(방호조치), 제34조(안전인증), 제35조(자율안전확인신고), 제36조(안전검사)에 따른 기준에 적합하지 않은 기계 사용 금지

(3) 악천 후 및 강풍 시 작업중지(제37조)

① 순간풍속 10m/s 초과 시 설치·수리·점검 또는 해체작업 중지

② 순간풍속 15m/s 초과 시 운전 중지

(4) 타워크레인 설치·조립·해체작업 시 작업계획서 작성

(5) 신호(제40조)

작업 시 일정한 신호방법을 정하여 신호하도록 함

(6) 운전위치의 이탈 금지(제41조)

타워크레인 운전자 운전위치 이탈금지토록 함

(7) 정격하중 등의 표시(제133조)

운전자 또는 작업자가 보기 쉬운 곳에 정격하중, 운전속도, 경고표시 등 부착

(8) 방호장치의 조정(제134조)

과부하 방지장치, 권과방지장치 등의 방호장치정상작동 여부 확인

(9) 과부하의 제한 등(제135조)

적재하중 초과 금지

(10) 해지장치의 사용(제137조)

훅 해지장치 사용

⑾ **조립 등의 작업 시 조치사항(제141조)**

① 순서를 정하고 작업

② 설치 중 출입금지

③ 악천후 시 작업중지

④ 크레인 점검 시 공간확보

⑤ 침하방지 조치

⑥ 수평유지

⑦ 대칭되는 곳을 순차적으로 결합하고 분해

⑿ **타워크레인의 지지(제142조)**

① 자립고 높이 이상 설치 시 벽체 지지

② 부득이한 경우 와이어로프 지지

벽체 지지방식 준수사항	와이어로프 지지방식 준수사항
• 서면심사 서류(형식승인서류) 또는 제조사의 설치작업설명서 • 근거가 명확하지 않은 경우 구조기술사의 확인 검토	• 벽체 지지방식 2가지 사항 확인 • 전용 지지프레임 사용 • 설치각도는 수평면에서 60도 이내, 지지점은 4개소 이상, 등각도 설치 • 와이어로프 장력유지 • 가공전선 근접 금지

⒀ **크레인 작업 시의 조치(제146조)**

① 인양 하물 바닥에서 끌어당기거나 밀어내는 작업금지

② 가스통 등 위험물 전용 보관함에 적재

③ 고정된 물체 직접 분리·제거 작업 금지

④ 인양 중 하물 작업자의 머리 위 통과 금지

⑤ 인양 하물이 보이지 않는 경우 작업 중지(신호수에 따라 작업)

⒁ **와이어로프 등의 달기구의 안전계수(제163조)**

화물의 하중을 직접 지지하는 달기 와이어로프 및 체인(안전율 5 이상)

⒂ 이음매가 있는 와이어로프 등의 사용금지(제166조)

··· 05 타워크레인 설계기준

1 개요

타워크레인의 최대 중점사항은 안전성과 경제성이다. 안전성의 기준은 산업안전보건법의 처짐각 기준과 안전계수를 설계에 도입해야 하며, 경제성은 프로젝트의 범위 내에서 주재료의 재료비를 낮추기 위해 부재의 변형을 통한 2차 관성 모멘트 값과 수치를 이용하는 것이 일반적이다. 전체적인 설계는 트러스가 대부분을 차지하며, 때문에 메인지브의 처짐 설계, 단일부재의 좌굴 허용하중을 해석할 때, 트러스 해석을 하고 이를 통해서 나온 값들을 이용해서 설계한다.

2 설계 Process

기초응력 분석 > 하중검토 > 기초판, 지내력, 파일 안정조건 검토

3 안정성검토 절차

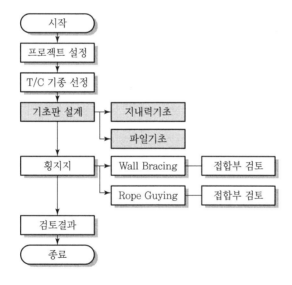

4 기초응력 및 하중검토

(1) 기초응력

① **최소 지내력** : 2kg/cm²(20t/m²), 필요시 콘크리트 파일 항타 후 재하시험

② 기초앵커와 받침앵글, 철근과의 결속

③ Level Gauge로 수평 확인

④ **콘크리트 양생기간** : 최소 10일 이상 확보

⑤ Fixing Anchor용 콘크리트 블록 : 2.4ton/m² 이상

(2) 하중검토

수직하중, 모멘트, 수평력, 압축력, 인장력

5 기초판, 지내력, 파일 안정조건

구분 / 계산식	구조계산식	
기초판 Size의 결정	$$편심(e) = \frac{M+H+h}{V+G} \leq \frac{L}{3}$$	
지내력 검토	$$\sigma_{max} = \frac{2 \times (V+G)}{3x \times L}$$	$$x = \frac{L}{2} - e$$
콘크리트 파일에 의한 보강	$$P_1 + P_2 = P$$	$$\frac{P_i}{EA} < \frac{지내력}{EA}$$

여기서, M : 기초판에 작용하는 Overturning Moment, H : 풍하중에 의한 수평력

V : 타워크레인에 의한 수직력, G : 기초판의 자중

h : 기초판의 높이(타워크레인 사양 및 기초 Anchor 종류에 따라 1.2~2.0m로 일정)

P : 기초판의 자중, P_1 : 파일의 간격 a지점에서의 반력

P_2 : 파일의 가장자리 b지점에서의 반력

6 지내력기초 안정성 검토방법

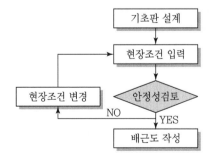

타워크레인 설치기준

1 개요

타워크레인의 최대 중점사항은 안전성과 경제성이다. 안전성의 기준은 산업안전보건법의 작업지침에 의거하여 설치되어야 하며, 단순 가설구조물로 인식해서는 아니 되며, 건축 및 플랜트 공사의 가장 중요한 시설로 인식해 기초부, 구성부, 방호장치, 법규사항을 준수해 설치해야 한다.

2 시공절차

기초위치 선정 > 버림콘크리트 타설 > 먹매김 > 앵커 설치

3 설치방법 분류

(1) 고정형

지반에 Fixing Angle을 콘크리트 블록으로 고정시키고 타워크레인을 설치하는 방법으로 아파트 현장이나 낮은 건물에 주로 사용되는 방식으로 현장의 지질조건을 분석한 후 지내력이 충분하지 않을 경우 타워크레인의 안전을 위하여 파일기초를 선택하여야 한다.

(2) 상승식

주로 철골 구조물 건축공사나 콘크리트 건축물 공사 중 외각에 타워크레인을 설치할 장소가 없거나 고층 건물에 사용되는 설치방법으로 건물 자체의 구조물에 지지하여 상승하는 방법

(3) 주행식

타워크레인은 레일을 이용하여 이동 가능한 형태이기 때문에 연약지반에는 매트기초를 하여야 한다.

구분		기초설치방법
고정형		• 지반에 Fixing Angle을 콘크리트 블록으로 고정 후 설치 • 아파트현장 또는 저층 건축물에 사용
이동식	상승형	• 타워크레인 설치장소가 없거나 고층건축물에 사용하는 설치방법 • 건물자체 구조물에 지지해 상승
	주행식	연약지반인 경우 Mat 기초 시공

④ 버림콘크리트 타설

(1) 보통포틀랜드 시멘트 $210kgf/cm^2$ 콘크리트를 20cm 두께로 타설

(2) 타워크레인 기초 4개 기둥점 수평 및 타워크레인 높이 기준점 정확히 맞춤

(3) 앵커기초 밀림과 부양현상이 발생되지 않도록 말뚝과 타워크레인 앵커 용접

⑤ Guy Wire 사용 설치방법

(1) Wire Rope를 이용한 설치유형

① 일반적으로 가장 많이 사용되는 방법 : T/C의 회전에 의해 발생하는 Slewing Torque를 전달시키지 못하므로 T/C 설치높이가 엄격히 제한됨

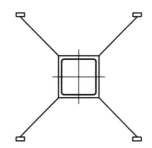

② Wire Rope의 인장력을 이용해 Torque를 전달시키는 방법으로서 각각의 Rope는 독립적으로 연결되어야 함

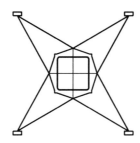

③ Canchorabe Point의 배치만 다를 뿐 ②와 동일한 방법으로서 각각의 Rope는 독립적으로 연결되어야 함

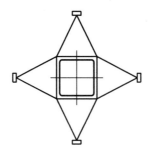

④ Anchorage Point를 4군데로 할 수 없는 특수한 경우에 사용되며, 시공에 특히 유의하여
야 함

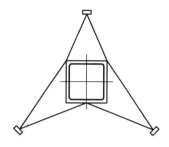

※ 위 ①~④ 어떠한 경우라도 Wire Rope와 지면이 이루는 각은 60° 이내가 되도록 함

6 기타 구성부위별 검토사항

구성부위	내용
Mast	• 수직도 : 1/1,000 • 회전부 King pin 체결상태 • Cage 상승유압, Jack 안정성
Boom	• 용접금지 • 취성파괴방지를 위한 비파괴검사
Wire Rope	• 용량초과 양중작업 금지 • 폐기기준 준수
평행추	• 낙하방지를 위한 설치상태 점검 • 무게중심 확인

7 관련법령

(1) 연식별 검사구분

10년 미만	10년 이상	15년 이상	20년 이상
정기검사 (설치 시, 설치 후 매 6개월 단위)	정밀검사	15년 경과 시 매 2년마다 비파괴검사 의무	원칙적 사용제한 +예외적 연장 허용 (정밀진단 시 연장)

(2) 정기검사 제출서류

① 구조검토서, 3년간 정비이력, 사고이력, 자체검사결과

② 설치/해체 시 영상자료

③ 기초앵커 별도 제작 시 : 자재규격 및 확인 가능한 사진

④ 10년 경과 T/C 이동 설치 시 : 부품(감속기 기어/축, 턴테이블 스윙기어/고정볼트, 클라이 밍 및 텔레스코픽 장치) 안전성 검토 결과

⑤ 15년 경과 T/C 이동 설치 시 : 2년 이내 실시한 해체상태 비파괴검사 결과

(3) 도급인 및 설치/해체 업체의 관리책임

① 원청의 작업안전관리책임 강화
  • 설치/해체 시 필요한 안전조치
  • 벌칙 : 위반 시 3년 이하 징역 또는 3천만 원 이하 벌금

② 타워크레인 설치/해체업 등록제 및 국가기술자격(기능사)제도 도입

③ 미등록 설치/해체 시 벌칙
  • 설치/해체 업체 : 1천만 원 이하 과태료
  • 사업주 : 3년 이하 징역 또는 3천만 원 이하 벌금

④ 사고 시 처벌 기준
  • 임대사 : 영업정지, 등록취소, 1년 등록제한

··· 07 굴착기 사용 작업장의 재해방지대책

1 개요

굴착기 사용 시 토사의 굴착을 비롯한 상차, 하차, 파쇄, 정지작업 등에 따르는 장비의 침하, 전도, 추락, 협착 등 다양한 재해가 발생할 수 있으므로 작업단계별 안전작업에 관한 사항을 사전에 수립하는 것이 중요하다.

2 안전기준

(1) 후사경·후방영상표시장치 작업 전 부착·작동상태 확인
(2) 버킷 등 작업장치 이탈방지용 잠금장치 체결
(3) 좌석 안전띠 착용 의무화 규정 신설

3 작업 중 위험요인

(1) **충돌**
　① 작업반경 내 근로자 접근 및 유도자 미배치에 따른 충돌사고 발생
　② 후진경보기 미작동 및 후사경 파손에 따른 충돌사고 발생
　③ 시동 중 운전자의 운전석 이탈에 의한 장비의 갑작스러운 이동으로 충돌사고 발생
(2) **협착** : 퀵커플러 안전핀 고정상태의 미체결 및 불량에 의한 버킷 탈락으로 협착사고 발생
(3) **감전** : 붐(Boom)을 올린 상태에서의 장비 운행 중 고압선에 접촉되어 감전사고 발생
(4) **충돌위험 방지조치** : 사업주는 굴착기에 근로자가 접촉되어 부딪힐 위험이 있는 경우, 후사경과 후방영상표시 장치를 설치하는 등 굴착기를 운전하는 사람이 좌우 및 후방을 확인할 수 있는 조치를 하고 그 부착상태와 작동 여부를 수시로 확인하여야 한다.
(5) 굴착기 붐·암·버킷 등 선회가 이루어지는 장소의 출입금지

4 작업 전 준수사항

(1) 관리감독자는 운전자의 자격면허(굴착기 조종사 면허증)와 보험가입 및 안전교육 이수 여부 등을 확인하여야 한다(무자격자 운전금지).
(2) 운전자는 굴착기 운행 전 장비의 누수, 누유 및 외관상태 등의 이상 유무를 확인하여야 한다.
(3) 운전자는 굴착기의 안전운행에 필요한 안전장치(전조등, 후사경, 경광등, 후방 협착방지봉, 후진 시 경고음 발생장치, 후방 감시 카메라 등)의 부착 및 작동 여부를 확인하여야 한다.

(4) 굴착기는 비탈길이나 평탄치 않은 지형 및 연약지반에서 작업을 수행하므로 운전자는 작업 중에 발생할 수 있는 지반침하에 의한 전도사고 등을 방지하기 위하여 지지력의 이상 유무를 확인하여야 하고 지반의 상태와 장비의 이동경로 등을 사전에 확인하여야 한다.

(5) 운전자는 작업지역을 확인할 때 최종 작업방법 및 지반의 상태를 충분히 숙지하여야 하며, 예상치 않은 위험 상황이 발견되는 경우에는 관리감독자에게 즉시 보고하여야 한다.

(6) 운전자는 작업반경 내 근로자 존재 및 장애물의 유무 등을 확인하고 작업하여야 한다.

(7) 운전자는 작업 전 퀵커플러 안전핀의 정상체결 여부를 확인하여야 하며, 자동으로 안전핀을 고정하는 자동 퀵커플러 부착 장비 사용 시에는 안전장치에 대한 정상작동 여부를 확인하여 선택 작업장치의 탈락에 의한 안전사고를 방지하여야 한다. 관리감독자는 퀵커플러 안전핀 체결여부를 보다 쉽게 확인할 수 있도록, 안전핀을 표식(색깔, 리본매듭 등)하는 등 조치하여야 한다.

(8) 운전자는 장비의 안전운행과 사고방지를 위하여, 굴착기와 관련된 작업을 수행 시 다음 사항을 준수하여야 한다.
　① 관리감독자의 지시와 작업 절차서에 따라 작업할 것
　② 현장에서 실시하는 안전교육에 참여할 것
　③ 작업장의 내부규정과 작업 내 안전에 관한 수칙을 준수할 것

5 작업 중 준수사항

(1) 운전자는 제조사가 제공하는 장비 매뉴얼(특히, 유압제어장치 및 운행방법 등)을 숙지하고 이를 준수하여야 한다.

(2) 운전자는 장비의 운행경로, 지형, 지반상태, 경사도(무한궤도 100분의 30) 등을 확인한 다음 안전운행을 하여야 한다.

(3) 운전자는 굴착기 작업 중 굴착기 작업반경 내에 근로자의 유무를 확인하며 작업하여야 한다. 또한 관리감독자는 굴착기 붐·암·버킷 등의 선회로 위험을 미칠 우려가 있는 장소에는 관계 근로자 외 출입금지 조치를 하여야 한다.

(4) 운전자는 조종 및 제어장치의 기능을 확인하고, 급작스러운 작동은 금지하여야 한다.

(5) 운전자가 작업 중 시야 확보에 문제가 발생하는 경우에는 유도자의 신호에 따라 작업을 진행하여야 한다.

(6) 운전자는 굴착기 작업 중에 고장 등 이상 발생 시 작업 위치에서 안전한 장소로 이동하여야 한다.

(7) 운전자는 경사진 길에서의 굴착기 이동은 저속으로 운행하여야 한다.

(8) 운전자는 경사진 장소에서 작업하는 동안에는 굴착기의 미끄럼 방지를 위하여 블레이드를 비탈길 하부 방향에 위치시켜야 한다.

(9) 운전자는 경사진 장소에서 굴착기의 전도와 전락을 예방하기 위하여 붐의 급격한 선회를 금지하여야 한다.

(10) 운전자는 좌석 안전띠를 착용하고 작업하여야 한다.

⑪ 운전자는 다음과 같은 불안전한 행동이나 작업은 금지하여야 한다.

　① 엔진을 가동한 상태에서 운전석 이탈을 금지할 것

　② 선택 작업장치를 올린 상태에서 정차를 금지할 것

　③ 버킷으로 지반을 밀면서 주행하는 것을 금지할 것

　④ 경사진 길이나 도랑의 비탈진 장소나 근처에 굴착기의 주차를 금지할 것

　⑤ 도랑과 장애물을 횡단 시 굴착기를 이동시키기 위하여 버킷의 지지대로의 사용을 금지할 것

　⑥ 시트파일을 지반에 박거나 뽑기 위해 굴착기의 버킷 사용을 금지할 것

　⑦ 경사지를 이동하는 동안 굴착기 붐의 회전을 금지할 것

　⑧ 파이프, 목재, 널빤지와 같이 버킷에 안전하게 실을 수 없는 화물이나 재료를 운반하거나 이동하기 위한 굴착기의 버킷 사용을 금지할 것

⑫ 운전자는 굴착·상차 및 파쇄, 정지작업 외 견인·인양·운반작업 등 목적 외 사용을 금지하여야 한다.

⑬ 운전자는 작업 중 지하매설물(전선관, 가스관, 통신관, 상·하수관 등)과 지상 장애물이 발견되면 즉시 장비를 정지하고 관리감독자에게 보고한 다음 작업지시에 따라 작업하여야 한다.

⑭ 운전자는 굴착기에서 비정상 작동이나 문제점이 발견되면, 작동을 멈추고 즉시 관리감독자에게 보고하며, "사용중지" 등의 표지를 굴착기에 부착하고 안전을 확인한 다음 작업하여야 한다.

⑮ 굴착기를 사용하여 인양작업을 하는 경우에는 다음의 사항을 준수하여야 한다.

　① 굴착기 제조사에서 정한 작업설명서에 따라 인양할 것

　② 사람을 지정하여 인양작업을 신호하게 할 것

　③ 인양물과 근로자가 접촉할 우려가 있는 장소에 근로자의 출입을 금지시킬 것

　④ 지반의 침하 우려가 없고 평평한 장소에서 작업할 것

　⑤ 인양대상 화물의 무게는 정격하중을 넘지 않을 것

6 작업 종료 시 준수사항

(1) 운전자는 굴착기를 주차할 때 통행의 장애 및 다른 현장 활동에 지장이 없는 평탄한 장소에 해야 하며, 불가피하게 경사지에 주차할 경우에는 구름방지 조치 등 굴착기가 넘어지거나 굴러떨어짐으로써 근로자가 위험해질 우려가 없도록 하여야 한다.

(2) 운전자는 굴착기를 정지시키기 전에 굴착기의 선택 작업장치를 안전한 지반에 내려놓아야 한다.

(3) 운전자는 굴착기의 엔진을 정지하고, 주차브레이크를 밟은 다음 엔진전환키를 제거하고, 창문과 문을 닫아 잠근 다음 운전석을 이탈하여야 한다.

(4) 운전자는 굴착기 안전점검 체크리스트를 활용하여 일일점검과 예방정비를 철저히 하여야 한다.

7 인양작업 시의 조치(안전보건규칙 제221의5)

(1) 사업주는 다음의 내용을 모두 충족하는 경우, 굴착기를 사용하여 화물의 인양작업을 할 수 있다.

① 굴착기의 퀵커플러 또는 작업장치에 달기구(훅, 걸쇠 등)가 부착되어 있는 등 인양작업이 가능하도록 제작된 기계일 것

② 제조사에서 정한 정격하중이 확인되는 굴착기를 사용할 것

③ 달기구에 해지장치가 사용되는 등 인양물의 낙하 우려가 없는 것

(2) 사업주는 굴착기를 사용하여 인양작업을 하는 경우에는 다음의 사항을 준수하여야 한다.

① 제조사에서 정한 작업설명서에 따라 인양할 것

② 사람을 지정하여 인양작업을 신호하게 할 것

③ 인양물과 근로자가 접촉할 우려가 있는 장소에 근로자의 출입을 금지시킬 것

④ 지반의 침하 우려가 없고 평평한 장소에서 작업할 것

⑤ 인양대상 화물의 무게는 정격하중을 넘지 않을 것

⑥ 사용하는 와이어로프 등 달기구의 사용에 관해서는 관련 규정을 준용할 것. 이 경우 "양중기" 또는 "크레인"은 "굴착기"로 본다.

8 굴착기 인양작업 허용(2022년 10월 18일 시행)

인양작업이 가능하도록 제작된 기계로서 정격하중이 확인되고, 해지장치가 사용되는 등 인양물의 낙하 우려가 없는 경우 굴착기를 사용하여 화물의 인양이 가능하다.

9 신설 안전기준(2023년 7월 1일 시행)

(1) 작업 전 후사경 및 후방영상표시장치 등의 부착·작동상태를 확인한다.

(2) 버킷, 브레이커 등 작업장치 이탈방지용 잠금장치를 체결한다.

(3) 운전원 안전띠 착용을 의무화한다.

부딪힘, 맞음, 깔림, 뒤집힘 등에 의한 사망사고 예방

10 결론

굴착기는 그간 건설현장에서 양중작업이 수시로 이루어지는 실정이었으나, 관리기준이 명확하지 않아 관련 재해가 끊임없이 발생되었다. 따라서 최근 개정된 안전보건규칙에서 인양작업의 사용이 양성화됨에 따라 관련 재해를 저감하기 위해 일선 현장에서는 관리기준이 철저히 준수되도록 지도점검에 만전을 기해야 할 것이다.

···08 트럭 사용 작업장의 재해방지대책

1 개요

트럭 사용 현장의 재해예방을 위해서 관리감독자가 책임보험 가입 및 운전자 자격 여부를 확인하는 것이 선행되어야 하며, 장비의 종류 및 성능, 운행경로, 작업방법, 안전 점검사항 등 안전작업계획을 수립하고 적재함 및 구조 변경 부위 유무를 확인한다. 특히, 건설현장 내 운전자는 보호장비를 의무적으로 착용해야 한다.

2 주요 재해유형

(1) 후진 중 근로자에 치임
(2) 주행 중 근로자 또는 다른 차량과 추돌
(3) 적재함 자재 상하차 중 자재와의 충돌로 추락
(4) 주정차 중 브레이크 오작동으로 충돌
(5) 굴착 단부 및 경사지 운전 시 전도

3 작업 전 점검사항

(1) 안전장치 부착상태 및 작동 유무

① 안전블록, 안전지주 급강하 방지장치
② 후방경보장치 또는 후방카메라

(2) 주정차 시 시동을 끄거나 브레이크 체결

경사면에 고임목 설치

(3) 운전자 자격 및 안전교육 실시

(4) 타이어 손상 및 마모상태 점검

(5) 작업계획 및 대책 수립

① 제원
② 작업능력
③ 작업범위 등

④ 작업 전 점검항목별 내용

(1) 운전자격
① 덤프트럭 : 1종대형면허, 건설기계조종사면허
② 화물자동차 : 12톤 이상은 1종대형면허 , 12톤 미만은 1종보통면허

(2) 안전장치 설치 및 사용 상태
① 후진경보장치 및 후방카메라 작동상태
② 적재함 불시 하강 방지용 안전블록 설치상태
③ 전조등 및 후미등 점등상태

(3) 화물적재 및 운행 안전성
① 유압장치, 조작장치 등 주요 구조부 상태
② 제동장치 작동상태
③ 타이어 손상 및 마모 상태
④ 운전자 시야확보(전면 유리 상태, 후사경 설치상태)

(4) 안전작업 준수사항
① 주정차 시 브레이크 체결
② 현장 내 제한속도 표시 및 준수
③ 안전벨트 착용
④ 주행 중 충돌, 끼임 예방대책을 포함한 작업계획서 작성
⑤ 수리, 점검항목 등의 이력 기록, 관리상태 기록

⑤ 차량계 건설기계를 사용하여 작업하는 경우의 작업계획서

(1) 작성주기 : 작업시작 전
(2) 작성주체 : 공사 사업주
(3) 서류의 보존기간 : 3년
(4) 작성내용
① 작업위치 ② 장비위치
③ 작업반경 ④ 출입통제범위
⑤ 작업방법 ⑥ 지장물 위치
⑦ 건설기계의 종류 및 성능 ⑧ 운행경로

(5) 작업 전 점검사항
① 신호장구 지급 ② 전도, 전락방지조치
③ 작업장소 지반조건 ④ 유도자 배치
⑤ 장비 사전점검 ⑥ 위험, 경고, 안내표지판 설치

··· 09 고소작업대

▮ 개요

고소작업대는 제작사 및 장비마다 다소 차이가 있으므로 이에 대한 차이점의 이해가 선행되어야 하며, 사업장에서 사용하는 장비에 대해서는 반드시 작업 전 제작사의 사용 설명서를 통한 기본원리와 사용방법, 주의사항, 주요 점검사항 등을 확인한 후 작업에 임해야 한다.

▮ 고소작업대의 종류

(1) 차량탑재형 고소작업대

차량탑재형은 화물자동차에 지브로 작업대를 연결한 형태로서 주행 제어장치가 차량(본체)의 운전석 안에 있는 고소작업대이다.

(2) 시저형 고소작업대

작업대가 시저 장치에 의해서 수직으로 승강하는 형태이다.

(3) 자주식 고소작업대

작업대를 연결하는 지브가 굴절되는 형태이다.

▮ 안전장치

(1) 풋스위치

작업대의 바닥 등에 작동발판을 설치하여 비상시 작업자가 발을 떼면 작동이 멈추어 고소작업대의 전복 및 근로자의 협착 등을 예방하기 위한 장치이며, 풋 페달의 고정여부 및 연결하는 케이블 파손 여부를 확인하여야 한다.

(2) 상승이동방지장치(주행차단장치)

작업대의 운반위치에서 작업대가 벗어나면 상승을 방지하는 장치이며, 시저 사이에 주행(상승) 차단 센서의 부착상태를 확인하여야 한다.

(3) 비상안전장치(수동하강밸브)

정전 시 또는 비상배터리 방전 등의 비상시에 작업대를 수동으로 하강시킬 수 있는 장치이며 작동상태의 점검 및 작동설명서를 부착하여야 한다.

(4) 과상승방지대

고소작업대에 과상승 방지 센서를 부착하여 과상승 방지 센서가 상부 구조물에 접촉 시 장비의 상승 작동을 멈추게 하는 장치이며, 오동작 등의 예방을 위하여 센서의 설치 위치 및 높이와 작동 이상 유무 등을 확인하여야 한다.

(5) 비상정지장치

각 제어반 및 비상정지를 필요로 하는 위치에 설치하고 비상시에 작동하여 고소작업대를 정지 시키는 장치이며, 작동상태를 확인하여야 한다.

(6) 과부하방지장치

정격하중을 초과하면 고정 위치로부터 작업대가 움직이지 못하도록 하는 장치이며, 작동상태 를 확인하여야 한다.

(7) 아우트리거

전도 사고를 방지하기 위하여 장비의 측면에 부착하여 전도 모멘트를 효과적으로 지탱할 수 있 도록 한 장치를 말한다.

4 작업 전 점검사항

(1) 작업지휘자를 지정하여 작업계획에 따른 작업을 지휘하도록 하여야 한다.
(2) 고소작업대 작업 전에 근로자에게 작업계획, 안전수칙 등에 대하여 안전교육을 실시하여야 한다.
(3) 와이어로프 손실 및 구조의 임의 개조 여부를 학인하고, 안전장치의 설치 및 작동상태를 확인 하여야 한다.
(4) 고소작업대의 전도를 방지하기 위하여 수평도를 확인하고, 아우트리거를 설치한 위치의 지반 상태를 점검하여야 한다.
(5) 고소작업대 작업 시 안전한 작업을 위한 작업장 내 적정 조도(75lux 이상)를 유지하여야 한다.
(6) 조작스위치의 오작동을 방지하기 위하여 오조작 방지용 안전커버를 설치하여야 한다.
(7) 작업대의 모든 측면은 물체나 사람이 낙하 또는 추락하지 않도록 난간의 설치상태를 확인하여 야 한다.
(8) 고소작업대를 바닥면 단부에 설치 시 난간 설치 상태를 확인하고, 감시자를 배치하여야 한다.
(9) 충전전로의 인근에서 작업 시에는 산업안전보건기준에 관한 규칙 제322조의 충전전로 인근 에서 차량·기계장치 작업을 준수하여 설치하였는지를 확인하여야 한다.

5 작업 중 안전수칙

(1) 근로자가 임의로 안전장치를 제거하거나 기능 해제를 하여서는 안 된다.

(2) 작업대 위에서 작업 중에 근로자는 안전모, 안전대 등 보호구를 착용하여야 하며, 안전대 부착 설비는 작업대 이외의 곳에 설치하여야 하다.

(3) 고소작업대의 계획된 작업반경 및 정격하중을 준수하여 작업을 하여야 한다.

(4) 연약지반에 고소작업대를 설치할 때는 전도를 방지하기 위하여 충분한 지지력을 확보하고 아 우트리거는 타이어가 지면에서 뜨도록 설치하여야 한다.

(5) 고소작업대가 수직 상승한 상태에서 작업대 측면에 케이블 등의 중량물을 매달아 편하중이 발 생하지 않도록 하여야 한다.

(6) 경사지에서 작업 시에는 차량 앞면이 경사면 아래를 향하도록 하고, 바퀴에 고임목을 설치하 여야 한다.

(7) 고소작업대를 인양 또는 양중용으로 사용하는 등 목적 이외의 사용을 금지하여야 한다.

(8) 비, 눈, 그 밖의 기상상태의 불안정으로 날씨가 몹시 나쁜 경우에는 산업안전보건기준에 관한 규 칙 제383조 철골작업 중지 또는 제37조 악천후 및 강풍 시 작업 중지 기준을 준용하여야 한다.

(9) 추락재해 예방을 위하여 작업대 상부 난간 위에 올라서서 작업하지 않아야 한다.

(10) 작업 중에 작업대의 난간대 해체를 금지하고, 탑승 후에 출입문을 고정하여야 한다.

(11) 고소작업대에서 용접 작업 시 하부에 화재감시자를 배치하고, 소화기 등을 비치하여야 한다.

(12) 충전전로의 인근 작업 시 산업안전보건기준에 관한 규칙 제322조의 충전전로 인근에서 차량·기계장치 작업을 준수하고, 신호수를 배치하여 고압선에 접촉하지 않도록 하여야 한다.

(13) 고소작업대의 이동 시 다음 사항을 준수하여야 한다.

① 작업대를 가장 낮게 하강하여 이동하여야 한다.

② 작업대를 상승시킨 상태에서 작업자를 태우고 이동을 금지하여야 한다.

③ 이동 중 전도 등의 위험방지를 위하여 유도자를 배치하고, 이동 통로의 요철상태 및 장애물 을 확인하여야 한다.

(14) 그 밖의 안전점검내용은 KOSHA GUIDE M-86-2011(고소작업차 안전운전에 관한 기술 지침)을 따른다.

6 작업 종료 시 안전수칙

(1) 기동 스위치는 뽑아서 작업책임자가 보관하고 관리하여야 한다.

(2) 비탈면은 고임목을 설치하고, 주차브레이크를 확실히 제동하여야 한다.

(3) 작업대 내에 자재 또는 기타 공구의 적재를 금지하여야 한다.

··· 10 지게차

1 개요

지게차 사용 현장의 재해 예방을 위해서는 전조등 및 후미등, 헤드가드 등에 대한 방호장치 설치 의무규정의 준수는 물론 법적 방호장치 이외에도 안전한 사용을 위한 사업주의 지속적인 관심과 관리감독자의 안전작업 의지가 필요하다.

2 특성

(1) 포크가 2.5~5m 정도(3m의 것이 대부분임)로 상승·하강할 수 있다.

(2) 일반적으로 전륜구동, 후륜조향 방식이다.

(3) 저속주행용(최고속도 : 15~20km/h 정도)이다.

(4) 각 장치가 콤팩트하게 통합되고, 선회반경이 작다(최소 회전반경 : 1,800~2,750mm 정도).

(5) 휠베이스가 짧아 좁은 장소에서 작업이 가능하다.

(6) 화물이 차체의 앞부분에 적재되므로 차체의 뒷부분에 밸런스 웨이트가 있어 차체 중량이 무겁다. 특히, 지게차는 운반물을 포크에 적재하고 주행하므로 차량의 앞뒤의 안정도가 매우 중요한 성능의 지표가 된다. 그러므로 안정도의 표시는 보통 마스트를 수직으로 한 상태에서 앞차축에 생기는 차체의 무게에 의한 모멘트와 적재물에 의한 역방향 모멘트의 비로서 일반적으로 1.3~1.5 정도이다.

3 지게차 방호장치

지게차 사용에 따른 재해를 예방하기 위해 산업안전보건법에는 전조등 및 후미등, 낙하물 보호구조 등에 방호장치 설치를 의무화하였으며, 법적 방호장치 외에도 현재 지게차의 안전한 사용을 위한 안전장치가 지속적으로 개발·적용되고 있다.

(1) 법적 방호장치

① 전조등 및 후미등(산업안전보건기준에 관한 규칙 제179조)

지게차는 야간작업 시 등에 지게차 전, 후방의 조명을 확보하여 안전한 작업이 이루어지도록 전조등 및 후미등을 갖추어야 한다. 다만, 안전한 작업수행을 위하여 필요한 조명이 확보되어 있는 장소에서 사용하는 경우에는 그러하지 아니하다.

② 헤드가드(산업안전보건기준에 관한 규칙 제180조)

헤드가드(Head Guard)는 시계차를 사용한 화물운반 시 운전자 위쪽으로부터 화물의 낙하에 의한 운전자의 위험방지를 위해 머리 위에 설치하는 덮개를 말하며, 운전자 머리에 화물이 낙하하더라도 안전하고 견고하여야 하고 운전자의 운전조작 등 작업에 지장이 없는 구조로 설치하여야 한다.

(2) 헤드가드 설치요건

① 강도는 지게차 최대하중의 2배 값(4톤을 넘는 값에 대해서는 4톤으로 함)의 등분포정하중에 견딜 수 있을 것

② 상부 틀의 각 개구부의 폭 또는 길이가 16센티미터 미만일 것

③ 운전자가 앉아서 조작하는 방식의 지게차의 경우에는 운전자의 좌석 윗면에서 헤드가드의 상부틀 아랫면까지의 높이가 1미터 이상일 것

④ 운전자가 서서 조작하는 방식의 지게차의 경우에는 운전자의 바닥면에서 헤드가드의 상부틀 하면까지의 높이가 2미터 이상일 것

(3) 백레스트

백레스트(Backrest)는 지게차로 화물 또는 부재 등이 적재된 팔레트를 싣거나 이동하기 위하여 마스트를 뒤로 기울일 때 화물이 마스트 방향으로 떨어지는 것을 방지하기 위한 짐받이틀을 말한다. 마스트를 뒤로 기울이는 기구가 없는 지게차의 경우는 백레스트를 구비하지 않아도 지장은 없지만 되도록 구비하는 것이 바람직하다.

(4) 좌석 안전띠

앉아서 조작하는 방식의 지게차에 대해서는 지게차 전복 시 등에 근로자가 운전석으로부터 이탈하여 발생될 수 있는 재해를 예방하기 위해 안전띠를 설치하고 운전 시에는 반드시 착용토록 하여야 한다.

4 추가적인 안전조치

(1) 주행 연동 안전벨트

지게차의 전·후진 레버의 접점과 안전벨트를 연결하여 안전벨트 착용 시에만 전·후진할 수 있도록 인터록 시스템을 구축하여 전도·충돌 시 운전자가 운전석에서 튕겨 나가는 것을 방지한다.

(2) 후방 접근 경보장치

지게차 후진 시 뒷면 근로자의 통행 또는 물체와 충돌로 빈번히 발생되는 재해를 방지하기 위해 후방 접근 상태를 감지할 수 있는 접근 경보장치를 설치한다.

(3) 대형 후사경 및 룸미러

소형 후사경(165W × 255L : 평면)은 지게차 뒷면 확인이 곤란하여, 후진 시 지게차 후면에 근로자의 통행 또는 물체와의 충돌로 인한 재해를 예방하기 위해 대형 후사경을 설치한다. 대형 후사경을 부착하여도 지게차 뒷면에 사각지역이 발생하므로 이에 대한 해소를 위해 룸미러를 설치한다.

(4) 포크 위치 표시

포크를 높이 올린 상태에서 주행함으로써 발생하는 지게차의 전도나, 화물이 떨어져 발생하는 사고를 방지하기 위해 바닥으로부터 포크의 위치를 운전자가 쉽게 알 수 있도록 마스트와 포크 후면에 경고표지를 부착한다. 표지는 바닥으로부터 포크의 이격거리가 10~30cm인 위치의 마스트와 백레스트가 상호 일치되도록 도색 또는 색상 테이프를 부착한다.

(5) 지게차 식별을 위한 형광테이프/경광등 부착

조명이 어두운 작업장에서 지게차의 위치와 움직임 등이 식별 가능하도록 경광등을 부착하거나 형광테이프 등을 지게차 주변에 부착한다. 포크, 마스트, 지게차 후면, 바퀴 등 위험 부위에 형광테이프 부착 또는 도색을 실시한다.

(6) 주행 경고음

지게차의 주행 또는 후진 시 주변 작업자에게 지게차의 위치를 알리고 부딪힘 사고를 방지하기 위해 경고메시지 또는 경고음을 발생시킨다.

(7) 포크 받침대

지게차의 수리 및 점검 시 포크의 불시 하강에 의한 위험을 방지하기 위하여 받침대(안전블록 역할)를 설치한다.

(8) 전·후방 카메라

지게차 전방의 마스트 또는 화물, 지게차 후방의 시야 확보를 위해 (유·무선) 전·후방 카메라를 설치한다.

(9) 측후방 라인빔

지게차의 위치를 빔으로 바닥에 표시해줌으로써 보행자에게 지게차의 위치 및 동선을 인지시킬 수 있다.

(10) Safety Light(전방)

지게차의 동선을 지게차의 전방 약 1m 앞에 빔으로 표시해줌으로써 보행자가 지게차 동선을 사전에 인지할 수 있다.

(11) 카운터웨이트 자석

카운터웨이트 하단에 자석을 붙여 운행 중 노면에 있는 볼트류 등 쇠붙이를 제거하여타이어 펑크를 방지한다.

(12) 경사로 밀림 방지

경사로에서 브레이크를 밟지 않고도 5초간 자동 정지로 안진주행을 확보힐 수 있다.

5 헤드가드의 구비조건

(1) 강도는 지게차 최대하중의 2배의 값(4톤을 넘는 값에 대해서는 4톤으로 한다.)의 등분포정하중에 견딜 수 있을 것

(2) 상부틀의 각 개구의 폭 또는 길이가 16cm 미만일 것

(3) 운전자가 앉아서 조작하는 방식의 지게차의 경우에는 운전자 좌석의 윗면에서 헤드가드의 상부틀 아랫면까지의 높이가 1m 이상일 것

(4) 운전자가 서서 조작하는 방식의 지게차는 운전석의 바닥면에서 헤드가드의 상부틀의 하면까지의 높이가 2m 이상일 것

6 마스트 경사각

(1) **전경각** : 마스트 수직 위치에서 앞으로 기울인 경우의 최대경사각 5~6°

(2) **후경각** : 마스트 수직 위치에서 뒤로 기울인 경우의 최대경사각 10~12°

7 안정도

전후 안정도	좌우 안정도
① 기준 부하 상태에서 포크를 최고로 올린 상태 • 최대하중 5톤 미만 구배 : 4 • 최대하중 5톤 이상 구배 : 3.5 ② 주행 시 기준 무부하 상태 구배 : 18	① 기준 부하 상태에서 포크를 최고로 올리고 마스트를 최대로 기울인 상태의 구배 : 6 ② 주행 시 기준 무부하 상태 구배 : $15+1.1V$ (V : 최고속도)

8 안정조건

(1) 지게차는 다음 그림과 같이 최대하중 이하로 적재

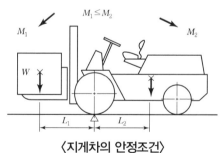

〈지게차의 안정조건〉

$$M_1 < M_2$$
화물의 모멘트 $M_1 = W \times L_1$, 지게차의 모멘트 $M_2 = G \times L_2$

여기서, W : 화물 중심에서의 화물의 중량, G : 지게차 중심에서의 지게차 중량
L_1 : 앞바퀴에서 화물 중심까지의 최단거리
L_2 : 앞바퀴에서 지게차 중심까지의 최단거리

(2) 지게차의 전후·좌우 안정도 기준

안정도	지게차의 상태	
	옆에서 본 경우	위에서 본 경우
하역작업 시의 전후 안정도 : 4% (5톤 이상은 3.5%)		
주행 시의 전후 안정도 : 18%		
하역작업 시의 좌우 안정도 : 6%		
주행 시의 좌우 안정도 : $(15+1.1V)\%$ V는 최고 속도(km/h)		

안정도 $= \dfrac{h}{l} \times 100(\%)$

전도구배 h/l

⑨ 안전기준

(1) 후사경·후방영상표시장치 작업 전 부착·작동상태 확인
(2) 버킷 등 작업장치 이탈방지용 잠금장치 체결
(3) 좌석 안전띠 착용 의무화 규정 신설

⑩ 결론

지게차 사용현장의 최근 재해 발생 사례를 살펴보면 중량물 밀림 가능성에 대비하지 않은 자재 납품 시 결속 미실시 및 지게차 작업 시 밀림 인지 미흡과 재해자의 안전모 미착용 및 부주의한 행동(현장의 신호수 통제에 따르지 않음) 등 기본적인 안전수칙을 무시한 작업으로 인해 재해가 발생하는 경우가 많으므로, 향후 유사 재해가 발생하지 않도록 철저한 대비가 이루어져야 할 것이다.

··· 11 이동식 크레인

① 개요

국내 건설현장은 고임금과 인력수급 문제, 구조물의 고층화 및 대형화 등의 영향으로 건설인력 대비 건설장비에 의한 시공비율이 급증하고 있으며, 발주자 및 원청 건설사의 건설기계에 대한 안전관리 무관심과 안전수칙 미준수, 임대 업체의 안전관리 부재, 다단계 하청과 저가 임대계약에 따른 부실관리 등 구조적이고 근본적인 문제점에 대한 대책이 요구된다.

② 이동식 크레인의 종류

(1) 트럭 크레인(Truck Crane)

하부 주행체의 주행부에 타이어를 사용한 자주식 크레인이며, 하부 주행체 및 상부 선회체에 각각 운전석을 가지고 있다.

(2) 크롤러 크레인(Crawler Crane)

하부 주행체의 주행부에 무한궤도 벨트를 사용한 자주식 크레인이며, 인양효율이 좋아 대규모 현장에서 많이 사용된다.

(3) 트럭 탑재형(Cargo Crane)

카고 트럭 화물적재함에 소형 크레인을 설치한 것으로서 화물의 적재, 하역, 운송이 가능한 크레인이다.

(4) 험지형 크레인(R/T Crane : Rough Terrain Crane)

주행과 크레인 작업이 한 개의 운전실에서 수행되며, 선회반경이 매우 작아서 협소 공간 및 지형이 험한 곳의 작업에 매우 용이하다.

(5) 전지형 크레인(A/T Crane : All Terrain Crane)

트럭 크레인의 고속주행성과 험지형 크레인의 작은 회전반경의 장점을 취합한 크레인으로서 작업성이 우수하며 모든 차축이 자유롭게 조향 가능한 것이 특징이다.

③ 이동식 크레인 설치 시 준수사항

(1) 이동식 크레인의 진입로를 확보하고, 작업장소 지반(바닥)의 지지력을 확인하여야 한다.

(2) 작업장에는 장애물을 확인하고 관계자 외의 출입을 통제하여야 한다.

(3) 충전전로의 인근에서 작업 시에는 산업안전보건기준에 관한 규칙 제322조의 충전전로 인근에서 차량·기계장치 작업을 준수하여 설치하여야 한다.

(4) 아우트리거 설치 시 지지력을 확인한 견고한 바닥에 설치하여야 하고, 미끄럼 방지나 보강이 필요한 경우 받침이나 매트 등의 위에 설치하여야 한다.

(5) 절토 및 성토 선단부 등 토사 붕괴에 위험이 있는 장소에는 이동식 크레인의 거치를 금지하여야 한다.

(6) 이동식 크레인의 수평 균형을 확인하여 거치하여야 한다.

(7) 인양물의 무게를 정확히 파악하여 이동식 크레인의 정격하중을 준수하고, 수직으로 인양하여야 한다.

(8) 이동식 크레인 조립 및 해체, 수리 시에는 다음 사항을 준수하여야 한다.

① 충분한 공간을 확보하고, 견고한 지반에서 조립하여야 한다.

② 크레인은 스윙이 되지 않도록 시동을 정지하고 고정 상태를 유지하여야 한다.

③ 이동식 크레인의 제작사에서 제공하는 매뉴얼의 작업방법과 기준을 준수하여 조립 및 해체 작업을 하여야 한다.

④ 지브의 상부핀은 조립 시에는 먼저 설치하고 해체 시에는 나중에 제거하는 등 핀의 설치 및 제거 순서를 준수하여야 한다.

⑤ 지브 등을 수리할 경우에는 제작사의 기준에 적합하여야 하며, 주 부재는 제작사의 승인 없이 용접하지 않아야 한다.

⑥ 지브 등을 수리 및 용접은 유자격자가 실시해야 하며, 용접 작업 시에는 용접 불티 비산 방지 조치 및 소화기 비치 등 화재를 예방하여야 한다.

⑦ 전동기계·기구 사용 작업 시에는 접지가 되어 있는 분전반에서 누전차단기를 통하여 전원을 인출하여야 한다.

⑧ 지브 등의 하부에 들어가서 작업할 때는 안전블록 등 안전조치를 하고 작업하여야 한다.

⑨ 장비 수리 등을 위한 고소 작업 시 안전대를 착용하여야 한다.

⑩ 작업 장소에 안전 펜스, 출입금지 표지판을 설치하는 등의 작업반경 내에 관계자 외의 출입을 통제하는 조치를 하여야 한다.

④ 작업 전 확인사항

(1) 이동식 크레인 작업 전에 다음과 같은 사항을 준수하여야 한다.

    ① 이동식 크레인의 지브, 훅 블록 및 도르래, 아우트리거, 차체 등 주요부를 점검하고 이상 발견 시 수리 또는 교체 등의 조치를 하여야 한다.

    ② 충격하중은 이동식 크레인의 전도사고로 이어질 수 있으므로 작업 계획을 사전에 검토하여 충격하중의 발생을 예방하여야 한다.

    ③ 이동식 크레인을 이용한 인양작업 시 화물을 수직으로 상승 및 하강하여 이동식 크레인의 사용 기준을 벗어난 수평하중이 작용하지 않도록 하여야 한다.

    ④ 인양작업 시 인양반경을 최소화하여 전도 및 낙하 등에 의한 재해를 예방하여야 한다.

    ⑤ 풍속을 측정하여 확인하고, 풍속이 초당 10미터 이상인 경우 작업을 중지하여야 한다.

(2) 크레인의 수평도를 확인하고, 아우트리거를 설치할 위치의 지반 상태를 점검하여야 한다.

(3) 작업 시작 전에 권과방지장치나 경보장치, 브레이크, 클러치 및 조정장치, 와이어로프가 통하고 있는 곳의 상태 등을 점검하여야 한다.

(4) 길이가 긴 인양물을 수평에서 수직으로 세울 필요가 있는 경우에는 인양반경 증가에 따른 크레인 인양능력을 사전에 검토하여야 한다.

(5) 작업장소 주변의 인양작업에 간섭될 수 있는 장애물 여부를 점검하여야 한다.

(6) 크레인 인양작업 시 신호수를 배치하여야 하며, 운전원과 신호수가 상호 신호를 확인할 수 있는 장소에서 작업을 하여야 한다.

(7) 이동식 크레인의 정격하중과 인양물의 중량을 확인하여야 한다.

(8) 이동식 크레인 작업반경 내에 관계자 외의 출입 통제 조치를 확인하여야 한다.

(9) 카고 크레인에 버킷을 연결하여 사용할 경우 작업 전에 주요 부재의 볼트 체결부 및 용접부를 점검 후에 작업하여야 한다.

(10) 크레인의 안전점검 사항은 건설기계 안전보건작업지침을 따른다.

⑤ 작업 중 안전수칙

(1) 훅 해지장치를 사용하여 인양물이 훅에서 이탈하는 것을 방지하여야 한다.

(2) 크레인의 인양작업 시 전도 방지를 위하여 아우트리거 설치 상태를 점검하여야 한다.

(3) 이동식 크레인 제작사의 사용기준에서 제시하는 지브의 각도에 따른 정격하중을 준수하여야 한다.

(4) 인양물의 무게중심, 주변 장애물 등을 점검하여야 한다.

(5) 슬링(와이어로프, 섬유벨트 등), 훅 및 해지장치, 샤클 등의 상태를 수시 점검하여야 한다.

(6) 권과방지장치, 과부하방지장치 등의 방호장치를 수시 점검하여야 한다.

(7) 인양물의 형상, 무게, 특성에 따른 안전조치와 줄걸이 와이어로프의 매단 각도는 60° 이내로 하여야 한다.

(8) 이동식 크레인 인양작업 시 신호수를 배치하여야 하며, 운전원은 신호수의 신호에 따라 인양 작업을 수행하여야 한다.

(9) 충전전로에 인근 작업 시 붐의 길이만큼 이격하거나 산업안전보건기준에 관한 규칙 제322조의 충전전로 인근에서 차량·기계장치 작업을 준수하고, 신호수를 배치하여 고압선에 접촉하지 않도록 하여야 한다.

(10) 인양물 위에 작업자가 탑승한 채로 이동을 금지하여야 한다.

(11) 카고 크레인 적재함에 승·하강 시에는 부착된 발판을 딛고 천천히 이동하여야 한다.

(12) 이동식 크레인의 제원에 따른 인양작업 반경과 지브의 경사각에 따른 정격하중 이내에서 작업을 시행하여야 한다.

(13) 인양물의 충돌 등을 방지하기 위하여 인양물을 유도하기 위한 보조 로프를 사용하여야 한다.

(14) 긴 자재는 경사지게 인양하지 않고 수평을 유지하여 인양토록 하여야 한다.

(15) 철골 부재를 인양할 경우는 철골공사 안전보건작업지침을 따른다.

(16) 높은 장소에서 기중기 사용 시 KS에 맞게 작업대를 설치하고 사용하도록 한다.

6 조립 및 해체, 수리 시 준수사항

(1) 충분한 공간을 확보하고, 견고한 지반에서 조립하여야 한다.

(2) 크레인은 스윙이 되지 않도록 시동을 정지하고 고정 상태를 유지하여야 한다.

(3) 이동식 크레인의 제작사에서 제공하는 매뉴얼의 작업방법과 기준을 준수하여 조립 및 해체 작업을 하여야 한다.

(4) 지브의 상부핀은 조립 시에는 먼저 설치하고 해체 시에는 나중에 제거하는 등 핀의 설치 및 제거 순서를 준수하여야 한다.

(5) 지브 등을 수리할 경우에는 제작사의 기준에 적합하여야 하며, 주 부재는 제작사의 승인 없이 용접하지 않아야 한다.

(6) 지브 등의 수리 및 용접은 유자격자가 실시해야 하며, 용접 작업 시에는 용접 불티 비산 방지 조치 및 소화기 비치 등 화재를 예방하여야 한다.

(7) 전동기계·기구 사용 작업 시에는 접지가 되어 있는 분전반에서 누전차단기를 통하여 전원을 인출하여야 한다.

(8) 지브 등의 하부에 들어가서 작업할 때는 안전블록 등 안전조치를 하고 작업하여야 한다.

(9) 장비 수리 등을 위한 고소 작업 시 안전대를 착용하여야 한다.

(10) 작업 장소에 안전 펜스, 출입금지 표지판을 설치하는 등의 작업반경 내에 관계자 외의 출입을 통제하는 조치를 하여야 한다.

▨ 운전원의 준수사항

(1) 자기 판단에 의해 조작하지 말고, 신호수의 신호에 따라 작업한다.

(2) 화물을 매단 채 운전석을 이탈하지 말아야 한다.

(3) 작업이 끝나면 동력을 차단시키고, 정지조치를 확실히 해둔다.

(4) 탑승 및 하차할 때 승강계단을 이용해야 한다.

(5) 작업 중 운전석 이탈을 금지해야 한다.

(6) 장비를 떠나야 할 경우 인양물을 지면에 내려놓아야 한다.

▨ 작업 종료 시 안전수칙

(1) 지반이 약한 곳 및 경사지에 주·정차를 금지해야 한다.

(2) 지브의 상태를 안전한 위치에 내려두고, 운전실의 기동장치 및 출입문의 잠금장치를 작동하여야 한다.

(3) 크레인의 작업 종료 시에는 줄걸이 용구를 분리하여 보관하고, 훅은 최대한 감아올려야 한다.

▨ 결론

이동식 크레인은 근래 사용빈도가 급증함에 따라 재해발생건수도 증가되고 있음에 유의하여 설치 시 주의사항과 크레인을 이용한 작업 중 안전수칙, 운전원의 준수사항, 작업 종료 시 안전수칙을 철저히 준수해야 한다.

··· 12 항타기·항발기

1 개요

항타기, 항발기를 사용하는 현장의 사업주는 근로자 위험을 방지하기 위해 작업장의 지형·지반 및 지층 상태 등에 대한 사전조사를 하고, 그 결과를 기록·보존하여야 하며, 그 결과를 반영한 작업계획서를 작성하여야 한다.

2 작업계획서 포함사항

(1) 사업주는 근로자의 위험을 방지하기 위하여 다음의 내용을 포함한 작업계획서를 작성하고 그 계획에 따라 작업을 하도록 하여야 한다.
  ① 사용하는 차량계 건설기계의 종류 및 성능
  ② 차량계 건설기계의 운행경로
  ③ 차량계 건설기계에 의한 작업방법
(2) 사업주는 (1)에 따라 작성한 작업계획서의 내용을 해당 근로자에게 알려야 한다.

3 조립·해체 시 점검사항

(1) 사업주는 항타기 또는 항발기를 조립하거나 해체하는 경우 다음 각 호의 사항을 준수해야 한다.
  ① 항타기 또는 항발기에 사용하는 권상기에 쐐기장치 또는 역회전방지용 브레이크를 부착할 것
  ② 항타기 또는 항발기의 권상기가 들리거나 미끄러지거나 흔들리지 않도록 설치할 것
  ③ 그 밖에 조립·해체에 필요한 사항은 제조사에서 정한 설치·해체 작업 설명서에 따를 것
(2) 사업주는 항타기 또는 항발기를 조립하거나 해체하는 경우 다음 각 호의 사항을 점검해야 한다.
  ① 본체 연결부의 풀림 또는 손상 유무
  ② 권상용 와이어로프·드럼 및 도르래의 부착상태의 이상 유무
  ③ 권상장치의 브레이크 및 쐐기장치 기능의 이상 유무
  ④ 권상기의 설치상태의 이상 유무
  ⑤ 리더(Leader)의 버팀방법 및 고정상태의 이상 유무
  ⑥ 본체·부속장치 및 부속품의 강도가 적합한지 여부
  ⑦ 본체·부속장치 및 부속품에 심한 손상·마모·변형 또는 부식이 있는지 여부

4 작업 시 점검·확인사항

(1) 항타기, 항발기 사용 전에 다음의 점검·확인사항을 체크리스트로 만들어 작업계획서에 포함한다.
   ① 운전자의 엔진 시동 전 점검사항
   ② 운전자의 유자격 및 건강상태
   ③ 설치된 트랩, 사다리 등을 이용한 운전대로의 승강 확인
   ④ 엔진 시동 후 유의사항 확인
   ⑤ 작업일보 작성 비치
   ⑥ 작업일보의 기계이력 기록

(2) 항타기, 항발기 안전장치에 대한 다음의 점검·확인사항을 체크리스트로 만들어 작업계획서에 포함한다.
   ① 전조등
   ② 경보장치
   ③ 헤드가드 등 안전장치

(3) 항타기, 항발기 작업 시에는 다음의 점검·확인사항을 체크리스트로 만들어 작업계획서에 포함한다.
   ① 리더 조립의 적정 여부
   ② 호이스트 와이어로프(Hoist wire rope)의 폐기기준 도달여부 및 적정 설치여부
   ③ 트랙(Track) 폭 확장 여부
   ④ 철판설치 등 지반보강 적정 실시 여부
   ⑤ 드롭해머 고정 홀(Hole) 과다 마모·변형 여부
   ⑥ 권과 방지장치 등 각종 안전장치 적정 설치 및 정상 작동여부

5 이동 시 점검·확인사항

(1) 항타기, 항발기 이동 시에는 다음의 점검·확인사항을 체크리스트로 만들어 작업계획서에 포함한다.
   ① 주행로의 지형, 지반 등에 의한 미끄러질 위험
   ② 이상소음, 누수, 누유 등에 이상이 있는 경우
   ③ 주행속도
   ④ 언덕을 내려올 때
   ⑤ 부하 및 주행속도를 줄이는 경우
   ⑥ 방향 전환 시
   ⑦ 고속선회 또는 암반과 점토 위에서의 급선회 시
   ⑧ 내리막 경사면에서 방향 전환할 때

⑨ 기계 작업범위 내의 근로자 출입

⑩ 주행 중 상부 몸체의 선회

⑪ 기계가 전선 밑을 통과할 경우

⑫ 급하강 시 방향 전환

⑬ 장애물을 넘어갈 때

⑭ 연약지반 통과 시

⑮ 경사면에서 잠시 정지할 때

(2) 항타기, 항발기 작업종료 후 정차 시에는 다음 점검·확인사항을 체크리스트로 만들어 작업계획서에 포함한다.

① 정차장소

② 경사면에 세울 경우

③ 잠금장치

④ 엔진 정지 중

(3) 항타기, 항발기 수송 시에는 다음의 점검·확인사항을 체크리스트로 만들어 작업계획서에 포함한다.

① 기계를 수송할 경우 일반적인 주의사항

② 운반기계에 건설기계를 적재할 경우 주의사항

③ 운반기계에 적재한 후 주의사항

④ 작업장치의 장착 및 취급의 경우 주의사항

⑤ 두 개의 지주 등으로 지지하는 항타기 또는 항발기를 이동시키는 경우에는 이들 각 부위를 당김으로 인하여 항타기 또는 항발기가 넘어지는 것을 방지하기 위하여 반대측에서 윈치로 장력와이어로프를 사용하여 확실히 제동하여야 한다.

6 작업 중 안전조치

(1) 무너짐의 방지

사업주는 동력을 사용하는 항타기 또는 항발기에 대하여 무너짐을 방지하기 위하여 다음 각 호의 사항을 준수하여야 한다.

① 연약한 지반에 설치하는 경우에는 아웃트리거·받침 등 지지구조물의 침하를 방지하기 위하여 깔판·깔목 등을 사용할 것

② 시설 또는 가설물 등에 설치하는 경우에는 그 내력을 확인하고 내력이 부족하면 그 내력을 보강할 것

③ 아웃트리거·받침 등 지지구조물이 미끄러질 우려가 있는 경우에는 말뚝 또는 쐐기 등을 사용하여 해당 지지구조물을 고정시킬 것

④ 궤도 또는 차로 이동하는 항타기 또는 항발기에 대해서는 불시에 이동하는 것을 방지하기 위하여 레일 클램프 및 쐐기 등으로 고정할 것

⑤ 상단 부분은 버팀대·버팀줄로 고정하여 안정시키고, 그 하단 부분은 견고한 버팀·말뚝 또는 철골 등으로 고정시킬 것

(2) 이음매가 있는 권상용 와이어로프의 사용을 금지한다.

(3) 사업주는 항타기 또는 항발기의 권상용 와이어로프의 안전계수가 5 이상이 아니면 이를 사용해서는 아니 된다.

(4) 권상용 와이어로프의 사용 시

사업주는 항타기 또는 항발기에 권상용 와이어로프를 사용하는 경우에 다음 각 호의 사항을 준수해야 한다.

① 권상용 와이어로프는 추 또는 해머가 최저의 위치에 있을 때 또는 널말뚝을 빼내기 시작할 때를 기준으로 권상장치의 드럼에 적어도 2회 감기고 남을 수 있는 충분한 길이일 것

② 권상용 와이어로프는 권상장치의 드럼에 클램프·클립 등을 사용하여 견고하게 고정할 것

③ 권상용 와이어로프에서 추·해머 등과의 연결은 클램프·클립 등을 사용하여 견고하게 할 것

④ 제2호 및 제3호의 클램프·클립 등은 한국산업표준 제품이거나 한국산업표준이 없는 제품의 경우에는 이에 준하는 규격을 갖춘 제품을 사용할 것

(5) 널말뚝 등과의 연결 시

사업주는 항타기의 권상용 와이어로프·도르래 등은 충분한 강도가 있는 샤클·고정철물 등을 사용하여 말뚝·널말뚝 등과 연결하여야 한다.

(6) 도르래 부착 시

① 사업주는 항타기나 항발기에 도르래나 도르래 뭉치를 부착하는 경우에는 부착부가 받는 하중에 의하여 파괴될 우려가 없는 브래킷·샤클 및 와이어로프 등으로 견고하게 부착하여야 한다.

② 사업주는 항타기 또는 항발기의 권상장치의 드럼축과 권상장치로부터 첫 번째 도르래의 축 간의 거리를 권상장치 드럼폭의 15배 이상으로 하여야 한다.

③ 제2항의 도르래는 권상장치의 드럼 중심을 지나야 하며 축과 수직면상에 있어야 한다.

④ 항타기나 항발기의 구조상 권상용 와이어로프가 꼬일 우려가 없는 경우에는 제2항과 제3항을 적용하지 아니한다.

(7) 사용 시 조치

① 사업주는 압축공기를 동력원으로 하는 항타기나 항발기를 사용하는 경우에는 다음 각 호의 사항을 준수하여야 한다.

• 해머의 운동에 의하여 공기호스와 해머의 접속부가 파손되거나 벗겨지는 것을 방지하기 위하여 그 접속부가 아닌 부위를 선정하여 공기호스를 해머에 고정할 것

- 공기를 차단하는 장치를 해머의 운전자가 쉽게 조작할 수 있는 위치에 설치할 것
② 사업주는 항타기나 항발기의 권상장치의 드럼에 권상용 와이어로프가 꼬인 경우에는 와이어로프에 하중을 걸어서는 아니 된다.
③ 사업주는 항타기나 항발기의 권상장치에 하중을 건 상태로 정지하여 두는 경우에는 쐐기장치 또는 역회전방지용 브레이크를 사용하여 제동하는 등 확실하게 정지시켜 두어야 한다.

(8) 말뚝 등을 끌어올릴 경우

① 사업주는 항타기를 사용하여 말뚝 및 널말뚝 등을 끌어올리는 경우에는 그 혹 부분이 드럼 또는 도르래의 바로 아래에 위치하도록 하여 끌어올려야 한다.
② 항타기에 체인블록 등의 장치를 부착하여 말뚝 또는 널말뚝 등을 끌어올리는 경우에는 제1항을 준용한다.

7 결론

항타기·항발기의 조립·해체 시 점검사항과 무너짐의 방지를 위한 조치는 22년 10월 세부적으로 개정이 되었기에 개정사항을 이해하는 것은 항타기·항발기 사용현장의 안전관리를 위한 가장 기본적인 관리기준이 되어야 한다.

··· 13 건설용 Lift

1 개요

건설용 리프트는 제작기준과 안전기준에 적합한 것을 사용해야 하고, 조립 시 순서를 정하고 그 순서에 의해 작업을 실시해야 하며, 안전한 작업이 이루어지도록 충분한 작업공간의 확보와 장애물 제거를 해야 한다.

2 재해발생 원인

(1) 운반구의 추락·과상승·이탈

① 각종 안전장치(낙하방지장치, 비상정지장치, 권과방지장치 등)의 미작동
② 가이드롤러의 마모나 파손으로 인한 운반구의 이탈

(2) 랙·피니언 기어의 파손

① 기어의 접촉 부위에 이물질 존재
② 기어의 마모 및 정격하중 초과(과부하방지장치 미부착)

(3) 마스트의 변형·붕괴

① 마스트 지지대 고정방법 불량 및 고정볼트의 풀림
② 기초의 설치상태 불량

(4) 승강로상에서의 협착·추락

① 지상에 방호울 미설치
② 무인 작동중인 리프트에 탑승 시도
③ 운반구와 탑승장의 이격거리 과다
④ 리프트 출입문 개방 상태로 운전운반

(5) 기타

① 리프트의 운전 미숙
② 신호수와 전담운전수 사이의 신호 불일치
③ 마스트 연결작업중 추락

3 설치, 해체 시 준수사항

(1) 작업을 지휘하는 사람을 선임하여 그 사람의 지휘하에 작업을 실시
(2) 작업을 할 구역에 관계 근로자가 아닌 사람의 출입을 금지하고 그 취지를 보기 쉬운 장소에 표시
(3) 비, 눈, 그 밖에 기상상태의 불안정으로 날씨가 몹시 나쁜 경우에는 그 작업을 중지시킬 것

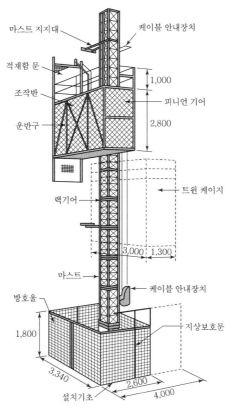

마스트 지지대
케이블 안내장치
적재함 문
조작반
피니언 기어
운반구
1,000
2,800
트윈 케이지
랙기어
3,000 1,300
마스트
케이블 안내장치
방호울
지상보호문
1,800
3,340
2,600
4,000
설치기초

〈건설작업용 리프트의 구조〉

4 작업 시 준수사항

(1) **안전인증** : 적재하중 0.5톤 이상인 리프트를 제조, 설치, 이전하는 경우
(2) **안전검사** : 설치한 날로부터 6개월마다 실시
(3) 안전인증 및 안전검사 기준에 적합하지 않은 리프트는 사용 제한
(4) 작업 시작 전 방호장치 등의 기능 및 정상작동 여부 확인(관리감독자)
(5) 방호장치를 해체하거나 사용 정지 금지
(6) 정격하중 표시 및 적재하중을 초과하여 적재 운행 금지
(7) 순간풍속 35m/s를 초과하는 바람이 불어올 우려가 있는 경우 건설작업용 리프트에 대하여 받침의 수를 증가시키는 등 붕괴 등을 방지하기 위한 조치 실시

5 기타 재해유형에 대한 대책

(1) 운반구 과상승으로 인한 운반구 낙하재해

① 마스트 연결상태 확인 후 작업 실시
② 작업지휘자가 운반구의 과상승 여부를 확인할 수 있는 장소에서 작업을 지휘
③ 긴급상황 시 전원을 차단할 수 있도록 비상정지장치 기능이 있는 펜던트 스위치 사용

(2) **마스트 수평지지대 선해체로 인한 붕괴**

① 수평지지대 설치 간격 준수로 순차적으로 해체

② 제조사 매뉴얼에서 제시하는 기준 준수

6 리프트 안전장치의 종류

(1) **과부하방지장치**

① 운반구에 적재하중보다 1.1배 초과 적재 시 경보음과 동시에 모터가동 중지

② 기계식 또는 로드셀 등을 사용한 전자식 설치

(2) **권과방지장치**

① 리프트가 승강로를 운행하는 동안 과상승·과하강을 방지하는 장치

② 전기식과 기계식이 있음

(3) **낙하방지장치**

① 기계적·전기적 이상으로 운반구가 자유낙하 시 정격속도 1.3배 이상에서 자동적으로 전원을 차단하고 1.4배 이내에서 기계장치의 작동으로 운반구를 정지시켜 주는 장치

② 1.5m~3m 사이에서 동작이 정지되도록 하여야 하며, 3개월마다 낙하시험 실시

(4) **비상정지장치**

① 리프트의 작동 중 비상사태 발생 시 운전자가 리프트의 작동을 중지시키는 장치

② 비상정지장치는 작동스위치보다 2~3배 큰 적색·돌출형 스위치 설치

(5) **안전고리**

① 각종 안전장치에 이상이 발생하여 피니언 기어가 마스트의 랙 기어를 이탈하더라도 운반구가 마스트에서 이탈되지 않도록 하는 안전장치

② 안전고리 조립 볼트, 너트는 고장력강 또는 동등 이상의 재료로 만듦

(6) **완충장치**

① 기계적·전기적 이상으로 운반구가 멈추지 않고 계속 하강 시 운반구의 충격을 완화시켜 주기 위한 최후의 안전장치

② 폐타이어를 이용하는 경우도 있으나 리프트 완충장치용 스프링을 많이 사용

(7) **기타**

① **출입문 연동장치** : 운반구의 출입문이 열린 상태에서 작동하지 못하도록 하는 안전장치

② **전원 차단장치** : 권과방지장치가 정상기능을 발휘 못하거나 리프트의 수리·조정 등 비상 시에 사용하기 위하여 삼상 전원을 차단하기 위한 안전장치

③ **부저** : 운반구의 상하강 시 리프트와 인접한 곳에 접근을 방지하는 안전경고음 장치

7 설치 시 유의사항

(1) 기초
① 기초 콘크리트는 리프트 자중·양중 하중에 충분히 견딜 수 있는 구조로 설치
② 기초 콘크리트 타설 시 완충장치를 설치할 수 있도록 Anchor나 슬리브 처리
③ 기초판의 크기는 가로 3,600×세로 2,200×높이 300(mm) 이상으로 설치
④ 기초 프레임(Frame)은 4개소 이상 고정설치하고 설치 시 수직·수평에 유의
⑤ 바닥 콘크리트는 수평을 유지할 것

(2) 마스트
① 마스트의 수직도는 정확하게 준수하고 연결부분의 볼트나 너트는 부식 없는 것 사용
② 마스트(Mast)의 긴결은 높이 18m 이내마다 최상부는 구조체에 긴결
③ 허용응력 이상의 재료를 사용하여 충분한 강성 확인
④ 사용 중 뒤틀림 발생에 대비한 가새를 설치하고 랙 기어는 마스트에 고정
⑤ 여름철 고온에 의한 열변형에 유의(열변형 방지고리 설치)

(3) 운반구
① Guide Rail 또는 Mast와 균형 유지
② 인화 공용의 경우 출입문이 개방된 상태에서 리프트가 작동해서는 안 됨
③ 운반구 상부에 마스트의 설치·해체 작업 시 안전을 위해 표준안전난간 설치
④ 운반구 상부에 보호용 천장 설치
⑤ 운반구와 슬래브발판 틈은 (탑승장)에서 6cm 이내 유지할 것(단, 힌지 Type은 20cm까지 허용)
⑥ 과부하 방지조치 필요

(4) 방호울
① 승강로 주변 1m 이내에 높이 1.8m 이상의 방호울 설치
② 기성제품 또는 강관 Pipe로 설치
③ 방호문에 시건장치를 설치
④ 안전표지판 설치

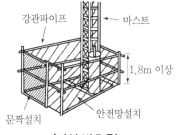

〈가설 방호울〉

8 결론

근래 고층 건축물의 시공이 일반화됨에 따라 건설용 리프트의 사용이 보편화되고 있으므로 이에 대한 안전조치가 매우 중요한 이슈로 부각되고 있다. 따라서 리프트 사용이 필요한 경우 관련 법규에 따른 안전대책의 수립과 준수가 이루어지도록 해야 할 것이다.

··· 14 줄걸이 작업 안전관리

1 개요

줄걸이 작업 시에 의해 화물을 운반하고자 할 때에는 작업절차와 관리기준에 의해 작업계획서를 작성한 후 작업에 임해야 하며, 재해방지를 위해 슬링의 장력과 안전하중, 슬링 폐기기준을 준수하고, 사용 안전기준을 준수하도록 한다.

2 작업절차 및 관리기준

(1) 작업계획서 작성

① 해당 장비의 줄걸이 계획, 신호수 배치상태 고려
② 중량물, 줄걸이 종류, 안전하중을 고려해 적정성 판단
③ 중량물 취급계획서에는 재해를 예방할 수 있는 안전대책 포함

(2) 관리감독자 직무

① 작업방법 결정
② 재료 결함 유무 및 점검
③ 보호구 착용 감시

(3) 신호수 자격부여 기준

• 줄걸이 작업안전 : 인터넷 교육 및 집합교육(안전공단 교육 이수)

3 슬링 폐기기준

항목	폐기기준
와이어 로프	(1) 이음매가 있는 것 (2) 소선이 10% 이상 끊어진 것 (3) 공칭 직경의 7% 이상 감소된 것 (4) 꼬인 것, 변형, 부식된 것 (5) 열과 전기충격에 의해 손상된 것

❹ 슬링의 장력과 안전하중

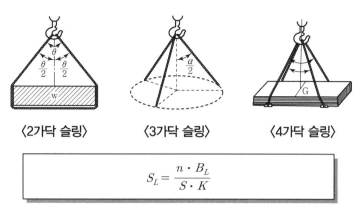

〈2가닥 슬링〉　　〈3가닥 슬링〉　　〈4가닥 슬링〉

$$S_L = \frac{n \cdot B_L}{S \cdot K}$$

여기서, S_L : 안전하중, S : 안전율

n : 가닥 수, B_L : 절단하중

K : 하중증가계수, $K = \frac{l}{\cos\theta/2}$

❺ 작업시작 전 점검사항

(1) 크레인, 리프트, 곤돌라 등을 사용해 작업할 때

① 와이어로프가 통하고 있는 곳의 상태

② 와이어로프 슬링 등의 상태

(2) 슬링 등을 사용하여 작업할 때

① 훅이 붙어 있는 슬링, 와이어로프 슬링 등이 매달린 상태

② 슬링, 와이어로프 슬링 등의 상태

❻ 작업 시 점검사항

(1) 양중물의 형상, 무게, 특성에 따른 적절한 양중방법으로 작업

(2) 작업자 준수사항

① 정격하중 및 작업하중 확인

② 최초 권상높이 30cm 정도 인양 후 줄걸이 상태를 확인하고 수정

③ 줄걸이 작업자의 위치는 주행, 횡행, 기복, 선회방향의 45도에 위치

④ 신호자의 위치는 양중물 앞에서 목적지, 착지위치까지 유도

(3) 양중물 작업관리

① 줄걸이 용구 선정

② 양중물 회전 방지를 위해 유도로프를 묶어 작업

③ 둥근 물건은 쐐기목 등을 사용해 고정

7 사용 및 유지관리

(1) 와이어로프 슬링

용도	안전율
권상용	5 이상
지지용	4 이상
탑승설비용	10 이상

(2) 와이어로프 단말체결방법과 효율

구분	방법	하중효율
소켓 가공 (Socket)		100%
스웨이징 가공 (Swaging)		95%
로크 가공 (Mechanical splice Swage)		90%
클립 가공 (Clip)		75~85%
웨지 가공 (Wedge)		75~90%
스프라이스 가공 (Loop/Thimble splice)		10mm ≥ : 90% 20mm ≥ : 85% 20mm < : 80%

8 와이어로프 슬링 사용 시 안전대책

(1) 양중물에 적합한 로프 슬링을 선택하여 사용한다.

(2) 사용하중을 초과하여 사용하여서는 아니 된다.

(3) 매다는 각도를 정확히 측정할 수 있는 경우는 하중변화를 고려한 사용하중 내에서 사용한다.

(4) 로프, 고리부의 열림 각도는 60° 이내이어야 한다.

(5) 모든 로프의 장력이 균일하게 되도록 매달아야 한다.

(6) 예각으로 굽히지 않도록 하고 필요한 경우에는 받침판을 설치한다.

(7) 조여 매달기를 하는 경우는 깊이 조이지 않아야 한다.

(8) 질질 끌거나 떨어뜨려서는 안 된다.

(9) 로프의 비틀림, 굽힘은 즉시 수정하여 꼬이지 않도록 한다.

(10) 부식성의 액체나 증기에 접해서는 아니 된다.

(11) 사용 후 깨끗하게 하고 필요시 기름을 발라서 건조한 실내에 보관한다.

(12) 훅에 달기구를 연결할 때는 훅 중앙에 위치하도록 한다.

9 결론

줄걸이 작업이란 화물을 운반하고자 할 때 인양도구를 이용해 화물과 훅을 연결해 주고 인양, 유도하여 원하는 목적지로 운반한 후 화물을 훅에서 분리하기까지의 일련의 행위를 말하는 것으로, 작업 시에 발생될 수 있는 추락, 낙하, 전도, 협착 등의 재해 방지를 위해 작업기준과 안전기준의 준수가 이루어지도록 관리 감독이 철저히 이루어져야 한다.

양중 시 와이어 연결방법

1 개요

양중작업 시 와이어는 결속상태에 따라 강도의 변화가 발생되므로 Hook의 하중변화와 와이어로프 인상각도, Shackle의 결속상태를 매 양중작업 시마다 관리해야 한다.

2 와이어로프의 사용금지 기준

(1) 지름감소가 공칭지름의 7% 이상인 것

(2) 소선수가 10% 이상 절단된 것

(3) 이음매가 있는 것

(4) 꼬인 것

(5) 현저하게 마모, 부식, 변형된 것

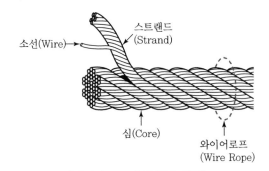

〈와이어로프의 구성부 명칭〉

3 Hook에 Sling을 거는 방법

(1) 하중변화를 고려해 중심선 안쪽에 위치하도록 걸 것

(2) 변형된 Hook을 가열보수하여 사용하지 말 것

(3) **Hook의 하중변화**

100%　　　88%　　　79%　　　71%　　　41%

④ 와이어로프 인상각도

인상각도는 60° 이내를 유지하고 90°를 초과하지 말 것

인상각도	0°	10°	30°	60°	90°	120°
하중의 변화	1.000배	1.004배	1.035배	1.155배	1.414배	2.000배

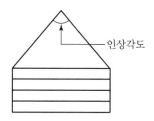

⑤ Shackle의 결속방법

(1) 로프 끝의 실블 측에 핀이 오도록 할 것
(2) 핀을 끼우는 쪽이 위로 향하고 나사를 돌려 체결할 것

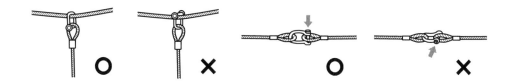

재난 및 안전관리
기본법/기타 법

··· 01 재난예방을 위한 긴급안전점검·안전조치

1 재난예방을 위한 긴급안전점검

(1) 행정안전부장관 또는 재난관리책임기관의 장은 대통령령으로 정하는 시설 및 지역에 재난이 발생할 우려가 있는 등 대통령령으로 정하는 긴급한 사유가 있으면 소속 공무원으로 하여금 긴급안전점검을 하게 하고, 행정안전부장관은 다른 재난관리책임기관의 장에게 긴급안전점검을 하도록 요구할 수 있다. 이 경우 요구를 받은 재난관리책임기관의 장은 특별한 사유가 없으면 요구에 따라야 한다.

(2) (1)에 따라 긴급안전점검을 하는 공무원은 관계인에게 필요한 질문을 하거나 관계 서류 등을 열람할 수 있다.

(3) (1)에 따른 긴급안전점검의 절차 및 방법, 긴급안전점검결과의 기록·유지 등에 필요한 사항은 대통령령으로 정한다.

(4) (1)에 따라 긴급안전점검을 하는 공무원은 그 권한을 표시하는 증표를 지니고 이를 관계인에게 보여주어야 한다.

(5) 행정안전부장관은 (1)에 따라 긴급안전점검을 하면 그 결과를 해당 재난관리책임기관의 장에게 통보하여야 한다.

2 재난예방을 위한 안전조치

(1) 행정안전부장관 또는 재난관리책임기관의 장은 긴급안전점검 결과 재난 발생의 위험이 높다고 인정되는 시설 또는 지역에 대하여는 대통령령으로 정하는 바에 따라 그 소유자·관리자 또는 점유자에게 다음 각호의 안전조치를 할 것을 명할 수 있다.

① **정밀안전진단** : 다른 법령에 시설의 정밀안전진단에 관한 기준이 있는 경우에는 그 기준에 따르고, 다른 법령의 적용을 받지 아니하는 시설에 대하여는 총리령으로 정하는 기준에 따른다.

② 보수 또는 보강 등 정비

③ 재난을 발생시킬 위험요인의 제거

(2) (1)에 따른 안전조치명령을 받은 소유자·관리자 또는 점유자는 이행계획서를 작성하여 행정안전부장관 또는 재난관리책임기관의 장에게 제출한 후 안전조치를 하고, 총리령으로 정하는 바에 따라 그 결과를 행정안전부장관 또는 재난관리책임기관의 장에게 통보하여야 한다.

(3) 행정안전부장관 또는 재난관리책임기관의 장은 안전조치명령을 받은 자가 그 명령을 이행하지 아니하거나 이행할 수 없는 상태에 있고, 안전조치를 이행하지 아니할 경우 공중의 안전에 위해를 끼칠 수 있어 재난의 예방을 위하여 긴급하다고 판단하면 그 시설 또는 지역에 대하여 사용을 제한하거나 금지시킬 수 있다. 이 경우 그 제한하거나 금지하는 내용을 보기 쉬운 곳에 게시하여야 한다.

(4) 행정안전부장관 또는 재난관리책임기관의 장은 안전조치명령을 받아 이를 이행하여야 하는 자가 그 명령을 이행하지 아니하거나 이행할 수 없는 상태에 있고, 재난예방을 위하여 긴급하다고 판단하면 그 명령을 받아 이를 이행하여야 할 자를 갈음하여 필요한 안전조치를 할 수 있다. 이 경우 행정대집행법을 준용한다.

(5) 행정안전부장관 또는 재난관리책임기관의 장은 (3)에 따른 안전조치를 할 때에는 미리 해당 소유자·관리자 또는 점유자에게 서면으로 이를 알려 주어야 한다. 다만, 긴급한 경우에는 구두로 알리되, 미리 구두로 알리는 것이 불가능하거나 상당한 시간이 걸려 공중의 안전에 위해를 끼칠 수 있는 경우에는 안전조치를 한 후 그 결과를 통보할 수 있다.

③ 정부 합동 안전점검

(1) 행정안전부장관은 재난관리책임기관의 재난 및 안전관리 실태를 점검하기 위하여 대통령령으로 정하는 바에 따라 정부합동안전점검단을 편성하여 안전점검을 실시할 수 있다.

(2) 행정안전부장관은 정부합동점검단을 편성하기 위하여 필요하면 관계 재난관리책임기관의 장에게 관련 공무원 또는 직원의 파견을 요청할 수 있다. 이 경우 요청을 받은 관계 재난관리책임기관의 장은 특별한 사유가 없으면 요청에 따라야 한다.

(3) 행정안전부장관은 (1)에 따른 점검을 실시하면 점검결과를 관계 재난관리책임기관의 장에게 통보하고, 보완이나 개선이 필요한 사항에 대한 조치를 관계 재난관리책임기관의 장에게 요구할 수 있다.

(4) (3)에 따라 점검결과 및 조치 요구사항을 통보받은 관계 재난관리책임기관의 장은 조치계획을 수립하여 필요한 조치를 한 후 그 결과를 관련기관에 통보하여야 한다.

(5) 행정안전부장관은 (4)에 따른 조치 결과를 점검할 수 있다.

(6) 행정안전부장관은 (1)에 따른 안전 점검 결과와 제4항에 따른 조치 결과를 안전정보통합관리시스템을 통하여 공개할 수 있다. 다만, 공공기관의 정보공개에 관한 법률 제9조 제1항에 해당하는 정보에 대해서는 공개하지 아니할 수 있다.

④ 집중 안전점검 기간 운영

(1) 행정안전부장관은 재난을 예방하고 국민의 안전의식을 높이기 위하여 재난관리책임기관의 장의 의견을 들어 매년 집중 안전점검 기간을 설정하고 그 운영에 필요한 계획을 수립하여야 한다.

(2) 행정안전부장관 및 재난관리책임기관의 장은 (1)에 따른 집중 안전점검 기간 동안에 재난이나 그 밖의 각종 사고의 발생이 우려되는 시설 등에 대하여 집중적으로 안전점검을 실시할 수 있다.

(3) 행정안전부장관은 (2)에 따른 집중 안전점검 기간에 실시한 안전점검 결과로서 재난관리책임기관의 장이 관계 법령에 따라 공개하는 정보를 안전정보통합관리시스템을 통하여 공개할 수 있다.

(4) (1)부터 (3)까지에서 규정한 사항 외에 집중 안전점검 기간의 설정 및 운영 등에 필요한 사항은 대통령령으로 정한다.

··· 02 정부 합동 재난 원인조사

1 개요

행정안전부장관은 재난이나 그 밖의 각종 사고의 발생 원인과 재난 발생 시 대응과정에 관한 조사·분석·평가를 효율적으로 수행하기 위하여 재난안전 분야 전문가 및 전문기관 등이 공동으로 참여하는 정부합동 재난원인조사단을 편성하고, 현지에 파견하여 원인조사·분석을 실시할 수 있다.

2 보고절차

(1) 재난원인조사단은 대통령령으로 정하는 바에 따라 재난발생원인조사 결과를 조정위원회에 보고하여야 한다.

(2) 행정안전부장관은 재난원인조사를 위하여 필요하면 관계 기관의 장 또는 관계인에게 소속직원의 파견, 관계서류의 열람 및 자료제출 등의 요청을 할 수 있다. 이 경우 요청을 받은 관계 기관의 장 또는 관계인은 특별한 사유가 없으면 요청에 따라야 한다.

(3) 행정안전부장관은 재난원인조사 결과 개선 등이 필요한 사항에 대해서는 관계 기관의 장에게 그 결과를 통보하거나 개선권고 등의 필요한 조치를 요청할 수 있다. 이 경우 요청을 받은 관계 기관의 장은 대통령령으로 정하는 바에 따라 개선권고 등에 따른 조치계획과 조치결과를 행정안전부장관에게 통보하여야 한다.

(4) 행정안전부장관은 재난원인조사 결과를 신속히 국회 소관 상임위원회에 제출·보고하여야 한다.

(5) 재난원인조사단의 권한, 편성 및 운영 등에 필요한 사항은 대통령령으로 정한다.

3 재난상황의 기록관리

(1) 재난관리책임기관의 장은 다음의 사항을 기록하고, 이를 보관하여야 한다. 이 경우 시장·군수·구청장을 제외한 재난관리책임기관의 장은 그 기록사항을 시장·군수·구청장에게 통보하여야 한다.
　① 소관 시설·재산 등에 관한 피해상황을 포함한 재난상황
　② 재난 발생 시 대응과정 및 조치사항
　③ 재난원인조사(재난관리책임기관의 장이 실시한 재난원인조사에 한정) 결과
　④ 개선권고 등의 조치결과
　⑤ 그 밖에 재난관리책임기관의 장이 기록·보관이 필요하다고 인정하는 사항

(2) 행정안전부장관은 매년 재난상황 등을 기록한 재해연보 또는 재난연감을 작성하여야 한다.

(3) 행정안전부장관은 (2)에 따른 재해연보 또는 재난연감을 작성하기 위하여 필요한 경우 재난관리책임기관의 장에게 관련 자료의 제출을 요청할 수 있다. 이 경우 요청을 받은 재난관리책임기관의 장은 요청에 적극 협조하여야 한다.

(4) 재난관리주관기관의 장은 대규모 재난과 특별재난지역으로 선포된 사회재난 또는 재난상황 등을 기록하여 관리할 특별한 필요성이 인정되는 재난에 관하여 재난수습 완료 후 수습상황과 재난예방 및 피해를 줄이기 위한 제도 개선의견 등을 기록한 재난백서를 작성하여야 한다. 이 경우 관계 기관의 장이 재난대응에 참고할 수 있도록 재난백서를 통보하여야 한다.

(5) 재난관리주관기관의 장은 (4)에 따른 재난백서를 신속히 국회 소관 상임위원회에 제출 보고하여야 한다.

(6) 재난상황의 작성·보관 및 관리에 필요한 사항은 대통령령으로 정한다.

1 개요

행정안전부장관은 대통령령으로 정하는 재난이 발생하거나 발생할 우려가 있는 경우 사람의 생명·신체 및 재산에 미치는 중대한 영향이나 피해를 줄이기 위하여 긴급한 조치가 필요하다고 인정하면 중앙위원회의 심의를 거쳐 재난사태를 선포할 수 있다. 다만, 행정안전부장관은 재난상황이 긴급하여 중앙위원회의 심의를 거칠 시간적 여유가 없다고 인정하는 경우에는 중앙위원회의 심의를 거치지 아니하고 재난사태를 선포할 수 있다.

2 재난사태의 선포와 조치

(1) 행정안전부장관은 위 **1**의 내용에 따라 재난사태를 선포한 경우에는 지체 없이 중앙위원회의 승인을 받아야 하고, 승인을 받지 못하면 선포된 재난사태를 즉시 해제하여야 한다.

(2) 행정안전부장관 및 지방자치단체의 장은 위 **1**의 내용에 따라 재난사태가 선포된 지역에 대하여 다음의 조치를 할 수 있다.

① 재난경보의 발령, 재난관리자원의 동원, 위험구역 설정, 대피명령, 응급지원 등이 법에 따른 응급조치

② 해당 지역에 소재하는 행정기관 소속 공무원의 비상소집

③ 해당 지역에 대한 여행 등 이동 자제 권고

④ 유아교육법 제31조, 초·중등교육법 제64조 및 고등교육법 제61조에 따른 휴업명령 및 휴원·휴교 처분의 요청

⑤ 그 밖에 재난예방에 필요한 조치

3 재난사태의 해제

행정안전부장관은 재난으로 인한 위험이 해소되었다고 인정하는 경우 또는 재난이 추가적으로 발생할 우려가 없어진 경우에는 선포된 재난사태를 즉시 해제하여야 한다.

4 응급조치

(1) 시·도긴급구조통제단 및 시·군·구긴급구조통제단의 단장과 시장·군수·구청장은 재난이 발생할 우려가 있거나 재난이 발생하였을 때에는 즉시 관계 법령이나 재난대응활동계획 및 위기관리 매뉴얼에서 정하는 바에 따라 수방·진화·구조 및 구난, 그 밖에 재난 발생을 예방하거나 피해를 줄이기 위하여 필요한 다음의 응급조치를 하여야 한다. 다만, 지역통제단장의 경우

에는 ③ 중 진화에 관한 응급조치와 ⑤ 및 ⑦의 응급조치만 하여야 한다.

① 경보의 발령 또는 전달이나 피난의 권고 또는 지시

② 안전조치

③ 진화·수방·지진방재, 그 밖의 응급조치와 구호

④ 피해시설의 응급복구 및 방역과 방범, 그 밖의 질서 유지

⑤ 긴급수송 및 구조 수단의 확보

⑥ 급수 수단의 확보, 긴급피난처 및 구호품 등 재난관리자원의 확보

⑦ 현장지휘통신체계의 확보

⑧ 그 밖에 재난 발생을 예방하거나 줄이기 위하여 필요한 사항

(2) 시·군·구의 관할 구역에 소재하는 재난관리책임기관의 장은 시장·군수·구청장이나 지역통제단장이 요청하면 관계 법령이나 시·군·구안전관리계획에서 정하는 바에 따라 시장·군수·구청장이나 지역통제단장의 지휘 또는 조정하에 그 소관 업무에 관계되는 응급조치를 실시하거나 시장·군수·구청장이나 지역통제단장이 실시하는 응급조치에 협력하여야 한다.

··· 04 국가안전관리기본계획

❶ 도입취지

'365일 전 국민 안심사회'를 목표로 제시하여 변화된 재난환경을 고려해 안전취약계층 지원을 강화하고 산재·자살 등 주요 사망사고를 감축하며, 기후 변화와 대형·복합 재난에 대비하기 위함

❷ 3대 목표

(1) 안전책임을 다하는 정부
(2) 스스로 안전을 지키는 국민
(3) 재난에 강한 안전공동체

❸ 4대 전략

(1) 포용적 안전관리

① 어린이, 노인 등 안전취약계층을 위한 교육 및 각종 시설을 확대하고 안전기본법을 제정해 국민 안전권 보장기반 마련
② 심폐소생술 실습 등 체험 중심 안전교육 강화와 지역주민이 참여하는 생활 주변 위험요인 발굴로 국민 참여를 확대하고 풍수해보험 등 정책보험 가입 활성화

(2) 예방적 생활안전

① OECD 대비 사망자가 많은 교통사고·산재·자살 사망자 수 감축대책을 집중 추진
② 미세먼지 국제협력 강화 및 배출량 감축
③ 먹는 물 수질관리를 위한 노후 상수관로 및 정수장 현대화로 국민 생활안전 제고
④ 1인 1안전수칙 지키기, 7대 고질적 안전 무시 관행 근절을 추진해 안전문화 확산

(3) 현장중심 재난대응

① 전자지도(GIS) 기반의 통합 상황관리 시스템 구축으로 육상 및 해상 사고 대응역량 강화를 위해 해경의 인력과 장비 보강
② 재난관리기금의 사용 용도를 확대하고 소방안전교부세 지원
※ GIS : 재난상황 관리와 대응에 필요한 각종 정보를 전자지도에 통합적을 표출함으로써 관계 기관 간에 상황을 실시간으로 공유하고 신속하게 의사결정을 내릴 수 있도록 지원하는 플랫폼

(4) 과학기술 기반 재난관리

① 산업육성, 기술개발, 재난 회복력 확보에 집중
② 재난안전산업진흥법 제정과 안전산업 육성을 추진하고 시·도 재난심리회복지원센터 확대
③ 맞춤형 기상정보 제공 확대 및 풍수해 대비 지역단위 생활권 중심 종합정비사업 시행

4 특별재난지역의 선포 및 지원

(1) 특별재난지역의 선포

① 중앙대책본부장은 대통령령으로 정하는 규모의 재난이 발생하여 국가의 안녕 및 사회질서의 유지에 중대한 영향을 미치거나 피해를 효과적으로 수습하기 위하여 특별한 조치가 필요하다고 인정하거나 제3항에 따른 지역대책본부장의 요청이 타당하다고 인정하는 경우에는 중앙위원회의 심의를 거쳐 해당 지역을 특별재난지역으로 선포할 것을 대통령에게 건의할 수 있다.
② ①에 따라 대통령령으로 재난의 규모를 정할 때에는 다음의 사항을 고려하여야 한다.
   ㉠ 인명 또는 재산의 피해 정도
   ㉡ 재난지역 관할 지방자치단체의 재정 능력
   ㉢ 재난으로 피해를 입은 구역의 범위
③ ①에 따라 특별재난지역의 선포를 건의 받은 대통령은 해당 지역을 특별재난지역으로 선포할 수 있다.

(2) 특별재난지역에 대한 지원

국가나 지방자치단체는 특별재난지역으로 선포된 지역에 대하여는 재난 및 안전관리 기본법에 따른 지원을 하는 외에 대통령령으로 정하는 바에 따라 응급대책 및 재난구호와 복구에 필요한 행정상·재정상·금융상·의료상의 특별지원을 할 수 있다.

안전관리론

안전관리

SECTION 01 안전관리의 개요

··· 01 안전관리

1 개요

'안전관리'란 모든 과정에 내포되어 있는 위험한 요소의 조기 발견 및 예측으로 재해를 예방하려는 안전활동을 말한다. 안전관리의 근본이념은 인명 존중에 있다.

2 안전관리의 목적

(1) 인도주의가 바탕이 된 인간존중(안전제일 이념)
(2) 기업의 경제적 손실예방(재해로 인한 인적·재산 손실예방)
(3) 생산성 향상 및 품질 향상(안전태도 개선 및 안전동기 부여)
(4) 대외 여론 개선으로 신뢰성 향상(노사협력의 경영태세 완성)
(5) 사회복지의 증진(경제성의 향상)

〈안전관리의 목표〉

3 안전관리의 대상 4M

안전한 작업조건을 조성하기 위한 안전관리의 기본 4항목
(1) Man : 인적 요인
(2) Machine : 기계·기구의 요인
(3) Media : 작업순서, 작업방법 또는 작업환경적 요인
(4) Management : 안전관리규정 또는 안전교육에 의한 요인

4 안전관리 순서

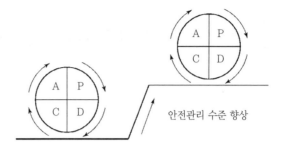

대상(4M)
- Man(인적 요인)
- Machine(설비적 요인)
- Media(작업적 요인)
- Management(관리적 요인)

안전관리 수준 향상

(1) 제1단계(Plan : 계획)

① 안전관리 계획의 수립

② 현장 실정에 맞는 적합한 안전관리방법 결정

(2) 제2단계(Do : 실시)

① 안전관리 활동의 실시

② 안전관리 계획에 대해 교육·훈련 및 실행

(3) 제3단계(Check : 검토)

① 안전관리 활동에 대한 검토 및 확인

② 실행된 안전관리 활동에 대한 결과 검토

(4) 제4단계(Action : 조치)

① 검토된 안전관리 활동에 대한 수정 조치

② 개선된 안전관리내용을 차기 실행계획에 반영

(5) P → D → C → A 과정의 Cycle화

① 목표달성을 위한 끊임없는 개선과 유지관리

② Cycle의 운용으로 안전관리수준의 지속개선

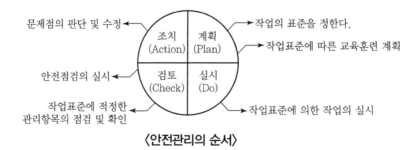

〈안전관리의 순서〉

··· 02 산업재해의 기본원인 4M

1 개요

재해는 불안전한 상태 또는 불안전한 행동으로 발생되며 근본 원인은 안전관리활동의 4요소인 4M에 기인하므로 대책수립 시에도 재해발생의 근본원인과 연관시켜 수립시켜야 한다.

2 4M에 의한 재해발생 Mechanism

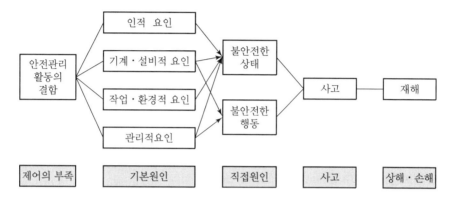

3 재해발생의 원인

(1) **Man** : 착오, 피로, 망각, 착시 등의 심리적·생리적 요인
(2) **Machine** : 기계설비의 결함, 방호장치 오류 또는 제거·미설치, 점검정비의 불량
(3) **Media** : 작업자세·작업환경·작업공간·작업정보의 불량
(4) **Management** : 관리조직, 안전관리규정, 교육훈련, 적정한 배치, 적절한 지도·감독의 부족 또는 결여

4 재해발생 시 대책수립 절차

(1) 재해와 사고내용의 가장 중요한 사항 파악
(2) 파악한 내용의 안전관리 4M과의 연관기준에 따른 분류
(3) 4M을 기반으로 한 안전대책 수립

··· 03 안전업무 5단계

1 정의

(1) **안전** : 위험원인이 없는 상태 또는 위험원인이 있어도 사람이 위해를 받는 일이 없도록 대책이 세워져 있고, 그런 사실이 확인된 상태

(2) **사고** : 어떠한 원인에 의하여 인명, 재산, 환경적 재해를 일으키는 것

(3) **재해** : 어떠한 원인에 의해 인명, 재산, 환경적 피해가 발생한 경우

2 안전업무의 5단계 Flow Chart

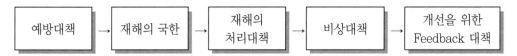

3 안전업무의 5단계 분류

(1) 제1단계(예방대책 수립)

인적재해나 물적 재해를 일으키지 않도록 사전대책을 행하는 작업

(2) 제2단계(재해의 국한)

예방대책으로 방지할 수 없었던 재해 발생 시 국한시켜 피해규모를 최소한으로 하는 대책

(3) 제3단계(재해의 처리)

제2단계의 대책 적용 후에도 재해 발생 시 신속하게 재해를 처리하는 작업

(4) 제4단계(비상대책)

상기의 대책으로 재해를 방지할 수 없을 때 사람의 피난이나 2, 3차의 큰 재해를 막기 위해 시설의 비상처리를 하는 작업

(5) 제5단계(개선을 위한 Feedback)

재해 발생 시 직접·간접 원인의 분석 및 그 발생과 경과를 분명히 하여 재차 유사재해가 발생되지 않도록 대책을 수립하는 작업

··· 04 안전관리조직의 3형태

1 개요

'안전관리조직'이란 원활한 안전활동, 안전관리 및 안전조직의 확립을 위해 필요한 조직으로 사업장의 규모 및 목적에 따라 Line형, Staff형, Line·Staff형의 3가지 형태로 분류할 수 있다.

2 안전관리조직의 목적

(1) 기업의 손실을 근본적으로 방지

(2) 조직적인 사고 예방 활동

(3) 모든 위험의 제거

(4) 위험 제거 기술의 수준 향상

(5) 재해예방률의 향상

3 안전관리조직의 3형태

(1) Line형 조직(직계식 조직)

① 안전관리에 관한 계획에서 실시·평가에 이르기까지 안전의 모든 것을 Line을 통하여 행하는 관리방식

② 생산조직 전체에 안전관리 기능 부여

③ 안전을 전문으로 분담하는 조직이 없다.

④ 근로자수 100명 이하의 소규모 사업장에 적합

(2) Staff형 조직(참모식 조직)

① 안전관리를 담당하는 Staff(안전관리자)를 통해 안전관리에 대한 계획, 조사, 검토, 권고, 보고 등을 하도록 하는 안전조직

② 안전과 생산을 분리된 개념으로 취급할 우려가 있다.

③ Staff의 성격상 계획안의 작성, 조사, 점검 결과에 따른 조언 및 보고수준에 머물 수 있다.

④ 근로자 수 100명 이상 500명 미만의 중규모 사업장에 적합

(3) Line·Staff형(직계·참모식 조직)

① Line형과 Staff형의 장점을 취한 조직 형태

② 안전업무를 전담하는 Staff 부분을 두는 한편, 생산 Line의 각 층에도 겸임 또는 전임의 안전담당자를 배치해 기획은 Staff에서, 라인은 실무를 담당하도록 한 조직 형태

③ 안전관리·계획 수립 및 추진이 용이

④ 근로자 수 1,000명 이상의 대규모 사업장에 적합

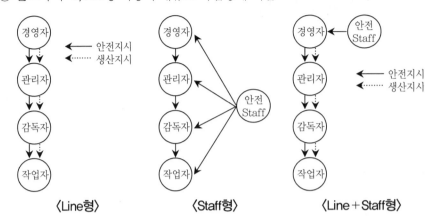

〈Line형〉　　　　　〈Staff형〉　　　　　〈Line＋Staff형〉

4 안전관리조직의 특징 비교표

라인형(직계형)	Staff형(참모형)	라인-Staff형(혼합형)
① 100명 이하 소규모 사업장에 적합	① 100명 이상~1,000명 미만 중규모 사업장에 적합	① 1,000명 이상 대규모 사업장에 적합
② 명령·지시의 신속·정확 전달 가능	② 전문가에 의한 조치 및 경영자 조언과 자문 역할 가능	② 라인형과 Staff형의 단점을 보완한 형태
③ 안전관련 지식 및 기술축적이 어렵다(안전정보 불충분, 내용 빈약).	③ 안전관리와 생산활동이 독립된 영역으로 생산부문은 안전관리에 관한 책임과 권한이 없다.	③ 계획수립, 평가는 Staff, 실질적 활동은 라인에서 실시하는 형태
④ 안전정보의 전문성 부족	④ 안전정보 수집 신속·용이하며, 안전관리 기술축적이 가능하다.	④ 명령계통과 조언·권고적 참여가 혼돈되며, Staff의 월권이 발생될 수 있다.

··· 05 안전관리와 품질관리의 비교

1 개요

(1) '안전관리'란 생산활동과정에 따른 위험 요소의 조기 발견 및 예측으로 재해를 예방하려는 안전 활동을 말하며, '품질관리'는 목적물을 경제적으로 만들기 위해 실시하는 관리수단을 말한다.

(2) 완벽한 품질관리는 완벽한 안전관리가 전제되지 않고서는 불가능하다는 인식하에 계획을 세우고 시행하여야 한다.

2 안전관리와 품질관리의 순서

(1) **제1단계(Plan : 계획)** : 계획의 수립

(2) **제2단계(Do : 실시)** : 계획에 대해 교육·훈련 및 실행

(3) **제3단계(Check : 검토)** : 실행에 대한 검사 및 확인

(4) **제4단계(Action : 조치)** : 검토된 사항에 대한 수정 조치

(5) **P → D → C → A 과정을 Cycle화** : 단계적으로 목표를 향해 진보, 개선, 유지해 나감

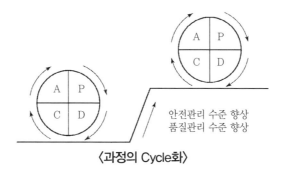

〈과정의 Cycle화〉

3 안전관리와 품질관리의 비교

구분	안전관리	품질관리
관련 법규	산업안전보건법(고용노동부)	건설기술 진흥법(국토교통부)
목적	위험요인제거대상(4M)	품질관리대상(5M)
대상	① Man(인적요인) ② Machine(기계적 요인) ③ Media(물질, 환경적 요인) ④ Management(관리적 요인)	① Man(노무) ② Material(자재) ③ Machine(설비) ④ Money(자금) ⑤ Method(공법)

··· 06 산업재해의 유형

1 개요

국제노동기구는 산재를 업무상 재해나 질병에 국한하지 않고 산업 합리화 등에 의한 새로운 형태의 직업병이나 통근 재해까지 포함하여 규정하고 있으며 산업재해의 유형은 국가산업의 변화추이에 따라 제1형부터 제4형으로 분류된다.

2 산업재해유형의 분류

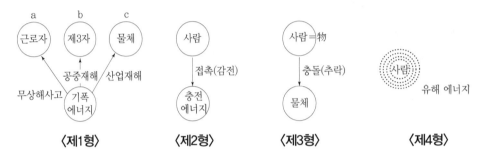

구분	유형분류	재해유형
제1형	기폭에너지에 의한 산업재해	폭발, 파열, 비래
제2형	충전에너지 구역에 근로자 노출	감전, 화상
제3형	에너지체와의 충돌	떨어짐, 부딪힘
제4형	유해물질에 이환됨	질식, 산소결핍

3 발생구조의 4유형

(1) 제1형

폭발, 파열 등 기폭에너지에 의해 발생되는 재해

① 1-a
- 산업재해법상 산업재해에 해당됨
- 사고의 결과로 발생되는 산업재해

② 1-b
- 제3자의 재해로 산업재해에 해당되지 않는 유형
- 기폭에너지가 근로자 이외의 사람에게 충돌한 경우 산업재해로 분류되지 않음

③ 1-c
  - 산업재해에 해당되지 않는 유형
  - 기폭에너지가 인체와 충돌하지 않았으나 경제적 손실을 주는 경우

(2) 제2형

① Energy 활동영역에 사람이 진입하여 발생되는 재해유형
② 동력운전기계에 의한 재해의 대부분, 감전화상의 경우

(3) 제3형

① 인체가 물체와의 충돌에 의해 발생되는 재해유형
② 추락이나 충돌에 의한 재해유형
③ 높은 곳에서 작업하던 근로자가 지면에 추락해 발생된 재해

(4) 제4형

① 작업환경 내의 유해한 물질에 의해 발생되는 재해유형
② 안전과 보건의 개념이 혼재되는 경우로, 물질의 영향으로 인해 발생되는 재해유형

작업명	사전조사 내용	작업계획서 내용
1. 타워크레인을 설치·조립·해체하는 작업	–	가. 타워크레인의 종류 및 형식 나. 설치·조립 및 해체순서 다. 작업도구·장비·가설설비(假設設備) 및 방호설비 라. 작업인원의 구성 및 작업근로자의 역할 범위 마. 제142조에 따른 지지 방법
2. 차량계 하역운반기계 등을 사용하는 작업	–	가. 해당 작업에 따른 추락·낙하·전도·협착 및 붕괴 등의 위험 예방대책 나. 차량계 하역운반기계 등의 운행경로 및 작업방법
3. 차량계 건설기계를 사용하는 작업	해당 기계의 굴러 떨어짐, 지반의 붕괴 등으로 인한 근로자의 위험을 방지하기 위한 해당 작업장소의 지형 및 지반상태	가. 사용하는 차량계 건설기계의 종류 및 성능 나. 차량계 건설기계의 운행경로 다. 차량계 건설기계에 의한 작업방법
4. 화학설비와 그 부속설비 사용작업	–	가. 밸브·콕 등의 조작(해당 화학설비에 원재료를 공급하거나 해당 화학설비에서 제품 등을 꺼내는 경우만 해당한다) 나. 냉각장치·가열장치·교반장치(攪拌裝置) 및 압축장치의 조작 다. 계측장치 및 제어장치의 감시 및 조정 라. 안전밸브, 긴급차단장치, 그 밖의 방호장치 및 자동경보장치의 조정 마. 덮개판·플랜지(Flange)·밸브·콕 등의 접합부에서 위험물 등의 누출 여부에 대한 점검 바. 시료의 채취 사. 화학설비에서는 그 운전이 일시적 또는 부분적으로 중단된 경우의 작업방법 또는 운전재개 시의 작업방법 아. 이상 상태가 발생한 경우의 응급조치 자. 위험물 누출 시의 조치 차. 그 밖에 폭발·화재를 방지하기 위하여 필요한 조치
5. 제318조에 따른 전기작업	–	가. 전기작업의 목적 및 내용 나. 전기작업 근로자의 자격 및 적정 인원

작업명	사전조사 내용	작업계획서 내용
5. 제318조에 따른 전기 작업	–	다. 작업 범위, 작업책임자 임명, 전격·아크 섬광·아크 폭발 등 전기 위험 요인 파악, 접근 한계거리, 활선접근 경보장치 휴대 등 작업 시작 전에 필요한 사항 라. 제319조에 따른 전로 차단에 관한 작업계획 및 전원(電源) 재투입 절차 등 작업 상황에 필요한 안전 작업 요령 마. 절연용 보호구 및 방호구, 활선작업용 기구·장치 등의 준비·점검·착용·사용 등에 관한 사항 바. 점검·시운전을 위한 일시 운전, 작업 중단 등에 관한 사항 사. 교대 근무 시 근무 인계(引繼)에 관한 사항 아. 전기작업장소에 대한 관계 근로자가 아닌 사람의 출입금지에 관한 사항 자. 전기안전작업계획서를 해당 근로자에게 교육할 수 있는 방법과 작성된 전기안전작업계획서의 평가·관리계획 차. 전기 도면, 기기 세부 사항 등 작업과 관련되는 자료
6. 굴착작업	가. 형상·지질 및 지층의 상태 나. 균열·함수(含水)·용수 및 동결의 유무 또는 상태 다. 매설물 등의 유무 또는 상태 라. 지반의 지하수위 상태	가. 굴착방법 및 순서, 토사 반출 방법 나. 필요한 인원 및 장비 사용계획 다. 매설물 등에 대한 이설·보호대책 라. 사업장 내 연락방법 및 신호방법 마. 흙막이 지보공 설치방법 및 계측계획 바. 작업지휘자의 배치계획 사. 그 밖에 안전·보건에 관련된 사항
7. 터널굴착작업	보링(Boring) 등 적절한 방법으로 낙반·출수(出水) 및 가스 폭발 등으로 인한 근로자의 위험을 방지하기 위하여 미리 지형·지질 및 지층상태를 조사	가. 굴착의 방법 나. 터널지보공 및 복공(覆工)의 시공방법과 용수(湧水)의 처리방법 다. 환기 또는 조명시설의 설치방법
8. 교량작업	–	가. 작업 방법 및 순서 나. 부재(部材)의 낙하·전도 또는 붕괴를 방지하기 위한 방법 다. 작업에 종사하는 근로자의 추락 위험을 방지하기 위한 안전조치 방법 라. 공사에 사용되는 가설 철구조물 등의 설치·사용·해체 시 안전성 검토 방법

작업명	사전조사 내용	작업계획서 내용
8. 교량작업	—	마. 사용하는 기계 등의 종류 및 성능, 작업방법 바. 작업지휘자 배치계획 사. 그 밖에 안전·보건에 관련된 사항
9. 채석작업	지반의 붕괴·굴착기계의 굴러 떨어짐 등에 의한 근로자에게 발생할 위험을 방지하기 위한 해당 작업장의 지형·지질 및 지층의 상태	가. 노천굴착과 갱내굴착의 구별 및 채석방법 나. 굴착면의 높이와 기울기 다. 굴착면 소단(小段 : 비탈면의 경사를 완화시키기 위해 중간에 좁은 폭으로 설치하는 평탄한 부분)의 위치와 넓이 라. 갱내에서의 낙반 및 붕괴방지 방법 마. 발파방법 바. 암석의 분할방법 사. 암석의 가공장소 아. 사용하는 굴착기계·분할기계·재기계 또는 운반기계(이하 "굴착기계 등"이라 한다)의 종류 및 성능 자. 토석 또는 암석의 적재 및 운반방법과 운반경로 차. 표토 또는 용수(湧水)의 처리방법
10. 건물 등의 해체작업	해체건물 등의 구조, 주변 상황 등	가. 해체의 방법 및 해체 순서도면 나. 가설설비·방호설비·환기설비 및 살수·방화설비 등의 방법 다. 사업장 내 연락방법 라. 해체물의 처분계획 마. 해체작업용 기계·기구 등의 작업계획서 바. 해체작업용 화약류 등의 사용계획서 사. 그 밖에 안전·보건에 관련된 사항
11. 중량물의 취급 작업	—	가. 추락위험을 예방할 수 있는 안전대책 나. 낙하위험을 예방할 수 있는 안전대책 다. 전도위험을 예방할 수 있는 안전대책 라. 협착위험을 예방할 수 있는 안전대책 마. 붕괴위험을 예방할 수 있는 안전대책
12. 궤도와 그 밖의 관련설비의 보수·점검작업 13. 입환작업(入換作業)	—	가. 적절한 작업 인원 나. 작업량 다. 작업순서 라. 작업방법 및 위험요인에 대한 안전조치방법 등

안전이론

··· 01 등치성 이론

1 개요

'등치성 이론'이란 사고 원인의 여러 요인들 중에서 어느 한 요인을 배제시킬 경우 재해는 발생되지 않으며, 재해는 여러 사고요인이 연결되어 발생한다는 이론을 말한다.

2 재해 발생형태

(1) 집중형

① 상호 자극에 의하여 순간적으로 재해가 발생되는 유형

② 재해가 일어난 장소, 시기에 일시적으로 재해요인이 집중
   되는 형태

〈집중형〉

(2) 연쇄형

① 하나의 사고요인이 또 다른 요인을 유발시키며 재해를 발생시키는 유형

② **단순연쇄형과 복합연쇄형으로 분류**

- 단순연쇄형 : 사고요인이 발생되어 지속적으로 사고요인을 유발시켜 재해가 발생되는
  형태

- 복합연쇄형 : 2개 이상의 단순연쇄형에 의해 재해가 발생하는 형태

〈단순연쇄형〉   〈복합연쇄형〉

(3) 복합형

집중형과 연쇄형이 복합적으로 구성되어 재해가 발생하는 유형

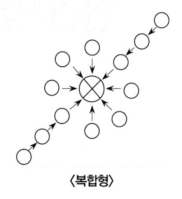

〈복합형〉

··· 02 안전관리대상 4M

1 개요

작업의 종류에 따라 위험의 요인은 다르지만 M의 구체적인 내용을 각각의 작업에 적합하도록 위험요인을 배제함으로써 안전을 확보하는 것이 가능하다.

2 4M에 의한 재해발생 Mechanism

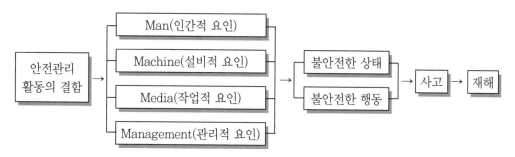

3 안전관리대상 4M

안전한 작업조건을 조성하기 위한 안전관리의 기본 4항목

(1) **Man** : 인적 요인

(2) **Machine** : 기계 · 기구의 요인

(3) **Media** : 작업순서, 작업방법 또는 작업환경적 요인

(4) **Management** : 안전관리규정 또는 안전교육에 의한 요인

··· 03 하인리히(H.W. Heinrich)의 연쇄성 이론

❶ 개요

하인리히(H.W. Heinrich)는 재해 발생을 사고요인의 연쇄 반응의 결과로 보고 연쇄성 이론 (Domino's Theory)을 제시했으며, 불안전한 상태(10%)와 불안전한 행동(88%)을 제거하면 사고는 예방이 가능하다고 주장하였다.

❷ 재해발생 Mechanism

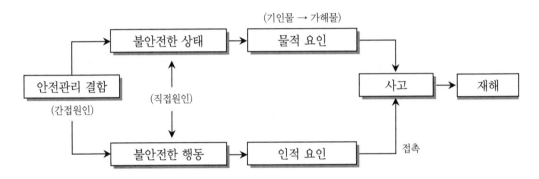

❸ 하인리히(H.W. Heinrich)의 사고발생 연쇄성 이론

(1) 유전적 요인 및 사회적 환경

① 인간성격의 내적 요소는 유전이나 환경의 영향을 받아 형성된다.
② 유전이나 사회적 환경은 인적 결함의 원인

(2) 개인적 결함

선천적·후천적 인적 결함(무모, 탐욕, 신경질, 흥분, 안전작업 무시 등)

(3) 불안전 상태 및 불안전 행동

① 불안전 상태
- 사고발생의 직접적인 원인으로 작업장의 시설 및 환경 불량
- 안전장치의 결여, 기계설비의 결함, 부적당한 방호상태, 보호구 결함 등

② 불안전 행동
- 직접적으로 사고를 일으키는 원인으로 인간의 불안전한 행위
- 안전장치의 기능 제거, 기계·기구의 잘못된 사용, 보호구 미착용 등

(4) 사고

① 직접 또는 간접적으로 인명이나 재산의 손실을 가져올 수 있는 상태

② 재해로 연결될 우려가 있는 이상상태로 인적 사고와 물적 사고로 분류됨

(5) 재해

① 사고로부터 생기는 상해

② 사고의 최종 결과로 인적·물적 손실이 발생된 상태

4 H.W. Heinrich 재해예방 4원칙

(1) **손실 우연의 원칙** : 재해손실의 크기는 우연성에 의하여 결정된다.

(2) **원인 계기의 원칙** : 사고발생과 원인의 관계는 필연적이다.

(3) **예방 가능의 원칙** : 재해는 원칙적으로 원인만 제거되면 예방 가능하다.

(4) **대책 선정의 원칙** : 재해예방을 위한 안전대책은 반드시 존재한다.

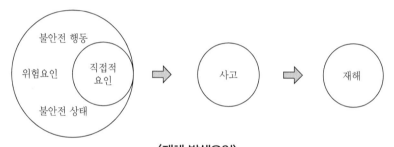

〈재해 발생요인〉

··· 04 하인리히(H.W. Heinrich)의 재해손실비

1 개요

'재해손실비'란 업무상의 재해로서 인적 상해를 수반하는 재해에 의해서 생기는 손실 비용을 말하며, 하인리히(H.W. Heinrich)는 직접손실비용에 대한 간접손실비용의 비율을 1 : 4로 제시하였다.

2 하인리히(H.W. Heinrich) 재해손실비

| 총재해비용＝직접비＋간접비 | → | 직접비 : 간접비＝1 : 4 |

(1) **직접비** : 법령으로 정한 피해자 또는 유족에게 지급되는 보상비
 ① 요양보상비
 ② 휴업보상비
 ③ 장해보상비
 ④ 유족보상비
 ⑤ 장례비

(2) **간접비** : 재산손실, 생산중단 등으로 발생된 손실
 ① **인적 손실** : 작업대기, 복구정리 등 본인 및 제3자에 관한 것을 포함한 손실
 ② **물적 손실** : 기계, 공구, 재료, 시설의 복구에 소비된 손실
 ③ **생산손실** : 생산감소, 생산중단, 판매감소 등에 의한 손실
 ④ **특수손실** : 근로자의 신규채용, 교육훈련비, 섭외비 등에 의한 손실
 ⑤ **기타 손실** : 병상 위문금, 여비 및 통신비, 입원중의 잡비 등

··· 05 버드(F.E. Bird)의 연쇄성(Domino) 이론

1 개요

버드(F.E. Bird)는 손실제어요인(Loss Control Factor)이 연쇄반응의 결과로 재해가 발생된다는 신연쇄성 이론을 제시했으며, 관리를 철저히 하고 기본원인을 제거하면 사고예방이 가능하다고 주장하였다.

2 버드(F.E. Bird)의 이론에 의한 재해발생의 과정

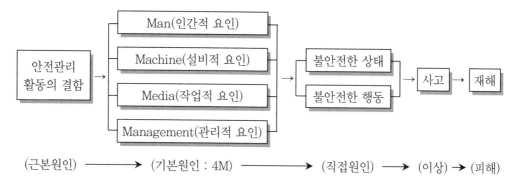

3 버드(F.E. Bird)의 재해 연쇄성 이론

(1) 제어의 부족(안전관리 부족)

① 안전관리의 부족으로 주로 안전관리자 또는 Staff의 관리 부족에 기인
② 안전관리계획에는 재해·사고의 연쇄 속에 모든 요인을 해결하기 위한 대책이 포함되어야 한다.

(2) 기본원인

① 사고발생 원인은 개인적, 작업상에 관련된 요인이 존재
　• 개인적 요인 : 지식부족, 육체적·정신적인 문제 등
　• 작업상 요인 : 기계설비의 결함, 부적절한 작업기준, 작업체계 등
② 재해의 직접원인을 해결하는 것보다는 기본원인의 정비가 효과적인 요소

(3) 직접원인

① 불안전 상태 및 불안전행동을 말함
② 근본적인 요인의 발견 및 그 요인의 근본적인 원인을 발출

(4) 사고(접촉)

① 사고는 신체 또는 정상적인 신체활동을 저해하는 물질과의 접촉으로 봄

② 불안전한 관리 및 기본원인에 의한 신체 접촉에 기인

(5) 재해(상해 · 손실)

① 육체적 상해 또는 물적 손실

② 사고의 최종결과는 인적 · 물적 손실을 의미한다.

4 버드(F.E. Bird)의 재해구성비율(1 : 10 : 30 : 600)

(1) 641회 사고 가운데 사망 또는 중상 1회, 경상(물적 · 인적 손실) 10회, 무상해 사고(물적 손실) 30회, 상해도 손해도 없는 사고가 600회의 비율로 발생

(2) 재해의 배후에는 상해를 수반하지 않는 많은 건수(630건/98.28%)의 사고가 발생

(3) 630건의 사고, 즉 무상해사고의 관리가 사업장 안전관리의 중요한 과제임

5 버드의 도미노 이론 도해

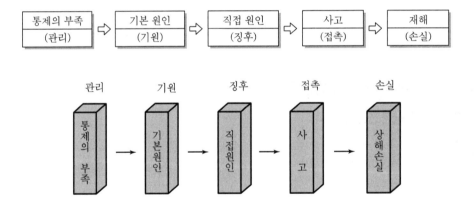

··· 06 버드(F.E. Bird)의 빙산이론

1 개요

'재해 손실비'란 업무상의 재해로서 인적 상해를 수반하는 재해에 의해서 생기는 손실 비용을 말하며, 버드(F.E. Bird)는 재해손실비 평가방식에서 간접비가 직접비의 5배 이상을 점유한다는 빙산이론을 제시하였다.

2 재해손실비 산정 시 고려사항

(1) 안전관리자가 쉽고 간편하게 산정할 수 있는 방법이어야 한다.
(2) 기업의 규모에 관계없이 일률적으로 채택될 수 있는 방법이어야 한다.
(3) 일반적 산업에서 집계될 수 있는 방법이어야 한다.
(4) 사회가 신뢰하는 방법이어야 하며 경영자가 믿을 수 있어야 한다.

3 버드(F.E. Bird)의 재해손실비

> 직접비 : 간접비＝1 : 5

(1) 직접비(보험료)

① 의료비
② 보상금

(2) 간접비(비보험 손실비용)

① 건물손실비
② 기구 및 장비손실
③ 제품 및 재료손실
④ 조업중단, 지연으로 인한 손실
⑤ 비보험 손실
  • 시간비
  • 조사비
  • 교육비
  • 임대비 등

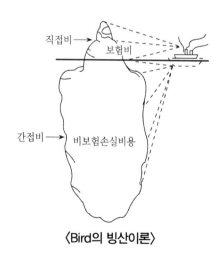

〈Bird의 빙산이론〉

··· 07 하인리히와 버드의 연쇄성(Domino) 이론 비교

1 개요

(1) 하인리히(H.W. Heinrich)는 재해의 발생은 언제나 사고요인의 연쇄반응 결과로 발생된다는 연쇄성 이론(Domino's Theory)을 제시하였으며, 불안전한 상태(10%)와 불안전한 행동(88%)을 제거하면 사고는 예방이 가능하다고 주장하였다.

(2) 버드(F.E. Bird)는 손실제어요인(Loss Control Factor)의 연쇄반응 결과로 재해가 발생된다는 연쇄성 이론(Domino's Theory)을 제시했으며, 철저한 관리와 기본원인을 제거해야만 사고가 예방된다고 강조했다.

2 재해 구성 비율

(1) 하인리히(H.W. Heinrich)의 1 : 29 : 300

① 330회 사고 가운데 사망·중상 1회, 경상 29회, 무상해사고 300회의 비율로 발생
② 재해의 배후에는 상해를 수반하지 않는 많은 수(300건/90.9%)의 사고가 발생
③ 300건의 사고, 즉 무상해사고의 관리가 사업장 안전관리의 중요한 과제임

(2) 버드(F.E. Bird)의 1 : 10 : 30 : 600

① 641회 사고 가운데 사망 또는 중상 1회, 경상(물적·인적 손실) 10회, 무상해 사고(물적 손실) 30회, 상해도 손실도 없는 사고가 600회의 비율로 발생
② 재해의 배후에는 상해를 수반하지 않는 방대한 수(630건/98.2%)의 사고가 발생
③ 630건의 사고, 즉 무상해사고의 관리가 사업장 안전관리의 중요한 과제임

3 재해예방의 주된 요소

(1) 하인리히(H.W. Heinrich)

제3의 요인인 불안전 상태 및 불안전 행동을 제거하면 재해예방이 가능하다고 주장하였다.

(2) 버드(F.E. Bird)

가장 중요한 요소인 기본원인(4M)을 제거해야 재해예방이 가능하다고 주장하였다.

4 하인리히와 버드의 비교

▼재해발생 5단계 비교

단계	하인리히	버드
1	유전적 요인 및 사회적 환경	제어의 부족(안전관리 부족)
2	개인적 결함(인적 결함)	기본원인(인적·작업상 원인)
3	불안전 상태 및 불안전 행동	직접원인(불안전한 상태·행동)
4	사고	사고
5	재해	재해
재해예방	직접원인 제거 시 재해예방	기본원인 제거 시 재해예방

▼이론 비교

구분	하인리히	버드
재해발생비	1 : 29 : 300 [중상해 : 경상해 : 무상해 사고]	1 : 10 : 30 : 600 [중상 : 상해 : 물적사고, 무상해사고]
도미노 이론	재해발생 5단계 1. 선천적 결함 2. 개인적 결함 3. 직접원인(인적＋물적 원인) 4. 사고 5. 상해	재해발생 5단계 1. 제어의 부족 2. 기본원인 3. 직접원인 4. 사고 5. 상해
직접원인 비율	불안전한 행동 : 불안전한 상태 ＝88% : 12%	
재해손실 비용	1 : 4(직접비 : 간접비)	1 : 5(직접비 : 간접비)
재해예방의 5단계	1. 조직 2. 사실의 발견 3. 분석평가 4. 대책의 선정 5. 대책의 적용	
재해예방의 4원칙	1. 손실우연의 원칙 2. 원인계기의 원칙 3. 예방가능의 원칙 4. 대책선정(강구)의 원칙	

5 하인리히와 버드의 재해발생비율 비교

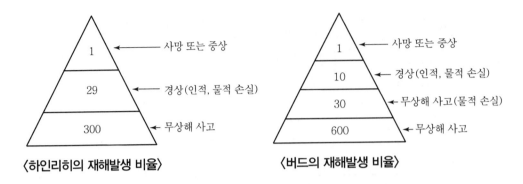

〈하인리히의 재해발생 비율〉 〈버드의 재해발생 비율〉

6 결론

하인리히와 버드의 연쇄성 이론은 거의 100년 전 이론으로 현대사회와 같은 다양한 원인에 의한 재해발생 가능성을 감안할 때 부적합한 면을 감안해 받아들여야 할 것이다.

··· 08 재해손실비

1 개요

'재해손실비'란 업무상의 재해로서 인적 상해를 수반하는 재해에 의해서 생기는 손실 비용으로 재해가 발생하지 않았다면 지출하지 않아도 되는 직접 또는 간접으로 발생된 손실 비용을 말한다.

2 평가방식 구분

(1) 하인리히
① 총재해코스트는 직접비와 간접비의 합
② 산재보험료와 보상금을 합산하지 않음

(2) 시몬즈
① 보험코스트와 비보험코스트로 구분
② 총재해코스트는 산재보험코스트와 비보험코스트의 합
③ 산재보험료와 보상금을 보험코스트에 합산

(3) 콤페스
① 총재해손실비용은 공동비용과 개별비용의 합
② 직접비와 간접비 외 기업의 활동능력 손실을 감안해야 한다는 주장

(4) 노구치
시몬즈의 평균치법을 근거로 일본의 상황에 맞는 손실 평가방법 제시

3 재해손실비 평가방식

(1) 하인리히(H.W. Heinrich) 방식

총재해비용＝직접비＋간접비 → 직접비 : 간접비＝1 : 4

(2) 버드(F.E. Bird) 방식
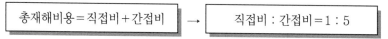
총재해비용＝직접비＋간접비 → 직접비 : 간접비＝1 : 5

(3) 시몬즈(R.H. Simonds) 방식
총재해비용＝산재보험비용＋비보험비용(산재보험비용＜비보험비용)

(4) 콤페스(Compes) 방식

> 총재해비용＝개별비용비＋공용비용비

　① 개별비용비(직접손실) : 작업중단, 수리비용, 사고조사 등
　② 공용비용비 : 보험료, 안전·보건팀 유지비, 기업명예비, 신뢰도 등에 대한 추상적 비용

5 산업심리학 연구방법

(1) **관찰법** : 비실험적 연구방법의 하나로 행동표본을 관찰해 주요 현상들을 찾아 기술하는 방법
(2) **사례연구법** : 비실험적 연구방법의 하나로 개인이나 대상을 심층 조사하는 방법
(3) **설문조사법** : 설문지나 질문지를 구성해 연구하는 방법
(4) **실험법** : 원인이 되는 종속변인과 결과가 되는 독립변인의 인과관계를 살펴보는 방법
(5) **심리검사법** : 인간의 지능, 성격, 적성 및 성과를 측정해 정보를 제공하는 방법

··· 09 시몬즈(R.H. Simonds)의 재해손실비

1 개요

재해손실비(Accident Cost)란 업무상의 재해로서 인적 상해를 수반하는 재해에 의해 생기는 손실 비용을 말하며, 시몬즈(R.H. Simonds)는 하인리히(H.W. Heinrich)의 불완전한 점을 보완·수정하여 보험비용과 비보험비용의 평균치 계산방식을 제시하였다.

2 시몬즈(R.H. Simonds)의 재해손실비

> 총재해비용 = 산재보험비용 + 비보험비용(산재보험비용 < 비보험비용)

(1) 산재보험비용 : 산업재해보상보험법에 의해 보상된 금액

(2) 비보험비용 : 산재보험비용 이외의 비용

① A × 휴업상해건수(영구·부분 노동불능) + B × 통원상해건수(일시 노동불능) + C × 응급조치건수(8시간 이내 치료) + D × 무상해 사고건수

② A, B, C, D는 상해 정도에 의한 평균재해비용

③ 평균재해비용은 산출하기가 어렵고 제도 등의 차이로 우리나라 적응 곤란

④ 비보험비용 항목

- 제3자가 작업을 중지한 시간에 대하여 지불한 임금 손실
- 손상 받은 재료 및 설비수선, 교체, 철거의 순 손실비
- 재해보상이 행하여지지 않은 부상자의 작업하지 않은 시간에 지불된 임금
- 재해에 의한 기간 외 근로에 대한 특별 지불 임금
- 신입 작업자의 교육훈련비
- 산재에서 부담하지 않은 회사 의료 부담 비용
- 재해 발생으로 인한 감독자 및 관계 근로자가 소모한 시간비용
- 부상자의 직장 복귀 후의 생산 감소로 인한 임금비용
- 기타 특수비용
  - 소송관계비용
  - 대체 근로자 모집비용
  - 계약 해제로 인한 손해 등

··· 10 하비의 3E 이론

1 개요

하비(J.H. Harvey)는 3E 이론을 통해 기술(Engineering) · 교육(Education) · 규제(Enforcement)에 의한 대책으로 재해를 예방 및 최소화할 수 있다는 이론을 제시하였다.

2 하비(J.H. Harvey)의 3E 이론

(1) 기술적(Engineering) 대책

① 기술적 원인에 대한 설비 · 환경 개선과 작업방법의 개선
② 기술 기준을 작성하고 그것을 활용하여 대책을 추진
③ 기술적 대책
- 안전 설계
- 작업 행정의 개선
- 안전 기준의 선정
- 환경, 설비의 개선
- 점검, 보존의 확립

(2) 교육적(Education) 대책

① 교육적 원인에 대한 안전교육과 훈련의 실시
② 지식, 기술 등을 이해시켜 그 사용방법을 가르치고 숙련시킴

(3) 규제적(Enforcement) 대책

① 엄격한 규칙의 제도적 시행
② 적절한 조직 및 조직활동을 위한 관리계획이 필요
③ 규제적 대책
- 안전관리조직 정비
- 적합한 기준 설정
- 각종 규준 및 수칙의 준수
- 적정 인원 배치 및 지시

··· 11 STOP(Safety Training Observation Program)

① 개요

(1) STOP이란 관리자 및 근로자를 위한 안전관찰 훈련 프로그램으로 관리자 및 모든 근로자들을
    위험으로부터 보호하는 것을 목적으로 하고 있는 프로그램

(2) 듀폰에 의해 개발되었으며, 안전사고를 획기적으로 감소시킨 프로그램이다.

② STOP에 의한 사이클

결심 → 정지 → 관찰 → 조치 → 보고

③ STOP의 기본적인 안전원칙

(1) 모든 안전사고와 직업병은 예방할 수 있다.

(2) 안전에 관한 책임은 각자에게 있다.

(3) 관리자는 모든 종업원들이 안전하게 일하도록 훈련시킬 책임이 있다.

(4) 모든 공사현장과 생산현장은 적절한 안전대책을 마련할 수 있다.

(5) 안전재해 및 사고의 예방은 궁극적으로 기업의 성공에 기여하게 된다.

(6) 작업의 안전은 고용조건의 일부이다.

④ STOP의 효과

(1) 위험한 행위의 발생을 감소 또는 제거해 준다.

(2) 부상의 위험을 낮출 수 있다.

(3) 근로자의 안전의식을 높인다.

(4) 적극적으로 안전을 도모하려는 자세를 키운다.

(5) 작업현장의 안전수준을 향상시킨다.

재해 조사 및 분석

··· 01 재해예방원리 5단계

1 개요

하인리히(H.W. Heinrich)는 '사고예방 기본원리 5단계'라는 안전관리 이론을 제시했으며 인위적인 재해는 그 발생을 미연에 방지할 수 있으므로, 과학적이고 체계적인 안전관리로 사고를 예방하여야 한다고 주장했다.

2 재해예방원리 5단계(H.W. Heinrich)

(1) **제1단계 : 안전관리 조직**

① 안전 방침 및 계획 수립

② 조직을 통한 안전활동의 전개

(2) **제2단계(사실의 발견) : 현상 파악**

① 사고 및 활동기록의 검토

② 작업 분석·점검·검사

(3) **제3단계 : 원인분석**

① 사고의 원인·사고기록·관계자료 분석

② 인적, 물적, 환경적 조건 분석 및 작업공종 분석

(4) **제4단계(시정책의 선정) : 대책수립**

① 기술적 개선 및 교육훈련의 개선

② 규정, 수칙 등 제도의 개선

(5) **제5단계(시정책의 적용) : 실시**

3E 대책 실시

① 기술적(Engineering) 대책 : 기술적 원인에 대한 설비·환경·작업방법의 개선

② 교육적(Education) 대책 : 교육적 원인에 대한 안전교육·훈련의 실시

③ 규제적(Enforcement) 대책 : 엄격한 규칙의 제정

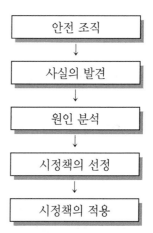

〈사고예방 기본원리 5단계〉

··· 02 재해예방 4원칙

1 개요

(1) 재해가 발생하면 인명과 재산손실이 발생하므로 최소화하기 위한 방법이 필수적이다.

(2) 재해예방의 원칙으로 손실우연, 원인계기, 예방가능, 대책선정이 있으며 계획적이고 체계적인 안전관리가 중요하다.

2 재해예방 4원칙

(1) 손실우연의 원칙

① 재해손실은 사고 발생 시 사고 대상의 조건에 따라 달라지므로 재해손실의 크기는 우연성에 의하여 결정

② H.W. Heinrich의 1 : 29 : 300 법칙

- 330회의 사고 가운데 사망 또는 중상 1회, 경상 29회, 무상해사고 300회의 비율로 발생
- 재해의 배후에는 상해를 수반하지 않는 많은 수(300건/90.9%)의 사고가 발생
- 300건의 사고, 즉 아차사고의 관리가 중요하다.

(2) 원인계기의 원칙

① 사고와 손실과의 관계는 우연적이지만, 사고와 원인과의 관계는 필연적이다.

② 사고발생의 원인은 간접원인과 직접원인으로 분류된다.

(3) 예방가능의 원칙

① 재해는 원칙적으로 원인만 제거되면 예방이 가능하다.

② 인재(불안전한 상태 10%, 불안전한 행동 88%)는 미연에 방지 가능하다.

③ 재해의 사전 방지에 중점을 두는 것은 '예방 가능의 원칙'에 기초한다.

(4) 대책선정의 원칙

① 재해예방을 위한 가능한 안전대책은 반드시 존재한다.

② 3E 대책

- 기술적(Engineering) 대책 : 기술적 원인에 대한 설비·환경·작업방법 개선
- 교육적(Education) 대책 : 교육적 원인에 대한 안전교육과 훈련실시
- 규제적(Enforcement) 대책 : 엄격한 규칙에 의해 제도적으로 시행

③ 안전사고의 예방은 3E를 모두 활용함으로써 합리적인 관리가 가능하다.

··· 03 재해조사 3원칙

1 재해조사 3원칙

(1) 제1단계 : 현장 보존

① 재해발생 시 즉각적인 조치

② 현장보존에 유의

(2) 제2단계 : 사실의 수집

① 현장의 물리적 흔적(물적 증거)을 수집

② 재해 현장은 사진을 촬영하여 기록

(3) 제3단계 : 목격자, 감독자, 피해자 등의 진술

① 목격자, 현장책임자 등 많은 사람들로부터 사고 시의 상황을 청취

② 재해 피해자로부터 재해 직전의 상황 청취

③ 판단이 어려운 특수재해·중대재해는 전문가에게 조사 의뢰

2 재해발생 시 처리절차

3 재해발생 시 기록보존사항

(1) 사업장의 개요 및 근로자 인적사항

(2) 재해발생 일시 및 장소

(3) 재해발생 원인 및 과정

(4) 재해 재발방지계획

··· 04 재해조사 4단계, 조치 7단계

1 개요

'재해조사'란 재해의 원인과 자체의 결함 등을 규명함으로써 동종 재해 및 유사 재해의 발생을 막기 위한 예방대책을 강구하기 위하여 실시하는 것을 말하며, 재해원인에 대한 사실을 파악하는 데그 목적이 있다.

2 재해조사의 목적

(1) 동종재해 방지
(2) 유사재해 방지

3 재해조사 3원칙

(1) 1단계 : 현장보존
(2) 2단계 : 사실의 수집
(3) 3단계 : 피해자, 감독자, 목격자 진술

4 재해조사 4단계

(1) 제1단계(사실의 확인)

① 재해 발생까지의 경과 확인
② 인적, 물적, 관리적인 면에 관한 사실 수집

(2) 제2단계(재해요인의 확인) : 직접원인의 확정 및 문제점의 유무

① 인적, 물적, 관리적인 면에서 재해 요인 파악
② 파악된 사실에서 재해의 직접원인의 확정 및 문제점의 유무

(3) 제3단계(재해요인의 결정) : 기본원인(4M)과 기본적 문제의 결정

① 재해 요인의 상관관계와 중요도를 고려
② 불안전 상태 및 행동의 배후에 있는 기본원인을 4M의 생각에 따라 분석·결정

(4) 제4단계(대책의 수립)

① 대책은 최선의 효과를 가져 올 수 있는 구체적이고 실시 가능한 것
② 재해원인 및 근본문제점을 중심으로 동종재해 및 유사재해의 예방대책 수립

5 조치 7단계

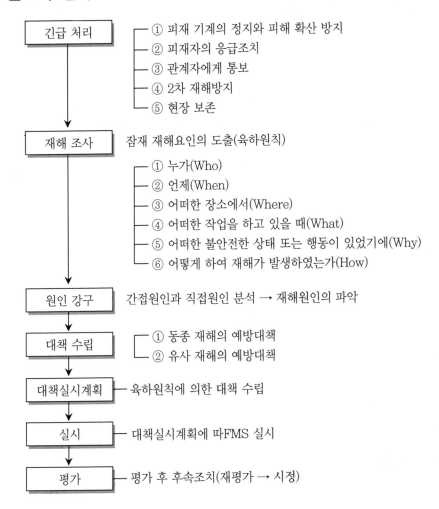

긴급 처리	① 피재 기계의 정지와 피해 확산 방지
	② 피재자의 응급조치
	③ 관계자에게 통보
	④ 2차 재해방지
	⑤ 현장 보존

재해 조사	잠재 재해요인의 도출(육하원칙)
	① 누가(Who)
	② 언제(When)
	③ 어떠한 장소에서(Where)
	④ 어떠한 작업을 하고 있을 때(What)
	⑤ 어떠한 불안전한 상태 또는 행동이 있었기에(Why)
	⑥ 어떻게 하여 재해가 발생하였는가(How)

원인 강구	간접원인과 직접원인 분석 → 재해원인의 파악

대책 수립	① 동종 재해의 예방대책
	② 유사 재해의 예방대책

대책실시계획	육하원칙에 의한 대책 수립

실시	대책실시계획에 따FMS 실시

평가	평가 후 후속조치(재평가 → 시정)

6 재해조사 시 유의사항

(1) 사실을 수집한다.

(2) 목격자 등이 증언하는 사실 이외의 추측은 참고만 한다.

(3) 조사는 신속하게 행하고 긴급 조치로 2차 재해를 방지한다.

(4) 인적·물적 재해요인을 모두 도출시킨다.

(5) 객관적인 입장에서 공정하게 조사하며, 조사는 2인 이상이 한다.

(6) 책임 소재 파악보다 재발 방지를 우선으로 한다.

(7) 피해자에 대한 구급 조치를 우선으로 한다.

(8) 2차 재해의 예방과 위험성에 대비한 보호구를 착용한다.

1 개요

심정지의 발생은 예측이 어렵고, 예측되지 않는 심정지의 60~80%는 가정, 직장, 길거리 등 의료 시설 이외의 장소에서 발생되므로 환자 발생 시 전문 소생술이 시행되기 전 가슴압박과 제세동 처치를 시행해 환자의 심박동을 가능한 한 빨리 정상화시키는 것이 중요하다.

2 기본소생술 순서

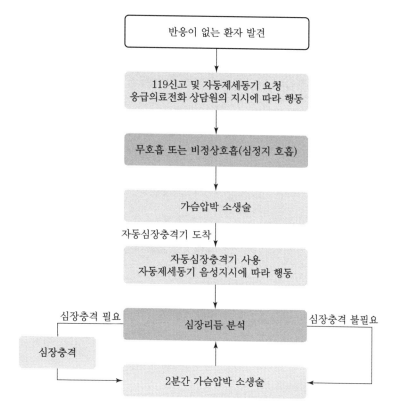

3 심폐소생술

(1) **가슴압박** : 가슴의 중앙인 흉골의 아래쪽 절반 부위에 한쪽 손꿈치를 대고, 다른 한 손을 그 위에 포개어 깍지를 낀다.

(2) 구조자의 팔꿈치를 곧게 펴고 구조자의 체중이 실리도록 환자의 가슴과 구조자 팔이 수직이 되도록 한다.

(3) 강하게 규칙적으로 그리고 빠르게 압박한다(분당 100회 이상 120회 초과되지 않도록 하며, 압박 깊이는 5cm를 유지하고 6cm를 초과하지 말 것).

(4) 소아 및 영·유아는 한 손만을 이용한 가슴압박이나 두 개 손가락을 이용한 가슴압박을 한다.

4 제세동기

(1) 심폐소생술을 시행 중 심장충격기가 도착해도 두 사람 이상이 있다면 심폐소생술을 중단하지 않는다.

(2) 두개의 패드를 환자의 가슴에 단단히 부착한다(환자의 옷은 벗기고, 패드 부착부위에 땀이나 이물질은 제거한다).

(3) 심장충격기가 환자 심전도를 분석하는 동안 심폐소생술은 잠시 중단하며 환자의 몸이 움직이지 않도록 한다.

(4) 제세동기의 음성 또는 화면 지시에 따라 실시한다.

··· 06 재해원인의 분석방법

1 개요

'재해원인 분석'이란 재해현상을 구성하는 요소를 도출하는 것으로 '재해원인의 분석방법'에는 개별적 원인분석, 통계적 원인분석, 문답방식에 의한 원인분석 방법이 있으며, 과학적인 재해원 인의 분석으로 동종재해 및 유사재해의 방지대책에 활용할 수 있도록 한다.

2 재해원인 분석방법

(1) 개별적 원인분석

① 개개의 재해를 하나하나 분석하는 것으로 상세 원인의 규명이 가능하다.
② 간혹 발생하는 특수재해나 중대재해 및 건수가 적은 중소기업에 적합하다.

(2) 통계적 원인분석

① 파레토도(Pareto Diagram)
  • 사고의 유형, 기인물 등 분류 항목을 큰 순서대로 도표화
  • 중점관리대상 선정에 유리하며 재해원인의 크기·비중의 확인 가능

② 특성 요인도(Causes and Effects Diagram)
  재해의 특성과 여기에 영향을 주는 원인의 관계를 생선뼈 형태로 세분

③ 크로스도(Cross Diagram)
  재해발생 위험도가 큰 조합을 발견하는 것이 가능

④ 관리도(Control Chart)
  월별 재해 발생 수를 그래프화하여 관리선을 설정하여 관리하는 방법

⑤ 기타
  파이도표, 오일러도표 등

(3) 문답방식에 의한 원인분석

Flow Chart를 이용한 재해원인 분석

··· 07 재해사례연구법

1 개요

'재해사례연구법'이란 산업재해의 사례를 과제로 하여 그 사실과 배경을 체계적으로 파악하여, 문제점과 재해원인을 규명하고 향후 재해예방대책을 수립하기 위한 기법을 말한다.

2 재해사례연구의 목적

(1) 재해요인을 체계적으로 규명하여 이에 대한 대책 수립
(2) 재해방지의 원칙을 습득하여 이것을 일상의 안전보건활동에 실천
(3) 참가자의 안전보건활동에 관한 사고력 제고

3 재해사례연구의 참고기준

(1) 법규
(2) 기술지침
(3) 사내규정
(4) 작업명령
(5) 작업표준
(6) 설비기준
(7) 작업의 상식
(8) 직장의 관습 등

4 재해사례연구법 Flow Chart

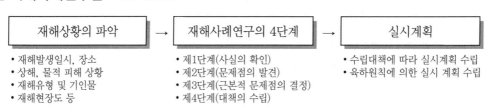

재해상황의 파악	→	재해사례연구의 4단계	→	실시계획
• 재해발생일시, 장소 • 상해, 물적 피해 상황 • 재해유형 및 기인물 • 재해현장도 등		• 제1단계(사실의 확인) • 제2단계(문제점의 발견) • 제3단계(근본적 문제점의 결정) • 제4단계(대책의 수립)		• 수립대책에 따라 실시계획 수립 • 육하원칙에 의한 실시 계획 수립

5 재해사례연구의 진행방법

(1) 개별연구

① 사례 해결에 대한 자문자답 또는 사실에 대한 스스로의 조건보충과 비판을 통한 판단 및 결정

② 집단으로 연구하는 경우에도 같은 과정을 거침

(2) 반별토의

① 기인사고와 집단토의의 결과를 대비

② 참가자의 자기개발 또는 상호개발을 촉진

(3) 전체토의

① 반별토의 결과를 상호 발표 및 의견교환

② 반별토의에서 해결하지 못했던 현안사항 또는 관련사항에 대하여 토의

③ 참가자의 경험 및 정보의 교환

6 재해사례연구 4단계

(1) 1단계 : 사실의 확인

① 사람

② 물건

③ 관리

④ 재해발생까지의 경과

(2) 2단계 : 직접원인과 문제점의 확인

(3) 3단계 : 근본 문제점의 결정

(4) 4단계 : 대책의 수립

① 동종재해의 재발방지

② 유사재해의 재발방지

③ 재해원인의 규명 및 예방자료 수집

7 재해사례연구 시 파악하여야 할 상해

(1) 상해의 부위

(2) 상해의 종류

(3) 상해의 성질

1 개요

산업안전보건법에 따른 산업재해에 관한 조사 및 통계의 유지·관리를 위하여 산업재해조사표 제출과 전산입력·통계업무 처리 시 산업안전보건법의 적용을 받는 사업장에 적용한다.

2 산업재해통계의 산출방법

(1) 재해율

$$재해율 = \frac{재해자수}{산재보험적용근로자수} \times 100$$

① '재해자수'는 근로복지공단의 유족급여가 지급된 사망자 및 근로복지공단에 최초요양신청서(재진 요양신청이나 전원요양신청서는 제외한다)를 제출한 재해자 중 요양승인을 받은 자(지방고용노동관서의 산재 미보고 적발 사망자 수를 포함한다)를 말함. 다만, 통상의 출퇴근으로 발생한 재해는 제외함

② '산재보험적용근로자수'는 산업재해보상보험법이 적용되는 근로자수를 말함. 이하 같음

(2) 사망만인율

$$사망만인율 = \frac{사망자수}{산재보험적용근로자수} \times 10,000$$

'사망자수'는 근로복지공단의 유족급여가 지급된 사망자(지방고용노동관서의 산재미보고 적발 사망자를 포함한다)수를 말함. 다만, 사업장 밖의 교통사고(운수업, 음식숙박업은 사업장 밖의 교통사고도 포함)·체육행사·폭력행위·통상의 출퇴근에 의한 사망, 사고발생일로부터 1년을 경과하여 사망한 경우는 제외함

(3) 휴업재해율

$$휴업재해율 = \frac{휴업재해자수}{임금근로자수} \times 100$$

① '휴업재해자수'란 근로복지공단의 휴업급여를 지급받은 재해자수를 말함. 다만, 질병에 의한 재해와 사업장 밖의 교통사고(운수업, 음식숙박업은 사업장 밖의 교통사고도 포함)·체육행사·폭력행위·통상의 출퇴근으로 발생한 재해는 제외함

② '임금근로자수'는 통계청의 경제활동인구조사상 임금근로자수를 말함

(4) 도수율(빈도율)

$$도수율(빈도율) = \frac{재해건수}{연\ 근로시간수} \times 1,000,000$$

(5) 강도율

$$강도율 = \frac{총요양근로손실일수}{연\ 근로시간수} \times 1,000$$

'총요양근로손실일수'는 재해자의 총 요양기간을 합산하여 산출하되, 사망, 부상 또는 질병이나 장해자의 등급별 요양근로손실일수 산정요령에 따른다.

❸ 사망사고 제외기준

'재해조사 대상 사고사망자수'는 「근로감독관 집무규정(산업안전보건)」에 따라 지방고용노동관서에서 법상 안전·보건조치 위반 여부를 조사하여 중대재해로 발생보고한 사망사고 중 업무상 사망사고로 인한 사망자수를 말한다. 다만, 다음의 업무상 사망사고는 제외한다.

① 법 제3조 단서에 따라 법의 일부적용대상 사업장에서 발생한 재해 중 적용조항 외의 원인으로 발생한 것이 객관적으로 명백한 재해[「중대재해처벌 등에 관한 법률」(이하 "중처법"이라 한다) 제2조제2호에 따른 중대산업재해는 제외한다]

② 고혈압 등 개인지병, 방화 등에 의한 재해 중 재해원인이 사업주의 법 위반, 경영책임자 등의 중처법 위반에 기인하지 아니한 것이 명백한 재해

③ 해당 사업장의 폐지, 재해발생 후 84일 이상 요양 중 사망한 재해로서 목격자 등 참고인의 소재불명 등으로 재해발생에 대하여 원인규명이 불가능하여 재해조사의 실익이 없다고 지방관서장이 인정하는 재해

❹ 요양근로손실일수 산정요령

신체장해등급이 결정되었을 때는 다음과 같이 등급별 근로손실일수를 적용한다.

구분	사망	신체장해자 등급											
		1~3	4	5	6	7	8	9	10	11	12	13	14
근로손실일수(일)	7,500	7,500	5,500	4,000	3,000	2,200	1,500	1,000	600	400	200	100	50

※ 부상 및 질병자의 요양근로손실일수는 요양신청서에 기재된 요양일수를 말한다.

··· 09 직무스트레스

1 개요

할당된 작업의 조건에 따라 정신적, 심리적 압박으로 인해 재해의 기본요인이 됨을 직무스트레스라 하며, 무리한 스트레스가 가해지지 않도록 사전에 예방하는 것이 중요하다.

2 발생요인

(1) **환경요인(물리적 요인)** : 작업환경, 소음, 진동, 온열조건, 조도기준, 환기조건 등
(2) **배정된 작업요인** : 작업량, 작업속도 등
(3) **개인적 요인** : 기술축적 정도, 성격, 의사결정 범위, 역할, 동기부여 정도
(4) **조직적 요인** : 조직구조, 리더십, 평가받음의 적정성
(5) **기타 요인** : 사회적 인식, 경제력, 가족관계

3 직무로 인한 스트레스의 반응 결과

(1) 조직적 반응결과
　① 회피반응의 증가
　② 작업량의 감소
　③ 직무 불만족의 표출

(2) 개인적 반응결과
　① 행동반응
　　• 약물남용, 흡연, 음주
　　• 돌발적 행동
　　• 불편한 대인관계
　　• 식욕감퇴
　② 심리반응
　　• 불면증에 의한 수면의 질 저하
　　• 집중력 저하
　　• 성욕감퇴 및 이성에 관한 관심저하 또는 급증
　③ 의학적 결과
　　• 심혈관계질환이나 호흡장애
　　• 암 또는 우울증 이환
　　• 위장질환 등 내과적 손상

4 직무스트레스의 관리

(1) 조직적 관리기법

① 작업계획 수립 시 근로자의 적극적 참여로 근로환경 개선
② 적절한 휴식시간의 제공 및 휴게시설 제공
③ 작업환경, 근로시간 등 스트레스 요인에 대한 적극적 평가
④ 직무재설계에 의한 작업 스케줄 반영
⑤ 조직구조와 기능의 적절한 설계

(2) 개인적 관리기법

① Hellriegel의 관리기법
- 적절한 휴식시간 및 자신감 개발
- 긍정적 사고방식
- 규칙적인 운동
- 문제의 심각화 방지

② Greenberg의 신체적 관리
- 체중조절과 영양섭취
- 적절한 운동 및 휴식
- 교육 및 명상
- 자발적 건강관리 유도

③ 일반적 스트레스 관리
- 건강검진에 의한 스트레스성 질환의 평가
- 근로자 자신의 한계를 인식시키고 해결방안을 도출시킬 수 있도록 함

5 직무스트레스 모델의 분류

(1) 인간-환경 모델

동기부여상태와 작업의 수준과 근로자 능력의 차이에 의한 스트레스 발생 모델

(2) NIOSH 모델

스트레스 요인과 근로자 개인이 상호작용하는 조건으로 나타나는 급성 심리적 파괴나 행동적 반응이 나타나는 상황으로 급성반응으로 나타남에 따라 다양한 질병을 유발한다는 모델

(3) 직무요구-통제모델

직무요구와 직무통제가 상호작용한다는 이론으로 직무요구가 스트레스를 유발하는 것에 비해, 직무통제는 정신적인 해소를 불러일으킨다는 모델

(4) 노력-보상 불균형 모델

애덤스의 동기부여 이론에 기반을 두고있는 모델로 본인의 노력과 성과가 타인과 비교된다는
모델

6 직무스트레스로 인한 건강장해 예방방안

(1) 작업계획 수립 시 근로자 의견반영
(2) 건강진단 결과를 참고하여 근로자 배치
(3) 작업량과 휴식시간의 적절한 배분
(4) 작업환경, 작업내용, 작업시간 등 직무스트레스 요인의 정확한 평가와 개선대책 수립·시행
(5) 뇌혈관 및 심장질환 발병위험도를 평가해 건강증진 프로그램 시행
(6) 근로시간 외 복지차원의 적극적 지원

7 적성검사 분류

(1) **신체검사** : 체격검사, 신체적 적성검사
(2) **생리적 기능검사** : 감각기능, 심폐기능, 체력검정
(3) **심리학적 검사**
  ① 지능검사
  ② 지각동작검사 : 수족협조, 운동속도, 형태지각 검사
  ③ 인성검사 성격, 태도, 정신상태 검사
  ④ 기능검사 : 숙련도, 전문지식, 사고력에 대한 직무평가

8 결론

직무스트레스는 건설업의 경우 고령근로자 및 초보근로자의 재해발생 비율이 높은 것과도 밀접한
연관이 있는 것으로 발생요인을 근거로 스트레스의 반응결과에 따라 과학적 접근방식에 의한 분
류와 예방대책 및 관리대책이 강구되어야 할 것이다.

⋯ 10 국제노동기구(ILO)의 재해구성비

1 개요

국제노동기구(ILO ; International Labor Office)의 국제노동통계위원회에서 산업재해 정도에 따른 구분방식과 재해원인 분류방법이 채택되었으며, 재해원인 분류방법은 재해원인을 4가지 항목으로 분류하고 있다.

2 국제노동기구(ILO)의 재해분류방법

(1) 재해형태에 따른 분류

추락, 낙반 등

(2) 매개물에 따른 분류

기계류, 운송 및 기중장비, 기타 장비, 재료, 물질, 방사능, 작업환경 등

(3) 재해의 성격에 따른 분류

골절, 외상, 타박상 등

(4) 인체의 상해부위에 따른 분류

머리, 목, 손, 발 등

3 ILO의 재해구성 비율

200건의 아차사고의 인과가 안전대책의 중요한 실마리임

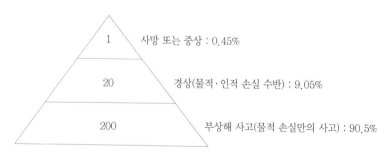

사망 또는 중상 : 0.45% (1)
경상(물적·인적 손실 수반) : 9.05% (20)
부상해 사고(물적 손실만의 사고) : 90.5% (200)

1 파레토도(Pareto Diagram)

(1) 가로축에 재해원인을, 세로축에 점유율(%)을 표시

① 가로축 : 사고의 형태, 기인물, 불안전한 상태·
행동 등의 분류항목을 큰 순으로 나열
② 세로축 : 분류항목 합계에 대한 비율을 백분율
(%)로 표시

(2) 특징

① 재해의 중점 원인을 파악하기 쉽다.
② 중점관리대상 선정에 유리하다.
③ 재해원인의 크기·비중 확인이 가능하다.

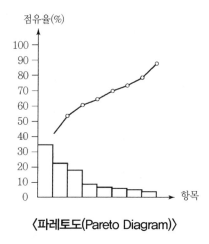

〈파레토도(Pareto Diagram)〉

2 특성요인도(Causes and Effects Diagram)

(1) 특성요인도 작성순서 Flow Chart

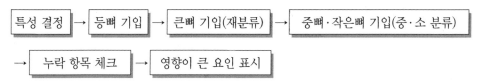

(2) 작업순서

① 특성 결정 : 무엇에 대해 특성요인도를 작성할 것인가를 결정
② 등뼈 기입 : 원칙적으로 좌측에서 우측으로 향하여 굵은 화살표 기입
③ 큰뼈 기입 : 대분류
④ 중뼈·작은뼈 기입 : 중·소분류
⑤ 누락항목 체크 : 빠진 것이 있으면 추가 기입
⑥ 영향이 큰 요인 표시 : 특성에 대해 영향이 큰 것, 중요한 것을 선정하여 원으로 표시

(3) 특징

① 재해의 특성과 원인의 관계를 정리한 것으로 생선뼈 형태상으로 나타나는 것이 특징임
② 어느 하나의 문제를 요인의 연쇄라는 형태로 간결하게 표현 가능
③ 원인과 결과의 관계를 쉽게 파악할 수 있으므로 재해원인 분석에 효과적임

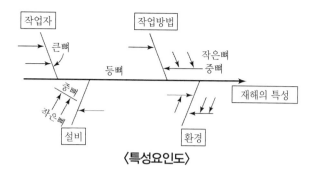

〈특성요인도〉

③ 크로스도(Cross Diagram)

(1) 재해의 원인은 여러 요소가 복합적으로 작용하므로, 상호관계를 분석하여 재해예방을 위한 구체적인 자료와 정보 분석이 용이하다.

(2) **특징**

① 2개 이상의 문제 관계를 분석하기 위해 사용되는 방법

② 상호관계를 분석하여 재해원인을 정확하게 파악하는 것이 가능하다.

③ 재해발생 위험도가 큰 조합을 발견하는 것이 가능하다.

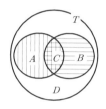

T : 전체 재해 건수
A : 불안전한 상태에 의한 재해 건수
B : 불안전한 행동에 의한 재해 건수
C : 불안전한 상태에 불안전한 행동이 겹쳐 발생한 재해 건수
D : 불안전한 상태나 불안전한 행동 어느 것에도 관계없이 발생한 재해 건수

〈Cross Diagram〉

④ 관리도(Control Chart)

(1) 월별 재해 발생수를 그래프화해 관리선을 설정하여 관리하는 경우 등

(2) 특정치에 관해 그려진 그래프로 관리상 태의 판단이 용이하다.

(3) 상한관리선과 하한관리선 내에서 목표 관리가 가능하다.

(4) **관리선의 표시**

① 상한관리선 : UCL

② 중심선 : CL

③ 하한관리선 : LCL

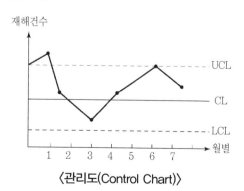

〈관리도(Control Chart)〉

··· 12 작업환경 개선대책

1 유해요인

(1) **화학적 요인** : 유기용제, 유해물질, 중금속 등에서 발생되는 가스, 증기, Fume, Mist, 분진

(2) **물리적 요인** : 소음, 진동, 방사선, 이상기압, 극한온도

(3) **생물학적 요인** : 박테리아, 바이러스, 진균 미생물

(4) **인간공학적 요인** : 불량한 작업환경, 부적합한 공법, 근골격계질환, 밀폐공간 등

2 개선대책

(1) 공학적 대책

① 오염발생원의 직접 제거

② 사고요인과 오염원을 근본적으로 제거하는 적극적 개선대책

ㄱ Elimination : 위험원의 제거

ㄴ Substitution : 위험성이 낮은 물질로 대체

(**예** 연삭숫돌의 사암 유리규산을 진폐위험이 없는 페놀수지로 대체)

③ Technical Measure

ㄱ 공정의 변경 : Fail Safe, Fool Proof

ㄴ 공정의 밀폐 : 소음, 분진 차단

ㄷ 공정의 격리 : 복사열, 고에너지의 격리

ㄹ 습식공법 : 분진발생부의 살수에 의한 비산방지

ㅁ 국소배기 : 작업환경개선

ㅂ Organizational Measure

ㅅ Personal Protective Equipment, Training

(2) 통과 과정의 개선대책

① 정리정돈 및 청소

ㄱ 작업장 퇴적분진의 비산방지를 위한 제거

ㄴ 작업장 주변과 사용공구의 정리정돈

② 희석식 환기(Dilution Ventilation)

국소배기장치의 적용이 불가능한 장소의 신선한 외기 흡입장치

③ 오염발생원과 근로자의 이격

근로자와 유해환경과의 노출에너지 저감

④ 모니터링의 지속실시

　㉠ 전문적 지식을 갖춘 자를 배치해 위험성 정도를 수시로 측정 분석(AI기술로 대체 시 더욱 효과적)

　㉡ 유해위험성의 기준 초과 시 자동 경보장치 작동체계 구축

(3) 근로자 보호대책

① 교육훈련

　㉠ 유해위험물질에 대한 정확한 정보전달

　㉡ 작위, 부작위에 의한 불안전한 행동의 통제(작위 : 의무사항을 이행하지 않는 행위, 부작위 : 금지사항을 실행하는 행위)

② 교대근무

근로자의 건강을 저해하는 유해성은 유해물질의 농도와 노출시간에 비례하므로 작업상태가 노출기준 초과기준에 도달하지 않은 경우에도 유해인자의 접촉시간 최소화

$$\text{Harber의 법칙 } H = C \times T$$

　　여기서, H : Harber's Theory, C : 농도, T : 노출시간

③ 개인 보호구의 적절한 공급 및 착용상태 관리감독

　㉠ 보호구의 착용이 재해의 발생을 억제시키는 것이 아닌 저감시키기 위한 것임을 주지시킬 것

　㉡ 안전인증대상여부의 필수확인

④ 작업환경의 주기적 측정

구분	측정주기
신규공정 가동 시	30일 이내 실시 후 6개월마다 1회 이상
정기적 측정	6개월마다 1회 이상
발암성 물질, 화학물질 노출기준 2배 이상 초과	3개월마다 1회 이상
1년간 공정변경이 없고 최근 2회 측정결과가 노출기준 미만 시(발암성 물질 제외)	1년 1회 이상

⑤ 적성검사

　㉠ 신체검사 : 체격검사, 신체적 적성검사

　㉡ 생리적 기능검사 : 감각기능, 심폐기능, 체력검정

　㉢ 심리학적 검사

　　• 지능검사

　　• 지각동작검사 : 수족협조, 운동속도, 형태지각 검사

　　• 인성검사 성격, 태도, 정신상태 검사

　　• 기능검사 : 숙련도, 전문지식, 사고력에 대한 직무평가

보호구 및 방호장치

··· 01 보호구

1 개요

'보호구'란 각종 위험요인으로부터 근로자를 보호하기 위한 보조기구로 작업자의 신체 일부 또는 전체에 착용되도록 하여야 하며, 사용 목적에 적합하여야 한다.

2 보호구의 분류

(1) 안전보호구

① 두부 보호 : 추락 및 감전위험 방지용 안전모

② 추락 방지 : 안전대

③ 발 보호 : 안전화

④ 손 보호 : 안전장갑

⑤ 얼굴 보호 : 용접용 보안면

(2) 위생 보호구

① 유해화학물질 흡입방지 : 방진마스크, 방독마스크, 송기마스크

② 눈 보호 : 차광 및 비산물 위험방지용 보안경

③ 소음 차단 : 방음용 귀마개 또는 귀덮개

④ 몸 전체 방호 : 보호복

⑤ 전동식 호흡 보호구

(3) 기타 : 근로자의 작업상 필요한 것

3 보호구의 구비조건

(1) 착용이 간편할 것

(2) 작업에 방해가 되지 않도록 할 것

(3) 유해 위험요소에 대한 방호성능 충분할 것

(4) 품질이 양호할 것

(5) 구조와 끝마무리가 양호할 것

(6) 겉모양과 표면이 섬세하고 외관이 좋을 것

4 보호구의 보관방법

(1) 직사광선을 피하고 통풍이 잘되는 장소에 보관할 것

(2) 부식성, 유해성, 인화성, 기름, 산과 통합하여 보관하지 말 것

(3) 발열성 물질이 주위에 없을 것

(4) 땀으로 오염된 경우 세척하여 보관할 것

(5) 모래, 진흙 등이 묻은 경우는 세척 후 그늘에서 건조할 것

5 보호구 사용 시 유의사항

(1) 정기적으로 점검할 것 (2) 작업에 적절한 보호구 선정

(3) 작업장에 필요한 수량의 보호구 비치 (4) 작업자에게 올바른 사용법을 가르칠 것

(5) 사용 시 필요 보호구를 반드시 사용할 것 (6) 사용 시 불편이 없도록 관리를 철저히 할 것

(7) 검정 합격 보호구 사용

6 보호구 종류와 적용작업

보호구의 종류		적용 작업 및 작업장
호흡용 보호구	방진마스크	분체작업, 연마작업, 광택작업, 배합작업
	방독마스크	유기용제, 유해가스, 미스트, 흄발생작업장
	송기마스크, 산소호흡기, 공기호흡기	저장조, 하수구 등 청소 및 산소결핍위험작업장
청력 보호구	귀마개, 귀덮개	소음발생작업장
안구 및 시력보호구	전안면 보호구	강력한 분진비산작업과 유해광선 발생작업
	시력 보호 안경	유해광선 발생 작업보호의와 장갑, 장화
안전장갑	장갑	피부로 침입하는 화학물질 또는 강산성물질을 취급하는 작업
안전화	장화	피부로 침입하는 화학물질 또는 강산성물질을 취급하는 작업
보호복	방열복, 방열면	고열발생 작업장
	전신보호복	강산 또는 맹독유해물질이 강력하게 비산되는 작업
	부분보호복	상기 물질이 심하게 비산되지 않는 작업
피부보호크림		피부염증 또는 홍반을 일으키는 물질에 노출되는 작업장

··· 02 안전모

1 개요

(1) '안전모'란 물체의 낙하, 비래 또는 추락에 의한 위험을 방지 또는 저감하거나 감전에 의한 위험을 방지 또는 저감하기 위하여 사용하는 보호구를 말한다.

(2) 안전모는 AB, AE, ABE의 3종이 있으며 작업의 사용구분에 따라 적정한 안전모를 착용하여 위험을 방지하여야 한다.

2 안전모의 구비조건

(1) 모체의 재료는 내전성, 내열성, 내한성, 내수성, 난연성 등이 성능기준에 적합할 것

(2) 제작비용이 저렴하고 대량생산이 가능할 것

(3) 장시간 사용에 부담이 없고 작업에 지장을 유발하지 않을것

(4) 오염에 강하고, 돌출부가 과다하지 않을 것

3 안전모의 종류 및 사용구분

종류	사용구분	모체의 재질	비고
AB	물체의 낙하 또는 비래 및 추락에 의한 위험을 방지 또는 경감시키기 위한 것(낙하·비래·추락)	합성수지	–
AE	물체의 낙하 및 비래에 의한 위험을 방지 또는 경감하고 머리 부위에 감전에 의한 위험을 방지하기 위한 것(낙하·비래, 감전)	합성수지	내안정성
ABE	물체의 낙하 또는 비래 및 추락에 의한 위험을 방지 또는 경감하고, 머리 부위 감전에 의한 위험을 방지하기 위한 것(낙하·비래, 추락, 감전)	합성수지	내전압성

··· 03 안전모의 성능시험

1 개요

안전모란 머리를 보호하기 위한 것으로 내관통성, 충격흡수성, 내전압성, 내수성, 난연성 등의 요구성능을 충족시키며 또한 성능검사에 합격한 제품을 사용하여 머리에 가해지는 충격 및 위험으로부터 작업자를 보호할 수 있어야 한다.

2 안전모의 요구성능

(1) 내관통성
(2) 충격흡수성
(3) 내전압성
(4) 내수성
(5) 난연성

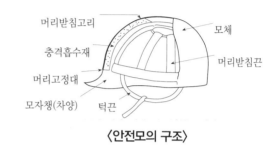

〈안전모의 구조〉

3 안전모의 성능시험

(1) **내관통성 시험(대상 안전모 : AB, AE, ABE)**
　① 시험방법
　　시험 안전모를 땀방지대가 느슨한 상태로 사람머리 모형에 장착하고 0.45kg (1Pound)의 철제추를 높이 3.04m(10피트)에서 자유낙하시켜 관통거리 측정
　② 성능기준(관통거리는 모체 두께를 포함하여 철제추가 관통한 거리)
　　• AB 안전모 : 관통거리가 11.1mm 이하
　　• AE, ABE 안전모 : 관통거리가 9.5mm 이하

(2) **충격흡수성 시험(대상 안전모 : AB, ABE)**
　① 시험방법
　　시험장치에 따라 땀방지대가 느슨한 상태로 사람머리 모형에 장착하고 3.6kg(1Pounds)의 철제추를 높이 1.52m(5피트)에서 자유낙하시켜 전달충격력 측정
　② 성능기준
　　• 최고 전달 충격력이 4,450N(1,000 Pounds)을 초과해서는 안 됨
　　• 모체와 장착제의 기능이 상실되지 않을 것

(3) 내전압성 시험(대상 안전모 : AE, ABE)

① 시험방법

안전모의 모체 내외의 수위가 동일하게 되도록 물을 넣고 이 상태에서 모체 내외의 수중에 전극을 담그고 20kV의 전압을 가해 충전 전류를 측정

② 성능기준

교류 20kV에서 1분간 절연파괴 없이 견뎌야 하고 또한 누설되는 충격 전류가 10mA 이내 이어야 함

(4) 내수성 시험(대상 안전모 : AE, ABE)

① 시험방법

- 안전모의 모체를 20~25℃의 수중에 24시간 담근 후 마른 천 등으로 표면의 수분을 제거 후 질량 증가율(%)을 산출

- 질량증가율(%) = $\dfrac{\text{담근 후의 무게} - \text{담그기 전의 무게}}{\text{담그기 전의 무게}} \times 100$

② 성능기준 : 질량증가율이 1% 이내이어야 함

(5) 난연성 시험

① 시험방법

프로판 Gas 사용한 분젠버너(직경 10mm)로 모체의 연소 부위가 불꽃 접촉면과 수평이 된 상태에서 10초간 연소시킨 후에 불꽃을 제거한 후 모체의 재료가 불꽃을 내고 계속 연소되는 시간을 측정

② 성능기준 : 불꽃을 내며 5초 이상 타지 않을 것

(6) 턱끈 풀림

150N 이상 250N 이하에서 턱끈이 풀릴 것

(7) 일반구조

① AB종 안전모는 일반 구조조건에 적합하고 충격흡수재를 가져야 하며, 리벳 등 기타 돌출부가 모체의 표면에서 5mm 이상 돌출되지 않아야 한다.

② 모체, 착장체를 포함한 질량은 440g을 초과하지 않을 것

③ 머리받침끈이 섬유인 경우에는 각각의 폭은 15mm 이상이어야 하며, 교차 폭 합은 72mm 이상일 것

④ 턱끈의 폭은 10mm 이상일 것

⑤ 모체, 착장체를 포함한 질량은 440g을 초과하지 않을 것

··· 04 안전대

1 개요

'안전대'란 고소작업 시 추락에 의한 위험을 방지하기 위해 사용하는 보호구로서, 작업용도에 적합한 안전대를 선정하여 사용하여야 하며, 지상에서 착용하여 각 부품의 이상 유무를 확인한 후 사용하여야 한다.

2 안전대의 종류

종류	사용구분	비고
1종	전주작업	U자걸이
2종	건설작업	1개걸이
3종	U자걸이와 1개걸이 사용 시 로프길이를 짧게 하기 위함	–
4종	안전블록으로 안전그네와 연결 시	계단작업용
5종	추락방지대로서 수직이동 시	철골트랩용 곤돌라, 달비계작업 시

3 사용장소

추락위험 작업이나 장소 중
(1) 작업발판이 없는 장소
(2) 작업발판이 있어도 난간대가 없는 장소
(3) 난간대로부터 상체를 내밀어 작업해야 하는 경우
(4) 작업발판과 구조체 사이가 30cm 이상인 경우

(5) **직경기준**
  • 안전대 부착설비로 로프사용 시
  • 와이어로프 9~10mm
  • 합성섬유로프 중 나일론로프 12, 14, 16mm
  • PP로프(비닐론로프) 16mm
  • 기타 2,340kg 이상의 인장강도를 갖는 직경

4 안전대의 점검 기준

(1) 벨트의 마모, 흠, 비틀림, 약품류에 의한 변색 여부

(2) 재봉실의 마모, 절단, 풀림상태

(3) 철물류의 마모, 균열, 변형, 전기단락에 의한 용융, 리벳이나 스프링의 상태

(4) 로프의 마모, 소선의 절단, 흠, 열에 의한 변형, 풀림 등의 변형, 약품류에 의한 변색여부

(5) 각 부품의 손상 정도에 의한 사용 한계 준수

5 보수방법

(1) 벨트, 로프가 더러워지면 미지근한 물 또는 중성세제를 사용하여 씻은 후 직사광선을 피해 통풍이 잘되는 곳에서 자연 건조할 것

(2) 벨트, 로프에 도료가 묻은 경우 용제를 사용하지 말고 헝겊 등으로 닦아낼 것

(3) 철물류가 물에 묻은 경우 마른 헝겊으로 잘 닦아내고 녹방지 기름을 엷게 바를 것

(4) 철물류의 회전부는 정기적으로 주유할 것

6 보관방법

(1) 직사광선이 닿지 않는 곳

(2) 통풍이 잘되며 습기가 없는 곳

(3) 부식성 물질이 없는 곳

(4) 화기 등이 근처에 없는 곳

7 U자걸이 사용 시 준수사항

(1) 훅 걸림 여부를 확인하고 체중 이동 시 서서히 체중을 옮겨 이상 유무를 확인한 후 손을 뗄 것

(2) 전주, 구조물 등에 부착된 로프 위치는 허리착용 벨트 위치보다 낮아지지 않도록 주의

(3) 로프의 길이는 작업상 최소한의 길이로 할 것

(4) 로프가 미끄러지지 않는 장소에 설치

8 1개걸이 전용 안전대 준수사항

(1) 안전대의 로프 지지구조물 위치는 반드시 벨트의 위치보다 높을 것

(2) 신축조절기 사용 시 작업지장이 없는 범위에서 로프의 길이를 짧게 사용

(3) 수직구조물, 경사면 작업 시 설비보강 또는 지지로프 설치

(4) 추락 시 진자상태가 되었을 경우 물체에 충돌하지 않는 위치에 안전대 설치

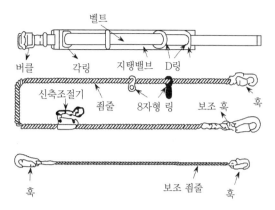

〈안전대 구성품 세부 명칭〉

(5) 바닥면으로부터 높이가 낮은 장소 사용 시 바닥면으로부터 로프 길이의 2배 이상 높이의 구조물 설치

⑨ 안전블록

(1) 사다리를 오르거나 탱크설비 내부로 들어가는 작업 등에서 사용
(2) 안전그네와 연결하여 추락발생시 추락을 억제할 수 있는 자동잠김장치가 갖추어져 있고 죔줄이 자동적으로 수축되는 완강기로 와이어로프타입, 웨빙타입이 있다.

⑩ 결론

고소작업 시 추락재해 방지를 위해 사용하는 안전대는 적절한 사용기준과 점검으로 제 기능이 유지되도록 관리해야 한다.

··· 05 안전대 폐기기준

1 개요

안전대는 책임자를 정하여 정기적으로 점검하여 폐기시켜야 하며, 손상·변형·녹 등이 있는 Rope, Belt, 재봉, D링, 버클 부분은 폐기하여야 한다.

2 안전대 폐기기준

(1) 로프

① 소선에 손상이 있는 것
② 페인트, 기름, 약품, 오물 등으로 변형된 것
③ 비틀림이 있는 것
④ 횡마로 된 부분이 헐거워진 것

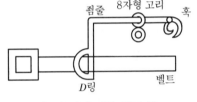

〈1개 걸이 전용 안전대〉

(2) 벨트

① 끝 또는 폭에 1mm 이상의 손상 또는 변형이 있는 것
② 양끝의 해짐이 심한 것

(3) 재봉부

① 재봉 부가 이완된 것
② 재봉실이 1개소 이상 절단되어 있는 것
③ 재봉실 마모가 심한 것

(4) D링

① 깊이 1mm 이상 손상이 있는 것
② 눈에 보일 정도로 변형이 심한 것
③ 전체적으로 부식이 발생된 것

〈D링〉

(5) 훅, 버클

① 훅 갈고리 안쪽에 손상이 발생된 것
② 훅 외측에 1mm 이상의 손상이 있는 것
③ 이탈방지 장치의 작동이 나쁜 것
④ 전체적으로 녹이 슬어 있는 것
⑤ 변형되어 있거나 버클의 체결 상태가 나쁜 것

〈훅〉

··· 06 최하사점

1 개요

'최하사점'이란 추락방지용 보호구로 사용되는 1개 걸이 안전대 사용 시 적정 길이의 Rope를 사용하여야 추락 시 근로자의 안전을 확보할 수 있다는 이론을 말한다.

2 벨트식 안전대 착용 시 추락거리

(1) 최하사점의 공식

$$H > h = 로프길이(l) + 로프의\ 신장\ 길이(l \cdot \alpha) + 작업자\ 키의\ \frac{1}{2}(T/2)$$

여기서, h : 추락 시 로프지지 위치에서 신체 최하사점까지의 거리(최하사점)
H : 로프 지지 위치에서 바닥면까지의 거리

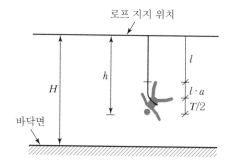

(2) Rope 거리(길이)에 따른 결과

① $H > h$: 안전
② $H = h$: 위험
③ $H < h$: 중상 또는 사망

3 그네식 안전대 착용 시의 추락거리

$$RD = LL + DD + HH + C$$

여기서, LL : 죔줄의 길이
DD : 충격흡수장치의 감속거리(1m)
HH : D링에서 작업자 발까지의 거리(약 1.5m)
C : 추락 저지 시 바닥까지의 여유공간(75cm, 여유거리 45cm와 부착된 부재의 늘어나는 길이 30cm 정도)

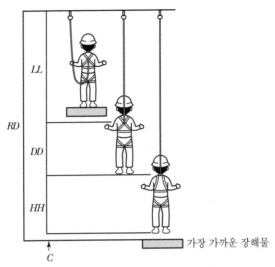

〈그네식 안전대 착용 시의 추락거리〉

④ 추락재해 방지를 위한 안전시설

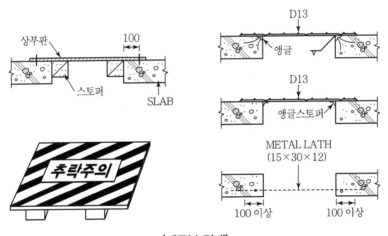

〈개구부 덮개〉

⑤ 추락재해 예방을 위한 계획수립 단계

⑴ **STEP 1** : 추락 위험성이 있는 작업이나 지역에 대한 위험요인 분석을 실시한다.

⑵ **STEP 2** : 가능한 기술적인 방법에 의하여 위험요인을 제거한다(안전한 공법이나 작업방법의 선정을 통한 위험요인 제거).

⑶ **STEP 3** : 가능한 한 안전난간, 접근금지조치와 같은 추락 자체가 일어날 수 없는 추락 방호 시스템 적용을 계획한다.

⑷ **STEP 4** : 사업장의 추락 위험 장소에 추락방지망 설치 또는 작업자의 안전대 착용 등 적합한 추락방지 시스템 적용을 계획한다.

(5) STEP 5 : 추락 위험 장소에 필요한 수평·수직 추락방지 조치에 따른 적합한 고정점(Anchorages)을 확보하기 위해 전문적인 분석을 실시한다.

(6) STEP 6 : 추락이 발생할 경우 추락한 근로자를 구조하기 위한 설비나 장비 등을 계획한다.

(7) STEP 7 : 추락 방지와 구조 등 모든 상황을 대비한 훈련 프로그램을 수립한다.

(8) STEP 8 : 위의 모든 사항이 포함된 추락방지계획을 문서화한다.

6 결론

추락재해는 건설업 중대재해 점유율의 대부분을 차지하는 중요한 관리항목으로 추락재해 예방을 위해서는 추락 가능성을 제거하는 시스템과 기술적인 조치에 해당되는 추락 방호조치와 근로자 추락 시 피해가 최소화될 수 있도록 보호하는 조치에 해당하는 추락방지조치, 안전한 고정점 확보, 올바른 신체지지, 안전대와 고정점 사이의 적절한 연결부재 사용, 추락 근로자의 하강 및 구조를 위한 안전대의 올바른 사용, 진자추락의 위험요인에 대한 올바른 이해와 관리가 필요하다.

··· 07 추락방지대

1 개요

추락재해 방지를 위한 추락방지대는 수직이동 작업 시에 사용하며, 와이어로프형과 레일블록형이 있다.

2 추락방지대의 종류

(1) 와이어로프형(Wire Rope System)
① 수직구명줄의 재질은 Steel Wire나 섬유 Rope 등이 있음
② Rope의 어떤 위치에서도 탈·부착이 가능

(2) 레일블록형(Railblock System)
① 특수레일을 이용하는 추락방지장치
② 작업자 움직임에 따라 이동하며 추락 시 자동으로 잠김

3 추락방지대의 구성

(1) 수직구명줄
Rope 또는 레일 등과 같은 유연하거나 단단한 고정줄로서 추락방지대를 지탱해 주는 로프 형상의 부재

(2) 추락방지대
자동잠김장치가 있는 죔줄과 수직구명줄에 연결된 부재

(3) 죔줄
벨트 또는 안전그네를 구명줄 또는 구조물 등 기타 걸이설비와 연결하기 위한 로프 형상의 부재

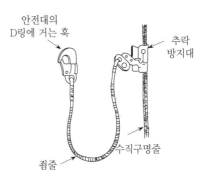

〈와이어로프형 추락방지대〉

4 추락방지대의 기능

승·하강 시, 수평이동 시 추락재해 방지

··· 08 구명줄(Safety Rope)

1 개요

(1) '구명줄'이란 안전대 부착설비의 일종으로 근로자가 잡고 이동할 수 있는 안전난간의 기능과 안전대를 착용한 근로자가 추락 시 추락을 방지하는 기능을 한다.

(2) 구명줄은 설치방향에 따라 수평 및 수직구명줄이 있으며 1인 1가닥 사용을 원칙으로 한다.

2 수평구명줄

(1) 수평구명줄은 추락에 의해 발생되는 진자운동 Energy가 최소화되도록 설치되어야 함

(2) **수평구명줄의 기능**

① 근로자가 잡고 이동할 수 있는 안전난간의 기능

② 추락방지 기능

(3) **수평구명줄의 구성**

① 양측 고정철물

② 와이어로프(Wire Rope)

③ 긴장기

(4) **수평구명줄의 설치위치**

작업자의 허리높이보다 높은 곳에 설치

〈수평구명줄〉

3 수직구명줄

(1) Rope 또는 레일 등과 같은 유연하거나 단단한 고정줄로서 추락 발생 시 추락을 저지시키는 추락방지대를 지탱해 주는 로프 형상의 부재

(2) **수직구명줄의 종류**

① 와이어로프(Wire Rope)

② 레일

(3) **수직구명줄의 기능**

수직이동 작업 시 사용

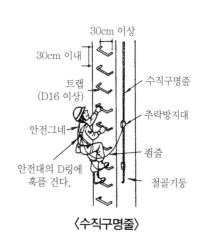

〈수직구명줄〉

··· 09 안전화의 종류

① 개요

'안전화'란 물체의 낙하, 충격 또는 날카로운 물체로 인한 위험이나 화학약품 등으로부터 발 또는 발등을 보호하거나 감전 또는 인체대전을 방지하기 위하여 착용하는 보호구를 말하며, 성능에 따라 분류할 수 있다.

② 보호구의 구비조건

(1) 착용이 간편할 것

(2) 작업에 방해가 되지 않도록 할 것

(3) 유해 위험요소에 대한 방호성능이 충분할 것

(4) 품질이 양호할 것

(5) 구조와 끝마무리가 양호할 것

(6) 겉모양과 표면이 섬세하고 외관상 좋을 것

③ 안전화의 종류

종류	성능구분
가죽제 안전화	물체의 낙하, 충격 및 바닥의 날카로운 물체에 의해 찔릴 위험으로부터 발 보호
고무제 안전화	물체의 낙하, 충격 및 바닥으로부터 찔릴 경우 발 보호·방수·내화학성을 겸한 것
정전기 안전화	물체의 낙하, 충격 및 바닥으로부터 찔릴 경우 발 보호 및 정전기의 인체 대전을 방지
발등 안전화	물체의 낙하, 충격 및 바닥으로부터 찔릴 경우 발 보호 및 발등 보호
절연화	물체의 낙하, 충격 및 바닥으로부터 찔릴 경우 발 보호 및 저압 전기에 의한 감전방지
절연 장화	고압에 의한 감전방지 및 방수를 겸한 것

④ 안전화의 명칭

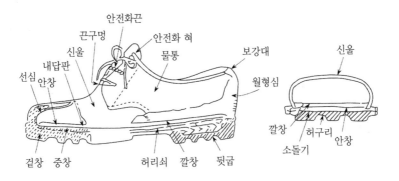

··· 10 안전화의 성능시험

1 개요

안전화는 물체의 낙화·충격·찔림·감전 등으로부터 근로자를 보호하기 위한 보호구이므로 내압박성, 내충격성, 박리저항성, 내압발생 등의 성능을 갖추어야 한다.

2 가죽제 안전화의 시험

(1) 가죽의 두께 측정

① 0.01mm의 눈금을 가진 평활하고 지름 5mm의 원형 가압면이 있는 두께측정기를 사용하여 측정

② 두께 측정 시 가압하중은 $393 \pm 10g$

(2) 가죽의 결렬시험

① 강구파열 시험장치를 이용하여 $15kgf/cm^2$의 압박하중을 가한 후 가죽의 결렬판정

② 결렬의 판정에는 직사광선을 피하고 광선 또는 반사광을 이용하여 육안판정

(3) 가죽의 인열시험

① $100 \pm 20mm/min$의 인장속도로 시험편이 절단될 때까지 인장하여 강도를 구함

② 가죽의 인열강도 값은 3개 시험편의 산술평균값

(4) 강재선심의 부식시험

강재선심을 8%의 끓는 식염수에 15분간 담근 후 미지근한 물로 세척 실온중에 48시간 방치 후 육안에 의해 부식의 유무 조사

(5) 겉창의 시험

① 인장강도 시험 : 인장시험기를 사용하여 시험편이 끊어질 때까지 인장강도 측정

② 인열시험 : 인장시험기를 사용하여 시험편이 절단될 때까지 인장하고 인열강도를 계산

③ 노화시험 : 시험편은 $70 \pm 3℃$가 유지되는 항온조의 연속 120시간 촉진 후 인장강도 측정

④ 내유시험 : 시험편을 시험용 기름에 담근 후 공기중과 실온의 증류수 중에서 각각 질량을 달아 체적변화율 산출

(6) 봉합사의 인장시험

① 내외 봉합사를 약 330mm 길이로 채취하여 실인장 시험기를 이용하여 인장시험

② 인장속도는 $300 \pm 15mm/min$, 인장강도는 kgf/본으로 함

3 안전화의 성능시험

(1) 내압박성 시험

① 시험방법

시료를 선심의 가장 높은 부분의 압박시험장치의 하중축과 일직선이 되도록 놓고, 안창과 선심의 가장 높은 곡선부의 중간에 원주형의 왁스 또는 유점토를 넣은 후 규정 압박하중을 서서히 가한 후 유점토의 최저부 높이를 측정

② 성능기준

• 중작업용, 보통작업용 및 경작업용 : 15mm 이상
• 시험 후 선심의 높이 : 22mm 이상

(2) 내충격성 시험

① 시험방법

안창과 선심의 중간에 유점토를 넣은 후, 무게 23 ± 0.2kgf의 강재추를 소정의 높이에서 자유낙하시킨 후 유점토의 변형된 높이를 측정

② 성능기준

• 중작업용, 보통 작업용 및 경작업용 : 15mm 이상
• 시험 후 선심의 높이 : 22mm 이상

(3) 박리저항시험

① 시험방법

시험편은 안전화 선심 후단부로부터 절단하여 안창 또는 헝겊 등을 제거 후 겉창과 가죽의 길이를 15 ± 5mm로 하여 그 가장자리를 인장시험기의 그립으로 고정시킨 후 서로 반대방향으로 잡아당겨 박리 측정

② 성능기준

• 중작업용 및 보통작업용 : 0.41kgf/mm 이상
• 경작업용 : 0.3kgf/mm 이상

(4) 내답발성 시험

① 시험방법

압박시험장치를 이용하여 규정 철못을 겉창의 허구리 부분에 수직으로 세우고 50kgf의 정하중을 걸어서 관통 여부 조사

② 성능기준

중작업용 및 보통작업용 : 철못에 관통하지 않을 것

··· 11 보안경

1 개요

차광보안경은 유해광선을 차단하는 원형의 필터렌즈(플레이트)와 분진, 칩, 액체약품 등 비산물로부터 눈을 보호하기 위한 커버렌즈로 구성되어 있다.

2 보안경의 분류

(1) 자외선 발생장소에서 착용하는 자외선용
(2) 적외선 발생장소에서 착용하는 적외선용
(3) 자외선 및 적외선 발생장소에서 착용하는 복합용
(4) 용접작업 시 착용하는 용접용

3 보안경의 안전기준

(1) 모양에 따라 특정한 위험에 대해서 적절한 보호를 할 수 있을 것
(2) 착용했을 때 편안할 것
(3) 견고하게 고정되어 쉽게 탈착 또는 움직이지 않을 것
(4) 내구성이 있을 것
(5) 충분히 소독되어 있을 것
(6) 세척이 쉬울 것
(7) 깨끗하고 잘 정비된 상태로 보관되어 있을 것
(8) 비산물로 인한 위험, 직접 또는 반사에 의한 유해광선과 복합적인 위험이 있는 작업장에서는 적절한 보안경 착용
(9) 시력교정용 안경을 착용한 근로자 중 보호구를 착용할 경우 고글(Goggles)이나 스펙터클(Spectacles) 사용

4 보안경의 종류와 기능

종류	기능
스펙터클형(Spectacle)	• 분진, 칩(Chip), 유해광선을 차단하여 눈을 보호 • 쉴드(Shield)가 있는 것은 눈 양옆으로 비산하는 물질 방호
프론트형(Front)	스펙터클형의 일반 안경에 차광능력이 있는 프론트형 안경 부착 사용
고글형(Goggle)	액체 약품 취급 시 비산물로부터 눈을 보호

⑤ 보안경 사용 시 유의사항

(1) 정기적으로 점검할 것

(2) 작업에 적절한 보호구 선정

(3) 작업장에 필요한 수량의 보호구 비치

(4) 작업자에게 올바른 사용법을 가르칠 것

(5) 사용 시 불편이 없도록 관리 철저

(6) 작업 시 필요 보호구 반드시 사용

(7) 검정 합격 보호구 사용

··· 12 안전장갑

1 개요

'안전장갑'이란 감전재해을 방지하기 위하여 사용되는 보호구로서 위험도에 따라 00등급(갈색)부터 4등급(등색)까지 구분된다. 사용 시에는 적정 등급의 선정은 물론, 유해한 결함의 유무를 확인해야 하며, 올바른 착용법 등에 대한 교육이 이루어져야 한다.

2 절연장갑의 등급

등급	최대사용전압		색상
	교류(V)	직류(V)	
00	500	750	갈색
0	1,000	1,500	빨간색
1	7,500	11,250	흰색
2	17,000	25,500	노란색
3	26,500	39,750	녹색
4	36,000	54,000	등색

3 안전장갑의 일반조건

(1) 재료는 적당한 정도의 유연성 및 탄력성이 있는 양질의 고무를 사용할 것
(2) 다듬질이 양호할 것
(3) 흠, 기포, 안구멍 및 기타 사용상 유해한 결함이 없을 것
(4) 이은 자국이 없이 고를 것

4 사용 시 유의사항

(1) 정기적으로 점검할 것
(2) 작업에 적절한 보호구 선정
(3) 작업장에 필요한 수량의 착용 보호구 비치
(4) 작업자에게 올바른 법을 교육시킬 것
(5) 사용 시 불편이 없도록 관리 철저
(6) 작업 시 필요 보호구 반드시 사용
(7) 검정 합격 보호구 사용

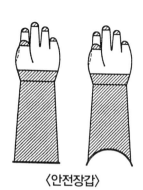

〈안전장갑〉

··· 13 보안면

① 개요

용접용 보안면은 용접작업 시 머리와 안면을 보호하기 위한 것으로 의무안전 인증대상이며 지지대를 이용해 고정하며 필터로 눈과 안면부를 보호하는 보호구이다.

② 보안면의 분류

분류	구조
헬멧형	안전모 또는 착용자 머리에 지지대, 헤드밴드 등으로 고정해 사용하는 형으로 자동용접필터형과 일반용접필터형이 있다.
핸드실드형	손으로 들고 사용하는 보안면으로 필터를 장착해 눈과 안면부를 보호한다.

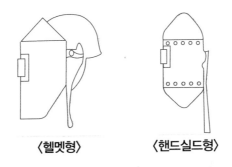

〈헬멧형〉   〈핸드실드형〉

③ 투과율 기준

(1) **커버플레이트** : 89% 이상
(2) **자동용접필터** : 낮은 수준의 최소시감투과율 기준 0.16% 이상

④ 보안면 사용 시 유의사항

(1) 정기적으로 점검할 것
(2) 작업에 적절한 보호구 선정
(3) 작업장에 필요한 수량의 보호구 비치
(4) 작업자에게 올바른 사용법을 지도할 것
(5) 사용 시 불편이 없도록 철저히 관리할 것
(6) 작업 시 필요 보호구 반드시 사용
(7) 검정 합격 보호구 사용

··· 14 방진마스크

1 개요

방진마스크는 분진, 미스트, 흄 등의 물리적·화학적 작용으로 생성된 분진으로부터 근로자를 보호하기 위해 착용하는 것으로 전면형과 반면형으로 구분된다.

2 방진마스크의 분류

(1) **전면형 방진마스크** : 분진으로부터 안면부 전체를 덮는 구조의 방진마스크
(2) **반면형 방진마스크** : 분진으로부터 입과 코를 덮는 구조의 방진마스크

3 방진마스크의 등급별 사용장소

등급	특급	1급	2급
사용장소	베릴륨 등과 같이 독성이 강한 물질들을 함유한 분진 등 발생장소	• 특급마스크 착용장소를 제외한 분진 등 발생장소 • 금속흄 등과 같이 열적으로 생기는 분진 등 발생장소 • 기계적으로 생기는 분진 등 발생장소(규소 등과 같이 2급 방진마스크를 착용하여도 무방한 경우는 제외)	특급 및 1급 마스크 착용장소를 제외한 분진 등 발생장소
	배기밸브가 없는 안면부여과식 마스크는 특급 및 1급 장소에 사용해서는 아니 된다.		

4 호흡보호구의 안전한 사용을 위한 체크포인트

(1) 위험요인

① 산소농도 18% 미만 작업환경에서 방진마스크 및 방독마스크를 착용하고 작업 시 산소결핍에 의한 사망위험

② 산소결핍, 분진 및 유독가스 발생 작업에 적합한 호흡용 보호구를 선택하여 사용하지 않을 경우 사망 또는 직업병에 이환될 위험이 있다.

(2) 종류

① 여과식 호흡용 보호구

방진마스크	분진, 미스트 및 Fume이 호흡기를 통해 인체에 유입되는 것을 방지하기 위해 사용
방독마스크	유해가스, 증기 등이 호흡기를 통해 인체에 유입되는 것을 방지하기 위해 사용

② 공기공급식 호흡용 보호구

송기마스크	신선한 공기를 사용해 공기를 호스로 송기함으로써 산소결핍으로 인한 위험 방지
공기호흡기	압축공기를 충전시킨 소형 고압공기용기를 사용해 공기를 공급함으로써 산소결핍 위험 방지
산소호흡기	압축공기를 충전시킨 소형 고압공기용기를 사용해 산소를 공급함으로써 산소결핍 위험 방지

··· 15   방연마스크

1 개요

방연마스크는 화재 발생 시 착용 후 피난이나 대피가 가능하도록 질식재해 방지를 위한 유독가스 및 연기를 차단 또는 거를 수 있는 기능이 확보되어야 한다.

2 방연마스크의 종류별 특징

기준	공기정화식	자급식
사용제한	산소농도 17~19.5% 장소	작업용, 구조용, 다이빙장비
정량제한	최대 1.0kg	최대 7.5kg
착용성능	30초 이내 착용 (착용 후 바로 사용)	30초 이내 착용 및 작동 (착용 후 별도 조작)
유독가스 보호성능	최소 15분간 6종 가스 차단	최소 5~6분간 산소 직접 공급
호흡	흡기저항 최대 1.1kPa 외부공기 여과하여 호흡 편함	흡기저항 최대 1.6kPa 폐쇄순환구조로 호흡 난해
열적 보호성능	공통적으로 가연성 및 난연성 시험항목 존재	
	복사열 차단 시험 기준존재	복사열 시험기준 불명확

3 선정 시 고려사항

(1) 어두운 곳에서도 개봉이 가능하도록 포장
(2) 연기 외 화염으로부터 눈을 보호하는 후드형 사용
(3) 난연제품 사용(두건재질 시험성적서 구비)
(4) 필터의 제독성능 확인
(5) 방연마스크에 필터 밀착 후 호흡 편리성 확인

4 사용 시 지도사항

(1) 매월 또는 100시간 사용 후 점검
(2) 사용 후에는 반드시 필터 교체
(3) 방연마스크 착용장소 방독 또는 방진 마스크 착용 금지

···16 방독마스크

1 개요

방독마스크에는 유해물질 등으로부터 안면부 전체를 덮을 수 있는 전면형과 안면부의 입과 코를
덮을 수 있는 반면형으로 구분되며 2종 이상의 유해물질에 대한 제독능력이 있는 복합형과 방독마
스크에 방진마스크 성능이 포함된 겸용마스크가 있다.

2 방독마스크 등급기준

등급	사용장소
고농도	가스 또는 증기 농도가 100분의 2 이하의 대기 중 사용하는 것
중농도	가스 또는 증기 농도가 100분의 1 이하의 대기 중 사용하는 것
저농도	가스 또는 증기 농도가 100분의 0.1 이하 대기 중 사용하는 것으로 긴급용이 아닌 것

3 방독마스크의 유효시간

$$유효시간(분) = \frac{시험가스농도 \times 표준유효시간}{작업장\ 공기\ 중\ 유해가스\ 농도}$$

4 안전인증 방독마스크 표시사항

안전인증 방독마스크에는 다음의 내용을 표시해야 한다.

① 파괴곡선도
② 사용시간 기록카드
③ 정화통의 외부 측면의 표시 색

종류	표시 색
유기화합물용 정화통	갈색
할로겐용 정화통	회색
황화수소용 정화통	회색
시안화수소용 정화통	회색
아황산용 정화통	노란색
암모니아용(유기가스) 정화통	녹색
복합용 및 겸용의 정화통	• 복합용의 경우 : 해당 가스 모두 표시(2층 분리) • 겸용의 경우 : 백색과 해당 가스 모두 표시(2층 분리)

··· 17 방음보호구

1 개요

'방음보호구'란 소음이 발생되는 사업장에서 근로자의 청각 기능을 보호하기 위하여 사용하는 귀마개와 귀덮개를 말하며, 사용 목적에 적합한 종류를 선정해 지급하고 올바른 사용법 등에 대한 교육이 이루어져야 한다.

2 방음보호구의 종류

(1) **귀마개** : 외이도에 삽입하여 차음

    ① 1종 : 저음부터 고음까지 차음하는 것

    ② 2종 : 주로 고음을 차음하며 회화음의 영역인 저음은 차음하지 않는 것

(2) **귀덮개** : 귀 전체를 덮어 차음

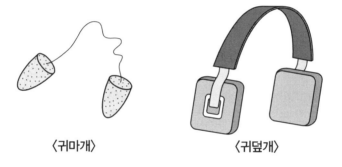

〈귀마개〉　　　　〈귀덮개〉

3 방음보호구의 구조

(1) **귀마개**

    ① 귀(외이도)에 잘 맞을 것

    ② 사용중 심한 불쾌감이 없을 것

    ③ 사용중에 쉽게 빠지지 않을 것

(2) **귀덮개**

    ① 덮개는 귀 전체를 덮을 수 있는 크기로 하고, 발포 플라스틱 등의 흡음재료로 감쌀 것

    ② 귀 주위를 덮는 덮개의 안쪽 부위는 발포 플라스틱이나 공기, 혹은 액체를 봉입한 플라스틱 튜브 등에 의해 귀 주위에 완전하게 밀착되는 구조로 할 것

    ③ 머리띠 또는 걸고리 등은 길이를 조절할 수 있는 것으로, 철재인 경우에는 적당한 탄성을 가져 착용자에게 압박감 또는 불쾌감을 주지 않을 것

4 방음보호구 사용 시 유의사항

(1) 정기적으로 점검할 것

(2) 작업에 적절한 보호구 선정

(3) 작업장에 필요한 수량의 보호구 비치

(4) 작업자에게 올바른 사용법을 가르칠 것

(5) 사용 시 불편이 없도록 관리 철저

(6) 작업 시 필요 보호구 반드시 사용

(7) 안전인증 보호구 사용

5 종류 및 등급

종류	등급	기호	성능	비고
귀마개	1종	EP-1	저음부터 고음까지 차음하는 것	귀마개의 경우 재사용 여부를 제조특성으로 표기
	2종	EP-2	주로 고음을 차음하고 저음(회화음영역)은 차음하지 않는 것	
귀덮개	-	EM	-	-

6 소음노출기준

(1) 작업시간별

작업현장 소음강도	90dB	95dB	100dB	105dB	110dB	115dB
작업시간	8시간	4시간	2시간	1시간	2/4시간	1/4시간

(2) 충격소음작업

소음강도	120dB	130dB	140dB
소음발생횟수제한(1일)	1만 회	1천 회	1백 회

··· 18 송기마스크

1 개요

'송기마스크'란 가스, 증기, 공기 중에 부유하는 미립자상 물질 또는 산소결핍 공기를 흡입함으로써 발생할 수 있는 근로자의 건강장해를 예방하기 위하여 사용하는 보호구를 말한다.

2 종류 및 등급

종류	등급		구분
호스 마스크	폐력흡인형		안면부
	송풍기형	전동	안면부, 페이스실드, 후드
		수동	안면부
에어라인마스크	일정유량형		안면부, 페이스실드, 후드
	디맨드형		안면부
	압력디맨드형		안면부
복합식 에어라인마스크	디맨드형		안면부
	압력디맨드형		안면부

3 종류별 사용범위

종류	등급	형태 및 사용범위
호스 마스크	폐력 흡인형	호스의 끝을 신선한 공기 중에 고정시키고 호스, 안면부를 통하여 착용자가 자신의 폐력으로 공기를 흡입하는 구조로서, 호스는 원칙적으로 안지름 19mm 이상, 길이 10m 이하이어야 한다.
	송풍기형	전동 또는 수동의 송풍기를 신선한 공기 중에 고정시키고 호스, 안면부 등을 통하여 송기하는 구조로서, 송기 풍량의 조절을 위한 유량조절 장치(수동 송풍기를 사용하는 경우는 공기조절 주머니도 가능) 및 송풍기에는 교환이 가능한 필터를 구비하여야 하며, 안면부를 통해 송기하는 것은 송풍기가 사고로 정지된 경우에도 착용자가 자기 폐력으로 호흡할 수 있는 것이어야 한다.
에어라인 마스크	일정 유량형	압축 공기관, 고압 공기용기 및 공기압축기 등으로부터 중압호스, 안면부 등을 통하여 압축공기를 착용자에게 송기하는 구조로서, 중간에 송기 풍량을 조절하기 위한 유량조절장치를 갖추고 압축공기 중의 분진, 기름미스트 등을 여과하기 위한 여과장치를 구비한 것이어야 한다.
	디맨드형 및 압력디맨드형	일정 유량형과 같은 구조로서 공급밸브를 갖추고 착용자의 호흡량에 따라 안면부 내로 송기하는 것이어야 한다.
복합식 에어라인 마스크	디맨드형 및 압력디맨드형	보통의 상태에서는 디맨드형 또는 압력디맨드형으로 사용할 수 있으며, 급기의 중단 등 긴급 시 또는 작업상 필요시에는 보유한 고압공기용기에서 급기를 받아 공기호흡기로서 사용할 수 있는 구조로서, 고압공기용기 및 폐지밸브는 KS P 8155(공기 호흡기)의 규정에 의한 것이어야 한다.

전동식 호흡보호구

1 개요

전동식 호흡보호구는 분진 및 유해물질이 호흡기를 통하여 체내에 흡수되는 것을 막기 위해 전동기와 여과제를 이용하여 분진 및 유해물질이 근로자 호흡기에 유입되는 것을 방지하기 위한 보호구를 말한다.

2 전동식 호흡보호구의 분류

분류	사용구분
전동식 방진마스크	분진 등이 호흡기를 통하여 체내에 유입되는 것을 방지하기 위하여 고효율 여과재를 전동장치에 부착하여 사용하는 것
전동식 방독마스크	유해물질 및 분진 등이 호흡기를 통하여 체내에 유입되는 것을 방지하기 위하여 고효율 정화통 및 여과재를 전동장치에 부착하여 사용하는 것
전동식 후드 및 전동식 보안면	유해물질 및 분진 등이 호흡기를 통하여 체내에 유입되는 것을 방지하기 위하여 고효율 정화통 및 여과재를 전동장치에 부착하여 사용함과 동시에 머리, 안면부, 목, 어깨 부분까지 보호하기 위해 사용하는 것

3 전동기 방진마스크의 구조

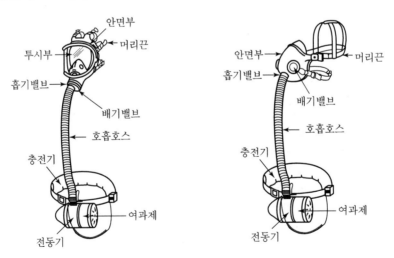

···20 국소배기장치

1 개요

유해물질 발생원에서 이탈해 작업장 내 비오염지역으로 확산되거나 근로자에게 노출되기 전에 포집·제거·배출하는 장치를 말하며 후드, 덕트, 공기정화장치, 배풍기, 배출구로 구성된다.

2 물질의 상태구분

(1) **가스상태** : 유해물질의 상태가 가스 혹은 증기일 경우
(2) **입자상태** : Fume, 분진, 미스트인 상태

3 국소배기장치의 용어

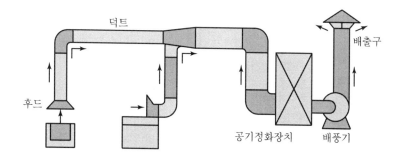

4 종류

(1) **포위식 포위형**

오염원을 가능한 최대로 포위해 오염물질이 후드 밖으로 투출되는 것을 방지하고 필요한 공기량을 최소한으로 줄일 수 있는 후드

(2) **외부식 흡인형**

발생원과 후드가 일정 거리 떨어져 있는 경우 후드의 위치에 따라 측방 흡인형, 상방 흡인형, 하방 흡인형으로 구분된다.

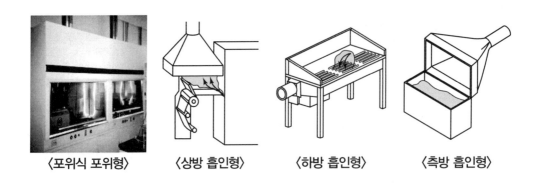

| 〈포위식 포위형〉 | 〈상방 흡인형〉 | 〈하방 흡인형〉 | 〈측방 흡인형〉 |

5 관리대상 유해물질 국소배기장치 후드의 제어풍속

물질의 상태	후드형식	제어풍속(m/sec)
가스상태	포위식 포위형	0.4
	외부식 측방 흡인형	0.5
	외부식 하방 흡인형	0.5
	외부식 상방 흡인형	1.0
입자상태	포위식 포위형	0.7
	외부식 측방 흡인형	1.0
	외부식 하방 흡인형	1.0
	외부식 상방 흡인형	1.2

6 설계기준

(1) 송풍기에서 가장 먼 쪽의 후드부터 설계한다.

(2) 설계 시 먼저 후드의 형식과 송풍량을 결정한다.

(3) 1차 계산된 덕트 직경의 이론치보다 작은 것(시판용 덕트)을 선택하고 선정된 시판용 덕트의 단면적을 산출해 덕트의 직경을 구한 후 실제 덕트의 속도를 구한다.

(4) 합류관 연결부에서 정합은 가능한 한 같게 한다.

(5) 합류관 연결부 정압비가 1.05 이내이면 정압차를 무시하고 다음 단계 설계를 진행한다.

7 국소배기장치의 환기효율을 위한 기준

(1) 사각형관 덕트보다는 원형관 덕트를 사용한다.

(2) 공정에 방해를 주지 않는 한 포위형 후드로 설치한다.

(3) 푸시-풀 후드의 배기량은 급기량보다 많아야 한다.

(4) 공기보다 증기밀도가 큰 유기화합물 증기에 대한 후드는 발생원보다 높은 위치에 설치한다.

(5) 유기화합물 증기가 발생하는 개방처리조 후드는 일반적인 사각형 후드 대신 슬롯형 후드를 사용한다.

8 배기장치의 설치 시 고려사항

(1) 국소배기장치 덕트 크기는 후드 유입공기량과 반송속도를 근거로 결정한다.

(2) 공조시설의 공기유입구와 국소배기장치 배기구는 서로 이격시키는 것이 좋다.

(3) 공조시설에서 신선한 공기의 공급량은 배기량의 10%가 넘도록 해야 한다.

(4) 국소배기장치에서 송풍기는 공기정화장치와 떨어진 곳에 설치한다.

9 결론

건설현장에서 발생되는 유독성 물질을 포집·제거·배출하는 장치인 국소배기장치는 물질의 상태에 따라 설계기준은 물론 환기효율을 고려해 중요한 안전·보건시설로 간주해 실치·관리해야 할 것이다.

··· 21 정성적 밀착도 검사(QLFT)

1 개요

밀착형 호흡보호구가 기대 성능을 발휘하기 위해서는 착용자 얼굴에 밀착되어야 한다. 미국 산업안전보건청은 매년 최소 1회 호흡보호구 밀착검사를 받도록 하고 있다.

2 밀착검사 대상

(1) 크기, 형태, 모델 또는 제조원이 다른 호흡보호구를 사용할 때
(2) 상당한 체중 변동이나 치아 교정 같은 밀착에 영향을 줄 수 있는 안면변화가 있을 때

3 밀착도검사 분류

정성밀착검사(QLFT)	정량밀착검사(QNFT)
• 음압식, 공기정화식 호흡보호구(단, 유해인자가 개인노출한도의 10배 미만인 대기에서만 사용) • 전동식 및 송기식 호흡보호구와 함께 사용되는 밀착식 호흡보호구	모든 종류의 밀착형 호흡보호구에 대한 밀착 검사용 적용 가능

4 세부검사방법

(1) **정성밀착검사(QLFT)**

① 아세트산 이소아밀(바나나 향) : 유기증기 정화통이 장착되는 호흡보호구만 검사
② 사카린(달콤한 맛) : 미립자 방진 필터가 장착된 모든 등급의 호흡보호구 검사 가능
③ Bitrex(쓴 맛) : 미립자 방진 필터가 장착된 모든 등급의 호흡보호구 검사 가능
④ 자극적인 연기(비자발적 기침반사) : 미국 기준 수준 100(또는 한국방진 특급) 미립자 방진 필터가 장착된 호흡보호구만 검사
⑤ 초산 이소아밀법 : 톨루엔 노출 작업자의 호흡보호구 검사

(2) **정량밀착검사(QNFT)**

① Generated Aerosoluses : 검사 챔버에서 발생된 옥수수 기름 같은 위험하지 않은 에어로졸 사용
② Condensation Nuclei Counter(CNC) : 주변 에어로졸을 사용하며 검사 챔버가 필요 없음
③ Controlled Negative Pressure(CNC) : 일시적으로 공기를 차단해 진공 상태를 만드는 검사

5 **정성밀착검사 요령(각 동작을 1분간 수행)**

(1) 정상 호흡

(2) 깊은 호흡

(3) 머리 좌우로 움직이기

(4) 머리 상하로 움직이기

(5) 허리 굽히기

(6) 말하기

(7) 다시 정상 호흡

··· 22 보호복

1 방열복의 종류 및 질량

종류	착용 부위	질량(kg)
방열상의	상체	3.0 이하
방열하의	하체	2.0 이하
방열일체복	몸체(상·하체)	4.3 이하
방열장갑	손	0.5 이하
방열두건	머리	2.0 이하

방열상의　　　방열하의　　　방열일체복　　　방열장갑　　　방열두건

〈방열복의 종류〉

2 부품별 용도 및 성능기준

부품별	용도	성능 기준	적용대상
내열 원단	겉감용 및 방열장갑의 등감용	• 질량 : 500g/m² 이하 • 두께 : 0.70mm 이하	방열상의·방열하의·방열일체복· 방열장갑·방열두건
	안감	• 질량 : 330g/m² 이하	
내열 펠트	누빔 중간층용	• 질량 : 300g/m² 이하 • 두께 : 0.1mm 이하	
면포	안감용	• 고급면	
안면 렌즈	안면보호용	• 재질 : 폴리카보네이트 또는 이와 동등 이상의 성능이 있는 것에 산 화동이나 알루미늄 또는 이와 동등 이상의 것을 증착하거나 도금필름 을 접착한 것 • 두께 : 3.0mm 이상	방열두건

··· 23 화학물질용 보호복

1 개요

화학물질용 보호복은 6가지 형식으로 구분되며, 1·2형식은 가스상 물질로부터, 3·4형식은 액체의 분사나 분무로부터, 그리고 5·6형식은 분진 등의 에어로졸 및 미스트로부터 인체를 보호하는 기능을 갖추어야 한다.

2 형식 분류

(1) 1형식

1a형식	1b형식	1c형식
보호복 내부에 개방형 공기호흡기와 같은 대기와 독립적인 호흡용 공기공급이 있는 가스 차단 보호복	보호복 외부에 개방형 공기호흡기와 같은 호흡용 공기공급이 있는 가스 차단 보호복	공기라인과 같은 양압의 호흡용 공기가 공급되는 가스 차단 보호복

(2) 2형식

공기라인과 같은 양압의 호흡용 공기가 공급되는 가스 비차단 보호복

(3) 3형식

액체 차단 성능을 갖는 보호복으로 후드, 장갑, 부츠, 안면창 및 호흡용 보호구가 연결되는 경우에는 액체 차단 성능을 유지해야 한다.

(4) 4형식

분무 차단 성능을 갖는 보호복으로 후드, 장갑, 부츠, 안면창 및 호흡용 보호구가 연결되는 경우에는 액체 차단 성능을 유지해야 한다.

(5) 5형식

분진 등과 같은 에어로졸에 대한 차단 성능을 갖는 보호복

(6) 6형식

미스트에 대한 차단 성능을 갖는 보호복

SECTION 05

PROFESSIONAL ENGINEER CONSTRUCTION SAFETY

위험예지활동

··· 01 잠재재해 발굴운동

1 개요

'잠재재해 발굴운동'이란 잠재재해 발굴을 위해서 외형상의 위험요인은 물론 안전수칙 미준수, 불안전한 상태 및 행동, 작업장 상태에 따른 예상위험까지 발굴해 사전에 제거하는 것을 목적으로 하여 근로자 안전·보건 유지증진을 위한 쾌적한 작업환경을 조성하기 위한 기본활동이라 할 수 있다.

2 잠재재해의 정의

(1) 사고가 발생하지는 않았으나 잠재되어 있는 상태
(2) 기계 설비 및 주변환경의 결함 등 사고발생의 우려가 있는 위험요소
(3) 기타 불안전한 행동이나 상태

3 잠재재해 발굴 Flow Chart

4 잠재재해 발굴운동의 진행방법

(1) **잠재재해 발굴**

일상작업 중 불안전한 행동·상태 등을 발굴

(2) **잠재재해 발굴기록 Card 제출**

① 황색 발굴 카드에 육하원칙에 따라 기록하여 즉시 분임조장에게 제출
② 제출 시 라인명, 분임조명, 제출자 성명을 기록

(3) 기록 Card 분류

① A급 : 분임조 자체에서 처리가 가능한 '행동개선사항'

② B급 : 분임조 자체에서 처리 또는 해결이 곤란한 '설비개선사항'

(4) 분류 Card 처리

① A급 : 분임조장이 보관하고 행동목표 설정

② B급 : 분임조 회의록 기록 후 해당 상급자에게 제출하여 상위조직에서 처리

(5) 회의록 작성

① 회의록에 빠진 부분이 없도록 기록하여, Card 분류 및 발굴자 성명 기입

② 회의록 우측 대책(결과) 난에는 A급에 대한 행동목표를 기록

(6) 행동 목표 실천

① Fair System(상호주의 운동) 실시

고참과 신입사원 상호 간 Team을 구성하여 행동목표를 지키지 않거나 불안전 행위 시 서로 지적 보완

② TBM(Tool Box Meeting) 실시

작업 전 행동목표를 제창·숙지하고 이를 어길 경우 서로 지적 확인

③ 감독자 안전관찰

감독자 안전관찰 시 불안전 행위자 지적 및 개선

[위험예지 카드 작성사례]

일 시	○○○○년 ○월 ○일	작 업 명	철골조립
직장명	○○건설주식회사	실시자명	○○○○

• 위험의 포인트는 무엇인가(One Point Only)
2미터 이상 고소작업 시 추락사고의 위험이 있다. 좋아!

• 중점실시사항(One Point에 대해 어떻게 하면 좋은가)
철골트랩에 구명줄걸이가 있는지 확인한다.

• 행동목표(…을 …하여 …하자 : One Point Only)
안전모와 안전대를 착용한다. 좋아!

• 원 포인트 지적확인 항목
안전대 착용. 좋아!(3번)

• 문제점(설비, 기계, 작업방법에서 생각난 것)
안전모와 안전대, 구명줄의 변형이나 마모상태를 수시로 확인한다.

상사의 강평	재해요인별 위험 발생 원인의 구체적 내용과 실천 의지가 돋보이므로 재해예방에 귀감이 될 것으로 여겨집니다.

··· 02 위험예지훈련

1 개요

'위험예지훈련'이란 각 작업장 내에 잠재하고 있는 위험요인을 작업 전·후 또는 작업 중에 문제점이 발생될 경우 즉시 소집단에서 토의하고 생각하는 등, 행동하기에 앞서 위험요인을 해결하는 것을 습관화하여 사고를 예방하는 훈련을 말한다.

2 위험예지훈련의 안전선취를 위한 방법

① 감수성 훈련
② 단시간 Meeting 훈련
③ 문제 해결 훈련

3 위험예지훈련 Flow Chart

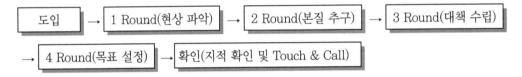

4 위험예지훈련의 4단계

Round(훈련단계)	훈련내용	실시방법
1 Round (현상 파악)	위험요인 파악	• 전원이 참가해 잠재되어 있는 위험요인 발굴(사실의 파악) • 위험에 관한 현상 파악을 위해 브레인스토밍(Brain Storming)에 의한 방법 활용
2 Round (본질 추구)	위험 Point 검출	• 위험요인 중 중요하다고 생각되는 원인의 파악 • 여러 위험원인 중 가장 핵심적인 위험 Point를 선정
3 Round (대책 수립)	대책방안 선정	• 위험의 해결에 대해 구체적이고 실행 가능한 대책 수립(대책의 수립) • 2 Round에서 정한 위험의 Point에 대해서 Brain Storming으로 대책 수립
4 Round (목표 설정)	행동목표 설정	대책을 실천하기 위한 Team의 행동 목표를 설정

5 위험예지훈련의 도입방법

(1) 도입계획 수립

① 단시간 위험예지활동의 도입과 정착에 중점을 둠

② 도입 및 정착에 소요되는 기간을 명시하여 계획을 수립

③ 직장의 풍토(체질)를 개선하기 위해 매일 위험예지훈련 실시계획 수립

(2) 경영자의 이해와 협력

① 무재해가 경영의 기반이라는 것을 경영자나 관리자로 하여금 이해하게 함

② 관리자가 솔선수범하여 실천하도록 추진

③ 경제적 효과의 극대화로 직장의 일체감·연대감을 촉진

(3) 위험예지훈련 지도자 양성

① 위험예지훈련의 도입을 위한 능력 있고 의욕 있는 지도자 양성

② 리더 연수는 무재해에 대한 강한 뜻을 세울 수 있는 체험학습회가 필요

③ 리더 연수 시 하겠다는 의욕을 고취시킴

(4) 과제 선정

① 다함께, 빨리, 올바르게를 과제로 선정

② 단시간에 위험예지훈련을 할 수 있는 기법을 선택

③ 테마의 도해를 대량으로 준비

(5) 전원참가운동으로 전개

① 협력회사도 일체로 한 전사적인 추진이 필요

② 사내 회보나 벽신문 등을 이용하여 위험예지훈련을 홍보

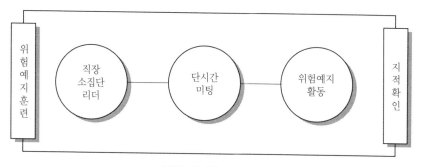

〈위험예지훈련 도입〉

··· 03 위험예지를 위한 소집단 활동의 종류

1 개요

'위험예지를 위한 무재해 소집단 활동'이란 사업장의 무재해운동 목표 달성을 위한 활동 중 가장 중요한 안전활동으로, 자주적 활동을 통해 위험요인을 사전에 발견·해결하여 안전을 선취하기 위한 활동을 말한다.

2 위험예지를 위한 무재해 소집단 활동 주요기법

(1) 브레인스토밍(Brain Storming)

어떤 구체적인 문제를 해결함에 있어서 해결방안을 토의에 의해 도출할 때, 비판 없이 머릿속에 떠오르는 대로 아이디어를 도출하는 방법

(2) TBM 위험예지훈련

TBM으로 실시하는 위험예지활동으로 현장의 상황을 감안해 실시하는 위험예지활동으로 '즉시 즉흥법'이라고도 한다.

(3) 지적 확인

작업을 안전하게 하기 위하여 작업공정의 요소요소에서 '~좋아!'라고 대상을 지적하면서 큰 소리로 확인하여 안전을 확보하는 기법

(4) Touch & Call

작업현장에서 동료의 손과 어깨 등을 잡고 Team의 행동목표 또는 구호를 외쳐 다짐함으로써 일체감·연대감을 조정하는 스킨십

(5) 5C 운동(활동)

작업장에서 기본적으로 꼭 지켜야 할 복장단정(Correctness), 정리·정돈(Clearance), 청소·청결(Cleaning), 점검·확인(Checking)의 4요소에 전심·전력(Concentration)을 추가한 무재해 추진 기법

(6) 잠재재해 발굴운동

작업 현장 내에 잠재하고 있는 불안전한 요소(행동, 상태)를 발굴해 매월 1회 이상 발표·토의하여 재해를 사전에 예방하는 기법

··· 04 Brain Storming

1 개요

(1) 'Brain Storming'이란 A.F. Osborn에 의해 창안된 토의식 아이디어 개발기법으로, 위험예지훈련에서 활용하는 주요기법이다.

(2) 'Brain storming'은 여러 참여자가 편안한 분위기 속에서 자유분방하게 발언하는 방법으로, 4원칙의 활용이 중요하다.

2 Brain Storming의 기본전제

(1) 창의력은 정도의 차이는 있으나 누구에게나 있다.

(2) 비창의적인 사회문화적 풍토가 창의성 개발을 저해하고 있다.

(3) 자유발언에 대한 부정적 인식을 바꾸게 함으로써 창의성을 개발할 수 있다.

3 Brain Storming의 특징

(1) 어떤 구체적인 문제 해결시 머릿속에 떠오르는 대로 의견 창출

(2) 자유연상을 통해 의견을 결합하거나 재창조

(3) 위험예지훈련의 기초 4 Round 과정 토의기법으로 활용

4 Brain Storming의 4원칙

(1) 비판금지

좋다, 나쁘다에 대한 비평은 하지 않는다.

(2) 자유분방

편안한 마음으로 자유롭게 발언한다.

(3) 대량발언

어떤 내용이든지 많이 발언한다.

(4) 수정발언

타인의 Idea에 수정하거나 덧붙여 발언해도 좋다.

··· 05 TBM(Tool Box Meeting)

1 TBM의 정의

작업을 시작하기 전 작업 현장 근처에서 작업자들이 관리감독자(작업반장, 팀장 등)를 중심으로 모여 10분 내외로 작업내용과 안전작업 절차 등에 대해 서로 확인하고 의논하는 활동(안전 브리핑, 작업 전 안전점검회의, 안전 조회, 위험예지훈련)

2 위험성평가에 기반한 작업 전 TBM실천법

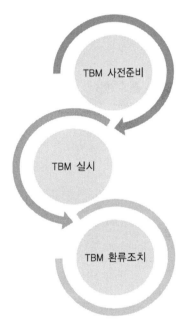

TBM 사전준비
1. 작업 공정별 위험성평가 실시
2. 최근 현장에서 발생한 사건·사고 내용 확인
3. 작업 현황 파악
4. TBM 전달자료 준비 및 내용 숙지
   (위험성평가 결과, 사고보고서, 안전작업 지침, 관련 규정 등)

TBM 실시
1. 작업자 건강상태 확인
2. 작업내용, 위험요인, 안전작업절차 및 대책 공유·전달
   (사전 위험성평가를 통해 위험요인을 확인하고 이를 제거, 대체, 통제)
3. 작업자 TBM 내용 숙지 여부 확인
4. 위험요인, 불안전한 상태 발견 시 행동 요령 전달
   (멈추기→위험요인 확인하기→평가하기→관리하기)

TBM 환류조치
1. 작업자의 불만, 질문, 제안사항을 검토
2. 위험요인에 대한 조치 결과를 작업자에게 Feedback
3. TBM 결과 기록 및 보관
   -작업일지, 작업내용, TBM 장소, 참석자, 위험요인 확인·조치사항, 공유사항 등 기록
   -필요시 사진이나 동영상 촬영
   -TBM 결과 기록은 사업장에서 작업자를 교육하고 정보를 제공하고 있음을 증명하는 방법

3 실시요령

(1) 통상 작업개시 전 5~15분 정도, 중식·작업종료 후 3~5분 정도 실시

(2) 현장에서 작은 원을 만들어 5~7명 정도의 인원이 잠재된 위험요인을 발견·해결함으로써 안전을 선취하는 방법

4 진행순서

1 Round(현상파악) →	2 Round(본질추구) →	3 Round(대책수립) →	4 Round(목표설정)
① 1단계 – 문제제기	③ 3단계 – 문제점 발견	⑤ 5단계 – 해결책 구상	⑦ 7단계 – 중점사항결정
② 2단계 – 현상파악	④ 4단계 – 중요문제결정	⑥ 6단계 – 구체방안수립	⑧ 8단계 – 실시계획책정

5 TBM 성공요소

(1) TBM리더의 자질 향상을 위한 교육 실시

(2) 위험성평가와 연계해 도출된 위험요인을 TBM 시 전달

(3) 사전에 TBM 주제에 대한 사전 자료 준비

(4) TBM에 대한 기록 관리

(5) TBM 진행 시 작업자의 이해도 확인

(6) 체크리스트 활용을 통한 TBM 효과성 평가

6 위험성평가의 공유

중대재해로 이어질 수 있는 유해·위험요인의 공유로 잠적재해의 원천적 차단

··· 06 5C 운동

■1 개요

무재해 운동의 가장 기본적인 준수사항인 단정한 복장, 정리정돈, 청소·청결, 확인·점검 4항목 외에 추진하는 마음가짐 전심·전력을 추가한 다섯 가지 항목의 첫 글자를 따 5C 운동이라 한다.

■2 5C 운동의 내용

(1) 복장단정(Correctness)

① 복장단정이란 작업자가 안전모, 작업복, 안전화 등을 흐트러짐이 없이 바르게 착용하고 즐 거운 마음으로 작업을 용이하게 하는 것을 말한다. 이와 같이 복장을 단정히 하는 것은 상 사의 지시나 강압에 의해서가 아니라 스스로 자발적인 필요성에 의해 습관화되었을 때 올 바른 마음가짐과 올바른 행동을 하게 되는 안전태도가 형성된다.

② 복장을 단정히 한다는 것은 쉬우면서도 어려운 것으로 상사의 간섭과 지시에 의하여 이루 어지기는 매우 어렵다. 단정한 복장은 작업자 개개인의 자율적인 행동과 의지에 의한 것이 기 때문에 습관화가 되어 있지 않으면 안 되는 것이다.

③ 복장이 단정하다는 것은 작업자가 작업에 임하는 마음가짐이나 태도가 올바르게 되어 있다 는 것과 같다. 복장을 단정히 하면, 올바른 마음과 정신을 갖게 되고 올바른 생각을 하며 올 바른 행동을 하게 된다.

(2) 정리·정돈(Clearance)

① 정리란 필요한 물건과 필요하지 않는 물건을 구분하여 불필요한 것은 일정한 장소에 놓아 두거나, 폐기 또는 필요할 때까지 놓아두는 것을 말하며, 정돈이란 필요한 물건을 일목요연 하게 구분하여 사용하기 편리한 장소에 안전한 상태로 두는 것을 말한다.

② 정리·정돈은 불필요한 물건을 정리하고 필요한 물건을 잘 정돈하여 물건사용을 편리하게 하고 작업공간을 확보함으로써 작업의 능률을 향상시키고 산업재해를 예방하는 데 그 목적 이 있다.

③ 정리·정돈을 통한 효과는 다음과 같다.
- 작업공간의 낭비가 방지되어 필요한 작업공간이 확보된다.
- 물건을 찾는 시간이 절약되어 작업의 능률이 향상된다.
- 작업자가 걸려 넘어지거나 쌓아놓은 물건이 무너져 다치는 일이 없어진다.
- 작업을 방해하는 요소가 없어져서 작업능률과 생산성이 향상된다.

④ 정리·정돈을 실시하는 데 있어서 기본적인 조치사항
- 불필요한 물품은 빨리 회수·처분한다.

- 용도에 적합한 폭을 갖춘 통로를 설치 및 표시한다.
- 떨어지거나 넘어질 우려가 있는 위험물을 치운다.
- 공구 등은 사용하기 쉽게 수납한다.
- 적치장, 폐기장을 확보·지정하고 사용하기 좋도록 정돈한다.
- 놓을 장소와 방법을 미리 정해둔다.
- 작업이 끝나면 전원이 참가하여 정리·정돈한다.

(3) 청소·청결(Cleaning)

① 청소란 통로, 바닥, 기계설비, 작업용구 등에 먼지나 기름, 쓰레기 등으로 더러워진 것을 치우고 닦아내어 깨끗한 상태로 만드는 것을 말하며, 이와 같은 청소는 정리·정돈이 안 된 상태에서는 효과가 없으므로 정리·정돈이 된 후에 이루어지도록 한다.

② 청결은 청소가 잘되면 청결하게 되나 생산과정에서 먼지, 가스, 기름 등으로 더러워지지 않도록 하여 환경을 맑고 깨끗하게 유지하는 것을 말한다.

③ 청결한 작업환경은 작업자의 정신적인 여유와 순화를 가져다주고 작업심리의 안정을 가져와 재해를 예방하는 데 도움이 된다.

④ 기계 및 장치의 더러운 곳을 닦고 청소하며, 상태가 나쁜 곳을 고치고 기름을 치는 활동은 기계의 고장과 마모 및 부식을 방지함으로써 기계의 안정성과 보전성을 높여주는 결과를 얻게 된다.

(4) 점검·확인(Checking)

① 점검·확인이란 사업장의 설비, 기계·기구 및 작업방법에 있어 불안전한 상태 및 불안전한 행동 유무를 찾아내는 제반활동을 말한다.

② 산업현장에서 사용되는 모든 기계설비는 시간이 흐름에 따라 본래의 기능을 유지하기 어렵게 되고 이러한 불안전한 상태가 지속되면 재해로 연결되며, 사람의 행동 또한 교육 불충분이나 주의력 부족 등으로 불안전한 행동으로 나타나게 되어, 결과적으로 재해가 발생하게 된다.

③ 따라서 이러한 재해를 예방하기 위해서는 점검·확인이라는 수단이 요구되며, 이와 같은 점검·확인은 현 상태를 파악하고 이를 통해 불안전한 상태와 불안전한 행동의 문제점을 발견하고 발견된 문제점을 시정하기 위한 근본적인 시정대책을 세운 다음 대책을 실시하는 과정으로 이루어진다.

④ 안전점검은 생산현장의 일상 생산활동 중에서 발생하는 위험요인을 사전에 찾아내어 이를 제거함으로써 재해를 미연에 방지하는 데 그 목적이 있다.

⑤ 반복되는 안전점검이 정착이 됨으로써 직장의 안전수준도 향상되고 이에 따른 안전추진평가도 단계적으로 향상되어 보다 높은 평가기준을 설정하게 되고 어떤 포인트에 맞추어 추진할 것인가 하는 목적의식이 뚜렷하여 문제해결도 가능해진다.

⑥ 안전점검을 실시하더라도 점검자에 따라 점검결과의 판단이 다르게 되면 성과가 오르지 않는다. 또한 동일한 점검자라 할지라도 그때그때 자기의 주관에 따라 판단하게 된다면 효과적인 점검이라 할 수 없다. 이와 같은 것을 배제하기 위하여 점검대상별로 점검방법과 점검에 대한 판단기준을 정하여 둠으로써 점검 시 점검자가 작성하는 점검표작성의 기준으로 활용할 수 있다.

(5) 전심·전력(Concentration)

① 5C 운동에 있어서 전심·전력은 사업장의 전체 근로자가 무재해를 달성해야겠다는 일념으로 산재예방활동에 총력을 경주하는 것이다.

② 전심·전력의 달성을 위한 방법

- 각종 매체의 이용, 안전제안제도의 활용, 안전조례의 실시, 안전당번제도의 활용, 안전관련 행사의 적극적인 실시 및 참여기회의 확대 등을 통하여 안전의식을 고취시켜야 한다.
- 사업장 안전관리계획 및 목표수립 시 전 직원의 의견수렴·반영, 자율적 자기통제에 의한 안전활동, 작업자의 자아실현 욕구를 충족시킬 수 있도록 직무범위의 조정, 안전에 관한 동기유발대책강구 등을 통하여 자율안전관리체제를 확립한다.

❸ 관리감독자의 역할

(1) 관리감독자 스스로 5C 운동의 중요성을 깊이 인식하고 스스로 복장을 단정히 하며 자기주변부터 정리, 정돈, 청소, 청결을 철저히 하는 솔선수범을 보여야 한다.

(2) 소속 근로자들이 5C 운동을 추진할 수 있도록 필요한 교육과 지원 및 지도를 아끼지 말아야 한다.

(3) 자기소관 작업장을 부단히 순찰, 점검을 하여 문제점을 사전에 도출하고 5C 운동에 관한 근로자의 의견을 수렴하고 이를 종합하여 적절한 조치를 취한다.

(4) 5C 운동을 우수하게 추진하는 자를 발굴하여 칭찬하고 포상을 주도록 건의한다.

❹ 작업자의 역할

(1) 자기 작업장 주변이 더럽혀지지 않고 어떻게 하면 항상 정리·정돈된 상태에서 깨끗하고 올바로 유지할 수 있을까, 그 방법을 연구하고 개선해 나가는 노력이 필요하다.

(2) 작업시작 전에 자기의 복장상태와 작업장 주변의 정리·정돈상태 및 청소·청결상태 등을 확인하고 자기가 조작하는 기계·기구 및 설비에 대해 점검을 실시하여 이상유무를 확인 후 작업하는 것을 습관화하도록 한다.

(3) 작업반(팀)별로 실시하는 5C 운동에 솔선, 적극 참여하여 분위기 조성에 노력해야 한다.

5 5C 운동의 성과

사업장에서 5C 운동을 추진함으로써 달성할 수 있는 성과는 안전성확보, 작업의 표준화, 원가절감, 판매촉진 및 만족감 등이 있다.

(1) 안전(Safety)의 확보

① 깨끗하고 잘 정리·정돈된 작업환경은 불안전한 상태가 제거되어 안전이 확보된다.

② 단정한 복장과 전심전력하는 자세는 안전의식을 향상시켜 규정에 의한 작업을 생활화하는 태도가 형성되고 안전의식의 고양으로 불안전한 행동이 제거된다.

③ 점검·확인은 결함을 조기에 발견하여 시정할 수 있다.

(2) 작업의 표준화(Standardization)

작업장의 미화와 복장단정의 습관으로 인해 작업자의 정서가 함양되고 올바른 태도가 형성되어 규칙과 규율을 지켜 작업하는 것이 습관화됨으로써 작업이 표준화되고 따라서 표준안전작업이 이루어진다.

(3) 원가절감(Saving)

안전의 확보로 재해가 예방되어 인적·물적 손실을 감소시키고, 깨끗하게 정리·정돈된 작업환경은 생산성을 향상시켜 결과적으로 생산원가 절감효과를 가져온다.

(4) 판매촉진(Sale)

정리·정돈·청소·청결한 작업장과 단정한 복장을 한 작업자는 방문자들에게 호감을 심어주게 되고 이로 인해 제고되는 회사에 대한 신뢰성과 원가절감을 통한 적절한 제품가격 유지는 판매 증가로 연결된다.

(5) 만족감(Satisfaction)

밝고 깨끗한 직장은 노사 간의 신뢰를 구축하며, 안전이 보장되고 실천의욕이 증가되어 성취감이 달성되며, 활기찬 직장을 만들어 준다.

산업안전
심리이론

산업안전 심리이론

··· 01 산업심리와 인간관계

1 산업심리에서 인간관계의 중요성

(1) Hawthorne 실험

① 1924~1932년까지 미국의 일리노이주 Hawthorne Works 공장에서 수행된 실험에서 얻어진 결과에서 유래됨

② 내용 : 작업능률에 영향을 주는 것은 휴식시간이나 임금 등의 물리적 여건이 아닌 인간관계 요인이 절대적임을 발견함

(2) Taylor 방식

동작연구로 인간 노동력을 분석함으로써 생산성 향상에 크게 기여한 이론이나 개인적 특성을 간과하고, 인간의 기계화와 단순반복형 직무만을 적용하였다.

2 인간관계 유형

(1) **동일화** : 타인의 행동이나 태도를 자신에게 투영해 타인에게서 자신과 비슷한 점을 발견해 냄으로써 타인과 자신의 동질성을 발견하는 것

(2) **투사** : 자신의 내재된 억압을 타인의 것으로 생각하는 것

(3) **의사소통** : 다양한 행동양식 또는 기호를 매개로 제3자 간 소통이 이루어지는 과정

(4) **모방** : 타인의 행동 또는 판단을 모델로 삼아 모방하려는 심리

(5) **암시** : 타인의 판단이나 행동을 여과하지 않고 있는 그대로 받아들임으로써 논리나 사실적 근거가 결여된 심리

3 인간관계 방식

(1) **전제적 방식** : 억압적인 방법에 의해 생산성을 높이는 방식

(2) **온정적 방식** : 온정을 베푸는 생산성 향상 방법으로 가족주의적 사고방식

(3) **과학적 방식** : 경영관리기법을 도입해 능률의 논리를 체계화한 방식(Taylor에 의해 연구됨)

4 조직구조 이론

이론 제안자	특징
우드워드(J. Woodward)	(1) 기술을 단위생산기술, 대량생산기술, 연속공정기술로 구분 (2) 대량생산에는 기계적 조직구조가 적합 (3) 연속공정에는 유기적 조직구조가 적합
번스(T. Burns), 스톨커(G. Stalker)	(1) 안정적 환경 : 기계적인 조직 (2) 불확실한 환경 : 유기적인 조직이 효과적
톰슨(J. Thompson)	(1) 단위작업 간의 상호의존성에 따라 기술을 구분 (2) 중개형, 장치형, 집약형으로 유형화
페로(C. Perrow)	(1) 기술을 다양성 차원과 분석가능성 차원으로 구분 (2) 일상적 기술, 공학적 기술, 장인기술, 비일상적 기술로 유형화
블라우(P. Blau)	사회학적 이론 연구
차일드(J. Child)	전략적 선택이론 연구

5 파스칼(R. Pascale)과 에토스(A. Athos)의 7S 조직문화 구성요소

(1) **전략(Strategy)** : 기업의 장기적 비전과 기본 경영이념을 결정하는 요소
(2) **공유가치(Shared Value)** : 기업 구성원의 공동체적 가치관, 이념 등의 핵심적인 요소
(3) **구성원(Staff)** : 기업 구성원의 전문성은 기업의 경영전략에 의해 결정
(4) **구조(Structure)** : 조직구조, 경영방침 등 구성원 간의 상호관계를 지배하는 요소
(5) **시스템(System)** : 기업운영의 각종 제도와 체계
(6) **기술(Skill)** : 하드웨어와 소프트웨어의 적용 정도
(7) **스타일(Style)** : 조직관리 스타일

6 노동조합

(1) **직종별 노동조합** : 산업이나 기업에 관계없이 같은 직종이나 직업에 종사하는 사람들에 의해 결성된다.
(2) **산업별 노동조합** : 기업과 직종을 초월해 산업 중심으로 결성된 노동조합으로 직종 간·회사 간의 이해 조정이 용이하지 않다.
(3) **기업별 노동조합** : 동일한 기업에 근무하는 근로자들에 의해 결성된 노동조합으로 근로자의 직종·숙련도가 고려되지 않는다.

··· 02 안전심리의 5대 요소

1 개요

(1) 안전심리의 5대 요소는 인간의 행동·특성에 영향을 미치는 중요한 요인으로 적용하고 있다.

(2) 안전사고의 예방을 위해서는 안전심리 5대 요소의 파악과 통제가 매우 중요하다.

2 인간의 행동

(1) 인간 행동은 내적·외적 요인에 의해 발생되며 환경과의 상호관계에 의해 결정된다.

(2) K. Lewin의 행동 방정식

$$B = f(P \cdot E)$$

여기서, B(Behavior) : 인간의 행동
f(Function) : 함수관계
P(Person) : 인적 요인
E(Environment) : 외적 요인

① P(Person : 인적 요인)를 구성하는 요인

지능, 시각기능, 성격, 감각운동기능, 연령, 경험, 심신상태 등

② E(Environment : 외적 요인)를 구성하는 요인

가정·직장 등의 인간관계, 온습도·조명·먼지·소음 등의 물리적 환경조건

3 인간의 심리 특성

(1) 간결성

최소의 Energy로 목표에 도달하려는 심리적 특성

(2) 주의의 일점집중

돌발사태 직면 시 주의가 일점에 집중되어 정확한 판단을 방해하는 현상

(3) 리스크 테이킹(Risk Taking)

① 안전태도가 양호한 자는 Risk Taking의 정도가 적음

② 객관적인 위험을 자기 나름대로 판단하여 행동에 옮기는 행위

4 안전심리의 5대 요소

(1) 동기(Motive)

① 능동적인 감각에 의한 자극에서 일어나는 사고의 결과를 동기라 함
② 사람의 마음을 움직이는 원동력을 말함

(2) 기질(Temper)

① 인간의 성격, 능력 등 개인적인 특성
② 성장 시 생활환경에서 영향을 받으며 주위환경에 따라 달라짐

(3) 감정(Feeling)

① 지각, 사고와 같이 대상의 성질의 파악이 아닌, 희로애락 등의 의식
② 인간의 감정은 안전과 밀접한 관계를 가짐

(4) 습성(Habit)

동기, 기질, 감정 등과 밀접한 관계를 형성하여 인간의 행동에 영향을 미칠 수 있는 요인

(5) 습관(Custom)

성장 과정을 통해 형성된 특성 등이 자신도 모르게 습관화된 현상

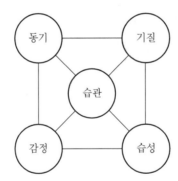

〈안전심리의 5대 요소〉

··· 03 불안전한 행동

1 개요

휴먼에러에 의해 발생되는 불안전한 행동은 그 발생요인을 인적요인과 물적요인으로 구분할 수 있다. 하인리히의 도미노이론 제3단계 요인인 불안전한 행동과 불안전한 상태의 관리는 재해예방의 가장 기본적인 예방대책이 될 수 있다.

2 하인리히의 도미노이론

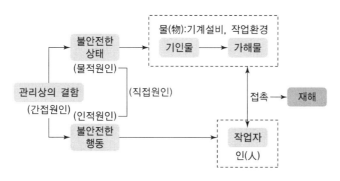

3 불안전한 상태와 불안전한 행동의 차이점

불안전한 상태	불안전한 행동
사고 및 재해를 유발시키는 요인을 만들어내는 물리적 상태 또는 환경	사고 및 재해를 유발시키는 그 요인을 만들어내는 근로자의 행동

4 불안전한 상태의 사례

(1) 물적 요소 자체의 결함 (2) 방호장치의 결함
(3) 보호구나 근무복의 결함 (4) 재료 및 부재의 배치방법 또는 작업장소의 결함
(5) 작업환경의 불량 (6) 작업방법의 결함

5 불안전한 행동의 사례

(1) 안전장치 기능의 제거 (2) 안전규칙의 불이행
(3) 기계기구의 목적 외 사용 (4) 운전 중인 기계장치의 점검·청소·주유·수리 등
(5) 보호구, 근무복의 착용기준 무시상태에서의 작업
(6) 위험장소의 접근

(7) 운전·조작의 실수

(8) 취급 물품의 정보 확인절차 생략

6 예방대책

(1) 교육

(2) **적성검사**

　① 생리적 기능검사 : 감각기능검사, 심폐기능검사, 체력검사

　② 심리학적 검사 : 지능검사, 지각동작검사, 인성검사, 기능검사

(3) **직무스트레스 관리**

　① 작업계획 수립 시 근로자 의견 반영

　② 건강진단 결과에 의한 근로자 배치

　③ 직무스트레스 요인에 대한 평가

(4) 작업환경개선

(5) **직업성 질환의 예방**

　① 1차 예방 : 새로운 유해인자의 통제 및 노출관리에 의한 예방

　② 2차 예방 : 발병 초기에 질병을 발견함으로써 만성질환의 예방 가능

　③ 3차 예방 : 치료와 재활 등 의학적 치료가 필요한 단계

(6) **작업환경측정**

　① 작업공정 신규가동 또는 변경 시 30일 이내에 최초 측정

　② 이후 반기에 1회 이상 정기 측정

　③ 단, 화학적 인자의 노출치가 노출기준을 초과하거나(고용노동부 고시물질), 화학적 인자의 노출치가 노출기준을 2배 이상 초과(고용노동부 고시물질 제외)하는 경우

　④ 상기 ①, ②, ③에 해당되었으나 작업방법의 변경 등 작업환경측정 결과에 변화가 없는 경우로서 아래의 범위에 해당될 경우 유해인자에 대한 작업환경측정을 연 1회 이상 할 수 있다.

　　• 소음측정결과 2회 연속 85dB 미만

　　• 소음 외 모든 인자의 측정결과가 2회 연속 노출기준 미만

(7) 질병자의 근로금지기준 준수

7 결론

불안전한 상태 또는 불안전한 행동으로 인한 재해사례는 실제 발생되는 산업재해의 가장 큰 비중을 차지하고 있다고 볼 수 있다. 예를 들어 목적 외 도구사용, 작업에 불편함을 이유로 보호장치의 제거, 결함을 인지한 상태에서의 무리한 기계·기구사용 등이 흔히 관찰되는 경우이다. 이러한 상태 및 행동의 관리를 위해서는 사업주는 물론 근로자 자신의 노력과 의지가 중요하다고 여겨진다.

··· 04 | 모럴서베이(Morale Survey)

1 개요

(1) '모럴서베이(Morale survey : 사기조사)'는 인간관계관리의 일환으로 보급된 관리기법의 하나이다.

(2) 직장이나 집단에서의 근로자 심리·욕구를 파악하여 그들의 자발적인 협력을 얻거나 또는 구성원 자신의 직장적응이라는 효과가 있는 것으로 평가되고 있다.

2 모럴서베이의 목적

(1) 구성원의 불만을 해소하고 노동의욕 고취

(2) 경영관리 개선자료로 활용

(3) 구성원의 카타르시스 촉진

3 모럴서베이의 방법

(1) 주로 질문지나 면접에 의한 태도 또는 의견조사가 중심을 이룸

(2) 모럴의 요인을 이루는 갖가지 항목에 대해 만족 또는 불만족을 통계적으로 처리해서 판단

4 모럴서베이의 주요 기법

(1) 통계에 의한 방법

　① 생산고, 사고상해율, 결근, 이직 등을 분석하여 통계

　② 다른 조사법의 보조 자료로 이용하는 것이 적절

(2) 관찰법

　① 구성원의 근무 실태를 계속적으로 관찰하여 사기(土氣)의 정황, 기타 문제점을 찾아내는 방법

　② 관찰 시 다소간 주관에 흐를 가능성이 있으므로, 이 조사만으로는 정확한 자료를 얻기 어려움

(3) 사례연구법

　① 제안제도, 고충처리제도, 카운슬링 등의 사례에 대하여 사기와 불만 등의 현상을 파악하는 방법

　② 자료의 조사결과가 부분적이거나 우연적인 것이 되기 쉬운 것이 결함

(4) 태도조사법

① 모럴서베이에서 현재 가장 널리 이용되고 있는 방법

② 실시방법

- 질문지법 : 용지에 질문항목을 인쇄하고 거기에 응답을 기입하도록 하는 방법
- 면접법
  - 일문일답법 : 질문지나 조사표를 가지고 실시하는 방법
  - 자유질문법 : 개별적으로 자유롭게 실시하는 방법
- 집단토의법 : 집단토의 시 구성원들의 의견을 조사·분석하는 방법

··· 05 동기부여(Motivation) 이론

1 개요

'동기부여(Motivation)'란 동기(Motive)를 불러일으켜 일정한 목표를 달성하고자 하는 의욕의 요인을 말하는 것으로, 동기부여이론은 Maslow, Alderfer, McGregor 등의 이론으로 분류할 수 있다.

2 동기부여이론의 특징

(1) 앨더퍼(C. Alderfer)의 ERG 이론은 좌절 – 퇴행 이론이다.
(2) 맥클리랜드(D. McClelland)의 상위동기 이론에서 상위욕구 측정에 가장 적합한 것은 TAT (주제통각검사)이다.
(3) 허츠버그(F. Herzberg)의 위생–동기 이론에 따르면 위생요인이 충족되어야 동기요인을 추구할 수 있고 동기유발이 일어난다.
(4) 브룸(V. Vroom)의 기대이론은 기대감, 수단성, 유의성에 의해 노력의 강도가 결정되며 이들 중 하나라도 0이면 동기부여가 안 된다.
(5) 아담스(J. Adams)는 페스팅거(L. Festinger)의 인지부조화 이론을 동기유발과 연관시켜 공정성이론을 체계화하였다.

3 안전동기의 유발방법

(1) 안전의 근본이념을 인식시킬 것
(2) 안전목표를 명확히 설정할 것
(3) 결과를 알려줄 것
(4) 상과 벌을 줄 것
(5) 경쟁과 협동을 유도할 것
(6) 동기유발의 최적 수준을 유지할 것

4 동기부여이론의 분류

(1) Maslow의 욕구 5단계 이론

① 생리적 욕구(1단계) : 기아, 갈증, 호흡, 인간의 가장 기본적인 욕구
② 안전 욕구(2단계) : 안전하려는 욕구
③ 사회적 욕구(3단계) : 애정, 사회적 관계에 대한 욕구(친화 욕구)

④ 인정받으려는 욕구(4단계) : 자존심, 명예, 성취, 지위에 대한 욕구(승인의 욕구)

⑤ 자아실현의 욕구(5단계) : 잠재적인 능력을 실현하고자 하는 욕구(성취 욕구)

(2) Alderfer의 ERG 이론

① 생존(Existence) 욕구 : 신체적인 차원에서의 생존과 유지에 관련된 욕구

② 관계(Relatedness) 욕구 : 타인과의 상호작용을 통해 만족되는 대인 욕구

③ 성장(Growth) 욕구 : 발전과 증진에 관한 욕구

(3) McGregor의 X, Y 이론

① 환경개선보다는 일의 자유화 추구 및 불필요한 통제 배제

② X 이론 : 인간불신감, 물질욕구(저차원적 욕구), 명령·통제에 의한 관리, 저개발국형

③ Y 이론 : 상호신뢰감, 정신욕구(고차원적 욕구), 자율관리, 선진국형

(4) Herzberg의 위생 - 동기 이론

① 위생 요인 : 인간의 동물적인 욕구(생리, 감정 등의 욕구)

② 동기 요인 : 자아실현을 위한 욕구

③ 위생 요인은 불만족 요인이고, 동기부여 요인은 만족 요인

⑤ 동기부여이론의 비교

Maslow (욕구의 5단계)	Alderfer (ERG 이론)	McGregor (X, Y 이론)	Herzberg (위생-동기 이론)
• 1단계 : 생리적 욕구(Physical Needs), 일당·기본급 등의 기본욕구 • 2단계 : 안전욕구(Safety Needs), 생활패턴의 안전과 정규직 등을 추구하는 욕구	생존(Existence) 욕구	X 이론	위생 요인
• 3단계 : 사회적 욕구(Relations Needs), 원만한 대인관계를 추구하는 욕구	관계(Relatedness) 욕구		
• 4단계 : 인정받으려는 욕구(Esteem Needs), 스스로 인정받으려 추구하는 욕구 • 5단계 : 자아실현의 욕구(Self Actualization Needs), 자아실현 추구 단계 욕구	성장(Growth) 욕구	Y 이론	동기 요인

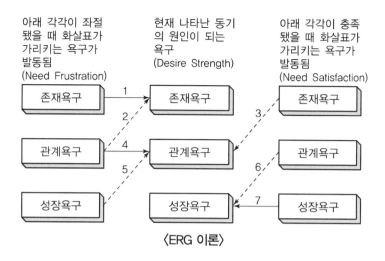

〈ERG 이론〉

⑥ 동기부여를 위한 조직문화의 구성요소

구성요소(7S)	내용
공유가치 (Shared Value)	기업체 구성원들 모두가 공동으로 소유하고 있는 가치관과 이념, 그리고 전통가치와 기업의 기본목적 등 기업체의 공유가치
전략(Strategy)	기업체의 장기적인 방향과 기본 성격을 결정하는 경영전략으로서 기업의 이념과 목적, 그리고 기본가치를 중심으로 이를 달성하기 위한 기업체 운영에 장기적 방향을 제공
구조(Structure)	기업체의 전략을 수행하는 데 필요한 조직구조, 직무설계, 그리고 권한관계와 방침 등 구성원들의 역할과 그들 간의 상호 관계를 지배하는 공식요소를 포함
관리시스템(System)	기업체의 경영의 의사결정과 일상운영에 틀이 되는 관리제도와 절차 등 각종 시스템
구성원(Staff)	구성원들의 가치관과 행동은 기업체가 의도하는 기본가치에 의하여 많은 영향을 받고 있고 인력구성과 전문성은 기업체가 추구하는 경영전략에 의하여 지배
기술(Skill)	물리적 하드웨어는 물론 이를 사용하는 소프트웨어 기술을 포함
리더십 스타일(Style)	구성원들을 이끌어가는 전반적인 조직관리 스타일로서 구성원들의 행동조성은 물론 그들 간의 상호관계와 조직분위기에 직접적인 영향을 주는 중요요소

··· 06 맥그리거(McGregor)의 X, Y 이론

1 개요

맥그리거는 X, Y 이론을 발표하며 인간의 성악설과 성선설에 의한 동기부여의 상대적 특징을 제시하였다.

2 동기부여이론의 분류

(1) Maslow의 욕구단계 이론

(2) Alderfer의 ERG 이론

(3) McGregor의 X, Y 이론

(4) Herzberg의 위생 – 동기 이론

3 McGregor의 X, Y 이론

(1) 특징

근로자는 게으르며, 통제를 가하는 행위 등에 관심이 많고 상과 벌에 의한 동기부여 방법이 가장 효과적이라 주장함

(2) X, Y 이론

X 이론	Y 이론
인간 불신감	상호 신뢰감
성악설	성선설
인간은 원래 게으르고 태만하여 남의 지배 받기를 즐긴다.	인간은 부지런하고 근면하고, 적극적이며, 자주적이다.
물질 욕구(저차원적 욕구)	정신 욕구(고차원적 욕구)
명령 통제에 의한 관리	목표통합과 자기 통제에 의한 자율 관리
저개발국형	선진국형

··· 07 매슬로우(A. H. Maslow)의 욕구 5단계

1 개요

Maslow는 인간의 동기부여 단계를 만족 – 진행형으로 해석하였는데, 이러한 이론은 저차원적 욕구가 완성되면 다음 단계로, 즉 더욱 인간적 욕구가 발생된다고 하였다.

2 동기부여이론의 분류

(1) Maslow의 욕구단계이론

(2) Alerfer의 ERG 이론

(3) McGregor의 X, Y 이론

(4) Herzberg의 위생 – 동기 이론

3 매슬로우(A. H. Maslow)의 욕구 5단계

(1) 생리적 욕구(1단계)

① 기아, 갈증, 호흡, 등 인간의 기본적인 욕구로 현대적 개념으로는 시급, 일당 등의 의미로 해석된다.

② 모든 욕구 중 본능적 욕구

(2) 안전의 욕구(2단계)

① 안전에 대한 욕구개념으로 정규직의 갈망, 안정적 생활수준 등을 의미한다.

② 불안으로부터의 해방

(3) 사회적 욕구(3단계)

① 애정, 소속감에 대한 욕구

② 애정 욕구 · 성적욕구 등이 해당된다.

(4) 인정받으려는 욕구(4단계)

① 자기 존경의 욕구로 자존심, 명예, 성취, 지위에 대한 욕구

② 자기 일에 대한 자부심 및 타인으로부터 존경받으려는 욕구

(5) 자아실현의 욕구(5단계)

① 잠재적인 능력을 실현하고자 하는 성취 욕구

② 자기 완성에 대한 창조적 욕구

④ Maslow의 5단계 욕구

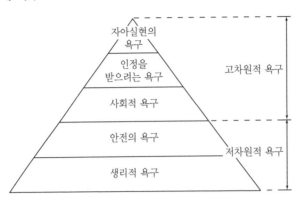

⑤ Maslow의 7단계 욕구

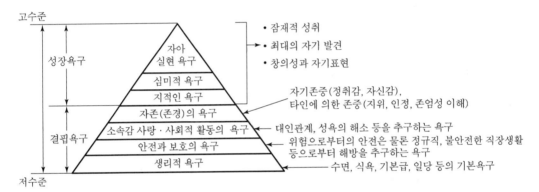

··· 08 자신과잉

1 개요

근로자는 작업에 점차 익숙해지며 안전수단을 생략하는 사고유발행위를 범한다. 안전하고 옳은 작업방법을 이미 알고 있음에도 지키기 않는 불안전행동, 즉 안전원인의 일종이다.

2 자신과잉에 관련된 사항

(1) 작업과 안전수단

간단한 작업, 짧은 시간으로 끝나는 작업, 작업이 끝날 무렵에는 실제작업에 비하여 안전수단이 생략되기 쉽다.

(2) 주위의 영향

안전수단을 생략하는 주위의 영향에 동화되어 안전수단을 생략하기 쉬우며, 미경험자에게 많이 발생된다.

(3) 피로하였을 때

심신의 피로가 쌓였을 때 안전수단을 생략하기 쉽다.

(4) 직장의 분위기

직장의 정리·정돈불량, 조명불량, 감독의 사각지대에서는 안이한 마음으로 안전수단을 생략하기 쉽다.

3 자신과잉에 대한 대책

(1) 작업규율 확립

작업에 관한 각종 규준 및 수칙의 준수

(2) 환경정비 및 개선

직장의 정리·정돈 및 청소, 조명의 개선, 통풍 및 환기 등

(3) 안전교육 강화

태도 교육에 중점을 두어 교육 및 훈련실시

(4) 동기부여

동기부여를 통한 안전활성화의 추진

(5) 피로회복

피로의 회복으로 심신의 건강 상태를 정상적으로 유지

··· 09 정보처리 및 의식수준 5단계

1 개요

'정보처리'란 감지한 정보로 수행하는 조작을 말하며, 정보처리의 단계는 업무의 난이도에 따라
5단계로 구분할 수 있다.

2 정보처리 5단계

(1) 수면상태 또는 가수면상태 : Phase 0

(2) 반사작업(무의식) : Phase 1
정도의 반사작용으로 해결되는 단계

(3) 루틴(Routine)작업 : Phase 2
동시에 다른 정보처리가 될 수 없으며, 미리
순서가 결정된 정상적인 정보처리

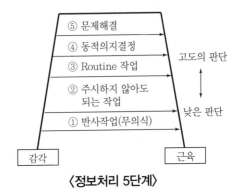

〈정보처리 5단계〉

(4) 동적 의지결정 작업 : Phase 3
① 조작하여 그 결과를 보지 않으면 다음 조작을 결정할 수 없는 정보처리
② 처리할 정보의 순서를 미리 알지 못하는 경우

(5) 문제해결 : Phase 4
① 창의력 및 경험하지 못한 업무를 시작하는 단계
② 미지의 분야로 진입하는 데 따른 두려움이 존재하는 단계

3 의식수준 5단계

의식수준	주의 상태	신뢰도	비고
Phase 0	수면 중	0	의식의 단절, 의식의 우회
Phase 1	졸음 상태	0.9 이하	의식수준의 저하
Phase 2	일상생활	0.99~0.99999	정상상태
Phase 3	적극 활동 시	0.99999 이상	주의집중상태, 15분 이상 지속 불가
Phase 4	과긴장 시	0.9 이하	주의의 일점집중, 의식의 과잉

02 건설현장의 안전심리 및 특수성

···01 착오

1 정의

사물이나 생각 따위가 뒤섞임, 착각을 하여 잘못함. 또는 그런 잘못. 부주의에서 생기는 추리의 오류, 사람의 인식과 객관적 사실이 일치하지 않고 어긋나는 일

2 착오 발생 과정

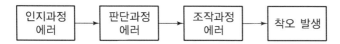

인지과정 에러 → 판단과정 에러 → 조작과정 에러 → 착오 발생

3 착오의 종류

위치, 순서, 패턴, 모양

4 착오의 원인

① 심리적 능력한계
② 정보량 저장한계
③ 감각기능 차단한계

5 착오 발생 3요소

(1) 인지과정 착오

① 외부정보가 감각기능으로 인지되기까지의 에러
② 심리 불안정, 감각 차단

(2) 판단과정 착오

① 의사결정 후 동작명령까지의 에러

② 정보 부족, 자기 합리화

(3) 조작과정 착오

① 동작을 나타내기까지의 조작 실수에 의한 에러

② 작업자 기능 부족, 경험 부족

6 착오 발생에 의한 재해 Flow Chart

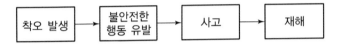

1 정의

객관적으로는 움직이지 않음에도 움직이는 것처럼 느껴지는 심리적 현상으로 필름방식 영화의 화면이 움직이는 것처럼 보이게 하는 베타운동이 대표적이다.

2 착각현상의 분류

(1) 자동운동

① 광점 및 광의 강도가 작거나 대상이 단조로울 때, 또는 시야의 다른 부분이 어두울 때 나타나는 착각현상

② 암실 내에서 정지된 소광점을 응시하고 있으면 그 광점이 움직이는 것처럼 보이는 현상

(2) 유도운동

실제로는 움직이지 않는 것이 어느 기준의 이동에 유도되어 움직이는 것처럼 느껴지는 현상

예 • 구름에 둘러싸인 달이 반대 방향으로 움직이는 것처럼 보이는 현상
　　• 플랫폼의 출발열차 등

(3) 가현운동

① 일정한 위치에 있는 물체가 착시에 의해 움직이는 것처럼 보이는 현상

② 종류 : α 운동, β 운동, γ 운동, δ 운동, ε 운동

3 가현운동

(1) α 운동

① 화살표 방향이 다른 두 도형을 제시할 때, 화살표의 운동으로 인해 선이 신축되는 것처럼 보이는 현상

② Müller Lyer의 착시현상

(2) β 운동

① 시각적 자극을 제시할 때, 마치 물체가 처음 장소에서 다른 장소로 움직이는 것처럼 보이는 현상

② 대상물이 영화의 영상과 같이 운동하는 것처럼 인식되는 현상

(3) γ 운동

하나의 자극을 순간적으로 제시할 경우 그것이 나타날 때는 팽창하는 것처럼 보이고 없어질 때는 수축하는 것처럼 보이는 현상

(4) δ 운동

강도가 다른 두 개의 자극을 순간적으로 가할 때, 자극 제시 순서와는 반대로 강한 자극에서 약한 자극으로 거슬러 올라가는 것처럼 보이는 현상

(5) ε 운동

한쪽에는 흰 바탕에 검은 자극을, 다른 쪽에는 검은 바탕에 백색 자극을 순간적으로 가할 때, 흑에서 백으로 또는 백에서 흑으로 색이 변하는 것처럼 보이는 현상

···03 착시(Optical Illusion)

1 개요

시각 자극을 인지하는 과정에서 주변의 다른 정보에 영향을 받아 원래 사물에 대한 시각적인 착각이 발생되는 현상으로 사물이나 특정 상황을 있는 그대로 보지 못하는 것을 말한다.

(1) 시각적 착시

사물의 형상을 받아들이면서 착각이 일어나는 현상

(2) 물리적 착시

명암, 기울기, 색상, 움직임 등 특정한 자극을 과도하게 수용하면서 발생하는 현상

(3) 인지적 착시

눈으로 받아들인 자극(주로 공간)을 뇌가 무의식적으로 추론하여 받아들이는 현상

2 착시현상의 분류

학설	그림	현상
Müller-Lyer의 착시	(a) (b)	(a)가 (b)보다 길어 보임 실제 (a)=(b)
Helmholtz의 착시	(a) (b)	(a)는 세로로 길어 보이고, (b)는 가로로 길어 보인다.
Hering의 착시		가운데 두 직선이 곡선으로 보인다.
Köhler의 착시		우선 평행의 호(弧)를 본 경우에 직선은 호의 반대 방향으로 굽어보인다.
Poggendorf의 착시	(a) (c) (b)	(a)와 (c)가 일직선상으로 보인다. 실제는 (a)와 (b)가 일직선이다.
Zöller의 착시		세로의 선이 굽어보인다.

학설	그림	현상
Orbigon의 착시		안쪽 원이 찌그러져 보인다.
Sander의 착시		두 점선의 길이가 다르게 보인다.
Ponzo의 착시		두 수평선부의 길이가 다르게 보인다.

···04 적응·부적응

1 개요

적응은 주어진 환경에 자신을 맞추는 순응과정과 자신의 욕구를 충족시키기 위해 환경을 변화시키는 동화과정으로, 개인은 생존하고 발전하며 성숙해가는 과정임에 비해 부적응은 주관적 불편함, 인간관계의 역기능, 사회문화적 규범의 일탈 등으로 자신을 고립시키는 것과 같은 형태로 나타난다.

2 부적응의 3형태

(1) 인간관계에서의 주관적 불편함

인간관계에서 느끼는 불안, 분노, 우울, 고독감으로 그 정도가 과도하면 부적응 상태라 할 수 있다.

(2) 사회문화적 규범의 일탈

사회와 구성원 간 행동규범에는 암묵적으로 정해져 있는 선이 있으며 행동양식이 있으나 이를 무시하고 각 상황에 부적절한 행동으로 상대방을 불편하게 하거나 무례한 행동을 하는 유형이다.

(3) 인간관계의 역기능

상급자가 지나치게 권위적이거나 공격적인 경우 반발심을 야기해 구성원의 사기를 저하시키는 행위 등을 말하며, 스스로는 불편함이 없으나 타인으로부터 외면당하고 조직의 효율성을 저하시켜 결과적으로는 자신도 피해를 보는 유형이다.

3 부적응으로 나타나는 인간관계 유형

인간관계 회피형	인간관계 피상형	인간관계 미숙형	인간관계 탐닉형
• 인간관계 경시형	• 인간관계 실리형	• 인간관계 소외형	• 인간관계 의존형
• 인간관계 불안형	• 인간관계 유희형	• 인간관계 반목형	• 인간관계 지배형

4 행동주의 학습이론

(1) Watson의 행동주의

① 파블로프의 고전적 조건형성이론 원리를 인간행동에 적용한 대표적인 행동주의 심리학자로 인간의 적응행동, 부적응행동 모두가 학습된 것이라는 이론이다.

② 환경결정론 : 행동은 환경과 경험의 산물이라고 강조한다.

③ 정서의 조건형성 실험 : 정서적 반응은 조건형성 과정으로 학습된다.

④ 탈조건 형성 : 조건형성이 된 정서에 대해 반대적 형성을 시키려 한다는 이론이다.

(2) Thorndike의 조건형성이론

① 도구적 조건형성이론

- 시행착오학습 : 다양한 경험을 해보며 문제를 성공적으로 해결한 반응을 학습하게 된다는 이론이다.

- 도구적 조건형성 : 성공적인 반응이 성공을 가져온 도구가 되었기 때문에 학습이 조금씩 체계적인 단계를 밟으며 이루어진다는 이론이다.

② 학습의 법칙

- 준비성의 법칙 : 학습할 준비가 갖추어져야만 학습이 이루어진다.

- 연습의 법칙 : 행동은 반복결과 습득된다.

- 효과의 법칙 : 학습시간을 단축시키기 위해서는 행동결과에 대한 보상이 이루어져야 한다.

··· 05 주의 · 부주의

1 개요

부주의는 재해발생 메커니즘 중 불안전한 행동과 불안전전한 상태를 유발하는 대표적인 원인이 되므로 작업환경과 방법, 근로자의 적절한 배치가 인간공학적 차원에서 이루어져야 할 것이다.

2 주의의 특징

(1) 선택성

① 여러 종류의 자각현상 발생 시 소수의 특정한 것에 제한된다.
② 동시에 2개의 내용에 집중하지 못하는 중복 집중 불가

(2) 방향성

① 주시점만 인지하는 기능
② 한 지점에 주의를 집중하면 다른 것에 대한 주의는 약해지는 특징

(3) 변동성

① 주기적인 집중력의 강약이 발생된다.
② 주의력은 지속 한계성에 의해 장시간 지속될 수 없다.

3 부주의에 의한 재해발생 Mechanism

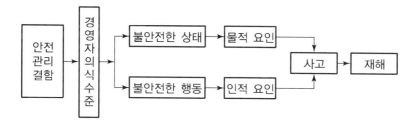

4 의식수준

(1) **의식의 단절** : Phase 0
(2) **의식수준의 저하** : Phase 1
(3) **정상상태** : Phase 2
(4) **주의집중상태** : Phase 3
(5) **의식의 과잉** : Phase 4

5 부주의의 발생원인

(1) 외적 요인(불안전 상태)

① 작업, 환경조건 불량 : 불쾌감이나 신체적 기능 저하가 발생하여 주의력의 지속 곤란

② 작업순서의 부적당 : 판단의 오차 및 조작 실수 발생

(2) 내적 요인(불안전 행동)

① 소질적 조건 : 질병 등의 재해 요소를 갖고 있는 자

② 의식의 우회 : 걱정, 고민, 불만 등으로 인한 부주의

③ 경험부족, 미숙련 : 억측 및 경험 부족으로 인한 대처방법의 실수

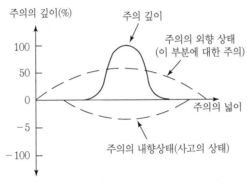

감시하는 대상이 많을수록 주의의 넓이는 좁아지고
깊이는 깊어진다.

〈주의의 집중과 배분〉

6 부주의에 의한 재해 예방대책

(1) 외적 요인

① 작업환경 조건의 개선

② 근로조건의 개선

③ 신체 피로 해소

④ 작업순서 정비

⑤ 인간의 능력·특성에 부합되는 설비 기계류의 제공

⑥ 안전작업방법 습득

(2) 내적 요인

① 적정 작업 배치

② 정기적인 건강진단

③ 안전 카운슬링

④ 안전교육의 정기적 실시

⑤ 주의력 집중 훈련

⑥ 스트레스 해소대책 수립 및 실시

🄷 결론

부주의의 발생원인은 주의의 특징인 선택성, 방향성, 변동성과 연관된 심리상태로서 부주의는 불안전한 행동을 초래해 생산활동을 저하하는 것은 물론 재해발생의 가장 중요한 요소가 되므로 RMR에 의한 업무배정과 적절한 휴식시간 제공, 잠재재해 발굴을 위한 동기부여가 이루어지도록 관리하는 것이 중요하다.

··· 06 연습곡선

① 개요

특정한 과제를 지속적으로 연습할 경우 과제에 능숙해지는 진보의 경향을 그래프로 표시한 것으로 연습곡선은 소요되는 시간이 지속될수록 상승하는 것이 일반적이다.

② 연습곡선의 유래

1885년 독일의 심리학자 Hermann Ebbinghaus가 제창하였다.

③ 연습곡선의 정의

(1) **가로축** : 시행 횟수 또는 시간 경과를 바탕으로 한 누적경험수
(2) **세로축** : 올바른 반응을 나타낸 수나 소요 시간 등을 바탕으로 한 성취도

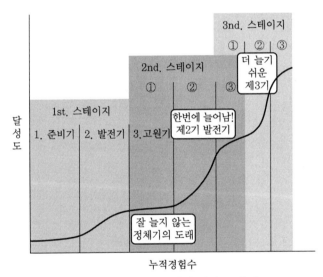

〈연습곡선에 의한 단계별 성장 그래프〉

④ 성장단계

(1) **1st : 준비기**

학습을 시작하는 간단한 단계로 진도는 쉬우나 성과라 할 수 있는 상태로 직결되지 않는 단계

(2) **2st : 발전기**

준비기에 축적한 힘이 발휘되어 가장 효율적인 성장으로 이어지는 기간

⑶ 3st : 고원기

다음 발전기를 맞기 위해 준비되는 기간으로 한계점에 도달한 이후 좀처럼 성장을 실감하기 어려워지는 단계이다. 특히, 가장 시간이 많이 소요되는 구간이기에 불안해하거나 학습을 그만두고 싶어지기도 한다.

5 연습곡선을 감안한 학습효과 유의사항

준비기 → 발전기 → 고원기는 연습 시 한 번의 경험이 아닌 다수의 경험을 의미한다. 일반적으로 주기가 늘어날 때마다 준비기부터 고원기까지의 기간이 짧아지고 성과로 이어지는 정도도 높아진다.

6 고원기에 도달한 후 좌절하는 유형에 대한 권유사항

⑴ 고원기에 도달한 상태의 사람 또는 조직에 이 곡선을 예로 설명한다.
⑵ 격려와 포기는 무의미함을 상기시켜 준다.
⑶ 성과와 자신감, 도전정신을 습득하기 위해서는 성과가 나타나지 않는 시기에도 포기하지 말고 성장과정의 이미지를 공유할 수 있도록 한다.

··· 07 RMR

1 개요

(1) 'RMR(에너지대사율, Relative Metabolic Rate)'이란 작업강도의 단위로서 산소호흡량을 측정하여 Energy의 소모량을 결정하는 방식을 말한다.

(2) 작업강도란 작업을 수행하는 데 소모되는 Energy의 양을 말하며 RMR이 클수록 중작업이다.

2 RMR 산정식

$$RMR = \frac{작업대사량}{기초대사량} = \frac{작업\ 시\ 산소소모량 - 안정\ 시\ 산소소모량}{기초대사량}$$

3 RMR과 작업강도

RMR	작업강도	해당 작업
0~1	초경작업	서류 찾기, 느린 속도 보행
1~2	경작업	데이터 입력, 신호수의 신호작업
2~4	보통작업	장비운전, 콘크리트 다짐작업
4~7	중작업	철골 볼트 조임, 주름관 사용 콘크리트 타설작업
7 이상	초중작업	해머 사용 해체작업, 거푸집 인력 운반 작업

4 작업강도 영향 요소

(1) Energy의 소모량

(2) 해당 작업의 속도

(3) 해당 작업의 자세

(4) 해당 작업의 대상(다·소)

(5) 해당 작업의 범위

(6) 해당 작업의 위험도

(7) 해당 작업의 정밀도

(8) 해당 작업의 복잡성

(9) 해당 작업의 소요시간

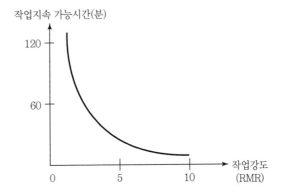

RMR이 클수록 작업지속 가능시간이 짧아진다.

〈작업강도와 작업지속시간의 상관관계 곡선〉

··· 08 휴식시간

1 개요

피로는 작업강도에 직접적인 영향을 주며 안전사고 발생의 원인이 되므로, 작업에 대한 평균 Energy 값이 한계를 넘는다면 휴식시간을 두어 피로의 해소를 통한 재해 예방에 힘써야 한다.

2 휴식시간 산출식

$$R = \frac{60(E-5)}{E-1.5}$$

여기서, R : 휴식시간(분)
E : 작업 시 평균 Energy 소비량(kcal/분)
총 작업시간 : 60분
작업 시 분당 평균 Energy 소비량 : 5kcal/분(2,500kcal/day÷480분)
휴식시간 중의 Energy 소비량 : 1.5kcal/분(750kcal÷480분)

3 Energy 소비량

(1) **1일 일반인의 작업 시 소비 Energy** : 약 4,300kcal/day
(2) **기초대사와 여가에 필요한 Energy** : 약 2,300kcal/day
(3) **작업 시 소비 Energy** : 4,300kcal/day−2,300kcal/day＝2,000kcal/day
(4) **분당 소비 Energy(작업 시 분당 평균 Energy 소비량)** : 2,000kcal/day÷480분(8시간)
＝약 4kcal/분

4 에너지 소요량

(1) **20~29세** : 남 2,600kcal/일, 여 2,100kcal/일
(2) **30~49세** : 남 2,400kcal/일, 여 1,900kcal/일
(3) **50~64세** : 남 2,000kcal/일, 여 1,800kcal/일
※ 남성근로자 : 2,500kcal/일÷480분＝5kcal/분
여성근로자 : 2,000kcal/일÷480분＝4kcal/분

CHAPER

03

안전교육

··· 01 학습

1 개요

학습은 지식, 기능, 태도교육의 필요성에 의해 실시하는 것으로 의도한 학습효과를 거두기 위해서는 학습지도의 원리에 의한 단계별 학습을 통해 최대의 학습효과를 거둘 수 있도록 하는 것이 중요하다.

2 학습의 필요성

(1) 지식의 교육   (2) 기능의 교육   (3) 태도의 교육

3 학습지도 5원칙

자발성의 원칙	학습참여자 자신의 자발적 참여가 이루어지도록 한다.
개별화의 원칙	학습참여자 개개인의 능력에 맞는 학습기회의 제공 원칙
사회성 향상의 원칙	학습을 통해 습득한 지식의 상호 교류를 위한 원칙
통합의 원칙	부분적 지식의 통합을 위한 원칙
목적의 원칙	학습목표가 분명하게 인식될 때 자발적이며 적극적인 학습에 임하게 되는 원칙

4 학습정도 4단계

인지단계	새로운 사실을 인지하는 단계
지각단계	새로운 사실을 깨닫는 단계
이해단계	학습내용을 이해하는 단계
적용단계	학습내용을 적절한 요소에 적용할 수 있는 단계

5 5감의 효과 정도와 신체활용별 이해도

(1) 5감의 효과 정도

5감	시각	청각	촉각	미각	후각
효과	60%	20%	15%	3%	2%

(2) 신체활용별 이해도

신체 구분	귀	눈	귀와 눈	귀, 눈, 입의 활용	머리, 손, 발의 활용
이해도	20%	40%	60%	80%	90%

··· 02 학습이론

1 개요

학습은 자극(S)으로 인해 유기체가 나타내는 특정한 반응(R)의 결합으로 이루어진다는 Thorndike
의 이론을 시초로 파블로프, 스키너 등의 학자에 의해 제시되었다.

2 학습이론의 학자별 분류

(1) 자극과 반응이론

① Thorndike의 학습법칙(시행착오설)

학습은 맹목적인 시행을 되풀이하는 가운데 생성되는 자극과 반응의 결합과정이다.

- 준비성의 법칙
- 반복연습의 법칙
- 효과의 법칙

② 파블로프의 조건반사설(S–R이론)

유기체에 자극을 주면 반응하게 됨으로써 새로운 행동이 발달된다.

- 일관성의 원리
- 계속성의 원리
- 시간의 원리
- 강도의 원리

③ 스키너의 조작적 조건화설

- 간헐적으로 강도를 높이는 것이 반응할 때마다 강도를 높이는 것보다 효과적이다.
- 벌칙보다 칭찬, 격려 등의 긍정적 행동이 학습에 효과적이다.
- 반응을 보인 때 즉시 강도를 높이는 것이 효과적이다.

④ Bandura의 사회학습이론

- 사람은 관찰을 통해서 학습할 수 있으며, 대부분의 학습이 타인의 행동을 관찰함에 따른
  모방의 결과로 나타난다.
- 타인이 보상 또는 벌을 받는 것을 관찰함으로써 간접적인 강도 상승의 영향을 받는다.

(2) Tolmen의 기호형태설

① 학습은 환경에 대한 인지 지도를 신경조직 속에 형성시키는 과정이다.
② 학습은 자극과 자극 사이에 형성되는 결속이다(Sign–Signification 이론).
③ Tolmen은 문제에 대한 인지가 학습에 있어서 가장 필요한 조건이라고 하였다.

(3) 하버드학파의 교수법

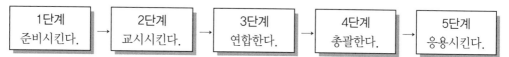

(4) 파블로프의 조건반사설

① 강도의 원리 : 자극이 강할수록 학습이 더 잘 된다.

② 시간의 원리 : 조건자극을 무조건자극보다 조금 앞서거나 동시에 주어야 강화가 잘 된다.

③ 계속성의 원리 : 자극과 반응의 관계는 횟수가 거듭될수록 강화가 잘 된다.

④ 일관성의 원리 : 일관된 자극을 사용하여야 한다.

③ 학습목적의 3요소

(1) **목표** : 학습목적의 핵심을 달성하기위한 목표

(2) **주제** : 목표달성을 위한 테마

(3) **학습정도** : 주제를 학습시킬 범위와 내용의 정도

④ 이론 분류

(1) S-R이론(행동주의)

분류	내용	학습원리
조건반사(반응)설 (Pavlov)	행동의 성립을 조건화에 의해 설명. 즉 일정한 훈련을 통하여 반응이나 새로운 행동의 변용을 가져올 수 있다(후천적으로 얻게 되는 반사작용).	• 일관성의 원리 • 강도의 원리 • 시간의 원리 • 계속성의 원리
시행착오설 (Thorndike)	학습이란 맹목적으로 탐색하는 시행착오의 과정을 통하여 선택되고 결합되는 것(성공한 행동은 각인되고 실패한 행동은 배제)	• 효과의 법칙 • 연습의 법칙 • 준비성의 법칙
조작적 조건 형성이론 (Skinner)	어떤 반응에 대해 체계적이고 선택적으로 강화를 주어 그 반응이 반복해서 일어날 확률을 증가시키는 것	• 강화의 원리 • 소거의 원리 • 조형의 원리 • 자발적 회복의 원리 • 변별의 원리

(2) 인지이론(형태주의)

분류	내용	학습원리
통찰설 (Kohler)	문제해결의 목적과 수단의 관계에서 통찰이 성립되어 일어나는 것	• 문제해결은 갑자기 일어나며 환전하다. • 통찰에 의한 수행은 원활하고 오류가 없다. • 통찰에 의한 문제는 쉽게 다른 문제에 적용된다.
장이론 (Lewin)	하급에 해당하는 인지구조의 성립 및 변화는 심리적 생활공간(환경영역, 내적·개인적 영역, 내적 욕구, 동기 등)에 의한다.	장이란 역동적인 상호관련 체제(형태 자체를 장이라 할 수 있고 인지된 환경은 장으로 생각할 수 있다)
기호－형태설 (Tolman)	어떤 구체적인 자극(기호)은 유기체의 측면에서 볼 때 일정한 형의 행동결과로서의 자극대상(의미체)을 도출한다.	형태주의 이론과 행동주의 이론의 혼합(수단－목표와의 의미관계를 파악하고 인지구조를 형성)

··· 03 학습의 전이

1 개요

학습의 전이란 앞서 실시한 학습의 결과가 이후 실시되는 학습효과에 긍정적이거나 부정적인 효과를 유발하는 현상을 말한다. 선행학습이 올바르지 못할 경우 목표달성을 위한 학습효과에 방해가 될 수 있다는 점에 유의해야 한다.

2 학습전이의 분류

(1) 긍정적 효과(적극적 효과)
(2) 부정적 효과(소극적 효과)

3 학습전이의 조건(영향요소)

(1) 과거의 경험
(2) 학습방법
(3) 학습의 정도
(4) 학습태도
(5) 학습자료의 유사성
(6) 학습자료의 게시 방법
(7) 학습자의 지능요인
(8) 시간적인 간격의 요인 등

4 전이이론

분류	내용
동일요소설(E. L Thorndike)	선행학습과 이후 학습에 동일한 요소가 있을 때 연결현상이 발생된다는 이론
일반화설(C. H. Judd)	학습자가 어떤 경험을 하면 이후 비슷한 상황에서 유사한 태도를 취하려는 경향이 발생되는 전이현상이 발생된다는 이론
형태 이조(移調)설(K. Koffka)	학습경험의 심리적 상태가 유사한 경우 선행학습 시 형성된 심리상태가 그대로 옮겨가는 전이현상이 발생된다는 이론

··· 04 교육의 3요소와 3단계, 교육진행의 4단계, 교육지도 8원칙

1 개요

교육목표 달성을 위해서는 교육의 주체와 객체, 매개체가 상호 유기적으로 연결될 때 그 효과가 극대화될 수 있으며 교육 참여자가 최대의 효과를 달성할 수 있도록 단계별 교육내용의 요소를 이해하는 것이 중요하다.

2 교육의 3요소

구분	형식적 교육	비형식적 교육
교육 주체	교수(강사)	부모, 형, 선배, 사회인사
교육의 객체	학생(수강자)	자녀, 미성숙자
매개체	교재(학습내용)	환경, 인간관계

3 교육의 3단계

(1) **제1단계** : 지식의 교육   (2) **제2단계** : 기능교육   (3) **제3단계** : 태도교육

4 교육진행의 4단계와 하버드학파의 5단계 교수법

지식교육 4단계	하버드 학파 5단계 교수법
① 도입(준비) : 학습 준비를 시킨다. ② 제시(설명) : 작업을 설명한다. * 능력에 따른 교육, 급소강조, 주안점, 체계적 반복교육 ③ 적용(응용) : 작업을 지켜본다. ④ 확인(평가) : 가르친 뒤 살펴본다.	① 준비시킨다. ② 교시(교육, 설명)한다. ③ 연합시킨다. ④ 총괄시킨다. ⑤ 응용시킨다.

5 교육지도 8원칙

(1) 상대방 입장에서 교육한다.

(2) 동기를 부여한다.

(3) 쉬운 단계에서 시작해 점차 어려운 단계로 진행한다.

(4) 반복해서 교육한다.

(5) 인상을 강화한다(각종 교보재, 견학, 사례 제시).

(6) 5감을 활용한다.

(7) 기능적인 이해가 되도록 한다.

(8) 한 번의 강의(교육) 시 한 가지씩 중요 내용을 강조한다.

··· 05 안전교육의 3단계

① 개요

안전교육은 인간정신의 안전화, 행동의 안전화, 환경의 안전화, 설비와 물자의 안전화를 위한 교육목적을 도달하기 위해 사고·사례 중심, 표준작업을 위한 교육, 안전의식 향상을 위한 안전교육이 이루어지도록 지식, 기능, 태도교육의 3단계 교육이 효과적이다.

② 안전보건교육의 단계별 교육과정

단계별	내용
지식교육 (제1단계)	• 강의, 시청각교육 등 지식의 전달과 이해 • 다수인원에 대한 교육 가능 • 광범위한 지식의 전달 가능 • 안전의식의 제고 용이 • 피교육자의 이해도 측정 곤란 • 교사의 학습방법에 따라 차이 발생
기능교육 (제2단계)	• 시범, 견학, 현장실습 통한 경험 체득과 이해(표준작업방법 사용) • 작업능력 및 기술능력 부여 • 작업동작의 표준화 • 교육기간의 장기화 • 다수인원 교육 곤란
태도교육 (제3단계)	• 생활지도, 작업동작지도, 안전의 습관화 및 일체감 • 자아실현 욕구의 충족 기회 제공 • 상사와 부하의 목표 설정을 위한 대화(대인관계) • 작업자의 능력을 약간 초월하는 구체적이고 정량적인 목표 설정 • 신규 채용 시에도 태도교육에 중점
추후지도	• 지식 – 기능 – 태도 교육을 반복 • 정기적인 OJT 실시

③ 교육단계별 과정

(1) **지식교육** : 도입(준비) → 제시(설명) → 적용(응용) → 확인(종합, 총괄)

(2) **기능교육** : 학습준비 → 작업설명 → 실습 → 결과시찰

(3) **태도교육** : 청취 → 이해납득 → 모범 → 평가(권장) → 장려 및 처벌

··· 06 안전교육법 4단계

1 개요

안전교육이란 인간 측면에 대한 사고예방 수단의 하나로서, 안전교육을 효과적으로 시행하기 위해서는 사전에 철저한 준비와 함께 적합한 교육내용 및 교육방법이 적용되어야 한다. 안전교육의 4단계는 '도입 → 제시 → 적용 → 확인'으로 진행된다.

2 안전교육의 기본방향

(1) 사고·사례 중심의 안전교육
(2) 안전작업(표준작업)을 위한 안전교육
(3) 안전의식 향상을 위한 안전교육

3 안전교육 진행 4단계

(1) **제1단계(도입)** : 교육해야 할 주제와 목적 또는 중요성을 설명
  ① 피교육자의 마음을 안정
  ② 학습의 목적 및 취지와 배경 설명
  ③ 관심과 흥미를 갖도록 동기 부여

(2) **제2단계(제시)** : 피교육자의 능력에 맞는 교육 실시 및 내용 이해와 기능 습득
  ① 교육 체계와 중점 명시
  ② 주요 단계의 설명 및 시범
  ③ 시청각 교재의 적극적 활용

(3) **제3단계(적용)** : 이해시킨 내용을 구체적으로 활용하거나 응용할 수 있도록 지도
  ① 교육내용에 대한 활용 및 응용
  ② 사례연구, 재해사례 등을 발표
  ③ 교육내용 복습

(4) **제4단계(확인)** : 교육내용의 올바른 이해 여부를 확인
  ① 교육 이해도 확인
  ② 시험 또는 과제 부과
  ③ 향후 피교육자의 실천사항 명시

··· 07 교육지도의 8원칙

1 개요

'안전교육'이란 인간 측면에 대한 사고예방 수단의 하나로서 교육지도의 8원칙을 활용하여 학습자가 교육목적을 효과적으로 달성할 수 있도록 하여야 하며 안전교육은 위험에 직면할 경우 대응할 수 있는 산교육이 되어야 한다.

2 안전교육의 기본방향

(1) 사고·사례 중심의 안전교육

(2) 안전작업(표준작업)을 위한 안전교육

(3) 안전의식 향상을 위한 안전교육

3 교육지도의 8원칙

(1) 상대방의 입장에서 교육

① 피교육자 중심의 교육

② 교육 대상자의 지식이나 기능 정도에 맞게 교육

(2) 동기부여

① 관심과 흥미를 갖도록 동기 부여

② 동기유발(동기부여) 방법
- 안전의 근본 이념을 인식시킬 것
- 안전목표를 명확히 설정할 것
- 결과를 알려줄 것
- 상과 벌을 줄 것
- 경쟁과 협동 유발
- 동기유발의 최적 수준 유지

(3) 쉬운 부분에서 어려운 부분으로 진행

① 피교육자의 능력을 교육 전에 파악

② 쉬운 수준에서 점차 어렵고 전문적인 것으로 진행

(4) 반복 교육

⑸ 한 번에 하나씩 교육

① 순서에 따라 한 번에 한 가지씩 교육

② 교육에 대한 이해의 폭을 넓힘

⑹ 인상의 강화

① 교보재의 활용

② 견학 및 현장사진 제시

③ 사고 사례의 제시

④ 중요사항 재강조

⑤ 토의과제 제시 및 의견 청취

⑥ 속담, 격언, 암시 등의 방법 선택

⑺ 5감의 활용(시각, 청각, 촉각, 미각, 후각)

구분	시각효과	청각효과	촉각효과	미각효과	후각효과
감지효과	60%	20%	15%	3%	2%

⑻ 기능적인 이해

① 교육을 기능적으로 이해시켜 기억에 남게 한다.

② 효과

- 안전작업의 기능 향상
- 표준작업의 기능 향상
- 위험예측 및 응급처치 기능 향상

4 교육의 4단계

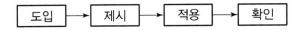

도입 → 제시 → 적용 → 확인

··· 08 Hermann Ebbinghaus의 망각곡선

1 개요

독일의 심리학자 Hermann Ebbinghaus는 1885년 저서를 통해 학습 직후 19분 경과 시 학습 내용의 58%를 망각하고 하루가 경과되면 33%만을 기억하며, 학습 직후 망각이 시작되어 9시간 경과 시까지 급격한 망각이 이루어지고 이후 완만해짐을 관찰하고, 복습의 중요성에 대해 강조하였다.

2 기억의 과정

(1) 기억의 과정 순서 Flow Chart

기명 → 파지 → 재생 → 재인 → 기억

(2) 기억 과정

① 기명 : 사물의 인상을 보존하는 단계
② 파지 : 간직한 인상이 보존되는 단계
③ 재생 : 보존된 인상이 다시 의식으로 떠오르는 단계
④ 재인 : 과거에 경험하였던 것과 같은 비슷한 상태에 부딪쳤을 때 떠오르는 것
⑤ 기억 : 과거의 경험이 미래의 행동에 영향을 주는 단계

(3) 기억률(H. Ebbinghaus)

$$기억률(\%)(절약점수) = \frac{최초에\ 기억하는\ 데\ 소요된\ 시간 - 그\ 후에\ 기억에\ 소요된\ 시간}{최초에\ 기억하는\ 데\ 소요된\ 시간} \times 100$$

3 망각곡선의 특징

(1) 망각곡선(Curve of Forgetting)

파지율과 시간의 경과에 따른 망각률을 나타내는 결과를 도표로 표시한 것

⑵ 경과시간에 따른 파지율과 망각률

경과시간	파지율	망각률
0.33시간	58.2%	41.8%
1	44.2%	55.8%
24	33.7%	66.3%
48	27.8%	72.2%
6일×24	25.4%	74.6%
31일×24	21.2%	78.9%

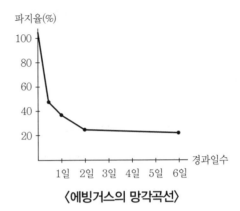

〈에빙거스의 망각곡선〉

4 복습의 중요성

⑴ 빨리 복습하면 효과가 매우 좋다. 즉, 더 높은 기억률을 유지할 수 있다.

⑵ 한번 학습하고 반복하지 않는 것과 한 번 더 확인하는 것의 차이는 크게 나타난다.

⑶ 복습은 학습이 끝난 직후에 하는 것이 효과적이다.

5 파지능력 향상방안

⑴ 반복효과

⑵ 간격효과

··· 09 교육기법

◳ 개요

교육훈련을 효과적으로 실시하기 위해서는 내용이 경영자 및 피교육자 모두에게 필요하고, 또한 동기가 있어야 하며, 교육훈련의 실시를 위한 기법은 크게 강의법과 토의법으로 나눌 수 있다.

◲ 교육기법

(1) **강의법(Lecture Method)** : 최적 인원 40~50명

① 많은 인원을 단기간에 교육하기 위한 방법

② 강의법의 종류

- 강의식 : 한 사람 또는 몇 사람의 강사가 교육 내용을 강의
- 문답식 : 강사와 수강자가 문답을 함으로써 강의를 진행
- 문제제시식 : 문제제시 방식에 따라 문제에 당면시켜서 문제해결을 시도하는 방법과 이미 강의에서 전달된 내용을 재생시켜 보기 위한 방법으로 분류

(2) **토의법(Group Discussion Method)** : 최적 인원 10~20명

① 쌍방적 의사전달방식에 의한 교육, 적극성·지도성·협동성을 기르는 데 유효

② 토의법의 종류

- 문제법(Problem Method) : '문제의 인식 → 해결방법의 연구계획 → 자료의 수집 → 해결방법의 실시 → 정리와 결과 검토'의 5단계를 거치면서 토의하는 방법
- 자유토의법(Free Discussion Method) : 참가자가 자유로이 과제에 대해 토의함으로써 각자가 가진 지식, 경험 및 의견을 교환하는 방법
- 포럼(Forum) : 새로운 자료나 교재를 제시하고 피교육자로 하여금 문제 제기 또는 의견을 발표케 한 후 토의하는 방법
- 심포지엄(Symposium) : 몇 사람의 전문가가 과제에 대한 견해를 발표한 뒤 참가자로 하여금 의견·질문을 하게 하여 토의하는 방법
- 패널 디스커션(Panel Discussion) : Panel Member(교육과제에 정통한 전문가 4~5명)가 피교육자 앞에서 자유로이 토의를 한 후 피교육자 전원이 사회자의 사회에 따라 토의하는 방법
- 버즈 세션(Buzz Session, 분임토의) : 먼저 사회자와 기록계 선출 후 나머지 사람을 6명씩 소집단으로 구분하고 소집단별로 각각 사회자를 선발하여 6분간씩 자유토의를 행하여 의견을 종합하는 방법으로 '6-6회의'라고도 함

- 사례 토의(Case Method) : 먼저 사례를 제시하고 문제적 사실들과 상호관계에 대해서 검토하고 대책을 토의하는 방법
- 역할 연기법(Role Playing) : 참가자에게 일정한 역할을 주어서 실제적으로 연기를 시켜 봄으로써 자기 역할을 보다 확실히 인식시키는 방법

③ OJT와 OFFJT

(1) OJT

① 직속상사가 부하직원에게 일상업무를 통해 지식, 기능, 문제해결방법 등을 교육하는 개별적 교육방법
② 특징
- 개개인의 수준에 맞는 적절한 교육이 가능하다.
- 교육효과가 업무와 직결된다.
- 업무와의 연속성이 가능하다.
- 이해도가 높다.

(2) OFFJT

① 외부강사를 초청해 근로자를 집합시켜 교육하는 집합교육
② 특징
- 다수근로자에 대한 교육이 가능하다.
- 교육에 전념할 수 있다.
- 단기간에 많은 지식과 경험을 교류할 수 있다.
- 특별한 기구의 활용이 가능하다.

··· 10 역할연기법(Role Playing)

1 개요

'역할연기법(Role playing)'이란 심리극(Psychodrama)이라고 하는 정신병 치료법에서 발달한 것으로, 하나의 역할을 상정하고 이것을 피교육자로 하여금 실제로 체험케 하여 체험학습을 시키는 안전교육과 관련되는 교육의 일종이다.

2 역할연기법의 장단점

(1) 장점

① 하나의 문제에 대하여 관찰능력과 수감성이 동시에 향상됨
② 자기 태도에 대한 반성과 창조성이 싹트기 시작함
③ 적극적인 참가와 흥미로 다른 사람의 장단점을 파악함
④ 사람에 대해 신중하고 관용을 베풀게 되며 스스로의 능력을 자각함
⑤ 의견발표에 자신이 생기고 관찰력 풍부해짐

(2) 단점

① 목적을 명확하게 하고 계획적으로 실시하지 않으면 학습으로 연결되지 않음
② 정도가 높은 의지결정의 훈련으로서의 성과는 기대할 수 없음

3 진행순서 Flow Chart

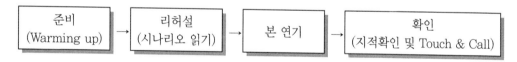

| 준비
(Warming up) | → | 리허설
(시나리오 읽기) | → | 본 연기 | → | 확인
(지적확인 및 Touch & Call) |

4 진행방법

(1) 준비

① 간단한 상황이나 역할을 일러 주어 자유로이 예비적인 거동을 취함
② 훈련의 주제에 따른 역할분담

(2) 리허설(시나리오 읽기)

① 자신의 대사 확인
② 선 채로 원진을 만들어 시나리오를 읽으면서 역할 연기 리허설

(3) 본 연기

① 각자에게 부여된 역할에 따라 사실적으로 절도 있게 연기

② 단시간 Meeting의 느낌을 체험학습, 서로의 역할 교환

③ 서로의 역할을 교환하거나 즉석 연기를 실시하여도 됨

(4) 확인

① 역할 연기가 끝난 뒤 연기자와 청중이 함께 토의

② 지적 확인 항목 설정 및 Touch & Call로 마무리

5 교육 시 유의사항

(1) 피교육자의 지식이나 수준에 맞게 교육 실시

(2) 체계적이고 반복적인 안전교육 실시

(3) 사례중심의 안전교육 실시

(4) 인상의 강화

(5) 교육 후 평가 실시

··· 11 Project Method

1 개요

Project Method란 교육참가자 스스로가 계획과 행동을 통해 학습하게 하는 교육방법으로 목표의식을 갖고 교육에 참여하게 됨으로 동기부여에 의한 책임감과 창의성이 향상되는 장점이 있다.

2 Project Method의 장단점

장점	단점
• 동기 부여가 된다. • 자발적인 계획 및 실천이 가능하다. • 책임감, 창의력, 인내심이 함양된다.	• 시간과 노력의 투입이 요구된다. • 충분한 능력의 지도자가 필요하다. • 목표가 불명확할 때에는 일관성이 떨어진다.

3 진행순서 및 방법

(1) 진행순서 Flow Chart

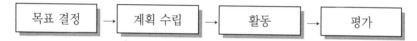

목표 결정 → 계획 수립 → 활동 → 평가

(2) 진행방법

① 목표 결정(목표 선정)
  - 참가자에게 흥미를 주는 과제 제시
  - 좋은 자료를 주게 하여 동기부여

② 계획 수립
  - 담당 그룹이 협력하여 계획을 수립
  - 필요한 조언을 잊지 않도록 지도

③ 활동(실행)
  - 목표를 향해 모두가 노력하며 적극적으로 행동하도록 지도, 조언
  - 실행 시 중간 Check 필요

④ 평가
  - 그룹 전체 상호 평가하면 효과적
  - 평가 시 직장에도 응용될 수 있도록 강조

··· 12 교육의 종류

1 개요

  (1) 안전교육이란 인간 측면에 대한 사고예방 수단의 하나로서 기업의 규모나 특성에 따라 안전교육 방향을 설정하는 데는 차이가 있다.

  (2) 기업에서의 교육에는 기업 외 교육과 기업 내 교육으로 분류할 수 있으며, 기업 내 교육은 비정형교육과 정형교육으로 나눌 수 있다.

2 안전교육의 목적

  (1) 인간정신의 안전화   (2) 행동의 안전화

  (3) 환경의 안전화   (4) 설비와 물자의 안전화

3 교육의 종류

(1) 사외 교육

  ① 피교육자가 기업 외부로 나가서 교육을 받는 형태

  ② 종류

- 각종 세미나(Seminar)
- 외부 단체가 주최하는 강습회
- 관계 회사에 파견
- 국내에서의 위탁교육 등

(2) 사내 정형교육

  ① 기업 내에서 실시하는 교육으로 지도의 방법이나 교재의 표준이 예비되어 행하는 교육

  ② 종류

- ATP(Administration Training Program)
- ATT(American Telephone & Telegraph Company)
- MTP(Management Training Program)
- TWI(Training Within Industry)

··· 13 사내 비정형교육

1 개요

기업 내의 교육은 정형교육과 비정형교육으로 나누어지며, '비정형교육'이란 교육지도의 방식이 정형화되어 있지 않은 것을 말한다.

2 안전교육의 목적

(1) 인간정신의 안전화
(2) 행동의 안전화
(3) 환경의 안전화
(4) 설비와 물자의 안전화

3 기업의 교육방법

(1) 기업 외 교육

피교육자가 기업 외부에 나가서 교육을 받는 형태

(2) 기업 내 교육

① 기업 내 비정형교육 : 기업 내에서 실시하는 교육으로 지도의 방식이 정형화되어 있지 않은 교육

② 기업 내 정형교육 : 기업 내에서 실시하는 교육으로 지도의 방법이나 교재의 표준이 예비되어 행하는 교육

4 기업 내 비정형교육

(1) 사례토의(Case Method)

먼저 사례를 제시하고 문제적 사실들과 상호관계에 대해서 검토하고 대책을 토의하는 방법

(2) 강습회 또는 강연회

여러 가지 문제를 폭넓게 다룰 수 있으며 교육 대상도 어느 계층에 국한되지 않음

(3) 역할연기법(Role Playing)

참가자에게 일정한 역할을 주고 실제적인 연기를 하게 함으로써 자기의 역할을 보다 확실히 인식케 하는 방법

⑷ 직무교대(Job Rotation)

서로의 직무를 교대해 보는 것으로 실효성은 떨어짐

⑸ 기업 내의 통신교육

사내에서 방송, 컴퓨터 등을 이용하여 교육

⑹ 사내보(직장신문)를 통한 교육 등

교육내용을 직장신문에 게재하여 간접적으로 교육

⑺ 기타

① 연구회 또는 독서회(관리 Staff에서 많이 이용)

② 협의회, 회의 등에 의한 교육

③ 업무개선위원회 등에 참가

⋯ 14 사내 정형교육

1 개요

기업 내의 교육은 정형교육과 비정형교육으로 나누어지며, '정형교육'이란 지도의 방법이나 교재의 표준이 예비되어 행하는 교육을 말하며, 계층(담당자)에 따른 기업 내의 정형교육에는 TWI·MPT·ATT·ATP가 있다.

2 기업 내 정형교육

(1) ATP(Administration Training Program)

① 대상 : Top Management(최고 경영자)
② 교육내용
- 정책의 수립
- 조직 : 경영, 조직형태, 구조 등
- 통제 : 조직통제, 품질관리, 원가통제
- 운영 : 운영조직, 협조에 의한 회사 운영

(2) ATT(American Telephone & Telegraph Company)

① 대상

대상 계층이 한정되어 있지 않다. 한번 교육을 이수한 자는 부하 감독자에 대한 지도 가능
(예 안전관리자 양성교육 등)

② 교육내용
- 계획적 감독
- 작업의 감독
- 개인 작업의 개선 및 인사관계
- 작업의 계획 및 인원배치
- 공구 및 자료 보고 및 기록

③ 전체 교육시간 : 1차 훈련은 1일 8시간씩 2주간 → 2차 과정은 문제발생 시 실시
④ 진행방법 : 토의법

(3) MTP(Management Training Program)

① 대상 : TWI보다 약간 높은 계층(관리자 교육)
② 교육내용
- 관리의 기능
- 회의의 주관
- 작업의 개선 및 안전한 작업
- 조직의 운영
- 시간 관리학습의 원칙과 부하지도법

③ 전체 교육시간
- 1차 : 8hr/일×2주
- 2차 : 문제발생 시

④ **진행방법** : 강의법에 토의법 가미

(4) TWI(Training Within Industry)

① **대상** : 일선 감독자

② **일선 감독자의 구비요건**
- 직무 지식
- 직책 지식
- 작업을 가르치는 능력
- 작업방향을 개선하는 기능
- 사람을 다루는 기량

③ **교육내용**
- JIT(Job Instruction Training) : 작업지도훈련(작업지도기법)
- JMT(Job Method Training) : 작업방법훈련(작업개선기법)
- JRT(job Relation Training) : 인간관계훈련(인간관계 관리기법)
- JST(Job Safety Training) : 작업안전훈련(작업안전기법)

④ **전체 교육시간** : 10시간으로 1일 2시간씩 5일간

⑤ **진행방법** : 토의법

⑥ **개선 4단계** : 작업분해 → 세부내용 검토 → 작업분석 → 새방법 적용

(5) OJT(On the Job Training)

① 직장 중심의 교육 훈련

② 관리·감독자 등 직속상사가 부하직원에 대해서 일상업무를 통해서 지식, 기능, 문제해결 능력, 태도 등을 교육 훈련하는 방법

③ 개별교육 및 추가지도에 적합

④ 상사의 지도, 조회 시의 교육, 재직자의 개인지도 등

(6) OffJT(Off the Job Training)

① 직장 외 교육훈련

② 다수의 근로자에게 조직적인 훈련 시행이 가능하며 각 직장의 근로자가 많은 지식이나 경험을 교류할 수 있다.

③ 초빙강사교육, 사례교육, 관리·감독자의 집합교육, 신입자의 집합기초교육 등

인간공학 및
시스템 안전

CHAPER

01

인간공학

··· 01   인간공학과 안전관리

1 개요

인간공학이란 인간의 특성을 파악해 인간이 가진 한계능력을 인간공학적으로 분석해 인간이 사용하는 기계장치의 설계에 응용하여 기대하는 효율을 최대로 활용함은 물론 사고예방차원까지 고려한 학문분야를 말한다.

2 인간공학의 목적

(1) 작업능률의 향상

(2) 기계시스템의 안전성 향상

(3) 기계시스템의 편리성 향상

3 인간과 기계의 비교

인간의 장점	기계의 장점
오감의 활용	공해물질·환경과 무관한 작업
위험한 상황의 감지 가능	피로와 무관한 일관성 있는 작업
경험에 의한 숙달	인간의 감지범위 외 자극의 감지
창조적 능력	정보의 대량보관

4 인간－기계의 통합시스템(Man－Machine System)

(1) 설계원칙

① 배열의 고려

② 인체특성에 적합한 설계

③ 양립성의 준수

(2) 인간－기계 통합시스템의 정보처리 기능

① 감지기능

② 정보보관기능

③ 정보처리 및 의사결정기능

④ 행동기능

⑤ 통합시스템의 유형

(1) 수동시스템

① 수공구 또는 보조물을 사용해 자신의 신체힘을 동력원으로 작업을 수행하는 유형
② 다양한 체계의 설정이 가능한 유형

(2) 반자동시스템

인간은 제어기능을 담당하고, 힘의 공급은 기계가 담당하는 유형

(3) 자동시스템

① 인간은 감시·감독·보전의 역할을 담당
② 기계가 감지·정보처리·의사결정·행동·정보보관 등의 모든 업무를 설계된 대로 수행하는 유형

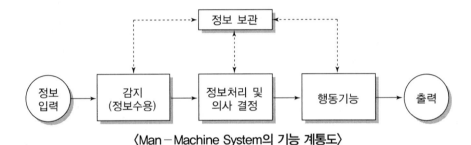

〈Man−Machine System의 기능 계통도〉

··· 02 작업설계와 인간공학

1 개요

작업설계를 할 때 작업 확대 및 작업 강화를 통해 인간공학적인 면을 고려하면 더 높은 수준의 작업만족도 실현이 가능하며, 작업자에게 책임을 부여하거나 작업자 자신이 작업방법을 선택할 수 있도록 하는 등의 방법을 고려할 수 있다.

2 작업설계 방법

(1) 작업설계 시 인간공학 차원의 고려대상

① 작업자 자신에게 작업물에 대한 검사책임을 준다.
② 수행할 활동 수를 증가시킨다.
③ 부품보다 유닛(Unit)에 대한 책임을 부여한다.
④ 작업자 자신에게 작업방법을 선택할 수 있도록 한다.

(2) 직무분석에 의한 방법

① 인간능력 특성과 모순되는 설계오류 발견
② 설계요소 기준 설정

(3) 인간요소의 평가

① 인간이 수행하는 것이 적절한지 여부 판단
② 신체기능 중 어느 부분을 사용할 것인가의 판단

(4) 체계분석

① 낭비요소 배제로 손실 감소
② 사용자 적응성 향상
③ 최적 설계로 교육 및 훈련비용 절감
④ 대중화된 기술 적용으로 인력효율 향상
⑤ 적절한 장비 및 환경제공으로 성능 향상
⑥ 설계 단순화로 경제성 증대

··· 03 Man‐Machine System

1 개요

Man‐Machine System은 날로 복잡화되어가는 시스템의 설계를 위해 인간의 특성과 능력을 공학적으로 분석해 시스템 활용도를 최대로 높이기 위한 것으로 정보처리 기능과 시스템의 유형, 고장발생의 유형에 따른 적절한 대처방안을 수립하는 것이 중요하다.

2 설계원칙

(1) 양립성에 의한 설계 원칙
(2) 인체특성을 고려한 설계
(3) 사용 편의성 제고를 위한 배열의 원칙

3 정보처리 기능

(1) **감지기능 기능** : 인간은 감각기관, 기계장치는 전자장치, 기계장치를 통해 감지한다.
(2) **정보보관 기능** : 인간은 두뇌, 기계장치는 메모리카드 등에 의해 보관한다.
(3) **정보처리 및 의사결정 기능** : 기억한 내용을 기준으로 의사결정을 하는 과정
(4) **행동기능** : 결정된 의사결정 사항을 실행으로 옮기는 과정으로 인간은 신체의 제어로, 기계장치는 시각적·청각적 출력 등의 방법으로 실행한다.

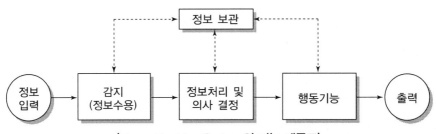

〈Man‐Machine System의 기능 계통도〉

4 인간‐기계 통합시스템의 유형

(1) **수동시스템** : 사용자가 공구 또는 기타 보조재를 사용해 신체의 힘을 동력원으로 하여 작업을 수행하는 시스템
(2) **반자동 시스템** : 기계에 의해 힘을 공급받아 사용자가 제어기능의 역할을 하는 시스템
(3) **자동 시스템** : 사용자는 감독·보전·감시 등의 역할만을 담당하고, 기계가 감지·정보처리·의사결정·행동·정보보관 등의 모든 임무를 설계된 대로 수행하는 시스템

5 기계설비 고장의 유형

(1) 초기고장

설계, 구조, 생산 과정의 품질관리 부실로 발생되는 고장형태로 사용 전 시운전 작업이나 점검 등으로 예방할 수 있는 고장형태

(2) 우발고장

예측이 불가능한 고장의 형태로 사용자의 실수, 우발적 원인, 천재지변 등에 의해 발생되는 고장형태로 기계 종류별로 비교적 일정하다. 고장률 또한 낮게 발생되는 고장형태로 안전계수의 낮음이나 검사방법상으로 발견하기 어려운 경우, 또는 사용자 과오로 발생되는 것이 일반적이다.

(3) 마모고장

부품 마모, 기계적 특성 등으로 인해 고장률이 상승하는 형태로 고장발생 전 교환이나 진단, 적절한 보수 등의 방법으로 예방이 가능한 고장형태이다.

① 예방보전 기간

Debugging	단시간 내 고장률을 안정시키는 기간
Burn in	장시간 가동해 가동기간 발생된 고장을 제거하는 기간
Aging	항공기 등 재해규모가 큰 경우 재해방지를 위해 개발 후 장시간 시운전하는 기간
Screening	신뢰성 향상을 위해 품질저하 또는 고장 발생 초기의 원인을 선별적으로 제거하는 기간

② 기계설비의 고장곡선

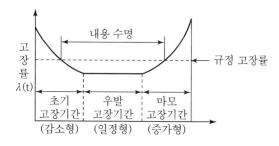

〈Bathtub Curve〉

··· 04 Man-Machine System의 신뢰도

1 개요

'Man-Machine System'(인간-기계 체계)의 신뢰도(Reliability)는 인간과 기계의 특성에 따라 다르며, 인적 신뢰도와 기계의 신뢰도가 상승적 작용을 할 때 신뢰도는 높아진다.

2 인간 및 기계의 신뢰도 영향 요인

(1) **인적 신뢰도 영향 요인** : 주의력, 긴장수준, 의식수준 등
(2) **기계의 신뢰도 영향 요인** : 재질, 기능, 작동방법 등

3 Man-Machine System의 신뢰도

(1) Man-Machine System에서의 신뢰도

Man-Machine System에서의 신뢰도는 인적 신뢰도와 기계의 신뢰도의 상승작용에 의해 나타남

$$R_S = R_H \cdot R_E$$

여기서, R_S : 신뢰도, R_H : 인적 신뢰도, R_E : 기계의 신뢰도

(2) 직렬연결과 병렬연결 시의 신뢰도

① **직렬배치(Series System)** : 직접운전작업

$$R_S(신뢰도) = \gamma_1 \times \gamma_2 1$$

여기서, $\gamma_{11} < \gamma_2$일 경우 $R_S \leq \gamma_1$

📖 인적(γ_1)=0.5, 기계(γ_2)=0.9일 때 신뢰도는?

- R_S(신뢰도)$=0.5 \times 0.9 = 0.45$
- 인간과 기계가 직렬작업, 즉 사람이 자동차를 운전하는 것 같은 경우에는 전체신뢰도(R_S)는 인적 신뢰도보다 떨어진다.

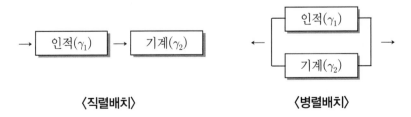

〈직렬배치〉　　　　〈병렬배치〉

② 병렬배치(Parallel System) : 계기감시작업, 열차, 항공기

$$R_S(\text{신뢰도}) = \gamma_1 + \gamma_2(1 - \gamma_1)$$

여기서, $\gamma_1 < \gamma_2$일 경우 $R_S \leq \gamma_2$

예 인적(γ_1)=0.5, 기계(γ_2)=0.9일 때 신뢰도는?

- R_S(신뢰도)=0.5+0.9(1−0.5)=0.95
- 인간과 기계의 병렬작업 즉 방적기계 여러 대를 작업자 1명이 감시하는 경우에는 기계 단독이나 직렬작업보다 높아진다.

4 인간과 기계의 신뢰도 향상방법

(1) Fail Safe

(2) Lock System

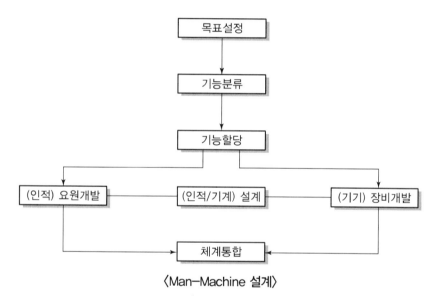

〈Man−Machine 설계〉

⋯ 05 System의 신뢰도

1 개요

시스템의 신뢰도란 시스템 제어의 각 요소를 직렬, 병렬로 연결하거나 각 요소 또는 시스템을 병렬로 조합할 경우의 신뢰성 수준을 말한다.

2 신뢰성의 개념

(1) **신뢰도** : 시스템, 기기 및 부품 등이 정해진 사용조건에서 의도하는 기간에 정해진 기능을 수행할 확률

(2) **누적고장률함수** : 처음부터 임의의 시점까지 고장이 발생할 확률을 나타내는 함수

(3) **고장밀도함수** : 시간당 어떤 비율로 고장이 발생하고 있는가를 나타내는 함수

(4) **고장률** : 현재 고장이 발생하지 않은 제품 중 단위시간 동안 고장이 발생할 제품의 비율

(5) **신뢰도함수** : 주어진 시간에 주어진 조건에서 아이템이 요구 기능을 수행할 수 있는 확률

3 연결방법에 의한 분류

(1) 직렬 연결

제어계 각 요소 중 어느 한 부분만이라도 고장이 발생되어도 제어계의 기능을 잃는 상태의 연결

$$R_S = R_1 \cdot R_2 \cdot R_3 \cdots R_n = \prod_{i=1}^{n} R_i$$

(2) 병렬 연결

요소의 중복 부착으로 결함이 생긴 부품의 기능을 대체시킬 수 있도록 연결한 시스템

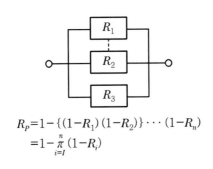

$$R_P = 1 - \{(1-R_1)(1-R_2)\} \cdots (1-R_n)$$
$$= 1 - \prod_{i=1}^{n} (1-R_i)$$

⑶ 요소의 병렬

요소의 Fail Safe를 이용한 시스템의 조합

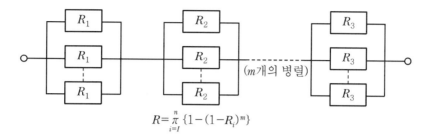

$$R = \prod_{i=1}^{n} \{1 - (1 - R_i)^m\}$$

⑷ 시스템의 병렬

시스템의 병렬로 신뢰도를 높인 조합

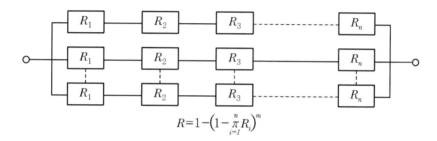

$$R = 1 - \left(1 - \prod_{i=1}^{n} R_i\right)^m$$

···06 Human Error

■ 개요

Human Error란 인간의 심리적 레벨적 원인에 의해 발생되는 인간의 실수로서 형태적 특성으로
는 행동과정을 통한 분류와 대뇌 정보처리상으로 분류된다.

② Human Error의 분류

(1) 심리적 원인에 의한 분류

Omisson Error	필요작업이나 절차를 수행하지 않음으로써 발생되는 에러
Time Error	필요작업이나 절차의 수행 지연으로 발생되는 에러
Commission Error	필요작업이나 절차의 불확실한 수행으로 발생되는 에러
Sequencial Error	필요작업이나 절차상 순서착오로 발생되는 에러
Extraneous Error	불필요한 작업 또는 절차를 수행함에 의해 발생되는 에러

(2) 레벨에 의한 분류

Primary Error	작업자 자신의 원인으로 발생된 에러
Secondary Error	작업조건의 문제로 발생된 에러로 적절한 실행을 하지 못해 발생된 에러
Comend Error	필요한 자재, 정보, 에너지 등의 공급이 이루어지지 못해 발생된 에러

③ 형태별 특성

(1) 행동과정에 의한 분류

Input Error	감각, 지각 입력상 발생된 에러
Information Processing Error	정보처리 절차상의 에러
Output Error	신체반응의 나타난 출력상의 에러
Feedback Error	인간의 제어상 발생된 에러
Decision Marking Error	의사결정 과정에서 발생된 에러

(2) 대뇌 정보처리단계에서의 분류

단계별	에러의 분류	내용
제1단계	인지에러	작업정보의 습득으로부터 감각중추로 인지되기까지 발생되는 에러
제2단계	판단에러	중추신경의 의사과정에서 발생되는 에러, 의사결정의 착오 또는 기억에 관한 실패
제3단계	조작에러	운동신경계까지 올바른 내용이 전달되었으나 동작 중 발생된 에러

··· 07 건설업의 Human Error

1 개요

인적오류(Human Error)를 완전히 방지한다는 것은 어려운 일이나 관리하는 것은 가능하므로 철저한 안전교육, 건강상태 유지, 작업방법·작업환경 등의 개선을 통하여 Human Error를 사전에 예방하여야 한다.

2 Human Error 발생원인

(1) 개인적 특성
(2) 교육, 훈련의 문제
(3) 현장 특성상의 문제
(4) 작업 특성, 환경조건의 문제
(5) Man−Machine System의 인간공학적 문제

3 인적오류의 분류

(1) **부작위오류** : 필요한 절차를 수행하지 않아 발생한 오류
(2) **시간오류** : 시간 지연으로 발생되는 오류
(3) **과잉행동오류** : 불확실한 절차를 수행하여 발생한 오류
(4) **순서오류** : 순서의 잘못으로 발생한 오류

4 스웨인(Swain)의 인적오류 분류

(1) **부작위오류** : 착오에 의한 직무오류
(2) **생략오류** : 직무단계 중 일부를 수행하지 않은 오류
(3) **순서오류** : 순서를 착각한 오류
(4) **불필요한 수행 오류** : 과잉행동에 의한 오류
(5) **시간오류** : 계획시간 내 수행하지 못한 오류

5 휴먼에러 유형 중 실수

(1) 상황이나 목표의 해석은 제대로 하였으나 의도와는 다른 행동을 하는 경우에 발생하는 오류
(2) 행동 결과에 대한 피드백이 있으면, 목표와 결과의 불일치가 쉽게 발견된다.
(3) 주의산만, 주의결핍에 의해 발생할 수 있으며, 잘못된 디자인이 원인이기도 하다.

6 건설업의 휴먼에러

단계	대분류	세부사항
계획단계	계획불량	• 교통량 예측 불량 • 강우량 예측 불량 • 홍수량 예측 불량 • 입지장소 선정 불량 • 지반상태 파악 불량
설계단계	구조불량	• 구조형식, 경간분할 불량 • 단면형상 불량
	계산불량	• 설계기준 및 조건적용 불량 • 각종 안전도 검토 부족 • 응력해석 불량 • 입력데이터 실수, 출력 데이터 이해 부족 계산착오
	도면불량	• 철근 배치 불량 • 주철근, 배력철근 등의 부족 • 이음부 상세 불량 • 응력흐름 파악 부족 • 구조검토 불량
시공단계	재료불량	• 콘크리트 품질 불량 • 철근 재질 불량 • 기타 부적절한 재료 사용
	근로자 시공불량	• 시공방법, 순서에 대한 이해 부족 • 자질 부족 • 도면 이외의 시공 • 가설재(거푸집, 동바리)의 설치불량 • 시공관리 불량, 무리한 공기 단축 • 재료의 저장방법 불량 • 근접 시공의 영향 검토 부적절
사용 및 유지관리 단계	유지관리 인식 부족	• 과하중 작용 • 점검불량(점검장비, 점검지침) • 유지관리 조건 불량 • 부적절한 구조 변경 • 보수 및 보강 미실시 • 재료의 열화

7 예방대책

(1) 올바른 지식 습득을 위한 교육의 실시
(2) 착각·착오 유발요인 제거
(3) 돌발 사태에 대응하는 동작의 기준을 정하고 습득시킬 것
(4) 동작 장해요인의 제거
(5) 심신의 올바른 상태 유지
(6) 능력 초과업무 배제
(7) 신뢰성이 낮은 공정의 배치 금지
(8) 작업환경 개선 및 Counseling 실시

8 결론

휴먼에러는 부작위, 관념적 시간, 과잉행동, 순서 등의 오류 형태로 분류되며 발생 정도는 개인의 심리상태 및 업무수행에 따른 부담 정도에 따라 많은 차이가 있다. 건설업의 특정한 기술적 안전조치의 부실에 의한 재해를 제외한 대부분의 재해원인은 인적오류에 근간을 두고 있다고 해도 지나친 것이 아니라고 보는 의견도 많은 만큼 건설현장의 재해 예방을 위해서는 휴먼에러에 대한 관심과 연구·개발이 지속적으로 이루어져야 할 것이다.

··· 08 동작경제 3원칙

1 개요

(1) '동작경제'란 작업자의 불필요한 동작으로 인한 위험요인을 찾아내고 작업자의 동작을 세밀하게 분석하여, 가장 경제적이고 적합한 표준 동작을 설정하는 것을 말한다.

(2) 작업 시 동작의 실패는 사고 및 재해로 연결되므로 작업자의 동작을 세밀하게 관찰·분석하여 동작 실패의 요인을 찾아내고 동작을 개선시켜 위험요인을 제거해야 한다.

2 동작분석의 방법

(1) 관찰법

작업자의 동작을 육안으로 현지 관찰하면서 분석하는 방법

(2) Film 분석법

작업자의 동작을 카메라 촬영에 의해 분석하는 방법

3 동작경제의 3원칙

(1) 동작능력 활용의 원칙

① 발 또는 왼손으로 할 수 있는 것은 오른손을 사용하지 않는다.
② 양손으로 동시에 작업을 시작하고 동시에 끝낸다.
③ 양손이 동시에 쉬지 않도록 함이 좋다.

(2) 작업량 절약의 원칙

① 적게 움직인다.
② 재료나 공구는 취급하는 부근에 정돈한다.
③ 동작의 수를 줄인다.
④ 동작의 양을 줄인다.
⑤ 물건을 장시간 취급할 경우에는 장구를 사용한다.

(3) 동작 개선의 원칙

① 동작이 자동적으로 이루어지는 순서로 한다.
② 양손은 동시에 반대의 방향으로, 좌우 대칭적으로 운동한다.
③ 관성, 중력, 기계력 등을 이용한다.
④ 작업장의 높이를 적당히 하여 피로를 줄인다.

4 동작 실패 요인

(1) 물건을 잘못 잡는 오동작
(2) 물건을 잘못 보는 오동작
(3) 판단을 잘못하는 오동작
(4) 순간적 망각
(5) 의식적 태만
(6) 작업 기피 및 생략 행위

5 동작 실패 방지대책

(1) 착각을 일으킬 수 있는 외부조건이 없을 것
(2) 감각기의 기능이 정상일 것
(3) 올바른 판단을 내리기 위한 필요한 지식을 가지고 있을 것
(4) 대뇌의 명령으로부터 근육의 활동이 일어나기까지의 신경계의 저항이 작을 것
(5) 시간적, 수량적 및 정도적으로 능력을 발휘할 수 있는 체력이 있을 것
(6) 의식동작을 필요로 할 때에는 무의식 동작을 행하지 않을 것

시스템 안전

System 안전 프로그램 5단계

1 개요

'System 안전 Program'이란 System 안전을 확보하기 위한 기본지침으로, System의 전 수명
단계를 통하여 적시적이고 최소의 비용이라는 효과적인 방법으로 System 안전 요건에 부합되어
야 한다.

2 System 안전 Program의 포함사항

(1) 계획의 개요

(2) 안전조직

(3) 계약조건

(4) 관련 부문과의 조정

(5) 안전기준

(6) 안전해석

(7) 안전성의 평가

(8) 안전 Data의 수집 및 분석

(9) 경과 및 결과의 분석

3 System 안전 Program 5단계

구상 단계 → 사양 결정 단계 → 설계 단계 → 제작 단계 → 조업 단계

(1) 제1단계(구상단계)

- 당해 설비의 사용조건, 그것에 의해 가공되는 제품의 성상 등을 전제
- 당해 설비에 요구되는 기능의 검토

(2) 제2단계(사양결정단계)

- 1단계에서의 검토 결과에 의거하여 당해 설비가 구비하여야 할 기능 결정
- 기능을 발휘하기 위한 설비의 사양(종류, 용량, 성능 등)을 결정
- 달성해야 할 목표(당해 설비의 안전도, 신뢰도 등)를 결정

(3) 제3단계(설계단계)

- System 안전 Program의 중심이 되는 단계로 Fail Safe 도입

- 기본설계와 세부설계로 분류
- 설계에 의해 안전성과 신뢰성의 목표달성

⑷ 제4단계(제작단계)

- 설비를 제작하는 단계로, 이 단계에서 설계가 구현
- 사용조건의 검토 : 작업표준, 보전의 방식, 안전점검기준 등의 검토

⑸ 제5단계(조업단계)

- 1~4단계 후 설비는 수요자 측으로 옮겨져 조업 개시 및 시운전 실시
- 조업을 통하여 당해 설비의 안전성, 신뢰성 등을 확보함과 동시에 System 안전 Program에 대한 평가 실시

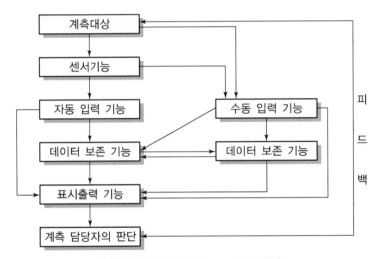

〈계측처리에 필요한 System과 기능〉

4 System 안전을 달성하기 위한 안전수단

⑴ **위험의 소멸** : 불연성 재료의 사용 및 모퉁이의 각 제거
⑵ **위험 Level의 제한** : 본질적인 안전확보 및 System의 연속감시·자동제어
⑶ **잠금, 조임, Interlock** : 운동하는 기계의 잠금 및 조임, 전기설비 Pannel의 Interlock
⑷ **Fail Safe 설계** : 설계 시 Fail Safe의 도입으로 위험상태 최소화
⑸ **고장의 최소화** : 안전율에 여유 부여를 통한 고장률 저감

··· 02 시스템위험 분석기법

1 개요

(1) 목적

시스템 분석기법을 예상하고 재해 및 위험수준을 파악한다.

(2) 시스템위험 분석기법의 종류

① PHA(예비위험분석)

② FHA(결함위험분석)

③ FEMA(고장형태와 영향분석법)

④ CA(위험도 분석)

⑤ ETA(사고수 분석법), THERP(인간과오율 추정법), MORT(Management Oversight and Risk Tree) 등

2 PHA(Preliminary Hazards Analysis : 예비위험분석)

(1) 정의

최초단계 분석으로 시스템 내의 위험요소가 어느 정도의 위험상태에 있는지를 평가하는 방법으로 정성적 평가방법이다.

(2) PHA 특징

① 시스템에 대한 주요사고 분류

② 사고유발 요인 도출

③ 사고를 가정하고 시스템에 발생되는 결과를 명시하고 평가

④ 분류된 사고유형을 Category로 분류

(3) Class 분류

① Class 1 : 파국적

② Class 2 : 중대

③ Class 3 : 한계적

④ Class 4 : 무시가능

3 FHA(Fault Hazard Analysis : 결함위험분석)

(1) 정의

분업에 의해 각각의 Sub System을 분담하고 분담한 Sub System 간의 인터페이스를 조정해 각각의 Sub System과 전체 시스템 간의 오류가 발생되지 않게 하기 위한 방법을 분석하는 방법

(2) 기재사항

① 서브시스템 해석에 사용되는 요소

② 서브시스템에서의 요소의 고장형

③ 서브시스템의 고장형에 대한 고장률

④ 서브시스템요소 고장의 운용 형식

⑤ 서브시스템고장 영향

⑥ 서브시스템의 2차 고장 등

4 FMEA(Failure Mode and Effect Analysis : 고장형태와 영향분석법)

(1) 정의

전형적인 정성적, 귀납적 분석방법으로 시스템에 영향을 미치는 전체 요소의 고장을 형태별로 분석해 고장이 미치는 영향을 분석하는 방법

(2) 특징

① 장점

- 서식이 간단하다.
- 적은 노력으로 특별한 교육 없이 분석이 가능하다.

② 단점

- 논리성이 부족하다.
- 요소 간 영향분석이 안 되기 때문에 2 이상의 요소가 고장날 경우 분석할 수 없다.
- 물적 원인에 대한 영향분석으로 국한되기 때문에 인적 원인에 대한 분석은 할 수 없다.

(3) 분석순서

① 1단계 : 대상시스템 분석

- 기본방침 결정
- 시스템 및 기능 확인
- 분석수준 결정
- 기능별 신뢰성 블록도 작성

② 2단계 : 고장형태와 영향 해석

- 고장형태 예측
- 고장형태에 대한 원인 도출
- 상위차원의 고장영향 검토
- 고장등급 평가

③ 3단계 : 중요성(치명도) 해석과 개선책 검토
 • 중요도(치명도) 해석
 • 해석결과 정리, 개선사항 제안

⑷ 고장등급 결정

① 고장 평점산출

$$C = \left(C_1 \times C_2 \times C_3 \times C_4 \times C_5 \right)$$

여기서, C_1 : 기능적 고장 영향의 중요도
C_2 : 영향을 미치는 범위
C_3 : 고장발생 빈도
C_4 : 고장방지 가능성
C_5 : 신규설계 정도

② 고장등급 결정
 • Ⅰ등급(치명적)
 • Ⅱ등급(중대)
 • Ⅲ등급(경미)
 • Ⅳ등급(미소)

⑸ 고장 영향별 발생확률

영향	발생확률(β)	영향	발생확률(β)
실제 손실	$\beta = 1.0$	가능한 손실	$0 < \beta < 0.1$
예상 손실	$0.1 \leq \beta < 1.0$	영향 없음	$\beta = 0$

⑹ 위험성 분류

① Category-Ⅰ	파국(Catastrophic)	생명, 가옥의 상실
② Category-Ⅱ	중대위험(Critical)	임무수행 실패
③ Category-Ⅲ	한계적(Marginal)	활동지연
④ Category-Ⅳ	무시단계(Negligible)	소실 및 영향 없음

⑺ 서식

항목	기능	고장형태	운용단계	고장영향	고장발견방식	시정활동	위험성분류	소견

5 CA(Criticality Analysis : 위험도 분석)

(1) 정의

정량적 귀납적 분석방법으로 고장이 직접적으로 시스템의 손실과 인적인 재해와 연결되는 높은 위험도를 갖는 경우 위험성을 연관 짓는 요소나 고장의 형태에 따른 분류방법

(2) 고장형태별 위험도 분류

① Category Ⅰ : 생명·장비의 손상위험
② Category Ⅱ : 중대위험 우려가 있는 고장
③ Category Ⅲ : 지연으로 이어짐
④ Category Ⅳ : 무시 가능한 위험

(3) 활용

항공기와 같이 각 중요 부품의 고장률과 운용형태 사용시간비율 등을 고려해 부품의 위험도를 평가하는 데 활용하고 있다.

6 FTA(Falut Tree Analysis : 결함수 분석)

(1) 정량적 연역적 분석방법으로 작업자가 기계를 사용하여 일을 하는 인간 – 기계시스템에서 사고·재해가 일어날 확률을 수치로 평가하는 안정평가의 방법이다.

(2) FTA 논리회로

명칭	기호	해설
① 결함사항		'장방형' 기호로 표시하고 결함이 재해로 연결되는 현상 또는 사실상황 등을 나타내며, 논리 Gate의 입력과 출력이 된다. FT 도표의 정상에 선정되는 사상, 즉 이제부터 해석하고자 하는 사상인 정상사상(Top 사상)과 중간사상에 사용한다.
② 기본사항		'원' 기호로 표시하며, 더 이상 해석할 필요가 없는 기본적인 기계의 결함 또는 작업자의 오동작을 나타낸다(말단사상). 항상 논리 Gate의 입력이며, 출력은 되지 않는다(스위치 점검 불량, 스파크, 타이어의 펑크, 조작 미스나 착오 등의 휴먼 에러는 기본사상으로 취급된다).
③ 이하 생략의 결함사상 (추적 불가능한 최후사상)		'다이아몬드' 기호로 표시하며, 사상과 원인과의 관계를 충분히 알 수 없거나 또는 필요한 정보를 얻을 수 없기 때문에 이것 이상 전개할 수 없는 최후적 사상을 나타낼 때 사용한다(말단사상).
④ 통상사상 (家形事象)		지붕형(家形)은 통상의 작업이나 기계의 상태에 재해의 발생원인이 되는 요소가 있는 것을 나타낸다. 즉, 결함사상이 아닌 발생이 예상되는 사상을 나타낸다(말단사상).

명칭	기호	해설
⑤ 전이기호 (이행기호)	(in) (out)	삼각형으로 표시하며, FT도상에서 다른 부분에 관한 이행 또는 연결을 나타내는 기호로 사용한다. 좌측은 전입, 우측은 전출을 뜻한다.
⑥ AND Gate	출력 입력	출력 X의 사상이 일어나기 위해서는 모든 입력 A, B, C의 사상이 동시에 일어나지 않으면 안 된다는 논리조작을 나타낸다. 즉, 모든 입력사상이 공존할 때만이 출력사상이 발생한다. 이 기호는 ⟨•⟩와 같이 표시될 때도 있다.
⑦ OR Gate	출력 입력	입력사상 A, B 중 어느 하나가 일어나도 출력 X의 사상이 일어난다고 하는 논리조작을 나타낸다. 즉 입력사상 중 어느 것이나 하나가 존재할 때 출력사상이 발생한다. 이 기호는 ⟨⟩와 같이 표시되기도 한다.
⑧ 수정기호	출력 조건 입력	재약 Gate 또는 제지 Gate라고도 하며, 이 Gate는 입력사상이 생김과 동시에 어떤 조건을 나타내는 사상이 발생할 때만 출력사상이 생기는 것을 나타내고 또한 AND Gate와 OR Gate에 여러 가지 조건부 Gate를 나타낼 경우에 이 수정기호를 사용한다.

7 기타 기법

(1) ETA(Event Tree Analysis) : 사고 수 분석법

Decision Tree 분석기법의 일종으로 귀납적, 정량적 분석방법으로 재해 확대요인을 분석하는 데 적합한 기법

(2) THERP(Technique of Human Error Rate Prediction : 인간과오율 추정법)

인간의 기본 과오율을 평가하는 기법으로 인간 과오에 기인해 사고를 유발하는 사고원인을 분석하기 위해 100만 운전시간당 과오도수를 기본 과오율로 정량적 방법으로 평가하는 기법

(3) MORT(Management Oversight and Risk Tree)

FTA와 같은 유형으로 Tree를 중심으로 논리기법을 사용해 관리, 설계, 생산, 보전 등 광범위한 안전성을 확보하는 데 사용되는 기법으로 원자력산업 등에 사용된다.

8 결론

시스템안전은 건설업 유해위험저감을 위한 가장 기본적인 평가인 위험성평가가 포함되는 안전기법이나, 일선 건설현장에서는 그간 시스템안전에 대한 관심이 전혀 없었던 것이 사실이다. 반도체를 비롯한 일반 제조업이 선진국 수준으로 급성장할 수 있었던 계기가 시스템안전의 도입 및 실천임을 감안해 건설업 분야도 이에 대한 관심과 투자가 필요하다.

··· 03 위험도관리(Risk Management)

1 개요

프로젝트를 완성하기까지의 소요시간, 비용, 품질 등에 영향을 미치는 위험도는 불확실한 사건이나 조건에 영향을 미치는 요소들로 위험요소의 적절한 관리는 프로젝트에 관계된 모든 관리주체가 주목해야 할 중요한 사항이다.

2 Risk Management의 종류

(1) 위험의 회피

① 위험의 회피로서 Risk가 있는 요소에 대응하지 않는 방법
② 예상되는 위험을 차단하기 위해 그 위험에 관계되는 활동 자체를 행하지 않는 방법

(2) 위험의 제거

① 위험을 적극적으로 예방하고 경감하는 수단
② 위험의 제거 포함사항·위험의 예방 및 경감·위험의 분산·위험의 결합·위험의 제한

(3) 위험의 보유

① 소극적 보유 : 위험에 대한 무지에서 오는 결과적 보유
② 적극적 보유 : 위험을 충분히 인식했음에도 보유하는 방법

(4) 위험의 전가

① 회피 또는 제거할 수 없는 Risk를 제3자에게 전가하는 방법
② 위험전가의 전형적인 것은 보험으로 보증, 공제, 기금제도 등이 있다.

3 Risk Management의 순서

Risk의 발굴·확인 → Risk의 측정·분석 → Risk의 처리기술 → Risk 처리기술의 선택

4 Risk Management의 목적

(1) 위험 요소들의 예측·관리를 통한 해결방안 도출
(2) 시스템적으로 수행되는 활동에 대한 구체적 실천방안 제시

5 실무차원에서의 리스크관리를 위한 제언

(1) 위험요인별 제거, 대체 및 통제방안의 검토

제거 > 대체 > 통제의 순으로 제어검토 및 요인별 복수의 방안 검토

(2) 효과 정도의 구분

효과 정도	Risk Management	내용
매우 높음	제거	구조 변경 등 위험요소의 물리적 제거
비교적 높음	대체	위험성이 낮은 위험요인으로 대체
보통	공학적(Engineering) 통제	위험요인과 작업자의 격리
비교적 낮음	행정적 통제	작업방법 변경
매우 낮음	PPE	개인보호구 활용

6 결론

위험도의 인지로부터 시작되는 Risk Management는 프로젝트 초기에 수행해야 의도한 효과를 얻을 수 있으며, 전 공정 수행 완료까지 지속적으로 수행되어야 한다. 또한 관리결과는 향후 동종의 위험요소 관리에 적용될 수 있도록 Data Base화할 필요가 있다.

··· 04 Fail Safe

1 개요

(1) 'Fail Safe'란 사용자가 잘못된 조작을 할 경우에도 전체적 고장이 발생되지 않도록 하는 설계를 말한다.

(2) 'Fail Safe'란 기계나 그 부품에 고장이나 기능불량이 생겨도 항상 안전하게 작동하는 구조와 그 기능을 말하며, 기계설비의 안전성 향상을 위한 설계기법이다.

2 안전설계기법의 종류

(1) Fail Safe

(2) Fool Proof

(3) Back Up

(4) Fail Soft

(5) 다중계화

(6) Redundancy(중복설계)

3 Fail Safe의 분류

Fail Passive	• 고장 시 정지상태 유지 • 기계장치의 일반적인 방어체계
Fail Active	• 고장 시 경보장치가 가동되며 단시간 운전이 지속되는 체계 • 대책 조치 시 안전상태로 환원
Fail Operational	부품의 고장 발생 시에도 다음 점검 시까지 운전이 가능한 체계

··· 05 Fool Proof(풀 프루프)

1 개요

Fool Proof는 인간의 착오·실수 등 Human Error를 방지하기 위한 것으로, 인간이 기계 등의 취급을 잘못해도 사고나 재해와 연결되지 않도록 2~3중의 통제를 가한 설계

2 Fool Proof의 주요기구

(1) Guard

Guard가 열려 있는 동안 기계가 작동하지 않으며 기계 작동 중 Guard를 열 수 없다.

(2) 조작기구

양손을 동시에 조작하지 않으면 기계가 작동하지 않고 손을 떼면 정지 또는 역전복귀한다.

(3) Lock 기구

수동 또는 자동에 의해 어떤 조건을 충족한 후 기계가 다음 동작을 하는 기구이다.

(4) Trip 기구

브레이크 장치와 짝을 지어 위험한 기계의 급정지장치 등에 사용한다.

(5) Over Run 기구

전원 스위치를 끈 후 위험이 있는 동안은 Guard가 열리지 않는 기구이다.

(6) 밀어내기 기구(Push & Pull 기구)

위험상태가 되기 전 위험지역으로부터 보호하는 기구이다.

(7) 기동방지기구

제어회로 등으로 설계된 접점을 차단하는 기구이다.

··· 06 Safety Assessment(안전성 평가)

1 개요

(1) 'Safety Assessment(안전성 평가)'란 설비·공법 등에 대해서 이동 중 또는 시공 중에 나타날 위험에 대하여 설계 또는 계획의 단계에서 정성적 또는 정량적인 평가에 따른 대책을 강구하는 것을 말하며, 유해성평가(Hazard Assessment)라고도 한다.

(2) 'Assessment'란 설비나 제품의 설계, 제조, 사용에 있어서 기술적·관리적 측면에 대하여 종합적인 안전성을 사전에 평가하여 개선책을 시정하는 것을 말한다.

2 안전성 평가의 종류

(1) Safety Assessment(사전 안정성 평가)
(2) Technology Assessment(기술개발의 종합 평가)
(3) Risk Assessment(위험성 평가)
(4) Human Assessment(인간과 사고상의 평가)

3 Safety Assessment의 기본방향

(1) 재해 예방은 가능하다.
(2) 재해에 의한 손실은 본인, 가족, 기업의 공통적 손실이다.
(3) 관리자는 작업자의 상해방지에 대한 책임을 진다.
(4) 위험 부분에는 방호장치를 설치한다.
(5) 안전에 대한 책임을 질 수 있도록 교육훈련을 의무화한다.

4 안전성 평가의 5단계(안전성 평가의 실시 순서)

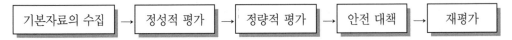

기본자료의 수집 → 정성적 평가 → 정량적 평가 → 안전 대책 → 재평가

(1) 제1단계(기본 자료의 수집)

안전성을 평가하기 위한 기본자료 수집 및 분석

(2) 제2단계(정성적 평가)

안전 확보를 위한 기본적인 자료의 검토

(3) 제3단계(정량적 평가)

기본적인 자료에 대한 대책 확인 후, 재해 중복 또는 가능성이 높은 것에 대한 위험도의 평가

(4) 제4단계(안전대책 수립)

위험도 평가에서 위험성 정도로 안전대책 검토

(5) 제5단계(재평가)

재해정보에 의한 재평가 및 FMEA 또는 FTA에 의한 재평가

5 안전성 평가단계별 세부내용

(1) 관련자료의 정비·검토

관련자료 검토항목	
(1) 입지조건	(2) 장비 배치도
(3) 구조물 평면도, 단면도, 입면도 등의 현황	(4) 인원배치계획
(5) MSDS	
(6) 가시설 종류	

(2) 정성적 평가

평가항목	
(1) 소방설비	(2) 운반 및 저장
(3) 사용 자재	(4) 사용 재료
(5) 안전가시설 인증상태	

(3) 정량적 평가

취급물질, 설비용량, 온도 등 5개 항목의 등급을 4등급으로 구분하고 각 점수별 합산해 산정

평가항목		점수환산
(1) 취급물질	(2) 화학설비 용량	(1) I등급(16점 이상) : 높은 위험도
(3) 온도	(4) 압력	(2) II등급(11∼15점) : 중급의 위험도
(5) 조작		(3) III등급(10점 이하) : 낮은 위험도

(4) 안전대책 수립

① I, II등급 : 물적 안전조치
② III등급 : 설비 등에 의한 대책 수립
③ 기타 : 관리적 대책 수립

(5) 재해사례에 의한 평가

(6) FTA 등 평가방법에 의한 재평가

PART

04

총론

CHAPER

01

건설공해

··· 01 건설공사 중 발생되는 공사장 소음·진동에 대한 관리기준과 저감대책

① 개요

건설공사 중 생활 소음·진동이 규제기준을 초과할 경우 특별자치시장·특별자치도지사 또는 시장·군수·구청장으로부터 저감 건설기계의 사용 등 소음·진동 관리법에 의한 조치 명령을 받을 수 있다.

② 생활 소음 규제기준

(단위 : dB)

대상지역	아침, 저녁 (05 : 00∼07 : 00, 18 : 00∼22 : 00)	주간 (07 : 00∼18 : 00)	야간 (22 : 00∼05 : 00)
(1) 주거지역 (2) 녹지지역 (3) 관리지역 중 취락지구·주거 　개발진흥지구 및 관광·휴양 　개발진흥지구 (4) 자연환경보전지역 (5) 그 밖의 지역에 있는 학교· 　종합병원·공공도서관	60 이하	65 이하	50 이하
그 밖의 지역	65 이하	70 이하	50 이하

③ 생활 진동 규제기준

(단위 : dB)

대상 지역	주간 (06 : 00∼22 : 00)	야간 (22 : 00∼06 : 00)
(1) 주거지역 (2) 녹지지역 (3) 관리지역 중 취락지구·주거개발진흥지구 및 관광· 　휴양개발진흥지구 (4) 자연환경보전지역 (5) 그 밖의 지역에 소재한 학교·종합병원·공공도서관	65 이하	60 이하
그 밖의 지역	70 이하	65 이하

4 저감대책

(1) 방음벽시설 전후의 소음도 차이(삽입손실)는 최소 7dB 이상 되어야 하며, 높이는 3m 이상 되어야 함

(2) 공사장 인접지역에 고층건물 등이 위치하고 있어, 방음벽시설로 인한 음의 반사피해가 우려되는 경우에는 흡음형 방음벽시설을 설치해야 함

(3) 방음벽시설에는 방음판의 파손, 도장부의 손상 등이 없어야 함

(4) 방음벽시설의 기초부와 방음판·지주 사이에 틈새가 없도록 하여 음의 누출을 방지해야 함

5 별도의 방음대책

(1) 소음이 적게 발생하는 공법과 건설기계의 사용

(2) 이동식 방음벽시설이나 부분 방음시설의 사용

(3) 소음발생 행위의 분산과 건설기계 사용의 최소화를 통한 소음 저감

(4) 휴일 작업중지와 작업시간의 조정

6 공사장 소음측정기기의 설치 권고

특별자치시장·특별자치도지사 또는 시장·군수·구청장은 공사장에서 발생하는 소음을 적정하게 관리하기 위해 필요한 경우에는 공사를 시행하는 자에게 소음측정기기를 설치하도록 권고할 수 있다.

7 특정공사의 변경신고

특정공사의 사전신고를 한 자가 다음과 같은 중요한 사항을 변경하려면 특별자치도지사 또는 시장·군수·구청장에게 변경신고를 해야 한다.

(1) 특정공사 사전신고 대상 기계·장비의 30퍼센트 이상의 증가

(2) 특정공사 기간의 연장

(3) 방음·방진시설의 설치명세 변경

(4) 소음·진동 저감대책의 변경

(5) 공사 규모의 10퍼센트 이상 확대

8 결론

생활 소음·진동 규제기준을 초과하여 소음·진동을 발생한 경우 및 신고 또는 변경신고를 하지 않거나 거짓이나 그 밖의 부정한 방법으로 신고 또는 변경신고를 한 경우에는 200만 원 이하의 과태료가 부과된다. 또한 사용금지, 공사중지 또한 폐쇄명령을 위반한 자는 1년 이하의 징역 또는 1천만 원 이하의 벌금에 처해진다.

1 개요

(1) 콘크리트 구조물의 해체 시 발생되는 폐콘크리트는 심각한 사회문제가 되고 있으며 또한, 건설자재의 수급 차원에서 큰 의미를 갖는다.

(2) 폐콘크리트를 최대한 재활용하기 위해서는 경제적인 골재생산방법, 품질개선방법, 최적혼합비율법 등에 대한 연구 개발을 위한 지원이 활성화되어야 할 것이다.

2 순환골재의 용도

종류	용도
부재	입경이 비교적 큰 것은 기초 및 뒤채움재로 사용
1차 파쇄재	바닥 다짐재, 도로용 노반재로 사용
조골재	아스팔트 혼합물용 골재로 사용
세골재	재생 콘크리트용 골재로 사용
미분말	지반개량

3 순환골재 재활용 Flow Chart

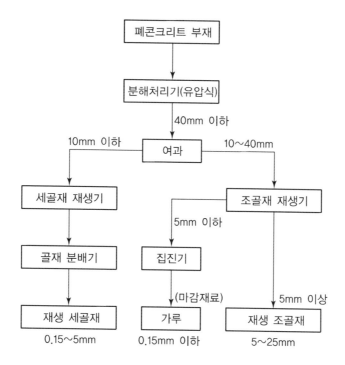

4 순환골재의 특징

① 불순물로 인한 콘크리트 강도저하 우려가 크다.

② 입형 0.3mm 이하의 미립분이 많다.

③ 흡수율은 천연골재보다 높다.

④ 비중은 천연골재에 비해 10~20% 정도 낮다.

5 순환골재 콘크리트의 종류 및 특징

(1) 종류

① A종 콘크리트

- 50% 이상 순환골재를 사용한 콘크리트

- 설계기준강도 15MPa 이상

- 목조 건축물의 기초, 간이 콘크리트에 사용

② B종 콘크리트

- 30~50%의 순환골재를 사용한 콘크리트

- 설계기준강도 18MPa 이상

③ C종 콘크리트

- 30% 이하의 재생골재를 사용한 콘크리트

- 설계기준강도 21MPa 이상

(2) 특징

① 단위수량이 증가된다.

② 응결속도가 1~2시간 정도 빠르다.

③ 공기량은 재생골재 혼입량 증가에 따라 현저하게 증가

④ Slump 감소

⑤ 경화 시 건조수축량이 많다.

⑥ 순환골재의 비율이 높을수록 압축강도가 저하된다.

(3) 품질 개선책

① AE제, 고성능 감수제 등의 혼화재료 사용

② 순환골재의 불순물 제거를 위한 제거설비 및 세정시설 설치

③ 순환골재는 흡수율이 높으므로 사용 전 충분히 살수 후 사용

④ 천연골재와 혼합하여 사용

⑤ 순환골재는 등급을 분류하여 용도 제한으로 품질 관리

⑥ 순환골재 의무사용 건설공사의 범위

(1) 「농어촌도로정비법」 제2조에 따른 농어촌도로, 「도로법」 제2조 제1호 또는 제108조에 따른 도로 및 「국토의 계획 및 이용에 관한 법률 시행령」 제2조 제2항 제1호에 따른 도로에 대한 다음 각 목의 어느 하나에 해당하는 공사

　　가. 공사구간의 폭이 2.75m 이상이고 1km(농어촌도로의 경우 200m) 이상

　　나. 포장면적이 9천m²(농어촌도로의 경우 2천m²) 이상

(2) 「산업입지 및 개발에 관한 법률」 제2조 제9호에 따른 산업단지개발사업 중 면적이 15만 m² 이상인 용지조성사업

(3) 「하수도법」 제2조 제6호에 따른 하수관로의 설치공사, 같은 법 제2조 제9호에 따른 공공하수처리시설의 설치공사, 같은 법 제2조 제11호에 따른 분뇨처리시설의 설치공사

(4) 「가축분뇨의 관리 및 이용에 관한 법률」 제2조 제9호에 따른 공공처리시설의 설치공사

(5) 「물환경보전법」 제478조 제1항에 따른 공공폐수처리시설의 설치공사

(6) 「택지개발촉진법」에 따른 택지개발사업 중 면적이 30만 m² 이상이 용지조성사업

(7) 「물류시설의 개발 및 운영에 관한 법률」 제2조 제2호 및 제6호에 따른 물류터미널의 건설공사 및 물류단지의 개발공사

(8) 「주차장법」 제2조 제1호 가목 및 나목에 따른 노상주차장 및 노외주차장의 설치공사

(9) 「폐기물관리법」 제29조 제1항에 따라 설치된 폐기물처리시설 중 매립시설의 복토공사

⑩ (1)부터 (9)까지의 규정 외의 건설공사로서 해당 지방자치단체의 조례로 정하는 일정 구조·규모·용도에 해당하는 건설공사

⑦ 결론

현행 관계법규상 순환골재는 도로·용지조성사업, 매립시설 복토공사 등에 제한적으로 사용되고 있어 재활용 활성화를 위한 보다 적극적인 대책이 필요하다. 그러므로 콘크리트용으로 재활용률을 높일 수 있는 연구 개발의 지원이 절실하다고 여겨진다.

재해예방대책

··· 01 지진

1 개요

(1) '지진(Earthquake)'이란 지각의 급격한 변동에 의해서 탄성파동이 발생하여 사방으로 전파되는 현상으로 지반, 구조물 등의 파괴를 수반하여 대규모의 재해를 유발한다.

(2) 지진은 현대기술로도 그 발생장소, 시기 등을 정확하게 파악하여 예방 또는 대비한다는 것이 사실상 어려우므로, 엄격한 내진설계 및 시공으로 최대의 안전성을 확보하는 것이 중요하다.

2 지진의 발생 원인

(1) 판경계(판구조형) 이론

① 지구(地球)의 표면은 13개(태평양판 등)의 조각으로 나뉘어져 떠있는 지판(地板) 구조

② 가장 취약한 지역인 판(Plate)과 판 사이, 즉 판 경계에서 발생되는 지진

③ 판들이 서로 충돌 또는 엇갈리는 과정에서 지진 발생(일본, 동·서남아시아 등)

(2) 판내부(내륙형) 이론

① 판 내부에서 응력에 의한 변형으로 일어나는 지진

② 활성단층 부분이 급격히 파괴되는 과정에서 발생(한국, 중국, 터키 등)

3 지진의 구분 및 강도

(1) 지진의 구분

① 전진(前震 : Fore Shock) : 본진(주진)에 앞서 발생하는 비교적 작은 지진

② 본진(주진 : Main Shock) : 지진의 무리 중 최대가 되는 것

③ 여진(餘震 : After Shock) : 본진(주진) 다음에 발생하는 지진으로 본진보다 현저하게 작은 것이 보통

(2) 지진의 강도

① 진도 3(약진) 이상 : 변위발생, 건물이 흔들림

② 진도 4(중진) 이상 : 건물이 몹시 흔들림

③ 진도 5(강진) 이상 : 파괴발생, 벽에 금이 감

④ 진도 7(격진) 이상 : 땅이 갈라지며 산사태 발생

4 지반운동

(1) P파(종파)

① 지구표면에 최초로 도달되는 파

② 고체, 액체, 기체 모두 통과

③ 5km/sec로 지구 내부 핵에서 지표면으로 수직 통과

(2) S파(횡파)

① 고체만 통과하는 파

② 4km/sec 속도로 맨틀 부위에서 발생하여 지표면으로 연직 또는 수평 통과

(3) 표면파(L파, R파)

① 속도 3km/sec로 지구표면에 충격을 주는 지진파

② P파와 S파에 의해 발생

③ 느리게 전파되는 횡파

④ 파괴력이 가장 크다.

5 지진에 의한 피해유형

(1) 지반에 미치는 영향

① 지반의 부등침하

② 지반의 액상화

③ 지반의 변위

(2) 구조물에 미치는 영향

① 비구조재의 파괴

② 내력벽 및 조적벽의 변형·파괴

③ 강성의 급격한 변화

④ 구조물의 좌굴

⑤ 구조물의 취성파괴

⑥ 지하매설물의 파괴

(3) 기타 2차피해

① 화재·폭발

② 해일

③ 산사태 등

6 내진설계(耐震設計)

(1) 내진설계

① 내진 구조

 ㉠ 라멘 구조(Rahmen Construction) : 기본적인 뼈대로 기둥·보의 절점이 강접합(剛接合)으로 수평력에 저항

 ㉡ 내력벽 : Rahmen과의 인성효과로 지진력, 연직하중을 부담하여 구조물의 휨방향 변형 제어

 ㉢ 튜브 구조(Tube Structure) : 건물의 외곽기둥을 일체화시켜 내력벽의 휨변형을 감소 (외곽기둥 : 수평하중, 내부기둥 : 수직하중)

② 설계 방법

 ㉠ 강도 지향형

  • 높은 강도로 저항하는 방법

  • 내력벽, 가새, 버팀보, 고강도 Con'c 등

 ㉡ 연성 증가형

  • 지진에너지를 흡수, 유도하는 변형능력으로 에너지를 흡수하는 방법

  • 기둥철판부착, 용접철망부착 등

 ㉢ 혼합형

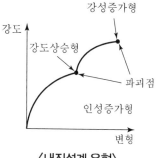

〈내진설계 유형〉

(2) 제진설계

① 수동형

② 능동형

③ 준능동형

(3) 면진설계

주기 이전으로 에너지를 흡수하는 방법

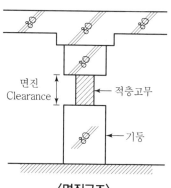

〈면진구조〉

7 내진설계 시 유의사항

(1) 편심 최소화

(2) 상하층 간의 강성 확보

(3) 지하구조 및 기초저면 확대

(4) 기초침하 요인 배제

(5) 암반과 기초와의 일치 설계

(6) **수평재가 먼저 변형되도록 설계**

① 수직재보다 수평재에서 먼저 변형이 일어나도록 설계

② 기둥보다 보에서 먼저 변형이 일어나도록 설계

(7) **내진구조재료의 선택**

① 인성이 좋은 재료 사용으로 Energy 분산

② 가볍고 강한 재료 및 강도저하가 낮은 재료 선택

③ 재료분리가 발생하지 않고 균일성을 확보할 수 있는 재료

8 지진에 대한 구조안전확인 대상

(1) **전지역**

규모	대상
2층 이상	모든 건축물(용도, 면적 제한 없음)
연면적 500m² 이상	창고, 축사, 작물재배사 등 표준설계도서에 의한 건축물 제외
제한 없이 모두	국가문화유산 : 박물관, 기념관 등

(2) **지진구역 구분**

지역구분	해당 지역
Ⅰ	특별시, 광역시
	경기, 충청, 경상, 전북, 강원남부, 전남북동부
Ⅱ	강원도북부, 전남남서부, 제주도

(3) **중요도 특 또는 1에 해당하는 건축물**

중요도	규모	용도
특	연면적 1,000m² 이상	위험물처리시설, 병원, 방송국, 전화국, 소방서, 발전소, 지방자치단체청사 등
	15층 이상	아파트 및 오피스텔
1	연면적 5,000m² 이상	공연장, 집회장, 관람장, 전시, 운동판매시설
	5층 이상	숙박시설, 기숙사, 아파트, 오피스텔
	3층 이상	학교
2	제한 없음	기타

① 개요

1988년부터 6층 이상 내진설계가 이루어졌고 2000년 내진설계기준의 부분개정, 2005년 건축구조설계기준이 제정되면서 3층 이상 모든 건축물이 내진대상이 되었으며, 2016년 건축구조기준의 개정이 이루어졌다.

② 내진성능평가 대상 건축물

(1) 3~5층이거나 1천~10만m² 규모로 2005년 7월 이전 허가된 건축물
(2) 6층 이상이거나 10만m² 이상 규모로 1988년 3월 이전 허가된 건축물

③ 내진설계대상 시설물 및 설계기준

(1) 대상시설(2017.2.1 시행)

① 층수가 2층 이상인 건축물
② 연면적 200m² 이상인 건축물(창고, 축사 제외)
③ 높이 13m 이상인 건축물
④ 처마높이가 9m 이상인 건축물
⑤ 기둥과 기둥 사이 거리가 10m 이상인 건축물
⑥ 중요도 (특) 또는 중요도 (1)에 해당하는 건축물(개정 2017.10.24)

④ 지진구역 (1)

서울특별시, 광역시, 세종특별자치시, 경기도, 강원도 남부(강릉시, 동해시, 삼척시, 원주시, 태백시, 영월군, 정선군), 충청북도, 충청남도, 전라북도, 전라남도, 경상북도, 경상남도

⑤ 중요도 (특)

(1) 연면적 1,000m² 이상인 위험물 저장 및 처리시설, 국가 또는 지방자치단체 청사, 외국공관, 소방서, 발전소, 방송국, 전신전화국
(2) 종합병원, 수술시설이나 응급시설이 있는 병원

6 중요도 (I)

(1) 연면적 1,000m² 미만인 위험물 저장 및 처리시설·국가 또는 지방자치단체의 청사·외국공관·소방서·발전소·방송국·전신전화국

(2) 연면적 5,000m² 이상인 공연장·집회장·관람장·전시장·운동시설·판매시설·운수 시설(화물터미널과 집배송시설은 제외함)

(3) 아동관련시설·노인복지시설·사회복지시설·근로복지시설

(4) 5층 이상인 숙박시설·오피스텔·기숙사·아파트

(5) 학교

(6) 수술시설과 응급시설 모두 없는 병원, 기타 연면적 1,000m² 이상인 의료시설로서 중요도 (특)에 해당하지 않는 건축물

(7) 국가적 문화유산으로 보존할 가치가 있는 박물관·기념관 그 밖에 이와 유사한 것으로서 연면적의 합계가 5천m² 이상인 건축물

(8) 특수구조 건축물 중 다음의 것
　① 한쪽 끝은 고정되고 다른 끝은 지지(支持)되지 아니한 구조로 된 보·차양 등이 외벽의 중심선으로부터 3m 이상 돌출된 건축물
　② 특수한 설계·시공·공법 등이 필요한 건축물로서 국토교통부장관이 정하여 고시하는 구조로 된 건축물

(9) 단독주택 및 공동주택

7 건축물 안전영향평가 대상

국토안전관리원, 한국건설기술연구원, 한국토지주택공사에서 평가하는 것으로 건축구조기준에 규정된 사항 및 건축구조기준 외 사항을 검토한다.

(1) 초고층건축물

(2) 1동이 16층이며, 연면적 10만 m² 이상인 건축물
- 초고층건축물 : 층수가 50층 이상이거나 높이가 200m 이상인 건축물

＊ 준고층건축물 : 고층건축물 중 초고층건축물이 아닌 것

＊ 고층건축물 : 층수가 30층 이상이거나 높이가 120m 이상인 건축물

··· 03 지진 발생에 대한 가설물의 안전확보방안

🔟 개요

(1) 지진의 발생은 구조적으로 취약한 가설구조물에 결정적인 충격을 주어 붕괴·도괴 등의 사고가 발생하여 중대재해를 유발시킨다.

(2) 지진에 대한 가설물의 안전을 확보하기 위해서는 내진설계 적용·고강성 가설재 및 연결재 개발·기초지반의 지내력 향상 등의 조치가 필요하다.

② 가설구조물의 특징

(1) 연결재가 적은 구조로 되기 쉽다.

(2) 부재 결합이 간단하나 불안전 결합이 많다.

(3) 구조물이라는 개념이 없으며 조립 정밀도가 낮다.

(4) 과소단면이거나 결함이 있는 재료를 사용하는 것이 일반적이다.

(5) 구조계산 기준이 부족하여 구조적으로 문제점이 많다.

③ 지진발생이 가설물에 미치는 영향

(1) 가설물의 붕괴, 도괴

(2) 지반침하로 인한 가설물의 침하·파손·붕괴

(3) 좌굴(Buckling)

(4) 연결부 파손

(5) 비대칭성에 의한 위험

④ 가설물의 안전확보방안

(1) 가설물의 구조형태

가설물 구조형태를 대칭구조로 하여 가설물에 작용하는 하중을 균등하게 전달

(2) 연결부의 보강 및 보완

가설물의 연결부에 대한 보강·보완으로 구조적인 강성 유지

(3) 고강도, 고강성 가설재 개발

지진발생시 충격 및 변위를 최소화할 수 있는 고강도·고강성 가설재의 개발

(4) 내진설계 적용

가설물에도 내진설계를 적용하여 지진발생 시 안전성 확보

(5) 기초지반의 지내력 향상

가설물이 설치되는 지반에 콘크리트 타설 등 지반강화 및 기초저면의 확대로 침하방지

(6) 지진 감시설비 설치

① 지진발생 상황을 연속 감시할 수 있는 감시설비를 설치하여 대비
② 기상청 등과 협조 지진발생에 대한 사전인지 및 보완대책 강구

(7) 가설재의 경량화

가설구조물의 경량화를 통한 지진발생 시 충격 최소화

(8) 풍압에 대한 영향고려(수평하중)

5 지진 시 피해정보시스템 구축

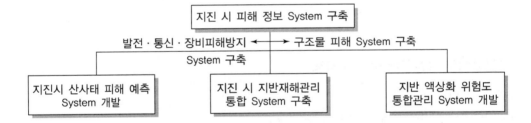

··· 04 전기재해 발생원인 및 대책

1 개요

전기재해는 이동용 전기기기, 고정식 전기설비, 배선 등의 발생기인 또는 누전, 단락과 같은 발화원인, 시공불량이나 관리소홀 등과 같이 각기 다른 원인에 의해 발생하므로 발생기인과 원인에 대한 기본적인 이해를 토대로 안전관리를 수행해야 한다.

2 발화원인

(1) 누전에 의한 화재

전류가 정상적인 통로로 설계된 전로로부터 외부건물, 부대설비, 공작물 등 외부로 흘러들어 이 물체들을 발열시켜 발생하는 화재

(2) 과열에 의한 화재

전기기기나 배선 등이 설계온도상승한도 이상으로 상승해 발생한 열에너지가 절연물이나 가연물 등에 착화되는 화재

(3) 절연열화/절연파괴 화재

절연물의 기계적 손상, 화학적 손상, 이상전압으로 인한 절연내력 초과, 과전류로 인한 과열 등으로 절연물이 절연성능을 상실해 누전, 단락, 과열 등으로 이어져 발생하는 화재

(4) 전기불꽃 화재

각종 개폐기의 작동 시 발생하는 전기불꽃이 점화원이 되는 화재

(5) 단락에 의한 화재

각종 절연물의 열화, 파손, 통전선로 간 접촉 등으로 인해 정상적인 부하를 경유해 전류가 흐르지 않고 접촉된 짧은 경로로 과도한 전기에너지가 흘러 이로 인한 과열, 스파크 등으로 발생하는 화재

(6) 지락에 의한 화재

누전화재와 같이 전류가 통로로 설계된 부분에서 누설되어 외부로 흘러 물체들을 발열시키거나 스파크를 발생시켜 발생하는 화재

(7) 접속부 발열에 의한 화재

전선과 전선 또는 전선과 단자 등 접속부분의 통전용량 부족으로 국부과열이 발생되어 축적된 열에너지가 주변 가연물에 착화되는 화재

(8) 열적경과에 의한 화재

전등, 전열기 등을 방열이 되지 않는 조건에서 장기간 사용해 축적된 열에너지가 주변 가연물에 착화되는 화재

❸ 발화원의 안전한 관리

(1) 고정식 전열기

① 발열부 주변에 가연물을 두지 않는다.

② 발열부와 접속하는 전선은 충분한 내열성을 갖는 재료로 선정한다.

③ 건조설비는 피건조물과 열원과의 적정거리를 유지한다.

④ 전선 접속부는 충분한 통전용량을 갖도록 하고 접촉불량이 발생되지 않도록 한다.

⑤ 설비가 규정온도 이상으로 상승 시 자동으로 전원이 차단되도록 한다.

(2) 이동식 전열기

① 불연재로 고정한다.

② 전열기가 넘어지면 전원이 차단되도록 한다.

③ 화구 주변에 가연물을 두지 않는다.

(3) 전기기기 및 설비

① 변압기
- 독립된 내화구조의 건물에 설치하거나 타 건물과 충분하게 격리시킨다.
- 불연성 절연유나 건식 변압기를 우선 선정한다.

② 전동기
- 사용장소에 적합한 구조의 전동기를 사용한다(방폭, 방진, 방수형).
- 외함 및 지지대의 접지
- 청소 및 통풍관리, 과부하 사용을 금지하는 적열 방지조치 실시

③ 등기구
- 사용장소에 적합한 방폭, 방진, 방수형 등기구를 사용한다.
- 취급물질의 발화점을 고려한 적정 등기구 선정
- 이동식 전등은 쉽게 깨지지 않도록 기계적인 방호 실시

④ 배선
- 해당 전로 및 부하설비에 적합한 용량의 배선 선정
- 사용장소에 적합한 배선 선정
- 가급적 중간접속 배제 및 접속 시 원래와 동등한 수준의 강도와 절연성능 유지
- 설치 시 기계적 손상이 발생하지 않도록 조치

4 결론

전기재해를 예방하기 위해서는 발화원인별, 발화원별 관리가 중요하며, 발화원의 안전한 관리를 위해, 특히 동절기에 고정식 및 이동식 전열기 사용 현장의 안전의식 고취가 선행되어야 한다. 또한, 전기기기 및 설비의 사용이 점차 확대되고 있는 추세이므로 이에 대한 안전한 사용이 이루어질 수 있도록 철저한 안전교육을 실시한 이후 작업에 임하도록 관리해야 한다.

··· 05 정전기 화재와 전기설비의 방폭

1 개요

정전기 방전에너지는 전기에너지 발열과 비교해볼 때 상대적으로 열에너지가 크지 않아 주변의 가연물이 증기화되거나 가스화되어 있는 상태에서 발생한 정전기 방전에너지가 주변 가연물의 최소 점화에너지보다 큰 경우에 화재가 발생하므로 이에 대한 이해가 필요하다.

2 정전기 화재의 필요 조건

(1) 주변 가연물의 증기화 또는 가스화 선행
(2) 정전기 방전에너지가 주변 가연물의 최소 점화에너지보다 큼
(3) 최소 점화에너지가 낮은 물질을 취급하는 공정에서 환기 불충분

3 폭발분위기 형성의 영향요소

(1) 폭발한계

범위가 넓고 하한치가 낮은 물질일수록 폭발분위기 형성 가능성이 높다.

(2) 인화점

인화점이 낮은 물질일수록 폭발분위기 형성 가능성이 높다.

(3) 증기밀도

증기밀도가 1보다 작은 물질은 천장 부근에서, 증기밀도가 1보다 큰 물질은 바닥 부근에서 폭발분위기 형성 가능성이 높아진다.

4 정전기 화재 예방대책

(1) 위험분위기 생성 방지

① 인화성 증기 또는 가연성 가스의 누설, 발생 방지
② 누설 또는 발생된 인화성 증기 또는 가스의 체류 방지

(2) 정전기 방전이 점화원으로 작용되는 현상 방지

① 정전기 발생이 최소화되는 재질의 선정
② 제전기 설치

③ 가습

④ 접지

⑤ 설비의 방폭화

(1) 점화원의 방폭적 격리
내압방폭구조, 유입방폭구조, 압력방폭구조로 격리

(2) 전기설비의 안전도 증강
안전증방폭구조를 우선적으로 고려

(3) 점화능력의 본질적 억제
본질안전방폭구조를 고려

··· 06 건설현장 임시소방시설

1 배경

소방시설 설치 및 관리에 관한 법률 전부개정 시행에 따른 건설현장 임시소방시설 변경 안내 (2023. 7. 1. 시행)

2 적용대상

2023. 7. 1. 이후 건축허가 신청 또는 신고 공사부터 적용

※ 시행일 이전 건축허가 신청 또는 신고 공사는 현행 기준으로 적용

3 건설현장에 설치하여야 하는 임시소방시설

(1) 임시소방시설 설치대상 및 개정 전후 비교

	항목	현행	변경	설치대상 공사의 종류와 규모
1	소화기	○	○	신축, 증축, 용도변경 또는 대수선 공사
2	간이소화장치	○	○	• 연면적 3,000m² 이상 • 바닥면적 600m² 이상의 지하층, 무창층
3	비상경보장치	○	○	• 연면적 400m² 이상 • 바닥면적 150m² 이상의 지하층, 무창층
4	간이피난 유도선	○	○	바닥면적 150m² 이상의 지하층, 무창층
5	가스누설경보기	–	○	
6	비상조명등	–	○	
7	방화포	–	○	용접·용단 작업이 진행되는 화재위험작업

(2) 임시소방시설을 설치한 것으로 보는 소방시설

① 간이소화장치 : 대형소화기 6개, 옥내소화전설비

② 비상경보장치 : 비상방송설비 또는 자동화재 탐지설비

③ 간이피난유도선 : 피난유도선, 피난구유도등, 통로유도등 또는 비상조명등

4 착안사항

(1) 신규 사업 수주 제안 시 신규품목에 대한 비용 내역 반영 필요

(2) **가스누설경보기, 방화포, 비상조명등 산업안전보건관리비 사용 금지**

① 타법 의무사항 안전관리비 사용불가(고용노동부 고시 제2022-43호)

② 화재위험작업에 배치하는 소화기는 안전관리비 사용 가능

5 임시소방시설 설치 기준 비교

항목	현행 (2023. 7. 1. 이전 허가신고)	변경 (2023. 7. 1. 이후 허가신고)
소화기	• 각 층마다 소화기 2개 • 화재위험작업 소화기 2개+대형 1개	• 각층 계단실 출입구 소화기 2개 • 화재위험작업 소화기 2개+대형 1개 • 소화기 설치장소 축광식 표지 부착
간이소화장치	• 화재위험작업 시 25m 이내 설치 • 방수압력 0.1MPa, 방수량 65L/min • 수원 20분 용량	• 화재위험작업 시 25m 이내 설치 • 지하1층과 지상1층에 상시 배치 • 방수압력 0.1MPa, 방수량 65L/min • 수원 20분 용량
비상경보장치	• 화재위험작업 지점 5m 이내 설치 • 비상벨, 휴대용확성기	• 각 층 계단실 출입구 설치 • 비상벨 음량 100dB 이상(1m 이내) • 비상전원 확보(20분 이상)
간이피난 유도선	• 공사장의 출입구까지 설치 • 상시 점등	• 각 층의 출입구로부터 건물 내부로 10m 이상 설치(구획실이 있는 경우 가장 가까운 출입구까지 연속해서 설치) • 상시 점등(녹색계열 광원)
가스누설경보기	[신설]	지하층 또는 무창층 내부(구획실이 있는 경우에는 구획실마다)에 바닥으로부터의 높이가 30cm 이하인 장소에 설치
비상조명등	[신설]	지하층 또는 무창층에서 지상 1층 또는 피난층으로 연결된 계단실 내부에 설치, 20분 이상 비상전원, 비상경보장치와 연동
방화포	[신설]	용접·용단 작업 시 11m 이내에 가연물이 있는 경우 해당 가연물을 방화포로 도포

···07 감전재해의 원인별 예방대책

1 개요

감전재해는 인체의 한 부분이 충전부에 접촉되고 다른 한 부분은 지면에 접촉된 경우에 발생하며 전기적 등가회로상 인체 통전전류의 양에 의해 재해규모가 달라지므로 전기 기계, 기구 사용 시에는 절연성능의 확보 여부를 확인하는 것이 선행되어야 한다.

2 재해발생 원인

(1) 인체의 한 부분이 충전부와 지면에 접촉된 경우
(2) 인체의 한 부분이 충전부와 접지가 양호한 금속체에 접촉된 경우
(3) 인체의 한 부분이 누전 상태의 기기 외함과 지면에 접촉된 경우
(4) 전위 차가 있는 2개소의 노출 충전부에 인체의 두 부분이 각각 접촉되어 인체가 단락회로의 일부가 된 경우

3 예방대책

(1) **기계기구 작동점검은 절연성능이 확보된 상태에서 실시할 것**
   ① 조작스위치 수리작업 후 작동점검은 덮개를 완전히 덮어 충전부가 노출되지 않은 상태에서 실시
   ② 절연장갑을 착용한 상태에서 작동점검 실시
   ③ 조작전압은 안전전압 이하(30V)로 할 것
(2) 배선의 중간접속은 원칙적으로 금지하며, 부득이한 경우 해당 전선의 절연성능 이상으로 피복하거나 적합한 접속기구 사용
(3) 작업 전 위험상황에 대한 파악 후 작업자의 안전이 확보된 상태에서 작업 실시
(4) 전기기기 절연관리 철저
(5) **누전 시 전원차단기 차단기능 확보**
   ① 누전차단기 정격 : 220V 30AT 30mA 0.03sec용
   ② 인체의 두 부분이 접촉될 가능성이 있는 경우 전기적으로 본딩을 실시

４ 전기적 등가회로 및 인체 통전전류 산정방식

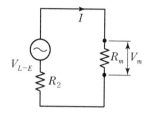

$$I = \frac{V_{L-E}}{R_m + R_2}[\text{A}] \text{ 또는 } I = \frac{V_m}{R_m}[\text{A}]$$

여기서, I : 인체 통전전류

R_m : 인체저항($\fallingdotseq 1,000\,\Omega$)

R_2 : 전원변압기 중성점 접지저항(최대 $5\,\Omega$)

V_{L-E} : 대지 간 전압(220V)

V_m : 인체에 걸린 전압(219V) $= [1,000\,\Omega / (1,000\,\Omega + 5\,\Omega)] \times 220\text{V}$

인체 통전전류(I) : 219mA $= 219\text{V}/1,000\,\Omega$

５ 결론

건설현장은 기본적으로 조도확보나 용접작업 등에 따른 가설전기의 사용이 불가피하며, 임시적 사용목적으로 안전장치의 생략이나 안전관리 결여에 의한 감전재해의 가능성이 매우 높은 작업환경이므로, 특히 누전차단기와 접지시설의 엄격한 준수가 요구된다.

··· 08 미세먼지

1 개요

미세먼지는 자연적으로 발생되는 경우 이외에도 분진 발생 사업장의 경우 작업환경측정결과를 토대로 미세먼지 또는 초미세먼지의 분류에 따라 주의보 또는 경보단계로 구분해 건강장해 예방을 위한 사업주의 적극적인 관리가 필요하다.

2 미세먼지 경보

구분	미세먼지(PM_{10})	초미세먼지($PM_{2.5}$)
미세먼지 주의보	$150\mu g/m^3$ 이상	$75\mu g/m^3$ 이상
미세먼지 경보	$300\mu g/m^3$ 이상	$150\mu g/m^3$ 이상

3 미세먼지에 의한 건강장해

(1) 호흡기질환 유발

(2) 피부염 및 피부질환 유발

(3) 결막염 또는 시력장애

(4) 심혈관질환

4 단계별 예방조치

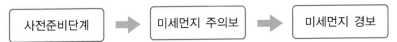

(1) 사전준비단계

① **민감군 확인** : 폐질환, 심장질환, 고령자, 임산부

② 비상연락망 구축

③ **교육 및 훈련** : 방진마스크 착용법, 개인위생관리

④ 미세먼지 농도 확인

⑤ **마스크 비치**
- 방진마스크 2급 이상
- 식약청 인증 KF80 이상

(2) 미세먼지 주의보

① 미세먼지 정보 제공 : '주의보' 발령 통보

② 마스크 지급 및 착용

③ 민감군 추가 조치 : 중작업 줄이기, 추가 휴식시간

(3) 미세먼지 경보

① 미세먼지 정보 제공 : '경보' 발령 통보

② 마스크 지급 및 착용

③ 민감군 추가 조치 : 작업량 줄이기, 추가 휴식시간

④ 중작업 일정 조정 : 다른 날로 작업조정

(4) 이상징후자 조치

• 작업전환 또는 작업중단 : 병원 진찰, 스스로 작업 중단 및 휴식

5 사업주의 의무

옥외작업자에게 '호흡용 보호구'를 지급한다.

구분	특급	1급	2급
용도	독성물질	금속 Fume 등	특급, 1급 외
분진포집률(%)	0.4마이크로입자 99%	0.4마이크로입자 94%	0.6마이크로입자 80%
약사법	KF99	KF94	KF80

··· 09 감전사고

1 개요

감전이란 직접 또는 간접적인 경로로 인체에 전류가 통전되는 상태를 말하는 것으로 감전사고를 방지하기 위해서는 누전차단기, 접지, 보호구 착용 등의 조치가 필요하다.

2 감전사고의 메커니즘

(1) 직접접촉사고

전기기기의 운전 시 통전되는 부분을 충전부분, 통전되지 않는 부분을 비충전부분이라 한다. 전기기기 충전부분에 직접적으로 접촉되어 감전되는 사고를 직접접촉사고 한다.

(2) 간접접촉사고

전기기기의 운전 시 전기가 들어오지 않는 금속부분을 비충전 금속부분이라 한다. 전기기기의 절연이 저하되어 누전(지락)되는 전기에 의해 접촉되는 형태의 감전을 간접접촉사고라 한다.

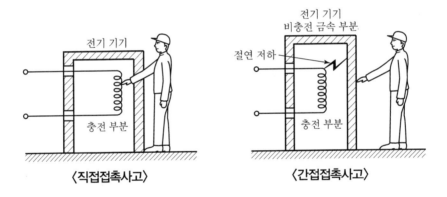

〈직접접촉사고〉　　〈간접접촉사고〉

3 전기설비 기술기준의 접지

접지공사의 종류	접지 저항값
제1종 접지공사	10Ω
제2종 접지공사	변압기의 고압 측 또는 특별고압 측 전로의 1선 지락전류의 암페어 값으로 150(변압기의 고압 측 저로 또는 사용 접압이 35,000V 이하인 특별 고압 측의 전로와 저압 측 전로와의 혼촉에 의해 저압 전로의 대지 전압이 150V를 초과했을 경우에 1초를 초과해 2초 이내에 자동적으로 고압전로 또는 사용 전압이 35,000V 이하인 특별고압전로를 차단하는 장치를 시설할 때는 600)을 나눈 값과 동등한 음값

접지공사의 종류	접지 저항값
제3종 접지공사	100Ω(저압 전로에서 해당 전로에 지기를 발생시켰을 경우 0.5초 이내에 재동적으로 전로를 차단하는 장치를 시설할 때는 500Ω)
특별 제3종 접지공사	10Ω(저압 전로에서 해당 전로에 지기를 발생시켰을 경우 0.5초 이내에 자동적으로 전로를 차단하는 장치를 시설할 때는 500Ω)

4 누전차단기

누전차단기는 전류 동작형과 전압 동작형 두 종류가 있으나 현재는 전류 동작형이 주로 사용된다. 부하기기(전기를 사용하는 기기) 절연이 정상이면 ZCT에서 균형을 이루므로 ZCT 2차 측에는 전류가 발생하지 않지만 절연이 악화되면 ZCT 2차 측에 전류가 나타나게 되는 데, 이 전류를 증폭시켜 전체 회로를 차단시키는 원리

5 누전차단기와 접지

누전차단기가 인체 통과 전류만으로도 충분히 작동되어 있더라도 인체 통과 전류를 회로스위치로 사용하는 것보다는 누설전류에 의해 누전차단기를 작동시키는 것이 합리적이므로 누전차단기가 있다 해도 접지는 실시해야 한다.

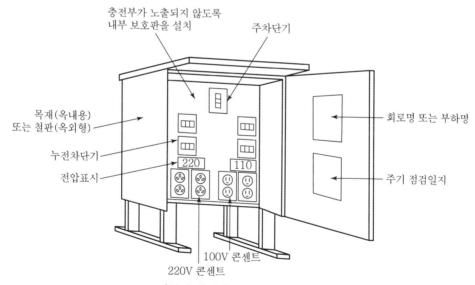

〈임시 배전반과 콘센트의 구조〉

··· 10 접지

① 접지의 개요

전력설비, 통신설비, 컴퓨터, 피뢰설비, 전기방식설비 등 다양한 설비가 있고 접지를 하는 목적도 안전을 위한 것부터, 통신을 명료하게 하기 위해 대지를 회로의 일부로 이용하기 위한 접지도 있다(모든 대지에는 수분이 있으므로 전기가 통한다).

모든 접지는 목적에 관계없이 전기적 단자가 필요한데, 이 단자의 역할을 하는 것이 접지전극이며 (보통 지중에 매설되는 도체가 사용됨), 접지되는 설비와 접지전극을 연결하는 전선을 접지선이라 한다.

또한, 접지에서 대지와의 접속불량을 나타내는 지표를 접지저항이라고 하며, 당연히 접지저항이 낮을수록 대지와의 접속이 양호하다는 의미로 해석된다.

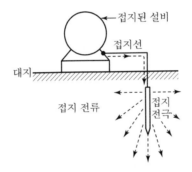

② 접지의 역사

(1) 영국에서는 Earthing, 미국에서는 Grounding으로 부르며 1754년 플랭클린이 철로 된 봉을 건물에 접해 세우고 하단을 지중에 매입한 형태로 최초로 발명되었다.

(2) 1876년 벨이 전화를 발명하며 전화용 가공선 망이 광범위하게 펼쳐짐으로써 전화선은 낙뢰의 공격에 직·간접적으로 노출되어 낙뢰의 피해가 집안의 전화기까지 도달하게 되어 뜻하지 않는 재해를 일으키게 되었다. 이로 인해 등장한 것이 피뢰기이다.

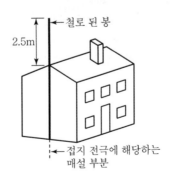

❸ 사업주의 누전에 의한 감전위험 방지를 위한 접지의무

(1) 전기 기계·기구의 금속제 외함, 금속제 외피 및 철대
(2) 고정 설치되거나 고정배선에 접속된 전기기계·기구의 노출된 비충전 금속체 중 충전될 우려가 있는 다음의 어느 하나에 해당하는 비충전 금속체
    ① 지면이나 접지된 금속체로부터 수직거리 2.4m, 수평거리 1.5m 이내인 것
    ② 물기 또는 습기가 있는 장소에 설치되어 있는 것
    ③ 금속으로 되어 있는 기기접지용 전선의 피복·외장 도는 배선관 등
    ④ 사용전압이 대지전압 150볼트를 넘는 것
(3) 전기를 사용하지 아니하는 설비 중 다음의 어느 하나에 해당하는 금속체
    ① 전동식 양중기의 프레임과 궤도
    ② 전선이 붙어 있는 비전동식 양중기의 프레임
    ③ 고압(1.5천 볼트 초과 7천 볼트 이하의 직류전압 또는 1천 볼트 초과 7천 볼트 이하의 교류전압을 말한다. 이하 같다) 이상의 전기를 사용하는 전기 기계·기구 주변의 금속제 칸막이·망 및 이와 유사한 장치
(4) 코드와 플러그를 접속하여 사용하는 전기 기계·기구 중 다음의 어느 하나에 해당하는 노출된 비충전 금속제
    ① 사용전압이 대지전압 150볼트를 넘는 것
    ② 냉장고·세탁기·컴퓨터 및 주변기기 등과 같은 고정형 전기기계·기구
    ③ 고정형·이동형 또는 휴대형 전동기계·기구
    ④ 물 또는 도전성(導電性)이 높은 곳에서 사용하는 전기기계·기구, 비접지형 콘센트
    ⑤ 휴대형 손전등
(5) 수중펌프를 금속제 물탱크 등의 내부에 설치하여 사용하는 경우 그 탱크(이 경우 탱크를 수중펌프의 접지선과 접속하여야 한다)

❹ 접지 제외대상

사업주는 다음의 어느 하나에 해당하는 경우에는 위 ❸의 규정을 적용하지 않을 수 있다.
(1) 「전기용품 및 생활용품 안전관리법」이 적용되는 이중절연 또는 이와 같은 수준 이상으로 보호되는 구조로 된 전기기계·기구
(2) 절연대 위 등과 같이 감전 위험이 없는 장소에서 사용하는 전기기계·기구

5 피뢰설비의 접지

건축물 등의 피뢰설비는 근접해온 낙뢰방전을 피뢰설비 쪽으로 끌어들여 뇌격전류를 안전하게 대지로 흘려보내 건축물을 낙뢰의 피해로부터 보호하기 위한 것이다. 뇌운(낙뢰구름)은 강한 상승기류가 발생했을 때 나타나는데 상부는 양(+), 하부는 음(−)으로 되어 있어 뇌운의 바로 아래 대지 표면에는 양의 전하가 유도되어 피해가 발생한다.

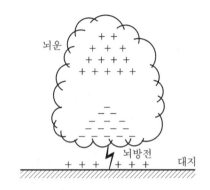

※ 낙뢰로 인한 피해

　　① 산림의 화재 : 미국에서 발생하는 산불의 대부분
　　② 건조물 피해
　　③ 전력, 통신 등 공공서비스의 다운
　　④ 사람 및 가축의 피해

6 피뢰설비를 요하는 건축물 또는 공작물

피뢰설비는 「건축기준법 시행령」에 따라(KS C 9609) 설치가 의무화됨
(1) 건축물 높이가 20m를 초과하는 부분
(2) 굴뚝, 광고탑, 물탱크, 옹벽 등의 공작물 및 승강기, 워터슈트, 비행탑 등 공작물로서 높이가 20m를 초과하는 부분

7 피뢰설비 3부분

(1) **수뢰부** : 뇌격을 직접적으로 받아들이기 위한 돌침부
(2) **피뢰도선** : 수뢰부에서 대지까지 뇌격 전류를 유도하기 위한 도선
(3) **접지극** : 뇌격전류를 대지로 흘리기 위한 접지극

8 피뢰설비 접지저항

피뢰설비 접지저항은 KS C 9609에서 10Ω 이하로 정하고 있다.

9 접지극

피뢰설비의 접지극은 각 인하도선에 1개 이상을 접속한다.

⑩ 철골조 · 철근콘크리트조 · 철골철근콘크리트조의 피뢰설비

(1) 철골조 빌딩

KS에서는 기둥 및 거더가 철골조인 빌딩의 경우 철골을 수뢰부로 해도 된다고 규정하고 있다. 그 이유는 철골은 전기가 잘 통하기 때문이다(단, 철골에는 단면적 30mm^2 이상의 동선으로 두 군데 이상의 접지극에 접속).

(2) 철근콘크리트조 빌딩

기둥 및 거더가 철근콘크리트조인 빌딩은 두 가닥 이상의 주철근을 인하도선으로 대신해도 된다(단, 단면적 30mm^2 이상의 동선으로 두 곳 이상의 접지극에 접속).

(3) 철골철근콘크리트조 빌딩

빌딩 기초의 접지저항이 5Ω 이하인 경우는 접지극을 생략하고 기초를 접지극으로 이용해도 된다고 규정하고 있다.

··· 11 피뢰설비

1 개요

전기설비에서 발생되는 이상전압이나 낙뢰에 의한 이상전압으로부터 전기설비를 보호하기 위한 것으로 저항용, 밸브형, 밸브저항용, 방출형 피뢰기가 사용된다.

2 피뢰설비의 종류

(1) 돌침형
(2) **수평도체형** : 건축물 상부에 수평도체를 가설하는 형식
(3) **케이지형** : 보호대상물 주위를 망상도체로 감싸는 형식
(4) **조합형** : 돌침형과 수평도체형을 조합한 형식

3 설치장소

(1) 발전소, 변전소 등 이에 준하는 장소의 가공전선 인입구 및 인출구
(2) 가공전선로에 접속하는 배전용 변압기 고압 및 특고압측
(3) 고압이나 특고압 가공전선로로부터 공급받는 수용장소 인입구
(4) 가공전선로와 지중전선로 접속장소

4 피뢰설비 설치기준

(1) 높이 20m 이상의 건축물, 구조물이나 폭발물, 위험물 보관장소
(2) 돌침은 25cm 이상 돌출할 것
(3) 수뢰부 35mm^2, 인하도선 16mm^2, 접지극 50mm^2 이상의 동선일 것
(4) 60m 이상 건축물의 경우 건축물 높이 4/5 지점부터 상단부 측면에 수뢰부 설치
(5) 인하도선 대용으로 철골조를 대용으로 할 경우 구조체 상단부와 하단부 전기저항이 0.2Ω 이하일 것

5 돌침형일 때의 보호각

(1) **20m 이하** : 55도
(2) **30m 이하** : 45도
(3) **45m 이하** : 35도
(4) **60m 이하** : 25도

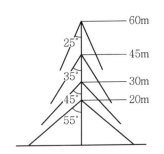

⑥ 보호 여유도

$$여유도(\%) = \frac{충격절연강도 - 제한전압}{제한전압} \times 100$$

⑦ 외부 뇌보호 시스템(피뢰 시스템)

(1) 돌침

선단이 뾰족할수록 뇌격이 잘 떨어지므로 건축물 인근의 뇌격을 흡인할 수 있도록 해 선단과 대지 사이에 접속한 도체를 통해 뇌격전류를 안전하게 방류하는 방식

(2) 수평도체

건축물 상부에 수평도체를 가설하고 뇌격을 흡인한 후 인하도선을 통해 뇌격전류를 대지로 방류하는 방식으로 보호각은 돌침과 동일하며, 건축물에 밀착시켜 가설하는 방식과 건물 옥상과 이격시켜 가설하는 방식이 있다.

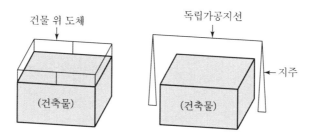

(3) Mesh 도체방식

건축물 주위에 적당한 간격의 그물형태를 가진 망상도체로 감싸는 방식으로 완전한 피뢰방법 중 하나이다.

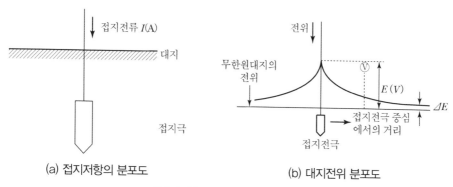

⟨접지저항 및 대지전위분포도⟩

1 개요

건설현장에서 화재가 발생하면 구조물에 심각한 손상, 기계장비의 파손, 자재의 파손 등으로 공기
지연은 물론 모든 작업자의 생명이 위험해질 수 있다. 따라서 효과적인 화재예방계획의 수립시행
및 정기적인 교육훈련이 요구된다.

2 화재의 분류

분류	대상연료	소화방법	
A형	고체연료(목재, 종이, 나무)	냉각소화	물(냉각효과 이용)
B형	액체연료(석유제품, 그리스)	질식소화	분말, 포말, 이산화탄소
C형	전기의 발화연소(전기장치)	질식, 냉각	분말, 이산화탄소, 할론
D형	가연성금속(알루미늄, 티타늄)	분리소화	분말(특수소화약제)
E형	가스화재(수소, 메탄, 프로탄, LPG 등)	제거소화	K급 소화기

3 화재발생위험 건설자재

① **유기용제류** : 시너, 도료 등
② **석유류** : 휘발유, 등유, 경유 등
③ **방수자재** : 아스팔트계 방수자재, 침투성 방수제(시너류) 등
④ **화학제품 등의 마감자재** : 우레탄폼, 스티로폼, PVC pipe 등
⑤ **가설자재** : 수직보호망, 추락방지망 등
⑥ **고압용기** : 아세틸렌, 산소, LPG, 부탄가스 등
⑦ **기타** : 각재, 포장재, 도배지 등

▼화재에 의한 콘크리트 파손깊이

화재지속시간	콘크리트 파손깊이
80분 후(800℃)	0~5mm
90분 후(900℃)	15~25mm
180분 후(1,100℃)	30~50mm

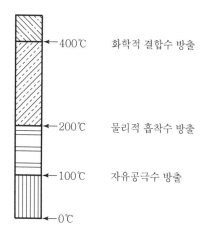

400℃ ← 화학적 결합수 방출

200℃ ← 물리적 흡착수 방출

100℃ ← 자유공극수 방출

0℃

〈화재에 의한 콘크리트 손상〉

❹ 건설현장의 화재유형

(1) 용접, 용단 작업 시 불꽃이 주변의 가연성 물질에 튀어 발생

(2) 아스팔트 방수 시 프라이머 도포 중, 도포 후 라이터, 담뱃불에 의한 발생

(3) 밀폐공간에서 도장 작업 시 화기사용(흡연, 용접 등)으로 발생

(4) 우레탄, 스티로폼 등으로 단열 작업 시 전기합선, 용접불꽃에 의한 발생

(5) 가설숙소에서 누전 또는 버너 등의 화기 취급 부주의로 인한 발생

❺ 화재예방대책

(1) 화재예방 계획의 수립

특정 작업시행에 필요한 화재예방 사항을 명기 및 화재 발생 시 진화, 통제에 관한 사항 명기

(2) 밀폐된 공간의 작업 시 주의

환기장치 설치 및 화기사용 금지

(3) 작업용 전선의 관리

규격 전선의 사용 및 작업 전 피복손상 유무확인

(4) 용접작업 주변 안전확인(방화코팅 도포 등)

주변에 가연성, 인화성 물질 제거 및 밀폐공간에서 작업 시 환기 후 확인 및 소화시설 배치 후 작업

(5) 난방기구 사용 시 안전

가연성 난로에 점화된 채로 급유금지

(6) **소화기 배치 및 화재가스 경보기 설치**

충분히 충전되어 항상 사용 가능한 상태로 유지보관

(7) **가설숙소 화재 및 누전방지대책**

화재유발기구 숙소 내 반입금지 및 방화사, 소화기 및 경보 설비 설치

(8) **안전담당자 배치 및 방화조직기구 구성**

밀폐공간 작업 시 안전담당자 배치 후 작업 실시

(9) **작업장 정리정돈 철저**

정리정돈 철저로 인화물 등 사전에 제거

(10) **관리감독 철저**

화기사용 장소의 화재방지조치 실시

(11) **작업 중 흡연금지 및 스프링클러 설치**

(12) **인화성, 산화성, 폭발성 물질 등에 경고표시 부착**

(13) **전담 방화관리자를 지정하여 방화관리 시행**

6 화재발생 시 대피요령

(1) 공포감을 극복하고 주변상황을 정확하게 판단할 것
(2) 연기 속에서 대피 시 젖은 수건으로 코와 입을 막고 낮은 자세로 신속히 대피할 것
(3) 상황판단 없이 높은 곳에서 뛰어 내리지 말 것
(4) 불난 곳의 반대방향을 이용하여 대피할 것
(5) 고립 시 각종 수단을 동원 자신의 위치를 외부에 알릴 것

7 결론

(1) 화재발생 시 초기 진압이 중요하므로 평소 화재진압훈련 등을 실시하여 실전에 적용
(2) 매일 일상 점검 시 화재의 위험요소를 제거 후 작업
(3) 만약 화재가 발생하였다면 신속히 화재를 진압하고 근로자를 적절히 신속하게 대피시켜 인명 피해를 최소화해야 할 것이다.

··· 13 연돌효과(Stack Effect)

1 개요

(1) 연돌효과(Stack Effect)란 굴뚝으로 연기를 내보
내는 원리로, 고층건물에서 발생되는 기류의 형성
을 말한다.

(2) 고층건물의 계단실이나 EV와 같은 수직공간 내의
온도와 건물 밖 온도의 압력차에 의해 공기가 상승
하는 현상이다.

2 발생유형

(1) 상승기류

(2) 하강기류

공기의 흐름

3 연돌효과 문제점

(1) 공기 유출입에 따른 건물 내 에너지 손실

(2) 강한 통풍으로 인한 불쾌감

(3) EV문의 오작동 발생

(4) Core 부근에 있는 Room에서의 출입문 개폐에 어려움 발생

(5) 침기(Infiltration)와 누기(Exfiltration)에 의한 소음

(6) 화재발생 시 강한 통기력의 발생

4 연돌효과 대책

(1) 1층 출입구에 회전 방풍문 설치

(2) 공기의 유입 억제

(3) 계단실이나 EV 등 수직 통로에 공기 유출구 설치

(4) 공기 통로의 미로 형성에 의한 방법

(5) 방화구획의 설정에 의한 방법

기술개발 및
유지관리

1 개요

건설의 디지털 정보와 프로세스를 통합하는 협업 체계를 구현하고 데이터 기반의 신속하고 정확한 의사결정을 지원하여 생산성 향상은 물론 위험요소를 최소화하고 품질, 안전 및 친환경성을 극대화함으로써 건설산업의 디지털화를 달성하기 위해 도입되었다.

2 BIM 도입효과

발주자	수급인 (설계, 시공, 유지관리 등)	건설사업관리자 (감리, CM, PM 등)
• 문서 오류 및 누락 최소화 • 협업과 의사소통 강화 • 재작업 감소 • 건설비용 감소 • 건설기간 단축 • 민원 및 소송 감소 • 건설정보의 통합 관리 및 활용 강화	• 협업과 의사소통 강화 • 설계·시공 오류 최소화 • 설계변경 및 재작업 감소 • 설계·시공비용 감소 • 프로젝트 리스크 저감 • 생산성 개선 • 현장의 안전성 확보	• 발주자-수급인과의 협업 및 의사소통 강화 • 사업수행의 관리 전문성 강화 • 적극적인 신기술 도입 • 사업의 공기, 비용 절감 및 품질관리 강화 • 건설정보의 디지털화 강화

3 BIM 활용의 의의

(1) BIM 활용은 건설의 전(全) 생애주기 동안의 업무 목표, 용도 및 효과 등을 고려하여 관련 정보를 생산·수집하고 통합 관리할 수 있도록 BIM을 적용하는 것을 의미한다. 또한 건설단계 간에 정보가 연계되어 활용될 수 있어야 하며 표준화된 방식으로 상호 주체 간의 협업이 가능해야 한다.

(2) BIM은 건설자동화 및 디지털 엔지니어링을 위한 모든 스마트 건설 산업의 핵심 데이터이자 도구로서, 스마트 건설 관련 지침은 본 기본지침과 연계되어 마련되어야 한다.

4 분야별 BIM 활용방법

(1) 설계

① BIM은 엔지니어링과 모델링 내용의 가시화를 통해 주체들 간의 신속하고 원활한 협의에 기여할 수 있다.

② 시설물, 건축물, 구조물, 지형 및 지반정보 등에 대한 공간, 형상 및 속성정보를 포함함으로써 도면을 추출하고 설계 수량을 자동적으로 산출할 수 있다.

③ 모델 기반의 정보 유통을 통해 고품질의 설계가 가능하고 사전 제작 구조물에 대한 시공성 확보를 통해 설계 역량을 증대시킬 수 있다.

④ 3차원 가시화를 통해 시공 및 유지관리 단계에서 발생할 수 있는 문제점을 설계단계에서 사전 검토할 수 있다.

(2) 시공

① BIM 기반 가상 시공을 통해 공정, 비용 및 품질관리 등 시공계획을 사전 검토 및 예측하고 자재조달의 최적화에 활용할 수 있다.

② 2차원 설계 도면으로 불가능한 입체적인 간섭 및 공법 검토 등 품질 확인에 활용할 수 있다.

③ BIM은 시공과정과 공법 등을 가시화하여 위험작업 예측과 안전대책 수립에 기여할 수 있다.

④ 시공 상태의 시각화를 통해 예측되는 민원 발생 등에 효율적 사전 대응이 가능하다.

⑤ BIM을 계측기기와 연계하여 시공관리 및 검측의 가시화와 설계변경에 활용할 수 있다.

(3) 유지관리

① BIM 데이터를 활용하여 시설물·건축물 등의 안전상태를 입체공간에서 실시간으로 감시하고, 유지관리 대상 시설의 열화 및 성능을 평가하며, 보수보강에 대한 공법을 결정하는 등 입체적·선제적인 유지관리 및 보수보강 의사결정에 활용할 수 있다.

② BIM은 GIS 등의 정보시스템과 연계하여 각 건설단계(조사, 설계, 시공)에서 작성된 각종 데이터(공간 및 속성정보 등)를 유지관리 및 보수보강 업무의 통합 관리에 활용할 수 있다.

③ 기존 유지관리 데이터와 BIM을 결합하여 관계자 간 데이터 공유를 통해 데이터를 검색·취득·재가공할 수 있으며, 효율적인 자산관리가 가능하다.

(4) 스마트건설에서의 BIM 활용

① BIM 설계 데이터를 기반으로 빅데이터 구축 및 인공지능 학습을 통해 설계 자동화에 활용할 수 있다.

② 정확한 BIM 데이터를 기반으로 구조물의 공장제작, 현장조립 등 제작 및 시공 장비 등과 연동하여 조립식 공법(Prefabrication), 모듈화 공법(Modularization), 탈현장건설공법(OSC ; Off-Site Construction), 3D프린팅, 시공 자동화 등에 활용할 수 있다.

③ 유지관리의 효율성을 높일 수 있는 IoT(Internet of Things)와 연계한 디지털트윈의 구축과 건설 디지털 데이터 통합 도구로 활용할 수 있다.

⑤ BIM 전면 도입 모델의 도면 구분

항목	내용
3D BIM 모델	기존 2차원 도면을 대체하는 가장 기본이 되는 3차원 모델
2D 기본 도면	BIM 모델로부터 추출하여 작성된 도면(BIM 모델에 포함하여 제출하거나 디지털 파일로 제출 가능)
2D 보조 도면	BIM 모델로 표현이 불가능하거나 불합리한 경우 보조적으로 작성하여 활용하는 일부 상세도 등의 2차원 도면

⑥ 유의사항

(1) 기본지침은 모든 사업발주 방식에 적용이 가능하다.

(2) 국내 도입 환경과 수준을 고려하여 설계·시공일괄입찰, 기본설계 기술제안입찰 및 시공책임형 건설사업관리방식 등 설계·시공 통합형에 우선 적용하는 것을 원칙으로 한다.

⑦ 5 – BIM의 계통도 및 BIM의 활용사례(부산지하철 1호선 다대구간 5공구)

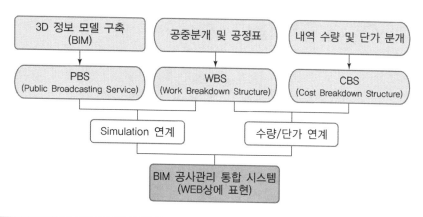

항목	내용
3D 정보 모델링 구축	•정거장 1개소 •본선 터널 •주요 흙막이 가시설 •지형 및 지반 •지하 지장물
5D 공사관리 시스템	•공정계획에 따른 공사관리 •통합 시스템 구축
가상현실 안전관리	•3개 아이템에 대한 안전관리 시스템 구축 •추후 지속적 DB화
가상현실 장비운영	CPW 및 M – CAM 구간 시공에 대한 장비의 적정성 검토

⑧ 결론

4차 산업혁명 시대를 맞아 급성장 중인 스마트건설기술의 핵심이 되는 3차원 설계와 빅데이터의 융복합 기술인 BIM은 세계 주요 국가에서도 적극 도입 및 활성화를 위해 국가적 차원의 지침 및 로드맵이 이행되고 있으며, 국내 건설업에도 적극적으로 도입해야 하는 국가적 목표라 할 수 있다.

···02 건설 IoT 시장 및 기술동향

1 건설 IoT 개요

(1) 사물인터넷(Internet of Things, IoT)의 발달에 따라 빌딩, 터널, 도로, 교량 등의 각종 사회 인프라는 단순한 공간의 개념을 넘어 인공지능, 자동화, 안전관리시스템 등 부가가치를 내재한 유기적인 존재로 인식되고 있다. 이러한 시대에 건설 IoT란, 부가가치의 재료라 할 수 있는 다양한 데이터를 수집, 가공, 제공하는 기술로 정의되고 있다.

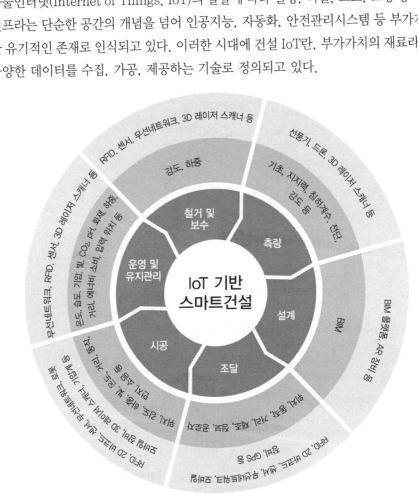

〈적용 가능한 건설 IoT 장비 및 측정 데이터〉

(2) McKinsey에서 수행한 'IoT가 건설업·광업에 미칠 수 있는 잠재적 영향 평가' 연구에 따르면 회사의 소유주는 IoT 기술을 채택함으로써 1,600억 달러(약 168조 원) 이상을 절약할 수 있는 것으로 나타난다.
IoT 기술은 건설산업에서 발생하고 있는 다양한 문제를 해결하고 업무절차를 간소화하여 급격히 변화하는 시장의 요구에 대한 대응이 가능하다.

② 건설 IoT 시장 동향

(1) 글로벌 시장 분석기관인 Markets and Markets의 보고서에 따르면, 건설 분야 사물인터넷(IoT) 시장 규모는 2019년에 78억 달러(약 8조 8,200억 원)에서, 16.5%의 연평균성장률로 성장하여 2024년에는 168억 달러(약 18조 9,900억 원)에 이를 것으로 추정됨

건설 현장에서 안정성 확보 문제 해결과 생산성 증가에 대한 관심이 시장 성장을 가속화함

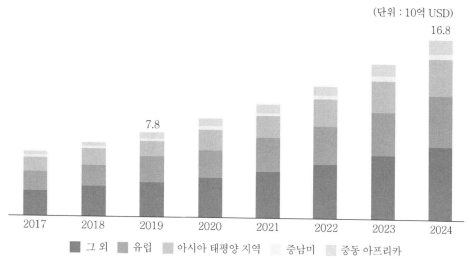

〈건설 IoT의 지역별 시장 규모 변화 추이〉

(2) 건설 분야 IoT에 대한 수요 중 가장 큰 비중을 차지하는 것은 소프트웨어 부문으로 나타남

더 나은 의사결정을 지원하고 그 결과를 대시보드에 시각화하기 위한 분석용 소프트웨어에 대한 관심·수요가 증가함

(3) 건설시장에서 가장 큰 비중을 차지하는 적용 분야는 '원격 운영'으로 나타남

예측기간 동안 원격 운영이 시장에서 가장 큰 비중을 차지하였으며, 기계 제어 및 실시간 모니터링을 위한 IoT 사용의 증가에 기인한 것으로 예측됨

(4) 미국과 캐나다로 구성된 북미 지역은 2018년부터 건설 분야에서 가장 큰 IoT 시장을 형성하고 있음

Oracle Corporation, Caterpillar Inc., CalAmp Corporation 등 다수의 건설 관련 업체가 북미에 본사를 두고 있으며, 해당 지역 인프라 및 건설 프로젝트에 대한 투자 증가로 IoT의 활용 기회가 증가함

(5) 건설시장의 IoT는 시장에서 강력한 기반을 가진 여러 업체와 소규모 업체가 존재하기 때문에 경쟁이 치열할 것으로 예상됨

건설 IoT에 참여하는 주요 기업은 Caterpillar Inc.(미국), Oracle Corporation(미국), Hitachi Ltd.(일본), CalAmp Corp.(미국), Sigfox(프랑스) 및 Autodesk Inc.(미국) 등이 있음

③ 주요 건설 IoT 기술 동향

Kenneth Research의 보고서에 따르면 건설산업에서 IoT 기술의 적용 목적은 원격 운영, 장비의 유지 관리, 차량 관리, 연료의 모니터링 및 BIM 적용으로 나타난다. 이에 대한 사례는 다음과 같다.

(1) 원격운영

센서 및 카메라와 같은 측정장치가 기계를 원격으로 제어·조정하고 작업의 진행 상황을 실시간으로 추적·보고함으로써 건설 현장의 원격 운영을 가능하게 함

Trimble사는 토공, 포장, 시추 및 말뚝 작업을 위한 기계제어에 특화된 기술을 개발·보급함으로써 시공 혁신을 추구하는 IoT 건설회사 중 하나임

(2) 웨어러블

GPS 추적기, 심박수 측정기, 압력 및 공기 모니터링 센서 등 다양한 웨어러블 장비의 개발이 진행되고 있음

① SolePower사의 '스마트 부츠'는 GPS, 무선 주파수 식별기기(RFID) 및 관성측정장치(IMU)를 사용하여 위치, 상태 및 환경적 요인을 측정·전송하고 분석을 위한 데이터를 제공함

② Triax사의 'Spot-r Clip'은 작업자의 근무 현황과 위치 추적이 가능하며 낙상, 조난 상황 등을 감지하여 비상경보를 울리는 기능을 갖춤

③ DAQR사와 Microsoft사의 HoloLens 등과 같은 스마트 안경은 증강현실을 활용하여 건설 분야에서 새로운 적용사례를 창출할 수 있는 웨어러블 장치로 각광받고 있음

(3) 추적

모든 기계, 장비, 재료 및 배송을 관리하기 위해 이 모든 것을 하나의 네트워크에 연결하여 관리할 수 있는 기술의 개발이 활발히 이루어짐

Equipmentshare사의 'Track'은 무선 주파수 식별(RFID) 태그 및 다양한 센서를 활용하여 건설기계와 연결하여 중장비의 이동을 모니터링할 수 있음

(4) BIM

시공 중 적용 가능한 IoT 장비들은 개별적인 부품, 세부 사항 등 재료 및 환경의 변화를 모니터링하여 BIM 모델을 업데이트할 수 있음

예를 들어 어떠한 공간의 센서가 온도 상승을 감지했을 경우 BIM 모델을 활용하면 환기경로 추적 등이 가능하여 문제의 원인이 될 수 있는 기타 요인을 원격으로 확인할 수 있음

VisuaLynk사의 'VisuaLynk'는 BIM 모델을 기반으로 IoT 기술을 접목한 시스템을 개발함

(5) 폴란드의 디지털 기술 전문 기업인 Digiteum사에서는 현재 건설산업에 적용되는 IoT 기술 10가지와 대표 기업을 발표함

스마트캡(SmartCap)		아트멜(Atmel)	
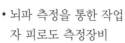	• 뇌파 측정을 통한 작업자 피로도 측정장비 • 안전모에 부착 가능한 웨어러블 장치		• 건설 장비 및 자재에 대한 실시간 위치정보 제공 • 자산 관리용 GPS 추적 플랫폼
트라이액스(Triax)		아얀트라(Ayantra)	
	• 작업 현장에서 작업 중인 근로자의 실시간 추적 장비 • 작업자가 휴대 가능한 웨어러블 장치		• 건설 장비의 위치, 가동 시간, 상태, 연료량 등의 정보를 실시간 제공 • 자산 관리용 솔루션
마이크로소프트(Microsoft)		블랙베리(Black Berry)	
	• 건설 현장에서 3D 설계도를 실시간으로 확인할 수 있는 장비 • 안경처럼 착용 가능한 웨어러블 장치		• 자산의 위치 및 이동, 상태 등 정보 제공 • 자산에 부착 가능한 센서와 상태를 평가할 수 있는 플랫폼
현대건설기계(Hyundai C & E)		빔바(Bimba)	
	• 건설장비 주변을 360° 확인할 수 있는 모니터링 시스템 • 원격지에서 관리 가능한 원격 운영 시스템		• 건설장비의 효율성 데이터 실시간 제공 • 데이터를 바탕으로 유지보수 시기 예측
리모트아이(Remote Eye)		에이컴-바이브얼라인(ACOEM-VibrAlign)	
	• 현장 작업자에게 실시간으로 지시를 전달할 수 있는 장비 • 현장 지원이 가능한 기술 지원 시스템		• 전동 측정 시스템으로 건설장비의 상태 평가 • 데이터 분석을 통해 건설장비의 유지보수 시기 제시

4 주요 건설 IoT 관련 기술 동향

(1) 건설산업 내 IoT 확산의 장애 요인

① 안전 및 개인정보 유출

IoT 데이터베이스는 기업의 다양한 자산 목록을 포함하므로 해킹 당했을 경우 그 피해가 매우 커질 수 있으며, 작업자의 신체 활동 정보 등의 개인정보 보안방안 마련이 필요하다.

② 투자비용 대비 효율

IoT 기기의 가격은 상대적으로 저렴하지만 프로젝트 규모에 따라 그 효율이 달라진다. 상대적으로 규모가 큰 대형 건설 프로젝트에 시범적으로 적용될 수 있으며, 이를 통해 그 효과가 입증된 후 확산될 가능성이 높다.

③ 활용 경험 부족

IoT 센서를 전략적으로 선택하고 배치할 수 있는 경험이 부족하다. IoT 기기의 효과를 극대화하기 위해서는 원하는 항목의 데이터를 취득하기 위한 센서의 선택, 가장 효과적인 배치 방법 등에 대한 학습이 필요하다.

(2) 사물인터넷 관련 표준 및 규제 동향

① 대부분의 규정이 IoT 장비의 제조에 대한 규정이며, 건설 분야에 초점을 맞춘 표준이나 규정은 거의 전무하다.

② 건설산업과 같이 세분화되고 복잡한 산업에서 IoT의 활용을 증가시키려면 표준 개발을 통해 상호 운용성을 확보하는 것이 필수적이다.

- 현재의 표준에서는 개방형 표준(O-MI, O-DF)을 활용하여 상호 운용성 확보
  - ※ O-MI : Open Messaging Interface
    - O-DF : Open Data Format

③ 최근 개방형 표준을 사용하여 IoT 데이터를 BIM에 통합하기 위한 플랫폼을 개발하고 검증한 사례가 존재한다.

- BIM의 기본 포맷인 IFC(Industry Foundation Classes) 파일을 공유하기 위한 표준화 지침의 필요성을 확인함

④ 정부, 분야별 전문가 등 산·학·연·관 등 다양한 이해관계자가 참여하는 대규모 컨소시엄을 구성하여 표준 개발 추진이 필요하다.

(3) 영국 정부의 IoT 보안과 관련된 규제 입법 추진 사례

① 목적

사이버 보안을 강화하여 보안되지 않은 IoT 장치 및 장비의 사용으로 인해 발생 가능한 소비자 개인정보 유출을 방지하는 것이 목적임

② 방법

스마트 기기를 설계할 때부터 사이버 보안에 대한 요구사항을 반영하여 설계하도록 함

③ 관리방안

영국 정부는 규제안의 시행과 더불어 산업에서 규제 준수 여부를 모니터링할 수 있는 전담 기관 지정을 제안하고 있음

④ 파급효과

영국은 IoT 보안과 관련하여 최초로 입법을 추진하는 국가이고, 영국의 IoT 보안 관련 규정이 보편적인 국제 표준이 될 가능성이 있으므로 이에 대응하기 위해 영국의 사례를 분석할 필요가 있음

⑤ 한계

규제안에 포함되지 못했지만 지속적으로 IoT 보안과 관련하여 중대한 영향을 미칠 수 있는 요소는 Wi-Fi 보안이며, 다수의 기기가 하나의 Wi-Fi 통신망에 연결되어 있다는 점을 감안할 때 적절하게 보호되지 않으면 규제안 중 일부 항목은 무의미해질 가능성이 있음

1 개요

피난계단은 고층 건축물의 핵심 피난통로로서 피난이 완료될 때까지 최고의 안전구획으로 활용된다. 따라서 특별피난계단의 구조는 방화구획·방연구획 및 제연기능이 확보되어야 하므로 내화성 및 기밀성이 있는 불연재료로 구획하여 한다.

2 제외대상

건축물의 주요 구조부가 내화구조 또는 불연재료로 되어 있는 경우로서,
(1) 5층 이상인 층의 바닥면적의 합계가 200m² 이하인 경우
(2) 5층 이상인 층의 바닥면적 200m² 이내마다 방화구획이 되어 있는 경우

3 설치대상

(1) 건축물(갓복도식 공동주택은 제외한다)의 11층(공동주택의 경우에는 16층) 이상인 층(바닥면적이 400m² 미만인 층은 제외한다) 또는 지하 3층 이하인 층(바닥면적이 400m² 미만인 층은 제외한다)으로부터 피난층 또는 지상으로 통하는 직통계단은 특별피난계단으로 설치하여야 한다.
(2) 판매시설의 용도로 쓰는 층으로부터의 직통계단은 그중 1개소 이상을 특별피난 계단으로 설치하여야 한다.
(3) 건축물의 5층 이상인 층으로서 문화 및 집회시설 중 전시장 또는 동·식물원, 판매시설, 운수시설(여객용 시설만 해당한다), 운동시설, 위락시설, 관광휴게시설(다중이 이용하는 시설만 해당한다) 또는 수련시설 중 생활권 수련시설의 용도로 쓰는 층에는 직통계단 외에 그 층의 해당 용도로 쓰는 바닥면적의 합계가 2천 m²를 넘는 경우에는 그 넘는 2천 m² 이내마다 1개소의 피난계단 또는 특별피난계단(4층 이하의 층에는 쓰지 아니하는 피난계단 또는 특별피난계단만 해당한다)을 설치하여야 한다.

4 직통계단 설치기준

2개소 이상의 직통계단을 설치하는 경우
(1) 가장 멀리 위치한 직통계단 2개소의 출입구 간의 가장 가까운 직선거리(직통계단 간을 연결하는 복도가 건축물의 다른 부분과 방화구획으로 구획된 경우 출입구 간의 가장 가까운 보행거리를 말한다)는 건축물 평면의 최대 대각선 거리의 2분의 1 이상으로 할 것. 다만, 스프링클러 또는 그 밖에 이와 비슷한 자동식 소화설비를 설치한 경우에는 3분의 1 이상으로 한다.
(2) 각 직통계단 간에는 각각 거실과 연결된 복도 등 통로를 설치할 것

5 피난안전구역 설치기준

(1) 해당 건축물의 1개 층을 대피공간으로 하며, 대피에 장애가 되지 아니하는 범위에서 기계실, 보일러실, 전기실 등 건축설비를 설치하기 위한 공간과 같은 층에 설치할 수 있다. 이 경우 피난안전구역은 건축설비가 설치되는 공간과 내화구조로 구획하여야 한다.

(2) 피난안전구역에 연결되는 특별피난계단은 피난안전구역을 거쳐서 상·하층으로 갈 수 있는 구조로 설치하여야 한다.

　① 피난안전구역의 바로 아래층 및 위층은 「녹색건축물 조성 지원법」 제15조 제1항에 따라 국토교통부장관이 정하여 고시한 기준에 적합한 단열재를 설치할 것. 이 경우 아래층은 최상층에 있는 거실의 반자 또는 지붕 기준을 준용하고, 위층은 최하층에 있는 거실의 바닥 기준을 준용할 것

　② 피난안전구역의 내부마감재료는 불연재료로 설치할 것

　③ 건축물의 내부에서 피난안전구역으로 통하는 계단은 특별피난계단의 구조로 설치할 것

　④ 비상용 승강기는 피난안전구역에서 승하차할 수 있는 구조로 설치할 것

　⑤ 피난안전구역에는 식수공급을 위한 급수전을 1개소 이상 설치하고 예비전원에 의한 조명설비를 설치할 것

　⑥ 관리사무소 또는 방재센터 등과 긴급연락이 가능한 경보 및 통신시설을 설치할 것

　⑦ 별표 1의2에서 정하는 기준에 따라 산정한 면적 이상일 것

　⑧ 피난안전구역의 높이는 2.1m 이상일 것

　⑨ 「건축물의 설비기준 등에 관한 규칙」 제14조에 따른 배연설비를 설치할 것

　⑩ 그 밖에 소방청장이 정하는 소방 등 재난관리를 위한 설비를 갖출 것

6 세부기준

(1) 건축물의 내부에 설치하는 피난계단의 구조

　① 계단실은 창문·출입구 기타 개구부(이하 "창문 등"이라 한다)를 제외한 당해 건축물의 다른 부분과 내화구조의 벽으로 구획할 것

　② 계단실의 실내에 접하는 부분(바닥 및 반자 등 실내에 면한 모든 부분을 말한다)의 마감(마감을 위한 바탕을 포함한다)은 불연재료로 할 것

　③ 계단실에는 예비전원에 의한 조명설비를 할 것

　④ 계단실의 바깥쪽과 접하는 창문등(망이 들어 있는 유리의 붙박이창으로서 그 면적이 각각 $1m^2$ 이하인 것을 제외한다)은 당해 건축물의 다른 부분에 설치하는 창문등으로부터 2m 이상의 거리를 두고 설치할 것

　⑤ 건축물의 내부와 접하는 계단실의 창문 등(출입구를 제외한다)은 망이 들어 있는 유리의 붙박이창으로서 그 면적을 각각 $1m^2$ 이하로 할 것

　⑥ 건축물의 내부에서 계단실로 통하는 출입구의 유효너비는 0.9m 이상으로 하고, 그 출입구

에는 피난의 방향으로 열 수 있는 것으로서 언제나 닫힌 상태를 유지하거나 화재로 인한 연기 또는 불꽃을 감지하여 자동적으로 닫히는 구조로 된 제26조에 따른 갑종방화문을 설치할 것. 다만, 연기 또는 불꽃을 감지하여 자동적으로 닫히는 구조로 할 수 없는 경우에는 온도를 감지하여 자동적으로 닫히는 구조로 할 수 있다.

⑦ 계단은 내화구조로 하고 피난층 또는 지상까지 직접 연결되도록 할 것

(2) 건축물의 바깥쪽에 설치하는 피난계단의 구조

① 계단은 그 계단으로 통하는 출입구 외의 창문 등(망이 들어 있는 유리의 붙박이창으로서 그 면적이 각각 $1m^2$ 이하인 것을 제외한다)으로부터 2미터 이상의 거리를 두고 설치할 것

② 건축물의 내부에서 계단으로 통하는 출입구에는 제26조에 따른 갑종방화문을 설치할 것

③ 계단의 유효너비는 0.9m 이상으로 할 것

④ 계단은 내화구조로 하고 지상까지 직접 연결되도록 할 것

(3) 특별피난계단의 구조

① 건축물의 내부와 계단실은 노대를 통하여 연결하거나 외부를 향하여 열 수 있는 면적 $1m^2$ 이상인 창문(바닥으로부터 1m 이상의 높이에 설치한 것에 한한다) 또는 「건축물의 설비기준 등에 관한 규칙」 제14조의 규정에 적합한 구조의 배연설비가 있는 면적 $3m^2$ 이상인 부속실을 통하여 연결할 것

② 계단실·노대 및 부속실(「건축물의 설비기준 등에 관한 규칙」 제10조 제2호 가목의 규정에 의하여 비상용승강기의 승강장을 겸용하는 부속실을 포함한다)은 창문 등을 제외하고는 내화구조의 벽으로 각각 구획할 것

③ 계단실 및 부속실의 실내에 접하는 부분(바닥 및 반자 등 실내에 면한 모든 부분을 말한다)의 마감(마감을 위한 바탕을 포함한다)은 불연재료로 할 것

④ 계단실에는 예비전원에 의한 조명설비를 할 것

⑤ 계단실·노대 또는 부속실에 설치하는 건축물의 바깥쪽에 접하는 창문 등(망이 들어 있는 유리의 붙박이창으로서 그 면적이 각각 $1m^2$ 이하인 것을 제외한다)은 계단실·노대 또는 부속실 외의 당해 건축물의 다른 부분에 설치하는 창문 등으로부터 2m 이상의 거리를 두고 설치할 것

⑥ 계단실에는 노대 또는 부속실에 접하는 부분 외에는 건축물의 내부와 접하는 창문 등을 설치하지 아니할 것

⑦ 계단실의 노대 또는 부속실에 접하는 창문 등(출입구를 제외한다)은 망이 들어 있는 유리의 붙박이창으로서 그 면적을 각각 $1m^2$ 이하로 할 것

⑧ 노대 및 부속실에는 계단실 외의 건축물의 내부와 접하는 창문 등(출입구를 제외한다)을 설치하지 아니할 것

⑨ 건축물의 내부에서 노대 또는 부속실로 통하는 출입구에는 제26조에 따른 갑종방화문을 설치하고, 노대 또는 부속실로부터 계단실로 통하는 출입구에는 제26조에 따른 갑종방화

문 또는 을종방화문을 설치할 것. 이 경우 갑종방화문 또는 을종방화문은 언제나 닫힌 상태를 유지하거나 화재로 인한 연기 또는 불꽃을 감지하여 자동적으로 닫히는 구조로 해야 하고, 연기 또는 불꽃으로 감지하여 자동적으로 닫히는 구조로 할 수 없는 경우에는 온도를 감지하여 자동적으로 닫히는 구조로 할 수 있다.

⑩ 계단은 내화구조로 하되, 피난층 또는 지상까지 직접 연결되도록 할 것
⑪ 출입구의 유효너비는 0.9m 이상으로 하고 피난의 방향으로 열 수 있을 것

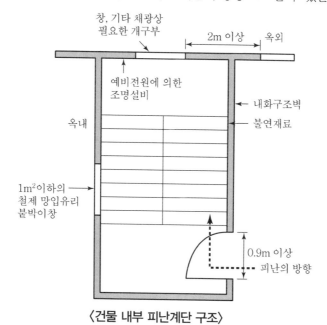

〈건물 내부 피난계단 구조〉

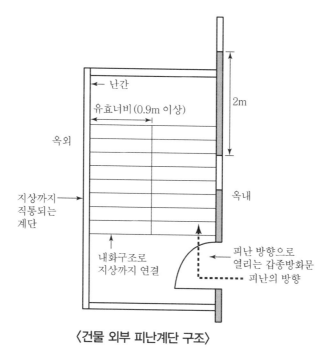

〈건물 외부 피난계단 구조〉

가설공사

가설통로

··· 01 가설공사의 재해예방대책

1 개요

(1) '가설공사'란 본공사를 위한 일시적 공사에 해당되어 공사 완료 후 해체·철거되며, 대부분의 가설재는 재사용이 이루어지는 데 따른 부재 결함요인이 존재한다.

(2) 가설재의 안전성·작업성·경제성에 대한 사전검토가 필요하며 재해 예방을 위한 실무적인 차원의 안전관리 의식이 필요한 공사에 해당된다.

2 가설재의 조건

(1) 안전성

① 변형이나 붕괴방지를 위한 충분한 강도를 가질 것

② 낙하물에 대한 틈이 없는 바닥판 구조 및 상부 방호조치를 구비할 것

③ 추락재해의 예방이 가능한 방호조치를 구비할 것

(2) 작업성

① **작업발판** : 통행과 작업에 지장이 없어야 하며, 작업자세에 무리가 가해지지 않을 것

② **작업공간** : 통행과 작업을 방해하는 부재가 없는 구조

③ **작업자세** : 정상적인 작업자세의 확보가 가능하고 추락재해를 방지할 수 있는 개구부의 방호 및 안전난간이 설치되어 있을 것

(3) 경제성

① 설치 및 철거 작업이 쉬울 것

② 별도의 현장가공 작업이 필요하지 않을 것

③ 전용률이 높을 것

3 가설구조물의 특징

(1) 연결재가 단순하여 구조적인 안전성이 결여될 수 있다.

(2) 부재 간 결합이 간단하여 불안전 결합이 될 가능성이 있다.

(3) 조립 정밀도가 낮다.

(4) 과소단면이거나 결함이 있는 재료의 사용 가능성을 배제할 수 없다.

(5) 구조적 안전성 확보를 위한 투자의지가 부족하다.

4 가설공사의 분류

(1) 가설비계

① 통나무비계   ② 강관비계

③ 강관틀비계   ④ 달비계

⑤ 달대비계   ⑥ 말비계

⑦ 이동식 비계

(2) 가설통로

① 경사로

② 통로발판

③ 사다리

④ 가설계단

⑤ 승강로(Trap)

(3) 가설도로

① 가설도로

② 우회로

③ 표지 및 기구

(4) 기타

① **가설사무실** : 현장사무실, 숙소, 창고, 시험실 등

② **가설설비** : 가설전기, 가설용수, 위생설비 등

③ 가설울타리 등

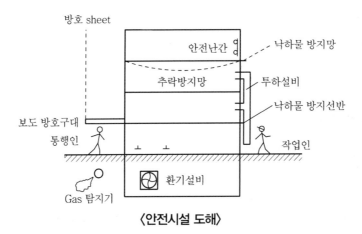

〈안전시설 도해〉

5 가설공사 재해예방을 위한 대책

(1) 관리감독자를 지정하여 관리감독자의 감독에 의한 작업이 이루어질 것

(2) 안전모, 안전대 등 안전보호구의 착용

(3) 재료, 기구, 공구 등에는 불량품이 없을 것

(4) 조립, 변경, 해체의 시기, 범위, 순서 등은 사전에 작업자에게 알릴 것

(5) 작업 주변은 작업자 이외의 출입을 금지시키고 안전표지를 부착할 것

(6) 강풍, 호우, 폭설 등 악천후 시 작업을 중지할 것

(7) 악천후로 인한 작업 중지 후 또는 조립, 해체, 변경 후에는 작업 전 점검 이후 작업을 재개할 것

(8) 고소작업 시에는 추락재해 방지를 위한 안전시설을 설치할 것

(9) 상하 동시 작업 시 유도자를 배치하고 신호체계를 구축하고 작업에 임할 것

(10) 재료, 기구, 공구 등을 올리고 내릴 때에는 달줄 또는 달포대를 사용할 것

(11) 현장 부근을 통과하는 전력선에는 절연방호조치를 할 것

(12) 가설통로에 기자재 등을 적치하지 말 것

(13) 해체된 가설부재는 정리 정돈할 것

6 결론

건설업 현장의 재해가 가설공사, 흙막이공사에서 집중적으로 발생하고 있다는 것은 대다수가 인지하고 있는 내용인 만큼, 가설공사의 안전성 확보는 재해율 저감을 위해 필수 불가결한 것이라는 점을 이해하고 계획, 설계, 조립 및 해체 단계의 안전대책을 수립하고 준수하는 것이 중요하다.

··· 02 가설통로의 종류

1 개요

가설통로의 종류에는 경사로, 통로발판, 사다리, 가설계단, 승강로 등이 있다. 가설통로 설치 시에는 설치기준을 준수해야 하며, 통행로에 부재를 적치하거나 통행에 지장을 초래하지 않도록 양호한 채광과 조명시설을 갖추어야 한다.

2 가설통로의 종류

(1) 경사로
(2) 작업발판
(3) 사다리
(4) 가설계단
(5) 승강로(Trap)

3 가설통로의 구비조건

(1) 견고한 구조를 갖출 것
(2) 안전하고 신뢰성이 있는 상태로 관리될 것
(3) 추락재해 위험요인이 있는 개소에는 표준안전난간을 설치할 것
(4) 적절한 채광 및 조도기준을 갖출 것

4 가설통로의 형태

통로의 형태	경사도 및 폭	통로의 폭
경사로	30° 이내	90cm 이상
가설계단	30~60°	1.0m 이상
사다리	60° 이상	30cm 이상
작업발판	–	40cm 이상
승강로(Trap)	–	30cm 이상

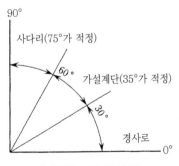

〈가설통로의 경사도〉

1 개요

'가설도로'란 공사를 목적으로 건설현장 진입도로 및 건설현장 내에 가설하는 도로를 말하며, 가설
도로 설치 시에는 준수사항을 준수하여 장비 및 차량이 안전하게 운행할 수 있도록 하여야 한다.

2 공사용 가설도로 설치 시 준수사항

(1) 도로의 표면은 장비 및 차량이 안전 운행할 수 있도록 유지·보수하여야 한다.

(2) 장비 사용을 목적으로 하는 진입로, 경사로 등은 주행하는 차량 통행에 지장을 주지 않도록 만
들어야 한다.

(3) 도로와 작업장에 높이 차가 있을 때는 바리케이트 또는 연석 등을 설치하여 차량의 위험 및 사
고를 방지하도록 하여야 한다.

(4) 도로는 배수를 위해 도로 중앙부를 약간 높게 하거나 배수시설을 하여야 한다.

(5) 운반로는 장비의 안전운행에 적합한 도로의 폭을 유지하여야 하며, 또한 모든 커브는 통상적
인 도로폭보다 좀 더 넓게 만들고 시계에 장애가 없도록 만들어야 한다.

(6) 커브 구간에서는 차량이 가시거리의 절반 이내에서 정지할 수 있도록 차량의 속도를 제한하여
야 한다.

(7) 최고 허용경사도는 부득이한 경우를 제외하고는 10%를 넘어서는 안 된다.

(8) 필요한 전기시설(교통신호등 포함), 신호수, 표지판, 바리케이트, 노면표지 등을 교통 안전운
행을 위하여 제공하여야 한다.

(9) 안전운행을 위하여 먼지가 일어나지 않도록 물을 뿌려주고 겨울철에는 눈이 쌓이지 않도록 조
치하여야 한다.

3 우회로 설치 시 준수사항

(1) 교통량을 유지시킬 수 있도록 계획될 것

(2) 시공 중인 교량이나 높은 구조물의 밑을 통과해서는 안 되며, 부득이 통과해야 할 경우 안전조
치를 할 것

(3) 모든 교통 통제나 신호 등은 교통법규에 적합하도록 할 것

(4) 우회로는 항시 유지·보수되도록 확실한 점검 실시 및 필요한 경우 가설등 설치

(5) 우회로의 사용이 완료되면 모든 것을 원상복구할 것

④ 표지 및 기구

(1) 교통안전표지규칙
(2) **방호장치**
   ① 반사경
   ② 보호방책
   ③ 방호설비

⑤ 신호수

책임감 있고 임무를 숙지하였으며 잘 훈련되고 경험 있는 자로 하여야 한다.

··· 04 작업발판

☑ 개요

작업발판은 근로자가 안전한 작업을 하기 위한 가설구조물로, 설치기준의 준수는 물론 설치·해체 시 재해 발생을 예방할 수 있도록 조치해야 하며, 특히 재사용 가설재이므로 변형이나 비틀림 등에 의한 재해 발생 방지를 위한 점검이 필요하다.

☑ 작업발판의 설치기준

(1) 목재

① 작업발판으로 사용할 판재의 치수는 폭이 두께의 5~6배 이상이고, 작업발판의 폭은 40cm 이상, 두께는 3.5cm 이상, 길이는 3.6m 이내이어야 한다.

② 2개의 바닥재를 평행으로 사용할 경우 바닥재 사이의 틈은 3cm 이하이어야 한다.

③ 작업발판의 장방향 이음은 맞댄이음으로 해야 한다.

④ 건물 벽체와 작업발판과의 간격은 30cm 이내로 한다.

⑤ 작업발판에 설치하는 발끝막이판은 높이 10cm 이상이 되도록 해야 한다.

⑥ 작업발판 1개당 최소 3개소 이상 장선에 지지하여 전위하거나 탈락하지 않도록 철선 등으로 고정하여야 한다.

⑦ 발판 끝부분의 돌출길이는 10cm 이상 20cm 이하가 되도록 한다.

⑧ 작업발판은 재료가 놓여있더라도 통행을 위하여 최소 20cm 이상의 공간이 확보되어야 한다.

⑨ 작업발판은 사용할 때 하중과 장선의 지지간격에 따라서 응력의 상태가 달라지므로 아래의 허용응력을 초과하지 않도록 한다.

목재의 종류 \\ 허용응력도	압축	인장 또는 휨	전단
적송, 흑송, 회목	120kgf/cm^2	135kgf/cm^2	10.5kgf/cm^2
삼송, 전나무, 가문비나무	90kgf/cm^2	105kgf/cm^2	7.5kgf/cm^2

(2) 강재

강재 작업발판은 작업대와 통로용 작업발판으로 구분되며 작업자의 통로 및 작업공간으로 사용되는 발판으로서 아래와 같다.

① 작업대란 비계용 강관에 설치할 수 있는 걸침고리가 용접 또는 리벳 등에 의하여 발판에 일체화되어 제작된 작업발판을 말한다.

② 통로용 작업발판이란 작업대와 달리 걸침고리가 없는 작업발판을 말한다.

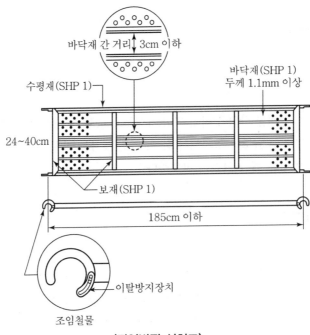

〈작업발판 설치도〉

3 설치, 해체 시 안전대책

(1) 작업발판 지지물은 하중에 의해 파괴될 우려가 없을 것

(2) 고정용 못, 철선, 볼트 등에 근로자가 걸려 넘어지지 않도록 조치할 것

(3) 작업발판을 이동시킬 때에는 위험방지 조치를 취할 것

(4) 해체 시 관계자 외 출입을 금지시킬 것

(5) 추락 위험 장소에는 안전난간을 설치할 것(단, 작업여건상 안전난간의 설치가 곤란하거나 임시로 손잡이를 해체하는 경우에 방망을 치거나 근로자에게 안전대를 사용하게 하는 등 위험방지조치를 할 때에는 그러하지 아니한다.)

(6) 안전난간에 관련된 제반 규정은 안전보건규칙에 준한다.

··· 05 경사로

1 개요

경사로는 옥외용 사다리, 목재사다리, 철재사다리, 이동식 사다리를 포함하며, 미끄럼에 의한 재해예방을 위한 미끄럼방지장치 및 추락방지용 안전난간의 설치가 이루어져야 한다.

2 가설경사로 설치 시 준수사항

(1) 시공하중, 폭풍, 진동 등 외력에 대하여 안전하도록 설계하여야 한다.

(2) 경사로는 항상 정비하고 안전통로를 확보하여야 한다.

(3) 비탈면의 경사각은 30° 이내로 하고 미끄럼막이 간격은 다음 표에 의한다.

경사각	미끄럼막이 간격	경사각	미끄럼막이 간격	경사각	미끄럼막이 간격
30°	30cm	24° 15′	37cm	17°	45cm
29°	33cm	22°	40cm	14°	47cm
27°	35cm	19° 20′	43cm		

(4) 경사로의 폭은 최소 90cm 이상이어야 한다.

(5) 높이 7m 이내마다 계단참을 설치하여야 한다.

(6) 추락방지용 안전난간을 설치하여야 한다.

(7) 목재는 미송, 육송 또는 그 이상의 재질을 가진 것이어야 한다.

(8) 경사로 지지기둥은 3m 이내마다 설치하여야 한다.

(9) 발판은 폭 40cm 이상으로 하고, 틈은 3cm 이내로 설치하여야 한다.

(10) 발판이 이탈하거나 한쪽 끝을 밟으면 다른 쪽이 들리지 않게 장선에 결속하여야 한다.

(11) 결속용 못이나 철선이 발에 걸리지 않아야 한다.

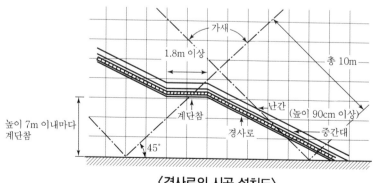

〈경사로의 시공 설치도〉

❸ 가설 수평통로 설치기준

(1) 높이가 2m 이상인 장소에서 추락에 의한 근로자 위험 우려가 있는 경우 작업발판을 설치한다.

(2) 근로자가 작업 또는 이동하기에 충분한 넓이를 확보한다.

(3) 떨어질 위험이 있는 곳에는 높이 90~120cm의 안전난간을 설치한다.

(4) 발판을 겹쳐 이을 때는 장선 위에서 실시하고 겹침 길이는 20cm 이상 확보한다.

(5) 작업발판 1개의 지지물은 2개 이상이어야 한다.

(6) 작업발판은 작업이나 이동 시 추락, 전도, 미끄러짐 등으로 인한 재해를 예방할 수 있는 구조로 시공한다.

(7) 작업발판을 파손되기 쉬운 벽돌 등의 자재로 지지하는 것을 금지한다.

(8) 작업발판의 전체 폭은 0.4m 이상이어야 하고, 최대 폭은 1.5m로 한다.

(9) 작업발판 위 돌출된 못, 옹이, 철선 등은 제거한다.

(10) 비계 발판의 구조에 따라 최대 적재하중을 정하여 준수하고 과다한 적재를 금지한다.

(11) 작업발판을 겹쳐 사용하는 경우 30mm 이내로 한다.

(12) 작업발판 위에서 통로를 따라 양측에 발끝막이판을 설치한다.

❹ 기타 재해예방 대책

(1) **경사로의 폭** : 90cm 이상

(2) **난간대** : 통로 양측에 90~120cm의 상부난간대 설치, 상부난간대와 경사로 바닥의 중간 위치에 중간난간대 설치

(3) **계단참** : 높이 7m마다 설치

(4) **지지기둥** : 수평거리 3m 이내마다 설치

(5) **목재** : 미송, 육송 또는 동등 이상의 재질 사용

··· 06 사다리

1 개요

사다리식 통로는 고정식, 이동식 용도구분에 따라 기울기의 준수가 가장 중요하며, 미끄럼 방지조치가 실시된 이후 작업에 임하도록 해야 하겠으며, 통로의 개념이므로 작업을 하기위한 발판으로 사용을 절대 금지해야 한다.

2 구조기준

(1) 견고한 구조

(2) 심한 손상·부식 등이 없는 재료

(3) 발판의 간격은 일정

(4) 발판과 벽과의 사이는 15cm 이상

(5) 폭은 30cm 이상

(6) 미끄럼 방지 조치

(7) 상단은 60cm 이상 돌출

(8) 10m 이상인 경우 5m 이내마다 계단참 설치

(9) 기울기는 75도 이하

(10) 고정식 사다리

① 기울기는 90도 이하

② 7m 이상인 경우 바닥으로부터 2.5m부터 등받이울 설치

(11) 접이식 사다리 기둥은 접혀지거나 펼쳐지지 않도록 철물 사용 고정

3 가설통로의 설치 시 준수사항

(1) 견고한 구조로 할 것

(2) 경사는 30도 이하로 할 것. 단, 계단을 설치하거나 높이 2미터 미만의 가설통로로서 튼튼한 손잡이를 설치한 경우에는 그러하지 아니한다.

(3) 경사가 15도를 초과하는 경우에는 미끄러지지 아니하는 구조로 할 것

(4) 추락할 위험이 있는 장소에는 안전난간을 설치할 것. 다만, 작업상 부득이한 경우에는 필요한 부분만 임시로 해체할 수 있다.

(5) 수직갱에 가설된 통로의 길이가 15미터 이상인 경우에는 10미터 이내마다 계단참을 설치할 것

(6) 건설공사에 사용하는 높이 8미터 이상인 비계다리에는 7미터 이내마다 계단참을 설치할 것

··· 07 가설구조물의 풍압 영향과 대책

1 개요

초고층 건축물이나 교량공사 등의 대규모화에 따라 풍하중이 가설구조물에 미치는 영향에 의해 낙하, 비래 등의 문제점은 물론 가설구조물 자체의 전도, 휨 등이나 비산물에 의한 인접 건물의 피해 및 인근 통행인의 재해 등이 발생하므로 이에 대한 적절한 대책 수립 후 공사에 임해야 한다.

2 풍압에 의한 문제점

(1) 부재 낙하·비래, 탈락, 전도

(2) 인접 건축물의 비산물에 의한 재해

(3) 인근 통행인의 재해

3 안전점검

(1) 구조해석

① 고정하중, 수평하중, 활하중, 풍하중 중 2개 이상 하중조합을 고려한 구조해석

② 좌굴 안전성 검토와 수평하중의 2% 또는 수평길이당 1.5kN/m 중 큰 값에 대한 가새의 안정성 검토

③ 수직재 좌굴영향 검토 시 시험성적서와 설계기준의 값 중 작은 값 이하 설계

(2) 조립도

① 재질, 단면규격, 설치간격, 이음방법 명시

② 평면도, X 방향, Y 방향 단면도, 상세도의 누락 여부

③ 구조계산서와 조립도 간 단면규격 및 설치간격 일치 여부

(3) 동바리 재료

① 규격제품 사용 여부

② 재사용품의 경우 외관 확인

(4) 동바리 이음

① 맞댄이음, 장부이음으로 이음하며 동일 규격, 동일 품질 재료 사용

② 접속부 및 교차부의 전용 철물 사용

(5) 동바리 조립

① 수직도 화인

② 고정 및 미끄러짐 방지조치

③ 강관 사용 시 높이 2m 이내마다 수평연결재 2개 방향 설치 및 수평연결재 자체의 변위 방지

(6) 파이프 서포트 조립

① 3개 이상 이음 금지

② 높이 3.5m 초과 시 2m 이내마다 수평연결재 설치

③ 연결핀의 고정상태 확인

④ 곡면 거푸집인 경우 거푸집 부상 방지 조치(버팀대 부착)

(7) 지반 부등침하 방지

① 받침대 설치

② 버림 콘크리트 타설, 깔목 사용 등으로 침하 방지 조치

4 설계 풍하중

$$W = P \cdot A$$

여기서, W : 설계 풍하중, P : 가설구조물 설계풍력, A : 작용면 외부 전면적(m^2)

5 풍속할증계수

(1) **경사면이 없는 지역의 기본할증계수** : 1.0

(2) **경사면이 있는 경우**

① 경사지 : 1.05~1.27

② 산, 구릉 : 1.11~1.61

6 풍속별 작업중지 대상 기계기구

(1) **철골작업** : 평균풍속 10m/s

(2) **타워크레인**

순간풍속(m/s)	작업중지 대상
10	점검, 수리, 해체작업
15	양중작업
30	주행 크레인 이탈 방지
35	붕괴 방지

··· 08 안전인증 대상 가설재

1 개요

가설재의 전용횟수를 최대한 연장해 사용하려는 경향에 따라, 성능의 저하와 이로 인한 부재 결합의 불안전과 부재 상호 간 연결 부족 등에 의한 재해 발생 방지를 위해 20종 41개 품목의 안전인증 대상 가설재를 지정하고 있다.

2 대상 가설재

(1) **동바리** : 파이프서포트, 틀형 동바리부재, 시스템동바리부재
(2) **비계** : 강관비계용 부재(강관조인트, 벽연결용 철물 등), 틀형 비계용 부재, 시스템비계용 부재, 이동식 비계용 부재(주틀, 발바퀴, 난간틀, 아우트리거 등)
(3) **작업발판** : 작업대, 통로용 작업발판
(4) **조임철물** : 클램프, 철골용 클램프
(5) **받침철물** : 조절형 받침철물, 피벗형 받침철물
(6) **조립식 안전난간**
(7) **추락 또는 낙하물 방지망** : 안전방망, 수직보호망

3 자율안전확인 대상 가설재

(1) 선반지주
(2) 단관비계용 강관
(3) 고정용 받침철물
(4) 달비계용 부재(달기체인 및 달기틀)
(5) 방호선반
(6) 엘리베이터 개구부용 난간틀
(7) 측면용 브래킷

4 설치 시 유의사항

(1) 산화, 부식, 휨, 균열 등에 의해 강도가 저하된 것 사용 금지
(2) 사용하중, 폭풍, 진동 등 외력에 대해 충분한 안전내력을 갖추도록 설치할 것
(3) 작업방법 및 장소에 적합하고 지반침하, 비틀림, 변형 등이 발생되지 않도록 조치
(4) 연결성능이 좋은 결속재료 사용

···09 재사용 가설기자재의 폐기기준 및 성능기준

1 개요

건설공사 현장에서 주로 사용되는 재사용 가설기자재가 제품으로서의 품질보증과 가설구조물로서의 안전성을 확보할 수 있도록 '재사용 가설기자재 성능기준에 관한 지침'의 준수가 필요하다.

2 재사용 가설기자재 성능검사의 도입목적

(1) 품질검수체계의 전환(대여업체 → 건설업계)
(2) 건설업 재해 발생의 근본적 개선
(3) 근로자의 불안감 해소

3 개정법안 도입 시 적용 가설기자재

(1) 1회 이상 사용된 가설기자재
(2) 장기간 현장에 보관된 가설기자재
(3) (1), (2)에 해당되는 것 중 강재 파이프서포트, 강관비계용 부재, 조립형 비계 및 동바리 부재, 일반구조용 압연강재 등 9종

4 폐기기준 및 성능기준

(1) **폐기기준** : 시험성능기준에 미달되거나 변형, 손상, 부식 등이 현저해 정비가 불가능한 경우
(2) **성능기준** : 안전인증규격과 자율안전확인규격 이상

5 검사의뢰 요령

(1) 강재 파이프서포트 등 9종에 대한 휨, 인장, 압축하중 등의 시험
(2) 규격별 3개 제품군을 샘플링으로 채취
(3) KS F 8001에 기준한 시험으로 실시

6 현장에서의 재사용 가설기자재 사용 시 준수사항

(1) 판정된 내용의 표시가 되어있는 것만 사용
(2) 시험방식이 모집단 무작위 샘플링이므로 육안검사 등의 2차 검사 실시
(3) 부적합 판정을 받은 가설기자재의 재반입 방지 조치

··· 10 가설구조물의 구조적 안전성 확인대상

1 개요

건설사업자 또는 주택건설등록업자는 일정 규모 이상의 가설구조물을 사용할 때에는 관계전문가
로부터 구조적 안전성을 확인받아야 한다.

2 대상

(1) 높이 31m 이상인 비계
(2) 브래킷 비계
(3) 작업발판 일체형 거푸집 또는 높이 5m 이상인 거푸집 및 동바리
(4) 터널의 지보공 또는 높이가 2m 이상인 흙막이 지보공
(5) **동력을 이용하여 움직이는 가설구조물**
  ① 높이 10m 이상에서 외부작업을 하기 위하여 작업발판 및 안전시설물을 일체화하여 설치
    하는 가설구조물
  ② 공사현장에서 제작하여 조립·설치하는 복합형 가설구조물
(6) 그 밖에 발주자 또는 인허가기관의 장이 필요하다고 인정하는 가설구조물

3 관계전문가의 범위

(1) 건축구조, 토목구조, 토질 및 기초와 건설기계 직무 범위 중 공사감독자 또는 건설사업관리기
  술인이 해당 가설구조물의 구조적 안전성을 확인하기에 적합하다고 인정하는 직무 범위의 기
  술사일 것
(2) 해당 가설구조물을 설치하기 위한 공사의 건설사업자나 주택건설등록업자에게 고용되지 않은
  기술사일 것

4 시공 전 제출서류

(1) 시공상세도면
(2) 관계전문가가 서명 또는 기명날인한 구조계산서

CHAPER

02

비계

··· 01 비계 설계기준

1 적용범위

이 기준은 건설공사에 사용되는 일반적인 비계 및 안전시설물의 설계에 대하여 적용한다.

2 일반사항

비계 및 안전시설물의 설계 시에는 연직하중, 풍하중, 수평하중 및 특수하중 등에 대해 검토하여야 한다.

(1) 연직하중

① 비계의 연직하중에는 비계 및 작업 발판의 고정하중(D)과 작업하중(L_i)이 있다.

② 작업 발판의 중량은 실제 중량을 반영하여야 하며, $0.2kN/m^2$ 이상이어야 한다.

③ 작업하중에는 근로자와 근로자가 사용하는 자재, 공구 등을 포함하며 다음과 같이 구분하여 적용한다.

- 통로의 역할을 하는 비계와 가벼운 공구만을 필요로 하는 경작업 : 바닥면적에 대해 $1.25kN/m^2$ 이상이어야 한다.
- 공사용 자재의 적재를 필요로 하는 중작업 : 바닥면적에 대해 $2.5kN/m^2$ 이상이어야 한다.
- 돌 붙임 공사 등과 같이 자재가 무거운 작업 : 자재의 중량을 참고로 하여 단위면적당 작용하는 작업하중을 적용하여야 하며 최소 $3.5kN/m^2$ 이상이어야 한다.

(2) 수평하중

① 비계의 수평연결재나 가새, 벽 연결재의 안전성 검토는 풍하중과 연직하중의 5%에 해당하는 수평하중(M) 가운데 큰 값의 하중이 부재에 작용하는 것으로 한다.

② 수평하중은 비계설치 면에 대하여 X방향 및 Y방향에 대하여 각각 적용한다.

(3) 풍하중

① 이 기준에서 규정한 사항 이외의 경우에는 KDS 41 10 15에 따른다.

② 가시설물의 재현기간에 따른 중요도계수(I_w)는 KDS 21 50 00(1.6.4)에 따른다.

③ 세장한 부재들로 이루어져 충실률이 낮고 보호망이나 패널 등을 붙여서 사용하는 안전시설물의 풍력계수(C_f)는 충실률에 따라 다음과 같이 산정한다.

$$C_f = (0.11 + 0.09\gamma + 0.945 C_0 \cdot R) \cdot F$$

여기서, C_f : 안전시설물의 풍력계수
γ : 보호망, 네트 등의 풍력저감계수
C_0 : 안전시설물의 기본풍력계수
R : 안전시설물의 형상보정계수
F : 비계 위치에 대한 보정계수

④ 보호망 등이 설치된 경우에 적용하는 풍력저감계수(γ)는 보호망 등으로 인한 충실률(ϕ)에 따라 다음의 식을 적용한다.

- 쌍줄비계에서 후면비계에 적용하는 풍력저감계수 : $\gamma = 1 - \phi$
- 쌍줄비계의 전면이나, 외줄비계에 적용하는 풍력저감계수 : $\gamma = 0$

⑤ 안전시설물의 기본풍력계수(C_0)는 충실률(ϕ)에 따라 다음 표를 적용한다.

▼ **안전시설물의 기본풍력계수(C_0)**

ϕ	C_0
0.1 미만	0.1
0.3	0.5
0.5	1.2
0.7	1.6
1.0	2.0

주) 1. ϕ : 충실률(유효수압면적/외곽 전면적)
     2. 사잇값은 직선보간값을 적용한다.

⑥ 안전시설물의 형상보정계수(R)는 망 또는 시트, 패널의 길이(l), 패널의 높이(h), 지면에서 패널상부까지의 높이(H)에 따른 형상보정계수(R)는 다음과 같이 구분하여 적용한다. 다만, (l/h) 또는 ($2H/l$)가 1.5 이하인 경우에는 $R = 0.6$을 적용하며, (l/h) 또는 ($2H/l$)가 59 이상인 경우에는 $R = 1.0$을 적용한다.

- 망이나 패널이 지면과 공간을 두고 설치되는 경우

$$R_{sh} = 0.5813 + 0.013(l/h) - 0.0001(l/h)^2$$

여기서, l : 망 또는 패널의 길이
h : 망 또는 패널의 높이

• 망이나 패널이 지면에 붙어서 설치되는 경우

$$R_{sh} = 0.5813 + 0.013(2H/l) - 0.0001(2H/l)^2$$

여기서, H : 망 또는 패널의 지면에서 상부까지의 높이
l : 망 또는 패널의 길이

⑦ 비계의 지지방법에 의한 보정계수(F)는 비계의 설치방법과 충실률에 따라 다음 표를 적용한다.

▼비계 위치에 대한 보정계수(F)

비계의 종류	풍력방향	적용부분	보정계수(F)
독립적으로 지지되는 비계	정압, 부압	전 부분	$F = 1.0$
구조물에 지지되는 비계	정압	상부 2개층	$F = 1.0$
		기타 부분	$F = 1 + 0.31\phi$
	부압	개구부 인접부 및 돌출부	$F = -1.0$
		우각부에서 2스팬 이내	$F = -1 + 0.23\phi$
		기타 부분	$F = -1 + 0.38\phi$

주) ϕ : 충실률

⑷ 특수하중

① 비계에 선반 브래킷, 양중설비, 콘크리트 타설장비 및 낙하물 방지망 등 안전시설에 특수한 설비를 설치한 경우에는 그 영향을 고려하여야 한다.

② 낙하물의 충격하중은 낙하물의 중량과 낙하 시 충격 등의 영향을 고려하여야 한다.

⑸ 하중조합

① 하중조합은 연직하중(자중 및 작업하중)과 수평하중을 동시에 고려하여야 한다. 수평하중은 각 방향에 대하여 서로 독립적으로 작용하며, 중첩하여 적용하지 않는다.

② 풍하중의 적용은 작업하중의 영향을 고려하지 않는다.

③ 비계 및 안전시설물에 적용하는 하중조합과 허용응력 증가계수는 KDS 21 10 00(3.3.1)에 따른다.

⑹ 구조설계

일반적으로 비계는 현장조건에 부합하는 각 부재의 연결조건과 받침조건을 고려한 2차원 또는 3차원 구조해석을 수행하여야 하나, 구조물의 형상, 평면선형 및 종단선형의 변화가 심하고 편재하의 영향을 고려할 경우와 높이 31m 이상인 비계는 반드시 3차원 해석을 수행하여 안전성을 검증하여야 한다.

··· 02 강관비계

① 개요

강관비계는 가설공사에 사용되는 대표적인 가시설로 특히 사용재료상 발생되는 재해요인이 많으므로 고용노동부장관이 정하는 가설기자재 성능검정규격에 합격한 것을 사용하여야 한다.

② 비계의 구비요건

(1) **안전성** : 충분한 강도 및 견고한 구조일 것
(2) **작업성(시공성)** : 넓은 작업발판과 공간 확보
(3) **경제성** : 설치 및 철거가 용이하고 전용률이 높을 것

③ 강관비계의 분류

(1) **단관비계** : 비계용 강관과 전용 부속철물을 이용하여 조립
(2) **강관틀비계** : 비계의 구성부재를 미리 공장에서 생산하여 현장 조립

④ 강관비계 조립도

(1) **비계기둥 설치간격**

① 띠장방향 : 1.85m 이하
② 장선방향 : 1.5m 이하

(2) **띠장 설치간격(수직방향)**

첫 단 & 그 외 : 2.0m 이하

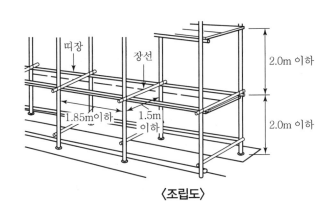

〈조립도〉

⑤ 강관비계 조립 시의 준수사항

사업주는 강관비계를 조립하는 경우에 다음의 사항을 준수해야 한다.
1. 비계기둥에는 미끄러지거나 침하하는 것을 방지하기 위하여 밑받침철물을 사용하거나 깔판·받침목 등을 사용하여 밑둥잡이를 설치하는 등의 조치를 할 것
2. 강관의 접속부 또는 교차부(交叉部)는 적합한 부속철물을 사용하여 접속하거나 단단히 묶을 것
3. 교차 가새로 보강할 것

4. 외줄비계·쌍줄비계 또는 돌출비계에 대해서는 다음에서 정하는 바에 따라 벽이음 및 버팀을 설치할 것. 다만, 창틀의 부착 또는 벽면의 완성 등의 작업을 위하여 벽이음 또는 버팀을 제거하는 경우, 그 밖에 작업의 필요상 부득이한 경우로서 해당 벽이음 또는 버팀 대신 비계기둥 또는 띠장에 사재(斜材)를 설치하는 등 비계가 넘어지는 것을 방지하기 위한 조치를 한 경우에는 그러하지 아니하다.

가. 강관비계의 조립 간격은 산업안전보건기준에 관한 규칙 별표 5의 기준에 적합하도록 할 것

나. 강관·통나무 등의 재료를 사용하여 견고한 것으로 할 것

다. 인장재(引張材)와 압축재로 구성된 경우에는 인장재와 압축재의 간격을 1m 이내로 할 것

5. 가공전로(架空電路)에 근접하여 비계를 설치하는 경우에는 가공전로를 이설(移設)하거나 가공전로에 절연용 방호구를 장착하는 등 가공전로와의 접촉을 방지하기 위한 조치를 할 것

6 강관비계의 구조

사업주는 강관을 사용하여 비계를 구성하는 경우 다음의 사항을 준수해야 한다.

1. 비계기둥의 간격은 띠장 방향에서는 1.85m 이하, 장선(長線) 방향에서는 1.5m 이하로 할 것. 다만, 다음의 어느 하나에 해당하는 작업의 경우에는 안전성에 대한 구조검토를 실시하고 조립도를 작성하면 띠장 방향 및 장선 방향으로 각각 2.7m 이하로 할 수 있다.

가. 선박 및 보트 건조작업

나. 그 밖에 장비 반입·반출을 위하여 공간 등을 확보할 필요가 있는 등 작업의 성질상 비계기둥 간격에 관한 기준을 준수하기 곤란한 작업

2. 띠장 간격은 2.0m 이하로 할 것. 다만, 작업의 성질상 이를 준수하기가 곤란하여 쌍기둥틀 등에 의하여 해당 부분을 보강한 경우에는 그러하지 아니하다.

3. 비계기둥의 제일 윗부분으로부터 31m 되는 지점 밑부분의 비계기둥은 2개의 강관으로 묶어 세울 것. 다만, 브래킷(Bracket, 까치발) 등으로 보강하여 2개의 강관으로 묶을 경우 이상의 강도가 유지되는 경우에는 그러하지 아니하다.

4. 비계기둥 간의 적재하중은 400kg을 초과하지 않도록 할 것

7 강관의 강도 식별

사업주는 바깥지름 및 두께가 같거나 유사하면서 강도가 다른 강관을 같은 사업장에서 사용하는 경우 강관에 색 또는 기호를 표시하는 등 강관의 강도를 알아볼 수 있는 조치를 하여야 한다.

··· 03 강관틀비계

1 개요

(1) 강관틀비계는 강관 등의 금속재료를 미리 공장에서 생산하고 이것을 현장에서 사용목적에 맞게 조립·사용하는 비계로 조립 및 해체가 신속·용이하다.

(2) 강관틀비계는 외부비계, 내부비계로서 많이 이용되며 하단에 바퀴를 달아 이동을 가능하게 한 이동식 비계로도 사용된다.

2 강관비계의 분류

(1) **단관비계** : 비계용 강관과 전용 부속철물을 이용하여 조립

(2) **강관틀비계** : 비계의 구성부재를 미리 공장에서 생산하여 현장 조립

3 강관틀비계의 점검항목

(1) 강관틀비계 및 부속철물의 재료와 구조

(2) 밑둥의 활동 및 침하방지 조치

(3) 연결 접속부 상태

(4) 가새 및 벽고정 방법

(5) 최대적재하중의 표시(수직부재 간의 한계적재하중 : 400kg)

(6) 가공전선로와 근접한 경우의 조치

4 강관틀비계의 구조

구분	준수사항
높이 제한	40m 이하
높이 20m 초과 시	① 주틀의 높이는 2.0m 이하 ② 주틀 간의 간격은 1.8m 이하
교차가새	주틀 간에 설치
수평재	최상층 및 5층 이내마다 설치
벽연결(Wall Tie)	① 수직 방향 : 6.0m 이내 ② 수평 방향 : 8.0m 이내
버팀기둥	① 띠장 방향으로 높이 4m 이상 길이 10m 초과 시 설치 ② 띠장 방향으로 10m 이내마다 버팀기둥을 설치
적재하중	비계기둥 간 적재하중 : 400kg 이하
하중	기본틀 간의 하중은 400kg 이하

5 강관틀비계의 조립도

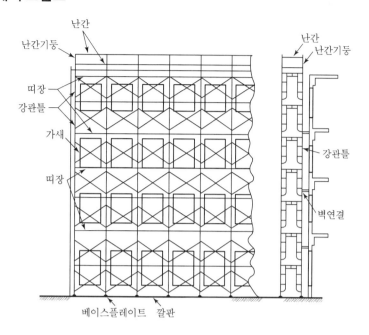

6 강관틀비계 조립·사용 시 준수사항

(1) 비계기둥의 밑둥에는 밑받침철물을 사용하여야 하며 밑받침에 고저차가 있는 경우 조절형 밑받침철물을 사용하여, 각각의 강관틀비계가 항상 수평 및 수직을 유지하여야 한다.

(2) 높이가 20m를 초과하거나 중량물의 적재를 수반하는 작업을 할 경우에는 주틀 간의 간격을 1.8m 이하로 하여야 한다.

(3) 주틀 간에 교차가새를 설치하고 최상층 및 5층 이내마다 수평재를 설치하여야 한다.

(4) 수직방향으로 6m, 수평방향으로 8m 이내마다 벽이음을 해야 한다.

(5) 길이가 띠장방향으로 4m 이하이고 높이 10m를 초과하는 경우에는 높이 10m 이내마다 띠장방향으로 버팀기둥을 설치하여야 한다.

1 개요

기존 강관비계의 단점을 보완한 시스템 비계는 안전성 확보 차원에서 우수한 비계이나 이러한 효과를 거두기 위해서는 수직재, 수평재, 가새 등의 설치기준을 준수하여야 하며, 특히 일정 높이 이상일 경우 구조안전성 검토를 받아야 한다.

2 설치기준

(1) 수직재

① 수직재는 수평재와 직각으로 설치하며, 체결 후 흔들림이 없도록 견고하게 설치할 것

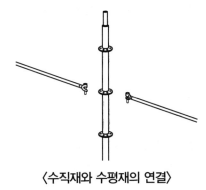

〈수직재와 수평재의 연결〉

② 수직재를 연약지반에 설치 시 수직하중에 견딜 수 있도록 지반을 다지고 두께 45mm 이상의 깔목을 소요 폭 이상으로 설치하거나 콘크리트 또는 강재 표면, 단단한 아스팔트 등으로 침하방지조치를 할 것

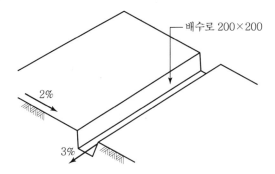

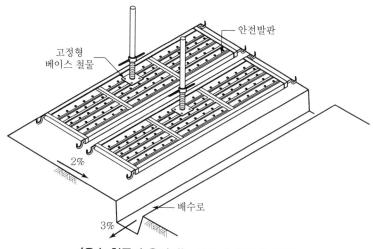

〈우수 침투가 우려되는 장소의 배수로 설치〉

③ 비계 밑단에 설치하는 수직재는 받침철물의 조절너트와 밀착되도록 설치하고 수직과 수평을 유지할 것. 단, 수직재와 받침철물의 겹침길이는 받침철물 전체 길이의 1/3 이상일 것

④ 수직재와 수직재의 연결은 전용 연결 조인트를 사용해 견고하게 연결하고, 연결부위가 탈락되거나 꺾이지 않도록 할 것

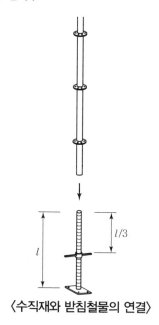

〈수직재와 받침철물의 연결〉

(2) 수평재

① 수직재에 연결핀 등의 결합으로 견고하게 결합되어 흔들리거나 이탈되지 않도록 할 것

② 안전난간 용도로 사용되는 상부수평재의 설치높이는 작업발판면에서 90cm 이상이 되도록 하고, 중간수평재는 설치높이의 중앙부에 설치(설치높이가 1.2m를 넘는 경우 2단 이상의 중간수평재를 설치해 각각의 간격이 60cm 이하가 되도록 설치)할 것

(3) 가새

① 대각선 방향으로 설치하는 가새는 비계 외면에 수평면에 대해 40~60° 기운 방향으로 설치하며 수평재 및 수직재에 결속한다.

② 가새의 설치간격은 현장 여건을 고려해 구조 검토 후 결정할 것

(4) 벽이음

벽이음재의 배치간격은 벽이음재의 성능과 작용하중을 고려한 구조설계에 따른다.

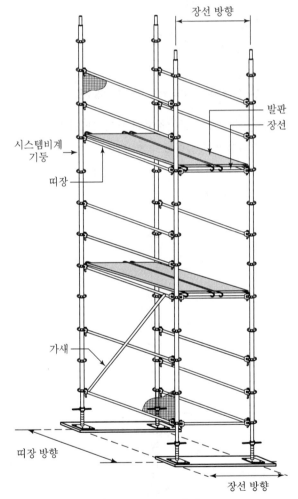

장선 방향

발판
장선

시스템비계
기둥

띠장

가새

띠장 방향

장선 방향

〈시스템비계 구성도〉

··· 05 내민비계

1 개요

내민비계는 건물의 지하공사가 지연되어 비계를 세우면 공기에 영향을 주거나 옆에 건물이 있어서 지상에서 비계를 조립할 수 없을 경우, 또는 지하의 되메우기를 빨리 한 경우 등에 사용되는 비계이다.

2 조립도

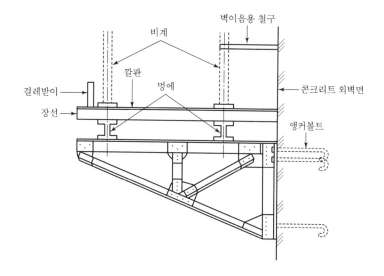

3 설치기준

(1) 설치 및 해체가 용이한 구조로 하고, 내민재의 상현재는 수평이 되도록 설치하며, 내민 부분의 선단부에는 낙하물 등의 방지를 위해 높이 10cm 이상의 발끝막이판을 설치한다.

(2) 비계 각부 베이스 철물로부터 내민재까지 각부 접속부분은 활동하거나 탈락되지 않도록 견고히 고정한다. 특히 내민재와 강재보와의 접속에 유의한다.

(3) 내민재의 설치간격은 7.2m 이하로 하고 필요에 따라 비틀림 방지를 위해 아래 면에 가새 등을 설치한다.

(4) 앵커볼트는 계산에 기초하여 직경, 길이, 개수를 구한다. 앵커볼트의 상호 간격은 필요 이상으로 좁히지 않는다.

(5) 비계의 조립, 변경 또는 악천후 뒤에는 각 부재의 접속부분 등에 이상이 있는지 철저히 점검한다.

1 개요

사업주는 달비계를 사용해야 하는 경우 와이어로프 사용금지기준을 비롯해 적절한 안전계수의 확인으로 근로자 추락재해예방에 만전을 기해야 한다.

2 준수사항

(1) 다음의 어느 하나에 해당하는 와이어로프를 달비계에 사용해서는 아니 된다.
　① 이음매가 있는 것
　② 와이어로프의 한 꼬임[스트랜드(Strand)]에서 끊어진 소선[필러(Pillar)선은 제외]의 수가 10퍼센트 이상인 것(비자전로프의 경우에는 끊어진 소선의 수가 와이어로프 호칭지름의 6배 길이 이내에서 4개 이상 이거나 호칭지름 30배 길이 이내에서 8개 이상인 것)
　③ 지름의 감소가 공칭지름의 7퍼센트를 초과한 것
　④ 꼬인 것
　⑤ 심하게 변형되거나 부식된 것
　⑥ 열과 전기충격에 의해 손상된 것
(2) 다음의 어느 하나에 해당하는 달기 체인을 달비계에 사용해서는 아니 된다.
　① 달기 체인의 길이가 달기 체인이 제조된 때의 길이의 5퍼센트를 초과한 것
　② 링의 단면지름이 달기 체인이 제조된 때의 해당 링의 지름의 10퍼센트를 초과하여 감소한 것
　③ 균열이 있거나 심하게 변형된 것
(3) 달기 강선 및 달기 강대는 심하게 손상·변형 또는 부식된 것을 사용하지 않도록 할 것
(4) 달기 와이어로프, 달기 체인, 달기 강선, 달기 강대는 한쪽 끝을 비계의 보 등에, 다른 쪽 끝을 내민 보, 앵커볼트 또는 건축물의 보 등에 각각 풀리지 않도록 설치할 것
(5) 작업발판은 폭을 40cm 이상으로 하고 틈새가 없도록 할 것
(6) 작업발판의 재료는 뒤집히거나 떨어지지 않도록 비계의 보 등에 연결하거나 고정시킬 것
(7) 비계가 흔들리거나 뒤집히는 것을 방지하기 위하여 비계의 보·작업발판 등에 버팀을 설치하는 등 필요한 조치를 할 것
(8) 선반 비계에서는 보의 접속부 및 교차부를 철선·이음철물 등을 사용하여 확실하게 접속시키거나 단단하게 연결시킬 것
(9) 근로자의 추락 위험을 방지하기 위하여 다음의 조치를 할 것
　① 달비계에 구명줄을 설치할 것

② 근로자에게 안전대를 착용하도록 하고 근로자가 착용한 안전줄을 달비계의 구명줄에 체결하도록 할 것

③ 달비계에 안전난간을 설치할 수 있는 구조인 경우에는 달비계에 안전난간을 설치할 것

❸ 달대비계의 종류

(1) 전면형 달대비계

철골·철근콘크리트조(SRC조) 시공 시 전체적으로 가설되어 후속 철근공사 등의 작업발판으로 사용

(2) 통로형 달대비계

작업을 할 수 있도록 철골의 내민보에 조립틀을 부착하여 작업발판으로 사용

(3) 상자형 달대비계

기둥, 내민보에 용접 접합한 상자형의 작업발판으로 고층 공사에 주로 사용

〈전면형 달대비계〉　　〈통로형 달대비계〉　　〈상자형 달대비계〉

❹ 달대비계 조립·사용 시 준수사항

(1) 달대비계를 매다는 철선은 #8 소성철선을 사용하며 4가닥 정도로 꼬아서 하중에 대한 안전계수가 8 이상 확보되어야 한다.

(2) 철근을 사용할 때에는 19mm 이상을 쓰며 근로자는 반드시 안전모와 안전대를 착용하여야 한다.

··· 07 작업의자형 달비계

1 설치 시 준수사항

(1) 달비계의 작업대는 나무 등 근로자의 하중을 견딜 수 있는 강도의 재료를 사용해 견고한 구조로 제작할 것

(2) 작업대 4개 모서리에 로프를 매달아 작업대가 뒤집히거나 떨어지지 않도록 연결할 것

(3) 작업용 섬유로프는 콘크리트에 매립된 고리, 건축물의 콘크리트 또는 철재 구조물 등 2개 이상의 견고한 고정점에 풀리지 않도록 결속할 것

(4) 작업용 섬유로프와 구명줄은 다른 고정점에 결속되도록 할 것

(5) 작업하는 근로자의 하중을 견딜 수 있을 정도의 강도를 가진 작업용 섬유로프, 구명줄 및 고정점을 사용할 것

(6) 근로자가 작업용 섬유로프에 작업대를 연결해 하강하는 방법으로 작업하는 경우 근로자의 조종 없이는 작업대가 하강하지 않도록 할 것

(7) 작업용 섬유로프 또는 구명줄이 결속된 고정점의 로프는 다른 사람이 풀지 못하게 하고 작업 중임을 알리는 경고표지를 부착할 것

(8) 작업용 섬유로프와 구명줄이 건물이나 구조물의 끝부분, 날카로운 물체 등에 의해 절단되거나 마모될 우려가 있는 경우에는 로프에 이를 방지할 수 있는 보호덮개를 씌우는 등의 조치를 할 것

(9) 달비계에 다음의 작업용 섬유로프 또는 안전대의 섬유벨트를 사용하지 않을 것

　① 꼬임이 끊어진 것

　② 심하게 손상되거나 부식된 것

　③ 2개 이상의 작업용 섬유로프 또는 섬유벨트를 연결한 것

　④ 작업높이보다 길이가 짧은 것

(10) 근로자의 추락 위험을 방지하기 위해 다음의 조치를 할 것

　① 달비계에 구명줄을 설치할 것

　② 근로자에게 안전대를 착용하도록 하고 근로자가 착용한 안전줄을 달비계의 구명줄에 체결하도록 할 것

··· 08 이동식비계

1 개요

이동식비계는 가설공사는 물론, 사용상의 편리함으로 인해 건축·토목구조물의 보수 및 보강작업에도 널리 사용되는 비계로, 안전수칙의 불이행으로 인한 재해 발생 건수가 적지 않으므로 사용 시 준수사항의 철저한 이행이 이루어지고 있는지에 대해 사용 현장의 안전관리자를 비롯한 관리자의 확인과 점검이 필요하다.

2 이동식 비계의 구조

구분	준수사항
높이제한	밑변 최소폭의 4배 이하
승강설비	승강용사다리 부착
적재하중	작업대 위의 최대적재하중 : 250kg 이하
제동장치	바퀴구름방지장치(Stopper) 설치, 전도 방지형 브래킷 설치(아우트리거)
작업대	• 목재 또는 합판 사용 • 표준안전난간 설치(상부난간 90cm 이상, 중간대 45cm 이하) • 높이 10cm 이상의 발끝막이판 설치
가새	2단 이상 조립 시 교차가새 설치
표지판	최대적재하중 및 사용 책임자 명시

③ 이동식 비계 도해

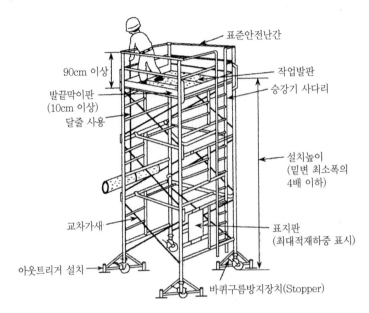

표준안전난간

90cm 이상

발끝막이판
(10cm 이상)

달줄 사용

작업발판

승강기 사다리

설치높이
(밑변 최소폭의
4배 이하)

교차가새

표지판
(최대적재하중 표시)

아웃트리거 설치

바퀴구름방지장치(Stopper)

④ 이동식 비계 조립·사용 시 준수사항

(1) 안전담당자의 지휘하에 작업을 행하여야 한다.

(2) 비계의 최대높이는 밑변 최소폭의 4배 이하이어야 한다.

(3) 작업대의 발판은 전면에 걸쳐 빈틈없이 깔아야 한다.

(4) 비계의 일부를 건물에 체결하여 이동, 전도 등을 방지하여야 한다.

(5) 승강용 사다리는 견고하게 부착하여야 한다.

(6) 최대적재하중을 표시하여야 한다.

(7) 부재의 접속부, 교차부는 확실하게 연결하여야 한다.

(8) 작업대에는 안전난간을 설치하여야 하며 낙하물 방지조치를 설치하여야 한다.

(9) 불의의 이동을 방지하기 위한 제동장치를 반드시 갖추어야 한다.

(10) 이동할 때에는 작업원이 없는 상태이어야 한다.

(11) 비계의 이동에는 충분한 인원을 배치하여야 한다.

(12) 안전모를 착용하여야 하며 지지로프를 설치하여야 한다.

(13) 재료, 공구의 오르내리기에는 포대, 로프 등을 이용하여야 한다.

(14) 작업장 부근에 고압선 등이 있는가를 확인하고 적절한 방호조치를 취하여야 한다.

(15) 상하에서 동시에 작업할 때에는 충분한 연락을 취하면서 작업하여야 한다.

가새(Bracing)

1 개요

4변형 가시설의 변형 방지를 위해 설치하는 가새는 좌굴·비틀림 방지, 안정성 확보를 위해 설치하는 보강재로, 설치 목적에 따른 안정성 확보가 이루어지도록 설치하는 것이 중요하다.

2 원리

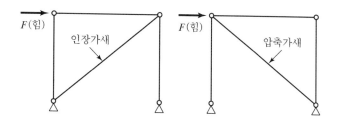

3 역할

(1) 좌굴 방지
(2) 부재응력의 배분
(3) 비틀림 방지
(4) 안정성 확보
(5) 전도 방지
(6) 상부하중에 의한 전단력 배분

4 설치 시 유의사항

(1) 단일 부재를 기울기 60° 이내로 사용하는 것을 원칙으로 한다.
(2) 이어지는 가새의 각도는 동일하게 할 것
(3) 가새간 순간격은 100mm 이내일 것
(4) 가새의 이음 위치는 각 가새틀에서 서로 엇갈리게 설치
(5) 가새재를 동바리 밑둥과 결속하는 경우 바닥에서 동바리와 가새재 교차점까지의 거리는 300mm 이내로 하며 해당 동바리는 바닥에 고정한다.
(6) 단, 강성이 큰 구조물에 수평연결재로 직접 연결하여 수평력에 대한 저앙력이 충분한 경우 가새의 설치를 생략할 수 있다.

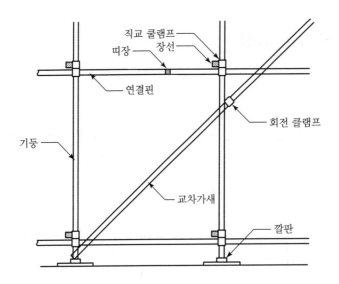

⑤ 유의사항

(1) 높이 3.5m 이상 동바리의 경우 콘크리트 타설 시 연직하중에 의한 동바리 좌굴 발생에 유의

(2) 작용하중에 대한 압축좌굴 방지를 위해 최우선 조치

(3) 휨 변형에 대한 사전검토

(4) 수직재 허용내력 증가방안 검토

(5) 특히 국부좌굴 방지에 집중할 것

(6) 겹침이음 수평 연결재간 이격되는 순 간격은 100mm로 할 것

(7) 각 교차부의 볼트나 클램프는 전용철물을 사용할 것

추락재해
방지시설

··· 01 안전시설물 설계기준

1 적용범위

이 기준은 건설공사에 사용되는 일반적인 비계 및 안전시설물의 설계에 대하여 적용한다.

2 안전시설물

(1) 가설방음벽

① 가설방음벽의 지지대로 사용되는 강관은 방호장치 자율안전기준 또는 KS D 3566에 적합하여야 한다.

② 가설방음벽의 지지대로 사용되는 H형강 등의 강재는 한국산업표준에 적합하여 하며, 강재의 두께에 따른 기준항복점 및 인장강도는 KDS 21 50 00(2.6.4)에 따른다.

③ 가설방음벽에 사용되는 방음판은 한국산업표준에 적합하여야 한다.

④ 위의 ① 외 제품은 공인시험기관에서 성능시험을 통하여 확인된 값을 적용하여야 한다.

(2) 가설울타리

① 가설울타리의 지지대로 사용되는 강관은 방호장치 자율안전기준 또는 KS D 3566에 적합하여야 한다.

② 가설울타리에 사용되는 강판 및 강대는 KS D 3528에 적합하여야 한다.

③ 위의 ① 외 제품은 공인시험기관에서 성능시험을 통하여 확인된 값을 적용하여야 한다.

3 기타재료

(1) 클램프

① 클램프는 방호장치 안전인증기준 또는 KS F 8013에 적합하여야 한다.

② 클램프의 안전인증기준은 다음 표와 같다.

▼클램프의 안전인증기준

구분	안전인증기준(kN)
고정형	15.7 이상
회전형	10.8 이상

③ 위의 ① 외 제품은 공인시험기관에서 성능시험을 통하여 확인된 값을 적용하여야 한다.

(2) 받침 철물

받침 철물은 KDS 21 50 00(2.7.1)에 따른다.

(3) 작업대 및 통로용 작업 발판

작업대 및 통로용 작업 발판은 방호장치 안전인증기준 또는 KS F 8012에 적합하여야 한다.

(4) 벽이음 철물

① 벽이음 철물은 방호장치 안전인증기준 또는 KS F 8003에 적합하여야 한다.

② 벽이음 철물의 안전인증기준은 다음 표와 같다.

▼벽이음 철물의 안전인증기준

부재	안전인증기준(N)	
벽이음 철물	인장강도	9,810 이상
	압축강도	9,810 이상

③ 위의 ① 외 제품은 공인시험기관에서 성능시험을 통하여 확인된 값을 적용하여야 한다.

(5) 브래킷

① 브래킷은 방호장치 자율안전기준 또는 KS F 8015에 적합하여야 하며, 브래킷의 부재성능은 허용응력값을 따른다.

② 위 ① 외 제품은 공인시험기관에서 성능시험을 통하여 확인된 값을 적용하여야 한다.

(6) 건설공사용 망

① 수직 보호망은 방호장치 안전인증기준 또는 KS F 8081에 적합하여야 한다.

② 추락 방호망은 방호장치 안전인증기준 또는 KS F 8082에 적합하여야 한다.

③ 낙하물 방지망은 KS F 8083에 적합하여야 한다.

④ 수직형 추락방망은 KS F 8084에 적합하여야 한다.

(7) 달기틀 및 달기체인

달기틀 및 달기체인은 방호장치 자율안전기준에 적합하여야 한다.

(8) 앵커

앵커는 KDS 21 50 00(2.7.2)에 따른다.

(9) 와이어로프

와이어로프는 KDS 21 50 00(2.7.3)에 따른다.

···02 추락재해 예방을 위한 안전시설

1 개요

산업안전보건법령은 추락재해 예방을 위한 최우선적 조치로 작업발판을 설치하도록 규정하고 있으며, 이에 따라 안전보건규칙에 의해 추락이나 전도 위험이 있는 장소에서 작업 시 비계를 조립하는 등의 방법으로 작업발판을 설치해야 한다.

작업발판을 설치하기 곤란한 경우 차선책으로 안전방망을 치도록 하고 그것도 곤란한 경우 근로자에게 안전대를 착용하도록 추락방지조치를 하도록 하고 있다.

2 작업발판

(1) 안전보건규칙

① 달비계의 최대 적재하중을 정함에 있어 그 안전계수
  - 달기와이어로프 및 달기강선의 안전계수는 10 이상
  - 달기체인 및 달기훅의 안전계수는 5 이상
  - 달기강대와 달비계의 하부 및 상부 지점의 안전계수는 강재의 경우 2.5 이상, 목재의 경우 5 이상

② 달비계, 달대비계, 말비계를 제외한 일반적인 작업발판의 구조
  - 발판 재료는 작업 시 하중을 견딜 수 있도록 견고할 것
  - 작업발판의 폭은 40cm 이상으로 하고, 발판 재료 간의 틈은 3cm 이하로 할 것
  - 추락 위험이 있는 장소에는 안전난간을 설치할 것
  - 작업발판의 지지물은 하중에 의해 파괴될 우려가 없는 것을 사용할 것
  - 작업발판 재료는 뒤집히거나 떨어지지 아니하도록 2 이상의 지지물에 연결하거나 고정시킬 것

③ 슬레이트, 선라이트 등 강도가 약한 재료로 덮은 지붕 위에서 작업을 할 때 발이 빠지는 등 근로자에게 위험을 미칠 우려가 있는 때에는 폭 30cm 이상의 발판을 설치하거나 안전방망을 치는 등 필요한 조치를 하여야 한다.

(2) 강재 작업발판

① 작업대는 바닥재를 수평재와 보재에 용접하거나, 절판가공 등에 의하여 일체화된 바닥재 및 수평재에 보재를 용접한 것이어야 한다.
② 걸침고리 중심 간의 긴 쪽 방향의 길이는 185cm 이하이어야 한다.
③ 바닥재의 폭은 24cm 이상이어야 한다.

④ 2개 이상의 바닥재를 평행으로 설치할 경우에 바닥재 간의 간격은 3cm 이하이어야 한다.

⑤ 걸침고리는 수평재 또는 보재에 용접 또는 리벳 등으로 접합하여야 한다.

⑥ 바닥재의 바닥판(디딤판)에는 미끄럼방지조치를 하여야 한다.

⑦ 작업대는 재료가 놓여 있더라도 통행을 위하여 최소 20cm 이상의 공간을 확보하여야 한다.

⑧ 작업대에 설치하는 발끝막이판은 높이 10cm 이상이 되도록 한다.

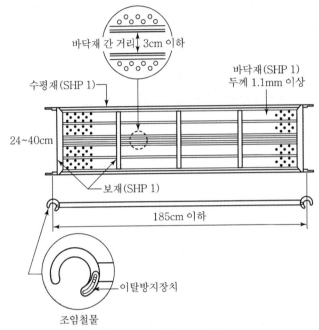

〈작업발판 설치도〉

(3) 통로용 작업발판

① 강재 통로용 작업발판은 바닥재와 수평재 및 보재를 용접 또는 절곡 가공하는 등의 기계적 접합에 의한 일체식 구조이어야 한다.

② 알루미늄 합금재 통로용 작업발판은 바닥재와 수평재 및 보재를 압출 성형하거나 용접 또는 기계적으로 접합한 일체식 구조이어야 한다.

③ 통로용 작업발판의 나비는 200mm 이상이어야 한다.

④ 바닥재가 2개 이상으로 구성된 것은 바닥재 사이의 틈 간격이 30mm 이하이어야 한다.

⑤ 바닥재의 바닥판에는 미끄럼방지조치를 하여야 한다.

⑥ 통로용 작업발판은 설치조건에 따라 다음과 같이 1종과 2종으로 구분하며, 제조자는 제품에 1종 또는 2종임을 확인할 수 있는 추가 표시를 하여야 한다.

(4) 달(달대)비계용 발판

① 작업발판은 폭을 40cm 이상으로 하고 틈새가 없어야 한다.

② 작업발판의 재료는 뒤집히거나 떨어지지 않도록 비계의 보 등에 연결하거나 고정하여야 하고, 난간의 설치가 가능한 구조의 경우에는 안전난간을 설치한다.

③ 달기와이어로프 · 달기체인 · 달기강선 또는 달기섬유로프는 한쪽 끝을 비계의 보 등에 다른 쪽 끝을 내민보 · 앵커볼트 또는 건축물의 보 등에 각각 풀리지 않도록 설치한다.

〈달대비계 도해〉

③ 안전난간 설치장소

(1) 작업장이나 기계설비의 바닥, 작업발판 및 통로 끝이나 개구부에서 근로자가 추락하거나 넘어질 위험이 있는 장소

(2) 계단의 높이가 1m 이상인 경우 계단의 개방된 측면

(3) 높이 2m 이상인 작업발판의 끝이나 개구부로서 추락에 의하여 근로자에게 위험을 미칠 우려가 있는 장소

④ 개구부 덮개

(1) 바닥에 발생된 개구부로서 추락의 위험이 있는 장소에는 충분한 강도를 가진 덮개를 뒤집히거나 떨어지지 아니하도록 설치하고, 어두운 장소에서도 식별이 가능하도록 표시하도록 규정하고 있으므로 야광 페인트를 칠하거나 발광 물체를 부착하는 것이 바람직하다.

(2) 덮개의 재료는 손상, 변형 및 부식이 없는 것으로 해야 한다.

(3) 덮개의 크기는 개구부보다 10cm 정도 크게 설치해야 한다.

(4) '추락주의', '개구부주의' 등의 안전표지를 한다.

(5) 덮개는 바닥면에 밀착시키고 움직이지 않게 고정한다.

(6) 덮개는 임의 제거를 금지한다(작업상 부득이 해체하였을 경우 작업종료 후 즉시 원상복구하도록 한다).

5 추락방지망

(1) 구조 및 치수

방망사, 테두리로프, 달기로프, 재봉사 등으로 구성될 것

(2) 종류

그물코 편성방법에 따라 구분되며, 사각 또는 마름모 형상으로서 그물의 한 변의 길이는 100mm 이하이어야 하며, a와 b가 다른 경우에는 큰 값을 적용한다.

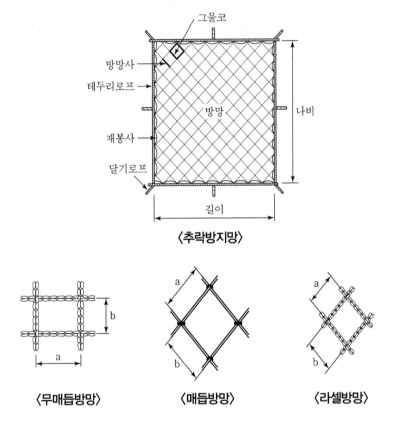

〈추락방지망〉

〈무매듭방망〉　　　〈매듭방망〉　　　〈라셀방망〉

··· 03 방망

1 개요

'방망'은 망, 테두리로프, 달기로프, 시험용사로 구성된 것으로, 소재·그물코·재봉상태 등이 정하는 바에 적합해야 하며, 테두리로프 상호 접합·결속 시 충분한 강도가 갖추어지도록 관리해야한다.

2 구조 및 치수

(1) **소재** : 합성섬유 또는 그 이상의 물리적 성질을 갖는 것이어야 한다.

(2) **그물코** : 사각 또는 마름모로서 그 크기는 10cm 이하이어야 한다.

(3) **방망의 종류** : 매듭방망으로서 매듭은 원칙적으로 단매듭을 한다.

(4) **테두리로프와 방망의 재봉** : 테두리로프는 각 그물코를 관통시키고 서로 중복됨이 없이 재봉사로 결속한다.

(5) **테두리로프 상호의 접합** : 테두리로프를 중간에서 결속하는 경우는 충분한 강도를 갖도록한다.

(6) **달기로프의 결속** : 달기로프는 3회 이상 엮어 묶는 방법 또는 이와 동등 이상의 강도를 갖는방법으로 테두리로프에 결속하여야 한다.

(7) 시험용사는 방망 폐기 시 방망사의 강도를 점검하기 위하여 테두리로프에 연하여 방망에 재봉한 방망사이다.

3 테두리로프 및 달기로프의 강도

(1) 테두리로프 및 달기로프는 방망에 사용되는 로프와 동일한 시험편의 양단을 인장시험기로 체크하거나 또는 이와 유사한 방법으로 인장속도가 매분 20cm 이상 30cm 이하의 등속인장시험(이하"등속인장시험"이라 한다)을 행한 경우 인장강도가 1,500kg 이상이어야 한다.

(2) (1)의 경우 시험편의 유효길이는 로프 직경의 30배 이상으로 시험편수는 5개 이상으로 하고,산술평균하여 로프의 인장강도를 산출한다.

4 방망사의 강도

방망사는 시험용사로부터 채취한 시험편의 양단을 인장시험기로 시험하거나 또는 이와 유사한 방법으로서 등속인장시험을 한 경우 그 강도는 〈표 1〉 및 〈표 2〉에 정한 값 이상이어야 한다.

▼표 1. 방망사의 신품에 대한 인장강도

그물코의 크기(단위 : cm)	방망의 종류(단위 : kg)	
	매듭 없는 방망	매듭방망
10	240	200
5		110

▼표 2. 방망사의 폐기 시 인장강도

그물코의 크기(단위 : cm)	방망의 종류(단위 : kg)	
	매듭 없는 방망	매듭방망
10	150	135
5		60

5 방망의 사용방법

(1) 허용낙하높이

작업발판과 방망 부착위치의 수직거리(이하 "낙하높이"라 한다.)는 〈표 3〉 및 〈그림 1〉, 〈그림 2〉에 의해 계산된 값 이하로 한다.

▼표 3. 방망의 허용낙하높이

높이 종류/조건	낙하높이(H_1)		방망과 바닥면 높이(H_2)		방망의 처짐길이(S)
	단일방망	복합방만	10cm 그물코	5cm 그물코	
$L < A$	$\frac{1}{4}(L+2A)$	$\frac{1}{5}(L+2A)$	$\frac{0.85}{4}(L+3A)$	$\frac{0.95}{4}(L+3A)$	$\frac{1}{4} \times \frac{1}{3}(L+2A) \times --$
$L \geq A$	$3/4L$	$3/5L$	$0.85L$	$0.95L$	$3/4L \times 1/3$

또, L, A의 값은 〈그림 1〉, 〈그림 2〉에 의한다.

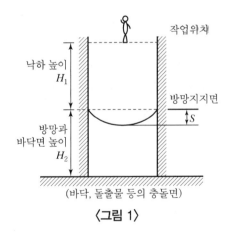

〈그림 1〉

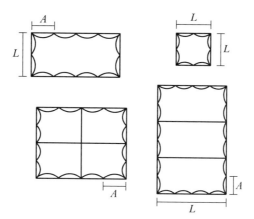

L : 단변 방향 길이(m)
A : 장변 방향 방망의 지지간격(m)

〈그림 2〉 L과 L의 관계

(2) 지지점의 강도

① 방망 지지점은 600kg의 외력에 견딜 수 있는 강도를 보유하여야 한다(다만, 연속적인 구조물이 방망 지지점인 경우의 외력이 다음 식으로 계산한 값에 견딜 수 있는 것은 제외한다).

$$F = 200B$$

여기서, F : 외력(kg), B : 지지점간격(m)

② 지지점의 응력은 다음 〈표 4〉에 따라 규정한 허용응력값 이상이어야 한다.

▼표 4. 지지재료에 따른 허용응력　　　　　　　　　　　　　　(단위 : kg/cm²)

허용응력 지지재료	압축	인장	전단	휨	부착
일반구조용 강재	2,400	2,400	1,350	2,400	–
콘크리트	4주 압축강도의 2/3	4주 압축강도의 1/15		–	14(경량골재를 사용하는 것은 12)

(3) 지지점의 간격

방망지지점의 간격은 방망 주변을 통해 추락할 위험이 없는 것이어야 한다.

6 정기시험

(1) 방망의 정기시험은 사용 개시 후 1년 이내로 하고, 그 후 6개월마다 1회씩 정기적으로 시험용사에 대해서 등속인장시험을 하여야 한다. 다만, 사용상태가 비슷한 다수의 방망의 시험용사에 대하여는 무작위 추출한 5개 이상을 인장시험 했을 경우 다른 방망에 대한 등속인장시험을 생략할 수 있다.

(2) 방망의 마모가 현저한 경우나 방망이 유해가스에 노출된 경우에는 사용 후 시험용사에 대해서 인장시험을 하여야 한다.

7 보관

(1) 방망은 깨끗하게 보관하여야 한다.
(2) 방망은 자외선, 기름, 유해가스가 없는 건조한 장소에서 취하여야 한다.

8 사용제한

(1) 방망사가 규정한 강도 이하인 방망
(2) 인체 또는 이와 동등 이상의 무게를 갖는 낙하물에 대해 충격을 받은 방망
(3) 파손한 부분을 보수하지 않은 방망
(4) 강도가 명확하지 않은 방망

9 표시

(1) 제조자명
(2) 제조연월
(3) 재봉치수
(4) 그물코
(5) 신품인 때의 방망의 강도

···04 표준안전난간

1 개요

'표준안전난간'은 추락재해를 방지하기 위한 시설 중 하나로 설치장소는 중량물 취급 개구부, 작업대, 가설계단의 통로, 흙막이 지보공의 상부 등으로 하며 설치 및 사용 시에는 철저한 관리가 필요하다.

2 재료

(1) 강재

상부난간대, 중간대 등 주요 부분에 이용되는 강재는 〈표 1〉에 나타낸 것이거나 또는 그 이상의 기계적 성질을 갖는 것이어야 하며 현저한 손상, 변형, 부식 등이 없는 것이어야 한다.

▼표 1. 부재의 단면규격 (단위 : mm)

강재의 종류	난간기둥	상부난간대
강관	$\phi 34.0 \times 2.3$	$\phi 27.2 \times 2.3$
각형 광관	$30 \times 30 \times 1.6$	$25 \times 25 \times 1.6$
형강	$40 \times 40 \times 5$	$40 \times 40 \times 3$

(2) 목재

강도상 현저한 결점이 되는 갈라짐, 충식, 마디, 부식, 휨, 섬유의 경사 등이 없고 나무껍질을 완전히 제거한 것으로 한다.

▼표 2. 목재의 단면규격 (단위 : mm)

목재의 종류	난간기둥	상부난간대
통나무	말구경 70	말구경 70
각재	70×70	60×60

(3) 기타

와이어로프 등 상기 이외의 재료는 강도상 현저한 결점이 되는 손상이 없는 것으로 한다.

3 구조

(1) 달비계의 걸이재, 지주비계 등을 난간기둥 대신 이용하는 경우 및 건축물에 충분한 내력을 갖는 와이어로프로 상부난간대, 중간대 등을 설치하는 경우는 난간기둥을 설치하지 않아도 된다.

(2) 상부난간대와 작업발판 사이에 방망을 설치하거나 널판을 대는 경우는 중간대 및 발끝막이판은 설치하지 않아도 된다.

(3) 보에서의 추락을 방지하기 위해 안전난간을 설치하는 경우와 같이 충분한 통로 폭이 얻어지는 경우는 발끝막이판을 설치하지 않는다.

4 치수

(1) **높이** : 안전난간의 높이(작업바닥면에서 상부난간의 끝단까지의 높이)는 90cm 이상으로 한다.

(2) **난간기둥의 중심간격** : 난간기둥의 중심간격은 2m 이하로 한다.

(3) **중간대의 간격** : 발끝막이판과 중간대, 중간대와 상부난간대 등의 내부간격은 각각 45cm를 넘지 않도록 설치한다.

(4) **발끝막이판의 높이** : 작업면에서 띠장목의 상면까지의 높이가 10cm 이상 되도록 설치한다. 다만, 합판 등을 겹쳐서 사용하는 등 작업바닥면이 고르지 못한 경우에는 높은 것을 기준으로 한다.

(5) 띠장목과 작업바닥면 사이의 틈은 10mm 이하로 한다.

5 난간기둥 간격

(1) 난간기둥 등에 사용하는 강관은 〈표 1〉에 나타낸 규격 이상의 규격을 갖는 것으로 한다.

(2) 와이어로프를 사용하는 경우에는 그 직경이 9mm 이상이어야 한다.

(3) 난간기둥에 사용되는 목재는 〈표 2〉에 표시한 단면 이상의 규격을 갖는 것으로 한다.

(4) 발끝막이판으로 사용하는 목재는 폭은 10cm 이상으로 하고 두께는 1.6cm 이상으로 한다.

6 하중

▼작용위치 및 하중의 값

종류	안전난간부분	작용 위치	하중
하중작용부	상부난간대	스판의 중앙점	120kg
제1종	난간기둥, 난간기둥결합부, 상부난간대 설치부	난간기둥과 상부난간대의 결정	100kg

7 수평최대처짐

수평최대처짐은 10mm 이하로 한다.

8 허용응력

▼강재의 허용응력도

(단위 : kg/cm²)

재료/허용응력도의 종류	인장	압축	휨
SPS 41	2,400	1,400	SS41
SPS50	3,300	1,900	SS50

9 조립 또는 부착

(1) 안전난간의 각 부재는 탈락, 미끄러짐 등이 발생하지 않도록 확실하게 설치하고, 상부난간대는 쉽게 회전하지 않도록 한다.

(2) 상부난간대, 중간대 또는 띠장목에 이음재를 사용할 때에는 그 이음 부분이 이탈되지 않도록 한다.

(3) 난간기둥의 설치는 작업바닥에 대해 수직으로 한다. 또한 작업바닥의 바닥재료에 직접 설치할 경우 작업바닥은 비틀림, 전도, 부풂 등이 없는 견고한 것으로 한다.

10 유의사항

(1) 안전난간은 함부로 제거해서는 안 된다. 단, 작업 형편상 부득이 제거할 경우에는 작업 종료 즉시 원상복구 하도록 한다.

(2) 안전난간을 안전대의 로프, 지지로프, 서포트, 벽연결, 비계판 등의 지지점 또는 자재 운반용 걸이로서 사용하면 안 된다.

(3) 안전난간에 재료 등을 기대어 두어서는 안 된다.

(4) 상부난간대 또는 중간대를 밟고 승강해서는 안 된다.

··· 05 안전대

1 선정방법

(1) 1종 안전대는 전주 위에서의 작업과 같이 발받침은 확보되어 있어도 불완전하여 체중의 일부는 U자걸이로 하여 안전대에 지지하여야만 작업을 할 수 있으며, 1개 걸이의 상태로서는 사용하지 않는 경우에 선정해야 한다.

(2) 2종 안전대는 1개걸이 전용으로서 작업을 할 경우, 안전대에 의지하지 않아도 작업할 수 있는 발판이 확보되었을 때 사용한다. 로프의 끝단에 훅이나 카라비나가 부착된 것은 구조물 또는 시설물 등에 지지할 수 있거나 클립 부착 지지로프가 있는 경우에 사용한다. 또한 로프의 끝단에 클립이 부착된 것은 수직지지로프만으로 안전대를 설치하는 경우에 사용한다.

(3) 3종 안전대는 1개걸이와 U자걸이로 사용할 때 적합하다. 특히 U자걸이 작업 시 훅을 걸고 벗길 때 추락을 방지하기 위해 보조로프를 사용하는 것이 좋다.

(4) 4종 안전대는 1개걸이, U자걸이 겸용으로 보조훅이 부착되어 있어 U자걸이 작업 시 훅을 D링에 걸고 벗길 때 추락 위험이 많은 경우에 적합하다.

2 착용방법

(1) 벨트는 추락 시 작업자에게 충격을 최소화하고 추락 저지 시 발 쪽으로 빠지지 않도록 요골 근처에 확실하게 착용하도록 하여야 한다.

(2) 버클을 바르게 사용하고, 벨트 끝이 벨트 통로를 확실하게 통과하도록 하여야 한다.

(3) 신축조절기를 사용할 때 각 링에 바르게 걸어야 하며, 벨트 끝이나 작업복이 말려 들어가지 않도록 주의하여야 한다.

(4) U자걸이 사용 시 훅을 각링이나 D링 이외의 것에 잘못 거는 일이 없도록 벨트의 D링이나 각링부에는 훅이 걸릴 수 있는 물건은 부착하지 말아야 한다.

(5) 착용 후 지상에서 각각의 사용상태에서 체중을 걸고 각 부품의 이상 유무를 확인한 후 사용하도록 하여야 한다.

(6) 안전대를 지지하는 대상물은 로프의 이동에 의해 로프가 벗겨지거나 빠질 우려가 없는 구조로 충격에 충분히 견딜 수 있어야 한다.

(7) 안전대를 지지하는 대상물에 추락 시 로프를 절단할 위험이 있는 예리한 각이 있는 경우에 로프가 예리한 각에 접촉하지 않도록 충분한 조치를 하여야 한다.

③ 사용 시 준수사항

(1) 1개걸이 사용에는 다음 사항을 준수하여야 한다.

① 로프 길이가 2.5m 이상인 2종 안전대는 반드시 2.5m 이내의 범위에서 사용하도록 하여야 한다.

② 안전대의 로프를 지지하는 구조물의 위치는 반드시 벨트의 위치보다 높아야 하며, 작업에 지장이 없는 경우 높은 위치의 것으로 선정하여야 한다.

③ 신축조절기를 사용하는 경우 작업에 지장이 없는 범위에서 로프의 길이를 짧게 조절하여 사용하여야 한다.

④ 수직 구조물이나 경사면에서 작업을 하는 경우 미끄러지거나 마찰에 의한 위험이 발생할 우려가 있을 경우에는 설비를 보강하거나 지지로프를 설치하여야 한다.

⑤ 추락한 경우 진자운동상태가 되었을 경우 물체에 충돌하지 않는 위치에 안전대를 설치하여야 한다.

⑥ 바닥면으로부터 높이가 낮은 장소에서 사용하는 경우 바닥면으로부터 로프 길이의 2배 이상의 높이에 있는 구조물 등에 설치하도록 해야 한다. 로프의 길이 때문에 불가능한 경우에는 3종 또는 4종 안전대를 사용하여 로프의 길이를 짧게 하여 사용하도록 한다.

⑦ 추락 시에 로프를 지지한 위치에서 신체의 최하사점까지의 거리를 h라 하면 'h =로프의 길이+로프의 신장길이+작업자 키의 1/2'이 되고, 로프를 지지한 위치에서 바닥면까지의 거리를 H라 하면 $H > h$가 되어야만 한다.

(2) U자걸이 사용에는 다음 사항을 준수하여야 한다.

① U자걸이로 1종, 3종 또는 4종 안전대를 사용하여야 하며, 훅을 걸고 벗길 때 추락을 방지하기 위하여 1종, 3종은 보조로프, 4종은 훅을 사용하여야 한다.

② 훅이 확실하게 걸려 있는지 확인하고 체중을 옮길 때는 갑자기 손을 떼지 말고 서서히 체중을 옮겨 이상이 없는가를 확인한 후 손을 떼도록 하여야 한다.

③ 전주나 구조물 등에 돌려진 로프의 위치는 허리에 착용한 벨트의 위치보다 낮아지지 않도록 주의하여야 한다.

④ 로프의 길이는 작업상 필요한 최소한의 길이로 하여야 한다.

⑤ 추락 저지 시에 로프가 아래로 미끄러져 내려가지 않는 장소에 로프를 설치하여야 한다.

(3) 4종 안전대 사용에는 다음 사항을 준수하여야 한다.

① 4종 안전대는 통상 1개걸이와 U자걸이 겸용으로 특히 U자걸이를 사용할 때 훅을 D링에 걸고 벗길 때 미리 보조훅을 구조물에 설치하여 추락을 방지하도록 하여야 한다. 보조훅을 사용할 때 로프의 길이는 1.5m의 범위 내에서 사용하여야 한다.

② 전주 등을 승강하는 경우 로프를 U자걸이 상태로 승강하고 만일 장애물이 있을 때에는 보조훅을 사용하여 장애물을 피하여야 한다.

(4) 보조로프의 사용은 보조로프의 한쪽을 D링 또는 각링에 설치하고 다른 한쪽은 구조물에 설치하는 것으로서 로프의 양단에 훅이 부착된 것은 구조물에 설치되는 훅이 2중구조가 아니더라도 D링 또는 각링에 걸리는 혹은 반드시 2중 이탈방지 구조의 혹으로 하여야 한다.

(5) **클립 부착 안전대의 사용에는 다음 사항을 준수하여야 한다.**

① 1종 또는 2종 클립 부착 안전대는 로프 끝단의 클립을 합성수지 로프의 수직지지로프에 설치해서 사용하여야 한다.

② 지지로프는 클립에 표시된 굵기로서 2,340kg 이상의 인장강도를 갖는 것을 사용하여야 한다.

③ 클립을 지지로프에 설치할 경우 클립에 표시된 상하 방향이 틀리지 않도록 하고 이탈방지 장치를 확실하게 조작하여야 한다.

(6) **수직지지로프에 부착하여 사용하는 경우에는 다음 사항을 준수하여야 한다.**

① 합성섬유로프의 지지로프에 훅 또는 카라비나 부착 안전대를 설치하는 경우 지지 로프에 부착된 클립에 훅 또는 카라비나를 걸어서 사용하여야 한다.

② 한 줄의 지지로프를 이용하는 작업자의 수는 1인으로 하여야 한다.

③ 허리에 장착한 벨트의 위치는 지지로프에 부착된 클립의 위치보다 위에 있지 않도록 사용하여야 한다.

④ 추락한 경우에 지지상태에서 다른 물체에 충돌하지 않도록 사용하여야 한다.

⑤ 긴 합성섬유로프로 된 지지로프를 사용하는 경우 추락 저지 시에 아래 부분의 장애물에 접촉하지 않도록 사용하여야 한다.

(7) **수평지지로프에 부착하여 사용하는 경우에는 다음 사항을 준수하여야 한다.**

① 수평지지로프는 안전대를 부착시킬 수 있는 구조물이 없고, 작업공정이 횡이동 또는 작업상 빈번히 횡방향으로 이동할 필요가 있는 경우에 벨트의 높이보다 높은 위치에 설치하고 수평지지로프에 안전대의 훅 또는 카라비나를 걸어 사용하여야 한다.

② 한 줄의 지지로프를 이용하는 작업자의 수는 1인으로 하여야 한다.

③ 추락한 경우 진자상태가 되어 물체에 충돌하지 않도록 사용하여야 한다.

④ 합성섬유로프를 지지로프로 사용하는 경우 추락 저지 시 아래 부분의 장애물에 접촉되지 않도록 사용하여야 한다.

4 점검·보수·보관·폐기방법

(1) **점검**

안전대의 점검, 보수, 보관 및 폐기는 책임자를 정하여 정기 점검하고 다음 기준에 의하여 그 결과나 관리상의 필요한 사항을 관리대장에 기록하여야 한다.

① 벨트의 마모·홈·비틀림, 약품류에 의한 변색

② 재봉실의 마모, 절단, 풀림

③ 철물류의 마모, 균열, 변형, 전기단락에 의한 용융, 리벳이나 스프링의 상태

④ 로프의 마모, 소선의 절단, 홈, 열에 의한 변형, 풀림 등의 변형, 약품류에 의한 변색

⑤ 각 부품의 손상 정도에 의한 사용한계에 대해서는 부품의 재질, 치수, 구조 및 사용조건을 고려하여야 하며 벨트 및 로프에 사용되는 나일론, 비닐론, 폴리에스테르의 재료특성 및 로프의 인장강도는 〈표 1〉 및 〈표 2〉와 같다.

▼표 1. 벨트 및 로프에 사용하는 재료 특성

구분/재료	나일론	비닐론	폴리에스테르
비중	1.14	1.26~1.30	1.38
내열성	연화점 : 180℃ 용융점 : 215~220℃	연화점 : 220~230℃ 용융점 : 명료하지 않음	연화점 : 238~240℃ 용융점 : 255~260℃
자연상태에서 강도와의 관계	강도가 저하된다.	강도가 거의 저하하지 않는다.	강도가 거의 저하하지 않는다.
내산성	강한 염산, 강한 유산, 강한 초산에 일부 분해하지만 7% 염산, 20% 초산에서 강도가 거의 저하하지 않는다.	강한 염산, 강한 유산, 강한 초산에서 늘어나거나 분해하지만, 10% 염산, 30% 유산에서는 거의 강도가 저하하지 않는다.	35% 염산, 75% 유산, 60% 초산에서 강도가 거의 저하하지 않는다.
내알칼리성	50% 가성소다 용액, 28% 암모니아 용액에서 강도가 거의 저하하지 않는다.	50% 가성소다 용액에서는 강도가 거의 저하하지 않는다.	10% 가성소다 용액, 28% 암모니아 용액에서는 강도가 거의 저하하지 않는다.

▼표 2. 로프의 인장강도

지름(mm)	인장강도(ton)	
	나일론로프	비닐론로프
10	1.85	0.95
11	2.21	1.13
12	2.80	1.37
14	3.73	1.83
16	4.78	2.34

(2) 보수

보수는 정기적으로 하여야 하며, 필요한 경우 다음 사항에 따라 수시로 하여야 한다.

① 벨트, 로프가 더러워지면 미지근한 물을 사용하여 씻거나 중성세제를 사용하여 씻은 후 잘 헹구고 직사광선은 피하여 통풍이 잘되는 곳에서 자연 건조시켜야 한다.

② 벨트, 로프에 도료가 묻은 경우에는 용제를 사용해서는 안 되고, 헝겊 등을 닦아 내어야 한다.

③ 철물류가 물에 젖은 경우에는 마른 헝겊으로 잘 닦아내고 녹 방지 기름을 엷게 발라야 한다.

④ 철물류의 회전부는 정기적으로 주유하여야 한다.

(3) 보관

안전대는 다음 장소에 보관하여야 한다.

① 직사광선이 닿지 않는 곳

② 통풍이 잘되며 습기가 없는 곳

③ 부식성 물질이 없는 곳

④ 화기 등이 근처에 없는 곳

(4) 폐기

다음의 1의 규정에 해당되는 안전대는 폐기하여야 한다.

① 다음의 1의 규정에 해당되는 로프는 폐기하여야 한다.

　　가. 소선에 손상이 있는 것

　　나. 페인트, 기름, 약품, 오물 등에 의해 변화된 것

　　다. 비틀림이 있는 것

　　라. 횡마로 된 부분이 헐거워진 것

② 다음의 1의 규정에 해당되는 벨트는 폐기하여야 한다.

　　가. 끝 또는 폭에 1mm 이상의 손상 또는 변형이 있는 것

　　나. 양 끝의 헤짐이 심한 것

③ 다음의 1의 규정에 해당되는 재봉부분은 폐기하여야 한다.

　　가. 재봉 부분의 이완이 있는 것

　　나. 재봉실이 1개소 이상 절단되어 있는 것

　　다. 재봉실의 마모가 심한 것

④ 다음의 1의 규정에 해당되는 D링 부분은 폐기하여야 한다.

　　가. 깊이 1mm 이상 손상이 있는 것

　　나. 눈에 보일 정도로 변형이 심한 것

　　다. 전체적으로 녹이 슬어 있는 것

⑤ 다음의 1의 규정에 해당되는 훅, 버클부분은 폐기하여야 한다.

　　가. 훅과 갈고리 부분의 안쪽에 손상이 있는 것

　　나. 훅 외측에 깊이 1mm 이상의 손상이 있는 것

　　다. 이탈방지장치의 작동이 나쁜 것

　　라. 전체적으로 녹이 슬어 있는 것

　　마. 변형되어 있거나 버클의 체결상태가 나쁜 것

··· 06 개구부의 추락 방지설비

1 개요

작업현장에는 추락할 위험이 있는 바닥·벽면 개구부가 많으므로 작업자가 개구부에 추락하지 않도록 표준안전난간대·수직안전망(수직방호울)·개구부덮개 등으로 방호조치를 하고 위험표지를 부착하여야 한다.

2 개구부의 분류

(1) 바닥 개구부

소형 바닥 개구부, 대형 바닥 개구부 등

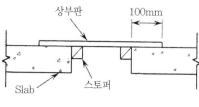

〈소형 바닥 개구부〉

(2) 벽면 개구부

엘리베이터 개구부, 발코니 개구부, Slab 단부 개구부 등

3 개구부 유형별 추락 방지설비

(1) 바닥 개구부

① 소형 바닥 개구부
- 소형 바닥 개구부는 안전한 구조의 덮개로 설치(두께 12mm 이상 합판이나 그 이상의 자재 사용)
- 덮개의 구조는 상부판과 스토퍼로 구성하고 덮개 위에 안전표지판 부착
- 상부판은 개구부보다 10cm 이상 여유 있게 설치
- 근로자가 상시 통행하는 곳에 개구부가 있을 경우 확실하게 고정하여 설치

② 대형 바닥 개구부(장비 반입구 등)
- 표준안전난간을 설치(상부 90cm, 중간 45cm)
- 표준안전난간 둘레에 수직안전망(수직방호울)을 바닥에 접하도록 설치
- 밑부분에 발끝막이판을 10cm 높이로 설치하고 경고표지판(추락주의) 부착

(2) 벽면 개구부

① 엘리베이터 개구부
- 안전난간은 기성제품·단관 Pipe를 사용하여 설치(상부 90cm, 중간 45cm)
- 안전난간에 수직방망을 설치하고 밑부분에 발끝막이판을 10cm 높이로 설치
- 경고표지판(추락주의) 부착

② 발코니 개구부
- 난간기둥은 기성 제품(난간기둥 Bracket), 슬리브 매립형, 파이프 서포트를 사용하여 설치
- 난간대는 단관 Pipe로 설치(상부 90cm, 중간 45cm)
- 경고표지판(추락주의) 부착

③ Slab 단부 개구부
- 난간기둥은 기성 제품(난간기둥 Bracket), 단관 Pipe를 사용하여 설치
- 난간대는 단관 Pipe로 설치(상부 90cm, 중간 45cm)
- 경고표지판(추락주의) 부착

〈개구부 덮개 설치사례〉

4 개구부 안전관리사항

(1) 매일 작업 시작 전 안전시설의 이상 유무를 확인
(2) 임의제거를 금하며 부득이 해체 시 작업 종료 후 원상복구
(3) 안전시설에 자재 등을 기대어 적치하는 행위 금지
(4) 안전시설을 밟고 승강 또는 작업하는 행위는 절대 금지
(5) 개구부 주변에서 작업할 시 반드시 안전대 착용
(6) 개구부 주변은 충분한 조도를 확보
(7) 개구부의 위치, 주변 여건상 설치가 곤란한 경우에는 추락방지망 설치

··· 07 낙하물 방지망

1 개요

낙하물 방지망은 작업 중 재료나 공구 등의 낙하물로 인한 피해를 방지하기 위하여 설치하는 방지망으로 한국산업표준 또는 고용노동부 고시에서 정하는 기준에 적합한 것을 사용해야 한다.

2 설치 개념도

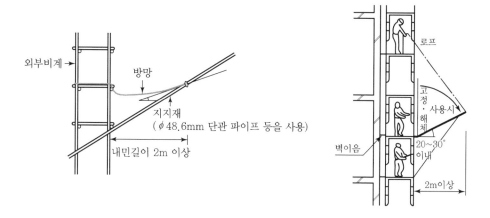

3 구조 및 재료

(1) 한국산업표준(KS F 8083) 또는 고용노동부 고시 「방호장치 안전인증 고시」에서 정하는 기준에 적합한 것을 사용한다.

(2) 그물코의 크기는 2cm 이하로 한다.

(3) **방망의 매듭 종류**

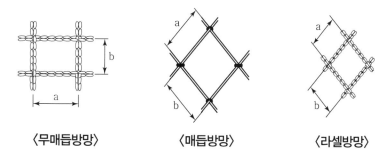

〈무매듭방망〉　　〈매듭방망〉　　〈라셀방망〉

(4) 인장강도

그물코 한 변 길이	무매듭방망	라셀방망	매듭방망
30mm	860N 이상	750N 이상	710N 이상
15mm	460N 이상	400N 이상	380N 이상

4 설치기준

(1) 첫 단은 보행 및 차량 이동에 지장이 없을 경우 가능한 한 낮게 설치하고, 상부에 10m 이내마다 추가 설치한다.

(2) 방지망이 수평면과 이루는 각도는 20~30°로 하여야 한다.

(3) 내민길이는 비계 외측으로부터 수평거리 2.0m 이상으로 하여야 한다.

(4) 방지망의 가장자리는 테두리로프를 그물코마다 엮어 긴결하여야 한다.

(5) 방지망을 지지하는 긴결재의 강도는 15,000N 이상의 외력에 견딜 수 있는 로프 등을 사용하여야 한다.

(6) 방지망의 겹침폭은 30cm 이상으로 하여야 하며 방지망과 방지망 사이의 틈이 없도록 하여야 한다.

(7) 수직보호망을 완벽하게 설치하여 낙하물이 떨어질 우려가 없는 경우에는 이 기준에의한 방지망 중 첫 단을 제외한 방지망을 설치하지 않을 수 있다.

(8) 최하단의 방지망은 크기가 작은 못, 볼트, 콘크리트 덩어리 등의 낙하물이 떨어지지 못하도록 방지망 위에 그물코 크기가 0.3cm 이하인 망을 추가로 설치하여야 한다. 다만, 낙하물 방호선반을 설치하였을 경우에는 그러하지 아니하다.

5 관리기준

(1) 방지망은 설치 후 3개월 이내마다 정기점검을 실시하여야 한다.

(2) 낙하물이 발생하였거나 유해환경에 노출되어 방지망이 손상된 경우에는 즉시 교체 또는 보수하여야 한다.

(3) 낙하물방지망 주변에서 용접이나 커팅 작업을 할 때는 용접불티 날림 방지 덮개, 용접방화포 등 불꽃, 불티 등의 날림 방지조치를 실시하고 작업이 끝나면 방망의 손상 여부를 점검하여야 한다.

(4) 방지망에 적치되어 있는 낙하물 등은 즉시 제거하여야 한다.

6 결론

고층의 경우 낙하물 비산 방지를 위해 설치단수 및 내민길이를 크게 하는 것이 유리하며, 최하단의 방지망은 그물코 크기가 3mm 이하인 망의 추가 설치로 낙하물에 의한 재해를 예방하도록 할 필요가 있다.

··· 08 방호선반

1 개요

방호선반은 가설기자재의 자율안전규격의 성능기준에 따라 설치해야 하며 바닥판, 틀, 보재, 가새, 상하브래킷으로 구성된다. 단, 기타의 재료를 사용해 만들 경우 가설기자재 자율안전규격과 동등 이상의 물리적, 기계적 성능을 갖추어야 한다.

2 설치위치에 따른 구분

(1) 외부 비계용 방호선반
(2) 출입구 방호선반
(3) 인화공용 리프트 주변 방호선반
(4) 가설통로 상부 방호선반

3 구조

(1) 프레임에 가새를 조립한 상태에서 바닥판을 끼워 설치한다.
(2) 틀은 ㄷ형이어야 하며, 단변 중 1변은 바닥판을 끼울 수 있도록 열린 구조이거나, 이와 유사한 구조로 바닥판을 견고하게 고정시킬 수 있는 구조일 것
(3) 바닥판은 부식에 견딜 수 있는 아연도금강판으로 강풍, 돌풍에 안전하도록 구멍이 뚫린 구조일 것
(4) 바닥판 구멍의 지름은 12mm 이하일 것
(5) 각 부재의 구조는 조립식일 것
(6) 조립, 해체 시 방호선반 위에서 작업이 가능한 구조일 것
(7) 가새는 방호선반에 대각선으로 설치되는 구조일 것

4 설치위치별 설치기준

(1) **방호선반의 내민길이** : 비계 외측으로부터 수평거리 2m 이상 돌출되도록 설치
(2) **경사지게 설치하는 방호선반이 수평면과 이루는 각도** : 20~30도
(3) 수평으로 설치하는 방호선반의 끝단에는 수평면으로부터 높이 60cm 이상의 난간 설치
(4) 방호선반은 풍압, 진동, 충격 등으로 탈락하지 않도록 견고하게 설치
(5) 방호선반의 바닥판은 틈새가 없도록 설치

5 설치유형별 설치기준

(1) 외부비계용 방호선반

① 근로자, 보행자, 차량 등이 통행할 때에는 방호선반을 설치해야 한다.

② 구조체와 비계기둥의 틈 사이 및 비계 외측에 설치한다.

③ 방호선반의 상하부 브래킷이 설치된 비계의 띠장에는 벽이음 철물을 수평거리 매3.6m 이하마다 보강해야 한다.

(2) 출입구 방호선반

① 근로자의 통행이 빈번한 출입구 및 임시출입구 상부에는 반드시 방호선반을 설치한다.

② 내민길이는 구조체의 최외측으로부터 산출한다.

③ 설치높이는 출입구 지붕높이로 지붕면과 단차가 발생하지 않도록 한다.

④ 받침기둥은 비계용 강관 또는 이와 동등 이상의 성능을 갖는 재료를 사용한다.

⑤ 최외곽 받침기둥에는 방호울 또는 안전망 등을 설치해 방호선반 외측으로 낙하한 낙하물이 구조물 내부로 튀어 들어오는 것을 방지할 수 있어야 한다.

(3) 인화공용 리프트 주변 방호선반

① 리프트와 방호선반의 틈 간격은 4cm 이하로 설치한다.

② 내민길이 산정의 기준점은 리프트 케이지 최외곽으로 한다.

③ 설치높이는 리프트 지붕높이로 리프트 지붕면과 단차가 발생하지 않도록 한다.

④ 받침기둥은 비계용 강관 또는 이와 동등 이상의 성능을 갖는 재료를 사용한다.

⑤ 최외곽 받침기둥에는 방호울 또는 안전망 등을 설치해 방호선반 외측으로 낙하한 낙하물이 구조물 내부로 튀어 들어오는 것을 방지할 수 있어야 한다.

(4) 가설통로 상부 방호선반

① 바닥판의 폭은 가설통로 난간의 중심선에서 최소 200mm 이상 돌출시켜 설치.

② 받침기둥은 비계용 강관 또는 이와 동등 이상의 성능을 갖는 재료를 사용한다.

③ 최외곽 받침기둥에는 방호울 또는 안전망 등을 설치해 방호선반 외측으로 낙하한 낙하물이 구조물 내부로 튀어 들어오는 것을 방지할 수 있어야 한다.

6 시공 및 사용 시 안전대책

(1) 설치 후 3개월 이내마다 점검을 실시하여야 한다. 단, 손상된 경우 즉시 교체 또는 보수해야 한다.

(2) 방호선반 주변에서 작업 시 방호선반에서 튕겨 나오는 낙하물에 대한 방지조치를 해야 한다.

(3) 방호선반에 적치되어 있는 낙하물 등은 즉시 제거해야 한다.

··· 09 수직보호망

1 개요

(1) '수직보호망'이란 건축공사 등의 현장에서 비계 등 가설구조물의 외측면에 수직으로 설치하여 작업장소에서 비래·낙하물 등에 의한 재해의 방지를 목적으로 설치하는 보호망을 말하며, 추락 방지용으로는 사용할 수 없다.

(2) '수직보호망'은 합성섬유를 망 상태로 편직하거나 합성섬유를 망 상태로 편직한 것에 방염가공을 한 것 등을 봉제하고, 가로·세로 각 변의 가장자리 부분에 금속고리 등 장착부가 있어 강관 등에 설치가 가능하여야 한다.

2 수직보호망의 설치방법

(1) 수직보호망을 설치하기 위한 수평 지지대는 수직 방향으로 5.5m 이하마다 설치할 것

(2) 용단, 용접 등 화재 위험이 있는 작업 시 반드시 난연 또는 방염 가공된 보호망 설치

(3) 지지대에 수직보호망을 치거나 수직보호망끼리의 연결은 구명쇠나 동등 이상의 강도를 갖는 테두리 부분에서 하고, 망을 붙여 칠 때 틈이 생기지 않도록 할 것

(4) 지지대에 고정 시 망 주위를 45cm 이내의 간격으로 할 것

(5) 보호망 연결 부위의 개소당 인장강도는 1,000N 이상으로 할 것

(6) 단부나 모서리 등에는 그 치수에 맞는 수직보호망을 이용하여 틈이 없도록 칠 것

(7) 통기성이 작은 수직보호망은 예상되는 최대 풍압력과 지지대의 내력 관계를 벽연결 등으로 충분히 보강

(8) 수직보호망을 일시적으로 떼어낼 때에는 비계의 전도 등에 대한 위험을 방지할 것

3 수직보호망의 유지관리

(1) 수직보호망의 점검 및 교체·보수

① 긴결부의 상태는 1개월마다 정기점검 실시

② 폭우·강풍이 불고 난 후에는 수직보호망, 지지대 등의 이상 유무를 점검

③ 용접작업 시 용접불꽃, 용접파편에 의한 망의 손상 점검 및 손상 시 교체 또는 보수

④ 자재 반출입을 위해 일시적으로 보호망을 부분 해체할 경우 사유 해제 즉시 원상복구

⑤ 비래·낙하물·건설기기 등과의 접촉으로 보호망, 지지대 등의 파손 시 교체·보수

(2) 수직보호망의 사용금지기준

① 망 또는 금속고리 부분이 파손된 것

② 규정된 보수가 불가능한 것

③ 품질표시가 없는 것

(3) 수직보호망의 보수방법

① 부착된 이물질 등은 제거

② 오염이 심한 것은 세척

③ 용접불꽃 등으로 망이 손상된 부분은 동등 이상의 성능이 있는 망을 이용하여 보수

(4) 수직보호망의 보관

① 통풍이 잘 되는 건조한 장소에 보관

② 망의 크기가 다른 것은 동일 장소에 보관 시 구분하여 보관

③ 사용기간, 사용횟수 등 사용이력을 쉽게 확인 가능하도록 보관

④ 장착부가 금속고리 이외의 것으로 된 수직보호망은 1년마다 발췌하여 성능 확인

4 설치 및 사용 시 안전유의사항

(1) 한국산업표준(KS F 8081) 또는 고용노동부 고시 「방호장치 안전인증 고시」에서 정하는 기준에 적합한 것을 사용해야 한다.

(2) 가설구조물의 붕괴 또는 전도위험에 대한 안전성 여부를 사전에 확인한다.

(3) 설치하기 위해 근로자가 고소작업을 하는 경우에는 안전대를 지급해 착용하도록 하는 등 근로자의 추락재해 예방조치를 해야 한다.

(4) 재사용할 경우에는 수직보호망의 성능이 신품과 동등 이상이고 외적으로 손상이나 변형이 없어야 한다.

5 낙하·비래재해 예방을 위한 주요 체크리스트

점검항목	중점사항
(1) 낙하물방지망 설치는 적정한가?	① 방염처리가 되어 있을 것 ② 파단, 변형, 실 풀림이 없을 것 ③ 시트 둘레, 모서리에는 천을 보강할 것 ④ 벽면과 비계 사이 밀폐(방지망의 겹침폭 : 30cm 이상)
(2) 리프트 승강장 방호선반 설치는 적정한가?	① 방호선반 사용부재의 강도 확보(합판의 경우 t=15mm 이상) ② 방호선반폭 : 1.8m 이상 ③ 지상 승강장 대기인원에 충분한 공간 확보

점검항목	중점사항
(3) 근로자 통행로 낙하물 방호시설 은 설치되어 있는가?	① 건물 주출입구 ② 현장 내 근로자 통행로
(4) 상·하 동시작업 및 고소낙하위험 작업 시 방호계획은 수립되어 있 는가?	① 낙하물방지망, 방호선반 등 설치 ② 상·하 동시 작업 금지 ③ 낙하위험지역 출입 통제
(5) 투하설비는 적정한가?	① 투하설비 설치상태 및 설치의 적정성 ② 투입구 낙하물 방호시설 설치
(6) 비계상, 구조물 단부 개구부 주변 등의 자재 정리정돈 상태는 양호 한가?	① 자재의 형상별 정리정돈 및 결속 유무 확인 ② 비계상, 구조물 단부 개구부 주변 자재 적재 금지 ③ 강풍 등 악천후 시 작업 금지
(7) 터널굴착 시 부석 정리는 양호한가?	① 터널 크라운부 및 막장면 부석 정리 적정성 ② 막장면 관찰(Face Mapping) 철저

6 결론

수직보호망의 설치목적을 충분히 기대하기 위해서는 폐기기준의 준수 또한 중요하게 고려해야 하며 첫째, 수직보호망의 방망이나 금속 고리부분이 파손된 것, 둘째, 보호 자체가 불가능한 것은 즉시 폐기해야 한다.

부록

과년도 출제경향 분석표

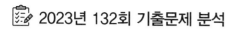

2023년 132회 기출문제 분석

구분		기출문제
산업안전관리론	용어	(1) 위험성평가의 방법 및 실시 시기 (2) 재해손실비의 개념, 산정방법 및 평가방식
	논술	—
산업심리 및 교육	용어	(1) Levin의 인간 행동방정식 P(Person)와 E(Environment)
	논술	(1) 인간의 긴장정도(Tension Level)를 표시하는 의식수준 5단계와 의식수준과 부주의 행동의 관계에 대하여 설명하시오. (2) 가현운동의 종류와 재해발생 원인 및 예방대책에 대하여 설명하시오. (3) 휴먼에러(Human Error) 유형과 발생원인, 요인(Mechanism), 예방원칙과 Zero화를 위한 대책에 대하여 설명하시오.
산업 및 건설안전 관계법규	용어	(1) 굴착기 작업 시의 안전조치 사항 (2) 차량탑재형 고소작업대의 작업시작 전 점검사항 (3) 도급인이 이행하여야 할 안전보건조치 및 산업재해 예방조치
	논술	(1) 산업안전보건법과 건설기술 진흥법의 건설안전 주요 내용을 비교하고, 산업안전보건관리비와 안전관리비를 설명하시오. (2) 건축물관리법상 해체계획서 작성사항 및 해체공사 시 안전 유의사항에 대하여 설명하시오. (3) 건설기술 진흥법상 안전관리계획서와 소규모 안전관리계획서 수립대상 및 계획수립 기준에 포함되어야 할 사항에 대하여 비교해 설명하시오.
건설안전기술에 관한 사항	용어	(1) 흙의 압밀현상 (2) 거푸집의 해체 시기 (3) Earth Anchor 시공 시 안전 유의사항 (4) 시험발파 절차(Flow) 및 사전 검토사항 (5) 가시설 흙막이에서 Wale Beam(띠장)의 역할
	논술	(1) 터널공사 여굴 발생 시 조사내용과 방지대책에 대하여 설명하시오. (2) SCW(Soil Cement Wall)공법의 안내벽(Guide Wall), 플랜트(Plant)의 설치와 천공 및 시멘트 밀크 주입 시 안전조치 사항을 설명하시오. (3) 철골공사 안전관리를 위한 사전 준비사항, 철골 반입 시 준수사항, 안전시설물 설치 계획에 대하여 설명하시오. (4) 도심지 지하굴착 시 인접 건물의 사전조사 항목 및 굴착공사의 계측기 배치기준, 계측방법에 대하여 설명하시오.
건설안전에 관한 사항	용어	(1) 염해에 의한 콘크리트 열화 현상 (2) 지진파의 종류와 지진 규모 및 진도
	논술	(1) 콘크리트 구조물의 성능저하 원인과 방지대책에 대하여 설명하시오. (2) 산업안전보건기준에 관한 규칙상 낙하물에 의한 위험방지 조치와 설치기준 및 추락방지대책에 대하여 설명하시오. (3) 건설현장에서 사용하는 비계의 종류 및 조립·운용·해체 시 발생할 수 있는 재해유형과 설치기준 및 안전대책에 대하여 설명하시오. (4) 공사현장에서 계절별로 발생할 수 있는 재해 위험요인과 안전대책을 설명하시오. (5) 비정상 작업의 특징과 위험요인을 설명하고, 작업시작 전 작업지시 요령 및 안전대책에 대하여 설명하시오. (6) 건설현장 가설전기 작업 시 발생 가능한 재해유형과 유형별 안전대책을 설명하시오. (7) 경사지붕 시공 작업 시 위험요소, 위험 방지대책, 안전시설물의 설치기준, 안전대책에 대하여 설명하시오. (8) 시설물의 안전 및 유지관리에 관한 특별법상 안전점검의 종류, 안전점검정밀안전진단 및 성능평가 실시시기, 시설물 안전등급 기준에 대하여 설명하시오.

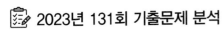 **2023년 131회 기출문제 분석**

구분			기출문제
법규 및 이론	산업안전보건법	용어	(1) 충격 소음 작업 (2) 보건관리자 선임 및 대상 사업장
		논술	(1) 사업장 위험성평가에 관한 지침(고용노동부 고시 제2023-9호)에 따른 위험성평가의 목적과 방법, 수행절차, 실시 시기별 종류에 대하여 설명하시오. (2) 산업안전보건법상 안전보건교육의 교육과정별 교육내용, 대상, 시간에 대하여 설명하시오. (3) 산업안전보건기준에 관한 규칙상 가스폭발 및 분진폭발 위험장소 건축물의 내화구조 기준에 대하여 설명하고, 위험물을 저장·취급하는 화학설비 및 부속설비 설치 시 폭발이나 화재 피해를 경감하기 위한 안전거리 기준 등 안전대책에 대하여 설명하시오. (4) 건설현장 전기용접작업 시 발생 가능한 재해유형과 안전대책을 설명하고, 화재감시자에게 지급해야 할 보호구와 배치장소에 대하여 설명하시오. (5) 건설현장 근로자의 근골격계 질환 발생원인과 예방대책에 대하여 설명하시오. (6) 산업안전보건위원회의 구성 대상과 역할, 회의개최 및 심의·의결 사항에 대하여 설명하시오.
	건설기술 진흥법	용어	(1) 사방(砂防) 댐
		논술	(1) 건설공사 재해 예방을 위하여 건설공사의 계획, 설계 및 시공 단계별로 작성하는 안전보건대장에 대하여 설명하시오.
	재난안전관리법	용어	(1) 재난 및 안전관리 기본법상 재난사태의 선포 및 조치내용
	건설기계관리법	용어	(1) 차량탑재형 고소작업대의 출입문 안전조치와 작업 시 대상별 안전조치 사항
		논술	(1) 항타기 및 항발기의 조립·해체 시 준수사항, 점검사항, 무너짐 방지대책 및 권상용 와이어로프 사용 시 준수사항에 대하여 설명하시오. (2) 굴착기를 사용한 인양작업 시 기준 및 준수사항에 대하여 설명하고, 굴착기의 작업·이송·수리 시 안전관리 대책에 대하여 설명하시오.
	시설물안전법	용어	(1) 제3종 시설물 지정대상 및 시설물 통합정보관리시스템(FMS) 입력사항
		논술	(1) 시설물의 안전 및 유지관리에 관한 특별법상 정밀안전진단 보고서에 포함되어야 할 사항에 대하여 설명하시오.
	안전관리	용어	(1) 재해예방의 4원칙 (2) 위험감수성과 위험감행성의 조합에 따른 인간의 행동 4가지 유형 (3) 사건수 분석 기법(Event Tree Analysis)
		논술	(1) 재해통계의 목적, 정량적 재해통계의 분류에 대하여 설명하고, 재해통계 작성 시 유의사항 및 분석방법에 대하여 설명하시오. (2) 인간의 의식수준과 부주의 행동관계에 대하여 설명하고, 휴먼 에러의 심리적 과오에 대하여 설명하시오.
기술부문	가설공사	용어	(1) 재사용 가설기자재 폐기 및 성능 기준, 현장관리 요령 (2) 가설 통로와 사다리식 통로의 설치기준
		논술	(1) 강관비계와 시스템비계 조립 시 각각의 벽이음 설치기준과 벽이음 위치를 설명하고, 벽이음 설치가 어려운 경우 설치방법에 대하여 설명하시오. (2) 외부 작업용 곤돌라 안전점검 사항과 작업 시 안전관리 사항에 대하여 설명하시오.
	토공사 기초공사	용어	(1) 절토사면 낙석예방 록볼트(Rock Bolt) 공법
		논술	(1) 건설공사 현장의 굴착작업을 실시하는 경우 지반 종류별 안전기울기 기준을 설명하고 굴착작업 계획수립 및 준비사항과 예상재해 중 붕괴재해 예방대책에 대하여 설명하시오. (2) 철근콘크리트 옹벽의 유형을 열거하고, 옹벽의 붕괴원인과 방지대책에 대하여 설명하시오. (3) 도심지 굴착공사 시 지하매설물에 근접해서 작업하는 경우 굴착 영향에 의한 지하매설물 보호와 안전사고를 예방하기 위한 안전대책에 대하여 설명하시오. (4) 하천제방(河川堤防)의 누수원인 및 붕괴 방지대책에 대하여 설명하시오.
	철근/콘크리트공사	용어	(1) 무량판구조의 전단보강철근
	철골	–	–
	해체	–	–
	터널	–	–
	교량	–	–

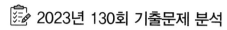

2023년 130회 기출문제 분석

구분			기출문제
법규 및 이론	산업안전보건법	용어	(1) 사업장 휴게시설 (2) 안전 및 보건에 관한 노사협의체의 심의·의결사항 (3) 용접용단 작업 시 불티비산거리 및 안전조치사항 (4) 산업안전보건법령상 특별교육 대상 작업 중 해체공사와 관련된 작업의 종류 및 교육내용
		논술	(1) 위험성평가의 실시주체별 역할, 실시시기별 종류를 설명하고, 위험성평가 전파교육방법에 대하여 설명하시오. (2) 건설현장 밀폐공간작업 시 주요 유해위험 요인과 산소유해가스농도 관리 기준을 설명하고, 밀폐공간 작업 프로그램 수립시행에 따른 안전절차, 안전점검 사항에 대하여 설명하시오.
	건설기술 진흥법	용어	(1) 안전점검 대상 지하시설물의 종류 및 안전점검의 실시 시기
		논술	(1) 건설공사에 적용되는 관련법에 따라 진행 단계별 안전관리 업무 및 확인사항에 대하여 설명하고, 유해위험방지계획서와 안전관리계획서의 차이점에 대하여 설명하시오. (2) 건설기술 진흥법상 "건설공사 참여자의 안전관리 수준 평가기준 및 절차"에 대하여 설명하시오.
	건설기술관리법	논술	(1) 차량계 건설기계 중 항타기·항발기를 사용 시 다음에 대하여 설명하시오. 　1) 작업계획서에 포함할 내용 　2) 항타기·항발기 조립·해체, 사용(이동, 정지, 수송) 및 작업 시 점검·확인사항
	시설물안전법	논술	(1) 시설물의 안전 및 유지관리에 관한 특별법상 안전점검의 종류와 구 고량(舊 橋梁)의 안전성을 평가하는 목적 및 평가를 위해 필요한 조사방법을 설명하시오.
	안전관리	용어	(1) 산업재해 발생구조 4형태 (2) 뇌심혈관질환에서 개인요인과 작업관련요인 (3) 기계설비 장치의 잠금 및 표지부착(LOTO : Lock Out Tag Out)
		논술	(1) 재해조사의 목적과 재해조사의 원칙 3단계, 통계에 의한 재해원인의 분석방법에 대하여 설명하시오. (2) 건설공사 중 발생되는 공사장 소음·진동에 대한 관리기준과 저감대책에 대하여 설명하시오. (3) 재해손실비용의 산정 시 고려사항 및 평가방식에 대하여 설명하시오. (4) 하절기 건설현장에서 발생되는 온열질환 예방에 대하여 설명하시오. (5) 장마철 건설현장에서 발생하는 재해유형별 안전관리대책과 공사장 내 침수를 방지를 위한 양수펌프 적정대수 산정방법 및 집중호우 시 단계별 안전행동요령에 대하여 설명하시오. (6) 인간공학적 작업장 개선 시 검토사항과 효율적 작업설계 및 동작범위 설계, 작업자세에 대하여 설명하시오.
기술 부문	가설공사	용어	(1) 사다리식 통로 설치 시 준수사항 (2) 말비계 조립기준 및 말비계 사용 시 근로자 필수교육 항목 (3) 비계(飛階, Scaffolding) 공사의 특징 및 안전 3요소
		논술	(1) 건설현장 거푸집공사에서 사용되는 합벽지지대의 구조검토와 점검 시 다음 사항에 대하여 설명하시오. 　1) 구조검토를 위한 적용기준 　2) 설계하중 　3) 측압 및 구조안전성 검토에 관한 사항 　4) 현장조립 시 점검사항 (2) 철근콘크리트공사에서 거푸집 동바리 설계 시 고려하중과 설치기준에 대하여 설명하시오.
	토공사 기초공사	용어	(1) 지하연속벽 일수현상 및 안정액의 기능
		논술	(1) 굴착공사 시 적용 가능한 흙막이 벽체 공법의 종류와 구조적 안전성 검토사항에 대하여 설명하고, 히빙(Heaving)현상과 파이핑(Piping)현상의 발생원인과 안전대책에 대하여 설명하시오. (2) 도심지에서 고층의 건물 공사 시 적용되는 Top Down공법의 특성 및 시공 시 유의해야 하는 위험요인과 안전대책을 설명하시오.
	철근/콘크리트공사	–	–
	철골	논술	(1) 강구조물에서 용접 결함의 종류와 용접검사 방법의 종류 및 특징에 대하여 설명하시오.
	해체	–	–
	터널	논술	(1) 터널 굴착공법 중 NATM공법에 대해서 적용 한계성과 개선사항을 안전측면에서 설명하시오.
	교량	–	–

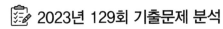

2023년 129회 기출문제 분석

구분			기출문제
법규 및 이론	산업안전보건법	용어	(1) 굴착기를 이용한 인양작업 허용기준 (2) 건설공사의 임시소방시설과 화재감시자의 배치기준 및 업무 (3) 산업안전보건법상 중대재해 발생 시 사업주의 조치 및 작업중지 조치사항 (4) 산업안전보건법상 가설통로의 설치 및 구조기준 (5) 근로자 참여제도
		논술	(1) 건설 근로자를 대상으로 하는 정기안전보건교육과 건설업 기초안전보건교육의 교육내용과 시간을 제시하고, 안전교육 실시자의 자격요건과 효과적인 안전교육방법에 대하여 설명하시오. (2) 산업안전보건관리비 대상 및 사용기준을 기술하고 최근(2022.6.2.) 개정내용과 개정사유에 대하여 설명하시오. (3) 관계수급인 근로자가 도급인의 사업장에서 작업을 하는 경우, 근로자의 산업재해예방을 위해 도급인이 이행하여야 할 사항에 대하여 설명하시오. (4) 산업안전보건법령상 근로자가 휴식시간에 이용할 수 있는 휴게시설의 설치 대상 사업장 기준, 설치의무자 및 설치기준을 설명하시오. (5) 위험성평가의 정의, 평가시기, 평가방법 및 평가 시 주의사항에 대하여 설명하시오. (6) 건설현장의 밀폐공간작업 시 수행하여야 할 안전작업의 절차, 안전점검사항 및 관리감독자의 안전관리업무에 대하여 설명하시오.
	건설기술 진흥법	용어	(1) 건설기술 진흥법상 가설구조물의 구조적 안전성을 확인받아야 하는 가설구조물과 관계전문가의 요건 (2) 지하안전평가의 종류, 평가항목, 평가방법과 승인기관장의 재협의 요청 대상
		논술	(1) '건설생산성 혁신 및 안전성 강화를 위한 스마트 건설기술'의 정의, 종류 및 적용사례에 대하여 설명하시오.
	건설기술관리법	논술	(1) 건설기계 중 지게차(Fork Lift)의 유해·위험요인 및 예방대책과 작업단계별(작업 시작 전과 작업 중) 안전점검사항에 대하여 설명하시오. (2) 이동식 크레인의 설치 시 주의사항과 크레인을 이용한 작업 중 안전수칙, 운전원의 준수사항, 작업 종료 시 안전수칙에 대하여 설명하시오.
	시설물안전법	용어	―
	안전관리	용어	(1) 인간의 통제정도에 따른 인간기계체계의 분류(수동체계, 반자동체계, 자동체계) (2) 레윈(Kurt Lewin)의 행동법칙과 불안전한 행동 (3) 재해의 기본원인(4M) (4) 연습곡선(Practice Curve)
		논술	(1) 하인리히(H.W Heinrich) 및 버드(F.E Bird)의 사고발생 연쇄성(Domino)이론을 비교하여 설명하시오. (2) 건설현장의 시스템안전(System Safety)에 대하여 설명하시오. (3) 건설안전심리 중 인간의 긴장정도를 표시하는 의식수준(5단계) 및 의식수준과 부주의행동의 관계에 대하여 설명하시오. (4) 작업부하의 정의, 작업부하 평가방법, 피로의 종류 및 원인에 대하여 설명하시오.
기술 부문	가설공사	논술	(1) 건설현장에서 사용하는 외부비계의 조립·해체 시 발생 가능한 재해 유형과 비계 종류별 설치기준 및 안전대책에 대하여 설명하시오.
	토공사, 기초공사	논술	(1) 토공사 중 계측관리의 목적, 계측항목별 계측기기의 종류 및 계측 시 고려사항에 대하여 설명하시오.
	철근/콘크리트 공사	용어	(1) 철근콘크리트구조에서 허용응력설계법(ASD)과 극한강도설계법(USD)을 비교 (2) 콘크리트 측압 산정기준 및 측압에 영향을 주는 요인(설계하중, 재료특성, 안전확보기준)
	철골	논술	(1) 데크플레이트의 종류 및 시공순서를 열거하고, 설치작업 시 발생 가능한 재해 유형, 문제점 및 안전대책에 대하여 설명하시오.
	해체	논술	(1) 해체공사의 안전작업 일반사항과 공법별 안전작업수칙을 설명하시오.
	터널	논술	―
	교량	논술	(1) 교량공사의 FCM(Free Cantilever Method)공법 및 시공순서에 대하여 기술하고 세그먼트(Segment)시공 중 위험요인과 안전대책에 대하여 설명하시오.

📋 2022년 128회 기출문제 분석

구분			기출문제
법규 및 이론	산업안전보건법	용어	(1) 안전대의 점검 및 폐기기준 (2) 손 보호구의 종류 및 특징 (3) 근로자 작업중지권 (4) 안전보건관련자 직무교육 (5) 위험성평가 절차, 유해·위험요인 파악방법 및 위험성 추정방법 (6) 건설업체 사고사망만인율의 산정목적, 대상, 산정방법 (7) 밀폐공간 작업프로그램 및 확인사항 (8) 건설현장의 임시소방시설 종류와 임시소방시설을 설치해야하는 화재위험작업
		논술	(1) 건설공사에서 사용되는 자재의 유해인자 중 유기용제와 중금속에 의한 근로자의 보건상 조치에 대하여 설명하시오. (2) 건설현장 작업 시 근골격계 질환의 재해원인과 예방대책에 대하여 설명하시오. (3) 건설업 KOSHA-MS의 인증절차, 심사종류 및 인증취소조건에 대하여 설명하시오. (4) 산업안전보건법령상 도급사업에 따른 산업재해 예방조치, 설계변경 요청대상 및 설계변경 요청 시 첨부서류에 대하여 설명하시오. (5) 산업안전보건법과 중대재해처벌법의 목적을 설명하고, 중대재해처벌법의 사업주와 경영책임자 등의 안전 및 보건 확보의무 주요 4가지 사항에 대하여 설명하시오.
	건설기술 진흥법	논술	(1) 지하안전평가 대상사업, 평가항목 및 방법에 대하여 설명하시오. (2) 시공자가 수행하여야 하는 안전점검의 목적, 종류 및 안전점검표 작성에 대하여 설명하고, 법정 (산업안전보건법, 건설기술 진흥법) 안전점검에 대하여 설명하시오. (3) 건설현장의 굴착기 작업 시 재해유형별 안전대책과 인양작업이 가능한 굴착기의 충족조건에 대하여 설명하시오.
	시설물안전법	용어	(1) 시설물 안전진단 시 콘크리트 강도시험방법
	안전관리	용어	(1) 버드(Frank E. Bird)의 재해 연쇄성 이론 (2) 산업심리에서 성격 5요인(Big 5 Factor)
		논술	(1) Risk Management의 종류, 순서 및 목적에 대하여 설명하시오. (2) 고령근로자의 재해 발생원인과 예방대책에 대하여 설명하시오.
기술 부문	가설공사	논술	(1) 비계의 설계 시 고려해야 할 하중에 대하여 설명하시오. (2) 시스템비계 설치 및 해체공사 시 안전사항에 대하여 설명하시오.
	토공사 기초공사	논술	(1) 흙막이공사의 시공계획 수립 시 포함되어야 할 내용과 시공 시 관리사항을 설명하시오. (2) 사면붕괴의 종류와 형태 및 원인을 설명하고 사면의 불안정 조사방법과 안정 검토 방법 및 사면의 안정대책에 대하여 설명하시오.
	철근/콘크리트 공사	용어	(1) RC구조물의 철근부식 및 방지대책 (2) 알칼리골재반응
		논술	콘크리트 타설 중 이어치기 시공 시 주의사항에 대하여 설명하시오.
	철골	–	–
	기계, 장비	–	–
	해체	논술	압쇄기를 사용하는 구조물 해체공사 작업계획 수립 시 안전대책에 대하여 설명하시오.
	터널	논술	터널공사에서 작업환경 불량요인과 개선대책에 대하여 설명하시오.
	교량	논술	철근콘크리트 교량의 상부구조물인 슬래브(상판) 시공 시 붕괴원인과 안전대책에 대하여 설명하시오.

구분			기출문제
법규 및 이론	산업안전보건법	용어	(1) 중대산업재해 및 중대시민재해 (2) 안전인증대상 기계 및 보호구의 종류 (3) 산업안전보건법상 산업재해발생 시 보고체계
		논술	(1) 안전보건개선계획 수립대상과 진단보고서에 포함될 내용을 설명하시오. (2) 산업안전보건법에 정하는 건설공사 발주자의 산업재해 예방조치 의무를 계획단계·설계단계·시공단계로 나누고 각 단계별 작성항목과 내용을 설명하시오. (3) 건설작업용 리프트의 조립해체작업 및 운행에 따른 위험성평가 시 사고유형과 안전대책에 대하여 설명하시오.
	건설기술 진흥법	용어	(1) 건설공사 시 설계안전성검토 절차 (2) 건설기계관리법상 건설기계안전교육 대상과 주요내용
		논술	(1) 양중기의 방호장치 종류 및 방호장치가 정상적으로 유지될 수 있도록 작업시작 전 점검사항에 대하여 설명하시오. (2) 타워크레인의 성능 유지관리를 위한 반입 전 안전점검항목과 작업 중 안전점검항목을 설명하시오.
	시설물안전법	논술	(1) 건설기술 진흥법 및 시설물의 안전 및 유지관리에 관한 특별법에서 정의하는 안전점검의 목적, 종류, 점검시기 및 내용에 대하여 설명하시오.
	안전관리	용어	(1) 지붕 채광창 안전덮개 제작기준
		논술	(1) 미세먼지가 건설현장에 미치는 영향과 안전대책 그리고 예보등급을 설명하시오. (2) 건설현장의 근로자 중에 주의력 있는 근로자와 부주의한 현상을 보이는 근로자가 있다. 부주의한 근로자의 사고를 예방할 수 있는 안전대책에 대하여 설명하시오. (3) 건설현장의 스마트 건설기술 개념 스마트 안전장비의 종류 및 스마트 안전관제시스템 향후 스마트 기술 적용 분야에 대하여 설명하시오. (4) 화재발생메커니즘(연소의 3요소)에 대하여 설명하고, 건설현장에서 작업 중 발생할 수 있는 화재 및 폭발발생유형과 예방대책에 대하여 설명하시오. (5) 건설현장의 돌관작업을 위한 계획 수립 시 재해예방을 위한 고려사항과 돌관작업현장의 안전관리방안을 설명하시오. (6) 건설현장의 재해가 근로자, 기업, 사회에 미치는 영향에 대하여 설명하시오.
기술부문	가설공사	용어	(1) 가설계단의 설치기준 (2) 작업의자형 달비계 작업 시 안전대책
		논술	(1) 풍압이 가설구조물에 미치는 영향과 안전대책에 대하여 설명하시오. (2) 낙하물 방지망의 ① 구조 및 재료 ② 설치기준 ③ 관리기준을 설명하시오. (3) 시스템동바리 조립 시 가새의 역할 및 설치기준, 시공 시 검토해야 할 사항에 대하여 설명하시오. (4) 수직보호망의 설치기준, 관리기준, 설치 및 사용 시 안전유의사항에 대하여 설명하시오.
	토공사 기초공사	용어	(1) 밀폐공간 작업 시 사전 준비사항 (2) 얕은기초의 하중-침하 거동 및 지반의 파괴유형 (3) 항타·항발기 사용현장의 사전조사 및 작업계획서 내용
		논술	해빙기 건설현장에서 발생할 수 있는 재해 위험 요인별 안전대책과 주요 점검사항을 설명하시오.
	철근/콘크리트 공사	용어	(1) 콘크리트의 물-결합재비 (2) 거푸집 측면에 작용하는 콘크리트 타설 시 측압결정방법
	철골	–	–
	기계, 장비	–	–
	해체	–	–
	터널	논술	(1) 터널굴착 시 터널붕괴사고 예방을 위한 터널막장면의 굴착보조공법에 대하여 설명하시오.
	교량	–	–

구분			기출문제
법규 및 이론	산업안전보건법	논술	(1) 위험성평가의 정의, 단계별 절차를 설명하시오. (2) 산업안전보건법령상 유해위험방지계획서 제출대상 및 작성내용을 설명하시오. (3) 중대재해처벌법상 중대재해의 정의, 의무주체, 보호대상, 적용범위, 의무내용 처벌수준에 대하여 설명하시오. (4) 산업안전보건법령상 안전보건관리체제에 대한 이사회 보고·승인 대상 회사와 안전 및 보건에 관한 계획수립 내용에 대하여 설명하시오.
	건설기술 진흥법	논술	(1) 지하안전관리에 관한 특별법 시행규칙상 지하시설물관리자가 안전점검을 실시하여야 하는 지하시설물의 종류를 기술하고, 안전점검의 실시시기 및 방법과 안전점검 결과에 포함되어야 할 내용에 대하여 설명하시오.
	시설물안전법	용어	(1) 시설물의 안전진단을 실시해야 하는 중대한 결함
	안전관리	용어	(1) 산업안전심리학에서 인간, 환경, 조직특성에 따른 사고요인 (2) 하인리히(Heinrich)와 버드(Bird)의 사고 연쇄성 이론 5단계와 재해발생비율
		논술	(1) 재해조사 시 단계별 조사내용과 유의사항을 설명하시오. (2) 악천후로 인한 건설현장의 위험요인과 안전대책에 대하여 설명하시오. (3) 건설현장에서 가설전기 사용에 의한 전기감전 재해의 발생원인과 예방대책에 대하여 설명하시오. (4) 건설현장에서 전기용접 작업 시 재해유형과 안전대책에 대하여 설명하시오.
기술부문	가설공사	용어	(1) 타워크레인을 자립고 이상의 높이로 설치할 경우 지지방법과 준수사항 (2) 가설경사로 설치기준
		논술	(1) 낙하물방지망의 정의, 설치방법, 설치 시 주의사항, 설치·해체 시 추락 방지대책에 대하여 설명하시오. (2) 시스템동바리의 구조적 특징과 붕괴발생원인 및 방지대책을 설명하시오.
	토공사 기초공사	용어	(1) 흙막이 지보공을 설치했을 때 정기적으로 점검해야 할 사항 (2) 주동토압, 수동토압, 정지토압 (3) 지반 등을 굴착하는 경우 굴착면의 기울기 (4) 언더피닝(Underpinning) 공법의 종류별 특성 (5) 보강토옹벽의 파괴유형과 파괴 방지대책에 대하여 설명하시오.
	철근/콘크리트 공사	용어	(1) 콘크리트 구조물의 연성파괴와 취성파괴 (2) 콘크리트 온도제어양생
		논술	(1) 펌프카를 이용한 콘크리트 타설 시 안전작업절차와 타설 작업 중 발생할 수 있는 재해유형과 안전대책에 대하여 설명하시오. (2) 한중콘크리트 시공 시 문제점과 안전관리대책에 대하여 설명하시오. (3) 콘크리트 타설 후 체적 변화에 의한 균열의 종류와 관리방안을 설명하시오. (4) 콘크리트 내구성 저하 원인과 방지대책에 대하여 설명하시오.
	철골	–	–
	기계, 장비	–	–
	해체	논술	(1) 노후화된 구조물 해체공사 시 사전조사항목과 안전대책에 대하여 설명하시오.
	터널	용어	(1) 터널 제어발파 (2) 암반의 파쇄대(Fracture Zone)
		논술	(1) 터널 굴착공법의 사전조사 사항 및 굴착공법의 종류를 설명하고 터널 시공 시 재해유형과 안전관리 대책에 대하여 설명하시오.
	교량	–	–

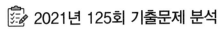

구분			기출문제
법규 및 이론	산업안전보건법	용어	(1) 사전작업허가제(PTW : Permit To Work) (2) 건설공사 발주자의 산업재해예방 조치
		논술	(1) 산업안전보건법령상 안전교육의 종류를 열거하고, 아파트 리모델링 공사 중 특별안전교육 대상 작업의 종류 및 교육내용에 대하여 설명하시오. (2) 산업안전보건기준에 관한 규칙상 건설공사에서 소음작업, 강렬한 소음작업, 충격소음작업에 대한 소음기준을 작성하고, 그에 따른 안전관리 기준에 대하여 설명하시오. (3) 중대재해 발생 시 산업안전보건법령에서 규정하고 있는 사업주의 조치 사항과 고용노동부장관의 작업중지 조치 기준 및 중대재해 원인조사 내용에 대하여 설명하시오. (4) 건설업 KOSHA-MS 관련 종합건설업체 본사분야의 리더십과 근로자의 참여 인증항목 중 리더십과 의지표명, 근로자의 참여 및 협의 항목의 인증기준에 대하여 설명하시오.
	건설기술 진흥법	논술	(1) 건설기술 진흥법령에서 규정하고 있는 건설공사의 안전관리조직과 안전관리비용에 대하여 설명하시오.
	시설물안전법	논술	(1) 제3종 시설물의 정기안전점검 계획수립 시 고려하여야 할 사항과 정기안전점검 시 점검항목 및 점검방법에 대하여 설명하시오.
	안전관리	용어	(1) 기계설비의 고장곡선 (2) 열사병 예방 3대 기본수칙 및 응급상황 시 대응방법 (3) Fail safe 와 Fool proof
		논술	(1) 하절기 집중호우로 인한 제방 붕괴의 원인 및 방지대책에 대하여 설명하시오. (2) 재해손실 비용 산정 시 고려사항 및 Heinrich 방식과 Simonds 방식을 비교 설명하시오. (3) 휴먼에러(Human Error)의 분류에 대하여 작성하고, 공사 계획단계부터 사용 및 유지관리 단계에 이르기까지 각 단계별로 발생될 수 있는 휴먼에러에 대하여 설명하시오.
기술 부문	가설공사	용어	(1) 개구부 방호조치 (2) 추락방호망 (3) 이동식 사다리의 사용기준
		논술	(1) 기존 시스템비계의 문제점과 안전난간 선조립비계의 안전성 및 활용방안에 대하여 설명하시오. (2) 시스템 동바리 설치 시 주의사항과 안전사고 발생원인 및 안전관리 방안에 대하여 설명하시오. (3) 건설현장에서 사용되는 고소작업대(차량탑재형)의 구성요소와 안전작업 절차 및 작업 중 준수사항에 대하여 설명하시오.
	토공사 기초공사	용어	(1) 지반개량공법의 종류 (2) 토석붕괴의 외적원인 및 내적원인 (3) 절토 사면의 계측항목과 계측기기 종류
		논술	(1) 도심지 공사에서 흙막이 공법 선정 시 고려사항, 주변 침하 및 지반 변위 원인과 방지대책에 대하여 설명하시오.
	철근/콘크리트 공사	논술	(1) 건축물의 PC(Precast Concrete)공사 부재별 시공 시 유의사항과 작업 단계별 안전관리 방안에 대하여 설명하시오. (2) 무량판 슬래브와 철근 콘크리트 슬래브를 비교 설명하고, 무량판 슬래브 시공 시 안전성 확보 방안에 대하여 설명하시오. (3) 철근콘크리트 공사 단계별 시공 시 유의사항과 안전관리 방안에 대하여 설명하시오.
	철골	논술	(1) 데크 플레이트(Deck Plate) 공사 단계별 시공 시 유의사항과 안전사고 유형 및 안전관리 방안에 대하여 설명하시오.
	기계, 장비	용어	(1) 지게차작업 시 재해예방 안전조치 (2) 곤돌라 안전장치의 종류
	해체	논술	(1) 도심지 공사에서 구조물 해체 시 사전조사 사항과 안전사고 유형 및 안전관리 방안에 대하여 설명하시오.
	터널	–	–
	교량	–	–

구분			기출문제
법규 및 이론	산업안전보건법	용어	(1) 스마트 추락방지대 (2) 산업안전보건법상 사업주의 의무 (3) 산업안전보건법상 조도기준 및 조도기준 적용 예외 (4) 화재 위험작업 시 준수사항 (5) 이동식 크레인 양중작업 시 지반 지지력에 대한 안정성 검토
		논술	(1) 위험성평가 진행절차와 거푸집 동바리공사의 위험성평가표에 대하여 설명하시오. (2) 건설현장에서 작업 전, 작업 중, 작업종료 전, 작업종료 시의 단계별 안전관리 활동에 대하여 설명하시오.
	건설기술 진흥법	용어	(1) 건설기술 진흥법상 건설공사 안전관리 종합정보망(C.S.I) (2) 건설기술 진흥법상 소규모 안전관리계획서 작성 대상사업과 작성대상
		논술	(1) 스마트 건설기술을 적용한 안전교육 활성화 방안과 설계ㆍ시공 단계별 스마트 건설기술 적용방안에 대하여 설명하시오.
	시설물안전법	논술	(1) 공용중인 철근콘크리트 교량의 안전점검 및 정밀안전진단 주기와 중대결함종류, 보수ㆍ보강 시 작업자 안전대책에 대하여 설명하시오.
	안전관리	용어	(1) 헤르만 에빙하우스의 망각곡선 (2) 산소결핍에 따른 생리적 반응 (3) 등치성 이론
		논술	(1) 건설현장의 고령 근로자 증가에 따른 문제점과 안전관리방안에 대해서 설명하시오. (2) 재해통계의 필요성과 종류, 분석방법 및 통계 작성 시 유의사항에 대하여 설명하시오. (3) 건설공사장 화재발생 유형과 화재예방대책, 화재 발생 시 대피요령에 대하여 설명하시오.
기술 부문	가설공사	논술	(1) 갱폼(Gang Form) 현장 조립 시 안전설비기준 및 설치ㆍ해체 시 안전대책에 대하여 설명하시오. (2) 낙하물방지망 설치기준과 설치작업 시 안전대책에 대하여 설명하시오. (3) 강관비계의 설치기준과 조립ㆍ해체 시 안전대책에 대하여 설명하시오.
	토공사 기초공사	논술	(1) 도로공사 시 사면붕괴형태, 붕괴원인 및 사면안정공법에 대하여 설명하시오. (2) 운행 중인 도시철도와 근접하여 건축물 신축 시 흙막이공사(H-pile+토류판, 버팀보)의 계측관리계획(계측항목, 설치위치, 관리기준)과 관리기준 초과 시 안전대책에 대하여 설명하시오.
	철근/콘크리트 공사	용어	(1) 거푸집에 작용하는 콘크리트 측압에 영향을 주는 요인 (2) 강재의 연성파괴와 취성파괴 (3) 온도균열
		논술	(1) 콘크리트 구조물의 복합열화 요인 및 저감대책에 대하여 설명하시오. (2) 계단형상으로 조립하는 거푸집 동바리 조립 시 준수사항과 콘크리트 펌프카 작업 시 유의사항에 대하여 설명하시오.
	철골	논술	(1) 강구조물의 용접결함의 종류를 설명하고, 이를 확인하기 위한 비파괴검사 방법 및 용접 시 안전대책에 대하여 설명하시오.
	기계, 장비	논술	(1) 타워크레인의 재해유형 및 구성부위별 안전검토사항과 조립ㆍ해체 시 유의사항에 대하여 설명하시오.
	해체	논술	(1) 압쇄장비를 이용한 해체공사 시 사전검토사항과 해체 시공계획서에 포함사항 및 해체 시 안전관리사항에 대하여 설명하시오.
	터널	논술	(1) 도심지 도시철도 공사 시 소음ㆍ진동 발생작업 종류, 작업장 내ㆍ외 소음ㆍ진동 영향과 저감방안에 대하여 설명하시오.
	교량	–	–

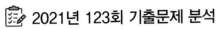

구분			기출문제
법규 및 이론	산업안전보건법	단답	(1) 항타기 및 항발기 사용 시 안전조치사항 (2) 물질안전보건자료(MSDS) (3) 산업안전보건법상 산업재해 발생건수 등 공표대상 사업장 (4) 산업안전보건법에 따른 위험성 평가의 절차
		논술	(1) 건설공사 중에 가설구조물의 붕괴 등으로 산업재해가 발생할 위험이 있을 때 건설공사 발주자에게 설계변경을 요청하는 대상「산업안전보건법」제71조, 전문가 범위 및 설계변경 요청 시 첨부서류를 설명하시오. (2) 지게차의 운전자격 기준 및 지게차 운전원의 안전교육에 대하여 설명하시오. (3) 건설현장에서 화재감시자의 배치기준과 화재위험작업 시 준수사항에 대하여 설명하시오. (4) 건설현장 근로자에게 실시하여야 할 안전보건교육의 종류 및 교육내용에 대하여 설명하시오. (5) 밀폐공간 작업 시 안전작업절차, 안전점검사항 및 관리감독자의 업무에 대하여 설명하시오. (6) 건설재해예방 전문지도기관의 인력·시설 및 장비 등의 요건, 기술지도업무 및 횟수에 대하여 설명하시오. (7) 건설현장에서 사용하는 안전검사 대상기계 등의 종류, 안전검사의 신청 및 안전검사 주기에 대하여 설명하시오.
	건설기술 진흥법	단답	DFS(Design For Safety)
	시설물안전법	논술	(1) 철근콘크리트구조 건축물의 경과연수에 따른 성능저하 원인, 보수·보강공법의 시공방법과 안전대책에 대하여 설명하시오.
	안전관리	단답	(1) 무재해운동 세부추진기법 중 5C운동 (2) 산업재해 발생 시 조치사항 및 처리절차 (3) 안전교육의 학습목표와 학습지도 (4) 플립러닝(Flipped Learning) (5) 산업심리에서 어둠의 3요인
		논술	(1) 인간과오(Human Error)의 배후요인 및 예방대책에 대하여 설명하시오. (2) 인간의 작업강도에 따른 에너지 대사율(RMR)을 구분하고, 작업 중 부주의에 대하여 설명하시오.
기술부문	가설공사	논술	(1) 건설현장에서 콘크리트 타설 중 거푸집 및 동바리의 붕괴재해 원인 및 안전대책에 대하여 설명하시오. (2) 가설공사 중 시스템동바리의 설치 및 해체 시 준수사항에 대하여 설명하시오.
	토공사 기초공사	논술	(1) 절토사면의 낙석대책을 위한 보강공법과 방호공법의 종류 및 특징에 대하여 설명하시오. (2) 건설현장의 지하굴착공사 시 흙막이 가시설공법의 특징(H-Pile+토류판, 어스앵커공법), 시공단계별 사고유형 및 안전대책에 대하여 설명하시오. (3) 상수도 매설공사의 지중매설관로에서 발생할 수 있는 금속강관의 부식 원인 및 방지대책에 대하여 설명하시오.
	RC공사	단답	(1) 콘크리트에 사용하는 감수제의 효과 (2) 콘크리트의 비파괴시험
	철골	단답	(1) 철골구조물의 내화피복
	기계, 장비	논술	(1) 건설공사용 타워크레인(Tower Crane)의 종류별 특징과 기초방식에 따른 전도방지대책에 대하여 설명하시오.
	해체	논술	(1) 구조물의 해체공사를 위한 공법의 종류 및 작업상 안전대책에 대하여 설명하시오.
	터널	논술	(1) 전기식 뇌관과 비전기식 뇌관의 특성 및 발파현장에서 화약류 취급 시 유의사항에 대하여 설명하시오.
	교량	–	–

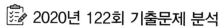
구분			기출문제
법규 및 이론	산업안전보건법	용어	(1) 산업안전보건법령상 특별안전보건교육 대상작업 (2) 건설공사 단계별 작성해야 하는 안전보건대장의 종류
		논술	(1) 타워크레인의 신호작업에 종사하는 일용근로자의 교육시간, 교육내용 및 효율적 교육실시 방안에 대하여 설명하시오. (2) 건설업 안전보건경영시스템 규격인 KOSHA 18001과 KOSHA – MS를 비교하고, 새로 추가된 KOSHA – MS 인증기준 구성요소에 대하여 설명하시오. (3) 안전보건관리규정의 필요성 및 작성 시 유의사항에 대하여 설명하시오.
	건설기술 진흥법	–	
	시설물안전법	논술	(1) 콘크리트 구조물에 화재가 발생하였을 때 콘크리트 손상평가 방법과 보수, 보강 대책에 대하여 설명하시오.
	안전관리	용어	(1) Man – Machine System의 기본기능 (2) 안전설계기법의 종류 (3) 휴식시간 산출식
		논술	(1) 건설현장 인적 사고요인이 되는 부주의 발생원인과 방지대책을 설명하시오. (2) 건설근로자의 직무스트레스 요인 및 예방을 위한 관리감독자의 활동에 대하여 설명하시오. (3) 장마철 아파트현장 위험요인별 안전대책에 대하여 설명하시오. (4) 재해손실비 산정 시 고려사항과 평가방식의 종류에 대하여 설명하시오. (4) 건설현장에서 코로나19 예방 및 확산 방지를 위한 조치사항에 대하여 설명하시오. (5) 해저드(Hazard)와 리스크(Risk)를 비교하고, 위험감소대책(Hierarchy Of Controls)에 대하여 설명하시오.
기술부문	가설공사	용어	(1) 와이어로프 사용가능 여부 및 폐기기준(단, 공칭지름이 30mm인 와이어로프가 현재 28.9mm이다.) (2) 건축공사 시 동바리 설치 높이가 3.5m 이상일 경우 수평연결재 설치 이유
		논술	(1) 건축공사 시 연속 거푸집 공법의 특징, 시공 시 유의사항과 안전대책에 대하여 설명하시오.
	토공사 기초공사	용어	(1) 아칭(Arching)현상 (2) SMR(Slope Mass Rating) 분류 (3) 연약지반 사질토 개량공법의 종류 (4) 흙의 다짐에 영향을 주는 요인
		논술	(1) 도심지 아파트건설공사 지반굴착 시 지하수위 저하에 따른 피해저감 대책에 대하여 설명하시오. (2) 건설공사에서 케이슨공법(Caisson method)의 종류 및 안전시공대책에 대하여 설명하시오. (3) 도시철도 개착 정거장 굴착공사 중에 발생할 수 있는 재해유형, 원인 및 안전대책에 대하여 설명하시오.
	철근/콘크리트 공사	용어	(1) 콘크리트 구조물에서 발생하는 화학적 침식 (2) 펌퍼빌러티(Pumpability)
	철골	–	
	기계, 장비	논술	(1) 건설현장에서 사용되는 차량계 건설기계의 작업계획서 내용, 재해유형과 안전대책에 대하여 설명하시오.
	철거, 해체	논술	(1) 건축구조물 해체공사 시 발생할 수 있는 재해유형과 안전대책에 대하여 설명하시오.
	터널	논술	(1) 터널공사에서 여굴의 원인과 최소화 대책에 대하여 설명하시오.
	교량	논술	(1) 강교 가조립의 순서, 가설공법의 종류와 안전대책에 대하여 설명하시오.

2020년 121회 기출문제 분석

구분			기출문제
법규 및 이론	산업안전보건법	용어	(1) 안전보호구 종류 (2) 특수형태 근로자 (3) 산업안전보건법상 건설공사 발주단계별 조치사항 (4) 유해·위험의 사내 도급금지 대상 (5) 건설재해예방 기술지도 횟수
		논술	(1) 건설업체의 산업재해예방활동 중 실적 평가에 대하여 설명하시오. (2) 근골격계 부담작업의 종류 및 예방프로그램에 대하여 설명하시오.
	건설기술 진흥법	용어	(1) 스마트 안전장비
		논술	(1) 건설기술 진흥법상 구조적 안전성을 확인해야 하는 가설구조물의 종류를 설명하시오. (2) 건설기술 진흥법에 의한 안전관리계획 수립 대상공사에 대하여 설명하시오. (3) 건설공사 현장의 안전점검 조사항목 및 세부시험 종류에 대하여 설명하시오.
	시설물안전법	–	–
	안전관리	용어	(1) RMR(Relative Metabolic Rate)과 작업강도
		논술	(1) 최근 건축신축 마감공사 현장에서 용접·용단 작업 시 부주의로 인한 화재사고가 발생하여 사회문제화되고 있다. 용접·용단 작업 시의 화재사고 원인과 방지대책에 대하여 설명하시오.
기술 부문	가설공사	용어	(1) 강관비계 조립 시 준수사항
		논술	(1) 작업발판 일체형 거푸집 종류 및 조립·해체 시 안전대책을 설명하시오. (2) 건설작업용 리프트의 설치·해체 시 재해예방 대책을 설명하시오. (3) 사다리식 통로 설치 시 준수사항에 대하여 설명하시오.
	토공사 기초공사	용어	(1) 흙막이공법 선정 시 유의사항
		논술	(1) 보강토옹벽의 파괴유형과 방지대책을 설명하시오. (2) 관로시공을 위한 굴착공사 시 발생하는 붕괴사고의 원인과 예방대책에 대해 설명하시오. (3) 구조물 등의 인접작업 시 다음의 경우에 준수하여야 할 사항에 대하여 각각 설명하시오. 　1) 지하매설물이 있는 경우 　2) 기존구조물이 인접하여 있는 경우 (4) 옹벽구조물공사 시 지하수로 인한 문제점 및 안전성 확보방안에 대하여 설명하시오.
	철근/콘크리트 공사	용어	(1) CPB(Concrete Placing Beam)의 설치방식 (2) 콘크리트 배합설계 순서
		논술	(1) 콘크리트 타설 후 발생하는 초기균열의 종류별 발생원인 및 예방대책에 대하여 설명하시오. (2) 거푸집 및 동바리에 작용하는 하중에 대하여 설명하시오.
	철골	논술	(1) 철골조 공장 신축공사 중 발생할 수 있는 재해유형을 열거하고 사전 검토사항 및 안전대책에 대하여 설명하시오.
	기계, 장비	논술	(1) 차량계 건설기계의 종류 및 안전대책에 대하여 설명하시오.
	철거, 해체	–	–
	철골공사	용어	(1) 용접결함의 종류
		논술	(1) 지진의 규모 및 진도
	교량	용어	(1) 지진의 규모 및 진도
		논술	(1) FCM(Free Cantilever Method) 공법의 특징과 가설 시 안전대책에 대하여 설명하시오.

📋 2020년 120회 기출문제 분석

구분			기출문제
법규 및 이론	산업안전보건법	단답	(1) 안전보건조정자
		논술	(1) 위험성평가 종류별 실시시기와 위험성 감소대책 수립·실행 시 고려사항을 설명하시오. (2) 건설업 KOSHA MS 관련 종합건설업체 본사분야의 '리더십과 근로자의 참여' 인증항목 중 리더십과 의지표명, 근로자의 참여 및 협의 항목의 인증기준에 대하여 설명하시오. (3) 건설공사 발주자의 산업재해예방조치와 관련하여 발주자와 설계자 및 시공자는 계획, 설계, 시공 단계에서 안전관리대장을 작성해야 한다. 안전관리대장의 종류 및 작성사항에 대하여 설명하시오.
	건설기술 진흥법	단답	(1) 건설기술 진흥법에 따른 건설사고조사위원회를 구성하여야 하는 중대건설사고의 종류
		논술	(1) 건설기술 진흥법에서 정한 벌점의 정의와 콘크리트면의 균열 발생 시 건설사업자 및 건설기술인에 대한 벌점 측정기준과 벌점 적용절차에 대하여 설명하시오. (2) 25층 건축물 건설공사 시 건설기술 진흥법에서 정한 안전점검의 종류와 실시시기 및 내용에 대하여 설명하시오. (3) 건설기술 진흥법에서 정한 설계의 안전성 검토 대상과 절차 및 설계안전검토보고서에 포함되어야 하는 내용에 대하여 설명하시오.
	시설물안전법	단답	(1) 안전화의 종류, 가죽제 안전화 완성품에 대한 시험성능기준 (2) 내진설계 일반(국토교통부 고시)에서 정한 건축물 내진등급
		논술	(1) 기업 내 정형교육과 비정형교육을 열거하고 건설안전교육 활성화 방안에 대하여 설명하시오.
	안전심리	단답	(1) 건설업 장년(고령)근로자 신체적 특징과 이에 따른 재해예방대책 (2) 가현운동 (3) 자신과잉
		논술	(1) 인간공학에서 실수의 분류를 열거하고 실수의 원인과 대책에 대하여 설명하시오. (2) 인간행동방정식과 P와 E의 구성요인을 열거하고, 운전자 자각반응시간에 대하여 설명하시오.
기술부문	가설공사	논술	(1) 통로용 작업발판
		단답	(1) 건설현장에서 타워크레인의 안전사고를 예방하기 위한 안전성 강화방안의 주요 내용에 대하여 설명하시오. (2) 지게차의 작업 상태별 안정도 및 주요 위험요인을 열거하고, 재해예방을 위한 안전대책에 대하여 설명하시오.
	철거/해체	논술	(1) 노후 건축물 해체·철거공사 시 발생한 붕괴사고 사례를 열거하고, 붕괴사고 발생원인 및 예방대책에 대하여 설명하시오.
	토공사 기초공사	단답	(1) 페이스 맵핑(Face Mapping) (2) 항타기 및 항발기 넘어짐 방지 및 사용 시 안전조치사항 (3) Piping 현상
		논술	(1) 도심지에서 흙막이 벽체 시공 시 근접구조물의 지반침하가 발생하는 원인 및 침하방지대책에 대하여 설명하시오.
	RC공사	단답	(1) 암반의 암질지수(RQD : Rock Quality Designation) (2) 콘크리트 침하균열(Settlement Crack)
		논술	(1) 숏크리트(Shotcrete) 타설 시 리바운드(Rebound)량이 증가할수록 품질이 저하되는데 숏크리트 리바운드 발생 원인과 저감 대책을 설명하시오. (2) 콘크리트 구조물의 열화에 영향을 미치는 인자들의 상호 관계 및 내구성 향상을 위한 방안에 대하여 설명하시오.
	철골공사	논술	(1) 데크플레이트 설치공사 시 발생하는 유형과 시공 단계별 고려사항, 문제점 및 안전관리 강화방안에 대하여 설명하시오.
	교량	논술	(1) 교량공사 중 발생하는 교대의 측방유동 발생원인 및 방지대책에 대하여 설명하시오. (2) 교량 받침(Bearing)의 파손 발생원인 및 방지대책에 대하여 설명하시오.

📋 2019년 119회 기출문제 분석

구분		기출문제
법규 및 이론부문	산업안전보건법	〈논술〉 (1) 건설공사에서 작업 중지 기준을 설명하시오.
	건설기술 진흥법	〈단답〉 (1) 안전점검 등 성능평가를 실시할 수 있는 책임기술자의 자격 (2) 지하안전영향평가 대상 및 방법 〈논술〉 (1) 안전관리계획서 작성내용 중 건축공사 주요 공종별 검토항목에 대하여 설명하시오. (2) 건설기술 진흥법상 건설사업관리기술자의 공사 시행 중 안전관리업무에 대하여 설명하시오.
	시설물안전법	〈단답〉 (1) 시설물의 중대한 결함 〈논술〉 (1) 산업안전보건법, 건설기술 진흥법, 시설물의 안전 및 유지관리에 관한 특별법에 따른 안전점검 종류를 구분하고, 시설물의 안전 및 유지관리에 관한 특별법상 정밀안전진단 실시시기 및 상태평가방법에 대하여 설명하시오.
	안전관리	〈단답〉 (1) 웨버(Weaver)의 사고연쇄반응이론 (2) 안전심리 5대 요소 〈논술〉 (1) 건설현장의 사고와 재해의 위험요인(기계적 위험, 화학적 위험, 작업적 위험)과 이에 대한 재해예방대책을 설명하시오. (2) 재해발생 원인 중 정전기 발생 메커니즘과 정전기에 의한 화재 및 폭발 예방대책에 대하여 설명하시오. (3) '건설현장 추락사고방지 종합대책'에 따른 공사현장 추락사고 방지대책을 설계단계와 시공단계로 나누어 설명하시오. (4) 건설현장의 작업환경측정기준과 작업환경개선대책에 대하여 설명하시오. (5) 건축구조물의 내진성능향상 방법에 대하여 설명하시오.
기술부문	가설	〈단답〉 (1) 안전난간의 구조 및 설치요건 〈논술〉 (1) 시스템동바리의 붕괴유발요인 및 설계단계의 안전성 확보방안에 대하여 설명하시오.
	토공사 기초공사	〈단답〉 (1) 흙의 간극비(Void Ratio) (2) Quick Sand (3) 건설공사 안전관리 종합정보망(CSI) (4) 암반사면의 붕괴형태 〈논술〉 (1) 지반의 동상현상이 건설구조물에 미치는 피해사항 및 발생원인과 방지대책을 설명하시오. (2) 건축구조물의 부력 발생원인과 부상방지 공법별 특징 및 중점안전관리대책에 대하여 설명하시오.
	RC공사	〈단답〉 (1) 봉함양생 (2) 과소철근보 〈논술〉 (1) 콘크리트 구조물에 작용하는 하중의 종류를 기술하고 이에 대한 균열의 특징과 제어대책에 대하여 설명하시오. (2) 거푸집에 작용되는 설계하중의 종류와 콘크리트 타설 시 콘크리트 측압의 감소방안을 설명하시오. (3) 창호와 유리의 요구성능을 각각 설명하고, 유리가 열에 의한 깨짐 현상의 원인과 방지대책에 대하여 설명하시오.
	철골공사	〈논술〉 (1) 강재구조물의 현장 비파괴시험법을 설명하시오.
	교량	〈단답〉 (1) 프리캐스트 새그멘탈 공법(Prestcast Segmental Method) 〈논술〉 (1) 허용응력설계법과 극한강도설계법으로 교량의 내하력을 평가하는 방법을 설명하시오. (2) 건설공사 중 FCM 공법에서 사용하는 교량용 이동식 가설구조물의 안전관리 방안에 대하여 설명하시오.

📋 2019년 118회 기출문제 분석

구분		기출문제
법규 및 이론 부문	산업안전보건법	〈논술〉(1) 건설업체의 산업재해예방활동 실적평가 제도에 대하여 설명하시오. (2) 정부에서 추진 중인 산재 사망사고 절반 줄이기 대책의 건설 분야 발전방안에 대하여 설명하시오. (3) 옥외작업자를 위한 미세먼지 대응 건강보호 가이드에 대하여 설명하시오. (4) 건설업에 해당하는 특별안전보건교육의 대상 및 교육시간에 대하여 설명하시오.
	건설기술 진흥법	〈단답〉(1) 설계안정성검토(Design For Safety) 절차 〈논술〉(1) 건설공사의 진행단계별 발주자의 안전관리 업무에 대하여 설명하시오.
	시설물안전법	〈단답〉(1) 제3종시설물 지정대상 중 토목분야 범위
	안전관리	〈단답〉(1) 작업자의 스트레칭(Streching) 필요성, 방법 및 효과 (2) TBM(Tool Box Meeting) 효과 및 방법 〈논술〉(1) 재해의 원인 분석방법 및 재해통계의 종류에 대하여 설명하시오. (2) 불안전한 행동의 배후요인 중 피로의 종류, 원인 및 회복대책에 대하여 설명하시오.
	총론	〈단답〉(1) 건축물의 지진발생 시 견딜 수 있는 능력 공개대상 〈논술〉(1) 건설공사의 진행단계별 발주자의 안전관리 업무에 대하여 설명하시오. (2) 지진의 특성 및 발생원인과 건축구조물의 내진설계 시 유의사항에 대하여 설명하시오.
	가설	〈단답〉(1) 통로발판 설치 시 준수사항 (2) 안전대의 종류 및 최하사점 (3) 이동식사다리의 안전작업 기준 (4) 풍압이 가설구조물에 미치는 영향 〈논술〉(1) 차량탑재형 고소작업대의 출입문 안전조치와 사용 시 안전대책에 대하여 설명하시오.
기술 부문	토공사 기초공사	〈단답〉(1) 지반 액상화 현상의 발생원인, 영향 및 방지대책 (2) 철근콘크리트의 수직·수평분리타설 시 유의사항 〈논술〉(1) 흙으로 축조되는 노반 구조물의 압밀과 다짐에 대하여 설명하시오. (2) 도심지 건설현장에서의 지하연속벽 시공 시 안정액의 정의, 역할, 요구조건 및 사용 시 주의사항에 대하여 설명하시오.
	RC공사	〈단답〉(1) 철근콘크리트 공사에서의 철근 피복두께와 간격 (2) 철근콘크리트의 부동태피막 〈논술〉(1) 무량판 슬래브의 정의, 특징 및 시공 시 유의사항에 대하여 설명하시오. (2) 건설현장에서 철근의 가공조립 및 운반 시 준수사항에 대하여 설명하시오. (3) 콘크리트 내구성 저하 원인과 방지대책에 대하여 설명하시오. (4) 건설현장에서 콘크리트 타설작업 중 우천상황 발생 시 콘크리트 강도저하 산정방법 및 품질관리 방안에 대하여 설명하시오.
	철골공사	〈논술〉(1) 데크플레이트(Deck Plate) 공사 시 데크플레이트 걸침길이 관리 기준과 주로 발생할 수 있는 3가지 재해유형별 안전대책에 대하여 설명하시오.
	터널	〈논술〉(1) 터널공사에서 락볼트(Rock bolt) 및 숏크리트(Shotcrete)의 작용효과에 대하여 설명하시오.
	해체	〈논술〉(1) 산업안전보건기준에 관한 규칙 제38조에 의거 건물 등의 해체작업 시 포함되어야 할 사전조사 및 작업계획서 내용에 대하여 설명하시오.

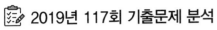
구분		기출문제
법규 및 이론부문	산업안전보건법	〈단답〉(1) 작업장 조도기준 (2) 휴게시설의 필요성 및 설치기준 〈논술〉(1) 옥외작업 시 '미세먼지 대응 건강보호 가이드'에 대하여 설명하시오. (2) 건축물 리모델링현장에서 발생할 수 있는 석면에 대한 조사대상 및 조사방법, 안전작업기준에 대하여 설명하시오. (3) 설계변경 시 건설업 산업안전보건관리비의 계상방법에 대하여 설명하시오. (4) 건설현장 자율안전관리를 위한 자율안전컨설팅, 건설업 상생협력 프로그램 사업에 대하여 설명하시오. (5) 고소작업대(차량탑재형)의 대상차량별 안전검사 기한 및 주기와 안전작업절차 및 주요 안전점검사항에 대하여 설명하시오.
	건설기술 진흥법	〈단답〉(1) 건설기술 진흥법상 가설구조물의 안전성 확인
	안전관리	〈단답〉(1) 용접·용단 작업 시 불티의 특성 및 비산거리 〈논술〉(1) 건설공사 폐기물의 종류와 재활용방안을 설명하시오. (2) 제조업과 대비되는 건설업의 특성을 설명하고, 그에 대한 건설재해 발생요인을 설명하시오. (3) 건설업 산업재해 발생률 산정기준에 대해서 설명하시오. (4) 밀폐공간작업 시 안전작업절차, 주요 안전점검사항 및 관리감독자의 유해위험방지 업무에 대하여 설명하시오. (5) 해빙기 건설현장에서 발생할 수 있는 재해 위험요인별 안전대책과 주요 점검사항에 대하여 설명하시오.
	안전심리	〈단답〉(1) 허츠버그의 욕구충족요인
	안전교육	〈단답〉(1) 근로자 안전·보건·교육강사 기준 〈논술〉(1) 건설현장에서 실시하는 안전교육의 종류를 설명하고, 외국인 근로자에게 실시하는 안전교육에 대한 문제점 및 대책을 설명하시오.
	인간공학 및 system	〈단답〉(1) 사건수 분석(Event Tree Analysis)
기술부문	토공사 기초공사	〈단답〉(1) 파일기초의 부마찰력 (2) 동결지수 〈논술〉(1) 구조물 공사에서 시행하는 계측관리의 목적과 계측방법에 대하여 구체적으로 설명하시오. (2) 기존 매설된 노후 열수송관로의 주요 손상원인 및 방지대책에 대하여 설명하시오. (3) 도심지 소규모 건축물 굴착공사 시 예상되는 붕괴사고 원인 및 안전대책에 대하여 설명하시오.
	RC공사	〈단답〉(1) 시방배합과 현장배합 (2) 콘크리트 구조물에서 발생하는 화학적 침식 (3) 커튼월 구조의 요구성능과 시험방법 (4) 슈미트 해머에 의한 반발경도 측정법 〈논술〉(1) 콘크리트 펌프카를 이용한 콘크리트 타설작업 시 위험요인과 재해유형별 안전대책에 대하여 설명하시오. (2) 철근콘크리트 구조물의 화재에 따른 구조물의 안전성 평가방법 및 보수·보강대책에 대하여 설명하시오.
	교량	〈논술〉(1) 교량의 안전도 검사를 위한 구조내하력 평가방법에 대하여 설명하시오.
	터널	〈논술〉(1) 터널공사의 작업환경에 대하여 설명하고, 안전보건대책에 대하여 설명하시오.

2018년 116회 기출문제 분석

구분		기출문제
법규 및 이론 부문	산업안전보건법	〈단답〉(1) 안전보건경영시스템에서 최고경영자의 안전보건방침 수립 시 고려해야 할 사항 (2) 폭염의 정의 및 열사병 예방 3대 기본수칙 (3) 관리감독자의 업무내용(산업안전보건법 시행령 제10조) (4) 산업안전보건법령상 특수건강진단 〈논술〉(1) 정부가 2022년까지 산업재해 사망사고를 절반으로 줄이겠다는 '국민생명 지키기 3대 프로젝트'에서 건설안전과 관련된 내용을 설명하시오. (2) 건설업 재해예방 전문지도기관의 인력, 시설 및 장비기준과 지도 기준에 대하여 설명하시오.
	건설기술 진흥법	〈단답〉(1) 지하안전에 관한 특별법상 국가지하안전관리 기본계획 및 지하안전영향평가 대상사업
	안전관리	〈단답〉(1) 밀폐공간의 정의 및 밀폐공간작업 프로그램 (2) 재해손실비용 평가방식에 대하여 설명하시오. 〈논술〉(1) 건설현장에서의 추락재해 발생원인(유형) 및 시공 시의 안전조치와 주의사항에 대하여 설명하시오. (2) 건설현장에서 사용하는 안전표지의 종류에 대하여 설명하시오.
기술 부문	안전관리총론	〈단답〉(1) 동작경제의 3원칙 (2) 불안전한 행동에 대한 예방대책 〈논술〉(1) 도심지 건설현장에서의 전기 관련 재해의 특징과 건설장비의 가공전선로 접근 시 안전대책에 대하여 설명하시오.
	가설공사	〈단답〉(1) 건설작업용 리프트 사용 시 준수사항 〈논술〉(1) ACS(Automatic Climbing System)폼의 특징 및 시공 시 안전조치와 주의사항에 대하여 설명하시오. (2) 타워크레인의 주요구조 및 사고형태별 위험징후 유형과 조치사항에 대하여 설명하시오. (3) 최근 건설기계 장비로 인한 사고 중 사망재해가 많이 발생하는 5대 건설기계 장비의 종류 및 재해발생 유형과 사고예방을 위한 안전대책에 대하여 설명하시오. (4) 건설현장에서 주로 사용되고 있는 이동식 크레인의 종류를 나열하고 양중작업의 안정성 검토 기준에 대하여 설명하시오. (5) 갱폼(Gang Form)의 구조 및 구조검토 항목, 재해발생 유형과 작업 시 안전대책에 대하여 설명하시오. (6) 건설공사에서 시스템비계 설치 및 해체작업 시 안전대책에 대하여 설명하시오.
	토공사 기초공사	〈단답〉(1) 연성 거동을 보이는 절토사면의 특징 〈논술〉(1) 도심지에서 지하 10m 이상 굴착작업을 실시하는 경우 굴착작업 계획수립 내용 및 준비사항과 굴착작업 시 안전기준에 대하여 설명하시오. (2) 연약지반에서 구조물 시공 시 발생할 수 있는 문제점과 지반개량공법에 대하여 설명하시오.
	RC공사	〈단답〉(1) 골재의 함수상태 〈논술〉(1) 중소규모 건설현장에서 철근 작업절차별 유해위험요인과 안전보건 대책에 대하여 설명하시오. (2) 도심지 초고층 현장에서 콘크리트 배합 및 배관 시 고려사항과 타설 시 안전대책에 대하여 설명하시오.
	철골공사	〈단답〉(1) 도장공사의 재해유형 〈논술〉(1) 데크플레이트(Deck Plate)를 사용하는 공사의 장점 및 데크플레이트 공사 시 주로 발생하는 3가지 재해유형별 원인과 재해예방 대책에 대하여 설명하시오.
	해체	〈단답〉(1) 해체공법 중 절단공법 〈논술〉(1) 도심지에서 지하 3층, 지상 12층 규모의 노후화된 건물을 철거하려고 한다. 현장에 적합한 해체 공법을 나열하고 해체작업 시 발생될 수 있는 문제점과 안전대책에 대하여 설명하시오.

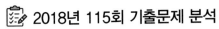
구분		기출문제
법규 및 이론 부문	산업안전보건법	〈단답〉(1) 위험성 평가에서 허용 위험기준 설정방법 (2) 산재 통합관리 (3) 산업안전보건법상 안전관리자의 충원·교체·임명 사유 (4) 건설업 기초안전·보건교육 시간 및 내용 〈논술〉(1) 산업안전보건법상 산업안전보건관리비와 건설기술 진흥법상 안전관리비의 계상목적, 계상기준, 사용범위 등을 비교 설명하시오. (2) 건설업 유해·위험방지계획서 작성 중 산업안전지도사가 평가·확인할 수 있는 대상 건설공사의 범위와 지도사의 요건 및 확인사항을 설명하시오. (3) 산업안전보건법상 위험한 가설구조물이라고 판단되는 가설구조물에 대한 설계변경요청제도에 대하여 설명하시오. (4) 통풍·환기가 충분하지 않고 가연물이 있는 건축물 내부나 설비 내부에서 화재위험 작업을 할 경우 화재감시자의 배치기준과 화재예방 준수사항에 대하여 설명하시오.
	시설물안전법	〈논술〉(1) 시설물의 안전관리에 관한 특별법에 따른 성능평가대상 시설물의 범위, 성능평가 과업내용 및 평가방법에 대하여 설명하시오. (2) 시설물의 안전관리에 관한 특별법에 따른 소규모 취약시설의 안전점검에 대하여 설명하시오.
	건설기술 진흥법	〈논술〉(1) 건설현장에서 파이프서포트를 사용하여 공사를 수행하여야 할 때 관련 법령을 안전관리 업무를 근거로 공정 순서대로 설명하시오. (2) 정부에서 건설기술 진흥법 제3조에 의하여 최근 발표한 제6차 건설기술진흥기본계획(2018~2022) 중 안전관리 사항에 대하여 설명하시오.
	안전관리	〈단답〉(1) 건설현장의 지속적인 안전관리 수준 향상을 위한 P−D−C−A 사이클 (2) 종합재해지수(FSI)의 정의 및 산출방법 〈논술〉(1) 건설현장의 장마철 위험요인별 위험요인 및 안전대책에 대하여 설명하시오.
기술 부문	총론	〈단답〉(1) 건설기계에 대한 검사의 종류 (2) 지진의 진원, 규모, 국내 지진구역
	가설공사	〈논술〉(1) 초고층 빌딩의 수직거푸집 작업 중 발생될 수 있는 재해유형별 원인과 설치 및 사용 시 안전대책에 대하여 설명하시오.
	토공사 기초공사	〈단답〉(1) 한계상태설계법의 신뢰도지수 (2) 흙의 동상 현상 (3) 흙의 히빙(Heaving) 현상 〈논술〉(1) 대규모 암반구간에서 발생하기 쉬운 암반 붕괴의 원인, 안전대책 및 암반층별 비탈면 안정성 검토방법에 대하여 설명하시오. (2) 건설공사의 흙막이지보공법을 버팀보공법으로 설계하였다. 시공 전 도면검토부터 버팀보공법 설치, 유지관리, 해체 단계별 안전관리 핵심요소를 설명하시오.
	RC공사	〈단답〉(1) 콘크리트의 에어 포켓(Air Pocket) 〈논술〉(1) 콘크리트 구조물의 열화(deterioration) 원인, 열화로 인한 결함 및 대책을 설명하시오.
	철골공사	〈단답〉(1) 강재의 침투탐상시험
	해체	〈논술〉(1) 주민이 거주하고 있는 협소한 아파트 단지 내에서 높고 세장한 철근콘크리트 굴뚝을 철거할 때, 적용 가능한 기계식 해체공법 및 안전대책을 설명하시오.
	교량	〈논술〉(1) 공용 중인 교량구조물의 안전성 확보를 위한 정밀안전진단의 내용 및 방법에 대해서 설명하시오. (2) 지진발생 시 내진 안전 확보를 위한 내진설계 기본개념과 도로교의 내진등급에 대하여 설명하시오. (3) 철근콘크리트 교량 구조물에 발생된 각종 노후화 손상에 대하여 안전도 확보를 위하여 시행되는 보수·보강 공법 및 방법에 대해서 설명하시오.
	터널	〈논술〉(1) 터널 굴착공법 중 NATM 공법 적용 시 터널굴착의 안전 확보를 위해 시행하는 시공 중 계측항목 계측방법과 공용 중 유지관리 계측시스템에 대해서 설명하시오.
	댐	−
	항만, 하천	−

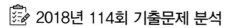

2018년 114회 기출문제 분석

구분		기출문제
법규 및 이론 부문	산업안전보건법	〈단답〉(1) 안전보건조정자 (2) 특별안전보건교육 대상작업 중 건설업에 해당하는 작업(10개) (3) 소음작업 중 강렬한 소음 및 충격소음작업 (4) 산업안전보건법상 건강진단의 종류, 대상, 시기 〈논술〉(1) 건설업 KOSHA 18001 인증절차 및 현장분야 인증항목에 대하여 설명하시오. (2) 건설업 산업안전보건관리비 사용 가능 내역과 불가능 내역 및 효율적 사용방안에 대하여 설명하시오. (3) 고용노동부 안전정책 중, '중대재해 등 발생 시 작업중지 명령해제 운영기준'에 대하여 설명하시오.
	시설물안전법	〈논술〉(1) 시설물의 안전 및 유지관리에 관한 특별법상 3종 시설물의 지정 권한 대상 및 시설물의 범위에 대하여 설명하시오.
	건설기술 진흥법	〈논술〉(1) 지하안전관리에 관한 특별법의 지하안전영향평가에 대하여 설명하시오.
	안전관리	〈논술〉(1) 지하 3층 지상 6층 규모의 건축면적이 1,000m² 건축물 대수선공사에서 발생할 수 있는 화재유형과 화재예방대책 및 임시소방시설의 종류를 설명하시오. (2) 고층 건축물의 재해 유형별 사고 원인 및 방지대책에 대하여 설명하시오.
	안전심리	〈단답〉(1) 건설현장 재해 트라우마
	안전교육	―
	인간공학 및 system안전	
기술 부문	총론	―
	가설공사	〈단답〉(1) 가설통로 종류 및 조립 설치 안전기준 〈논술〉(1) 타워크레인 설치·해체 작업 시 위험요인과 안전대책 및 인상작업(Telescoping) 시 주의사항에 대하여 설명하시오. (2) 지진 발생 시 건축물 외장재 마감 공법별 탈락 재해 원인 및 안전대책을 설명하시오. (3) 풍압이 가설구조물에 미치는 영향 및 안전대책에 대하여 설명하시오. (4) 건설현장에서 차량계 하역운반기계 작업의 유해위험요인 및 재해예방대책에 대하여 설명하시오. (5) 가설비계 중 강관비계 설치기준과 사고방지 대책에 대하여 설명하시오.
	토공사 기초공사	〈단답〉(1) 항타기 도괴 방지 (2) 보강토옹벽의 파괴유형 (3) 암반 사면의 안전성 평가방법 〈논술〉(1) 흙막이(H-pile+토류판) 벽체에 어스앵커 지지공법의 시공단계별 위험요인 및 안전대책에 대하여 설명하시오. (2) 하천구역 인근에서 지하구조물 공사 시 지하수 처리공법의 종류와 지하구조물 부상발생원인 및 방지대책에 대하여 설명하시오.
	RC공사	〈단답〉(1) 자기치유 콘크리트(Self-Healing Concrete) 〈논술〉(1) 거푸집동바리 설계·시공 시 붕괴 유발요인 및 안전성 확보 방안에 대하여 설명하시오. (2) 방수공사 중 유기용제류 사용 시 고려사항 및 안전대책에 대하여 설명하시오.
	철골공사	〈단답〉(1) 고력볼트 반입검사 (2) 기둥의 좌굴(Buckling)
	해체, 발파	―
	교량	〈논술〉(1) 콘크리트 교량의 가설공법 중 ILM(Incremental Launching Method) 공법 특징과 작업 시 사고방지대책에 대하여 설명하시오.
	터널	〈논술〉(1) 터널공사에서 NATM 공법 시공 중 발생하는 사고의 유형별 원인 및 안전대책에 대하여 설명하시오.
	댐	〈단답〉(1) 유선망과 침윤선
	항만, 하천	―

2017년 113회 기출문제 분석

구분		기출문제
법규 및 이론	산업안전보건법	〈단답〉 (1) 산업안전보건법령상 안전진단을 설명하시오. (2) 안전·보건에 관한 노사협의체의 의결사항을 설명하시오. (3) 위험도 평가 단계별 수행방법에서 다음 조건의 위험도를 계산하시오(세부공종별 재해자수 : 1,000명, 전체 재해자수 : 20,000명, 세부공종별 산재요양일수의 환산지수 : 7,000명). 〈논술〉 (1) 건설재해예방기술지도 대상사업장과 기술지도 업무내용 및 재해예방전문지도기관의 평가기준을 설명하시오.
	시설물안전법	−
	건설기술 진흥법	−
	안전관리	〈단답〉 (1) 지적확인을 설명하시오. (2) 사전작업허가제(Permit to Work) 대상을 설명하시오. 〈논술〉 (1) 재해조사의 3단계와 사고조사의 순서 및 재해조사 시 유의사항에 대하여 설명하시오. (2) 사물인터넷을 활용한 건설현장 안전관리 방안을 설명하시오. (3) 건설현장에서 고령근로자 및 외국인 근로자가 증가함으로 인하여 발생되는 문제점과 재해예방대책에 대하여 설명하시오.
	안전심리	−
	안전교육	−
	인간공학 및 system안전	−
기술부문	총론	−
	가설공사	〈단답〉 (1) 재사용 가설기자재의 폐기기준 및 성능기준을 설명하시오. (2) 슬링(Sling)의 단말 가공법(Wire rope 중심) 종류를 설명하시오. (3) 지하굴착공사에서 설치하는 복공판의 구성요소와 안전관리사항을 설명하시오. 〈논술〉 (1) 건설작업용 리프트의 사고유형과 안전대책 및 방호장치에 대하여 설명하시오.
	토공사 기초공사	〈단답〉 (1) 흙의 전단파괴 종류와 특징을 설명하시오. (2) 흙막이공사에서 안정액의 기능과 요구성능을 설명하시오. 〈논술〉 (1) 동절기 지반의 동상현상으로 인한 문제점 및 방지대책에 대하여 설명하시오. (2) 건설현장에서 밀폐공간작업 시 중독·질식사고 예방을 위한 주요내용을 설명하시오.
	RC공사	〈논술〉 (1) 건설현장에서 펌프카에 의한 콘크리트 타설 시 재해유형과 안전대책에 대하여 설명하시오. (2) 건축물에 설치된 대형 유리에 대한 열 파손 및 깨짐 현상과 방지대책에 대하여 설명하시오. (3) 콘크리트 구조물에 작용하는 하중에 의한 균열의 종류와 발생원인 및 방지대책에 대하여 설명하시오. (4) 철근콘크리트공사에서 거푸집 및 동바리 설계 시 고려하중과 설치기준에 대하여 설명하시오. (5) 건축물 외벽에서의 방습층 설치 목적과 시공 시 안전대책에 대하여 설명하시오. (6) 철근도괴사고의 유형과 발생원인 및 예방대책에 대하여 설명하시오. (7) 매스콘크리트에서 온도균열 제어방법과 시공 시 유의사항에 대하여 설명하시오.
	철골공사	〈단답〉 (1) 용접결합 보정방법을 설명하시오. 〈논술〉 (1) 초고층 건축공사 현장에서 기둥축소(Co.umn Shorteming) 현상의 발생원인과 문제점 및 예방대책에 대하여 설명하시오.
	해체, 발파	〈논술〉 (1) 건설현장에서 발파를 이용하여 암사면 절취 시 사전점검 항목과 암질판별 기준 및 안전대책에 대하여 설명하시오. (2) 건축물 철거·해체 시 석면조사기관의 조사대상과 석면제거 작업 시 준수사항에 대하여 설명하시오.
	교량	〈단답〉 (1) 교량받침에 작용하는 부반력에 대한 안전대책을 설명하시오.
	터널	〈논술〉 (1) 터널공사에서 발생하는 유해가스와 분진 등을 고려한 환기계획 및 환기방식의 종류에 대하여 설명하시오.
	댐	−
	항만, 하천	〈단답〉 (1) 테트라포드(Tetrapod, 소파블록)의 안전대책 및 유의사항을 설명하시오.

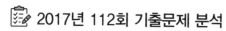
2017년 112회 기출문제 분석

구분		기출문제
법규 및 이론	산업안전보건법	〈단답〉(1) 사전조사 및 작업계획서 작성 대상작업(산업안전보건기준에 관한 규칙 제38조) (2) 사업장내 근로자 정기안전·보건교육 내용 (3) 화재감시자 배치대상(산업안전보건기준에 관한 규칙 제241조의2) (4) GHS(Global Harmonized System of Classification and Labeling of Chemicals)경고표지에 기재되어야 할 항목 〈논술〉(1) 건설업 유해위험방지계획서 작성대상 및 포함사항과 최근 제정된 작성지침의 주요내용에 대하여 설명하시오. (2) 중대재해의 정의와 발생 시 보고사항 및 조치순서에 대하여 설명하시오. (3) 산업안전보건법상 안전보건진단의 종류 및 진단보고서에 포함하여야 할 내용에 대하여 설명하시오. (4) 건설업 안전보건경영시스템(KOSHA 18001)의 정의 및 종합건설업체 현장분야 인증항목에 대하여 설명하시오.
	시설물안전법	〈단답〉(1) 시설물의 안전관리에 관한 특별법의 정밀점검 및 정밀안전진단 보고서 상 사전검토사항(사전검토보고서)에 포함되어야 할 내용(정밀안전진단 중심으로) 〈논술〉(1) 준공된 지 3개월이 경과된 철근콘크리트 건축물(지하3층, 지상22층)에 향 후 발생될 수 있는 열화현상을 설명하고 시설물을 효과적으로 관리하기 위한 시설물의 안전 및 유지관리 기본계획에 대하여 설명하시오. (2) 콘크리트 교량의 안전성 확보를 위한 안전점검의 종류와 정밀안전진단의 절차에 대하여 설명하시오. (3) 시설물의 안전관리에 관한 특별법상 지하4층, 지상30층, 연면적 200,000m² 이상 되는 건축물에 적용되는 점검 및 진단을 설명하고, 점검·진단 시 대통령령으로 정하는 중대 결함사항과 결함사항을 통보받은 관리주체의 조치사항에 대하여 설명하시오.
	건설기술 진흥법	〈논술〉(1) 연면적 50,000m²(지하2층, 지상16층) 건축물을 시공하려고 한다. 건설기술 진흥법을 토대로 안전관리계획서 작성항목과 심사기준에 대하여 설명하시오.
	안전관리	〈논술〉(1) 건설현장에서 사용되는 안전보호구 종류를 나열하고 그 중 안전대의 종류와 사용 및 폐기기준에 대하여 설명하시오. (2) 하인리히와 버드의 연쇄성(Domino)에 대한 재해 구성비율과 이론을 비교하여 설명하시오.
	안전심리	〈논술〉(1) 건설현장 근로자의 안전제일 가치관을 정착시키기 위한 전개방안과 현장에서 근로자의 안전의식 증진방안에 대하여 설명하시오.
기술부문	총론	〈단답〉(1) 지진발생의 원인과 진원 및 진앙, 지진규모
	가설공사	〈단답〉(1) 휨 강성(EI) (2) 부적격한 와이어로프의 사용금지 조건(Wire rope)의 폐기기준
	토공사 기초공사	〈단답〉(1) 사면붕괴의 원인과 사면의 안정을 지배하는 요인 (2) 흙의 보일링(Boling) 현상 및 피해 〈논술〉(1) 토류벽의 안전성 확보를 위한 토류벽 지지공법의 종류와 각 공법별 안전성 확보를 위한 주의사항에 대하여 설명하시오.
	RC공사	〈단답〉(1) 서중 콘크리트 (2) 건축물의 내진성능평가의 절차 및 성능수준 (3) PS강재의 응력부식과 지연파괴 〈논술〉(1) 콘크리트 타설 시 부상현상의 정의와 방지대책에 대하여 설명하시오.
	철골공사	〈논술〉(1) 철골공사 중 무지보 데크 플레이트 공법의 시공순서 및 재해발생 유형과 안전대책에 대하여 설명하시오.
	해체, 발파	〈논술〉(1) 해체공사 시 사전조사 항목과 해체공법의 종류 및 건설공해 방지대책에 대하여 설명하시오.
	교량	〈논술〉(1) 철근콘크리트 교량 구조물에 발생된 변형에 대한 보수·보강기법에 대하여 설명하시오.
	터널	〈논술〉(1) NATM 터널의 안전성 확보를 위해 시행하는 시공 중 계측항목(내용) 및 계측시스템에 대하여 설명하시오. (2) 건설공사 시 발파진동에 의한 인근 구조물의 피해가 발생하는 바, 발파진동에 심각하게 영향을 미치는 요인과 발파진동 저감방안에 대하여 설명하시오.

2017년 111회 기출문제 분석

구분		기출문제
법규 및 이론	산업안전보건법	〈단답〉 (1) 산업안전보건법상 공사기간 연장요청 〈논술〉 (1) 산업안전보건위원회에 대하여 설명하시오.
	시설물안전법	〈논술〉 (1) 시설물의 안전관리에 관한 특별법상 1종 시설물과 2종 시설물을 설명하시오.
	건설기술 진흥법	〈단답〉 (1) 건설기술 진흥법상 건설기준 통합코드
	안전관리	〈단답〉 (1) 보안경의 종류와 안전기준 (2) 위험성평가 5원칙 (3) 응급처치(First Aid) 〈논술〉 (1) 재해통계의 종류, 목적, 법적 근거, 작성 시 유의사항을 설명하시오. (2) 하인리히 사고발생 연쇄성이론과 관리감독자의 역할
	안전심리	〈단답〉 (1) 개인적 결함(불안전 요소)
	안전교육	〈단답〉 (1) 국내·외 안전보건교육의 트랜드
	인간공학 및 system 안전	―
기술부문	총론	〈논술〉 (1) 휴대용 연삭기의 종류와 연삭기에 의한 재해원인을 기술하고, 휴대용 연삭기 작업 시 안전대책에 대하여 설명하시오. (2) 지진을 분류하고 지진발생으로 인한 피해영향과 구조물의 안전성 확보를 위한 방지대책을 설명하시오.
	가설공사	〈단답〉 (1) 가설재의 구비요건(3요소) (2) 건설기계 관리시스템 〈논술〉 (1) 고소작업대 관련 법령(산업안전보건기준에 관한 규칙) 기준과 재해발생 형태별 예방대책을 설명하시오. (2) 시공 중인 건설물의 외측면에 설치하는 수직보호망의 재료기준 및 조립기준, 사용 시 안전대책을 설명하시오. (3) 권상용 와이어로프의 운반기계별 안전율 및 단말체결방법에 따른 효율성과 폐기기준에 대하여 설명하시오.
	토공사 기초공사	〈단답〉 (1) 최적 함수비(Optimum Moisture Content) 〈논술〉 (1) 건축구조물의 부력발생원인과 부상장지를 위한 공법별 특징과 유의사항 및 중점 안전관리대책에 대하여 설명하시오. (2) 굴착공사 시 적용 가능한 흙막이 공법의 종류와 연약지반 굴착 시 발생할 수 있는 히빙(Heaving)현상과 파이핑(Piping)현상의 안전대책에 대하여 설명하시오. (3) S.C.W(Soil Cement Wall) 공법에 대하여 설명하시오.
	RC공사	〈논술〉 (1) 잔골재의 입도, 유해물 함유량, 내구성에 대하여 설명하시오. (2) 불량 레미콘의 발생유형 및 처리방안에 대하여 설명하시오.
	철골공사	〈단답〉 (1) 철골의 CO_2 아크(Arc)용접 (2) 고장력 볼트(High Tension Bolt) 〈논술〉 (1) 초고층 건축물의 특징, 재해발생 요인 및 특성, 공정단계별 안전관리사항에 대하여 설명하시오. (2) 10층 이상 건축물의 해체 등 건설기술 진흥법상 안전관리계획 의무대상 건설공사를 열거하고, 해체공사계획의 주요 내용을 설명하시오.
	해체, 발파	〈논술〉 (1) 10층 이상 건축물의 해체 등 건설기술 진흥법상 안전관리계획 의무대상 건설공사를 열거하고, 해체공사계획의 주요 내용을 설명하시오.
	교량	〈단답〉 (1) 교량의 지진격리설계 〈논술〉 (1) 교량공사 중 교대의 측방유동 발생 시 문제점과 발생원인 및 방지대책에 대하여 설명하시오.
	터널	〈논술〉 (1) 도심지 터널공사 시 발파로 인해 발생되는 진동 및 소음기준과 발파소음의 저감대책에 대하여 설명하시오.
	댐	―
	항만·하천	―

구분		기출문제
법규 및 이론	산업안전보건법	〈논술〉(1) 산업안전보건법에 따른 위험성평가의 절차와 위험성 감소대책 수립 및 실행에 대하여 설명하시오.
	시설물안전법	〈단답〉(1) 시설물의 안전점검 결과 중대결함 발견 시 관리주체가 하여야 할 조치사항
	건설기술 진흥법	〈단답〉(1) 건설기술 진흥법상 가설구조물의 안전성 확인 (2) 건설기술 진흥법상 설계안전성 검토(Design For Safety)
	안전관리	〈단답〉(1) 화학물질 및 물리적 인자의 노출기준 〈논술〉(1) 우리나라에서 발생할 수 있는 자연적 재난과 인적재난의 종류별로 건설현장의 피해, 사고원인 및 예방대책에 대하여 설명하시오. (2) 건설공사 중 용제류 사용에 의한 안전사고 발생원인 및 안전대책에 대하여 설명하시오. (3) 건설현장 야간작업 시 안전사고 예방을 위한 야간작업 안전지침에 대하여 설명하시오. (4) 사용 중인 건축물 붕괴사고 발생 시 피해유형과 인명구조 행동요령에 대하여 설명하시오.
	안전심리, 교육	〈단답〉(1) 정신상태 불량으로 발생되는 안전사고 요인 (2) 안전교육 방법 중 사례연구법
	인간공학 및 system공학	〈단답〉(1) 휴먼에러 예방의 일반원칙
기술부문	총론	〈단답〉(1) SI단위 사용규칙 〈논술〉(1) 지구온난화에 의한 이상기후로 피해가 급증하고 있는 바, 이상기후에 대한 건설현장의 안전관리 대책과 폭열 시 질병예방을 위한 안전조치에 대하여 설명하시오. (2) 고층 건축물의 피난안전구역의 개념과 피난안전구역의 건축 및 소방시설 설치기준에 대하여 설명하시오. (3) 지하철역사 심층공간에서 재해발생 시 대형재해로 확산될 수 있어 공사 시 이에 대한 사전대책이 요구되고 있는 바, 화재 발생 시 안전과 관련되는 방제적 특징과 안전대책에 대하여 설명하시오.
	가설공사	〈단답〉(1) 개구부 수평 보호덮개 (2) 낙하물방지망 설치근거와 기준 〈논술〉(1) 도로와 인도에 접하는 도심의 리모델링 건축공사 시 외부비계에서 발생할 수 있는 안전사고의 종류와 원인 및 방지대책에 대하여 설명하시오. (2) 건설기계의 재해발생형태별 재해원인을 기술하고, 지게차 작업 시 재해 발생원인과 재해예방대책에 대하여 설명하시오.
	토공사 기초공사	〈단답〉(1) 배토말뚝과 비배토말뚝 〈논술〉(1) 지하 흙막이 가시설 붕괴사고 예방을 위한 계측의 목적, 흙막이구조 및 주변의 계측관리기준, 현행 계측관리의 문제점 및 개선대책에 대하여 설명하시오. (2) 도시철도 개착정거장의 굴착작업 전 흙막이 가시설을 위한 천공작업을 계획 중에 있다. 발생가능한 지장물 파손사고 대상과 지장물 파손사고 예방을 위한 안전관리계획에 대하여 설명하시오. (3) 폭우로 인하여 비탈면 토사가 유실되고, 높이 5m의 옹벽이 붕괴되었다. 비탈면 토사유실 및 옹벽붕괴의 주요원인과 안전대책에 대하여 설명하시오.
	RC 공사	〈단답〉(1) 철근의 롤링마크 〈논술〉(1) 건축법에서 규정하고 있는 내진설계 대상 건축물을 제시하고, 내진성능평가를 위한 재료강도를 결정하는 방법 중 설계도서가 있는 경우와 없는 경우의 콘크리트 및 조적의 강도결정방법에 대하여 설명하시오.
	철골공사	〈단답〉(1) 강구조물의 비파괴시험 종류 및 검사방법 〈논술〉(1) 철골구조물의 화재발생 시 내화성능을 확보하기 위한 철골기둥과 철골보의 내화뿜칠재 두께 측정위치를 도시하고, 측정방법과 판정기준을 설명하시오. (2) 초고층 건축물의 양중계획 시 고려사항과 자재 양중 시의 안전대책에 대하여 설명하시오.
	교량	〈논술〉(1) 순간 최대 풍속이 40m/sec인 태풍이 예보된 상황에서 교량건설공사현장의 거푸집 동바리에 작용하는 풍하중과 안전점검기준에 대하여 설명하시오.
	터널	〈논술〉(1) 터널굴착 시 보강공법을 적용해야 되는 대상지반유형을 제시하고, 지보재의 종류와 역할, 숏크리트와 락볼트의 주요기능 및 작용효과를 설명하시오.

2016년 109회 기출문제 분석

구분		기출문제

법규 및 이론	산업안전보건법	〈단답〉 (1) 물질안전보건자료(MSDS)
		(2) 산업안전보건법의 안전조치 기준 중 '작업적 위험'
		〈논술〉 (1) 다음 건축현장의 상황을 고려하여 위험성평가를 실시하시오.
		  • 위험성평가의 정의 및 절차
		  • 공종분류 및 위험요인을 파악, 핵심위험요인의 개선대책을 제시
		[현장설명]
		  • 공사종류 : 공사금액 40억원, 12층 빌딩 신축공사
		  • 작업종류 : 건축마감공사
		  • 위험성 평가시기 : 해당 작업 직전일
		  • 평가 대상작업 : 골조공사 완료 후 고소작업대(차) 위에서 외부 창호작업
		  • 상황설명 : 연약지반에 설치된 고소작업대(차)에 작업자 2명이 탑승하여 지상 9층 높이에서
		    외부 창호작업 실시(근로자 사전 교육 미실시)
		(2) 건설업 안전보건경영시스템의 적용범위 및 인증절차와 취소조건을 설명하시오.

	시설물안전법	〈단답〉 (1) 안전점검 시 콘크리트 구조물의 내구성시험
		〈논술〉 (1) 시설물의 안전관리에 관한 특별법에 관한 다음 항목에 대하여 설명하시오.
		  ① 1종 시설물
		  ② 안전점검 및 정밀안전진단 실시주기
		  ③ 시설물정보관리종합시스템(FMS ; Facility Management System)

	건설기술 진흥법	〈논술〉 (1) 건설기술 진흥법상 건설공사 안전점검의 종류 및 실시방법에 대하여 설명하시오.
	안전관리	〈논술〉 (1) 건설현장 안전관리의 문제점과 재해발생요인 및 감소대책(개선사항)을 설명하시오.
	안전심리	〈단답〉 (1) 알더퍼(Alderfer) ERG 이론
	인간공학 및 system안전	〈단답〉 ETA(Event Tree Analysis : 사건수 분석기법)
기술부문	총론	〈단답〉 (1) 활선 및 활선 근접작업 시 안전대책 〈논술〉 (1) 피뢰설비의 조건 및 설치기준을 설명하시오. (2) 이동식 크레인 작업 시 예상되는 재해유형과 원인 및 안전대책을 설명하시오. (3) 건설현장에서 발생하는 전기화재의 발생원인 및 예방대책을 설명하시오.
	가설공사	〈단답〉 (1) 안전인증 및 자율안전 확인신고대상 가설기자재의 종류 (2) 내민비계 〈논술〉 (1) 외부 강관비계에 작용하는 하중과 설치기준을 설명하시오.

	토공사
	기초공사
		〈논술〉 (1) 소일네일링공법(Soil Nailing Method)의 시공대상과 방법 및 안전대책에 대하여 기술하시오.
		(2) 공용 중인 도로와 인접한 비탈사면에서의 불안정 요인과 사면붕괴를 사전에 감지하고 인명피해
		   를 최소화하기 위한 예방적 안전대책을 설명하시오.
		(3) 해상에 건설된 교량의 수중부 강관파일 기초에 대하여 부식방지대책을 설명하시오.
		(4) 도심지 지하굴착공사 시 토류벽 배면의 누수로 인하여 인접건물에 없던 균열·침하·기울어짐
		   현상이 발생하였다. 발생원인 및 안전대책에 대하여 설명하시오.
		(5) 지지말뚝의 부마찰력이 발생하여 구조물에 균열이 발생했다. 원인과 방지대책을 설명하시오.

	RC공사	〈단답〉 (1) 고정하중(Dead load)과 활하중(Live load) (2) 콘크리트 압축강도를 28일 양생 강도 기준으로 하는 이유 (3) 염해에 대한 콘크리트 내구성 허용기준 〈논술〉 (1) 철근의 이음(길이, 위치, 공법종류, 주의사항)과 Coupler 이음에 대하여 구체적으로 설명하시오.
	철골공사	〈단답〉 (1) 오일러(Euler) 좌굴하중 및 유효좌굴길이 (2) 강재의 저온균열, 고온균열
	해체, 발파	〈논술〉 (1) 도심지 재개발 건축현장의 건축 구조물을 해체하고자 한다. 해체공법의 종류별 특징과 공법선정 시 고려사항 및 안전대책에 대하여 기술하시오.
	교량	〈논술〉 (1) 공용 중인 장대 케이블교량의 안전성 분석을 위한 상시 교량계측시스템(BHMS ; Bridge Health Monitoring System)에 대하여 설명하시오.
	터널	〈논술〉 (1) 터널 막장면의 안정을 위한 굴착보조공법을 설명하시오.

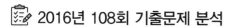# 2016년 108회 기출문제 분석

구분			기출문제
안전 부문	관계 법규	산업안전보건법	⑩ 산업안전보건법상 양중기의 종류 및 관리 System ㉕ 항타기, 항발기 조립 시 점검사항 및 전도 방지조치와 와이어로프의 사용금지 기준 ㉕ 지상 59층, 지하 5층 건설현장의 위험성 평가 모델 중 지하층 굴착공사 시 위험요인과 안전보건 대책에 대하여 설명하시오.
		시설물안전법	⑩ 시설물의 안전관리에 관한 특별법상 건축물 2종 시설물의 범위와 시설물 설치 시기
		기타 법	
	안전 관리	안전관리	⑩ 재해의 직접원인과 간접원인(3E)
		안전심리	⑩ 피로현상의 5가지 원인 및 피로예방대책
		인간공학 및 system	—
건축· 토목 부문	건축, 토목	총론	⑩ 건축 및 토목 구조물의 내진, 면진, 제진의 구분 ㉕ 건설현장에서 정전기로 인한 재해발생 원인 정전기 발생에 영향을 주는 조건 및 정전기에 의한 사고 방지대책에 대하여 설명하시오.
		가설공사	⑩ 건설현장 가설재의 구조적 특징, 보수시기, 점검항목 ㉕ 콘크리트 타설 시 거푸집 측압에 영향을 주는 요소를 설명하시오.
		토공사 기초공사	⑩ 흙의 전단강도 측정방법 ㉕ 상수도 매설공사 현장의 금속제 지중매설 관로에서 발생할 수 있는 부식의 종류와 부식에 영향 을 미치는 요소 및 금속 강관류 부식억제 방법에 대하여 설명하시오. ㉕ 공사 중 발생될 수 있는 지하구조물의 부상요인과 그 안전대책에 대하여 설명 하시오. ㉕ 보강토 옹벽의 구성요소와 뒷채움재의 조건 및 보강성 토사면의 파괴양상에 대하여 설명하시오. ㉕ 국지성 강우에 의한 도로 및 주거지에서 토석류의 발생유형을 설명하고, 문제점에 대하여 설명 하시오. ㉕ 도심지 지상 25층, 지하 5층 굴착현장에 지하 1층, 지상 5층, 3개동, 지상 33층 지하5층 건물 이 인접해 있다. 주변환경을 고려한 계측항목, 계측빈도, 계측 시 유의사항에 대하여 설명하시오.
		RC 공사	⑩ 합성형 거더(Composite Girder) ⑩ Rock Pocket 현상 ⑩ 복합열화 ㉕ 고강도 콘크리트의 폭열현상 발생 메카니즘과 방지대책 및 화재피해정도를 측정하는 방법에 대하여 설명하시오. ㉕ 콘크리트의 피로에 관한 다음 항목에 대하여 설명하시오. 　－피로한도와 피로강도 　－피로파괴 발생요인과 특징 　－현장 시공 시 유의사항 및 안전대책
		철골공사	⑩ 철골기둥 부등축소 현상(Column Shortening) ㉕ 강구조물 용접 시 예열의 목적과 예열 시 유의사항 및 용접작업의 안전대책에 대하여 설명하시오.
		해체, 발파공사	—
		교량, 터널, 댐	⑩ 터널시공 시 편압 발생원인 ㉕ 터널의 구조물 안전진단시 발생되는 주요 결함내용과 손상원인 및 보수대책에 대하여 설명하 시오. ㉕ 하천에 시공되는 교량의 하부구조물의 세굴발생원인 및 방지대책, 조치사항에 대하여 설명하 시오. ㉕ 교량의 내진성능 평가시의 내진등급을 구분하고, 내진성능 평가방법에 대하여 설명하시오 ㉕ 공공의 용도로 사용중인 터널의 주요 결함 내용과 손상원인 및 보수대책에 대하여 설명하시오.
		항만·하천, 기타 전문공사	㉕ 건설현장의 밀폐공간 작업시 재해 발생원인 및 안전대책에 대하여 설명하시오. ㉕ 해안이나 하천지역의 매립 공사시 유의사항과 안전사고예방을 위한 대책에 대하여 설명하시오. ㉕ 방파제의 설치목적과 시공시 유의사항 및 안전대책에 대하여 설명하시오.

2015년 107회 기출문제 분석

구분			기출문제
안전부문	관계법규	산업안전보건법	⑩ 종합건설업KOSHA18001(안전보건경영시스템)도입 시 본사 및 현장 심사항목 – 건설업 산업안전보건관리비의 항목별 사용기준 및 공사별 계상기준에 대하여 설명하시오.
		시설물안전법	–
		기타 법	–
	안전관리	안전관리	– 종합건설업KOSHA18001(안전보건경영시스템)도입 시 본사 및 현장 심사항목 – 최근 건설현장에서 직업병의 발생이 꾸준히 증가하는 추세에 있다. 현장 근로자의 직종별 유해인자(요인)과 그 예방대책에 대하여 설명하시오. – 건설현장 발생재해의 많은 비중을 차지하는 소규모 건설현장의 재해발생원인 및 감소대책에 대하여 설명하시오. – 최근 건설현장에서 공사 중 자연재난과 인적재난이 빈번히 발생하고 있다. 각각의 재난 특성 및 대책에 대하여 설명하시오.
		안전심리	⑩ 동기부여 이론 ⑩ 부주의 현상
		인간공학 및 system	⑩ 동작경제의 3원칙
건축·토목부문	건축, 토목	총론	⑩ 건설사업관리기술자가 작성하는 부적합보고서 ⑩ 석면의 조사대상기준 및 해체작업 시 준수사항 – 건설공사 자동화의 효과 및 향후 안전관리측면에서 활용방안에 대하여 설명하시오.
		가설공사	⑩ 가설비계 설치 시 가새의 역할 ⑩ 건설용 곤돌라 안전장치 ⑩ 거푸집동바리의 안전율 ㉕ 건축물 신축공사 중 외부강관쌍줄비계를 설치(H:30m)하고 외벽마감작업 완료 후 해체작업 중 비계가 붕괴되어 중대재해가 발생하였다. 현장대리인이 취하여야 할 조치사항과 동종사고 예방을 위한 안전대책에 대하여 설명하시오. ㉕ 공동주택 공사 중 알루미늄거푸집의 설치, 해체 시 발생하는 안전사고의 원인 및 대책에 대하여 설명하시오. ㉕ 타워크레인의 본체 등 구성요소별 위험요인과 조립, 해체 및 운행 시 안전대책에 대하여 설명하시오.
		토공사,기초공사	⑩ Atterberg 한계 ㉕ 종합건설업KOSHA18001(안전보건경영시스템)도입시 본사 및 현장 심사항목 ㉕ 건설기계 중 백호우장비의 재해발생형태별 위험요인과 안전대책에 대하여 설명하시오. ㉕ 경사지에 흙막이(H-pile+토류판) 지지공법으로 어스앵커를 시공하면서 토공굴착 중 폭우로 인하여기 시공된 흙막이지보공의 붕괴징후가 발생하였다. 이에 따른 긴급조치사항과 추정되는 붕괴의 원인 및 안전대책에 대하여 설명하시오. ㉕ 연약지반을 개량하고자 한다. 사전조사내용과 개량공법의 종류 및 공법선정에 대하여 설명하시오. ㉕ 지하굴착공사를 위한 흙막이가시설의 시공계획서에 포함할 내용과 지하수 발생시 대책공법에 대하여 설명하시오.
		RC 공사	⑩ 콘크리트 크리프파괴 ⑩ 콘크리트 내부 철근 수막현상
		철골공사	⑩ 철골부재의 강재증명서 검사항목 ㉕ 건설현장에서 골조공사 시 철근의 운반, 가공 및 조립 시 발생하는 안전사고의 원인과 대책에 대하여 설명하시오.
		해체, 발파공사	㉕ 터널 굴착공사에서 암반 발파 시 발생할 수 있는 사고의 원인 및 안전대책에 대하여 설명하시오 ㉕ 건축물 리모델링 현장의 해체작업 중 발생할 수 있는 안전사고의 발생원인 및 대책에 대하여 설명하시오.
		교량, 터널, 댐	㉕ MSS 교량 가설공법의 시공순서 및 공정별 중점 안전관리사항에 대하여 설명하시오.
		항만·하천, 기타 전문공사	–

2015년 106회 기출문제 분석

구분			기출문제
일반분야	건설안전관계법	산업안전보건법	⑩ 산업안전보건법령상 건설업 보건관리자 배치기준, 선임자격, 업무 ⑩ 건설업 기초안전보건 교육 ⑩ 산업안전보건법령상 정부의 책무와 사업주의 의무 ㉕ 산업안전보건법상 건설현장에서 일용근로자를 대상으로 시행하는 안전·보건교육의 종류·교육시간, 교육내용에 대하여 설명 ㉕ 산업안전보건법령상 건설업체 산업재해발생률 및 산업재해 발생보고의무 위반건수의 산정기준과 방법 설명 ㉕ 건설업 KOSHA 18001 시스템의 도입 필요성, 인증절차 본사 및 현장안전관리 운영체계에 대하여 설명
		시특법	–
		건진법	⑩ 건설기술 진흥법령상 건설공사 안전관리계획에 추가해야하는 지반침하관련 사항
		기타 법	–
	안전관리론	안전관리	⑩ 메슬로우의 욕구위계 7단계 ⑩ 위험예지 훈련 ⑩ 근로손실일수 7,500일의 산출근거 및 의미와 300명이상시 근무하는 사업장에서 연간 5건의 재해가 발생 3급장애자 2명 50일 입원 2명, 30일 입원 3명 발생시 이사업장의 강도율 ㉕ 건설현장에서 선진안전문화 정착을 위한 공사팀장, 안전관리자 협력업체, 소장의 역할과 책임에 대하여 설명
		안전심리	㉕ 프로이드는 인간의 성격을 3가지의 기본구조, 즉, 원초아, 자아, 초자아로 보았는데 이 3가지 구조에 대하여 각각 설명하고 일반적으로 사람들이 내적 갈등 상태에 빠졌을 때 자신을 보호하기 위해 사용하는 방어기제에 대하여 설명
		안전교육	–
	인간공학 및 system안전		⑩ 위험성 평가기법의 종류
	기타일반		–
전문분야	총론		㉕ 사용 중인 초고층빌딩에서 발생될 수 있는 재해요인과 방지대책
	RC공사		⑩ 콘크리트의 수축 ⑩ 수팽창 지수재 ⑩ 수중불분리성 혼화제 ⑩ 숏크리트 ㉕ 시스템 동바리의 구조적개념과 붕괴원인 및 붕괴방지대책에 대하여 설명 ㉕ 콘크리트 구조물의 화재시 구조물의 안전에 미치는 요소를 나열하고 콘크리트 구조물의 화재예방 및 피해최소화 방안에 대하여 설명 ㉕ 철근의 철근부식에 따른 성능저하 손상도 및 보수판정 기준, 부식원인 및 방지 대책 ㉕ 철근 콘크리트 슬래브 시공 시 다음조건의 1) 동바리 간격, 2)동바리 높이가 3.5M 이상 시 수평연결재 설치 이유에 대해 설명 ㉕ 프리스트레스트 콘크리트에 대한 다음사항을 설명 가) 정의, 특징, 긴장방법, 시공 시 유의사항 나) PSC지더 긴장 시 주의사항 및 거치 시 안전조치 사항 ㉕ 기성콘크리트 말뚝의 파손의 원인과 방지대책, 시공 시 유의사항 안전대책 설명
	철골공사		㉕ 철골공사 작업 시 안전시공절차 및 추락방지시설에 대해 설명 ㉕ 커튼월의 누수원인과 누수방지를 위한 빗물처리 방식에 대하여 설명
	해체, 발파공사		–
	교량, 터널, 댐		⑩ 터널 굴착 시 여굴발생원인, 방지대책 ⑩ 가설 교량의 H파일, 주형보, 복공판 시공 시 유의사항 설명
	기타 전문공사		㉕ 건설현장에서의 하절기(장마철, 혹서기)에 발생하는 특징적 재해유형 및 위험요인별 안전대책에 대하여 설명 ㉕ 건축리모델링 공사 시 안전한 공사를 위한 고려사항을 부지현황조사, 건축구조물 점검 증축부분으로 설명하시오 ㉕ 갱폼제작 시 갱폼의 안전설비 및 현장에서 사용 시 안전작업대책에 대하여 설명

2015년 105회 기출문제 분석

구분			기출문제
일반분야	건설안전관계법	산안법	–
		시설물안전법	㉕ 시설물안전관리 특별법에서 정하고 있는 콘크리트 및 강구조물의 노후화 원인예방대책 보수·보강 방안에 대하여 설명하시오.
		건설기술진흥법	⑩ 초기 안전 점검 ㉕ 건설기술 진흥법에서 정한 안전관리계획서의 필요성, 목적, 대상사업장 및 검토시스템에 대하여 설명하시오.
		기타 법	–
	안전관리론	안전관리	⑩ 건설안전의 개념 ⑩ 보호구의 종류와 관리방법 ⑩ 버드의 신도미노 이론 ㉕ 도심지 초고층건물 공사현장에서 재해예방을 위한 안전순찰 활동을 시행하고 있다. 안전순찰활동의 목적 문제점 및 효과적인 활동방안에 대해 설명하시오. ㉕ 건설현장에서 안전대 사용 시 보관 및 보수방법과 폐기기준에 대하여 설명하시오.
		안전심리	㉕ 건설현장에서 사고요인자의 심리치료의 목적과 행동치료과정 및 방법에 대하여 설명하시오.
		안전교육	–
	인간공학 및 System안전		–
	기타 일반		–
전문분야	총론		⑩ 피뢰침의 구조와 보호범위 보호여유도
	가설공사		㉕ 건설현장 수직 Lift Car의 구성요소와 재해요인 및 안전대책 ㉕ 높이 35M 공사 현장에서 외벽강관 쌍줄 비계를 이용하여 마감공사를 끝내고 강관비계를 해체하려고 한다. 강관 쌍줄비계 해체계획과 안전조치 사항 기술
	토 공 사 기초공사		⑩ 액상화 ㉕ 건설현장에서 시행하는 대구경 현장타설 말뚝기초(RCD)공법의 철근공상 방지대책과 슬라임 처리방안에 대하여 설명하시오. ㉕ 도심지 지하굴착공사 시 사용하는 스틸복공판의 기능안전취약 요소 및 안전대책에 대하여 설명하시오. ㉕ 도로공사에서 동상방지층의 설치 필요성 및 동상방지대책에 대하여 설명하시오. ㉕ 기존 구조물 보존을 위한 언더피닝 공법의 종류와 시공 시 안전대책 기술 ㉕ 건설현장 지하굴착공사 시 발생하는 진동발생 원인과 주변에 미치는 영향 및 안전관리대책에 대하여 설명하시오.
	RC공사		⑩ 한중 콘크리트의 품질관리 ⑩ 콘크리트 폭열에 영향을 주는 인자
	철골공사		㉕ 철골공사의 현장집한 시공에서 부재 간 접한(주각과 기둥, 기둥과 기둥, 보와 기둥, 기둥과 보)의 결함요소와 철골조립시 안전대책
	해체, 발파공사		⑩ 공발현상(철포현상)
	교량, 터널, 댐		⑩ 구조물에 작용하는 Arch Action ㉕ 공용중인(준공 후 운영) 콘크리트 댐 시설의 주요 결함 원인과 방지대책 기술 ㉕ 석촌 지하차도에서와 같이 도심지 터널공사에서 충적층 지반에 쉴드공법으로 시공 시 동공발생의 원인과 안정화 대책 설명하시오.
	기타 전문공사		⑩ Proof Rolling ⑩ 강화유리와 반강화유리 ⑩ 수목 식재의 버팀목(지목) ㉕ 건설현장에서 동절기 공사의 재해예방대책에 대하여 설명하시오 ㉕ 지하층에 설치된 기계실, 전기실에 대한 장비반입과 장비교체를 위해 지상1층 슬라브에 장비 반입구를 설치할 경우 장비반입구의 위험요소와 안전한 장비 반입구 설치방안을 계획측면, 설치측면, 시공관리측면으로 구분 설명하시오. ㉕ 10층 규모의 철근 콘크리트 건축물 외벽을 화강석 석재판으로 마감하고자 한다. 석공사 건식붙임 공법의 종류와 안전관리방안에 대하여 설명하시오.

2014년 104회 기출문제 분석

구분			기출문제
일반분야	건설안전관계법	산업안전보건법	⑩ Wire-Rope의 부적격 기준과 안전계수 ㉕ 산업안전보건법에서 정하는 정부의 책무, 사업주의 의무, 근로자의 의무에 대해 기술
		시설물안전법	⑩ 시설물안전법상 시설물의 중요한 보수보강 ㉕ 시설물 사고사례 분석에 의한 계획, 설계, 시공 사용 등의 단계별 오류내용에 대해 기술
		건설기계관리법	—
		기타 법	—
	안전관리론	안전관리	⑩ 강도율 ⑩ 방진마스크의 종류와 안전기준
		안전심리	
		안전교육	—
	인간공학 및 system안전		⑩ Fool Proof의 중요기구
	기타 일반		—
전문분야	총론		⑩ 건설현장 실명제 ㉕ 공동주택에서 발생하는 층간소음 방지대책 기술
	가설공사		⑩ 리프트의 안전장치 ㉕ 건설현장에서 가설비계의 구조검토와 주요 사고원인 및 안전대책에 대해 설명 ㉕ 차량계 건설기계의 재해유형과 안전대책에 대해 설명
	토공사 기초공사		⑩ 토량환산계수(f)와 토량변화율 L값, C값 ⑩ 어스앵커 자유장 역할 ㉕ 토사사면의 붕괴형태와 붕괴원인, 안전대책
	RC공사		⑩ 누진 파괴 ⑩ 시공배합 현장배합 ㉕ 철근콘크리트 공사에서 거푸집동바리의 구조검토 순서와 거푸집 시공허용오차에 대해 기술 ㉕ 콘크리트 펌프를 이용한 압송타설시 작업 중 유의사항과 안전대책 ㉕ 콘크리트 구조물의 중성화 발생 원인, 조사과정, 시험방법에 대해 기술
	철골공사		⑩ 유리열 파손 ㉕ 건설현장에서 용접 시 발생하는 건강장해원인과 전기용접 작업의 안전대책에 대해 기술 ㉕ 도심지 고층건물의 철골공사 시 안전대책과 필요한 재해방지 설비에 대해 설명 ㉕ 철골의 현장건립공법에서 리프트업 공법시공 시 안전대책에 대해 기술
	해체, 발파공사		—
	교량, 터널, 댐		⑩ 스마트에어커튼 시스템 ㉕ 도로터널에서 구비하여야 할 화재 안전기준에 대해 설명 ㉕ 교량공사에서 교량받침(교좌장치)의 파손원인과 대책 및 부반력 발생 시 안전대책 기술
	기타 전문공사		㉕ 아스팔트 콘크리트 포장도로에서 포트홀의 발생원인과 방지대책 기술 ㉕ 도로건설 등으로 인한 생태환경 변화에 따라 발생하는 로드킬의 원인과 생태통로 설치 유형 및 모니터링 관리에 대해 기술 ㉕ 건설현장에서 도장공사 중 발생할 수 있는 재해유형과 원인 및 안전대책 ㉕ 공용 중인 하천 및 수도시설의 주요 손상원인과 방지대책에 대해 기술

2014년 103회 기출문제 분석

구분			기출문제
일반분야	건설안전관계법	산업안전보건법	⑩ 산업안전보건법령상 도급산업에서 안전보건조치 ⑩ CDM 제도상의 참여주체 ⑩ 안전활동실적 평가기준 ⑩ 안전벨트 착용상태에서 추락 시 작업자 허리에 부하되는 충격력 산정에 필요요소 ⑩ 건설현장에서 체인고리 사용 시 잠재위험요인을 쓰고 교체시점에 대하여 설명하시오.
		시설물 안전법	㉕ 시설물 안전관리에 관한 특별법령에서 정하고 있는 항만 분야에 대한 다음 사항에 대하여 설명하시오. 가) 1종, 2종 시설물의 범위, 안전점검 및 정밀안전진단의 실시 시기 나) 중대한 결함
		건설기계 관리법	㉕ 건설공사 안전관리계획 수립대상공사와 작성내용을 설명하고 산업안전보건법 시행령에 규정한 설계 변경 요청대상 및 전문가 범위를 설명하시오.
		기타 법	ㅡ
	안전관리론	안전관리	⑩ 적극안전
		안전심리	ㅡ
		안전교육	⑩ 안전교육의 3단계와 안전교육법 4단계
	인간공학 및 System 안전		⑩ 페일 세이프
	기타 일반		ㅡ
전문분야	총론		㉕ 초고층 화재 시 잠재적 대피방해 요인을 쓰고 일반적인 대피방법에 대하여 설명하시오. ㉕ 건설시공 중에 안전관리에 대한 현행감리제도의 문제점을 쓰고 개선대책에 대하여 설명하시오.
	가설공사		⑩ 추락방지망 설치기준 ⑩ 비계구조물에 설치된 벽이음 작용력 ㉕ 초고층 건물에서 거푸집 낙하의 잠재위험 요인과 시공방지대책에 대하여 설명하시오. ㉕ 건설현장의 가설구조물에 작용하는 하중에 대하여 설명하시오. ㉕ 경사슬래브교량 거푸집 시스템비계 서포트 구조의 잠재붕괴원인과 대책에 대하여 설명하시오.
	토공사 기초공사		⑩ 철탑구조물의 심형기초공사 ⑩ PDA ㉕ 굴착공사 시 각종 가스관의 보호조치 및 가스누출 시 취해야 할 조치사항에 대하여 설명하시오. ㉕ 경사지 지반에서 굴착공사 시 흙막이 지보공에 대한 편토압 부하요인들과 사고우려 방지대책에 대하여 설명하시오.
	RC공사		⑩ 부동태막 ㉕ 철근콘리트 공사 시 콘크리트 표준안전지침에 대하여 설명하시오. ㉕ 콘크리트 구조물의 화재발생시 폭열의 발생원인과 방지대책에 대하여 설명하시오.
	철골공사		㉕ 철골공사 작업 시 철골자립도 검토대상구조물 및 풍속에 따른 작업범위에 대해 기술하시오.
	해체, 발파공사		ㅡ
	교량, 터널, 댐		㉕ 공용 중인 도로 및 철도노반하부를 통과하는 비개착 횡단공법의 종류별 개요를 설명하고 대표적인 TRCM 공법에 대한 시공순서 특성, 안전감시계획에 대하여 설명하시오. ㉕ 갱구부의 설치유형을 분류하고 시공시 유의사항과 보강공법을 설명하시오. ㉕ 기존터널에 근접하여 구조물을 시공하는 경우 기존터널에 미치는 안전영역평가와 안전관리대책을 설명하시오.
	기타 전문공사		㉕ 10층 이상 규모의 건물 내 배관설비, 대구경 파이프라인에 대한 공기압 테스트 방법과 위험성에 대하여 설명하시오. ㉕ 건설현장의 밀폐공간 작업 시 산소결핍에 의한 재해발생 요인과 안전관리대책에 대하여 설명하시오.

2014년 102회 기출문제 분석

구분			기출문제
일반분야	건설안전관계법	산업안전보건법	㉕ 의무안전인증대상, 기계기구 및 설비, 방호장치, 보호구에 대하여 기술 ㉕ 건축물이나 설비의 철거해체 시 석면조사 대상 및 방법 석면농도의 측정방법에 대하여 기술
		시설물안전법	⑩ 강재구조물의 비파괴 시험 ⑩ 시설물의 정밀점검 실시 시기
		건설기계관리법	–
		기타 법	–
	안전관리론	안전관리	⑩ 등치성 이론
		안전심리	⑩ Maslow의 동기부여 이론 ⑩ RMR과 1일 에너지 소모량
		안전교육	–
	인간공학 및 system안전		–
	기타 일반		–
전문분야	총론		⑩ 황사, 연무, 스모그
	가설공사		㉕ 가설공사 중 가설통로의 종류 및 설치기준에 대하여 설명 ㉕ 대심도 지하철공사 작업 중 추락재해가 발생하였다. 추락재해의 형태와 발생원인 및 방지대 대책 ㉕ 건설현장에서 비계전도 사고를 예방하기 위한 시스템비계구조와 조립작업 시 준수해야 할 사항 ㉕ 지진피해에 따른 현행법상 지진에 대한 구조안전확인 대상 및 안전설계방안에 대해 기술
	토공사 기초공사		⑩ 강제치환공법 ⑩ 지반의 전단파괴 ㉕ 연화현상이 토목구조물에 미치는 영향과 방지대책 ㉕ 조경용 산벽의 구조와 붕괴원인 및 안전대책에 대하여 기술 ㉕ 기초말뚝의 허용지지력을 추정하는 방법과 허용지지력에 영향을 미치는 요인에 대해 기술 ㉕ 구조물의 시공시 발생하는 양압력과 부력의 발생원인과 방지대책
	RC공사		⑩ 수중 콘크리트 ⑩ Preflex Beam ⑩ 과소철근보, 과대철근보, 평행철근비 ㉕ 굵은 골재의 최대치수가 콘크리트에 미치는 영향에 대하여 기술 ㉕ 레미콘 운반시간이 콘크리트 품질에 미치는 영향과 대책 및 콘크리트 타설시 안전대책 ㉕ 콘크리트 구조물 화재 시 구조물의 안전에 영향을 미치는 요소와 구조물의 화재예방 피해 최소화 방안 ㉕ 콘크리트 구조물의 사용환경에 따라 발생하는 콘크리트 균열 평가방법과 보수보강 공법에 대해 기술
	철골공사		⑩ 철골의 공사 전 검토사항과 공작도에 포함시켜야 할 사항 ㉕ 철탑조립 공사 중 작업 전·작업 중 유의사항과 안전대책
	해체, 발파공사		–
	교량, 터널, 댐		⑩ 유선망 ㉕ 터널암반공사 시 자유면 확보방법과 발파작업 시 안전수칙 ㉕ 침윤선이 제방에 미치는 영향과 누수에 대한 안전대책
	기타 전문공사		㉕ 동절기 한랭작업이 인체에 미치는 영향과 건강관리수칙 및 재해유형별 안전대책

2013년 101회 기출문제 분석

구분			기출문제
일반분야	건설안전관계법	산업안전보건법	⑩ 유해·위험기계 등의 안전검사(검사종류, 대상, 시기, 방법 등) ㉕ 산업안전보건법규상 공정안전보고서의 제출대상과 보고서에 포함할 내용, 업무 흐름에 대하여 설명하시오.
		시설물 안전법	⑩ 시설물 정보관리시스템(FMS) ㉕ 노후 불량주택의 재건축 판정을 위한 관련법규에서 정하고 있는 안전진단 절차의 평가항목 및 정밀조사 내용에 대하여 설명하시오 ㉕ 건축시설물의 정밀안전진단결과 빈번히 발생되는 주요 결함과 요인을 계획, 설계, 시공, 유지관리 측면으로 분류하고, 각 요인별 대책에 대하여 설명하시오.
		건설기계 관리법	⑩ 안전관리계획서 수립 대상공사와 포함내용 ㉕ 건설현장의 비상시 긴급조치 계획에 대하여 설명하시오
		기타 법	⑩ 비산먼지 발생 대상사업 및 포함 업종 ㉕ 사전재해 영향성 평가제도의 법적 근거와 대상 및 협의 항목에 대하여 설명하시오
	안전관리론	안전관리	–
		안전심리	⑩ 인간의 착각과 착시현상
		안전교육	–
	인간공학 및 system 안전		–
	기타 일반		–
전문분야	총론		⑩ 건축물의 피뢰설비 설치기준
	가설공사		㉕ 건설공사 시 풍압(태풍, 바람 등)이 가설구조물에 미치는 영향과 안전대책에 대하여 설명하시오
	토공사 기초공사		⑩ 싱크홀(Sink Hole) ㉕ 강우 및 지하수 등의 침투로 인하여 옹벽의 붕괴가 빈번히 발생하고 있다. 붕괴방지를 위한 배수처리방법에 대하여 설명하시오. ㉕ 지하 구조물 시공을 위한 토류벽 설치 시 지하수위가 굴착면보다 높은 경우 굴착 시 안전 유의사항과 토류벽 붕괴 방지 대책에 대하여 설명하시오.
	RC공사		⑩ 소규모(5kg 이상) 인력 운반 시 척추에 대한 부하와 근육작업을 줄이기 위한 안전규칙 ⑩ 종방향 균열 발생원인 ⑩ 철근량과 유효높이 ㉕ 콘크리트 구조물 시공시 발생균열에 대하여 발생시기에 따라 구분해서 설명하시오 ㉕ 콘크리트 구조물 공사에서 거푸집 및 동바리 설치 시 위험성 평가와 안전대책에 대하여 설명하시오. ㉕ 매스콘크리트는 수화열에 의해 균열이 발생한다. 매스콘크리트 배합 및 타설 양생 시에 온도균열 제어대책에 대하여 설명하시오
	철골공사		㉕ 시설물유지관리시 철골구조물(Steel Structure)에서 발생하는 결함의 주요 내용과 결함발생원인 및 대책에 대하여 설명하시오.
	해체, 발파공사		㉕ 지하실 등 지하구조물이 있는 대지에서 기존구조물을 해체하면서 신축할 경우, 대형브레이크와 화약발파공법을 병용해서 해제작업을 하고자 한다. 작업순서와 각 작업의 안전 유의사항에 대하여 설명하시오. ㉕ 기존 건축구조물 철거공사에서 석면구조물과 설비의 해체작업 시 조사대상과 안전작업 기준에 대하여 설명하시오.
	교량, 터널, 댐		⑩ 터널 내진등급 및 대상지역 구조물 ㉕ 기존 교량의 내하력 조사 내용과 평가에 대하여 설명하시오. ㉕ NATM 터널 시공 시 라이닝 콘크리트의 손상원인을 열거하고 방지를 위한 안전대책에 대하여 설명하시오. ㉕ 기존 필댐(Fill Dam)과 콘크리트댐 시설에서 많은 손상이 발생하고 있다. 각 댐 시설의 주요 결함내용과 대책에 대하여 설명하시오.
	기타 전문공사		⑩ 다웰바(Dowel Bar), 타이바(Tiebar) ⑩ 환경지수와 내구지수 ㉕ 조경공사에서 대형수목 이설작업 순서와 운반시 안전 유의사항에 대하여 설명하시오.

2013년 100회 기출문제 분석

구분			기출문제
일반분야	건설안전관계법	산업안전보건법	⑩ 의무안전인증대상 보호구 ⑩ 물질안전보건자료(MSDS) 교육시기 및 내용
		시설물안전법	⑩ 「시설물의 안전관리에 관한 특별법 시행령」에서 규정하고 있는 중대한 결함(단, 최근 개정된 내용 포함) ㉕ 건설경기 침체 및 사업자의 자금사정 등으로 인하여 시공 중 중단되는 건축현장이 발생하고 있다. 공사 중단 시 안전대책과 지개 시 안전대책에 대하여 설명하시오. ㉕ 「시설물의 안전관리에 관한 특별법」상 건축물에 대한 상태평가 항목 및 보수보강 방법에 대해 도시(圖示)하여 설명하시오.
		건설기계관리법	—
		기타 법	⑩ 화학물질 분류·표시에 관한 GHS(Glovally Harmonized System)제도
	안전관리론	안전관리	—
		안전심리	⑩ STOP(Safety Training Observation Program) ⑩ 억측판단(Risk Taking) ㉕ 근로자의 사고자와 무사고자의 특성과 사고자에 대한 예방대책을 설명하시오.
		안전교육	—
	인간공학 및 system안전		㉕ Risk Management(위험관리)에 대하여 설명하시오.
	기타일반		—
전문분야	총론		㉕ 건설현장의 외국인 근로자에 대한 안전관리상의 문제점 및 대책에 대하여 설명하시오.
	가설공사		㉕ 건설현장의 전기재해 원인 및 방지대책에 대하여 설명하시오. ㉕ 비계에서 발생할 수 있는 재해유형 및 안전수칙에 대하여 설명하시오.
	토공사 기초공사		⑩ 말뚝의 폐색효과(Plugging Effect) ⑩ 1차 압밀과 2차 압밀 ㉕ 어스앵커(Earth Anchor)공법과 시공시 안전대책에 대하여 설명하시오. ㉕ 대절토 암반사면의 절개시 사면안정에 영향을 미치는 요인과 안전대책에 대하여 설명하시오. ㉕ Vertical drain공법과 Preloading공법의 원리와 Preloading공법에 비하여 Vertical drain공법의 압밀기간이 현저히 단축되는 이유를 설명하시오. ㉕ 우기철 도심지에서 지하 5층 깊이의 굴착공사 시 '흙막이벽의 수평변위와 인접지반의 침하원인'과 '설계 및 공사 중 안전대책'에 대하여 설명하시오. ㉕ 사질토와 점성토 지반의 전단강도 특성과 함수비가 높은 점성토 지반의 처리대책에 대하여 설명하시오.
	RC공사		⑩ 주철근과 전단철근 ㉕ 근콘크리트 구조물의 내구성 저하 원인과 방지대책에 대하여 설명하시오. ㉕ 콘크리트 타설시 거푸집 및 동바리 붕괴재해의 원인과 안전대책에 대하여 설명하시오. ㉕ 콘크리트 공사에서 콘크리트 강도의 조기판정이 필요한 이유와 조기판정법에 대하여 설명하시오.
	철골공사		⑩ Scallop ⑩ 전단연결재(Shear Connector) ㉕ 대형 발전플랜트 건설현장 철골공사의 건립계획 수립 시 검토할 사항과 건립 전 철골 부재에 부착해야 할 재해 방지용 철물에 대하여 설명하시오.
	해체, 발파공사		—
	교량, 터널, 댐		⑩ 검사랑(Check Hole, Inspection Gallery) ⑩ 댐 건설시 하류전환방식 ㉕ 지하수가 과다하게 발생되는 지반에서 NATM공법으로 대형 터널 굴착 시 문제점과 안전시공 대책 및 안전관리 방법에 대하여 설명하시오. ㉕ 하상준설에 의하여 하상고가 낮아짐에 따라 기존 교량의 기초보강 및 세굴방지공 설치방안에 대하여 설명하시오.
	기타 전문공사		—

2013년 99회 기출문제 분석

구분			기출문제
일반분야	건설안전관계법	산업안전보건법	㉕ 건설현장에서 산업안전보건법을 위반하였을 때 가해지는 산업안전보건법에 의한 벌칙에 대하여 설명하시오. ㉕ 유해위험방지계획 작성시 위험성 평가절차 및 단계별 수행방법에 대하여 설명하시오.
일반분야	건설안전관계법	시설물안전법	⑩ 정밀안전진단시 기존자료 활용법 ㉕ 정부에서는 제3차 시설물안전 및 유지관리에 대한 기본계획을 수립해 시행하고 있다. 이와 관련한 기본계획 중점추진 과제 및 문제점에 대하여 설명하시오. ㉕ 「시설물의 안전관리에 관한 특별법」에서 규정하고 있는 건축물 및 지하도상가에 관한 다음 사항에 대하여 설명하시오. 1) 1종, 2종 시설물의 범위 2) 안전점검과 정밀안전진단 실시범위에 대한 세부적인 대상시설 3) 대통령령이 정하는 중대한 결함의 적용범위
일반분야	건설안전관계법	건설기계관리법	⑩ 안전점검의 실시(건설기술관리법 시행령) ㉕ 건설기술관리법에서 개정한 '안전관리비 계상 및 사용기준'에 대하여 설명하시오.
일반분야	건설안전관계법	기타 법	–
일반분야	안전관리론	안전관리	–
일반분야	안전관리론	안전심리	⑩ 긴장수준(Tension) ⑩ 작업자의 스트레스 대처 ⑩ 인간에 대한 모니터링(Monitoring)방식
일반분야	안전관리론	안전교육	–
일반분야	인간공학 및 system 안전		⑩ 안전설계기법의 종류 ㉕ 인간과 기계를 비교하고 그 특징과 인간의 작업자세의 결정조건에 대하여 설명하시오.
일반분야	기타 일반		–
전문분야	총론		㉕ 집단관리시설의 화재사고 등에 따른 중대재해 발생이 증가하고 있다. 집단관리 시설의 문제점, 방화계획 및 화재 관련 안전대책에 대하여 설명하시오.
전문분야	가설공사		⑩ 달대비계 ㉕ 건설재해 중 다발, 재래형이면서 중대재해를 유발하는 추락재해를 예방하기 위해서는 작업 전 추락재해방지시설의 올바른 설치가 필수적인데 추락방지망에 관한 구조, 정기시험, 설치도, 허용낙하높이 등에 대하여 설명하시오.
전문분야	토공사 기초공사		⑩ 단층(Fault) ⑩ 평사투영법(Stereographic Projection Method) ㉕ 지하구조물에서 지하수 영향으로 발생하는 양압력과 부력의 차이점 및 방지대책에 대하여 설명하시오. ㉕ 불안정한 깎기비탈면 표면을 보호하기 위하여 설치하는 기대기 옹벽의 적용기준과 안정성검토항목에 대하여 설명하시오. ㉕ 얕은기초(Footing)지반(토사)의 파괴형태와 주요 파괴원인 및 안전대책에 대하여 설명하시오.
전문분야	RC공사		⑩ Creep와 Relaxation ⑩ 원형철근과 이형철근 ⑩ 인력운반의 작업안전 ⑩ 강도설계법과 한계상태 설계법 ㉕ 내구성이 요구되는 콘크리트 구조물의 콘크리트 양생 중 소성수축 균열 시 그 원인과 복구대책에 대하여 설명하시오. ㉕ 콘크리트 구조물의 파괴시험과 비파괴시험의 종류를 열거하고 그 특징에 대하여 설명하시오. ㉕ 스마트콘크리트의 구성원리 및 종류, 안전대책 등에 대하여 설명하시오.
전문분야	철골공사		㉕ 강재의 용접 시 용접부의 각종 결함의 원인과 그 방지대책 및 검사방법에 대하여 설명하시오.
전문분야	교량, 터널, 댐		㉕ 장대터널, 양수발전Dam 등의 공사에서 수직터널작업 시 위험성평가와 안전대책에 대하여 설명하시오. ㉕ 교량의 안전점검과 유지보수(BMS)를 위한 조사 및 평가 그리고 보수방법과 보수계획 설계 시 고려해야 할 사항에 대하여 설명하시오.
전문분야	기타 전문공사		㉕ 철도공사에서 시스템(System)분야(궤도, 건축, 전력, 전차선, 신호, 통신 등)와 연계하여 노반공사 시공시에 고려되어야 할 사항에 대하여 설명하시오.

2012년 98회 기출문제 분석

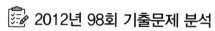

구분			기출문제
일반분야	건설안전관계법	산업안전보건법	⑩ 안전보건표지 ⑩ 작업환경측정 대상사업장 ⑩ 건설현장 원·하청업체 상생협력 프로그램 사업 ⑩ 작업면 조도(照度) ㉕ 건설안전교육에 대한 산업안전보건법령상 근거, 안전교육의 지도방법 및 원칙과 효과적인 현장안전교육 사례에 대하여 설명하시오.
		시설물 안전법	㉕ 시설물의 안전관리에 관한 특별법령상 콘크리트 및 강구조물의 노후화 종류와 보수·보강방법에 대하여 설명하시오.
		건설기계·관리법	⑩ 안전관리 공정표(工程表) ㉕ 건설현장에서 비상사태 발생시 비상사태의 범위와 긴급조치 사항에 대하여 설명하시오
		기타 법	⑩ 건설안전관련법(산업안전보건법, 건설기술관리법, 시설물의 안전관리에 관한 특별법)의 목적 및 특징
	안전관리론	안전관리	㉕ 건설현장 착공 시 안전관리 운영계획을 수립하고, 협력업체 안전수준 향상방안에 대하여 설명하시오.
		안전심리	⑩ 간결화 욕망의 지배적 시기
		안전교육	–
	인간공학 및 system 안전		–
	기타 일반		–
전문분야	총론		⑩ 시공상세도(Shop Drawing)
	가설공사		㉕ 건설현장에서 사용하는 이동식 비계(移動式飛階)의 안전조립기준에 대하여 설명하시오
	토공사 기초공사		⑩ 안식각과 내부마찰각 ⑩ 과전압(Over Compaction) ㉕ 원심력 고강도 프리스트레스 콘크리트 말뚝(PHC Pile)을 시공하고자 한다. 말뚝 반입시 파손을 최소화하는 관리방안과 시공시 안전대책에 대하여 설명하시오 ㉕ 지하수위가 높은 도심지 대규모 굴착공사에서 발생하는 지하수 처리 방안과 안전대책에 대하여 설명하시오. ㉕ 높이 10m의 배수옹벽을 시공하고자 한다. 옹벽(擁壁)의 안전조건을 열거하고, 붕괴원인 및 방지대책에 대하여 설명하시오. ㉕ 도심지에서 고층건축물을 Top Down공법으로 시공하고자 한다. 공종별 안전대책에 대하여 설명하시오. ㉕ 지반개량 공사 시 지반의 허용침하량 초과방지대책에 대하여 설명하시오. ㉕ 철근콘크리트 구조물 시공시 발생하는 기초침하의 종류와 구조물에 미치는 영향을 열거하고, 침하원인 및 방지대책에 대하여 설명하시오.
	RC공사		⑩ 서중콘크리트 ⑩ 철근의 유효높이와 피복두께 ⑩ 극한한계상태와 사용한계상태 ㉕ 철근콘크리트 구조물 공사에서 양생과정 중 발생하는 문제점과 방지대책에 대하여 설명하시오. ㉕ 대규모 지하철근콘크리트 구조물 시공 시 사용환경에 의해 발생하는 결함의 원인을 열거하 고, 방지대책을 설명하시오.
	철골공사		㉕ 도심지 고층건물 철골작업 시 필요한 안전가시설의 종류와 철골작업시의 위험방지사항에 대하여 설명하시오 ㉕ 도심지 초고층 구조물 시공 시 적용하는 장비의 종류를 열거하고, 사용 시 안전대책에 대하여 설명하시오.
	해체, 발파공사		㉕ 도심지 재건축사업 시행시 적용하는 철근콘크리트 고층아파트 해제공법을 열거하고, 사전 조사 및 안전대책에 대하여 설명하시오.
	교량, 터널, 댐		–
	기타 전문공사		㉕ 하천 제방의 제외측 수위가 상승하여 누수가 발생하였다. 누수원인 및 방지대책에 대하여 설명하시오. ㉕ 여름철 무더위가 계속되어 건설현장의 작업능률이 현저히 저하되고 있다. 폭염으로 인한 근로자의 건강장해 종류를 열거하고, 응급조치사항에 대하여 설명하시오.

2012년 97회 기출문제 분석

구분			기출문제
일반분야	건설안전관계법	산업안전보건법	⑩ Wire Rope의 폐기기준 및 취급 시 주의사항 ㉕ 산업안전보건법에 의한 안전·보건 교육내용을 설명하고, 2012년부터 시행되는 건설업 기초 안전보건교육에 대한 추진 배경 및 주요 내용에 대하여 설명하시오. ㉕ 건설기술관리법에 의한 안전관리비와 산업안전보건법에 의한 산업안전보건관리비의 내용과 상호개선해야 할 사항을 설명하시오.
		시설물안전법	—
		건설기계관리법	㉕ 건설현장에서 붕괴, 폭발, 천재지변 등에 의한 비상사태가 발생될 때 긴급조치 계획과 대책을 설명하시오.
		기타 법	—
	안전관리론	안전관리	⑩ 작업환경 요인별 건강장해의 종류 ⑩ 진동장해 예방대책 ㉕ 참여형 작업환경 개선활동 기법(PAOT)의 원리와 특징에 대하여 설명하시오.
		안전심리	⑩ 주의력의 집중과 배분 ㉕ 근로자가 재해를 일으키는 불완전한 행동의 배후요인(생리적 요인, 심리적 요인)과 안전동기를 유발시킬 수 있는 방안에 대하여 설명하시오.
		안전교육	⑩ 역할연기법
	인간공학 및 system안전		—
	기타 일반		—
전문분야	총론		⑩ 타당성 재조사
	가설공사		⑩ 수평(대형) 개구부 ⑩ 가설 구조물에 작용하는 하중의 종류 ㉕ 건설현장에서 크레인 등 건설장비의 가공전선로 접근 시 안전대책에 대하여 설명하시오.
	토공사 기초공사		⑩ 흙의 연경도(Consistency) ㉕ 말뚝기초 재하시험의 종류와 시험결과의 해설(평가)에 대하여 설명하시오. ㉕ 지하매설물(상수도관, 가스관, 송유관 등) 주변 굴착공사 시 안전시공방법을 설명하시오. ㉕ 건설사업을 시행하기 위하여 토질조사를 한다. 그에 따른 토질조사 내용을 설명하시오. ㉕ 절토사면길이 30m 이상 되는 절토구간을 친환경적으로 시공하기로 했을 때 착공 전 준비사항과 안전성 확보를 위한 시공 중 조치사항을 설명하시오. ㉕ 대형 건축물의 기초공사 형식을 분류하고 시공 시 안전대책을 설명하시오. ㉕ 흙막이 구조물공사에서 주입식 차수공법의 종류를 열거하고, 각 공법의 특징을 설명하시오.
	RC공사		⑩ 콘크리트의 탄성계수 ⑩ 철근의 부동태막 ⑩ 비중에 따른 골재의 분류 ㉕ 콘크리트 구조물의 염해피해 발생 시 열화과정별 외관 상태와 내구성을 고려한 염해대책을 설명하시오. ㉕ 철근콘크리트 공사에서 철근의 갈고리 형상과 기준, 철근운반, 인양, 가공조립 시 작업안전에 유의해야 할 사항을 설명하시오.
	철골공사		
	해체, 발파공사		㉕ 재건축 현장의 해체공사 시 안전시공 방법과 건설공해 저감대책을 설명하시오. ㉕ 건설현장에서 암발파 시 지반진동, 소음 및 암석 비산과 같은 발파공해의 발생원인과 안전시공 방안에 대하여 설명하시오.
	교량, 터널, 댐		㉕ 콘크리트 교량의 가설공법 종류 및 그 특징을 설명하시오. ㉕ 터널 갱구부 형태와 시공 시 예상되는 문제점을 열거하고, 안전시공 방법에 대하여 설명하시오.
	기타 전문공사		⑩ 산소결핍 시 작업장에서 조치사항

2012년 96회 기출문제 분석

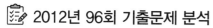

구분			기출문제
일반분야	건설안전관계법	산업안전보건법	⑩ 환산재해율 ㉕ 정부는 5년마다 석면(石綿)기본관리계획을 수립·시행하여야 하는바, 기본계획에 포함한 사항, 건축물 석면의 관리 및 석면해체·제거 작업기준에 대하여 설명하시오.
		시설물안전법	㉕ 시설물의 안전관리에 관한 특별법에서 정하고 있는 댐 시설물에 관한 다음 사항에 대해 설명하시오. – 1종 시설물 및 2종 시설물의 범위 – 안전점검과 정밀안전진단 실시 범위에 대한 세부적인 대상시설 – 중대한 결함의 적용범위(시행령 기준)
	안전관리론	안전관리	⑩ 재해요소 결합구조(등치성) ⑩ 안전대의 폐기기준 ⑩ A.H. Maslow의 욕구단계 ㉕ 건설산업은 재해가 많이 발생하며 때로는 중대사고로 이어지는 경우가 있다. 건설재해가 사회(근로자, 기업체, 정부 등)에 미치는 영향을 설명하시오. ㉕ 건설공사는 여러 분야의 전문(專門)업체가 협력하여 시설물을 완성하는 복합산업이다. 건설재해를 예방하기 위해 전문건설업체의 안전기술 향상이 요구되고 있는데, 전문건설업체의 안전시공 향상방안에 대하여 설명하시오.
		안전심리	⑩ 근로자 작업강도에 영향을 미치는 요인
		안전교육	⑩ 프로이드(Anne Freud)의 대표적인 적응기제(10가지)
	인간공학 및 system안전		–
	기타 일반		–
전문분야	총론		㉕ 자율안전컨설팅 제도의 효과와 개선방안에 대하여 설명하시오.
	가설공사		㉕ 타워크레인(Tower Crane) 설치 및 해체 시 위험요인과 안전대책을 설명하시오.
	토공사 기초공사		⑩ 기초구조물에 작용하는 양압력 ⑩ Vane Test ㉕ 하천에서 근접 굴착 시 지하수처리공법의 종류와 특징을 설명하시오. ㉕ 산악지역 절개면 암반사면에서의 파괴유형과 안정성 해석방법에서 평사투영에 의한 안정성 해석 방법을 설명하시오. ㉕ 연약지반 개량공법에서 다짐공법의 종류와 특징을 쓰고, 연약지반 개량공사 시 중장비의 전도 사고에 대한 예방대책을 설명하시오. ㉕ 최근 도심지 지하굴착공사 과정에 흙막이 붕괴로 인한 재해가 자주 발생하고 있다. 지하흙막이 붕괴의 원인이 되는 Heaving 현상과 Boiling 현상을 비교하여 설명(圖解 포함)하시오.
	RC공사		⑩ 좌굴(Buckling) ⑩ 배합강도와 설계기준 강도 ⑩ Concrete Head(콘크리트 타설시 측압 관련) ㉕ 도심지 건설공사에서 콘크리트 타설시 펌프카(Pump Car)를 주로 이용하는데, 펌프카에 의한 타설시 발생할 수 있는 재해의 종류와 안전대책을 설명하시오. ㉕ 철근부식의 Mechanism과 부식방지대책에 대하여 설명하시오. ㉕ 철근콘크리트 구조물이 열화되는 원인 진단방법 및 보수방안에 대하여 설명하시오. ㉕ 콘크리트 포장공사에서 시공방법에 따른 분류와 포장시공 과정별 시공시 안전대책을 설명하시오. ㉕ 콘크리트 구조물의 초기균열 발생원인과 균열저감방안을 설명하시오.
	교량, 터널, 댐		⑩ 터널에서 포어폴링(Fore Poling) 파이프루프 ㉕ 교량공사 강교 가설공법에서 가설장비에 따른 분류공법을 설명하시오. ㉕ 터널(Tunnel) 내 지하수처리방법인 배수형 방수형식과 비배수형 방수형식의 적용 범위, 특징 및 시공 중 조치사항을 설명하시오.
	기타 전문공사		⑩ 하상계수 ㉕ 건설현장에서 질식재해의 발생원인과 안전대책을 설명하시오.

2011년 95회 기출문제 분석

구분			기출문제
일반분야	건설안전관계법	산업안전보건법	⑩ 공정안전보고서 ⑩ 오버홀(Overhaul) ㉕ 산업안전보건관리비의 사용항목과 목적 외 사용금지 항목에 대하여 설명하시오. ㉕ 유해·위험방지계획서 자체심사 및 확인 업체 지정에 대한 관련 규정 및 기준에 대하여 설명하시오.
		시설물안전법	⑩ 시설물의 중대결함 ㉕ 철근콘크리트 구조물의 내하력 조사내용을 열거하고 내구성 평가방법과 평가 시 고려해야 할 사항에 대하여 설명하시오. ㉕ 장기간 공사가 중단된 시설물(「시설물의 안전관리에 관한 특별법」상 1종 시설물 및 2종 시설물에서)의 공사 재개 시 안전대책에 대하여 설명하시오. ㉕ 시설물의 안전관리에 관한 특별법의 규정에 따른 터널시설물의 안전점검 및 정밀안전 안전진단 실시범위에 대해 세부적인 대상시설별로 설명하고 터널시설물에서 대통령이 정하는 중대한 결함의 작용범위에 대하여 설명하시오.
		건기법	–
		기타 법	–
	안전관리론	안전관리	⑩ 반응시간과 동작시간 ⑩ 종합재해지수와 안전활동률 ㉕ 재해원인 분석방법을 열거하고 통계적 원인분석 방법에 대하여 설명하시오.
		안전심리	⑩ 에너지대사율(Relative Metabolic Rate) ⑩ 휴먼에러에서 심리적 착오의 5분류 ㉕ 건설현장에서 작업자의 피로 발생원인과 예방대책에 대하여 설명하시오.
		안전교육	–
	인간공학 및 system안전		–
	기타 일반		–
전문분야	총론		⑩ 설계강우강도 ㉕ 초고층 공사에서 안전한 시공을 위한 대책을 Software적인 측면과 Hardware적인 측면으로 구분하여 설명하시오. ㉕ 건설현장에서 자동화공법 도입의 필요성과 목적을 열거하고 도입 시 예상되는 문제점과 안전대책에 대하여 설명하시오.
	가설공사		㉕ 풍하중이 가설구조물에 미치는 영향과 재해예방 대책에 대하여 설명하시오.
	토공사 기초공사		⑩ 액상화(Liquidation) ⑩ Land Creep와 Land Slide ㉕ 지하수위가 높은 대심도 지하 굴착 공사시 주변으로부터 다량의 유수가 유입되면서 철골 스트럿(Strut)이 붕괴하는 사고가 발생하였다. 긴급조치사항과 발생 원인별 대책 및 사후처리 방안에 대하여 설명하시오. ㉕ 대심도 연약지반에서 PC파일 공사 시 시험항타의 목적과 관리 항목을 열거하고 예상되는 문제점과 대책에 대하여 설명하시오. ㉕ 대사면 절성토 공사에서 설치하는 안전점검시설의 종류를 열거하고 설치 시 안전관리대책에 대하여 설명하시오.
	RC공사		⑩ 콘크리트 구조물의 허용균열과 종방향균열 ⑩ 고성능감수제와 유동화제 ⑩ 거푸집 및 동바리의 검사항목 ㉕ 콘크리트 화재피해에 따른 콘크리트 재료의 특성과 피해구조물의 건전성 평가방법에 대하여 기술하시오.
	철골공사		㉕ 강재의 용접 시 용접부에 발생하는 균열 중 고온균열과 저온균열에 대하여 설명하시오.
	해체, 발파공사		–
	교량, 터널, 댐		㉕ 도로 터널에서 구비되어야 할 방재시설에 대해서 설명하시오.
	기타 전문공사		㉕ 혹서기 산소결핍이 예상되는 작업의 종류를 열거하고 안전대책을 설명하시오. ㉕ 생태통로의 설치목적 및 종류와 관리 및 모니터링 방안에 대하여 설명하시오.

2011년 94회 기출문제 분석

구분			기출문제
일반분야	건설안전관계법	산업안전보건법	⑩ 유해 위험방지계획서 제출대상(건설)과 심사제도 및 확인제도 ㉕ 건설업 안전보건경영시스템(KOSHA 18001)의 추진방법과 활성화 방안을 설명하시오.
		시설물 안전법	⑩ 안전진단 없이 리모델링 시 구조안전에 미치는 영향
		건설기계 관리법	–
		기타 법	–
	안전관리론	안전관리	⑩ 안심일터 만들기 4대 전략
		안전심리	⑩ 주의 수준(Attention Level) ㉕ 건설현장 근로자의 재해특성과 인간과오(Human Error)를 설명하시오.
		안전교육	–
	인간공학 및 system안전		㉕ 결함수 분석법, 사고수 분석법, 고장의 형과 영향분석, 예비사고분석, 위험도 분석
	기타 일반		–
전문분야	총론		㉕ 지진발생시 재난의 형태와 지진저항 구조물의 종류를 설명하시오. ㉕ 건설폐기물의 재활용 방안 및 향후 추진방향을 설명하시오. ㉕ 황사가 건설현장의 안전에 미치는 영향 및 피해방지 방안을 설명하시오.
	가설공사		⑩ Lift의 안전장치 ㉕ 건설현장의 가설구조물에 대한 문제점과 가설공사의 일반적 안전수칙을 설명하시오. ㉕ 건설현장에서 건설장비로 인한 재해형태와 안전대책을 설명하시오.
	토공사 기초공사		⑩ 암압(Rock Pressure) ⑩ 얕은 기초의 굴착공법 ⑩ 흙막이 지보공 설치시 정기적 점검항목(「산업안전기준에 관한 규칙」 근거) ⑩ Pile 기초의 부마찰력(Negative Pressure) ㉕ 지하철공사 중 도시가스의 유입으로 인한 폭발의 원인 및 안전대책을 설명하시오.
	RC공사		⑩ 콘크리트의 균열 보강공법 ⑩ 콘크리트 중성화의 화학반응 및 시험방법 ⑩ 콘크리트 폭열에 영향을 주는 인자 ㉕ 한중콘크리트 타설시 안전대책을 설명하시오.
	철골공사		㉕ 철골공사의 재해유형과 재해방지설비에 관하여 설명하시오. ㉕ 건설현장에서 전기용접작업에 따른 재해 및 건강장해 유형과 안전대책을 설명하시오.
	해체, 발파공사		⑩ 구조물의 해체공법
	교량, 터널, 댐		㉕ 사장교와 같은 대형교량 작업 시 추락사고에 대한 예방대책을 설명하시오. ㉕ 산악지역 터널공사에서 굴진완료 후 후방에서의 터널붕괴 원인 및 재굴진 시 안정대책을 설명하시오. ㉕ 교량의 안전성평가에서 정적 및 동적 재하시험 방법과 최적위치에서 차량재하를 하기 위한 영향선을 설명하시오. ㉕ 댐의 홍수조절 방법에 의해 방류되는 여수로(Spillway)의 구조형식에 따른 종류와 여수로 구성을 설명하시오.
	기타 전문공사		㉕ 건설현장에서의 도장공사시 발생되는 재해의 원인 및 대책을 설명하시오. ㉕ 갱폼(Gang Form)의 안전설비기준 및 사용 시 안전작업 대책을 설명하시오.

2011년 93회 기출문제 분석

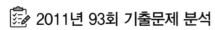

구분			기출문제
일반분야	건설안전관계법	산업안전보건법	⑩ 진동장해 ⑩ 근로자의 건강진단 ㉕ 건설현장에서 공사착공 전 현장소장으로서 관련기관 인·허가에 대한 사전조치사항에 대하여 설명하시오. ㉕ 건설현장 근로자의 근골격계 질환 발생원인과 예방대책에 대하여 설명하시오.
		시설물안전법	–
		건설기계관리법	㉕ 건설기술관리법에 의한 안전관리계획을 수립하여야 하는 공사와 계획의 내용, 제출 및 판정 규정을 설명하시오.
		기타법	–
	안전관리론	안전관리	⑩ 안전업무의 분류 ㉕ 재해손실비 평가방법과 재해예방 5단계를 설명하시오. ㉕ 무재해 운동의 3원칙, 3기둥, 실천 4단계 및 실천기법에 대하여 설명하시오. ㉕ 재해의 종류를 자연적, 인위적 재해로 분류하고 예방대책을 설명하시오. ㉕ 추락방지용 안전대의 폐기기준 및 사용 시 유의하여야 할 사항을 설명하시오.
		안전심리	⑩ 정보처리 채널과 의식 수준 5단계와의 관계 ㉕ 무사고자와 사고자의 특성에 대하여 설명하시오.
		안전교육	–
	인간공학 및 system안전		⑩ 동작 경제의 3원칙
	기타 일반		–
전문분야	총론		–
	가설공사		⑩ 가설통로의 종류 및 경사로
	토공사 기초공사		⑩ 슬라임(Slime)의 필요성과 처리방법 ㉕ 옹벽의 안전조건 및 붕괴원인과 대책을 설명하시오. ㉕ 지하매설물 시공 시 안전대책을 설명하시오. ㉕ 쓰레기 매립장의 환경오염 방지방안 및 폐기물 매립장 건설시공 시 안전대책에 대하여 설명하시오. ㉕ 산사태 발생원인과 방지대책에 대해 설명하고, 비탈면에 대한 안전대책, 공학적 검토사항에 대하여 설명하시오. ㉕ 20m 이상 지하굴착 공사 시 예상되는 재해의 종류와 사전방지대책에 대하여 설명하시오. ㉕ 연약지반의 측방유동의 특성 및 발생 원인에 따른 대책공법을 설명하시오.
	RC공사		⑩ 철근의 이음과 정착 ⑩ 레미콘 반입 시 검사항목 ㉕ 콘크리트 구조물의 중성화 조사 부분과 중성화 시험 요령에 대하여 설명하시오. ㉕ 콘크리트 구조물의 균열 조사 시 균열폭의 변동을 측정하는 방법과 균열이 진행성인 경우 조사해야 할 사항에 대하여 설명하시오.
	철골공사		–
	해체, 발파공사		⑩ 도심지 내에서 대형구조물을 해체하기 위하여 발파식 해체공법을 적용할 때 공해방지대책과 안전대책에 대하여 설명하시오.
	교량, 터널, 댐		⑩ 터널에서의 계측 ⑩ 숏크리트(Shotcrete)의 리바운드(Rebound)
	기타 전문공사		⑩ 우기철 낙뢰발생 시 인명 사상 방지대책 ⑩ X-선 회절법 ㉕ 하천 제방의 붕괴원인과 대책에 대하여 설명하시오.

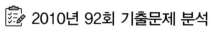

2010년 92회 기출문제 분석

구분			기출문제
일반분야	건설안전관계법	산업안전보건법	⑩ 안전인증제 ⑩ 물질안전보건자료(MSDS) ㉕ 건설현장의 위험성 평가방법의 실시시기와 절차에 대하여 설명하시오. ㉕ 산업안전보건법상 건축물이나 설비의 철거·해체 시 석면조사 대상과 석면해체·제거작업의 안전성 평가기준을 설명하시오.
		시설물안전법	㉕ 시설물의 안전점검 및 정밀안전진단 실시결과에서 중대한 결함에 대하여 설명하시오.
		건설기계관리법	㉕ 건설안전관리계획서 작성지침에 있는 안전관리 공정표 작성방법 및 활용에 따른 안전사고 예방대책을 설명하시오.
		기타 법	—
	안전관리론	안전관리	⑩ 3E 재해예방이론 ⑩ 하인리히의 재해발생 5단계 ㉕ 현장소장으로서 건설현장의 일상적인 안전관리활동에 대하여 설명하시오.
		안전심리	⑩ 적응기제(Adjustment Mechanism)
		안전교육	—
	인간공학 및 system안전		
	기타 일반		—
전문분야	총론		⑩ 간접공해 ㉕ 초고층 빌딩공사에서 외부작업 중 발생할 수 있는 재해의 유형과 안전관리대책에 대하여 설명하시오.
	가설공사		—
	토공사 기초공사		⑩ 보강토옹벽의 안전해석 시 파괴유형 ⑩ 영공기 간극곡선(Zero Air Void Curve) ⑩ 암반등급판별기준 ㉕ 옹벽배면에 있는 침투수를 배수하기 위한 방법과 이에 따른 유선망과 수압분포에 대하여 설명하시오. ㉕ 굴착공사에서 안전사고예방을 위한 정보화시공에 대하여 설명하시오.
	RC공사		⑩ 슬립폼(Slip Form)과 슬라이딩폼(Sliding Form) ㉕ 콘크리트구조물의 보수공사에서 보수재료의 적합성을 평가하는 기준을 설명하시오.
	철골공사		㉕ 용접결함의 발생원인 및 대책을 설명하시오.
	해체, 발파공사		
	교량, 터널, 댐		⑩ 교량의 정밀안전진단에서 차량재하를 위한 영향선
	기타 전문공사		⑩ 제방에 설치하는 통문·통관 ⑩ 비배수터널 ㉕ 댐공사에서 매스콘크리트(Mass Concrete) 타설시 안전대책을 설명하시오. ㉕ 터널공사에서 갱문의 종류 및 특성과 공사용 갱문 시공 중 안전대책을 설명하시오. ㉕ 건축현장에서 발생되는 화재의 원인과 근로자의 피난대책을 설명하시오. ㉕ 건설현장에서 원지반표면에 대한 벌목작업의 안전대책을 설명하시오. ㉕ 프리스트레스콘크리트 박스거더(Prestressed Concrete Box Girder) 교량의 가설공법 중 압출공법(ILM)에 의한 시공 시 문제점 및 안전대책을 설명하시오. ㉕ 구조물에서 부식에 의한 손상원인과 대책을 설명하시오.

2010년 91회 기출문제 분석

구분			기출문제
일반분야	건설안전관계법	산업안전보건법	⑩ 작업장의 조도기준 ⑩ 제조물 책임(Product Liability) ㉕ 산업안전보건법상의 안전검사제도를 설명하시오.
		시설물안전법	–
		건설기계관리법	–
		기타 법	–
	안전관리론	안전관리	⑩ 안전성 평가(Sapety Assessment)
		안전심리	⑩ 위험관리를 위한 위험성 처리기법 ⑩ 근로자 작업안전을 위한 Bio–Rhythm 적용방법
		안전교육	㉕ 건설현장에서 실시하는 안전교육의 종류를 열거하고, 외국인 근로자에게 실시하는 안전교육에 대한 문제점 및 대책을 설명하시오.
	인간공학 및 system안전		–
	기타 일반		–
전문분야	총론		⑩ 건설사업관리(CM)에서 안전관리 ⑩ 지진발생시 행동요령 ㉕ 건설현장의 시공과정에서 발생하는 비산먼지 발생원인과 방지대책에 대하여 설명하시오.
	가설공사		㉕ 건설공사 현장에서 상되고 있는 리프트(Lift)의 조립·해체 및 운행 시 발생되는 재해유형과 안전대책에 대하여 설명하시오. ㉕ T/C(Tower Crane)를 고정하는 지지방식과 지지방식에 따른 안전대책을 설명하시오. ㉕ 건설현장의 가설전기를 사용하는 데 필요한 시설(가설전선, 분전함, 콘센트 및 꽂음기, 누전차단기, 접지 등)에 대한 설치기준 및 안전대책을 설명하시오. ㉕ 이동식 틀비계, 말비계, A형 사다리 등 높이가 낮은 작업발판에서 추락하여 중대 재해가 유발되고 있다. 이에 대한 재해원인 및 방지대책을 설명하시오.
	토공사 기초공사		⑩ 토질의 동상 ⑩ 사면파괴 및 사면안정 지배요인 ⑩ 히빙(Heaving)현상 ⑩ 연화현상(Frost boil) ㉕ 토류벽의 지지공법의 종류를 3가지 제시하고, 각 공법별 안전성 확보방안에 대하여 설명하시오.
	RC공사		⑩ 강섬유 보강 콘크리트 ㉕ 거푸집 및 동바리 설치작업시 발생되는 재해유형을 분류하고, 각각의 유형에 대한 안전대책을 설명하시오. ㉕ 콘크리트의 경화 전·후에 각각에 대한 균열의 원인과 대책에 대하여 설명하시오.
	철골공사		⑩ 응력부식과 지연파괴
	해체, 발파공사		㉕ 재건축, 재개발 현장에서 기존 시설물 및 건축물 등의 해체공사시 발생되고 있는 재해유형과 안전대책에 대하여 설명하시오. ㉕ 암발파 작업시 발파 풍압이 근로자 및 인접 구조물에 미치는 영향에 대해 설명하시오.
	교량, 터널, 댐		㉕ 교량구조물의 안전성평가를 위한 안전진단 수행시 단계별 안전진단 절차에 대하여 설명하시오. ㉕ 콘크리트 교량구조물을 중심으로 발생된 변형에 대한 보수·보강기법에 대하여 설명하시오. ㉕ NATM터널 굴착 시 안전확보를 위한 계측항목 및 각 항목별 안전을 위한 평가사항에 대하여 설명하시오.
	기타 전문공사		㉕ 프리캐스트(PC) 공사 시 발생되는 재해유형과 안전대책을 설명하시오. ㉕ 최근 지구 온난화 등 이상기후의 영향으로 인하여 발생되는 자연재해의 유형과 이에 대한 건설현장에서의 안전대책에 대하여 설명하시오.

2010년 90회 기출문제 분석

구분			기출문제
일반분야	건설안전관계법	산안법	㉕ 건설공사에서 자율안전관리업체 지정방법 및 심사절차와 정부차원에서 추진 중인 건설공사 자율안전점검제도를 설명하시오.
		시특법	㉕ 시설물의 안전과 유지관리를 통하여 재해와 재난을 예방하고 시설물의 효용을 증진시키기 위한 시설물정보관리종합시스템에 대하여 설명하시오. ㉕ 화재에 대한 구조물의 진단방법, 유지관리 및 방지대책에 관하여 설명하시오.
		건설기계 관리법	㉕ 건설안전관리계획서 작성지침에 있는 안전관리 공정표 작성방법 및 활용에 따른 안전사고 예방대책을 설명하시오.
		기타 법	–
	안전관리론	안전관리	⑩ 안전관리 조직의 유형 ⑩ 재해의 기본원인(4M)과 재해발생 Mechanism ⑩ 재해비용 산정 시 천재와 인재 구분 ㉕ 중소규모 건설현장의 재해특성 및 안전관리방향에 관하여 설명하시오.
		안전심리	⑩ 동적에너지에 의한 재해예방을 위한 인터-로킹(inter-locking)방법
		안전교육	–
	인간공학 및 system안전		–
	기타 일반		–
전문분야	총론		㉕ 최근 BIM(Building Information Modeling) 설계기법이 도입되면서 설계기술과 시공기술의 발전을 가져올 것으로 예상되는데 BIM설계기법이 건설안전기술에 미치는 영향에 대하여 설명하시오.
	가설공사		⑩ Lift car ㉕ System 동바리의 구조적인 개념과 붕괴원인 및 붕괴방지대책에 대하여 설명하시오. ㉕ 건설현장에서 사용되는 이동식 크레인의 종류와 재해유형 및 안전대책을 설명하시오.
	토공사 기초공사		⑩ Shear connector(전단연결재) ⑩ Slurry wall(지중연속벽) ⑩ 지반의 파괴형태 ⑩ 기초 콘크리트 Pile의 두부(頭部)정리 ⑩ 흙막이 벽체에서 Arching 현상 ㉕ 철근콘크리트공사의 거푸집과 동바리 시공에 있어서 작업상 안전에 관하여 지켜야 할 사항을 설명하시오(단, 콘크리트공사표준안전작업지침을 기준으로 한다). ㉕ 연약지반 위에 소규모 구조물을 구축하려 한다. 연약지반에 대한 일시적 개량공법 및 안전대책에 관하여 설명하시오. ㉕ 건축물 규모의 대형화에 따라 지하층 규모가 증가할수록 지하수위를 고려한 적합한 방수시공시 고려사항 및 안전관리방안에 대하여 설명하시오. ㉕ 대규모 사면굴착공사에서 발생하기 쉬운 비탈면의 붕괴에 대한 사면의 붕괴원인, 안전대책 및 사면의 절편법에 의한 유한사면의 안정계산법에 대하여 설명하시오. ㉕ 지하흙막이 공사는 공법 선정에서부터 시공 완료 과정에 이르기까지 안전관리에 중점을 두어야 할 사항이 많은 공정이다. 흙막이 공법선정 및 시공 시 중점 안전관리사항과 품질관리사항에 대하여 설명하시오. ㉕ 운행중인 철도터널과 인접된 지하구조물을 설치하고자 한다. 근접시공에 따른 안전영역평가와 시공중 보강대책을 설명하시오.
	RC공사		⑩ 거푸집 존치기간 ㉕ 여름철에 콘크리트 타설 시 안전대책에 관하여 설명하시오.
	철골공사		㉕ 건설현장의 철골작업시 추락방지설비의 문제점 및 개선방안에 관하여 설명하시오.
	해체, 발파공사		㉕ 노후 건축물 철거공사를 시행함에 있어 안전하게 철거할 수 있는 행정절차와 철거프로세스(Process)에 대하여 설명하시오.
	교량, 터널, 댐		⑩ 터널에서 편토압 방지대책 ⑩ Approach slab ㉕ 터널공사에서 터널 내 작업환경을 개선하기 위한 위생관리 및 안전대책을 설명하시오.
	기타 전문공사		–

최신 건설안전기술사 (Ⅰ)

발행일 | 2005. 5. 25　초판 발행
2018. 6. 15　개정15판1쇄
2019. 3. 20　개정16판1쇄
2019. 9. 10　개정17판1쇄
2020. 2. 10　개정18판1쇄
2020. 7. 30　개정19판1쇄
2021. 1. 30　개정20판1쇄
2022. 1. 30　개정21판1쇄
2022. 5. 10　개정22판1쇄
2022. 11. 30　개정23판1쇄
2023. 6. 20　개정24판1쇄
2024. 4. 10　개정25판1쇄

저　자 | 한 경 보 · Willy. H
발행인 | 정 용 수
발행처 | 예문사

주　소 | 경기도 파주시 직지길 460(출판도시) 도서출판 예문사
T E L | 031) 955 - 0550
F A X | 031) 955 - 0660
등록번호 | 11 - 76호

정가 : 45,000원

ISBN 978-89-274-5419-9　13530